天然有机质对川西地区有机污染物环境行为的影响
——川西平原及若尔盖牧区实践

王 彬 等 著

科 学 出 版 社

北 京

内 容 简 介

川西平原及若尔盖地区是全国主体功能区规划明确的"两屏三带"为主体的生态安全战略格局中重要的组成部分。本书详细介绍了天然有机质对川西平原及若尔盖牧区有机污染物环境行为与归趋的影响，着重解析了川西平原还田秸秆 DOM 对磺胺甲噁唑吸附行为的影响机制、川西平原土壤腐殖质介导磺胺嘧啶光解过程及其影响机制、川西平原还田秸秆 DOM 对典型农药吸附及迁移行为的影响机制、若尔盖牧区土壤有机质更替研究——基于典型分子标记物、土壤有机质/Cu^{2+}对若尔盖牧区土壤吸附典型抗生素的影响和若尔盖牧区土壤腐殖质对典型抗生素光解过程的影响研究。作者结合创建国家生态文明建设示范区所面临的挑战，针对建设若尔盖国家湿地公园的需要，探索了多种有机质对川西平原及若尔盖牧区的土壤吸附、迁移和光解多种有机污染物的影响机制，为土壤污染修复提供科学依据。

本书可供从事土壤污染控制工程的设计人员、技术人员和科研人员参阅和学习，也可作为高等学校环境工程土壤学专业相关课程的教材和毕业设计的重要参考资料。

图书在版编目（CIP）数据

天然有机质对川西地区有机污染物环境行为的影响：川西平原及若尔盖牧区实践 / 王彬等著. —北京：科学出版社，2023.6

ISBN 978-7-03-074719-8

Ⅰ. ①天… Ⅱ. ①王… Ⅲ. ①天然有机化合物－影响－有机污染物－研究－四川 Ⅳ. ①X5

中国国家版本馆 CIP 数据核字（2023）第 018763 号

责任编辑：刘　琳 / 责任校对：彭　映
责任印制：罗　科 / 封面设计：墨创文化

科 学 出 版 社 出版

北京东黄城根北街 16 号
邮政编码：100717
http://www.sciencep.com

成都锦瑞印刷有限责任公司印刷
科学出版社发行　各地新华书店经销

*

2023 年 6 月第 一 版　开本：787×1092　1/16
2023 年 6 月第一次印刷　印张：24 1/4
字数：580 000

定价：228.00 元

（如有印装质量问题，我社负责调换）

编委会成员

前　言

　　川西地区着力推进创建国家生态文明建设示范区。川西平原经过不断地治理、改造和扩建，土地利用率达 60%以上，成为我国主要的农业生产基地；该平原以小麦-中稻、油菜-中稻两熟种植为主，从最少动土、减少土壤裸露原则出发，在保护性耕作基础上，实现稻、麦、油秸秆还田覆盖地表。若尔盖地区处于我国三大自然区（东部湿润森林区、西北干旱半干旱草原区和青藏高原区）交错过渡地带，既是草原畜牧业主要生产区，也是长江、黄河流域水源涵养区，在"若尔盖国家湿地公园建设"中地位重要。川西平原及若尔盖牧区的土壤中存在着许多天然有机质，会对土壤中污染物的迁移和转化等行为产生影响。本书以川西平原及若尔盖牧区为研究区域，探讨了天然有机质对川西地区有机污染物环境行为与归趋的影响，为创建国家生态文明建设示范区提供理论参考，同时为土壤污染修复工作提供科学的参考方案。

　　全书共两部分，第一部分针对川西平原，包括第 1 章～第 3 章；第二部分针对若尔盖牧区，包括第 4 章～第 6 章。第 1 章介绍了川西平原还田秸秆溶解性有机质（dissolved organic mattor，DOM）对磺胺甲噁唑吸附行为的影响机制，本章选择磺胺甲噁唑为研究对象，研究了其在川西平原水稻土中的吸附和解吸过程，探讨了还田秸秆及其腐解过程 DOM 对磺胺甲噁唑在土壤中吸附行为的影响机制。第 2 章介绍了川西平原土壤腐殖质介导磺胺嘧啶光解过程及其影响机制，本章选择磺胺嘧啶为研究对象，探讨了纯水环境及土壤腐殖质介导下磺胺嘧啶的光解特性，揭示了土壤腐殖质影响磺胺嘧啶光降解的主导机理，描述了各控制性组分的贡献，并考察了环境因子对磺胺嘧啶光降解的影响。第 3 章介绍了川西平原还田秸秆 DOM 对典型农药吸附及迁移行为的影响机制，本章选择丁草胺和毒死蜱为研究对象，研究了它们在川西平原水稻土中吸附和迁移过程，探讨了还田秸秆 DOM 对丁草胺和毒死蜱在土壤中吸附和迁移行为的影响机制。第 4 章介绍了川西高原土壤有机质更替研究——基于典型分子标记物，本章选取若尔盖牧区的沼泽土和亚高山草甸土作为研究对象，根据土壤主要覆盖植被类型，探究典型分子标记物在土壤垂直剖面上的分布及降解特征，结合稳定同位素技术，探讨土壤环境因子对典型分子标记物和土壤有机质的影响。第 5 章介绍了土壤有机质/Cu^{2+}对川西若尔盖土壤吸附典型抗生素的影响研究，本章选取土霉素和环丙沙星为目标有机污染物，以若尔盖草地中亚高山草甸土和沼泽土作为吸附剂，探究横向和纵剖面土壤对环丙沙星的吸附行为；探讨土壤有机质对土壤-环丙沙星复杂体系相互作用的主要机制。此外采用批平衡实验法系

统研究 Cu^{2+} 共存时，土霉素在土壤上的吸附特性，探讨不同因素对土霉素在土壤上吸附的影响及相关吸附机理。第 6 章介绍了若尔盖牧区土壤腐殖质对典型抗生素光解过程的影响研究，本章以环丙沙星为研究对象，探究胡敏酸和富里酸对环丙沙星的光降解过程；并且以二氧化硅负载过渡金属为模拟的土壤模型，负载胡敏酸和富里酸，模拟简单的土壤环境，探究其对环丙沙星的光解特性。

由于编者水平有限，书中难免有疏漏之处，恳请读者给予批评指正。

目　录

第一部分　川　西　平　原

第二部分　若尔盖牧区

第一部分　川　西　平　原

第1章 川西平原还田秸秆 DOM 对磺胺甲噁唑吸附行为的影响机制

1.1 绪 论

1.1.1 磺胺类抗生素环境风险、来源及归趋

1. 磺胺类抗生素

1) 概述

随着经济社会的发展，人工合成抗生素种类和数量越来越多。抗生素可用于抑制或者杀死细菌、霉菌、支原体、衣原体等致病微生物，极大地降低了人类和动物的疾病死亡率。磺胺类化合物作为常用的人工合成抗生素，最早作为染料使用，随着磺胺类化合物抗菌性能的发现，它逐渐作为抗生素被用于预防、治疗人类和牲畜的腹泻等细菌性疾病[1]。

磺胺类药物（sulfonamides，SAs）是具有对氨基苯磺酰胺结构的一类药物的总称，具有广谱抗菌性，是一类用于预防和治疗细菌感染性疾病的化学治疗药物。SAs 是现代医学中常用的一类抗菌消炎药，其品种繁多，已成为一个庞大的"家族"，而磺胺化合物最早用于染料行业。早在 1908 年，磺胺化合物作为偶氮染料的中间体被合成出来；1932 年，德国科学家米奇合成了红色偶氮化合物百浪多息。1932~1935 年；杜马克发现它对实验动物的某些细菌性感染有良好的治疗作用。这一重大发现轰动了全球医药界，杜马克也因此被选定为 1939 年诺贝尔生理学或医学奖得主。

随着 SAs 在医药业的广泛使用与发展，目前人类总计合成了 8000 多种 SAs，不同的 SAs 只是 R 取代基不同而已。SAs 的核心结构与细菌生长所必需的对氨基苯甲酸（para aminobenzoic acid，PABA）分子结构以及电荷分布极为相似[2]。PABA 为细菌合成叶酸的前体物质，叶酸又名维生素 B_9，在机体内以四氢叶酸形式存在，参与嘌呤核苷酸和嘧啶核苷酸的合成和转化，为机体所必需[3]。人及其他哺乳动物可通过食物获取叶酸，而细菌不能直接利用周围环境中的叶酸，只能利用 PABA 和二氢蝶啶，在细菌体内经二氢叶酸合成酶的催化合成二氢叶酸，再经二氢叶酸还原酶的作用形成四氢叶酸。SAs 的结构和 PABA 相似，因此可与 PABA 竞争二氢叶酸合成酶，阻碍二氢叶酸的合成，从而影响核酸的生成，抑制细菌的生长繁殖，达到杀菌的效果[4]。

SAs 具有性质稳定、易于组织生产、价格低廉、服用方便等优点，在抗菌药物中始终占有重要的地位。在 30 多种常见抗生素中，磺胺类抗生素的比例高达 80%以上。据有关报道，近年来我国 SAs 产量一直持续增长，20 世纪 80 年代产量为 5000t，2003 年突破

了 2 万 t 并且逐年增加。长期以来，SAs 除人体医药使用外，还被作为最广泛的兽用抗生素之一应用于畜牧养殖业中。在欧洲，SAs 是使用量排名第二的兽药抗生素，一些欧洲国家的 SAs 销量占兽药抗生素总销量的 11%～23%[5]。据 2005 年中国化学制药工业协会的统计数据显示，我国每年生产抗生素约 21 万 t，其中 9.7 万 t 用于养殖业。Zhang 等[6]研究表明，2013 年中国使用抗生素达 16 万 t，其中 52%为磺胺类和氧氟沙星等兽用抗生素。

2）磺胺甲噁唑

磺胺甲噁唑（sulfamethoxazole，SMX），化学名为 4-氨基-N-（5-甲基-3-异噁唑基）-苯磺酰胺，是一种广谱性的 SAs，具有性质稳定、使用方便、价格低廉等优点，目前使用量在常用 SAs 中居第一位。其性状为白色结晶性粉末，无臭，味微苦；熔点 168℃；易溶于水；性质稳定，但对光敏感；与强的氧化剂不相容。

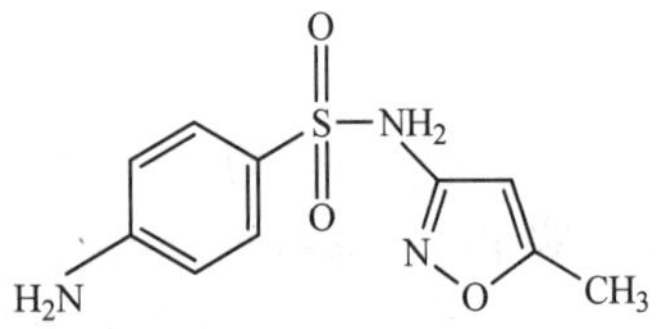

SMX 可通过各种方式（如人类和动物粪便排放、过期药品的处理、医院废水废物排放等）进入农田土壤，在土壤中发生吸附、迁移和转化等环境行为，参与到生物地球化学循环中[7]。SMX 进入环境后，会诱导生物产生抗体基因，增加生物耐药的可能性，使人类和动物更易受到细菌的感染，扰乱生态系统。SMX 分子化学结构式如图 1.1。

图 1.1　SMX 分子化学结构式

如图 1.1 所示，SMX 的分子结构中含有苯胺基和磺酰胺基（—SO_2NH），苯环会受—NH_2 和—SO_2NH 的吸电子影响，表面缺电子，可以作为 π-π 电子供受体作用中的电子受体，与 π 电子供体之间产生吸附作用。此外，SMX 分子与水分子之间可以形成很强的氢键作用，使得 SMX 在水中的溶解性较大。

SMX 的医学作用包括：①抗菌剂药物，SMX 对大多数革兰氏阳性和革兰氏阴性菌都有抑制作用，主要用于治疗大肠埃希杆菌、变形杆菌、脑膜炎球菌、流感杆菌等引起的急性、慢性尿路感染、流行性脑脊髓膜炎、中耳炎等疾病，SMX 与甲氧苄啶（trimethoprim，TMP）常作为复方制剂，其对大肠埃希菌、流感嗜血杆菌、金黄色葡萄球菌的抗菌作用较 SMX 单药明显增强；②抗感染药，在临床上 SMX 常作为一种抗感染药物，用于治疗肺部感染、尿路感染、皮肤化脓性感染、呼吸道感染、肠道感染、志贺菌感染等，使用 SMX 的常见副作用有恶心呕吐、头痛头晕、过敏反应、皮疹、结晶尿等，严重的副作用可致命，如渗出性多形红斑、剥脱性皮炎、大疱表皮松解萎缩性皮炎、暴发性肝坏死、粒细胞缺乏症、再生障碍性贫血等血液系统异常等。

2. 磺胺类抗生素环境风险及来源

1）SAs 的潜在环境风险

SAs 由于其结构的稳定性，其容易在自然环境中累积，对环境造成持久性的危害[8]。早在 1982 年，Wattes[9]研究小组在英国的一条河流中检测到了 SAs，含量约 1μg/L，由此引起了抗生素在环境中残留的研究热点。一些研究表明，在土壤、饮用水，甚至肉、蛋、奶、鱼类等产品中，SAs 均有不同程度的检出，其中在施用猪粪为主的土壤中检出率为

80%[10]。另外，废弃 SAs 被浸泡、腐蚀而淋出后，渗入周边土壤中，最终参与到生物地球化学循环中。SAs 环境危害综合起来主要有以下几点。

（1）破坏生态多样性。

环境中残留的 SAs 继续发挥着药效，对水体和土壤中的微生物菌群有着特异选择作用，对 SAs 敏感的种群在长期药物作用下会减少、消失或产生耐药性，使微生物种类减少。薛保铭等[11]研究了钦州湾近海及汇海河流 SAs 浓度和分布特征，进行了生态风险评价，发现 SAs 的检出率达到 100%，检出平均浓度为 4.1ng/L，残留 SAs 对该地区敏感物种存在生态毒性风险。SAs 对胚胎等生命体的毒性效应更为显著。例如，磺胺二甲嘧啶（sulfamethazine，SM2）导致海水青鳉胚胎出现间歇性心跳、出血及孵化幼鱼畸形。赵双阳[8]研究发现，SAs 对藻类、鱼类等海洋生物具有毒害作用，毒害程度与 SAs 的浓度有关。

（2）影响临床治疗。

在环境中残留的 SAs 的长期作用下，人类、动物和致病微生物（细菌、霉菌、支原体、衣原体等）的耐药性会得以增强，使得原本可以抑制或者杀死致病微生物的 SAs 失去效用或效用降低，从而需要提高 SAs 用量、使用其他替代抗生素杀死致病微生物。目前，已发现的耐药菌株有肺炎球菌、淋病奈瑟球菌、链球菌、脑膜炎球菌、脑膜炎奈瑟菌、金黄色葡萄球菌、表皮葡萄球菌、空肠弯曲杆菌、麻风分枝杆菌等十多种耐药菌株[1, 12]。李永祥等[12]连续 5 年跟踪了不同时期肠杆菌科细菌对抗生素的耐药性，发现大肠埃希菌对环丙沙星的耐药率由 50.7%上升到 65.3%；肺炎克雷伯菌对 SMX 的耐药率由 58.0%上升到 72.7%；肠杆菌科细菌对抗生素的耐药性明显增长。金明兰等[13]通过临床常见细菌的耐药性研究发现，细菌对 SAs 的耐药性日趋增加，使得细菌感染的治疗越来越困难。

（3）生物富集与毒理性。

SAs 虽不是持久性有机污染物（persistent organic pollutant，POPs），但其自然降解缓慢，在长期的大量使用过程中，产生了持久性表象。在自然环境中通过迁移、转化、吸收等方式进入各级食物链，并可富集于人体。SAs 对人体的毒理作用主要有药物过敏性反应、影响造血系统和损伤泌尿系统功能。而这种生物富集是长期的、慢性的，人们很难及时发现，因此这种危害具有一定的隐蔽性和潜伏性。许静等[14]研究采用半静态生物富集测试法，研究 SAs 在鱼体内的富集过程，发现 SM2 和 SMX 在斑马鱼（*Brachydanio rerio*）体内的生物富集系数（Bio-concentration factor，BCF）分别为 1.11 和 1.15，说明 SAs 可在鱼体内有不同程度的富集。王耿丽[15]对 SM2 在海水青鳉受精卵中生物富集量进行测定后发现，SM2 在暴露前期能较快地在海水青鳉受精卵内进行富集，在暴露后期富集效果减弱。

此外，SAs 在复杂环境中具有长期残留性、半挥发性、高毒性、迁移能力较强等特性，其在土壤中的潜在环境风险逐渐引起了社会和学术界的广泛关注[16]。

2）SAs 的来源

SAs 的污染来源从时间分布来看，SAs 从生产到使用再到消亡，均会以一定程度残留于环境中，生产过程中不可避免地会产生一定量的含 SAs 和其中间产物的生产废水，经生化处理后，并不能完全被降解，排放出的废水中 SAs 依然是主要成分之一。任何药物均有一定的保质期，SAs 亦是如此，关于过期 SAs 的销毁方式，并没有明确的标准，医院和药企通常是在远离人口密集地采用捣毁、焚烧或填埋等方式进行处理，而个人所持过期药物则会直接遗弃于环境中。SAs 进入机体后占使用量的 60%～90%不能被机体吸收，随泌尿系统代谢排出[17]。一些 SAs 虽然以代谢残体排出，但进入环境后能恢复原有的结构与活性，如 SMX 在使用后与肝脏中的糖分结合失去活性，排出体外后，环境中的微生物可快速分解糖分，从而使其恢复生物活性形态[18]。

SAs 的污染来源从空间分布来看主要有 4 个方面：①制药工业的生产废料和废水；②医疗机构废弃物和医疗废水；③养殖业废水和粪便；④城市生活污水和垃圾填埋场。

以上制药、医疗和城市等三个方面的来源，虽能采取一定技术措施进行处理，但并不能将 SAs 完全去除，由此只要 SAs 在生产和使用，就有一定量残留进入到环境中。而养殖业一般较为分散，且对废水和粪便的处理效率较低，动物代谢后 SAs 母体或残体直接进入环境中，随着养殖业的发展，此类来源的 SAs 污染将日趋突出。

3. 磺胺类抗生素的归趋

1）吸附

土壤对不同物质的吸附包括机械吸附、物理吸附、化学吸附、生物吸附、物理化学吸附、阳/阴离子吸附。SAs 属于可离子化的有机污染物（oganic contaminants，OCs），其在水中既可以离子形态又可以分子形态存在，使得土壤对 SAs 的吸附机理比较复杂，以物理吸附、化学吸附为主[19]。物理吸附是指 SAs 与土壤颗粒物表面位点之间通过物理作用发生的吸附，物理作用主要包括范德瓦耳斯力、色散力、诱导力和氢键等分子间作用力等；而化学吸附则是二者之间通过发生化学反应形成络合物或螯合物，从而结合在一起，SAs 的分子官能团与土壤环境中化学物质或有机质会发生一系列化学反应。土壤对 SAs 的吸附作用的大小与土壤性质、SAs 结构和环境因素有关，具体如下。

（1）土壤性质对吸附的影响。

按土壤质地划分，可以将土壤质地分为砂土和黏土两大类。砂土结构简单，成分以 SiO_2 为主。而黏土含有大量结构复杂的矿物，如高岭土、蒙脱石和云母等。其中，高岭土由一层四面体结构和一层八面体结构组成；蒙脱石、云母主要由八面体结构夹杂在四面体结构中形成的"三明治"形式组成[20]。这使得黏土组成成分繁多、结构复杂。总体而言，SAs 在黏土上的吸附量多于在砂土上的吸附量[21]。郭欣妍等[19]和 Wang 等[22]研究了多种 SAs 在土壤中的吸附性能，结果表明土壤有机质含量是影响土壤吸附能力的重要因素。然而，一些研究探讨了 SMX 在多种土壤上的吸附特性，发现 SMX 在土壤上的表观吸附量与有机碳含量没有明显的相关性，而是受土壤性质等综合因素的影响[23-26]。

（2）SAs 结构对吸附的影响。

SAs 在土壤上的吸附行为，不仅受土壤性质的影响，还与 SAs 自身的结构特点有密切关系。一般而言，SAs 的吸附能力与其自身官能团的亲水性、疏水性、极性、可极化性等理化性质有关，而这些性质主要由 SAs 的空间结构决定。能与离子结合、被土壤较强吸附的 SAs 会在土壤环境中长期存在[24]。对于在土壤环境中吸附力较弱的 SAs，则更容易通过浸泡、淋洗作用被冲刷至河流，或渗透到地下水中，对地下水生态系统构成威胁。

（3）环境因素对吸附的影响。

环境因素也是影响 SAs 在土壤中迁移行为的重要因素之一。一般而言，环境温度、酸碱度和离子种类对 SAs 在土壤上的吸附行为影响较大。

环境温度是影响 SAs 在土壤上吸附特性的重要因素。温度不仅可以改变 SAs 的水溶性，而且土壤在吸附 SAs 的过程中会放出大量的热，从而改变 SAs 在土壤上的吸附行为。

酸碱度会影响土壤有机质（包括 DOM 和不可溶解的有机质）和 SAs 的结构，从而影响土壤对 SAs 的吸附。当酸碱度较低时（pH<5），土壤小分子 DOM 上的羧基和羧基间的氢键作用结合成较大分子的 DOM 聚合体，DOM 上的疏水性点位会位于聚合体的"内部"，这种聚合体对疏水性有机物有很强的亲和力，但由于极性外壳的排斥作用，疏水性有机物很难接近"内部"疏水性点位。随着酸碱度增大，DOM 聚合体被破坏，裸露的疏水性点位更易接触吸附质，但裸露的疏水位对有机物的亲和力小于 DOM 聚合体"内部"疏水性点位对有机物的亲和力。另外，酸碱度还会影响 SAs 等离子型有机污染物在土壤中的形态，从而影响 SAs 在土壤中的吸附容量。当 SAs 为阳离子形态时，土壤表面存在的矿物会与 SAs 进行阳离子交换，使 SAs 与土壤结合在一起[19]。而且，SAs 中的疏水性官能团可以通过疏水作用与土壤中的脂肪链和芳香环等疏水组分结合在一起，此时土壤对 SAs 的吸附量较大。当 SAs 为中性分子形态时，SAs 不能与土壤表面存在的矿物进行阳离子交换，土壤对 SAs 的吸附量会减小。当 SAs 为阴离子形态时，带负电的土壤表面与 SAs 存在静电斥力，土壤对 SAs 的吸附量会进一步减小[27]。

金属离子对 SAs 在土壤上吸附的影响与其种类有关。Ca^{2+} 能够与土壤 DOM 中的羟基、羧基和土壤表面的矿物质结合，影响 OCs 在土壤上的吸附。毛真等[23]研究发现 Ca^{2+} 和 Mg^{2+} 对 SAs 在土壤上的吸附没有明显的影响，Zn^{2+} 可使 SAs 的吸附量明显增加。这可能是由于 Zn^{2+} 会进入土壤内部，取代 H^+，进行内界吸附，降低体系 pH，减弱土壤与 SAs 之间的排斥力，促使 SAs 在土壤上的吸附量增大，Ca^{2+} 和 Mg^{2+} 不能进入土壤内部。Wang 等[28]发现 Cu^{2+} 与 SAs 结合的稳定常数明显高于 Ca^{2+}，Cu^{2+} 可以促进 SAs 在蒙脱石上的吸附，但 Ca^{2+} 却不能。

2）迁移

OCs 在土壤中的迁移行为与其吸附过程密切相关。土壤对 OCs 的吸附越强，两者结合越紧密，迁移能力越差；反之则迁移能力越强。对土霉素、泰乐菌素进行土柱淋溶试验，在淋洗液中未能检测到该两种 SAs，说明已经被土壤完全吸附，导致迁移性降低[29]。郭欣妍等[19]研究了 SAs 在红壤、黑土、潮土与黄棕壤中的迁移，发现黑土淋出液中基本不含 SAs，而红壤、潮土和黄棕壤淋出液中均有 SAs 检出。同时，研究也表明 SAs 在土壤吸附性较强时，其在土壤中的迁移性相对较弱，吸附性和迁移性大致呈负相关。武耐英等[30]的研究发现表面活性剂可以增加土壤中 SMX 的解吸量，促进 SMX 的迁移，说明 SMX 在土壤中的迁移性还与表面活性剂有关。

3）转化（光解和降解）

OCs 有多种降解途径，按能否进行生物降解可分为微生物降解和非生物降解。其中，非生物降解有光解、化学降解、氧化还原降解和水解等。光解是 OCs 重要的非生物降解方式之一，但当 OCs 进入土壤中后，直射阳光被遮挡，光解作用减弱，微生物降解占据了降解的主导。微生物分为好氧微生物和厌氧微生物，二者对 OCs 的降解都可能有贡献。Mitema 等[31]的研究表明，在有氧条件下，天然土壤中土霉素的半衰期为 29～56d，灭菌土壤中为 99～120d。而在缺氧条件下，天然灭菌土壤中土霉素的半衰期是 43～62d，灭菌土壤中的是 69～104d，说明微生物降解对土壤中土霉素的降解起到重要作用，微生物对土霉素的降解程度与微生物的种类有关。许静等[14]的研究发现，对 SAs 进行光照，其降解半衰期均有缩短，表明 SAs 在土壤中的降解速率受光照影响。实际上，SAs 在土壤中的微生物降解和光解是同时发生的，微生物降解作用较光解作用更弱。

4. 磺胺类抗生素在土壤中的吸附动力学研究

吸附动力学是研究吸附速率快慢程度的，它与吸附时间密切相关。通常利用吸附动力学模型拟合吸附动力学数据，得到拟合参数，从而描述吸附动力学过程，探究吸附动力学机理。OCs 的吸附过程以平衡模型描述为主，包括线性（linear）等温线、朗缪尔（Langmuir）等温线、弗罗因德利希（Freundlich）等温线等，而对动力学模型的研究以单室模型研究为主，比较单一。

1）SAs 吸附动力学机理

SAs 属于可离子化的有机化合物，既可以离子形态存在又可以分子形态存在，且其在水溶液中溶解度较大。当 SAs 以分子形态存在时，SAs 可以通过分子间作用力（范德瓦耳斯力、色散力、诱导力、氢键等分子间作用力）与土壤表面吸附位点发生作用；当 SAs 以离子形态存在时，SAs 可以通过静电、配位、阳离子交换、络合、键桥等多种作用被吸附在土壤中。SAs 在土壤中的吸附动力学过程主要分为快吸附和慢吸附。快吸附可能几分钟到几个小时，慢吸附可能持续几周甚至几十年。快吸附能用线性等温线描述的分配过程以物理吸附为主。然而，慢吸附可能受物质传输（mass transport）和反应速率（rate reaction）控制，能用非线性数学模型描述，主要是物理吸附和化学吸附共同作用。

2）吸附动力学模型介绍

以往研究提出了不同的吸附动力学模型来描述土壤中 OCs 的存在方式及迁移过程，从而对其环境行为进行更加准确的模拟。OCs 在土壤中的吸附是一个较复杂的过程，可以分为土壤周围流体界膜中 OCs 的迁移（即外扩散）、土壤内扩散和土壤内的吸附反应等过程。其中土壤内扩散又可以分为 OCs 在细孔内的扩散（细孔扩散）和细孔表面进行的二次扩散（孔表面扩散）。拟合有机污染物在土壤中吸附随时间变化的动力学过程常用以下几个动力学模型。

（1）单室动力学模型。

单室动力学模型是最简单的吸附动力学模型，该模型将土壤视为一个均匀的吸附单元，针对物理吸附过程，常采用拟一次动力学模型和拟二次动力学模型来描述动力学过程。

（2）多室动力学模型。

研究表明，OCs 的多样性使得 OCs 在土壤中的吸附动力学过程十分复杂[32]。单室动力学模型将土壤视为一个简单、均匀的吸附单元，并不能准确地描述 OCs 在土壤中的吸附动力学过程。而土壤含有不同的吸附位点、吸附域，土壤对 OCs 的吸附动力学过程表现为不同吸附的共同作用。Griffiths 等[33]提出多室动力学模型，这类模型能对吸附试验数据进行很好的拟合，有效地描述 OCs 在土壤中的吸附动力学过程。Weber 等[34]对六种动力学模型进行了综合比较，发现单室动力学模型对试验数据拟合效果不好，不能准确地描述 OCs 在土壤中的吸附动力学过程；三室动力学模型引入了过多的参数，使得对模型参数的解释变得复杂，因此推荐双室动力学模型。双室动力学模型将土壤对 OCs 的吸附分为两个吸附室，按吸附速率常数的快慢分为快室和慢室。双室动力学模型中应用最为普遍的是双室一级动力学模型，该模型能较好地拟合 OCs 在土壤中的吸附动力学过程，且拟合参数能突出吸附动力学特点。双室一级动力学模型优于其他模型，能较好地描述 OCs 在土壤中的吸附动力学过程[35]。然而，利用双室一级动力学模型描述 SAs 在土壤中的吸附动力学过程的研究相对较少，这是以后研究 SAs 在土壤中吸附行为的方向。

1.1.2　DOM 在土壤中的环境归趋及对 SAs 的影响

DOM 作为土壤重要的组成部分，也是土壤吸附 OCs 的活性组分之一。其组分存在大量—COOH、—OH 等多种官能团，深入研究 DOM 对 OCs 的吸附影响及机制，能更准确地描述 OCs 在土壤中的环境归趋。

1. DOM 概述

1）DOM 的定义

DOM 是一类成分复杂的混合物，通常指环境中能够溶于水、可以被水提取的那部分有机质，操作定义上是指能通过 0.45μm 孔径滤膜的溶解性物质。DOM 广泛存在于土壤、水体、海洋、沉积物、极地等环境中，在全球碳循环过程中扮演着重要角色，被认为是陆生和水生生态系统中最为活跃的化学组分，在环境中起着重要的天然配位体和吸附载体的作用。DOM 主要由 C 元素、O 元素、H 元素、N 元素及少量 P 元素和 S 元素构成。以各元素的相对含量，及 H/C、O/C 等的比值可以初步断定有机物的结构。DOM 在溶液中是以芳香族化合物为核心构体的多种有机化合物通过氢键聚合或分子间作用力而成的具有三维结构的微聚集体。

2）DOM 的分类

目前关于 DOM 的分类主要是按化学本质、成分和分子质量分类。

（1）按化学本质分类。按 DOM 的化学本质分类，可以将 DOM 分为非腐殖物质和腐殖物质两大类。非腐殖物质，如糖类、氨基酸、蛋白质、木质素、有机酸等，主要来源于动物、植物、微生物的活体及其残体[36]。而腐殖物质，如胡敏酸、富里酸和胡敏素，是一类分子量较大、芳香性较高的非均质复杂组分。事实上，非腐殖物质是腐殖物质形成的前体，在腐解环境中非腐殖物质经过长期的生物、物理化学作用转化成化学组成未知的腐殖物质与具有明确化学组成的亲水性有机酸、羧酸、氨基酸、碳水化合物等[37, 38]。因此，DOM 不是一个静止的概念，随着腐解时间的延长，腐殖物质将成为 DOM 的最主要成分，其总有机碳（total organic carbon，TOC）通常占溶解性有机碳（dissolved organic carbon，DOC）的 50%以上。

（2）按成分分类。按成分可将 DOM 的组分分为亲水组分和疏水组分，亲水组分是指含有羟基、羧基等极性较强的亲水性物质，疏水组分是指含有脂肪链、苯环等极性较弱的疏水性物质。不同来源 DOM 的亲水组分和疏水组分的种类和含量有很大的不同。Kögel-Knabner 等[39]研究发现从森林土壤中提取的 DOM，其亲水组分占 30%，疏水组分占 70%；水稻土中提取的 DOM，亲水组分占 18%，疏水组分占 82%；而稻草中提取的 DOM，亲水组分占 56%，疏水组分占 48%[40]。

（3）按分子质量分类。DOM 按分子质量大小可分为小分子（1000Da①以下）、中分子（1000～10000Da）、大分子（10000Da 以上）组分。分子质量小的 DOM 成分主要包括脂肪酸、芳香酸、氨基酸等，而分子质量较大的 DOM 包括结构复杂的有机物，如富里酸、胡敏酸等，这些物质的结构尚未完全确定。

2. 秸秆来源的 DOM 土壤环境归趋

秸秆进入土壤环境中会发生两个连续的阶段。第一个阶段是淋溶释放阶段，即秸秆中的 DOM 经过灌溉、雨水冲刷等方式被快速淋溶到土壤中，这个过程是非常快速的，通常发生在 1～4d 内[37]。通过未腐解秸秆淋溶释放的 DOM 以非腐殖物质为主，如糖类、氨基酸、蛋白质、木质素、有机酸等。第二个阶段是秸秆腐解阶段，秸秆中含有 N、P 的物质最先降解，随后含有多糖、木质素、顽拗性脂质等的有机质发生降解。在降解阶段产生的 DOM 以胡敏酸、富里酸、胡敏素、亲水性有机酸、羧酸、氨基酸、碳水化合物等物质为主。秸秆的降解过程是缓慢的，特别是秸秆中的木质素可能要经历上百年才能完全降解。秸秆来源的 DOM 进入土壤后会参与土壤的生物地球化学循环，从而影响土壤环境。实际上，秸秆来源的 DOM 可以通过静电吸附、络合作用、疏水作用和氢键作用等方式与土壤胶体结合，被土壤吸附和固定，在一定的条件下又会从土壤中解吸出来。此外，秸秆来源的 DOM 可以提高土壤有机质含量、改变土壤结构，提高土壤肥力，最终影响土壤理化性质。

3. DOM 对土壤中 SAs 的影响

SAs 作为一种常用的抗生素，在进入环境后会在各环境介质间进行迁移扩散，并伴随着各种转化过程，对人类健康和生态环境构成了潜在危害。DOM 是全球碳循环的重要纽带，被认为是陆生和水生生态系统中最为活跃的化学组分，在环境中扮演着重要的天然配位体和吸附载体的角色。在土壤环境中，DOM 不仅可以作为微生物生长繁殖的重要能量来源，而且 DOM 对 OCs 土壤环境行为（吸附、解吸、迁移、转化）的控制性影响已经得到普遍性认识。

1）DOM 对 SAs 在土壤中吸附和解吸的影响

吸附和解吸是 OCs 在土壤中重要的环境行为，是影响土壤中 OCs 可利用性和迁移性的重要因素。DOM 通过影响 OCs 在土壤中的吸附和解吸行为，从而影响土壤中 OCs 的可利用性和迁移性[40]。在土壤中加入 DOM 后，土壤对噁唑隆（dimefuron）农药的吸附

---

① $1Da = 1u = 1.66054 \times 10^{-27} kg$

能力增强。这可能是由于加入 DOM 增加了土壤有机碳含量，使得土壤表面吸附点位增加，土壤对阿特拉津（atrazine）和噁唑隆的吸附容量也随之增加。然而，在土壤中加入 DOM 后，土壤对长杀草（carbetamide）除草剂的吸附量降低。这可能是由于加入 DOM 后，长杀草与 DOM 在土壤表面存在竞争吸附，使得土壤对长杀草的吸附容量降低。DOM 对土壤吸附 OCs 的影响因 OCs 种类的不同而不同，DOM 可促进土壤吸附噁唑隆，同时也可抑制长杀草在土壤上的吸附。DOM 对 SAs 这类 OCs 在土壤中吸附和解吸的影响可能具有双重性。一方面，DOM 与 SAs 在土壤表面的共吸附和累积吸附可增加土壤对 SAs 的吸附量，促进 SAs 在土壤中的吸附。其中，共吸附是指 DOM 和 SAs 先结合形成复合物，SAs 以复合物的形式被吸附到土壤中；累积吸附是指 DOM 先被吸附到土壤中，增加土壤的有机质含量，形成新的吸附位点，从而增加 SAs 在土壤中的吸附量。另一方面，DOM 对 SAs 可能具有的增溶作用，有利于土壤中 SAs 的解吸，提高 SAs 在土壤中的移动性[41]。DOM 对 SAs 在土壤中吸附和解吸的具体影响还不明确，仍然需要进一步的研究。

2）DOM 对 SAs 在土壤中迁移的影响

DOM 对于草萘胺（napropamide）和扑草净（prometryn）在土壤中迁移性的研究表明，DOM 可以提高 OCs 在土壤中的移动性，这是由于 DOM 中易迁移部分易与 OCs 结合，促进了 OCs 在土壤中的迁移。但是 DOM 也可能导致 OCs 在土壤中的吸附量增加，这是由于 DOM 中不易迁移部分与 OCs 共同吸附于土壤固相表面。DOM 对 SAs 在土壤中的迁移影响可能有两种：DOM 中亲水组分可以促进 SAs 在土壤中的迁移；DOM 中疏水组分可能与 SAs 共同吸附于土壤固相表面，从而抑制 SAs 在土壤中的迁移。

3）DOM 对 SAs 在土壤中转化（光解和水解）的影响

地球上空大气层的存在，使得太阳光中只有波长 $\lambda > 280nm$ 的光可以达到地面，DOM 中含有的腐殖酸、富啡酸等物质可以吸收波长 λ 在 $280 \sim 400nm$ 的太阳光，使得 DOM 在太阳光的作用下发生光降解，DOM 的光解按反应途径主要分为直接光解和间接光解两种。直接光解指化合物本身吸收太阳光后发生键断裂、分解、生成新物质。DOM 直接吸收光子能量，形成不稳定的激发态，键断裂并重排成其他小分子化合物（如羧酸、酮类等）。间接光解指 DOM 在其他活性中间体如水、电子、单线态氧（$^1O_2$）、羟基自由基（•OH）、铁离子等的作用下发生键断裂、生成小分子的降解反应。

DOM 不仅自身会光解，同时也是一种光敏剂。土壤中存在的 DOM 含有苯环、羧酸、羟基、羰基等发色团，发色团会产生水、电子、单线态氧（$^1O_2$）、羟基自由基（•OH）等活性物质，由于活性物质具有较强的氧化性，可引起土壤溶液中 OCs 的光降解反应。如在太阳光照射下，腐殖酸可加快丁草胺的光解速率，产生光敏化降解效应。这是由于一方面，丁草胺溶液中加入腐殖酸后，丁草胺/腐殖酸体系对光的吸收强度增大；另一方面，太阳光照射可使腐殖酸在水中产生含氧自由基等物质的发色团，使得光氧化过程易于发生，从而提高丁草胺的光解速率[41]。可见，DOM 对 OCs 降解有促进作用。而 DOM 对 SAs 这类 OCs 降解的影响却有双面性。一方面，DOM 作为光敏剂可以通过自身的光化学作用产生发色团，促进 SAs 的光解。例如，刘娟[16]对 9 种不同的 SAs 进行了光照对降解的影响试验，发现相对于黑暗中的 SAs，进行光照的 SAs 降解更快，最大降解率可以达到 17%左右。许琳科[42]也发现紫外辐射可以使 SAs 的结构破坏，提高 SAs 的降解速率。另一方面，DOM 会与 SAs 竞争吸收光子和自由基，这可能会抑制 SAs 的光解。

DOM 对吸附在土壤上的 OCs 水解的影响是不同的，DOM 可以促进 OCs 在酸性环境中的水解，抑制 OCs 在碱性环境中的水解。刘娟[16]研究结果表明，在不同温度、不同 pH、不同水质中 SAs 均没有明显的水解。而 DOM 对吸附在土壤上的 SAs 水解的影响研究较少，仍然需要进一步讨论。

4. DOM 研究现状

1）DOM 理化特性及表征技术的研究进展

环境中天然有机质（nature organic matter，NOM）是指存在于自然水体、沉积物和土壤中，具有复杂组成、结构的有机混合物。其参与各种生物地球化学及环境地球化学相关过程，是当前环境科学领域研究的热点之一[43, 44]。其中 DOM 占到了总 NOM 的97.1%，在自然界含量十分丰富。DOM 的主要成分为小分子量的碳水化合物、有机酸、脂质和游离氨基酸等和大分子量的蛋白质、酶、多糖、芳香族化合物及腐殖质等，其生物可利用性高，又包含大量的极性和非极性有机官能团，具有较强的理化活性和迁移流动性，被公认为是陆生生态系统和水生生态系统中极为活跃的一种自然组分。

2）土壤中 DOM 的来源

土壤中 DOM 的来源大致分为三类：①动植物和微生物生理代谢所产生的分泌物以及生物残体的内含物释放；②微生物或土壤内含酶类物质对土壤有机质以及动植物残体的分解转化，将原非溶解或难溶解的有机质转化为 DOM；③工、农业等所产生的外源DOM，如秸秆还田、农家肥使用、废水污泥等堆积。三种来源的贡献大小受该区域土壤的理化性质和具体利用情况影响。

通常在人类活动程度不高的区域，土壤中的 DOM 与植被覆盖率、动物数量以及土壤微生物量相关。Mcdowell 等[45]认为 DOM 从根源上主要来源于植物的光合产物，对土壤的输入方式包括凋落物、根际分泌物和残体的腐解。一些研究者认为土壤 DOM 主要来源于微生物转化形成的腐殖质，虽然动植物从根源上有提供有机质前体的贡献，但并不是以溶解形式为主，还需要微生物的腐解作用使之转化为溶解态[46, 47]。也有一些研究表明，在林地土壤中新进落叶和凋零物对 DOM 的产生量有显著的贡献，认为是其主要来源[48, 49]。而在人类活动频繁的区域，土壤 DOM 来源极大地受人类活动的影响。有研究证实，稻田中加入稻草秸秆和农家肥后，土壤生物量、DOM 和溶解性芳香族化合物的含量均有较大提高[50]。

3）农作物秸秆来源的 DOM 释放特征

农作物秸秆还田时，所释放的 DOM 参与农田生态系统的生物地球化学循环，影响着土壤中内源 DOM 的组成，也改变了土壤中原有微平衡。不同农作物的秸秆物质组分和组织结构不尽相同，原始释放的 DOM 和腐解过程中释放的 DOM 也不同。研究表明，农作物秸秆腐解过程大致可分为三个阶段：①淋溶释放，即农作物秸秆中可溶性有机组分经灌溉、雨水冲刷等被快速淋溶到土壤中；②易降解的含 N、P 类蛋白质和多糖的降解；③以纤维素、半纤维素和木质素等为主要成分的有机质降解。农作物秸秆经淋溶后，其腐解过程释放的 DOM 元素分布和化学特性仍处于动态变化中。腐解的过程，实质是原有植物残体大分子有机质的分解和新的腐殖类大分子有机质合成的过程。其过程体现为快速淋溶时期 DOM 主要组分为可溶性蛋白质、纤维素、糖类和脂质；随着腐解的进行，组分以氨基酸、羧酸、单糖和生物碱为主；最后阶段以胡敏酸、富里酸、胡敏素、亲水性有机酸等物质为主。曹莹菲等[52]也证实了上述过程，秸秆结构变化特征与秸秆种类和氮元素含量有关，且随地温和降水量的变化具有阶段性。吴景贵等[53]的研究发现未腐解的玉米秸秆本身就含有类胡敏酸物质，腐解过后产生的胡敏素相对于未腐解的类胡敏素，甲基、亚甲基、次甲基、醚键和酚羟基的含量降低，而酰胺成分、游离的羧基、甲氧基、碳水化合物组分相对含量升高，脂族性升高，芳香性降低；同时发现秸秆腐解生成的胡敏酸糖类结构含量较土壤高，并以片断的形式与水解木质素残体相连。

4）DOM 所含官能团分析及光谱特性

农作物秸秆原始有机质及其腐解过程释放的 DOM 元素分布和化学特性可以通过元素分析、紫外-可见光谱（ultraviolet-visible spectroscopy，UV-vis）、三维荧光光谱（three-dimensional excitation emission matrix fluorescence spectroscopy，3D-EEM）、傅里叶红外光谱（Fourier transform infrared spectrometer，FT-IR）、核磁共振波谱（nuclear magnetic resonance，NMR）等多元表征手段来考察。H/C 可以指示 DOM 的不饱和度和芳香性，而 O/C 或（N＋O）/C 则可表明 DOM 的极性大小。紫外-可见光谱能反映 DOM 中芳香类物质和共轭体系的特性，而三维荧光光谱可以显示 DOM 中不饱和结构的存在及不同类型荧光物质的分布，其类腐殖酸和类富里酸荧光主要由羧基、羰基或酚羟基引起。特定指数，如 SUVA[①]$_{254}$、SUVA$_{280}$、E_{250}/E_{365}[②]和 HIX（腐殖化指数，humification index），可以反映 DOM 的分子量、芳香性及腐殖化程度的大小。红外光谱能够提供 DOM 的官能团信息，反映 DOM 动态变化过程中各官能团的组成。^{13}C-核磁共振波谱可以为 DOM 结构表征提供重要的指纹信息，如各类碳（脂肪碳、芳香碳、羧基、羰基、胺基等）的相对含量。

Magee 等[54]通过红外光谱分析证实，土壤中的 DOM 主要含有芳香类化合物、多羟基化合物以及羧基化合物。国内也有学者通过红外光谱研究作物秸秆腐解过程 DOM 特征变化得出结论，随着腐解的进行，叶片中甲氧基的含量逐渐增加，而茎秆中的甲氧基含量变化不显著[55]。Chen 等[56]利用紫外光谱分析表明，土壤中 DOM 在紫外光区有 C═C 和 C═O 等结构的吸收特征峰，但随检测波长的增大强度逐渐减弱，其认为与芳香族化合物结构上的 π 电子活性有关。汪太明等[57]通过三维荧光光谱技术发现，经冻融后黑土 DOM 其类富里酸的荧光峰会发生红移，表明冻融 DOM 的芳香程度增高，腐殖程度增高。此外，他们也发现紫外富里酸荧光峰值与活性胡敏酸含量和土壤腐殖程度呈正相关变化。Woods 等[58]利用 HPLC-SEC-^{1}HNMR[③]联用技术，证实了 DOM 中杂多糖和芳香族的大量存在。有研究者在研究美国安大略（Ontario）湖中 DOM 时，发现 ^{1}H 谱和 ^{13}C 谱的高度相关性，由此发现了支链萜类物质的存在[59, 60]。

---

① SUVA 指特征紫外吸光度，specific ultra violet absorbance，下标数字表示波长。

② E_{250}/E_{365} 表示波长 250nm 与 365nm 处的吸光值之比。

③ 分子排阻高效液相色谱-核磁共振氢谱联用技术（high performance liquid chromatography-size exclusion chromatography-hydrogen-1 nuclear magnetic resonance）

5) DOM 对 OCs 环境行为的影响研究进展

DOM 在天然土壤中含量相当低，但对 OCs 在土壤中的吸附影响较大。研究表明，DOM 对 OCs 的影响可以通过分配作用干扰原有固-液分配平衡[61]；也可以通过氢键、离子键、π-π 等分子间作用力与 OCs 直接结合[40]；还可以在土壤界面和 OCs 之间充当桥梁或者阻碍屏障等。因其影响机理的多种方式和多种途径，且往往是多种机理同时发生，其影响的结果既可以表现为促进作用，又可以表现为抑制作用，一方面取决于不同 OCs 的自身特性，另一方面与 DOM 的成分和结构也极为相关，但也不能排除环境因素，如pH、离子强度等的复合效应。

6) DOM 与 OCs 的相互作用

Chiou 等[62]提出分配理论，认为土壤吸附作用的强弱取决于土壤有机质的含量，OCs 从水相吸附到土壤是溶质分子在土壤有机质中的分配过程。其过程主要与 OCs 在水中的溶解度（S）和辛醇-水分配系数（K_{ow}）有关。DOM 因其在天然土壤中相对于土壤中的非溶解性有机质含量较低，一些研究往往将其忽略。而实际上，当有外源 DOM 进入或者土壤本身 DOM 较高时，这一作用将变得显著。研究证实，DOM 在溶液中以溶解态的三维微聚体结构存在。一些研究者在 Chiou 等提出的分配理论基础上，补充了 OCs 在DOM-水溶液间的分配关系：$K_{doc} = Q_{doc}/C_w$，其中 K_{doc} 为 OCs 与 DOM 的亲和力系数，Q_{doc} 是 OCs 与 DOM 结合的浓度，C_w 是 OCs 的表观溶解度（包含与 DOM 的结合态和游离态）。Chiou 等[62]研究表明，OCs 在土壤有机质中的分配系数 K_{oc} 与 K_{ow} 呈正相关（$K_{oc} = 0.63K_{ow}$）。而 OCs 在 DOM 中的 K_{doc} 与 K_{ow} 的关系目前还不明晰，Jeannet 等[63]和Raber 等[64]在研究中发现 K_{doc} 与 K_{ow} 之间存在正相关；但有研究者通过对 K_{doc} 与 K_{ow} 的数据统计发现，两者的线性关系并不显著[51]。凌婉婷[61]则通过对相关文献的分析得出，DOM 的来源对 OCs 的 K_{doc} 值大小有显著的影响。已有一些研究表明，OCs 在 DOM 中的K_{doc} 与 DOM 的分子量组成极为相关[51, 65]，尤其是高分子量的富啡酸和胡敏酸等。

除分配行为外，OCs 还能直接通过化学键或者分子间作用力与 DOM 相结合。其结合机理如氢键、共价键、范德瓦耳斯力和电荷转移等。目前大多研究者一致认同疏水性OCs 主要与 DOM 中的疏水组分以疏水键形式结合，而极性 OCs 与 DOM 的结合机制则较为复杂。极性有机农药敌敌灵既可以嵌入 DOM 的疏水区中，也可以通过—OH、—CHO和—NH 与 DOM 亲水区形成共价键和氢键[66]。但由于 DOM 的具体结构形式尚不明确，OCs 与 DOM 的结合机理也仅仅是理论假设。

7) DOM 与土壤界面的相互作用

DOM 由于其溶解性在土壤中具有不同于土壤有机质与土壤颗粒的关系，其可以在土壤界面发生吸附与解吸行为，也可以随径流或淋溶流失，甚至被生物体代谢利用，而其中吸附与解吸行为是先决过程，也是关键控制过程。Kuiter 和 Mulder[67]研究表明，外源DOM 加入土壤后约有 80%被土壤颗粒所吸附。土壤对外源 DOM 的吸附与土壤有机质和黏土矿物含量显著相关，其中黏粒含量越高，土壤对 DOM 的吸附量越大，而土壤有机质对其有抑制作用。将土壤有机质去除后，土壤对 DOM 的吸附量增加了约 30%，证实了土壤有机质的抑制作用。许多研究者认为，土壤矿物颗粒对 DOM 的吸附主要是通过铁、铝或锰等金属氧化物以及氢氧化物对 DOM 起沉淀作用[61]，也有一些学者认为土壤矿物表面的官能团和离子交换位也是作用之一，其可以通过离子键桥接、络合、配体交换等方式与 DOM 结合。杨佳波等[69]在研究 3 种土壤对 DOM 的吸附与解吸时发现，土壤对 DOM 的吸附-解吸特性与土壤 pH、有机质及铁、钙、镁等元素的含量、黏土矿物类型等性质均密切相关。土壤 pH 变化，将改变土壤表面官能团的形态，也会对离子交换位点有干扰，而 DOM 的形态也会受其影响，研究发现 pH 越高，土壤对 DOM 的吸附量越低。

　　8）DOM 对 OCs 的环境行为影响

　　由于 OCs 与 DOM 之间有一定的分配作用和结合作用，而 DOM 与土壤界面也存在结合和吸附，当 DOM 介入时土壤对 OCs 的吸附过程变得复杂。首先，土壤有机质和 DOM 均对 OCs 有一定的分配作用，二者存在竞争关系。Gerstl 和 Yaron[70]对比了草萘胺在 DOM 和土壤上的分配贡献，K_{doc} 和 K_{oc} 分别为 $1.64m^3/kg$ 和 $0.34m^3/kg$，其在 DOM 上的分配比例远大于土壤有机质。相关研究发现，在土壤溶液中 DOM 对 OCs 有促溶作用[70, 71]。另一些研究中将这一现象归结为增溶作用，其类似于 OCs 和 DOM 之间的分配作用，他们认为 DOM 对低水溶性 OCs 的增溶作用实质是由分配作用引起，因为当多种 OCs 共存时，OCs 增溶作用的强弱程度与单一 OCs 条件下没有显著差异，即不存在竞争机制[72, 73]。其增溶作用可能源于 DOM 局部形成疏水微环境使疏水性 OCs 分配于其中，也有可能是类似于胶束包裹作用将 OCs 包裹在其中。

　　由上述增溶作用和 DOM 与土壤有机质的分配竞争可推断，DOM 介入下，土壤对 OCs 的吸附容量将降低。一些研究通过分析 DOM 介入下，水体中沉积物对 OCs 吸附量的变化证实了这一说法[73, 74]。由于 DOM 不仅对 OCs 有很强的分配能力，其还具有溶于水的特性，水体沉积物内 DOM 由于长期浸泡的作用，其游离性较强，通常易溶解于水体中，由此 DOM 对沉积物吸附 OCs 的影响以抑制为主。而土壤吸附体系相对于水-沉积物体系要复杂得多，土壤中的 DOM 游离性则要视其组分理化性质而定，若土壤内源 DOM 不易从土壤中游离则会加强土壤对 OCs 的吸附，反之则会减弱土壤对 OCs 的吸附。研究表明，DOM 对土壤吸附菲[75]、五氯酚[76]和多环芳烃（PAHs）[77]的影响，其结果均为吸附容量降低；而 Barriuso 等[78]研究发现，DOM 对低水溶性的农药阿特拉津和丁噁隆在土壤中的吸附为促进作用，而对高水溶性的农药长杀草为抑制作用。低水溶性 OCs 的吸附过程主要受其在 DOM 和土壤有机质的分配作用控制，DOM 作用下的吸附促进表明 DOM 与土壤有机质溶质分配竞争的关系并不发生在土壤的固-液两相间，而是在土壤固相的内部，由此对吸附产生了促进作用。而 DOM 对水溶性较高的极性农药的吸附抑制则可能是 DOM 与其土壤表面存在吸附点位竞争。许多学者将上述影响的多重性和复杂现象总结为增溶作用、共吸附和累积吸附[40, 75]。其中增溶作用是 DOM 与 OCs 结合，提高了 OCs 在土壤中的移动性，减弱了土壤的吸附作用；共吸附指的是 OCs 与 DOM 组分形成络合物后，同时被土壤颗粒吸附的过程，表现为吸附促进；累积吸附则是 DOM 的组分先吸附在土壤颗粒表面后，增加了土壤总的有机质含量，从而提高了土壤的吸附能力。

　　此外，DOM 对 OCs 在土壤中的吸附行为影响作用，还受 OCs 理化特性、DOM 组分特征、环境 pH 和离子强度等因素影响。Barriuso 等[78]和 Lee 等[79]的研究表明极性有机农药在土壤矿物表面的吸附点位受到 DOM 的竞争。Raber 等[64]比较了来源于动植物与生活工业废水的 DOM 对苯并芘在土壤中的吸附影响，发现高分子量组分含量越高，对苯并芘的亲和力也就越强。Mccarthy 等[80]也认为 DOM 中高分子量组分含量越高,与 OCs 的结合能力也越强,OCs 在土壤体系的分配作用的影响也就越大。其中,Mccarthy 等[80]研究表明,DOM 中的离子强度越高,吸附在土壤上的 PAHs 的解吸量将下降,他们认为较高的离子强度将使 DOM 发生凝聚,DOM 形态由舒展变为紧缩,从而减小了 DOM 与 OCs 的结合面,DOM 与 OCs 的结合能力减弱。对于 pH 的影响,目前的研究结果一致认为,pH 越高,OCs 在土壤中的吸附能力越弱。Lee 等[79]还在研究中发现,提高 pH 后,DOM 及其吸附的 OCs 将从土壤表面释放到溶液中。

1.1.3　主要研究内容

本书拟以川西平原主要农作物(水稻和油菜)的秸秆原始有机质及其腐解过程释放的 DOM 为代表,探讨该类 DOM 对 SMX 在土壤中吸附行为的影响,增强对 SMX 环境行为的更深层次认识,并尝试定量描述其贡献,为川西平原农田生态系统环境健康风险评价提供理论依据。具体研究内容如下:

(1)研究 SMX 在川西平原水稻土中的吸附动力学和热力学过程,并获取参数信息。

(2)川西平原油菜和水稻秸秆腐解过程中 DOM 的理化表征分析。

(3)研究不同腐解程度农作物秸秆 DOM 对 SMX 在川西平原水稻土上的吸附动力学、热力学等特性的影响及其机制。

1.2　SMX 在水稻土的吸附解吸行为特征

1.2.1　水稻土性质分析

川西平原是我国主要的水稻生产基地,位于四川盆地西北部,介于龙泉山、龙门山和邛崃山之间,西靠邛崃山,东临龙泉山,北面起于江油,南面止于乐山五通桥,包含北部的涪江冲积平原,中部的岷江、沱江冲积平原,南部的青衣江、大渡河冲积平原等,总面积约等于 2.3 万 km^2。川西平原的气候属于中亚热带湿润气候区,气候温和,雨量充沛,土壤类型以紫色土为主,富含多种矿物质,土地利用率达 60%以上。

1. 材料与方法

1)供试土壤

本研究选取川西平原的黏性和砂质水稻土,取自 6 个不同的种植区,且粒径差别较大。土样分别取四川省崇州市隆兴镇(Longxing,L)、三江镇(Sanjiang,S)、大划街道(Dahua,D)、怀远镇(Huaiyuan,H)、锦江镇(Jinjiang,J)和元通镇(Yuantong,Y)油菜秸秆覆盖后、灌水前的水稻种植区,各 15kg。首先,去除水稻土中掺杂的碎石、杂草等,再在无风自然光条件下干燥,手动剔除土样中的根、茎、叶系等可见杂质。L1、S1、D1、H1、J1 和 Y1 经破碎后过 20 目(<830μm)筛网备用;L2、S2、D2、H2、J2

和 Y2 经破碎后过 200 目（<75μm）筛网备用。

2）水稻土性质分析方法

（1）水稻土粒径及比表面积分析。采用激光粒度分析仪（美国贝克曼库尔特，LS13320 型）测定各水稻土的粒度分布情况，采用比表面和孔隙度分析仪（美国康塔，Autosorb-1MP）测定各水稻土的比表面积。

（2）水稻土元素分析。采用元素分析仪（MicroCube，德国 Elementar）测定各水稻土的 C、H、N、S、O 元素含量。

（3）水稻土 pH 测定。称取各水稻土 1.5g 于 15mL 旋口棕色样品瓶中，加入 15mL 超纯水，用玻璃棒搅拌，静置 0.5h 后，利用雷磁 PHS-2F 型 pH 计（上海仪电科学仪器股份有限公司）测定上清液的 pH。

2. 水稻土性质分析结果

根据以上水稻土性质分析方法，得出水稻土粒径、比表面积、元素分布、pH 和质地特征，如表 1.1 所示。

由表 1.1 可知，所采集水稻土的中位粒径（d_{50}）值的范围为 6.57～16.14μm，各水稻土过 20 目筛网的 d_{50} 值比同种土过 200 目筛网的 d_{50} 值大。其中，隆兴水稻土（L1 和 L2）属于黏性水稻土，其 d_{50} 分别为 6.84μm 和 6.57μm，小于其他 10 种砂质水稻土（S1、S2、D1、D2、H1、H2、J1、J2、Y1、Y2）的 d_{50}，表明黏性水稻土的粒径小于砂质水稻土。川西平原是涪江、岷江、沱江、青衣江、大渡河冲积而成的平原，以紫色土为主，富含多种矿物质。经实地调研，川西平原黏性水稻土质地细腻，土壤颗粒较小；砂质水稻土由于二氧化硅（SiO_2）含量较高，质地较粗，土壤颗粒较大，与试验结果相一致。水稻土 L1、L2、S1、S2、D1、D2、H1、H2、J1、J2、Y1 和 Y2 的 d_{50} 分别为 6.84μm、6.57μm、16.14μm、12.45μm、9.97μm、9.32μm、8.90μm、8.15μm、8.51μm、8.25μm、7.29μm 和 7.01μm，其大小顺序为：$d_{50(L2)} \leqslant d_{50(L1)} \leqslant d_{50(Y2)} \leqslant d_{50(Y1)} \leqslant d_{50(H2)} \leqslant d_{50(J2)} \leqslant d_{50(J1)} \leqslant d_{50(H1)} \leqslant d_{50(D2)} \leqslant d_{50(D1)} \leqslant d_{50(S2)} \leqslant d_{50(S1)}$。水稻土 L1、L2、S1、S2、D1、D2、H1、H2、J1、J2、Y1 和 Y2 的比表面积分别为 14.6m²/g、16.4m²/g、3.8m²/g、5.0m²/g、5.8m²/g、5.9m²/g、6.1m²/g、6.5m²/g、6.1m²/g、6.3m²/g、7.3m²/g 和 8.1m²/g，其大小顺序为：$SA_{(L2)} \geqslant SA_{(L1)} \geqslant SA_{(Y2)} \geqslant SA_{(Y1)} \geqslant SA_{(H2)} \geqslant SA_{(J2)} \geqslant SA_{(J1)} \geqslant SA_{(H1)} \geqslant SA_{(D2)} \geqslant SA_{(D1)} \geqslant SA_{(S2)} \geqslant SA_{(S1)}$。表明 SA 随着水稻土粒径（$d_{50}$）的增大而减小。

水稻土中氧（O）、氮（N）和硫（S）元素含量的百分比之和（O+N+S）% 可以反映土壤中各种有机官能团的含量，代表了土壤中特异性吸附点位（specific sites）的多少，在这些位点上的吸附主要受静电作用、氢键的控制。H/C*表示 H 与 C 的原子数比，可以反映水稻土的芳香性，H/C*越低，芳香性越强，极性越弱。J1、J2、L1 和 L2 水稻土的 H/C*高于其余 8 种水稻土。O/C*和（N+O）/C*值分别代表 O 与 C、N+O 与 C 的原子数之比，水稻土中 N 含量较低（0.17%～0.31%），O/C*和（N+O）/C*值基本相等。O/C*和（N+O）/C*值可以反映水稻土羟基、羧基等官能团的多少，O/C*越高，（N+O）/C*就越高，水稻土中羟基、羧基等官能团越多，极性越强。J1、J2、L1 和 L2 水稻土中的 O/C*值高于其余 8 种水稻土。

表 1.1 川西平原六种水稻土性质

采集地点	样品	筛网/目	$d_{50}/\mu m$	SA/(m²/g)	C/%	O/%	N/%	S/%	O+N+S/%	H/C*	O/C*	(N+O)/C*	pH	质地
隆兴镇	L1	20	6.84	14.6	2.48	9.11	0.17	0.58	11.62	4.39	3.37	3.46	6.28	黏性
	L2	200	6.57	16.4	2.43	9.22	0.20	0.32	11.80	4.48	3.51	3.60	6.46	
三江镇	S1	20	16.14	3.8	2.69	10.96	0.23	0.17	11.36	3.01	3.05	3.13	7.40	砂质
	S2	200	12.45	5.0	2.64	10.56	0.23	0.18	10.97	3.11	3.00	3.07	7.44	
大划街道	D1	20	9.97	5.8	2.42	9.11	0.17	0.58	9.86	3.53	2.82	2.88	7.63	砂质
	D2	200	9.32	5.9	2.34	9.22	0.20	0.32	9.75	3.45	2.96	3.04	7.60	
怀远镇	H1	20	8.90	6.1	5.96	16.25	0.31	0.35	16.90	1.61	2.04	2.09	7.66	砂质
	H2	200	8.15	6.5	5.34	16.07	0.30	0.30	16.66	1.89	2.26	2.31	7.56	
锦江镇	J1	20	8.51	6.1	2.01	8.69	0.19	0.33	9.21	4.73	3.25	3.33	6.60	砂质
	J2	200	8.25	6.3	2.04	9.10	0.24	0.24	9.58	4.19	3.34	3.44	6.43	
元通镇	Y1	20	7.29	7.3	4.89	17.11	0.24	0.30	17.66	1.98	2.62	2.67	7.57	砂质
	Y2	200	7.01	8.1	4.84	17.35	0.27	0.22	17.85	2.14	2.69	2.74	7.63	

注: d_{50} 为"中位粒径", 表示该颗粒群的颗粒大小; SA 为比表面积; *根据各种元素的含量和原子量, 从而可以计算出 H、C、N、O 元素原子个数的比值。

1.2.2　水稻土中 SMX 吸附动力学模型

1. 材料与方法

1）吸附质材料

本试验中所用吸附质 SMX 由西格玛奥德里奇（Sigma-Aldrich）公司提供，色谱纯。其性质及分子结构如表 1.2 所示。

表 1.2　SMX 的基本性质及分子结构

化学名	简写	摩尔质量 /(g/mol)	溶解性 /(mg/L)	CAS 号	化学式	化学结构
sulfamethoxazole	SMX	253.28	4052	723-46-6	$C_{10}H_{11}N_3O_3S$	

注：CAS 号为美国化学文摘服务社（Chemical Abstracts Service，CAS）为化学物质制订的登记号。

2）溶液配制

SMX 背景溶液：将 NaCl（成都市联合化工试剂研究所，分析级）与 NaN_3（成都市金山化学试剂有限公司，分析级）溶于超纯水，配制成 NaCl 浓度为 0.02mol/L 和 NaN_3 浓度为 200mg/L 的背景溶液。

SMX 标准储备液：准确称取一定量的 SMX 固体粉末，用背景溶液配制 SMX 浓度为 100mg/L 的标准储备液。

3）水稻土对 SMX 的批量吸附试验

（1）标准曲线绘制。取不同体积的 SMX 标准储备液于 15mL 旋口盖棕色样品瓶中，加入背景溶液，配制 SMX 浓度分别为 1mg/L、2mg/L、3mg/L、4mg/L、6mg/L、10mg/L、15mg/L、20mg/L、25mg/L、30mg/L、35mg/L、40mg/L、50mg/L 和 60mg/L 的标准溶液。将配制的 SMX 标准溶液置于摇床，在 25℃，200r/min 条件下振荡 48h。采用高效液相色谱仪分析 SMX 的浓度。以 SMX 浓度为横坐标，以浓度分别为 1mg/L、2mg/L、3mg/L、4mg/L、6mg/L、10mg/L、15mg/L、20mg/L、25mg/L、30mg/L、35mg/L、40mg/L、50mg/L 和 60mg/L 溶液的高效液相色谱测定值为纵坐标，做 SMX 标准曲线。

（2）批量吸附试验。根据预备试验结果，选择固液比为 100mg∶1mL，SMX 浓度为 30mg/L。分别取土样 L1、S1、D1、H1、J1、Y1、L2、S2、D2、H2、J2 和 Y2 各 1500mg 置于 15mL 旋口棕色样品瓶中，加入 SMX 溶液 15mL，将各样品瓶置于气浴恒温摇床，在 25℃，200r/min 条件下振荡。对每种土样每个吸附时间点做三个平行样，共 468 个样品。13 个吸附时间点分别为吸附进行至 0.5h、1h、3h、5h、8h、12h、24h、36h、72h、96h、120h、144h 和 168h 时，每种土样各取出 3 个平行样品，将平行样分别离心、过滤后测定 SMX 浓度。

4）SMX 分析方法

试验中 SMX 的浓度皆采用高效液相色谱仪（Agilent1260）测定；高效液相色谱柱 C8 反相柱（5μm，4.6mm×150mm），柱温 25℃；紫外检测波长为 265nm；流动相为乙腈/去离子水（$v:v$，40:60），加入 0.1%冰乙酸，流速为 1mL/min；进样量为 20μL。

5）数据分析方法

（1）吸附量的计算。不同吸附时间下，水稻土对 SMX 的吸附量由加入 SMX 的量与测得的溶液中 SMX 的量之差计算而得，见式（1-1）：

$$q_t = \frac{V_o(C_o - C_t)}{W_S} \tag{1-1}$$

式中：q_t 为吸附时间 t 时 SMX 的固相浓度，μg/g；V_o 为加入 SMX 溶液的体积，mL；C_o 为 SMX 溶液的初始浓度，mg/L；C_t 为在吸附时间 t 时 SMX 在液相中的浓度，mg/L；W_S 为投加水稻土的量，g。

（2）吸附动力学模型。采用拟一阶动力学方程、拟二阶动力学方程和双室一级动力学方程描述水稻土对 SMX 的吸附动力学过程，如下所示：

拟一阶动力学方程：

$$\frac{q_t}{q_e} = 1 - e^{-tk_{1a}} \tag{1-2}$$

拟二阶动力学方程：

$$\frac{q_t}{q_e} = \frac{tk_{2a}^*}{1 + tk_{2a}^*}; k_{2a}^* = q_e k_{2a} \tag{1-3}$$

双室一级动力学方程：

$$\frac{q_t}{q_e} = f_1\left(1 - e^{-tk_1}\right) + f_2\left(1 - e^{-tk_2}\right) \tag{1-4}$$

式中：q_t 和 q_e 分别为在时间 t 时和平衡时的固相浓度，μg/g；k_{1a} 和 k_{2a} 分别为拟一阶和拟二阶动力学速率常数，h^{-1}；k_{2a}^* 为修正后的拟二阶动力学速率常数，h^{-1}；k_1 和 k_2 分别为快室和慢室吸附速率常数，h^{-1}；f_1 和 f_2 分别为快、慢室所占总吸附的分率，$f_1 + f_2 = 1$。

由式（1-2）～式（1-4）对吸附动力学过程进行拟合分析。不同数学模型，其参数不同，拟合结果需要用校正决定系数（r_{adj}^2）进行比较评价，才具有可比性。计算形式如下：

$$r_{adj}^2 = 1 - \frac{(1 - r^2)(N - 1)}{(N - m - 1)} \tag{1-5}$$

式中：N 为用于拟合数据的个数；m 为拟合方程中的参数个数；r^2 为相关系数；r_{adj}^2 为校正决定系数。

2. 吸附时间与水稻土中 SMX 吸附量的关系

根据批量吸附试验结果，绘出水稻土对 SMX 的吸附量随吸附时间的变化曲线，如图 1.2 所示。

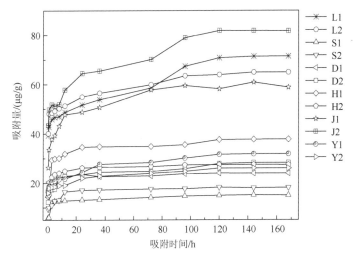

图 1.2　水稻土对 SMX 的吸附量随吸附时间的变化

由图 1.2 可知，随着吸附时间的延长，不同来源的水稻土对 SMX 的吸附过程具有相似的变化趋势，吸附量随吸附时间的延长而逐渐增大，在 120h 左右吸附量达到平衡。吸附时间在 0～12h 时，水稻土吸附曲线的斜率较大，表明该时段吸附速率较快；吸附时间大于 12h，吸附曲线的斜率逐渐变小，吸附速率变小。在同一时间段内，黏性水稻土（L1和 L2）吸附 SMX 的量小于砂质水稻土（J2），但大于其他砂质水稻土（S1、D1、H1、J1、Y1、S2、D2、H2 和 Y2）。该现象可能是由于黏性水稻土有机质含量相对砂质水稻土高，而有机质含量与土壤对 SMX 的吸附量呈正相关[81]。

3. 吸附动力学模型拟合及差异性分析

1）吸附动力模型拟合曲线

采用拟一阶动力学模型、拟二阶动力学模型和双室一级动力学模型拟合各水稻土对 SMX 的吸附过程，拟合曲线如图 1.3 所示。

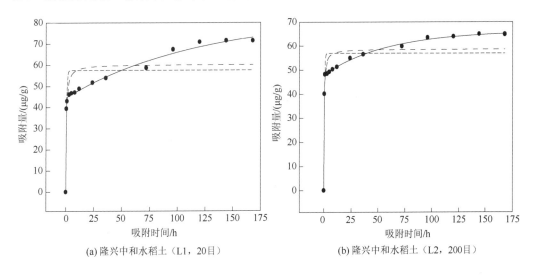

(a) 隆兴中和水稻土（L1，20目）　　　　　　　(b) 隆兴中和水稻土（L2，200目）

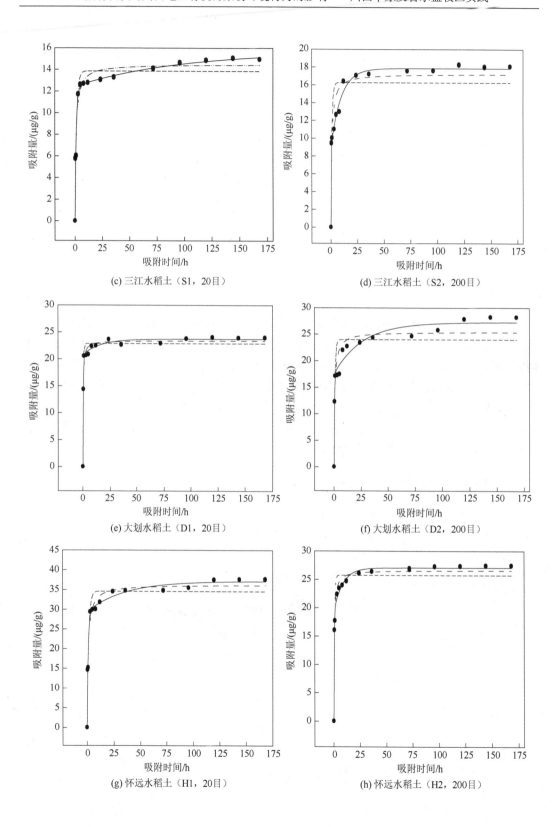

(c) 三江水稻土（S1，20目）

(d) 三江水稻土（S2，200目）

(e) 大划水稻土（D1，20目）

(f) 大划水稻土（D2，200目）

(g) 怀远水稻土（H1，20目）

(h) 怀远水稻土（H2，200目）

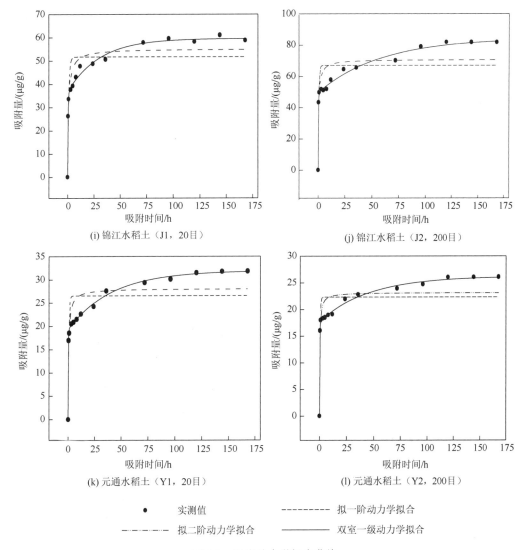

图 1.3　吸附动力学拟合曲线

由图 1.3 可知，拟一阶动力学模型、拟二阶动力学模型和双室一级动力学模型都能较好地拟合吸附的初始过程（吸附时间为 0～3h），随着时间的延长，拟一阶和拟二阶动力学模型的拟合曲线偏离图中用黑点表示的实测值，说明拟一阶和拟二阶动力学模型不能很好地描述整个吸附动力学过程。而双室一级动力学模型对吸附时间为 0～168h 内的吸附动力学数据拟合效果均较好。故双室一级动力学模型优于拟一阶和拟二阶动力学模型。Johnson 等[82]也指出双室一级动力学模型拟合天然土壤吸附某些 OCs 过程优于其他各种模型。

12 种水稻土（6 种不同地区的水稻土，每种土又分为过 20 目筛网和过 200 目筛网，共 12 种水稻土）对 SMX 的双室一级动力学拟合曲线基本相似，该曲线主要是由 2 个阶段组成，即吸附速率较快（斜率较大）的快速吸附和吸附速率较慢（斜率较小）的慢速吸附两个阶段。快速吸附阶段发生在 0～12h，该结果与 1.3.1 节研究结果一致。在吸附时间为 12h 时，吸附在水稻土 L1、L2、S1、S2、D1、D2、H1、H2、J1、J2、Y1 和 Y2 上的 SMX 量分别占其总吸附量（$t = 168h$）的 68.3%、79.1%、85.5%、90.8%、93.7%、80.6%、84.5%、90.5%、81.2%、70.8%、68.3% 和 73.4%，快速吸附已完成总体吸附的大部分。这可能是由于在吸附的初始阶段（$t = 0～12h$），裸露在水稻土表面的吸附位点能与 SMX 充分接触，吸附速率较快，随着水稻土表面吸附位点对 SMX 吸附量的饱和，SMX 需与土壤内部的吸附位点结合，而土壤内部的空间有限，吸附速率变慢。陈淼等[83]研究其他土壤与 SMX 作用，也得到类似规律。随着吸附时间的延长（$t = 12～168h$），SMX 在 12 种水稻土上的双室一级动力学拟合曲线斜率显著减缓，在 120h 后双室一级动力学拟合曲线趋于平衡，表明随着吸附时间的延长（$t = 12～168h$），水稻土对 SMX 的吸附速率显著减缓，在 120h 后水稻土对 SMX 的吸附基本达到吸附饱和状态。在吸附时间为 12～168h，吸附在水稻土 L1、L2、S1、S2、D1、D2、H1、H2、J1、J2、Y1 和 Y2 上的 SMX 量分别占其总吸附量（$t = 168h$）的 31.7%、20.9%、14.5%、9.2%、6.3%、19.4%、15.5%、9.5%、18.8%、29.2%、31.7% 和 26.6%，与快速吸附相比，虽然慢速吸附在总吸附量中的占比较小，但仍然是总吸附量中不可忽略的部分。

2）吸附动力学模型差异性分析

采用拟一阶动力学模型、拟二阶动力学模型和双室一级动力学模型拟合各土壤对 SMX 的吸附特征，拟合参数结果如表 1.3 所示。

表 1.3 中 SEE、r_{adj}^2、k_{1a}、k_{2a}^*、q_e、k_1 和 k_2 均为拟合值。标准偏差（SDE）是一种量度数据分布分散程度的标准，用以衡量样品值偏离算术平均值的程度。SDE 越小，样品值偏离平均值就越小；反之，SDE 越大，样品值偏离平均值就越大。如表 1.3 所示，拟一阶动力学模型的 SDE（0.96～11.13，4.37），即 SDE 在 0.96～11.13 之间，平均值为 4.37；拟二阶动力学模型的 SDE（0.69～9.23，3.38）；双室一级动力学模型的 SDE（0.39～1.84，0.92）。拟一阶、拟二阶和双室一级动力学模型的 SDE 平均数依次降低。故从 SDE 上来分析，双室一级动力学模型优于拟二阶动力学模型，拟二阶动力学模型优于拟一阶动力学模型。校正决定系数（r_{adj}^2）表示模型与样本的拟合度。r_{adj}^2 越接近于 1，拟合度越高；反之，r_{adj}^2 越接近于 0，拟合度越低。拟一阶动力学模型的 r_{adj}^2（0.72～0.97，0.84），即 r_{adj}^2 在 0.72～0.97 之间，平均值为 0.84；拟二阶动力学模型的 r_{adj}^2（0.80～0.98，0.91）；双室一级动力学模型的 r_{adj}^2（0.97～1.00，0.99）。对相同样品，拟一阶、拟二阶和双室一级动力学模型的 r_{adj}^2 依次升高。故从 r_{adj}^2 上来分析，双室一级动力学模型优于拟二阶动力学模型，拟二阶动力学模型优于拟一阶动力学模型。Pan 等[35]运用这三种模型描述了滇池沉积物对氧氟沙星（ofloxacin，OFL）的吸附行为。另外，本研究也表明双室一级动力学模型的 k_1、k_2 和 q_e 比拟一阶和拟二阶动力学模型的 k_{1a}、k_{2a}^* 和 q_e 更接近于实测值，更具有研究意义。

双室一级动力学模型将吸附动力学过程区分为快室吸附单元和慢室吸附单元。其中，快室吸附速率常数（k_1）较大，慢室吸附速率常数（k_2）则较小。如表 1.3 中 k_1（0.86～44.78h^{-1}，6.45h^{-1}），k_2（0.01～0.12h^{-1}，0.04h^{-1}），k_1/k_2 值为 7.90～447.80，说明快室吸附单元和慢室吸附单元的吸附特征显著不同。

表 1.3　不同模型对水稻土吸附 SMX 的拟合结果

样品	拟一阶动力学模型				拟二阶动力学模型				双室一级动力学模型							
	$q_e/(\mu g/g)$	k_{1a}/h^{-1}	SDE	r_{adj}^2	$q_e/(\mu g/g)$	k_{2a}^*/h^{-1}	SDE	r_{adj}^2	$q_e/(\mu g/g)$	k_1/h^{-1}	k_2/h^{-1}	f_1	f_2	k_1/k_2	SDE	r_{adj}^2
L1	57.47	1.82	9.45	0.72	132.05	2.19	8.11	0.80	82.12	4.12	0.01	0.54	0.46	412.00	1.38	0.99
L2	56.97	2.22	5.78	0.87	205.56	3.50	4.77	0.91	66.15	3.65	0.02	0.73	0.27	182.50	0.56	1.00
S1	13.85	0.68	0.96	0.95	14.60	1.01	0.69	0.97	12.40	0.86	0.01	0.79	0.21	86.00	0.53	0.99
S2	16.26	1.03	2.25	0.80	20.65	1.20	1.52	0.91	17.86	44.78	0.10	0.50	0.50	447.80	0.48	0.99
D1	22.84	2.06	1.05	0.97	87.69	3.75	0.86	0.98	23.65	2.56	0.06	0.88	0.12	42.67	0.61	0.99
D2	24.01	1.17	3.25	0.81	33.21	1.30	2.30	0.91	27.28	2.49	0.04	0.64	0.36	62.25	1.25	0.97
H1	34.60	0.66	2.64	0.94	35.28	0.97	1.65	0.98	37.18	0.96	0.03	0.79	0.21	32.00	1.51	0.98
H2	25.75	1.48	1.78	0.94	61.39	2.30	0.92	0.98	27.06	2.99	0.12	0.71	0.29	24.92	0.62	0.99
J1	51.73	1.00	7.18	0.81	60.90	1.10	4.94	0.91	59.62	2.37	0.03	0.62	0.38	79.00	1.40	0.99
J2	66.97	1.67	11.13	0.72	127.34	1.80	9.23	0.81	84.51	4.01	0.02	0.59	0.41	200.50	1.84	0.99
Y1	26.57	1.51	4.11	0.75	46.63	1.66	3.26	0.84	31.95	3.97	0.02	0.60	0.40	198.50	0.45	1.00
Y2	22.31	2.15	2.83	0.81	69.50	3.00	2.36	0.87	26.20	4.66	0.01	0.68	0.32	233.00	0.39	1.00

吸附过程中的快室比率（f_1）大于慢室比率（f_2），表明快室吸附对总体吸附的贡献更大。快、慢室对总体吸附的贡献随水稻土比表面积的变化如图 1.4。

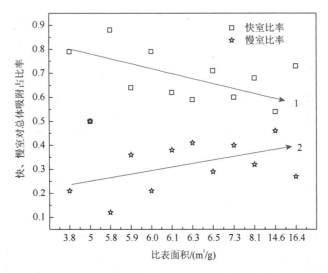

图 1.4　快、慢室对总体吸附的贡献随水稻土比表面积的变化

为了阐明快、慢室吸附过程对总体吸附的贡献，对快、慢室吸附在吸附过程中所占的比率进行了比较，如图 1.4 所示。随着土壤比表面积的增加，快室吸附比率呈递减趋势（如箭头 1 所示）而慢室吸附比率呈现递增趋势（如箭头 2 所示）。

4. 不同粒径水稻土对 SMX 吸附动力学的影响

双室一级动力学模型能较好地拟合 SMX 在水稻土上的吸附过程，分析粒径对双室一级动力学模型中 k_1、k_2 和 q_e 的影响更能真实地反映粒径对水稻土吸附 SMX 的影响。如表 1.3，S2、H2、J2 和 Y2 水稻土的 k_1 为 44.78h^{-1}、2.99h^{-1}、4.01h^{-1} 和 4.66h^{-1}，分别大于 S1（0.86h^{-1}）、H1（0.96h^{-1}）、J1（2.37h^{-1}）和 Y1（3.97h^{-1}）的 k_1。这主要归因于水稻土粒径较小，其比表面积较大，则各组分暴露在外表面的官能团较多，提供了较多的吸附点位。但是，L2 和 D2 水稻土的 k_1 为 3.65h^{-1} 和 2.49h^{-1}，分别小于 L1（4.12h^{-1}）和 D1（2.56h^{-1}）的 k_1。由此说明，k_1 不仅受颗粒粒径的影响，还与其他因素有关，如水稻土中有机和无机组分暴露的官能团、极性大小、酸碱度等[84]。

D1、J1 和 Y1 水稻土的 k_2 分别为 0.06h^{-1}、0.03h^{-1} 和 0.02h^{-1}，大于 D2（0.04h^{-1}）、J2（0.02h^{-1}）和 Y2（0.01h^{-1}）的 k_2。该现象归因于土壤粒径越大，其孔隙度一般也越大，SMX 越容易进入颗粒层间域内部[85]。而 L1、S1 和 H1 水稻土的 k_2 为 0.01h^{-1}、0.01h^{-1} 和 0.03h^{-1}，分别小于 L2（0.02h^{-1}）、S2（0.10h^{-1}）和 H2（0.12h^{-1}）的 k_2。这是由于水稻土粒径越小，黏性组分的增加，有机质含量也随之增加[19]，能提供更多的内部空隙。综上所述，k_2 受土壤粒径、颗粒内部结构、有机质含量的共同影响。这与 k_2 主要受土壤有机质和无机质内部空隙控制的结论相符合。土壤粒径较小的 S2、D2 和 J2 水稻土的 q_e 为 17.86μg/g、27.28μg/g 和 84.51μg/g，分别大于 S1（12.40μg/g）、D1（23.65μg/g）

和 J1（59.62μg/g）的 q_e。该现象可能是由于土壤粒径减小，其有机组分含量增加，q_e 与有机质含量成正相关有密切关系，所有粒径越小 q_e 越大[81]。而 L2、H2 和 Y2 的 q_e 为 66.15μg/g、27.06μg/g 和 26.20μg/g，分别小于 L1（82.12μg/g）、H1（37.18μg/g）和 Y1（31.95μg/g）的 q_e，这是由于随着土壤粒径的减小，土壤颗粒层间域间距减小，SMX 分子进入水稻土空隙困难，导致 q_e 减小。故 q_e 同时与土壤粒径、层间域间距、有机质含量有关。

1.2.3　水稻土中 SMX 吸附热力学模型

1. 材料与方法

1）试验材料

供试土壤见 1.2.1 节的材料与方法；吸附质材料见 1.2.2 节的材料与方法。

2）溶液配制与 SMX 分析

试验溶液配制和 SMX 分析方法见 1.2.2 节的材料与方法。

3）吸附热力学试验

称取 1.00g 水稻土于 15mL 棕色瓶中，加入浓度分别为 10mg/L、20mg/L、30mg/L、40mg/L 和 50mg/L 的 SMX 吸附液 15mL，放入 15℃（288K）、25℃（298K）和 35℃（308K）的环境中进行振荡，振荡频率 150r/min。达到平衡时间（以动力学试验确定平衡时间）后取出样品，静置 20min，取 2mL 上清液于离心管中，3000r/min 离心 10min，将上清液转入色谱进样小瓶中，采用高压液相色谱法（high performance liquid chromatography，HPLC）检测 SMX 浓度。每个样品重复 3 次，设置无水稻土空白参照。共计样品 108 个。

4）吸附等温模型

液相吸附的测量数据大多采用 Langmuir 方程式［式（1-6）］或 Freundlich 方程式［式（1-7）］表示。

Langmuir 方程式：

$$q_e = q_{max} \frac{K_L C_e}{1 + K_L C_e} \tag{1-6}$$

Freundlich 方程式：

$$q_e = K_F C_e^{\frac{1}{n}} \tag{1-7}$$

式中：q_{max} 为吸附剂土壤理论饱和吸附量，μg/g；q_e 为吸附剂在平衡时的吸附量，μg/g；C_e 表示在吸附平衡时溶液中吸附质的浓度，mg/L；K_L 为 Langmuir 吸附系数，是表征吸附表面强度的常数，其值越大表示吸附剂的吸附能力越强；K_F 和 $1/n$ 为 Freundlich 方程式中与温度有关的吸附常数，K_F 代表吸附容量，其值越大表示吸附剂的吸附能力越强，但并不等同于最大吸附量，$1/n$ 反映吸附的非线性程度，其值越远离 1，表示土壤表面吸附的均一性越低，也可表征吸附过程的亲和力强度。当 $n = 1$ 时，Freundlich 方程式为过原点的线性方程，即亨利（Henry）方程，表示吸附表面是均一的，吸附以物理分配作用为主。

5）热力学参数分析

通过不同平衡温度下获得的水稻土对 SMX 的吸附等温线可以用来进行热力学分析。热力学参数采用吉布斯吸附公式（Gibbs adsorption equation）进行计算。吸附热力学公式的理论推导是以气体在固体表面的吸附过程为理论基础。主要的热力学公式为吉布斯自由能变与标准压力平衡常数的公式（1-8）和吉布斯-亥姆霍兹（Gibbs-Helmholtz）公式（1-9）。以气-固界面的吸附为理论基础，可将公式（1-8）改写为适用液-固界面吸附过程的公式（1-10）。同时，由公式（1-9）和公式（1-10）可以得出公式（1-11）。

$$\Delta G^{\theta} = -RT \times \ln K_{\mathrm{p}}^{\theta} \tag{1-8}$$

$$\Delta G^{\theta} = \Delta H^{\theta} - T\Delta S^{\theta} \tag{1-9}$$

$$\Delta G^{\theta} = -RT \times \lg K_{\mathrm{F}} \tag{1-10}$$

$$\lg K = \frac{\Delta S^{\theta}}{R} - \frac{\Delta H^{\theta}}{RT} \tag{1-11}$$

式中：ΔG^{θ} 为标准吸附自由能变，即吉布斯自由能的变化，kJ/mol；ΔH^{θ} 为标准吸附焓变，kJ/mol；ΔS^{θ} 为标准吸附熵变，J/(K·mol)；R 为摩尔气体常数，8.314J/(K·mol)；T 为热力学温度，K；K 为吸附系数（Freundlich 等温式拟合常数 K_{F}）。

2. 吸附热力学特征

吸附热力学实验中，分别控制环境温度为 15℃（288K）、25℃（298K）和 35℃（308K），在各温度条件下绘制吸附等温线。其吸附等温线见图 1.5。

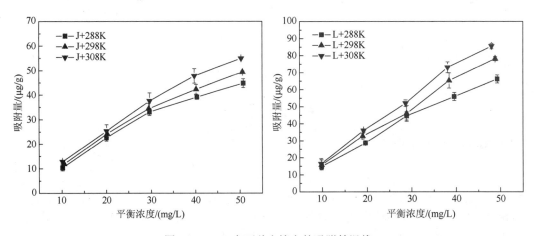

图 1.5　SMX 在两种土壤上的吸附等温线

从图 1.5 可以看出，SMX 在两种水稻土上的吸附等温线趋势相近，即随 SMX 初始浓度的升高，两种水稻土对 SMX 的吸附量均升高；在相同初始浓度下隆兴水稻土对 SMX 的吸附量均大于锦江水稻土。两种水稻土对 SMX 的吸附量均随着环境温度的升高而升高，且随着 SMX 初始浓度的升高，环境温度对吸附量的增量影响越显著。

3. 经典吸附等温模型拟合

吸附等温线的形状能在一定程度上描述 OCs 在土壤中的吸附过程。图 1.5 为 SMX 在两种土壤上的吸附等温线。由于 Henry 方程是 Freundlich 模型的特殊形式，仅采用 Langmuir 和 Freundlich 方程式对吸附结果进一步分析，所得图形拟合结果见图 1.6，所得数据结果见表 1.4。

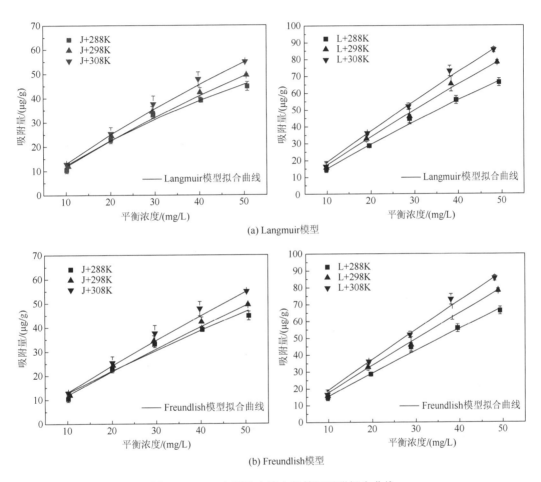

图 1.6　SMX 在两种土壤上的等温吸附拟合曲线

从图 1.6 可以看出，2 种吸附等温模型曲线均能较好地拟合 2 种水稻土对 SMX 的试验数据，拟合曲线几乎穿过试验所得数据点。而从表 1.4 可以看出 2 种模型拟合校正决定系数均在 0.97 以上，拟合程度较高。表明 2 种水稻土对 SMX 的吸附既符合 Langmuir 模型也符合 Freundlich 模型。但毛真等[23]、吴苗苗等[86]和曹艳贝等[87]分别对 SMX 在土壤、河道底泥和碳纳米管中进行试验发现吸附等温线以 Freundlich 模型最优，而 Langmuir 模型拟合相对较差。由此也体现了川西平原水稻土与其他土壤结构的差异性。

表 1.4　土壤吸附 SMX 的吸附等温线模型拟合结果

土壤	温度/℃	Langmuir			Freundlich		
		K_L/(L/mg)	q_{max}/(μg/g)	r_{adj}^2	K_F	$1/n$	r_{adj}^2
锦江 水稻土	15	9.050	146.3	0.985	1.899	0.818	0.975
	25	5.080	242.3	0.999	1.517	0.889	0.998
	35	4.790	283.2	0.999	1.654	0.894	0.999
隆兴 水稻土	15	2.940	530.2	0.995	1.841	0.924	0.993
	25	2.200	806.7	0.999	2.027	0.939	0.998
	35	1.620	1187.9	0.997	2.138	1.047	0.996

通过 Langmuir 模型拟合，锦江水稻土对 SMX 的最大吸附量在 15℃、25℃和 35℃时分别为 146.3μg/g、242.3μg/g 和 283.2μg/g，隆兴水稻土对 SMX 的最大吸附量在 15℃、25℃和 35℃时分别为 530.2μg/g、806.7μg/g 和 1187.9μg/g。由 Freundlich 方程的拟合结果可知，$1/n$ 的值范围在 0.818～1.047 之间，表明 SMX 在 2 种水稻土中均呈现非线性吸附。该值越远离 1，吸附的非线性越强，由此可以得出，锦江水稻土相对于隆兴水稻土呈现出非线性吸附略强。且随着温度的升高，非线性程度越弱。可以初步推断温度会影响土壤表面的活性点位量或者可交换的离子量。K_F 值代表吸附容量，锦江水稻土的值范围在 1.517～1.899，而隆兴水稻土的范围在 1.841～2.138，由此表明隆兴水稻土对 SMX 的吸附能力较锦江水稻土强，且隆兴水稻土随着温度的升高其对 SMX 的吸附能力有所增强，而锦江水稻土则出现波动，未表现出明显规律。通过对 2 种模型拟合结果发现，土壤对 SMX 的吸附过程可能包含土壤有机质的非均一性吸附、土壤表面的化学特异性吸附以及土壤内源 DOM 的干扰，多种机理的共同作用导致了其吸附过程的非线性。

4. 水稻土吸附 SMX 的热力学参数分析

根据公式（1-11），不考虑温度对 ΔH^θ 和 ΔS^θ 的影响，以 $\ln K$ 对 $1/T$ 作图，可从线性方程得出 ΔH^θ、ΔS^θ 值。其中隆兴水稻土 r^2 为 0.98，而锦江水稻土 r^2 为 0.39，说明锦江水稻土对 SMX 的吸附热力学线性变化不显著，以下仅对隆兴水稻土做热力学分析，如表 1.5 所示。

表 1.5　土壤中吸附 SMX 的热力学状态参数

土壤	温度/℃	$\ln K_F$	ΔH^θ/(kJ/mol)	ΔS^θ/[J/(K·mol)]	ΔG^θ/(kJ/mol)
隆兴 水稻土	15	0.610			−1.461
	25	0.707	5.530	24.328	−1.751
	35	0.760			−1.946

通过测定吸附热可以判断出吸附过程的主要作用力。通过表 1.5 可知，隆兴水稻土对 SMX 的吸附焓变 ΔH^θ 是正值，表明此吸附是一个吸热过程，升高温度有利于其对 SMX

的吸附。吸附自由能变 ΔG^{θ} 是吸附驱动力的体现，ΔG^{θ} 为负值，表明吸附是自发过程；ΔG^{θ} 的绝对值随着温度升高而增大表明隆兴水稻土对 SMX 的吸附能力在一定温度范围内与温度成正相关。吸附熵变 ΔS^{θ} 为正值，表明吸附过程是熵变增加的过程。

对于吸附过程熵变 ΔS^{θ} 为正值，范顺利等[88]认为主要是由液相体系中溶剂分子的脱附引起，单个分子体积较大的吸附质在吸附到固相时会置换掉多个水分子，脱附的水分子越多熵增越大。焓变 ΔH^{θ} 为状态函数，与吸附过程无关，仅仅描述特定条件下反应体系对外界做功的变化，通常吸附作用一般表现为放热现象，因为在吸附过程中，自由活动的溶质分子移向固体表面，其分子运动速度会大幅降低，因此会释放出热量。当有化学键生成和特异性点位吸附时，会伴随着能量吸收和释放，说明隆兴水稻土对 SMX 的吸附存在化学键的结合或特异位点吸附。而锦江水稻土吸附热的非线性则可能是由复杂的多种吸附机理共同作用引起的。Maszkowska 等[89]将 ΔG^{θ} 在（−20～0）kJ/mol 范围认为是物理吸附，而 ΔG^{θ} 在（−800～−40）kJ/mol 范围认为是化学吸附。综上分析，隆兴水稻土对 SMX 的吸附，以物理吸附方式为主。

1.2.4　各种因素对 SMX 在水稻土吸附行为的影响

1. 材料与方法

1）试验材料
供试土壤见 1.2.1 节的材料与方法；吸附质材料见 1.2.2 节的材料与方法。
2）试验方法
试验溶液的配制、SMX 分析方法和数据分析方法见 1.2.2 节的材料与方法。

2. 水稻土性质的影响

1）批量吸附试验
试验方法见 1.2.2 节的材料与方法。
2）碳含量对 SMX 在水稻土上吸附量的影响
根据水稻土碳含量对 SMX 平衡吸附量（吸附时间 $t=168h$）的影响，绘制图 1.7。
当吸附时间为 168h，SMX 在水稻土 L1、L2、S1、S2、D1、D2、H1、H2、J1、J2、Y1 和 Y2 的吸附量（q_m）分别为 71.40μg/g、64.91μg/g、14.97μg/g、18.10μg/g、23.96μg/g、28.22μg/g、37.70μg/g、27.39μg/g、58.80μg/g、81.72μg/g、31.78μg/g 和 26.00μg/g，其大小顺序为：$q_{m(J2)} \geqslant q_{m(L1)} \geqslant q_{m(L2)} \geqslant q_{m(J1)} \geqslant q_{m(H1)} \geqslant q_{m(Y1)} \geqslant q_{m(D2)} \geqslant q_{m(H2)} \geqslant q_{m(Y2)} \geqslant q_{m(D1)} \geqslant q_{m(S2)} \geqslant q_{m(S1)}$。如表 1.1，水稻土 L1、L2、S1、S2、D1、D2、H1、H2、J1、J2、Y1 和 Y2 的碳含量（C%）分别为 2.48%、2.43%、2.69%、2.64%、2.42%、2.34%、5.96%、5.34%、2.01%、2.04%、4.89% 和 4.84%，其大小顺序为：$C\%_{(J1)} \leqslant C\%_{(J2)} \leqslant C\%_{(D2)} \leqslant C\%_{(D1)} \leqslant C\%_{(L2)} \leqslant C\%_{(L1)} \leqslant C\%_{(S2)} \leqslant C\%_{(S1)} \leqslant C\%_{(Y2)} \leqslant C\%_{(Y1)} \leqslant C\%_{(H2)} \leqslant C\%_{(H1)}$。J1、D2、D1、S2 和 S1 对 SMX 的吸附量随水稻土碳含量的增加而降低，Y2、Y1 和 H1 对 SMX 的吸附量随水稻土碳含量的增加而增加，J2、L2、L1 和 Y1 碳含量与水稻土对 SMX 的吸附量没有明

显关系。有研究表明土壤碳含量在 0.19%～2.05%时，发现耕种土的碳含量明显高于非耕种土，且碳含量与土壤吸附 OCs 的强度成正相关[23]。

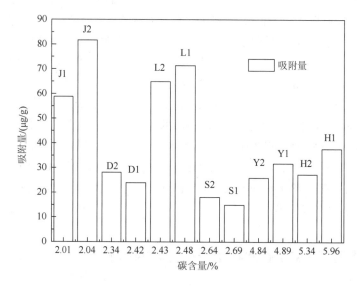

图 1.7　水稻土碳含量对 SMX 在水稻土上的吸附量（$t = 168h$）的影响

值得注意的是，J1、J2、L1 和 L2 水稻土对 SMX 的吸附量明显大于其他水稻土（S1、S2、Y1、Y2、D1、D2、H1 和 H2）。如表 1.1，这可能是由于水稻土 L1、L2、S1、S2、D1、D2、H1、H2、J1、J2、Y1 和 Y2 的 H/C*分别为 4.39、4.48、3.01、3.11、3.53、3.45、1.61、1.89、4.73、4.19、1.98 和 2.14，其大小顺序为：H/C*$_{(H1)}$≤H/C*$_{(H2)}$≤H/C*$_{(Y1)}$≤H/C*$_{(Y2)}$≤H/C*$_{(S1)}$≤H/C*$_{(S2)}$≤H/C*$_{(D2)}$≤H/C*$_{(D1)}$≤H/C*$_{(J2)}$≤H/C*$_{(L1)}$≤H/C*$_{(L2)}$≤H/C*$_{(J1)}$。J1、J2、L1 和 L2 的 H/C*较高，芳香性较弱，水稻土的极性强，更容易与 SMX 中的苯胺基和磺酰胺基（—SO$_2$NH）等极性官能团结合，故 J1、J2、L1 和 L2 对 SMX 的吸附量明显大于其他水稻土（S1、S2、Y1、Y2、D1、D2、H1 和 H2）。

3）比表面积对 SMX 固相平衡浓度的影响

对水稻土比表面积（SA）与 SMX 在水稻土上的平衡吸附量（吸附时间 $t = 168h$）做相关性分析，如图 1.8 所示。

如图 1.8，随着水稻土 SA 的增加，SMX 在水稻土上的吸附量逐渐增加。对 SMX 吸附量随水稻土 SA 变化的试验数据进行线性拟合，拟合直线在图 1.8 中用黑线表示。其中 $r^2 = 0.293$，表明线性方程不能很好地拟合试验数据；$r = 0.598$，根据《相关系数显著性检验表》可知，$r = 0.598 < r_{0.01,\ 10} = 0.708$，表明吸附量与水稻土 SA 的线性相关关系不显著。

但去除水稻土 J1 和 J2 后，再对 SMX 的吸附量随水稻土 SA 变化的试验数据进行线性拟合，拟合直线在图 1.8 中用粗线表示。其中 $r^2 = 0.882$，表明线性方程能很好地拟合试验数据；$r = 0.946$，根据《相关系数显著性检验表》可知，$r = 0.946 > r_{0.01,\ 10} = 0.768$，表明吸附量与水稻土 SA 的线性相关关系显著。该结果表明水稻土（除 J1 和 J2）SA 是影响 SMX 吸附量的重要因素，但更值得注意的是，水稻土 J1 和 J2 的试验数据偏离线性拟合直线（粗线）较远，属于异常点。

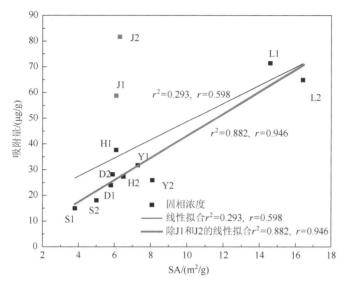

图 1.8　SA 与 SMX 在水稻土上的吸附量（t = 168h）之间的关系

　　SMX 在 J1 和 J2 上的吸附量明显大于大多数水稻土（S1、D1、H1、Y1、S2、D2、H2 和 Y2）。如表 1.1，这可能是由于水稻土 L1、L2、S1、S2、D1、D2、H1、H2、J1、J2、Y1 和 Y2 的 O/C*分别为 3.37、3.51、3.05、3.00、2.82、2.96、2.04、2.26、3.25、3.34、2.62 和 2.69，其大小顺序为：O/C*$_{(H1)}$≤O/C*$_{(H2)}$≤O/C*$_{(Y1)}$≤O/C*$_{(Y2)}$≤O/C*$_{(D1)}$≤O/C*$_{(D2)}$≤O/C*$_{(S2)}$≤O/C*$_{(S1)}$≤O/C*$_{(J1)}$≤O/C*$_{(J2)}$≤O/C*$_{(L1)}$≤O/C*$_{(L2)}$。J1 和 J2 的 O/C*高于 S1、S2、Y1、Y2、D1、D2、H1 和 H2 的 O/C*，水稻土 O/C*高，水稻土中羟基、羧基等官能团越多，极性越强，更容易与 SMX 中的苯胺基和磺酰胺基（—SO$_2$NH）等极性官能团结合，故 J1 和 J2 对 SMX 的吸附量明显高于其他水稻土（S1、S2、Y1、Y2、D1、D2、H1 和 H2）。

　　4）粒径对 SMX 在水稻土上吸附量的影响

　　根据水稻土性质对 SMX 在水稻土上吸附量的影响试验结果，绘出各水稻土对 SMX 的吸附量随水稻土粒径（d_{50}）的变化曲线，如图 1.9 所示。

　　如图 1.9，过 20 目筛的水稻土，在吸附时间为 168h 时，L1、T1、D1、H1、J1 和 Y1 水稻土的吸附量（q_m）分别为 71.40μg/g、14.97μg/g、23.96μg/g、31.78μg/g、58.80μg/g 和 37.70μg/g，其大小顺序为：$q_{m(L1)}$≥$q_{m(J1)}$≥$q_{m(Y1)}$≥$q_{m(H1)}$≥$q_{m(D1)}$≥$q_{m(S1)}$。L1、S1、D1、H1、J1 和 Y1 的中位粒径（d_{50}）分别为 6.84μm、16.14μm、9.97μm、8.90μm、8.51μm 和 7.29μm，其大小顺序为：$d_{50(L1)}$≤$d_{50(Y1)}$≤$d_{50(J1)}$≤$d_{50(H1)}$≤$d_{50(D1)}$≤$d_{50(S1)}$。L1、T1、D1、H1 和 J1 粒径越小，吸附量越高，这是由于粒径越小，比表面积越大（如表 1.1 所示），为 SMX 提供更多的吸附点位，导致吸附量较高。故过 20 目筛的水稻土（除 Y1 外，用红色字体表示），粒径对 SMX 吸附量的影响较大，其粒径越小，吸附量越大。然而，如表 1.1 所示，$d_{50(Y1)}$≤$d_{50(J1)}$

和 $q_{m(Y1)} \leqslant q_{m(J1)}$ 现象不仅是由于随着土壤粒径的减小，土壤颗粒层间域间距减小，SMX 分子进入水稻土内部空隙困难，导致水稻土对 SMX 的吸附量减少，还与 J1 和 Y1 水稻土的 $(N+O)/C^*$ 分别为 3.33 和 2.67、$(N+O)/C^*_{(J1)} \geqslant (N+O)/C^*_{(Y1)}$ 有关。一般而言，水稻土 $(N+O)/C^*$ 值越高，水稻土中羟基、羧基等官能团越多，极性越强，更容易与 SMX 中的苯胺基和磺酰胺基（—SO_2NH）等极性官能团结合。

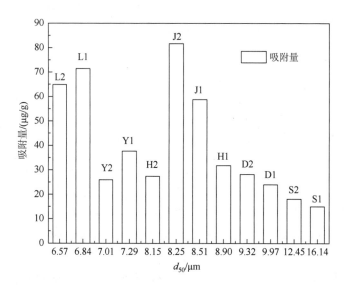

图 1.9　水稻土 d_{50} 对 SMX 吸附量（$t = 168h$）的影响

过 200 目筛的水稻土，在吸附时间为 168h 时，SMX 在 L2、S2、D2、H2、J2 和 Y2 上的固相浓度（q_m）分别为 64.91μg/g、18.10μg/g、28.22μg/g、27.39μg/g、81.72μg/g 和 26.00μg/g，其大小顺序为：$q_{m(J2)} \geqslant q_{m(L2)} \geqslant q_{m(D2)} \geqslant q_{m(H2)} \geqslant q_{m(Y2)} \geqslant q_{m(S2)}$。L2、S2、D2、H2、J2 和 Y2 的中位粒径（d_{50}）分别为：6.57μm、12.45μm、9.32μm、8.15μm、8.25μm 和 7.01μm，其大小顺序为：$d_{50(L2)} \leqslant d_{50(Y2)} \leqslant d_{50(H2)} \leqslant d_{50(J1)} \leqslant d_{50(D2)} \leqslant d_{50(S2)}$。L2、D2 和 T2 土壤粒径越小，$q_m$ 越大。Y2、H2 和 J2 表现出明显的差异性，这是由于水稻土 L2、S2、D2、H2、J2 和 Y2 的 $(N+O)/C^*$ 分别为 3.60、3.07、3.04、2.31、3.44 和 2.74，其大小顺序为 $(N+O)/C^*_{(H2)} \leqslant (N+O)/C^*_{(Y2)} \leqslant (N+O)/C^*_{(D2)} \leqslant (N+O)/C^*_{(S2)} \leqslant (N+O)/C^*_{(J2)} \leqslant (N+O)/C^*_{(L2)}$。可以看出，J2 的 $(N+O)/C^*$ 高于 S2、D2、Y2 和 H2 的 $(N+O)/C^*$，水稻土 $(N+O)/C^*$ 较高，水稻土中羟基、羧基等官能团较多，极性较强，更容易与 SMX 中的苯胺基和磺酰胺基（—SO_2NH）等极性官能团结合，故 J2 对 SMX 的吸附量明显大于其他水稻土（S2、D2、Y2 和 H2）。但是，过 200 目筛水稻土粒径与 SMX 吸附量之间未发现明显规律。因此，水稻土对 SMX 的吸附量不仅与水稻土粒径有关，还与水稻土 $(N+O)/C^*$ 等因素有关。

5）pH 对 SMX 在水稻土上吸附量的影响

SMX 吸附量（$t = 168h$）随水稻土 pH 变化的柱状图，如图 1.10 所示。SMX 在不同 pH 下的离子种类，如图 1.11 所示。

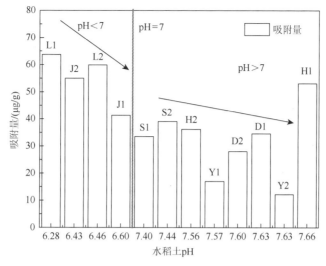

图 1.10 水稻土 pH 对 SMX 在水稻土上的吸附量（$t = 168h$）的影响

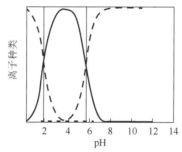

短虚线（- - -）代表阳离子，实线（——）代表中性分子，长虚线（— —）代表阴离子

图 1.11 SMX 在不同 pH 下的离子种类

如图 1.10，在吸附时间为 168h 时，SMX 在水稻土 L1、L2、S1、S2、D1、D2、H1、H2、J1、J2、Y1 和 Y2 的吸附量（q_m）分别为 63.69μg/g、59.91μg/g、33.54μg/g、39.08μg/g、34.58μg/g、28.03μg/g、53.13μg/g、36.20μg/g、41.30μg/g、55.04μg/g、16.93μg/g 和 12.21μg/g，其大小顺序为：$q_{m(L1)} \geqslant q_{m(L2)} \geqslant q_{m(J2)} \geqslant q_{m(H1)} \geqslant q_{m(J1)} \geqslant q_{m(S2)} \geqslant q_{m(H2)} \geqslant q_{m(D1)} \geqslant q_{m(S1)} \geqslant q_{m(D2)} \geqslant q_{m(Y1)} \geqslant q_{m(Y2)}$。如表 1.1，水稻土 L1、L2、S1、S2、D1、D2、H1、H2、J1、J2、Y1 和 Y2 的 pH 分别为 6.28、6.46、7.40、7.44、7.63、7.60、7.66、7.56、6.60、6.43、7.57 和 7.63，其大小顺序为：$pH_{(L1)} \leqslant pH_{(J2)} \leqslant pH_{(L2)} \leqslant pH_{(J1)} \leqslant pH_{(S1)} \leqslant pH_{(S2)} \leqslant pH_{(H2)} \leqslant pH_{(Y1)} \leqslant pH_{(D2)} \leqslant pH_{(D1)} \leqslant pH_{(Y2)} \leqslant pH_{(H1)}$。总体表现为 pH＜7 的水稻土（L1，J2，L2，J1，6.28 $\leqslant$ pH $\leqslant$ 6.60）对 SMX 的吸附量大于 pH＞7 的水稻土（S1、D1、H1、Y1、S2、D2、H2、Y2，7.40 $\leqslant$ pH $\leqslant$ 7.63）。如图 1.11 所示，这可能是由于 SMX 的 pK_a 为 1.7 和 5.7，即 pK_a 远小于 1.7 时，SMX 以阳离子形态为主；pK_a 在 1.7～5.7 时，SMX 的阳离子形态逐渐减小，中性分子形态逐渐增多；pK_a 大于 5.7 以后，SMX 以阴离子形态为主。试验水稻土 pH 在 6.28～7.63，随着 pH 的升高，SMX 中性分子形态逐渐减少，最终 SMX 以阴离子为主。水稻土 pH 较低时（6.28 $\leqslant$ pH $\leqslant$ 6.60），中性 SMX 中的甲基（—CH₃）等疏水性官能团与水稻土中脂肪链和芳香环等的疏水组分结合；SMX 中的苯胺基和磺酰胺基

（—SO₂NH）等亲水性官能团会与水稻土 DOM 中的羧基（R　COO⁻）和羟基（R—OH）等亲水组分相结合。随着水稻土 pH 的升高（$7.40 \leq pH \leq 7.63$），阴离子形态的 SMX 与负电性的水稻土表面之间存在静电斥力，水稻土对 SMX 的吸附量减小。

除 H1 外，总体表现为随着水稻土 pH 的升高，SMX 吸附量呈降低趋势。H1 水稻土的 pH 相对较高，H1 对 SMX 的吸附量也随之增加，表现出差异性。这是由于水稻土 L1、L2、S1、S2、D1、D2、H1、H2、J1、J2、Y1 和 Y2 的(O＋N＋S)%值分别为 11.62%、11.80%、11.36%、10.97%、9.86%、9.75%、16.90%、16.66%、9.21%、9.58%、17.66%和 17.85%，其大小顺序为：$(O+N+S)\%_{(J1)} \leq (O+N+S)\%_{(J2)} \leq (O+N+S)\%_{(D2)} \leq (O+N+S)\%_{(D1)} \leq$ $(O+N+S)\%_{(S2)} \leq (O+N+S)\%_{(S1)} \leq (O+N+S)\%_{(L1)} \leq (O+N+S)\%_{(L2)} \leq (O+N+S)\%_{(H2)} \leq$ $(O+N+S)\%_{(H1)} \leq (O+N+S)\%_{(Y1)} \leq (O+N+S)\%_{(Y2)}$。H1 的(O＋N＋S)%高于其他水稻土（L1、T1、D1、J1、L2、T2、D2、H2 和 J2，9 种）的(O＋N＋S)%。水稻土(O＋N＋S)%大体可以体现水稻土中各种有机官能团的含量，(O＋N＋S)%较高，水稻土中的特异性吸附点位较多。因此，H1 对 SMX 的吸附量较高，表现出特殊性。

3. 初始溶液 pH 的影响

1）试验方法

背景溶液：将 NaCl（成都市联合化工试剂研究所，分析级）与 NaN₃（成都市金山化学试剂有限公司，分析级）溶于超纯水，以 0.1mol/L NaOH 或 0.1mol/L HNO₃ 将 pH 调节为 2、3、4、5、6、7、8、9 和 10 的背景溶液。

SMX 初始溶液：准确称取一定量的 SMX 固体粉末，用不同 pH 的背景溶液配制成 SMX 浓度为 30mg/L 的初始溶液。

选择固液比为 100mg：1mL，分别取土样 L1、S1、D1、H1、J1、Y1、L2、S2、D2、H2、J2 和 Y2 各 1.5g 置于 15mL 旋口棕色样品瓶中，加入 pH 分别为 2、3、4、5、6、7、8、9 和 10 的 SMX 初始溶液，浓度为 30mg/L，各平行三次，共 324 个样品。将各样品瓶置于气浴恒温摇床，25℃，200r/min 振荡，在 168h 后取出样品瓶，将平行样分别离心、过滤后测定 SMX 浓度。

2）结果分析

水稻土对 SMX 的吸附量随初始溶液（不同 pH 的 SMX 溶液）pH 变化的曲线，如图 1.12 所示。

如图 1.12，水稻土对 SMX 吸附量随初始溶液 pH 的增大而减小。其中，区域 Ⅰ（pH＝2.0～7.0），随着 pH 的升高，水稻土对 SMX 的吸附量逐渐减小，且吸附量减少的速率较快。此时，S1、S2、Y1、Y2、D1、D2、H1、H2、L1、L2、J1 和 J2 水稻土对 SMX 的吸附量分别下降了 38.20%、28.45%、52.01%、63.42%、35.57%、17.15%、22.70%、27.66%、54.62%、64.87%、74.69%和 48.39%，平均值为 44%。区域 Ⅱ（pH＝7.0～10.0），随着 pH 的升高，水稻土对 SMX 的吸附量逐渐减小，但吸附量减小的速率较慢。此时，S1、S2、Y1、Y2、D1、D2、H1、H2、L1、L2、J1 和 J2 水稻土对 SMX 的吸附量分别下降了 1.26%、68.59%、31.84%、1.00%、44.55%、61.91%、41.44%、1.19%、10.83%、9.61%、1.68%和 9.76%，平均值为 24%。该现象是由于 SMX 是两性化合物，pK_a 为 1.7 和 5.7，即 pH

远小于 1.7 时，SMX 以阳离子形态为主；pH 由 1.7 增大到 5.7 时，SMX 以阳离子形态逐渐减少，SMX 以中性分子形态逐渐增多；pH 大于 5.7 以后，SMX 以中性分子形态逐渐较少，SMX 以阴离子形态渐增多，随着 pH 的继续增大，最终 SMX 以阴离子形态为主。当 SMX 为阳离子形态时，土壤表面存在的矿物可以和 SMX 进行阳离子交换，使 SMX 与水稻土结合在一起。SMX 中的甲基（—CH$_3$）等疏水性官能团能与水稻土中脂肪链和芳香环等的疏水组分结合；SMX 中的苯胺基和磺酰胺基（—SO$_2$NH）等亲水性官能团会与水稻土 DOM 中的（R—COO$^-$）和（R—OH）等亲水组分相结合，使得 SMX 吸附量较大。当 SMX 为中性分子形态时，SMX 不能通过阳离子交换与水稻土结合，导致吸附量降低。当 SMX 为阴离子形态时，SMX 与负电性的水稻土表面之间存在静电斥力，SMX 吸附量减小。因此，区域 I（pH＝2～7），SMX 阳离子形态逐渐减小，中性分子形态逐渐增多，水稻土对 SMX 的吸附量减小。区域 II（pH＝7～10），SMX 中性分子逐渐减小，阴离子逐渐增多，SMX 的吸附量进一步降低。王彬[24]也认为 3 种形态的 SAs 在土壤中吸附能力的顺序为：阳离子形态＞中性分子形态＞阴离子形态。

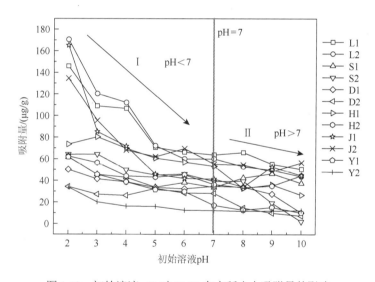

图 1.12　初始溶液 pH 对 SMX 在水稻土上吸附量的影响

4. 固液比和 SMX 初始浓度的影响

1）试验方法

选取在 1.2.2 节中对 SMX 的吸附效果较好的水稻土 L1 作为吸附剂，进行固液比、SMX 初始浓度对 SMX 在水稻土上吸附量的影响试验。分别选取固液比为 0.05g∶15mL、0.1g∶15mL、0.2g∶15mL、0.4g∶15mL、0.8g∶15mL、1.5g∶15mL 和 2g∶15mL，SMX 浓度为 1mg/L、10mg/L、20mg/L、30mg/L 和 60mg/L。取不同量的水稻土 L1 于 15mL 旋口棕色样品瓶中，加入不同浓度的 SMX 溶液 15mL，每种固液比和每种浓度各平行 3 次，共 105 个样品。将各样品瓶置于气浴恒温摇床，25℃，200r/min 振荡，在 168h 后取出样品瓶，将平行样分别离心、过滤后测定 SMX 浓度。

2）结果分析

吸附体系的固液比、SMX 初始浓度对水稻土上吸附量（$t = 168h$）的影响，如图 1.13 所示。

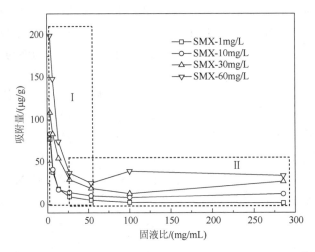

图 1.13　固液比和 SMX 初始浓度对水稻土吸附 SMX($t = 168h$)的影响

如图 1.13，在 SMX 的初始浓度相同时，随着固液比的增大，水稻土对 SMX 的吸附量逐渐减小的趋势，最终趋于平衡。区域 I 中，随着固液比的增大，各浓度的 SMX 吸附量下降较快，分别为 93.3%、87.7%、82.5% 和 87.4%，平均为 88%。区域 II 中，各浓度梯度 SMX 的吸附量基本没有变化，这是由于固液比过大（＞53.3mg/mL）、水稻土上吸附点位十分充足，表观吸附量变化不大。

以固液比为横坐标，水稻土对不同浓度 SMX 的吸附量与水稻土对浓度为 1mg/L SMX 吸附量的比值为纵坐标，做比值随固液比的变化图，如图 1.14 所示。

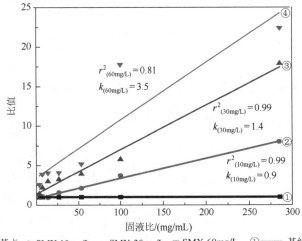

图 1.14　水稻土对浓度为 10mg/L、30mg/L 和 60mg/L 的 SMX 与浓度为 1mg/L 的
SMX 吸附量的比值随固液比的变化关系

如图 1.14，线①、②、③、④分别表示 SMX 浓度为 1mg/L、10mg/L、30mg/L 和 60mg/L 时，水稻土对 SMX 吸附量与水稻土对浓度为 1mg/L SMX 吸附量的比值随固液比变化的线性拟合直线。$r^2_{(10mg/L)}= 0.99$、$r^2_{(30mg/L)}= 0.99$、$r^2_{(60mg/L)}= 0.81$，表明线性方程能很好地拟合试验数据。当固液比相同时，SMX 的初始浓度越高，水稻土对 SMX 吸附量与基线偏离度越大，这是由于单位体积溶液中 SMX 初始浓度越高，水稻土与 SMX "相遇"概率越高，相互作用的频率就越大。$k_{(10mg/L)}= 0.9$、$k_{(30mg/L)}= 1.4$ 和 $k_{(60mg/L)}= 3.5$，表明随着固液比的增大，水稻土对 SMX 的吸附量逐渐增大。

1.2.5　水稻土中 SMX 解吸模型

1. 材料与方法

1）试验材料

供试土壤见 1.2.1 节的材料与方法；吸附质材料见 1.2.2 节的材料与方法。

2）水稻土对 SMX 的批量解吸试验

选择和批量吸附试验相同的固液比、SMX 浓度和样品数量。将各样品瓶置于气浴恒温摇床，在 25℃，200r/min 条件下振荡 168h（根据吸附试验结果，SMX 在 120h 左右达到吸附平衡，选择振荡 168h 来确保 SMX 在土壤上达到吸附平衡），168h 后取出所有样品，以 2000r/min 的速度离心 15min，取出全部上清液，测定各样品中上清液中的 SMX 浓度。然后，开始进行解吸试验，加入与各自取出液量大致相等的背景溶液于样品瓶中，准确记录加入的背景溶液体积，将各样品瓶置于气浴恒温摇床，在 25℃，200r/min 条件下振荡，并分别在解吸进行至 0.3h、0.5h、0.7h、1h、1.5h、2h、3h、4h、5h、6h、8h、12h、24h、36h、72h、96h、120h、144h 和 168h 时每种土各取出 3 个平行样品，将平行样品分别离心过滤后测定 SMX 浓度。

3）解吸量和解吸率的计算

SMX 在水稻土上吸附后，用 SMX 背景溶液进行解吸，解吸量（d_t）和解吸率（RR_t）的计算公式分别见式（1-12）和式（1-13）所示。

解吸量：

$$d_t = \frac{V_o C'_t}{W_S}$$　　　　　　（1-12）

解吸率：

$$RR_t = \frac{d_t}{q_{t=168h}} \times 100\%$$　　　　　　（1-13）

式中：$q_{t=168h}$ 为吸附时间 168h 时 SMX 的固相浓度，μg/g；d_t 为解吸时间 t 时 SMX 的解吸量，μg/g；RR_t 为解吸时间 t 时 SMX 的解吸率，%；V_o 为加入 SMX 溶液的体积，mL；C'_t 为在解吸时间 t 时 SMX 在液相中的浓度，mg/L；W_S 为投加水稻土的量，g。

4）SMX 分析方法

见 1.2.2 节的材料和方法。

2. 水稻土上 SMX 的解吸量和解吸率随时间的变化

根据批量解吸试验结果，绘制出各水稻土上 SMX 解吸量和解吸率随时间的变化曲线，如图 1.15 所示。

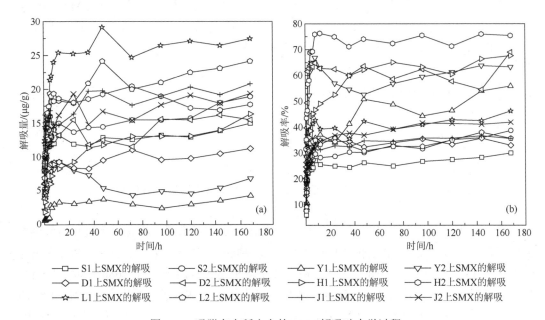

图 1.15　吸附在水稻土上的 SMX 解吸动力学过程

如图 1.15（a）所示，在 0~168h 内，随着解吸时间的延长，SMX 在不同来源的水稻土上的解吸过程具有相似的变化趋势，即解吸量随解吸时间的延长而逐渐增大，直至解吸时间为 140h 左右，解吸过程达到平衡。如图 1.15（b）所示，当解吸时间为 168h 时，吸附在水稻 S1、S2、Y1、Y2、D1、D2、H1、H2、L1、L2、J1 和 J2 土上的 SMX 的解吸率分别为 30.0%、38.7%、55.9%、63.2%、32.9%、68.9%、67.6%、75.4%、46.2%、35.6%、35.5%和 41.9%，其中 SMX 在 S1、S2、D1、L1、L2、J1 和 J2 上的解吸率均未达到 50%。表明解吸过程所消耗的时间要大于吸附过程，说明解吸过程存在滞后现象。另外，还可能是由于 SMX 能够被吸附进入到水稻土 S1、S2、D1、L1、L2、J1 和 J2 层间结构中，在解吸过程中层间结构中的 SMX 很难被释放出来，造成 SMX 解吸率不高。

SMX 在 12 种水稻土上的解吸率为 30.0%~75.4%，平均为 49%，表明 SMX 既能在水稻土上长期累积，也可以通过雨水淋溶等方式解吸到水生生态系统中，SMX 对土壤环境和水环境都会造成潜在危害。

3. 粒径对水稻土上 SMX 解吸量的影响

根据批量解吸试验结果，解吸时间为 168h 时，SMX 在不同粒径水稻土上的解吸量如图 1.16。

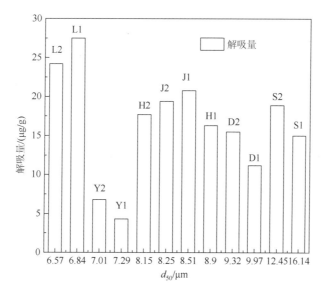

图 1.16　吸附在水稻土上的 SMX 解吸量与水稻土粒径之间的关系

如图 1.16，在解吸时间为 168h 时，S1、S2、T1、T2、D1、D2、H1、H2、J1、J2、Y1 和 Y2 的解吸量（d_t）分别为 27.5μg/g、24.2μg/g、15.0μg/g、18.9μg/g、11.2μg/g、15.5μg/g、16.3μg/g、17.7μg/g、20.8μg/g、19.4μg/g、4.3μg/g 和 6.8μg/g，其大小顺序为：$d_{t(L1)} \geqslant d_{t(L2)} \geqslant d_{t(J1)} \geqslant d_{t(J2)} \geqslant d_{t(S2)} \geqslant d_{t(H2)} \geqslant d_{t(H1)} \geqslant d_{t(S1)} \geqslant d_{t(D2)} \geqslant d_{t(D1)} \geqslant d_{t(Y2)} \geqslant d_{t(Y1)}$。根据各水稻土的粒径分布（表 1.1），水稻土 L1、L2、S1、S2、D1、D2、H1、H2、J1、J2、Y1 和 Y2 的中位粒径（d_{50}）分别为 6.84μm、6.57μm、16.14μm、12.45μm、9.97μm、9.32μm、8.90μm、8.15μm、8.51μm、8.25μm、7.29μm 和 7.01μm，其大小顺序为：$d_{50(L2)} \leqslant d_{50(L1)} \leqslant d_{50(Y2)} \leqslant d_{50(Y1)} \leqslant d_{50(H2)} \leqslant d_{50(J2)} \leqslant d_{50(J1)} \leqslant d_{50(H1)} \leqslant d_{50(D2)} \leqslant d_{50(D1)} \leqslant d_{50(S2)} \leqslant d_{50(S1)}$。结果表明，SMX 在水稻土上的解吸量与水稻土粒径之间没有明显的规律性（相关系数 $r = -0.12$）。

但 SMX 在水稻土 L1 和 L2 上的解吸量分别为 27.5μg/g 和 24.2μg/g，大于 SMX 在其他 10 种水稻土（S1、S2、Y1、Y2、D1、D2、H1、H2、J1 和 J2）上的解吸量。这可能是由于水稻土 L1 和 L2 的中位粒径（d_{50}）分别为 6.84μm 和 6.57μm，小于其他 10 种水稻土（S1、S2、Y1、Y2、D1、D2、H1、H2、J1 和 J2）的中位粒径，L1 和 L2 的中位粒径较小，土壤颗粒层间域间距减小，SMX 分子进入空隙困难，大部分吸附在土壤的表面。另外，水稻土粒径越小，在解吸时水稻土可以和溶液充分接触，使 SMX 能快速地从水稻土表面解吸出来。结合批量吸附试验（图 1.2），在吸附时间为 168h 时，L1 和 L2 对 SMX 的吸附量小于 J2 对 SMX 的吸附量，大于其他 9 种水稻土的吸附量，所以 L1 和 L2 对 SMX 的较大吸附量可能造成了 SMX 的解吸量较大。

1.2.6　小结

（1）过 20 目筛网水稻土粒径较 200 目的值大，且粒度分布更宽。不同来源水稻土对 SMX 的吸附量随吸附时间的延长逐渐增大。0～12h 时间段，水稻土对 SMX 的吸附速率较快；吸附时间人于 12～120h 时，吸附速率变小，在 120h 左右达到吸附平衡。相同时间内，黏性水稻土对 SMX 的吸附量大于大多数砂质水稻土。

（2）拟一阶动力学模型、拟二阶动力学模型和双室一级动力学模型均能较好地拟合水稻土吸附 SMX 的初始过程（0～3h）；随着时间的延长（3～168h），拟一阶、拟二阶和双室一级动力学模型的 SEE[a] 平均数依次降低，r_{adj}^2 依次升高，双室一级动力学模型优于拟二阶动力学模型，拟二阶动力学模型优于拟一阶动力学模型。双室一级动力学拟合曲线由斜率较大的快速吸附和斜率较小的慢速吸附阶段组成。快速吸附阶段发生在 0～12h，完成吸附的 68.3%～93.7%，慢速吸附阶段发生在 12～120h，快室吸附对总体吸附的贡献大于慢室吸附（$f_1 > f_2$）。随着土壤比表面积的增加，快室吸附比率呈递减趋势而慢室吸附比率呈现增大趋势。

（3）SMX 在不同来源的水稻土上的解吸过程具有相似的变化趋势，解吸量随解吸时间的延长而逐渐增大，直至 140h 左右达到解吸平衡，表明达到解吸平衡的耗时大于达到吸附平衡的耗时，解吸过程存在滞后现象。SMX 在 12 种水稻土上平均解吸率为 49%，表明 SMX 既能在水稻土上长期累积，也可以通过雨水淋溶等方式解吸到水生生态系统中，SMX 对土壤环境和水环境都会造成潜在危害。SMX 在水稻土上的解吸量与水稻土粒径之间没有明显的规律性。

1.3　腐解秸秆 DOM 对 SMX 吸附行为的影响

1.3.1　秸秆腐解 DOM 的制备与表征

1. 秸秆腐解 DOM 的制备

1）土壤菌种获取

土壤的采集方法为去掉表层约 5cm，用环刀切取若干土壤，于实验室静置 1d，过 20 目标准筛备用。精确称取 14.8g 湿土［相当于 10g 干土的质量（含水量测定）］加超纯水 100mL 溶于 250mL 锥形瓶中，振荡 2h，静置过夜。上清液经定量滤纸过滤即为菌种液。

2）秸秆的腐解

精确称取 3g 油菜秸秆（或水稻秸秆）碎末、30g 石英砂于 100mL 玻璃瓶中，加入上述选定的菌种液 5mL，添加超纯水 20mL，用锡箔纸封住瓶口，防止灰尘降入，并在锡箔纸上用针刺若干小孔使之通气。并在一定时间后取样提取 DOM。

3）DOM 的提取

腐解时间到达后取出样品，将样品用双层滤网过滤，去掉固体组分，然后将 DOM 溶液离心，以转速 8000r/min 离心 10min，温度 25℃，将溶液抽滤，滤膜孔径为 0.45μm。所得抽滤液即为 DOM。然后向溶液添加 0.1%的叠氮化钠，防止微生物降解。所得溶液备用于紫外、3D 荧光检测，取部分溶液进行冷冻干燥获得固态粉末的 DOM 用于红外光谱的检测。所提取的油菜秸秆 DOM 记为 DOM_y，所得的水稻秸秆 DOM 记为 DOM_s。

4）质量控制与质量保证

试验用水为 HPLC 级超纯水。玻璃器皿使用前用 10% HNO$_3$ 浸泡 24h，经超纯水清洗后，置于 450℃ 高温程序烘箱中烘烤 4h，保存备用。每一批样品均设有方法空白、基质加标、样品平行样等，全程跟踪样品制备及分析测试过程，考察对分析的影响，防止试验中其他因素的干扰和样品之间的交叉污染。数据采用 Origin、Matlab 等软件处理。

2. 秸秆腐解 DOM 的表征

1）DOM 的表征方法

采用 Liqui TOC Ⅱ 型总有机碳分析仪（德国 Elementar 公司）测定溶解性有机碳（dissolved organic carbon，DOC）；利用 Evolution 300 型紫外-可见吸收分光光度计（美国 Thermo Fisher 公司）表征紫外-可见吸收光谱，扫描波长 200~400nm，扫描间隔 1nm；利用 Spectrum100 傅里叶变换红外光谱仪（美国 PerkinElmer 公司）测定红外光谱，测样方法为衰减全反射（attenuated total reflection，ATR）法，扫描范围为 400~4000cm^{-1}，扫描间隔为 1cm^{-1}；采用 PTI 高级荧光瞬态稳态测量系统（美国 PTI 公司）表征荧光光谱，扫描范围 Ex = 200~550nm，Em = 250~600nm，狭缝宽度 5nm，响应时间 0.1s，重复扫描 50 次。

2）秸秆腐解 DOM 的表征分析

（1）溶解性有机碳含量分析。实验采用石英砂-水培养基，保持含水量约 80%，通过接种农田土壤菌液，自然降解水稻秸秆粉末和油菜秸秆粉末。DOM 的含量通常采用 DOC 的含量来表征，单位为 mg/L。农作物秸秆在有水和土壤微生物的作用下发生腐解。图 1.17 为 2 种农作物秸秆腐解过程中释放 DOC 的含量变化。

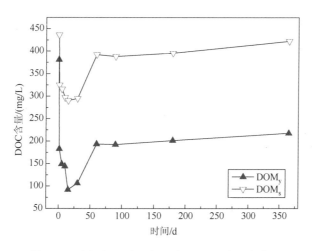

图 1.17　秸秆腐解过程中释放 DOC 的含量变化图

由图 1.17 可知，水稻秸秆释放的初始 TOC 含量略高于油菜秸秆；1d 后，2 种秸秆释放的 DOC 含量均快速降低，油菜秸秆降低更快，两者表现出了明显差异。DOC 含量的快速下降一方面来源于土壤菌液对 DOM 的生化利用，另一方面则为菌体与 DOM 的吸附或交联。经水土分离后菌体大多处于饥饿形态,秸秆释放的 DOM 中小分子化合物是其易于利用的营养物质,被快速地吸收或分解;秸秆释放的游离态 DOM 在遇到电负性较强和表面粗糙的微生物菌体时,能产生快速的静电吸附和菌体与大分子 DOM 的交联。在 5~15d 阶段,两者 DOC 含量下降趋势均有所减缓,而水稻 DOC 含量减缓程度更为明显。经过第一阶段的微生物快速利用后,小分子 DOM 组分几乎被消耗殆尽,剩余分子量较大的 DOM 则需要先经微生物释放的各种酶逐步将其分解为较小的分子再为菌体所利用,由此 DOC 含量下降速度变得缓慢,而此阶段菌体与 DOM 大分子交联作用则有所减弱。第一阶段和第二阶段油菜秸秆和水稻秸秆释放的 DOC 变化速度的差异则可能来源于两种秸秆化学组成的差异,油菜秸秆含有更高浓度的脂质类物质,而水稻秸秆则以纤维素为主,纤维素的降解速度一般比脂质类物质慢得多。第三阶段 15~60d,两者 DOC 含量均快速上升;此阶段主要为体系中微生物进一步的繁殖,其过程中将对秸秆中难溶于水的有机质加以利用,使其转化为溶解态的有机质,同时在微生物的利用过程中也会相应地产生一些溶于水的胞外分泌物。而后秸秆培养体系趋于平稳,微生物对秸秆的利用达到饱和状态,其溶液中的 DOM 主要为秸秆中难以生化利用的溶解态大分子组分和经微生物利用后生成的腐殖类大分子物质,如腐殖酸、富里酸等,微生物活动能力明显降低,可能处于静止期状态。

(2)芳香化程度分析-紫外-可见光光谱特征值分析。紫外-可见光光谱是最早应用于表征 DOM 结构特性的分析方法。DOM 中含有大量小分子的有机酸、碳水化合物、氨基酸和大分子的富里酸和腐殖酸等,其紫外-可见光吸收光谱会随波长增大而减小。对 DOM 的紫外-可见光光谱特征研究常用吸光度来表征。O'Donnell 等[90]研究表明,DOM 的芳香化程度还可以用 $SUVA_{254}$ 值来表示,其值越大,芳香化程度越高;$SUVA_{254}$ 值为波长 254nm 处的紫外吸光系数与 DOC 浓度的比值。此外,250nm 和 365nm 处的吸光度之比(E_2/E_3)也能够表征 DOM 芳香性及其分子量大小,E_2/E_3 与 DOM 的芳香性呈负相关。

图 1.18(a)为秸秆腐解过程中 $SUVA_{254}$ 值变化趋势;图 1.18(b)为秸秆腐解过程中 E_2/E_3 值变化趋势。

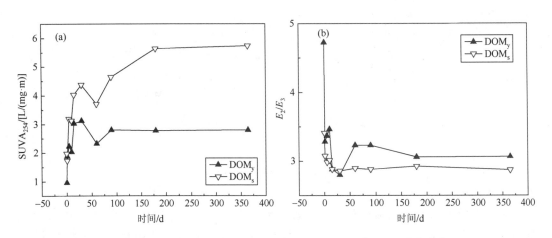

图 1.18 秸秆腐解过程中 $SUVA_{254}$ 值(a)和 E_2/E_3 值(b)动态变化

从图 1.18（a）中可知，2 种秸秆 DOM 随着腐解时间的延长，在 0～30d 范围时 SUVA$_{254}$ 值快速升高，然后在 30～90d，SUVA$_{254}$ 值先略微下降再缓慢上升，而后水稻秸秆在 90～180d，SUVA$_{254}$ 值继续上升，最后达到稳定状态，而油菜秸秆则在 90d 后达到稳定状态。油菜秸秆和水稻秸秆初始释放 DOM 的 SUVA$_{254}$ 值分别为 0.97L/(mg·m) 和 1.98L/(mg·m)，表明水稻秸秆本身 DOM 芳香化程度高于油菜秸秆，由此也对应了上述 2 种秸秆释放 DOC 的含量变化，油菜秸秆 DOM 因其芳香性物质含量较低能较快被微生物利用。随着腐解的进行，2 种秸秆 DOM 芳香化程度上升，表明了微生物对秸秆释放的 DOM 和秸秆难溶有机质的生化作用或酶作用。微生物倾向于利用易溶态的有机质和小分子有机质，而对难溶的且结构复杂的有机质难以利用。由此，在微生物大量繁殖生长阶段，DOM 中小分子有机质如脂肪酸、单糖和氨基酸等被利用，而使得结构复杂、芳香化程度高的有机物含量相对较高，故而在 0～30d DOM 中芳香性快速升高。随着腐解的继续进行，DOM 中芳香性先降低再升高则可能源于秸秆中某些难降解的纤维素、半纤维素、木质素和高分子蛋白质等在微生物胞外酶的作用下逐步降解，而后一些分解不彻底的产物被转化成腐殖质等大分子芳香性化合物。

从图 1.18（b）可知，2 种秸秆在初始阶段（0～30d）释放 DOM 的 E_2/E_3 值快速下降，反映的芳香化程度变化与 SUVA$_{254}$ 一致。随着腐解时间的延长，水稻秸秆释放 DOM 的 E_2/E_3 值变化不大，趋于平缓；而油菜秸秆释放 DOM 的 E_2/E_3 值先缓慢上升再缓慢下降最后趋于平稳。最终水稻秸秆所释放 DOM 芳香化程度高于油菜秸秆，其结果与 SUVA$_{254}$ 值反映结果一致。

以上结果表明，油菜秸秆和水稻秸秆在整个腐解过程中释放出的 DOM 芳香性、分子量的变化特征，并不是简单慢速释放，还包括微生物的直接利用和胞外酶的分解转化等多因素的共同作用。

（3）官能团分析-傅里叶变换红外光谱分析。农作物秸秆释放的 DOM 及其在腐解过程中所释放的 DOM，其化学组成和结构是非常复杂的，并且各组分很难有效分离出来。红外光谱分析技术能够在不损害样品的基础上直接检测出样品中所包含的主要官能团和化学键特征，常用于分析环境领域中复杂有机物质样品。图 1.19 为水稻秸秆和油菜秸秆初始释放 DOM 的红外光谱。

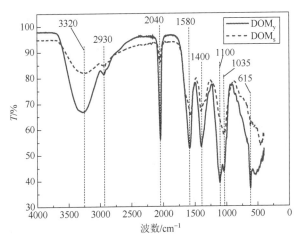

图 1.19　水稻秸秆和油菜秸秆初始释放 DOM 的红外光谱图

从图 1.19 可以看出，2 种农作物秸秆初始释放的 DOM，其红外光谱特征峰的位置基本一致，而峰的强度差异较明显，其表明水稻秸秆和油菜秸秆初始释放的 DOM 化学成分相似，但各组成的含量不同。主要红外吸收峰位置在 $3320cm^{-1}$、$2930cm^{-1}$、$2040cm^{-1}$、$1580cm^{-1}$、$1400cm^{-1}$、$1100cm^{-1}$、$1035cm^{-1}$、$615cm^{-1}$。根据文献调研[52,53,55]，各位置红外吸收峰的图谱解释见表 1.6。

表 1.6 红外光谱的特征吸收峰解释

峰位置/cm^{-1}	强度	来源归属	解释
3500～3300	宽	油菜和水稻	氢键缔合，—COOH、—OH 和酰胺类的—NH 伸缩振动
2930	中	油菜和水稻	脂肪族和脂环族—CH_2 的伸缩振动
2040	强	油菜和水稻	碳碳三键的不对称伸缩振动
1580	强	油菜和水稻	C＝C、共轭键 C＝O、—COO—、羧酸盐不对称伸缩振动，N—H 的弯曲
1400	强	油菜和水稻	脂肪族中—CH_3、—CH_2、—CH 对称变形振动，—COOH 上的不对称伸缩振动，或 C—O、C—N 伸缩振动
1100	强	油菜	Si—O 伸缩振动，碳水化合物 C—O 伸缩振动
1035	肩/中	油菜和水稻	碳水化合物 C—O 伸缩振动，或无机 Si—O 伸缩振动
615	中/弱	油菜和水稻	碳碳三键上的 C—H 弯曲

结合表 1.6 可知，水稻秸秆和油菜秸秆所释放的 DOM 均含有—COOH、—OH、—NH、—COO—、C—O、C＝O、C＝C、—CH_3、—CH_2、—CH 以及碳碳键、脂肪族、脂环族和芳香环等化学结构或官能团，表明秸秆 DOM 含有大量氨基酸、脂质、糖类和纤维素等物质。水稻秸秆和油菜秸秆腐解过程 DOM 的红外光谱如图 1.20 所示。

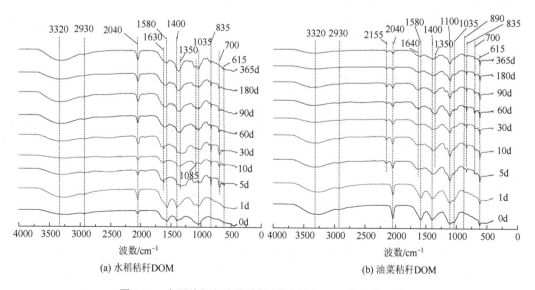

(a) 水稻秸秆DOM　　　　　(b) 油菜秸秆DOM

图 1.20 水稻秸秆和油菜秸秆腐解过程 DOM 的红外光谱图

从图 1.20 中可以看出，随着腐解时间的增加（0～356d），水稻秸秆 DOM 的光谱峰在 3320cm^{-1} 处变化不明显，而油菜秸秆 DOM 的光谱峰在 3320cm^{-1} 处减弱，表明腐解后的水稻秸秆 DOM 中—COOH、—NH 和—OH 的数量变化不大，而油菜秸秆 DOM 中—COOH、—NH 和—OH 的数量在减少。在 2930cm^{-1} 处的吸收峰，水稻秸秆和油菜秸秆所释放的 DOM 均逐渐减弱，表明 DOM 中的脂肪族或脂环族类有机酸被微生物所降解。在 2040cm^{-1} 处吸收峰有所减弱，表明—C≡C—部分被分解，此外油菜秸秆在腐解 5d 后，其 DOM 在 2155cm^{-1} 处出现新的吸收峰，表明有新的化学键生成。在第 5d 后，水稻秸秆和油菜秸秆 DOM 在 1580cm^{-1} 处的吸收峰分别位移至 1630cm^{-1} 处与 1640cm^{-1} 处且在 60d 后峰强有所减弱，此峰为木质素中芳香环相连的 C=O 伸缩振动及酰胺化合物[52]，表明 DOM 中羧酸脂类或氨基酸类被快速分解利用，木质素峰型得以凸显，60d 有所减弱则表明木质素在腐解后期微生物才对其有微弱的分解作用；在 1400cm^{-1} 处的吸收峰均偏移到 1350cm^{-1} 处，表明蛋白质逐步被分解为酰胺类化合物，最终转化为无机铵盐[85]。油菜秸秆 DOM 1100cm^{-1} 处的吸收峰，随着腐解的进行，峰型逐渐变得尖锐，这可能与腐解产生了大量的碳酸盐或硅酸盐有关。2 种秸秆 DOM 在 1035cm^{-1} 处的吸收峰随着腐解进行而减弱，表明一些糖类正在逐步降解，水稻秸秆 DOM 在第 5d 后于 1085cm^{-1} 处出现微弱吸收峰，为硅酸盐和二氧化硅物的吸收特征峰，说明硅酸盐类无机物开始积累。而后 DOM 在 890cm^{-1}、835cm^{-1} 和 700cm^{-1} 处的吸收峰出现并逐渐增强，也表明随着腐解的进行 DOM 中硅酸盐和碳酸盐的含量在上升。2 种秸秆 DOM 在 615cm^{-1} 处的吸收峰均变化不大，表明微生物对—C≡CH 的分解能力较弱。

（4）荧光组分分析-三维荧光光谱分析。三维荧光光谱图中三维分别是指激发波长 Em、发射波长 Ex 及对应的荧光强度，常用的表现形式为二维等高线图。DOM 能发生荧光现象主要是因为具有刚性平面结构以及电子共轭体，如色氨酸、络氨酸、富里酸、腐殖酸和芳香烃等。Stedmon 等[91]和吴丰昌[43]将 DOM 中的荧光物质和荧光峰分类如下：可见区类富里酸荧光（峰 C，Ex = 310～360nm，Em = 370～450nm），紫外区类富里酸荧光（峰 A，Ex = 240～270nm，Em = 370～440nm），类腐殖酸荧光（峰 F，Ex = 350～440nm，Em = 430～510nm），类蛋白荧光（峰 E，Ex = 260～290nm，Em = 300～350nm）；也有研究者将类蛋白荧光进一步分为类类酪氨酸荧光（Ex = 270～280nm，Em = 300～320nm）和类色氨酸荧光（Ex = 270～280nm，Em = 320～350nm）[92]。其中，类色氨酸和类络氨酸荧光峰反映的是非腐殖类组分，而类富里酸和类腐殖酸荧光峰反映腐殖类物质组分。2 种秸秆腐解过程 DOM 的三维荧光光谱如图 1.21 所示。

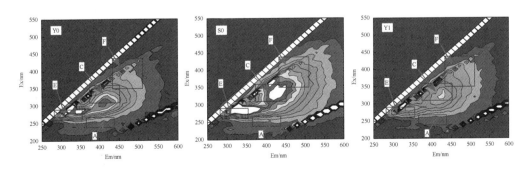

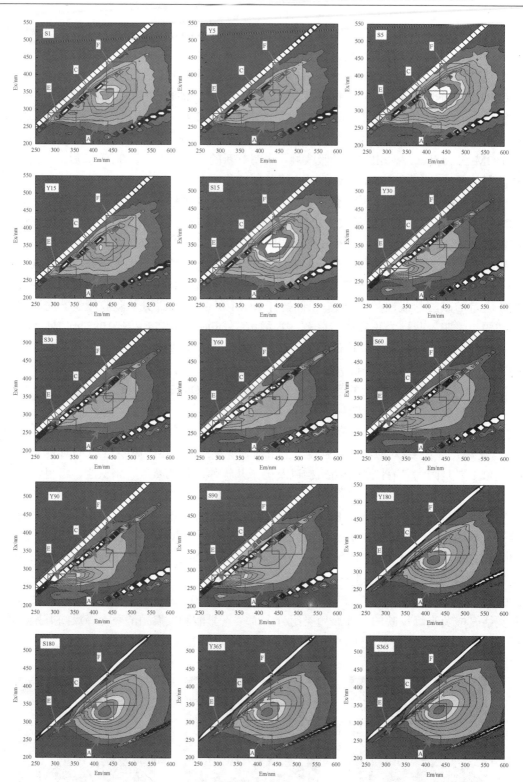

图 1.21　秸秆腐解过程 DOM 的三维荧光光谱图（图中 Y0～Y365 和 S0～S365，
分别指油菜秸秆和水稻秸秆在腐解 0～365d 所释放的 DOM）

从图 1.21 中可以看出，2 种秸秆初始释放的 DOM 荧光峰主要为可见区类富里酸荧光 A 峰和类蛋白荧光 F 峰，其他区域荧光峰不明显。类富里酸荧光 A 峰可能来源于寄生于秸秆的微生物残体或微量的秸秆表层腐解物。腐解过程释放的 DOM 随着腐解时间的延长，类蛋白荧光峰逐渐减弱直至消失，仅剩下可见区类富里酸荧光峰，表明腐解过程中来自秸秆的植物蛋白被微生物所分解利用，并转化为高分子的富里酸。

各区域荧光的强度一定程度上反映了 DOM 各组分的相对含量，结合荧光区域积分法（fluorescence regional integration，FRI）可深入分析 DOM 的组分变化特征。荧光区域积分法是将图 1.21 中各选定区域进行积分，其积分公式，如公式（1-14）所示：

$$\Phi_i = \iint I(\lambda_{ex}\lambda_{em})\,\mathrm{d}\lambda_{ex}\mathrm{d}\lambda_{em} \tag{1-14}$$

式中：Φ_i 为 i 区域的积分值；λ_{ex} 为激发波长，nm；λ_{em} 为发射波长，nm；$I(\lambda_{ex}\lambda_{em})$ 为 i 区域荧光强度。

通过各区域积分值与总光谱区域的积分比值可表示各组分相对含量比例。计算所得各区域荧光强度比例，具体计算结果见表 1.7。

表 1.7　2 种秸秆 DOM 各区域荧光强度占总荧光强度比例

秸秆	腐解时间/d	A/%	C/%	E/%	F/%
油菜秸秆	0	0.94	5.14	2.31	7.44
	1	0.56	3.40	1.12	9.65
	5	0.58	3.64	1.13	8.84
	15	0.50	3.58	0.75	10.45
	30	0.24	1.34	1.02	6.62
	60	0.20	1.53	0.79	6.72
	90	0.32	1.66	1.33	7.03
	180	1.01	8.78	0.66	11.23
	365	1.34	10.59	0.77	12.66
水稻秸秆	0	0.63	3.36	1.31	9.42
	1	0.54	3.57	0.81	10.56
	5	0.45	3.41	0.55	11.29
	15	0.49	3.63	0.50	12.02
	30	0.28	2.15	0.88	6.78
	60	0.26	1.51	0.83	7.50
	90	0.32	1.57	1.02	8.63
	180	1.36	11.00	0.46	12.96
	365	1.06	9.65	0.50	12.90

由表 1.7 可知，2 种秸秆 DOM 的类富里酸荧光 A 和 C 区域的积分值比例随着腐解时间的延长均表现为减小—增大的趋势；类蛋白荧光区域 E 为减小—增大—减小的变化规律，总体上则为逐渐减小；类腐殖酸荧光区域 F 则为先快速增大，而后快速减小再缓慢增大。该现象与微生物的腐解作用和秸秆 DOM 组分缓慢释放有关，0~15d 期间，随着

腐解时间延长，DOM 中 A、C 和 E 的荧光强度减弱，表明微生物不仅对秸秆 DOM 中氨基酸类有利用，对难以利用的类富里酸亦有分解。杨长明等[93]的研究也有相同报道；同时期 F 区域的类腐殖酸组成的荧光峰增强，一方面是微生物对非腐殖类物质利用而转化成腐殖酸，另一方面则是秸秆 DOM 中腐殖酸的缓慢释放。15～30d 期间油菜秸秆和水稻秸秆 DOM 中 A、C 和 F 均显著下降，唯独类蛋白荧光 E 显著增强，则可能是微生物的活跃高峰时期，在对秸秆淀粉、纤维素、木质素、多糖和蛋白质利用的同时，将生成大量的菌体胞外分泌物，如脂多糖和脂蛋白等。90～180d 区间，2 种秸秆 DOM 的类蛋白荧光 E 强度再次下降，表明微生物活动又开始减弱，这是由于营养物质逐渐减少，微生物活动转变为内源消耗，最后达到深度腐解。

　　2 种秸秆初始释放 DOM 的 4 种主要组分含量比例差异明显，其值分别为 0.94%/0.63%、5.14%/3.36%、2.31%/1.31% 和 7.44%/9.42%；而腐解进行 365d 后 2 种秸秆释放的 DOM 的各组分比例却较为相近，其值分别为 1.34%/1.06%、10.59%/9.65%、0.77%/0.50% 和 12.66%/12.90%。此现象可能是微生物将原秸秆释放的有机质分解转化，使 2 种秸秆 DOM 的差异明显减弱，随着腐解程度加深形成结构特性较为相同的腐殖质。Strobel 等[94]通过研究生长于砂土和黏土上的 4 种树木枯枝落叶层渗滤液 DOC 的化学组成和性质时发现其差异较微弱，并认为凋落物种间性质的差异不会导致 DOM 组成上的差异。代静玉等[49]则认为植物凋落物腐解后 DOC 的化学组成和性质由培养环境所决定。由此，本实验中油菜秸秆和水稻秸秆在长时间腐解后所呈现的组分较为相似的现象，可能是相类似的培养环境所决定的，而其本质则是由相同的微生物菌种的生理生化或酶作用引起。

1.3.2　不同腐解程度的 DOM 对 SMX 吸附的影响

1. 材料和方法

1）试验材料

供试土壤见 1.2.1 节的材料与方法；

吸附质材料见 1.2.2 节的材料与方法；

供试 DOM：见 1.3.1 节的秸秆腐解 DOM 的制备，不同腐解阶段秸秆释放 DOM。

2）溶液配制、SMX 检测与数据分析

试验溶液的配制、SMX 分析和数据分析方法见 1.2.2 节的材料与方法。

3）不同腐解程度的 DOM 对 SMX 的影响试验

将不同腐解程度的秸秆 DOM 溶液与 SMX 标准储备液作为标准溶液，以背景溶液为稀释剂配制混合吸附溶液。其各溶液成分为：SMX 浓度为 30mg/L，DOC 浓度为 100mg/L。其中不同腐解程度的秸秆 DOM 指秸秆经过 5d、10d、15d、30d、60d、90d、180d 和 365d 腐解后所释放的 DOM。

　　精确秤取 1.00g 供试验土壤（隆兴水稻土）置于 15mL 棕色小瓶。加入混合吸附溶液 15mL，25℃±1℃、150r/min 恒温振荡，吸附平衡后，静置 20min，取上清液检测 SMX 浓度。每个样品重复 3 次，设置无水稻土空白参照。共计 54 个样品。

2. 结果分析与讨论

在 1.3.1 节中了解到秸秆在不同腐解阶段所提取出的 DOM 不仅组分和特征官能团发生着变化，其 DOC 浓度也有显著变化。因此研究不同腐解程度 DOM 对 SMX 的吸附影响，重点研究秸秆腐解过程中 DOM 组分和特征官能团的变化对土壤吸附 SMX 的影响。实验初始吸附液体控制 SMX 浓度为 30mg/L，DOC 浓度为 100mg/L。不同腐解程度的秸秆 DOM 对土壤吸附 SMX 的影响结果，如图 1.22 所示。

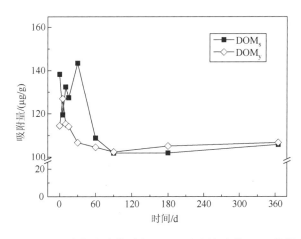

图 1.22　不同腐解程度的秸秆 DOM 对土壤吸附 SMX 的影响

由图 1.22 可知，在未腐解的油菜秸秆和水稻秸秆 DOM 的作用下，隆兴水稻土对 SMX 的吸附量分别为 115.259μg/g 和 140.008μg/g，而未添加 DOM 时，土壤对 SMX 的吸附量为 42.343μg/g，DOM 表现为显著的吸附促进作用。随着秸秆腐解时间的延长，其提取的 DOM 对土壤吸附 SMX 的促进作用逐渐减弱，而在腐解 90d 后，提取出的 DOM 对吸附的影响程度趋于稳定，在 90d、180d 和 365d 时所提取的油菜秸秆 DOM 和水稻秸秆 DOM 作用下，土壤对 SMX 的吸附量分别为 103.330μg/g、105.077μg/g、106.659μg/g 和 101.800μg/g、101.853μg/g、105.757μg/g。2 种秸秆腐解 90d 后提取的 DOM 对土壤吸附 SMX 的吸附量差异不明显，可能与腐解后 DOM 的组分和性质有关。在 1.3.1 节中对腐解秸秆 DOM 的表征也发现腐解后 2 种秸秆的组分差异不明显。从 1.3.1 节中，还了解到秸秆在腐解过程中，所提取的 DOM 主要的性质变化为芳香性逐渐升高、有机官能团逐渐减少，有机质逐渐腐殖化和无机化。此外，随着腐解的进行，初始阶段的 DOM 以分子量相对较小的亲水性的碳水化合物、酰胺类化合物和糖类为主，而随着微生物的分解利用，将生成更大量小分子酸和中间产物。由此，在 30d 以前提取出 DOM 作用下土壤对 SMX 的吸附量出现增高又降低的现象，此时的物质组分相对复杂多样，尤其在蛋白质、多糖等水解时会暴露出大量的—OH、—COOH 或者—NH_2 等活性基团，会增加其与 SMX 的结合概率。唐东民等[95]在研究稻草秸秆腐解过程中发现腐解时间越长，所提取 DOM 中亲水组分占比越低，而疏水组分占比越高，而组分的疏水性与芳香性呈正相关，这与本实验结果较为一致。而腐解后期所提取 DOM 对 SMX 的吸附增量较腐解前期少，可能与其组分的疏水性比例相关。因为 SMX 是一种水溶性较大并带有两个亲水基的化合物，当疏水性成分比例增高时，一定程度上降低了 DOM 与 SMX 的结合率，从而影响了共吸附和累积吸附的效果。

1.3.3 腐解秸秆 DOM 对 SMX 吸附行为特征的影响

1. 材料和方法

1）试验材料

供试土壤见 1.2.1 节的材料与方法；

吸附质材料见 1.2.2 节的材料与方法；

供试 DOM：见 1.3.1 节的秸秆腐解 DOM 的制备，腐解 365d 后水稻秸秆和油菜秸秆所释放的 DOM 分别记为 DOM_{sf} 和 DOM_{yf}。

2）溶液配制与 SMX 分析

试验溶液的配制、SMX 分析方法见 1.2.2 节的材料与方法。

3）吸附动力学试验

称取 1.00g 隆兴水稻土于 15mL 棕色瓶中，分别加入含一定浓度的 SMX 和 DOM 的吸附液 15mL，恒温 25℃±1℃振荡，振荡频率 150r/min，分别于 0.5h、1h、3h、6h、12h、18h、24h、48h、72h、96h、120h 和 168h 取出样品，静置 20min，取上清液检测 SMX 浓度。每个样品重复 3 次，设置无水稻土空白参照。共计 72 个样品。

4）吸附热力学试验

称取 1.00g 隆兴水稻土于 15mL 棕色瓶中，分别加入含一定浓度的 SMX 和 DOM 的吸附液 15mL，放入 15℃（288K）、25℃（298K）和 35℃（308K）的环境中进行振荡，振荡频率 150r/min。达到平衡时间（以动力学实验确定平衡时间）后取出样品，静置 20min，取 2mL 上清液检测 SMX 浓度。每个样品重复 3 次，设置无水稻土空白参照。共计 30 个样品。

5）数据分析方法

动力学参数分析见 1.2.2 节的材料和方法；热力学参数分析见 1.2.3 节的材料和方法。

2. DOM 对动力学的影响

在腐解秸秆 DOM 作用下，土壤对 SMX 的吸附速率曲线见图 1.23。

从图 1.23 中可以看出，加入腐解秸秆 DOM 后，吸附过程依然呈现明显的先快后慢的阶段性特征，吸附初始阶段 SMX 较迅速被土壤所吸附，吸附平衡时间约为 72h；在 2 种腐解后的秸秆 DOM 作用下，平衡吸附量均约为 100μg/g，无明显的差异。双室一级动力学方程拟合结果见表 1.11，水稻秸秆和油菜秸秆腐解 DOM 影响下吸附过程拟合的校正决定系数 r_{adj}^2 分别为 0.967 和 0.928，呈现较好的相关性。腐解秸秆 DOM 对土壤吸附 SMX 的影响与未腐解秸秆 DOM 影响较为相似，均表现为吸附初始阶段土壤对 SMX 的吸附速率快速上升，随平衡时间延长，平衡吸附总量上升。从而可以得出，腐解秸秆 DOM

对土壤吸附 SMX 影响过程的机理与未腐解秸秆 DOM 相似，初始阶段以共吸附为主，而慢吸附阶段以累积吸附为主，平衡吸附总量的上升，与外源 DOM 为土壤固相所提供的总有机含量和吸附位点的增加相关。腐解秸秆 DOM 影响下的平衡吸附量较未腐解秸秆 DOM 影响下平衡吸附量的下降与秸秆腐解后 DOM 的组分变化相关。

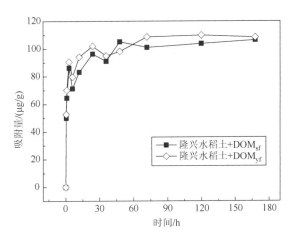

图 1.23　秸秆 DOM 对土壤吸附 SMX 速率变化影响曲线

通过对 DOM 作用下土壤吸附 SMX 在初始阶段（初始 1h）和后续阶段（后续 167h）的吸附贡献计算，所得数据如图 1.24 所示。

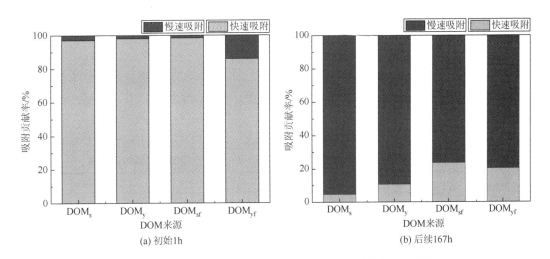

图 1.24　DOM 作用下土壤吸附快慢单元在不同时段的吸附贡献

由图 1.24 可知，在初始阶段 DOM 作用下，DOM_s、DOM_y、DOM_{sf} 和 DOM_{yf} 的快速吸附单元对总体吸附的贡献率分别为 97.10%、98.08%、98.49% 和 86.02%，而在后续 167h 内，以慢速吸附单元的贡献为主，其贡献比例分别为 95.28%、90.52%、76.32% 和 79.57%。而在未加入 DOM 的条件下，吸附初始阶段快速吸附单元的贡献比例为 98.94%，DOM 作用下其贡献比例略微下降，表明 DOM 作用下虽然土壤能在初始阶段大量吸附 SMX，但 SMX 并不是直接吸附到土壤的固相表面，而是先与 DOM 结合再发生共吸附，由此一定程度上降低了此时快速吸附单元的贡献比例。后续吸附阶段，未加入 DOM 条件下慢速吸附单元的贡献比例为 95.16%，DOM_s 和 DOM_y 对慢速吸附单元的贡献比例影响较弱，但 DOM_{sf} 和 DOM_{yf} 作用下则慢速吸附单元的贡献比例下降明显，这可能是秸秆腐解后所提取的 DOM 的芳香性和疏水性的增强减弱了对 SMX 的结合作用，从而减弱了后期的累积吸附作用。

3. DOM 对热力学的影响

腐解秸秆 DOM 作用下，隆兴水稻土吸附 SMX 的热力学等温线如图 1.25 所示。

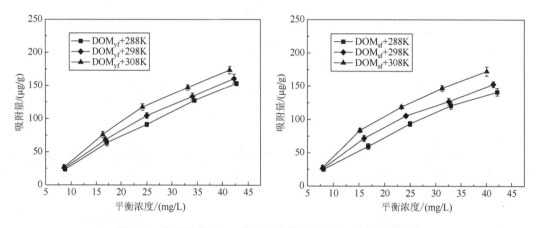

图 1.25　腐解秸秆 DOM 作用下土壤吸附 SMX 的吸附等温线

从图 1.25 可以看出，腐解秸秆 DOM 作用下，土壤对 SMX 的吸附量依然随着温度的升高而增大。通过 Langmuir 和 Freundlich 方程式对吸附结果进行拟合，所得拟合结果见表 1.8。

表 1.8　未腐解秸秆 DOM 作用下土壤吸附 SMX 吸附等温线模型拟合结果

DOM 种类	温度/℃	Langmuir			Freundlich		
		K_L/(L/mg)	q_{max}/(μg/g)	r^2_{adj}	K_F	$1/n$	r^2_{adj}
DOM_{yf}	15	0.068	53249	0.987	2.834	1.071	0.990
	25	0.139	28255	0.977	3.519	1.032	0.978
	35	0.440	10089	0.968	3.918	1.032	0.968
DOM_{sf}	15	0.935	3890	0.985	3.419	1.010	0.985
	25	4.600	989	0.968	4.819	0.944	0.961
	35	5.140	1068	0.951	5.866	0.940	0.944

由表 1.8 可知，Langmuir 模型拟合结果虽然其校正决定系数在 0.951 以上，但其饱

和吸附量 q_{max} 与吸附系数呈负相关或无关，且 DOM_{yf} 作用下饱和吸附量已在 10089μg/g 以上，其热力学过程不适合 Langmuir 模型。Freundlich 方程式则表现出了较好的拟合结果，吸附系数 K_F 值与温度呈正相关，校正决定系数 r_{adj}^2 的值均在 0.944 以上，表现出良好的相关性。拟合特征常数 $1/n$ 的值在 0.940～1.071，与 DOM_s、DOM_y 作用下和无 DOM 作用下的范围均相近，表明吸附过程的非线性程度依然不大，吸附作用仍以分配为主。

　　通过吉布斯方程计算腐解秸秆 DOM 作用下吸附过程的热力学参数，其计算方法见 1.2.3 节中热力学参数分析，结果如表 1.9 所示。

表 1.9　腐解秸秆 DOM 作用下土壤中吸附 SMX 的热力学状态参数

DOM 种类	温度/℃	lnK_F	ΔH^{θ}/(kJ/mol)	ΔS^{θ}/[J/(K·mol)]	ΔG^{θ}/(kJ/mol)
	15	1.042			−2.494
DOM_{yf}	25	1.258	11.984	50.403	−3.117
	35	1.366			−3.497
	15	1.229			−2.944
DOM_{sf}	25	1.573	19.959	79.694	−3.896
	35	1.769			−4.530

　　由表 1.9 结果可知，腐解秸秆 DOM 作用下，标准吸附自由能 ΔG^{θ} 为负值，吸附焓变 ΔH^{θ} 为正值，表明此吸附过程仍是自发的吸热过程。其标准吸附自由能 ΔG^{θ} 值范围在 −4.530～−2.494kJ/mol，两种腐解秸秆 DOM 的影响差异不明显，而未加入 DOM 时标准吸附自由能 ΔG^{θ} 的范围为 −1.946～−1.461kJ/mol，未腐解 DOM 作用下则为 −4.497～−2.865kJ/mol，表明腐解后秸秆 DOM 与未腐解秸秆 DOM 对吸附过程吉布斯自由能影响无明显差异。DOM_{sf} 和 DOM_s 之间差异不明显，其焓变分别为 19.959kJ/mol 与 79.694J/(K·mol)，熵变分别为 19.013kJ·mol 与 76.000J/(K·mol)，而 DOM_{yf} 和 DOM_y 之间却呈现了明显的变化，其焓变分别为 11.984kJ·mol 与 50.403J/(K·mol)，熵变分别为 18.835kJ·mol 与 76.248J/(K·mol)（见表 1.9 和表 1.13）。DOM_{yf} 和 DOM_y 之间焓变和熵变的差异，可能源于腐解后油菜秸秆 DOM 中—COOH、—OH 和—NH 基团显著减少。因为油菜秸秆在腐解过程中释放的 DOM 在红外光谱 3320cm⁻¹ 位置的吸收峰逐渐减弱，而水稻秸秆释放的 DOM 在该位置的吸收峰变化不明显。此外，腐解后的 DOM_{yf} 的芳香性略大于 DOM_{sf}，芳香性越大其疏水性越大，虽然 DOM_{yf} 与 DOM_{sf} 对土壤吸附 SMX 的吸附量影响差异不明显，但对于其热力学反应参数不排除存在差异的可能。其次，DOM_{yf} 与 DOM_{sf} 影响差异在动力学分析中，其初始吸附阶段也出现了差异，DOM_{yf} 作用下的快速吸附单元贡献比例明显低于 DOM_y、DOM_s 和 DOM_{sf}，因此其热力学熵变和焓变的差异，可能来源于初始吸附阶段共吸附的影响，其本质原因是油菜秸秆腐解释放的 DOM 相对于未腐解时芳香化程度更高，羧基、氨基和氨基等官能团明显减少。

1.3.4　小结

腐解和未腐解秸秆 DOM 均表现为显著的吸附促进作用。但随着秸秆腐解时间的延长,提取的 DOM 对土壤吸附 SMX 的促进作用逐渐减弱。腐解 90d 后,DOM 对吸附的影响程度趋于稳定,在 90d、180d 和 365d 时所提取的油菜秸秆 DOM 和水稻秸秆 DOM 作用下,隆兴水稻土对 SMX 的吸附量分别为 103.330μg/g、105.077μg/g、106.659μg/g 和 101.800μg/g、101.853μg/g、105.757μg/g。腐解后期所提取 DOM 对 SMX 的吸附增量较腐解前期少,可能与其组分的疏水性比例相关。

通过吸附动力学研究发现,腐解秸秆 DOM 对土壤吸附 SMX 的影响与未腐解秸秆 DOM 的影响较为相似,均表现为吸附初始阶段土壤对 SMX 吸附速率的快速上升,随平衡时间延长,平衡吸附总量上升。通过对吸附初始阶段和后续阶段快、慢吸附单元贡献比例计算,表明 DOM 的介入既降低了初始阶段快速吸附贡献比例,也降低了后续阶段慢速吸附贡献的比例。

通过热力学研究发现,腐解和未腐解秸秆 DOM 对土壤吸附 SMX 的热力学变化规律相同,其吸附过程不符合 Langmuir 模型规律,而较符合 Freundlich 模型,吸附过程非线性程度不大,吸附作用仍以分配为主。热力学分析表明,此吸附过程仍是自发的吸热过程。腐解秸秆 DOM 与未腐解秸秆 DOM 对吸附过程吉布斯自由能影响无明显差异,表明两者之间对吸附驱动力的影响不明显。腐解油菜秸秆 DOM 对土壤吸附 SMX 过程的熵变和焓变较未腐解油菜秸秆 DOM 发生了变化,其变化可能产生于吸附初始阶段,而本质原因则是腐解后油菜秸秆 DOM 组分和官能团发生了改变。

1.4　未腐解秸秆 DOM 对 SMX 吸附行为的影响

1.4.1　未腐解秸秆 DOM 对土壤吸附 SMX 的影响机理

1. 材料和方法

1）试验材料

供试土壤见 1.2.1 节的材料与方法;

吸附质材料见 1.2.2 节的材料与方法;

供试 DOM:见 1.3.1 节的秸秆腐解 DOM 的制备,未发生腐解秸秆释放 DOM,水稻秸秆 DOM 记为 DOM_s,油菜秸秆 DOM 记为 DOM_y。

2）溶液配制、SMX 检测与数据分析

试验溶液的配制、SMX 分析和数据分析方法见 1.2.2 节的材料与方法。

3）不同浓度的 DOM 对 SMX 的影响试验

将未发生腐解的秸秆 DOM 溶液与 SMX 标准储备液作为标准溶液,以背景溶液为稀释剂配制混合吸附溶液。其各溶液成分为:SMX 浓度为 30mg/L,DOC 浓度分别为 10mg/L、

20mg/L、40mg/L、60mg/L、80mg/L 和 100mg/L。精确秤取 1.00g 供试验土壤（L 和 J）置于 15mL 棕色小瓶中。加入混合吸附溶液 15mL，25℃±1℃、150r/min 恒温振荡，吸附平衡后，静置 20min，取上清液检测 SMX 浓度。每个样品重复 3 次，设置无水稻土空白参照。共计 36 个样品。

4）土壤内源 DOM 对 SMX 的影响试验

分别选取一定量锦江水稻土和隆兴水稻土，以水土比为 100mL∶10g 用纯水浸泡后，置于恒温振荡箱，200r/min 振荡 2h，重复 3 次。洗涤后的土壤先经固液分离，再用冷冻干燥机干燥，干燥后样品命名为：Jx 和 Lx，分别指洗涤后的锦江水稻土和隆兴水稻土。

分别精确称取 1.00g 各水稻土 L、J、Lx 和 Jx 于 15mL 棕色瓶中，各加入浓度分别为 10mg/L、20mg/L、30mg/L、40mg/L 和 50mg/L 的 SMX 吸附液 15mL，放入 25℃的环境中进行振荡，振荡频率 150r/min。达到平衡时间（以动力学实验确定平衡时间）后取出样品，静置 20min，取上清液检测 SMX 浓度。每个样品重复 3 次，设置无水稻土空白参照。共计 60 个样品。

5）土壤对秸秆 DOM 的吸附试验

以背景溶液为稀释剂将第 3 章中未发生腐解的秸秆 DOM 溶液（DOM_y 与 DOM_s）配制成浓度为 0mg/L、10mg/L、20mg/L、40mg/L、60mg/L、80mg/L 和 100mg/L 的 DOM 溶液。精确秤取 1.00g 供试验土壤（L 和 J）置于 15mL 棕色小瓶中。加入配制后的 DOM 溶液 15mL，25℃±1℃、150r/min 恒温振荡，吸附平衡后，静置 20min，取上清液检测溶液中 DOC 浓度。每个样品重复 3 次，设置无水稻土空白参照。共计 42 个样品。

2. 秸秆 DOM 浓度对 SMX 吸附的影响

通过添加不同浓度的 DOM 得到 DOM 浓度对 SMX 的吸附影响曲线，如图 1.26 所示。

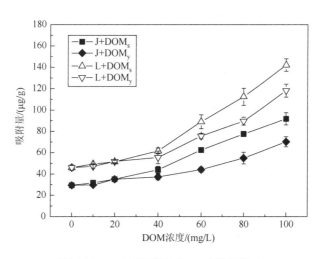

图 1.26　DOM 浓度对 SMX 吸附的影响

由图 1.26 可知，随着 DOM 浓度的增加，2 种水稻土对 SMX 的吸附量逐渐增加，在低浓度时（10～40mg/L），影响不明显；当 DOM 浓度大于 40mg/L 后，DOM 浓度越高，其对土壤吸附 SMX 的促进作用越显著。且相同 DOM 浓度下水稻秸秆来源 DOM 对土壤吸附 SMX 的促进作用要强于油菜秸秆来源 DOM，而 2 种植物秸秆 DOM 对隆兴水稻土吸附 SMX 的促进作用较锦江水稻土强。Ling 等[96]研究表明，在一定浓度范围内，污泥来源的 DOM 浓度与阿特拉津的吸附分配系数呈正相关，对其在土壤上的吸附表现为促进作用，而达到一定浓度后，则表现为抑制作用。Gao 等[97]探讨了土壤中提取的 DOM 对菲迁移行为的影响，也发现了类似规律。凌婉婷等[41]进一步研究发现，该临界现象与土壤有机质含量极为相关，土壤有机质含量越高则 DOM 的临界浓度越低。由此对于本实验对象隆兴水稻土和锦江水稻土，秸秆 DOM 浓度在 40～100mg/L 范围内对土壤吸附 SMX 表现为促进作用，DOM 临界浓度大于 100mg/L。

3. 土壤内源 DOM 对 SMX 吸附的影响

虽然土壤中内源 DOM 为水溶性，但在土壤颗粒与水溶液的界面上依然有一定的分配比例。用纯水浸泡 2 种水稻土（水土比 100mL∶10g），振荡一定时间再自然风干，连续重复 3 次，溶液中 DOC 的浓度变化如图 1.27 所示。

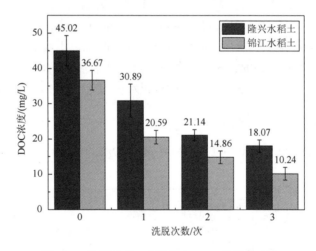

图 1.27　洗脱前后水土溶液中 DOC 的浓度变化

由图 1.27 可知，洗脱前隆兴水稻土与锦江水稻土所释放的 DOC 浓度分别为 45.02mg/L 和 36.67mg/L；对应的土壤释放量则为 0.045mg/g 和 0.367mg/g；而隆兴水稻土和锦江水稻土有机碳的含量分别为 30.7mg/g 和 24.2mg/g，由此可见土壤中易于游离的 DOM 仅占总有机质的极小一部分。随着洗脱次数的增加，土壤释放的 DOM 量逐渐降低，降低幅度也逐渐趋缓。经过第 3 次洗脱后，2 种土壤释放出的 DOC 浓度仅为 18.07mg/g 和 10.24mg/L。

用纯水振荡浸泡的方法可去除大量的土壤内源 DOM 而不破坏土壤固有组分含量和结构。经洗脱后的隆兴水稻土和锦江水稻土其 DOM 去除率分别为 59.9% 和 72.1%，表明前者对 DOM 的结合能力强于后者。为研究土壤内源 DOM 对 SMX 吸附的影响，将上述经 3 次洗脱后的土壤与未洗脱的土壤进行吸附对比试验，其吸附等温线见图 1.28，Langmuir 和 Freundlich 方程拟合结果见表 1.10。

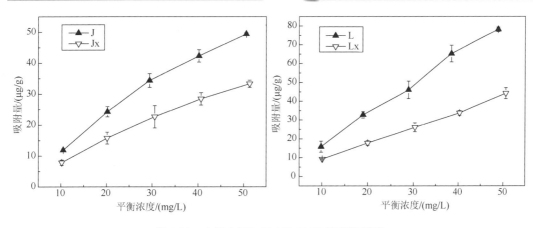

图 1.28　土壤内源 DOM 对 SMX 的吸附影响

表 1.10　土壤吸附 SMX 的吸附等温线模型拟合结果

土壤	处理	Langmuir			Freundlich		
		K_L/(L/mg)	q_{max}/(μg/g)	r_{adj}^2	K_F	$1/n$	r_{adj}^2
锦江 水稻土	未洗脱	5.08	242.3	0.999	1.517	0.889	0.998
	洗脱	5.80	146.2	0.998	1.085	0.872	0.997
隆兴 水稻土	未洗脱	2.20	806.7	0.999	2.027	0.939	0.998
	洗脱	2.27	409.2	0.998	1.026	0.949	0.998

由图 1.28 可知，2 种水稻土经过洗脱后对 SMX 的吸附能力明显减弱，表明土壤内源 DOM 对 SMX 的吸附具有明显的促进作用。通过 Langmuir 模型拟合结果可知，洗脱后的锦江水稻土和隆兴水稻土对 SMX 的饱和吸附量分别从 242.3μg/g 和 806.7μg/g 下降为 146.2μg/g 和 409.2μg/g，洗脱后 2 种土壤对 SMX 的吸附容量差异明显减小。而从 Freundlich 方程的拟合结果可知，洗脱后 2 种土壤的 K_F 值分别从 1.517 和 2.027 下降为 1.085 和 1.026，2 种土壤对 SMX 的吸附能力的差异也明显减小。

4. 秸秆 DOM 在水稻土的吸附

土壤中仅加入背景溶液时，会向溶液体系释放内源 DOM。加入一定浓度 DOM，振荡平衡后，溶液中 DOM 浓度降低，发生了土壤吸附 DOM 的现象。以秸秆 DOM 与土壤释放 DOM 的和为初始 DOM 浓度，吸附平衡后，以 DOM 浓度差值计算土壤对 DOM 的吸附量，并绘制吸附量变化曲线，如图 1.29 所示。

从图 1.29 中可以看出，土壤对 DOM 的吸附量与外源秸秆 DOM 的添加量呈正相关；2 种土壤对水稻秸秆 DOM 的吸附量略大于油菜秸秆 DOM，同时隆兴水稻土对 2 种秸秆 DOM 的吸附量也略大于锦江水稻土。有研究认为土壤对外源 DOM 的吸附与黏土矿物含量、有机质含量以及土壤表面电荷有关[98]。黏土矿物和有机质的含量均与土壤对 DOM 的吸附能力呈正相关。而土壤粒径、比表面和表面微孔也具有重要作用，粒径越小、比表面越大、微孔越多，其暴露的吸附点位越多，这可能是导致土壤对 DOM 吸附差异的原因。2 种农作物秸秆 DOM 在土壤上的吸附差异，取决于 DOM 本身的理化性质，通过红外基团分析表明，油菜秸秆 DOM 较水稻秸秆 DOM 具有更多的亲水基团，如—COOH、—OH 和酰胺类的—NH 等，可能是其相对较强的亲水性使得油菜秸秆 DOM 在土壤中的吸附略弱于后者。此外，凌婉婷[61]发现农作物秸秆、西湖水和京杭运河水 DOM，在一定浓度范围内，其在土壤中的吸附量与浓度呈正相关，当达到较高浓度时则出现负吸附现象，其解释为较高浓度外源 DOM 会与土壤内源 DOM 甚至固相有机质发生结合，引起土壤 DOM 的释放。

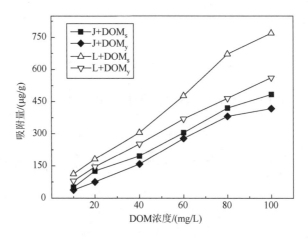

图 1.29 土壤对外源 DOM 的吸附

由此表明，一定浓度范围的外源秸秆 DOM 对 SMX 的吸附促进作用，与 DOM 在土壤中的吸附能力有关。一方面土壤通过对 DOM 吸附增加土壤颗粒上总有机质含量，从而加强对 OCs 的分配作用；另一方面 DOM 与 SMX 也具有一定结合作用，从而 DOM 可以通过桥接作用以累积吸附的方式促进吸附或者直接以共吸附的方式促进吸附。而外源 DOM 在高于临界浓度时引起的吸附抑制作用则可能是其本身在高浓度时负吸附现象所致，造成对土壤吸附 SMX 的竞争。

1.4.2 未腐解秸秆 DOM 对 SMX 的吸附动力学影响

1. 材料和方法

1）试验材料

供试土壤见 1.2.1 节的材料与方法；

吸附质材料见 1.2.2 节的材料与方法；

供试 DOM：见 1.3.1 节的秸秆腐解 DOM 的制备，未发生腐解的水稻秸秆和油菜秸秆释放的 DOM 分别记为 DOM_s 和 DOM_y。

2）溶液配制与 SMX 分析

试验溶液的配制、SMX 分析方法见 1.2.2 节的材料与方法。

3）吸附动力学试验

称取 1.00g 隆兴水稻土于 15mL 棕色瓶中，加入 30mg/L SMX 和 100mg/L DOM 的混合吸附液 15mL，恒温 25℃±1℃振荡，振荡频率 150r/min，分别于 0.5d、1d、3d、6d、12d、18d、24d、48d、72d、96d、120d 和 168h 取出样品，静置 20min，取上清液检测 SMX 浓度。每个样品重复 3 次，设置无水稻土空白参照。共计 72 个样品。

4）数据分析方法

动力学参数分析见 1.2.2 节的材料和方法。

2. DOM 对动力学的影响

添加外源秸秆 DOM 作用下，土壤对 SMX 的吸附速率曲线见图 1.30。

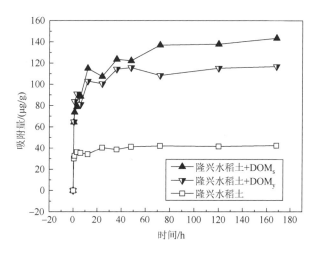

图 1.30　秸秆 DOM 对土壤吸附 SMX 速率变化影响曲线

从图 1.30 中可以看出，加入 DOM 后，SMX 较迅速被土壤所吸附，而吸附平衡时间则明显延后，约为 72h；平衡吸附量则显著增加，其中水稻秸秆 DOM 对吸附平衡的增量大于油菜秸秆 DOM。通过双室一级动力学模型拟合，其拟合结果见表 1.11。

表 1.11　双室一级动力学模型拟合结果

状态	DOM 来源	q_e/(μg/g)	k_1/(h^{-1})	k_2/(h^{-1})	f_1	f_2	k_1/k_2	r_{adj}^2
未腐解	DOM$_s$	140.008	3.251	0.036	0.552	0.448	90.306	0.972
	DOM$_y$	115.259	3.106	0.049	0.719	0.281	63.388	0.971
腐解	DOM$_{sf}$	105.630	2.088	0.033	0.707	0.293	63.273	0.967
	DOM$_{yf}$	103.135	1.785	0.188	0.559	0.441	9.529	0.928

从表 1.11 中可以看出，双室一级动力学模型拟合的校正决定系数 r_{adj}^2 大于 0.97。表明

未腐解的秸秆 DOM 加入后，土壤对 SMX 的吸附动力学仍然较符合双室一级动力学。而双室一级动力学模型所描述的吸附行为过程，主要将土壤的吸附区域分为快速吸附区和慢速吸附区，并未对溶液中的其他理化过程进行描述，本实验的初始溶液为 DOM 和 SMX 的混合液，虽然是现配现用，但一定程度上 DOM 与 SMX 有优先结合的趋势，可能对土壤吸附 SMX 形成一定的竞争。而拟合校正决定系数 r_{adj}^2 大于 0.97 则说明，这种竞争是微弱的，外源 DOM 作用下，SMX 更多是通过共吸附或累积方式被土壤吸附。吸附初始阶段，土壤对 SMX 吸附速率的快速上升，极有可能是共吸附的作用。一方面，实验所配制吸附液的方式为共吸附优先形成 SMX-DOM 复合体提供了可能，另一方面，土壤对 DOM 吸附能力增大了土壤单独吸附 SMX 的能力。而吸附平衡时间的延后，则可能是外源 DOM 优先吸附到土壤表面，占据大量的土壤吸附位点，使得 SMX 较难被土壤固相吸附，外源 DOM 被土壤所吸附后，增大土壤总的有机质含量或吸附位点，对 SMX 产生累积吸附现象。而平衡吸附总量的上升，则与外源 DOM 为土壤固相所提供的总有机含量和吸附位点的增加极为相关。

1.4.3 未腐解秸秆 DOM 对 SMX 的吸附热力学影响

1. 材料和方法

1）试验材料

供试土壤见 1.2.1 节的材料与方法；

吸附质材料见 1.2.2 节的材料与方法；

供试 DOM：见 1.3.1 节的秸秆腐解 DOM 的制备和 1.4.2 节的材料和方法。

2）吸附热力学试验

称取 1.00g 隆兴水稻土于 15mL 棕色瓶中，加入含一定浓度的 SMX 和 100mg/L DOM 的混合吸附液 15mL，分别放入 15℃（288K）、25℃（298K）和 35℃（308K）的环境中进行振荡，振荡频率 150r/min。达到平衡时间（以动力学是试验确定平衡时间）后取出样品，静置 20min，取 2mL 上清液检测 SMX 浓度。每个样品重复 3 次，设置无水稻土空白参照。共计 30 个样品。

3）数据分析方法

热力学参数分析见 1.2.3 节的材料和方法。

2. DOM 对热力学的影响

外源秸秆 DOM 作用下，隆兴水稻土吸附 SMX 的热力学等温线见图 1.31。

从图 1.31 中可以看出，2 种 DOM 作用下，土壤对 SMX 的吸附量仍随温度的升高而增大，且随着 SMX 初始浓度的增加，温度对吸附增量影响越明显。通过 Langmuir 和 Freundlich 方程式对吸附结果进行拟合，所得拟合结果见表 1.12。

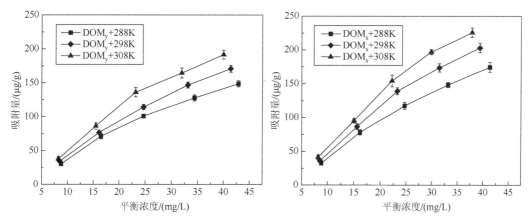

图 1.31　未腐解秸秆 DOM 作用下土壤吸附 SMX 的吸附等温线

表 1.12　未腐解秸秆 DOM 作用下土壤吸附 SMX 的吸附等温线模型拟合结果

DOM 种类	温度/℃	Langmuir			Freundlich		
		K_L/(L/mg)	q_{max}/(μg/g)	r^2_{adj}	K_F	$1/n$	r^2_{adj}
DOM$_y$	15	0.217	17197.3	0.974	3.487	1.020	0.975
	25	3.670	1333.8	0.988	5.388	0.940	0.934
	35	3.210	1739.8	0.976	5.789	0.961	0.972
DOM$_s$	15	0.020	220614.8	0.974	3.309	1.085	0.982
	25	0.044	121693.0	0.967	4.372	1.063	0.970
	35	0.087	73380.4	0.979	5.540	1.041	0.980

从表 1.12 可以看出，Langmuir 模型拟合结果的饱和吸附量 q_{max} 已经达到 1333.8μg/g 以上，且饱和吸附量并未随着温度的升高而升高，此拟合结果与实验所得数据不一致，因此 Langmuir 模型已不再适合解释 DOM 作用下土壤吸附 SMX 的吸附热力学过程。从 Langmuir 模型的机理来看，其描述的是颗粒将吸附质以单分子层的形式吸附到固相表面，而 DOM 对土壤吸附 SMX 的机理分析表明，DOM 的影响机理以共吸附和累积吸附为主，从而较大程度地干扰了土壤原有界面作用。作为经验模型的 Freundlich 方程式则表现出了较好的拟合结果，吸附系数 K_F 值与温度呈正相关，校正决定系数 r^2_{adj} 的值均在 0.934 以上，表现出良好的相关性。拟合特征常数 $1/n$ 的值在 0.940～1.085，较未加入 DOM 时的 0.924～1.047 的范围变化不大，表明吸附过程的非线性程度依然不大，吸附作用仍以分配为主。

应用吉布斯方程计算秸秆 DOM 作用下吸附过程的热力学参数，其计算方法见 1.2.3 节的材料与方法，计算结果见表 1.13。

表 1.13　未腐解秸秆 DOM 作用下土壤中吸附 SMX 的热力学状态参数

DOM 种类	温度/℃	$\ln K_F$	ΔH^θ/(kJ/mol)	ΔS^θ/[J/(K·mol)]	ΔG^θ/(kJ/mol)
DOM$_y$	15	1.249			−2.991
	25	1.684	18.835	76.248	−4.173
	35	1.756			−4.497

续表

DOM 种类	温度/℃	$\ln K_F$	ΔH^θ/(kJ/mol)	ΔS^θ/[J/(K·mol)]	ΔG^θ/(kJ/mol)
	15	1.197			−2.865
DOM$_s$	25	1.475	19.013	76.000	−3.655
	35	1.712			−4.384

由表 1.13 可知，在未腐解秸秆 DOM 作用下，标准吸附自由能ΔG^θ为负值，吸附焓变ΔH^θ为正值，表明此吸附过程仍是自发的吸热过程。2 种未腐解秸秆 DOM 作用下，原吸附过程熵变ΔS^θ值和焓变ΔH^θ值分别由 24.328J/(K·mol)和 5.530kJ/mol（见表 1.5）（见第 2 章 1.2.4 节）变为 76.248 J/(K·mol)、76.000J/(K·mol)和 18.835kJ/mol、19.013kJ/mol，熵变和焓变均明显增加。根据范顺利等[88]的吸附质与溶剂分子的置换原理，外源秸秆 DOM 的平均组分分子体积比 SMX 更大，在发生共吸附和累积吸附时，其置换的水分子数量比 SMX 置换量更多，由此熵增更加明显。焓变反映了整个过程的能量变化，DOM 增加了土壤对 SMX 的吸附量，增大吸附常数，由此也体现出了焓变的增大。而标准吸附自由能ΔG^θ的范围由（−1.946~−1.461）kJ/mol 变为（−4.497~−2.865）kJ/mol，表明吸附过程更易发生，反应驱动力的增加证明了秸秆 DOM 为吸附促进作用。2 种秸秆 DOM 的影响并未在热力学参数上表现出较大的差异，说明其影响过程和机理较为一致，其吸附量的不同与 DOM 组分差异有关。

1.4.4　小结

外源秸秆 DOM 在一定浓度范围内对 SMX 的吸附具有促进作用，其浓度与促进作用的程度呈正相关。土壤内源 DOM 对 SMX 的吸附作用表现为促进作用，洗脱掉土壤内源 DOM 后的 2 种土壤对 SMX 的 K_F值分别从 1.517 和 2.027 下降为 1.085 和 1.026。土壤本身对外源秸秆 DOM 也具有显著的吸附作用，秸秆 DOM 在一定浓度范围对 SMX 的吸附促进作用与 DOM 在土壤中的吸附能力有关，可能是增加了土壤总有机质的含量而增强了分配作用，也可能是累积吸附和共吸附的作用。

通过吸附动力学研究发现，加入 DOM 后，SMX 能迅速被土壤所吸附，但吸附平衡时间则明显延后，约为 72h；平衡吸附量则显著增加，其中水稻秸秆 DOM 对吸附平衡的增量大于油菜秸秆 DOM。吸附初始阶段，土壤对 SMX 吸附速率的快速上升，极有可能是共吸附的作用。而吸附平衡时间的延后，则可能是累积吸附现象所致。而平衡吸附总量的上升，则与外源 DOM 为土壤固相所提供的总有机含量和吸附位点的增加相关。

通过热力学研究发现，秸秆 DOM 作用下，土壤对 SMX 的吸附量仍随着温度的升高而增大，且随着 SMX 初始浓度的增加，温度对吸附增量影响越明显。其吸附过程已不再符合 Langmuir 模型规律。而经验模型的 Freundlich 方程式则表现出了较好的拟合结果，吸附系数 K_F值与温度呈正相关，且吸附作用仍以分配为主。2 种未腐解秸秆 DOM 作用下，吸附过程熵变ΔS^θ值和焓变ΔH^θ值均明显增加，反映了 DOM 对吸附过程具有较大的促进作用，吉布斯自由能的增加，则表明 DOM 作用下吸附过程更易发生。

参 考 文 献

[1] 王娜. 环境中磺胺类抗生素及其抗性基因的污染特征及风险研究[D]. 南京：南京大学，2014.

[2] 张存彦. 异噁唑衍生物的合成及其活性测试[D]. 天津：天津大学，2008.

[3] 石若夫. 叶酸与蛋白质合成[J]. 生命科学，2007，19（3）：330-332.

[4] 章鹏，杨新明，孟宪勇. 布鲁杆菌性脊柱炎的诊断和治疗进展[J]. 中国脊柱脊髓杂志，2013，23（11）：1029-1032.

[5] Sarmah A K，Meyer M T，Boxall A B A. A global perspective on the use，sales，exposure pathways，occurrence，fate and effects of veterinary antibiotics（VAs）in the environment[J]. Chemosphere，2006，65（5）：725-759.

[6] Zhang Q，Ying G，Pan C，et al. Comprehensive evaluation of antibiotics emission and fate in the river basins of China：source analysis，multimedia modeling，and linkage to bacterial resistance[J]. Environmental Science & Technology，2015，49（11）：6772-6782.

[7] Shrestha S L，Casey F X M，Hakk H，et al. Fate and transformation of an estrogen conjugate and its metabolites in agricultural soils[J]. Environmental Science & Technology，2012，46（20）：11047-11053.

[8] 赵双阳. 活性炭改性及吸附水中磺胺类抗生素的研究[D]. 哈尔滨：哈尔滨工业大学，2013.

[9] Watts C D，Crathorne B，Fielding M，et al. Nonvolatile organic compounds in treated waters[J]. Environmental Health Perspectives，1982，46：87-99.

[10] Luo Y，Xu L，Rysz M，et al. Occurrence and transport of tetracycline，sulfonamide，quinolone，and macrolide antibiotics in the Haihe River Basin，China[J]. Environmental Science & Technology，2011，45（5）：1827-1833.

[11] 薛保铭，杨惟薇，王英辉，等. 钦州湾水体中磺胺类抗生素污染特征与生态风险[J]. 中国环境科学，2013，33（9）：1664-1669.

[12] 李永祥，祝建军，宋秀兰，等. 不同时期肠杆菌科细菌产 ESBLS 及耐药性的监测[J]. 中国微生态学杂志，2012，24（5）：430-431.

[13] 金明兰，刘凯，徐莹莹，等. 污水处理厂中磺胺类抗生素，抗性菌，抗性基因的特性[J]. 环境工程，2015，33（11）：1-4.

[14] 许静，王娜，孔德洋，等. 磺胺类抗生素在斑马鱼体内的生物富集性及模型预测评估[J]. 生态毒理学报，2015，10（5）：82-88.

[15] 王耿丽，王新红. 磺胺二甲基嘧啶对海水青鳉胚胎发育的毒性效应及其在胚胎体内的富集效应研究[C]//2014 中国环境科学学会学术年会（第三章）. [中国环境科学学会]，2014：1018-1020.

[16] 刘娟. 磺胺类抗生素在城市污水处理厂的分布与迁移转化研究[D]. 邯郸：河北工程大学，2012.

[17] Hirsch R，Ternes T，Haberer K，et al. Occurrence of antibiotics in the aquatic environment[J]. Science of the Total Environment，1999，225（1-2）：109-118.

[18] Renner R. Do cattle growth hormones pose an environmental risk？[J]. Environmental Science & Technology，2002，36（9）：194A-197A.

[19] 郭欣妍，王娜，许静，等. 5 种磺胺类抗生素在土壤中的吸附和淋溶特性[J]. 环境科学学报，2013，33（11）：3083-3091.

[20] 周青. 蒙脱石层间域微结构及其吸附有机物的分子模拟[D]. 广州：中国科学院研究生院（广州地球化学研究所），2015.

[21] 巫杨. 几种典型抗生素药物在水体及土壤中的环境行为及呼吸抑制的研究[D]. 上海：东华大学，2011.

[22] Wang B，Zeng D，Chen Y，et al. Adsorption behaviors of phenanthrene and bisphenol A in purple paddy soils amended with straw-derived DOM in the West Sichuan Plain of China[J]. Ecotoxicology and Environmental Safety，2019，169：737-746.

[23] 毛真，吴敏，张迪，等. 磺胺甲噁唑在土壤上的吸附及其与 Ca^{2+}，Mg^{2+}，Zn^{2+} 的共吸附[J]. 环境化学，2013，32（4）：640-645.

[24] 王彬，董发勤，朱静平，等. 川西平原水稻土中 SMX 迁移行为的影响因素研究[J]. 安全与环境学报，2016，16（4）：241-246.

[25] 黎明，王彬，朱静平，等. 川西平原还田秸秆 DOM 对矿物细颗粒吸附 SMX 的影响[J]. 中国环境科学，2016，36（11）：3441-3448.

[26] 丁霞，王彬，朱静平，等. 川西平原水稻土对磺胺甲噁唑的吸附动力学研究[J]. 安全与环境学报，2016，16（2）：205-211.

[27] Zhang D, Pan B, Wu M, et al. Adsorption of sulfamethoxazole on functionalized carbon nanotubes as affected by cations and anions[J]. Environmental Pollution, 2011, 159 (10): 2616-2621.

[28] Wang Y, Jia D, Sun R, et al. Adsorption and cosorption of tetracycline and copper (II) on montmorillonite as affected by solution pH[J]. Environmental Science & Technology, 2008, 42 (9): 3254-3259.

[29] Rabølle M, Spliid N H. Sorption and mobility of metronidazole, olaquindox, oxytetracycline and tylosin in soil[J]. Chemosphere, 2000, 40 (7): 715-722.

[30] 武耐英, 高伟, 张向飞, 等. 表面活性剂对土壤中磺胺甲噁唑解吸行为的影响[J]. 安徽农业科学, 2011, 39 (14): 8403-8404.

[31] Mitema E S, Kikuvi G M, Wegener H C, et al. An assessment of antimicrobial consumption in food producing animals in Kenya[J]. Journal of Veterinary Pharmacology and Therapeutics, 2001, 24 (6): 385-390.

[32] Cáceres-Jensen L, Rodríguez-Becerra J, Parra-Rivero J, et al. Sorption kinetics of diuron on volcanic ash derived soils[J]. Journal of Hazardous Materials, 2013, 261: 602-613.

[33] Griffiths R A. Sorption and desorption by ideal two-compartment systems: Unusual behavior and data interpretation problems[J]. Chemosphere, 2004, 55 (3): 443-454.

[34] Weber W J, Kim S H, Johnson M D. Distributed reactivity model for sorption by soils and sediments. 15. High-concentration co-contaminant effects on phenanthrene sorption and desorption[J]. Environmental Science & Technology, 2002, 36 (16): 3625-3634.

[35] Pan B, Xing B. Adsorption kinetics of 17α-ethinyl estradiol and bisphenol A on carbon nanomaterials. I. Several concerns regarding pseudo-first order and pseudo-second order models[J]. Journal of Soils and Sediments, 2010, 10 (5): 838-844.

[36] Hood E, Williams M W, McKnight D M. Sources of dissolved organic matter (DOM) in a Rocky Mountain stream using chemical fractionation and stable isotopes[J]. Biogeochemistry, 2005, 74 (2): 231-255.

[37] 谢理, 杨浩, 渠晓霞, 等. 滇池典型陆生和水生植物溶解性有机质组分的光谱分析[J]. 环境科学研究, 2013, 26 (1): 72-79.

[38] 王彬, 曾丹, 梁馨予, 等. 土壤腐殖质及其对磺胺类药物光化学行为影响的研究综述[J]. 安全与环境学报, 2020, 20 (5): 1950-1958.

[39] Kögel-Knabner I, Totsche K U, Raber B. Desorption of polycyclic aromatic hydrocarbons from soil in the presence of dissolved organic matter: Effect of solution composition and aging[R]. American Society of Agronomy, Crop Science Society of America, and Soil Science Society of America, 2000.

[40] Wang B, Li M, Zhang H, et al. Effect of straw-derived dissolved organic matter on the adsorption of sulfamethoxazole to purple paddy soils[J]. Ecotoxicology and Environmental Safety, 2020, 203: 110990.

[41] 凌婉婷, 徐建民, 高彦征, 等. 溶解性有机质对土壤中有机污染物环境行为的影响[J]. 应用生态学报, 2004, 15 (2): 326-330.

[42] 许琳科, 俞悦, 阎宁, 等. 紫外辐射加速磺胺甲噁唑 (SMX) 的生物降解[J]. 华东理工大学学报: 自然科学版, 2011, 37 (5): 582-586.

[43] 吴丰昌. 天然有机质及其与污染物的相互作用[M]. 北京: 科学出版社, 2010.

[44] Frimmel F H, Abbt-Braun G. Dissolved Organic Matter (DOM) in Natural Environments[D]. Karlsruhe: Engler-Bunte-Institut, 2009.

[45] McDowell W H. Dissolved organic matter in soils-future directions and unanswered questions[J]. Geoderma, 2003, 113 (3-4): 179-186.

[46] Cleveland C C, Neff J C, Townsend A R, et al. Composition, dynamics, and fate of leached dissolved organic matter in terrestrial ecosystems: Results from a decomposition experiment[J]. Ecosystems, 2004, 7 (3): 175-285.

[47] 郑立臣, 解宏图, 张威, 等. 秸秆不同还田方式对土壤中溶解性有机碳的影响[J]. 生态环境, 2006, 15 (1): 80-83.

[48] Park J H, Kalbitz K, Matzner E. Resource control on the production of dissolved organic carbon and nitrogen in a deciduous forest floor[J]. Soil Biology and Biochemistry, 2002, 34 (6): 813-822.

[49] 代静玉，秦淑平，周江敏. 水杉凋落物分解过程中溶解性有机质的分组组成变化[J]. 生态环境，2004，13（2）：207-210.

[50] 代静玉，周江敏，秦淑平. 几种有机物料分解过程中溶解性有机物质化学成分的变化[J]. 土壤通报，2004，35（6）：724-727.

[51] Mott H V. Association of hydrophobic organic contaminants with soluble organic matter: evaluation of the database of Kdoc values[J]. Advances in Environmental Research，2002，6（4）：577-593.

[52] 曹莹菲，张红，赵聪，等. 秸秆腐解过程中结构的变化特征[J]. 农业环境科学学报，2016，35（5）：976-984.

[53] 吴景贵，王明辉，万忠梅，等. 玉米秸秆腐解过程中形成胡敏酸的组成和结构研究[J]. 土壤学报，2006，43（3）：443-451.

[54] Magee B R，Lion L W，Lemley A T. Transport of dissolved organic macromolecules and their effect on the transport of phenanthrene in porous media[J]. Environmental Science & Technology，1991，25（2）：323-331.

[55] 吴景贵，席时权，曾广赋，等. 玉米秸秆腐解过程的红外光谱研究[J]. 土壤学报，1999，36（1）：91-100.

[56] Chen J，Gu B，LeBoeuf E J，et al. Spectroscopic characterization of the structural and functional properties of natural organic matter fractions[J]. Chemosphere，2002，48（1）：59-68.

[57] 汪太明，王业耀，香宝，等. 交替冻融对黑土可溶性有机质荧光特征的影响[J]. 光谱学与光谱分析，2011，31（8）：2136-2140.

[58] Woods G C，Simpson M J，Kelleher B P，et al. Online high-performance size exclusion chromatography-nuclear magnetic resonance for the characterization of dissolved organic matter[J]. Environmental Science & Technology，2010，44（2）：624-630.

[59] Kaiser E，Simpson A J，Dria K J，et al. Solid-state and multidimensional solution-state NMR of solid phase extracted and ultrafiltered riverine dissolved organic matter[J]. Environmental Science & Technology，2003，37（13）：2929-2935.

[60] Abdulla H A N，Minor E C，Hatcher P G. Using two-dimensional correlations of ^{13}C NMR and FTIR to investigate changes in the chemical composition of dissolved organic matter along an estuarine transect[J]. Environmental Science & Technology，2010，44（21）：8044-8049.

[61] 凌婉婷. 溶解性有机质对莠去津在土壤/矿物-水界面行为的影响及其机理研究[D]. 杭州：浙江大学，2005.

[62] Chiou C T，Peters L J，Freed V H. A physical concept of soil-water equilibria for nonionic organic compounds[J]. Science，1979，206（4420）：831-832.

[63] Backhus D A，Gschwend P M. Fluorescent polycyclic aromatic hydrocarbons as probes for studying the impact of colloids on pollutant transport in groundwater[J]. Environmental Science & Technology，1990，24（8）：1214-1223.

[64] Raber B，Kögel-Knabner I. Influence of origin and properties of dissolved organic matter on the partition of polycyclic aromatic hydrocarbons（PAHs）[J]. European Journal of Soil Science，1997，48（3）：443-455.

[65] Herbert B E，Bertsch P M，Novak J M. Pyrene sorption by water-soluble organic carbon[J]. Environmental Science & Technology，1993，27（2）：398-403.

[66] Klaus U，Mohamed S，Volk M，et al. Interaction of aquatic substances with anilazine and its derivatives: The nature of the bound residues[J]. Chemosphere，1998，37（2）：341-361.

[67] Kuiters A T，Mulder W. Water-soluble organic matter in forest soils[J]. Plant and Soil，1993，152（2）：215-224.

[68] 郭杏妹，吴宏海，王伟伟，等. 土壤溶解性有机质及其表面反应性的研究进展[J]. 生态科学，2007，26（1）：88-92.

[69] 杨佳波，曾希柏，李莲芳，等. 3种土壤对水溶性有机物的吸附和解吸研究[J]. 中国农业科学，2008，41（11）：3656-3663.

[70] Gerstl Z，Yaron B. Behavior of bromacil and napropamide in soils: I. Adsorption and degradation[J]. Soil Science Society of America Journal，1983，47（3）：474-478.

[71] Sposito G，Martin-Neto L，Yang A. Atrazine complexation by soil humic acids[R]. American Society of Agronomy，Crop Science Society of America，and Soil Science Society of America，1996.

[72] Chiou C T，Malcolm R L，Brinton T I，et al. Water solubility enhancement of some organic pollutants and pesticides by dissolved humic and fulvic acids[J]. Environmental Science & Technology，1986，20（5）：502-508.

[73] Caron G，Suffet I H，Belton T. Effect of dissolved organic carbon on the environmental distribution of nonpolar organic compounds[J]. Chemosphere，1985，14（8）：993-1000.

[74] Hassett J P, Anderson M A. Effects of dissolved organic matter on adsorption of hydrophobic organic compounds by river-and sewage-borne particles[J]. Water Research, 1982, 16 (5): 681-686.

[75] 熊巍, 凌婉婷, 高彦征, 等. 水溶性有机质对土壤吸附菲的影响[J]. 应用生态学报, 2007, 18 (2): 431-435.

[76] 郭平, 陈薇薇, 辛星, 等. 土壤及其主要化学组分对五氯酚吸附特征研究[J]. 环境污染与防治, 2009, 31 (1): 65-68.

[77] Yu H, Huang G, An C, et al. Combined effects of DOM extracted from site soil/compost and biosurfactant on the sorption and desorption of PAHs in a soil–water system[J]. Journal of Hazardous Materials, 2011, 190 (1-3): 883-890.

[78] Barriuso E, Baer U, Calvet R. Dissolved organic matter and adsorption‐desorption of dimefuron, atrazine, and carbetamide by soils[R]. American Society of Agronomy, Crop Science Society of America, and Soil Science Society of America, 1992.

[79] Lee D Y, Farmer W J, Aochi Y. Sorption of napropamide on clay and soil in the presence of dissolved organic matter[R]. American Society of Agronomy, Crop Science Society of America, and Soil Science Society of America, 1990.

[80] McCarthy J F, Roberson L E, Burrus L W. Association of benzo (a) pyrene with dissolved organic matter: prediction of Kdom from structural and chemical properties of the organic matter[J]. Chemosphere, 1989, 19 (12): 1911-1920.

[81] Hou J, Pan B, Niu X, et al. Sulfamethoxazole sorption by sediment fractions in comparison to pyrene and bisphenol A[J]. Environmental Pollution, 2010, 158 (9): 2826-2832.

[82] Johnson M D, Keinath T M, Weber W J. A distributed reactivity model for sorption by soils and sediments. 14. Characterization and modeling of phenanthrene desorption rates[J]. Environmental Science & Technology, 2001, 35 (8): 1688-1695.

[83] 陈淼, 唐文浩, 葛成军, 等. 生物炭对诺氟沙星在土壤中吸附行为的影响[J]. 广东农业科学, 2015, 42 (20): 52-58.

[84] Pan B, Liu Y, Xiao D, et al. Quantitative identification of dynamic and static quenching of ofloxacin by dissolved organic matter using temperature-dependent kinetic approach[J]. Environmental Pollution, 2012, 161: 192-198.

[85] 吴敏, 宁平, 刘书言. 土壤有机质对诺氟沙星的吸附特征[J]. 环境化学, 2013, 32 (1): 112-117.

[86] 吴苗苗, 李淼, 马业萍, 等. 甲氧苄胺嘧啶和磺胺甲噁唑在土壤中的吸附[J]. 环境保护科学, 2016 (1): 83-89.

[87] Zhang X, Pan B, Yang K, et al. Adsorption of sulfamethoxazole on different types of carbon nanotubes in comparison to other natural adsorbents[J]. Journal of Environmental Science and Health Part A, 2010, 45 (12): 1625-1634.

[88] 范顺利, 孙寿家, 余健. 活性炭自水溶液中吸附酚的热力学与机理研究[J]. 化学学报, 1995, 53 (6): 526-531.

[89] Maszkowska J, Wagil M, Mioduszewska K, et al. Thermodynamic studies for adsorption of ionizable pharmaceuticals onto soil[J]. Chemosphere, 2014, 111: 568-574.

[90] O'Donnell J A, Aiken G R, Walvoord M A, et al. Dissolved organic matter composition of winter flow in the Yukon River basin: Implications of permafrost thaw and increased groundwater discharge[J]. Global Biogeochemical Cycles, 2012, 26 (4): GB0E06.

[91] Stedmon C A, Markager S. Resolving the variability in dissolved organic matter fluorescence in a temperate estuary and its catchment using PARAFAC analysis[J]. Limnology and Oceanography, 2005, 50 (2): 686-697.

[92] Leenheer J A, Croué J P. Characterizing aquatic dissolved organic matter[J]. Environmental Science & Technology, 2003, 37 (1): 18A.

[93] 杨长明, 汪盟盟, 马锐, 等. 城镇污水厂尾水人工湿地深度处理过程中 DOM 三维荧光光谱特征[J]. 光谱学与光谱分析, 2012, 32 (3): 708-713.

[94] Strobel B W, Hansen H C B, Borggaard O K, et al. Composition and reactivity of DOC in forest floor soil solutions in relation to tree species and soil type[J]. Biogeochemistry, 2001, 56 (1): 1-26.

[95] 唐东民, 伍钧, 陈华林, 等. 机物料中溶解性有机质对土壤吸附除草剂的抑制作用[J]. 生态环境, 2008, 17 (2): 589-592.

[96] Ling W, Wang H, Xu J, et al. Sorption of dissolved organic matter and its effects on the atrazine sorption on soils[J]. Journal of Environmental Sciences, 2005, 17 (3): 478-482.

[97] Gao Y, Xiong W, Ling W, et al. Impact of exotic and inherent dissolved organic matter on sorption of phenanthrene by soils[J]. Journal of Hazardous Materials, 2007, 140 (1-2): 138-144.

[98] 张甲, 王申, 曹军, 等. 土壤水溶性有机物吸着系数及其影响因素研究[J]. 地理科学, 2001, 21 (5): 423-427.

第 2 章　川西平原土壤腐殖质介导磺胺嘧啶光解过程及其影响机制

2.1　绪　　论

2.1.1　磺胺类药物及其去除技术

SAs 是一类临床常用的抗菌药品，可用于防治细菌感染性疾病[1]。其具体结构、环境风险及污染现状见第 1 章 1.1 节。当前，国内外用于治理环境 SAs 的方法通常分为生物法、吸附法、膜分离法、高级氧化技术等。

1. 生物法

在众多的处理方法中，生物法由于具有反应条件温和、效果突出、成本可控、无二次污染等优势，常被应用于各类废水 SAs 的去除研究[2]。其中，厌氧法具有改善有机废水生化性能、抗冲击等优势，成为含 SAs 废水处理首选的生物法。然而，仅单独依靠厌氧法处理废水 SAs，其出水 COD 难以达标。

2. 吸附法

吸附法是指通过使用吸附剂将环境中的有机污染物进行富集，从而使其得到集中处理的方法，对 SAs 具有较高的去除率。一般而言，通常用于理论研究或工程应用的吸附剂有活性炭、硅胶、活性氧化铝、吸附树脂以及腐殖酸类吸附剂等，具有吸附容量高、选择性强、耐酸碱腐蚀等特点[3]。然而，在水处理中由于实际进水的预处理工艺复杂程度高，加之吸附剂本身成本等问题，故其常用于微量污染物的去除研究或者吸附某类物质达到资源回收目的。

3. 膜分离法

膜分离法是指在一定压力下，当气体或液体经过具有细小微孔的膜表面时，一方面使水分子及一些小分子物质透过膜面，另一方面使某些大分子物质（大于膜表面微孔）被截留，从而实现对气体或液体进行分离、分级和浓缩的一种方法。尽管各种有关于膜分离技术的模型开发及工艺改进具有一定的实用性，但对于真实生态系统中 SAs 的环境行为进行全面预测仍然存在一定局限性。此外，环境温度、溶液 pH、膜材料、有效分子宽度、SAs 理化性质等都会对膜的分离效果产生多重影响。

4. 高级氧化技术

近些年来，高级氧化技术已经成为国内外研究人员用于去除环境有机污染物十分青睐的一种方法。高级氧化技术通常以体系中产生强氧化活性的羟基自由基为特点，并利用羟基自由基的高活性来实现难降解有机物的去除[4]。Conde-Cid 等[5]研究结果表明，在过滤后的水中和模拟光照下，随着溶液 pH 的升高，其降解速率明显增加；在 pH = 4.0 时，磺胺氯达嗪（sulfachloropyridazine，SCP）、磺胺嘧啶（sulfadiazine，SDZ）和磺胺二甲嘧啶（sulfamethazine，SMT）的半衰期分别为 1.2h、70.5h 和 84.4h，而在 pH = 7.2 时，SCP、SMT 和 SDZ 的半衰期分别为 2.3h、9.4h 和 13.2h。

此外，光催化降解法也是去除环境 SAs 的一类极具发展潜力的高级氧化技术，其可在十分温和的条件下快速有效地对微量有机污染物达到降解目的，且无二次污染。也正是由于光催化降解法这些独特的优势，研究者们也逐渐将其引入到环境 SAs 的去除研究中，并取得了十分理想的降解效果。Lai 等[6]采用 Co/Al_2O_3-EPM/PMS 体系催化降解水溶液中的 SMX，研究发现在 Co/Al_2O_3-EPM = 0.8g/L、PMS = 0.2mm、初始 pH = 6.3 及处理时间 = 10min 的最佳条件下，得到了 SMX 最大去除率（98.5%）和总有机碳（TOC）去除率（25.6%）。Niu 等[7]为提高对 SMX 环境命运的认识，利用纳米 TiO_2 掺杂 $Ti-Bi_2O_3$ 在氙灯辐照下系统地研究了水体 SMX 的光降解动力学，结果发现 SMX、黄腐酸、悬浮沉积物和 pH 越高，SMX 的光降解速度越低，而 H_2O_2 的加入却能够提高 SMX 的光降解速率。

2.1.2 土壤腐殖质简介

腐殖质（humus，HS）是广泛存在于土壤环境中的一类天然有机质，其含量直接影响着土壤的理化性质及其肥力，对植物的生长有着重要作用，且在环境中起着天然配位体和吸附载体的作用[8, 9]。

1. 土壤腐殖质的来源及理化性能

土壤环境中的 HS 主要来自动物、植物、微生物残体及其他分泌物，其中以高等植物残体为主要来源[10]。研究发现，不同土壤环境中 HS 的累积情况存在较大差异，部分植被条件下进入土壤环境的有机物数量如表 2.1 所示[11]。一般而言，HS 大致可分为三大类：胡敏酸（humic acid，HA）、富里酸（fulvic acid，FA）和胡敏素（humin，HM）[12]。进入土壤的 HS，尽管来源不同，但是从化角度来看，均主要由碳水化合物（包括一些单糖和多糖类物质）、含氮化合物（主要为蛋白质）、木质素等物质组成。此外，还有一些脂溶性物质（如树脂、蜡质等）。就元素组成而言，除含有 C、H、O、N 外，还有 P、K、Ca、Mg、Fe、Si 等灰分元素。也有研究者对 HS 中各官能团含量做了相关研究，其结果见表 2.2。

表 2.1　进入土壤环境的有机物数量

来源	数量/[t/(a·hm²)]	备注
森林植被	4～5	以枯枝落叶为主
草原植被	10～25	以根为主
一年生栽培作物	3～4	以根为主

表 2.2　土壤腐殖质的官能团含量　　　　　　　单位：cmol/kg①

研究者	HS	总酸度	羧基	酚羟基	醇羟基	羰基	甲氧基
Schnitzer[13]	HA	570～1020	150～470	210～570	20～350	90～520	30
	FA	1180～1420	850～910	270～570	340～490	110～310	30～50
	HM	500～590	260～380	210～240	—	480～570	30～40
窦森[14]	HA	506～748	296～391	191～458	—	—	—
	FA	1090～1570	700～1330	240～390	—	—	—

2. 土壤腐殖质的提取技术

目前，关于 HS 的提取尚未有统一的方法。HS 因其结构复杂、分子含量高等特点很难在实际环境中得到降解，且易与土壤中多种金属元素（Ca、Al、Fe 等）紧密结合从而导致其难以从土壤中提取出来。HS 提取过程使用的提取剂可以分为无机和有机提取剂两大类。对于无机提取剂，研究中常用的提取剂又可分为酸类（HCl、HF、H_3BO_3）、碱类（NaOH）及盐类（Na_2CO_3、柠檬酸钠、NaF、$Na_4P_2O_7$、$Na_2B_4O_7$、尿素）提取剂[15]。尽管适用的无机提取剂众多，但 NaOH 是最基本、最常用的提取剂，主要是由于 NaOH 可以从大多数类型土壤中提取出大量的 HS，且对土壤有机质、土壤矿物与多价阳离子之间的键合能力几乎无影响。

就提取方法而言，常用的有稀碱（NaOH）法、NaOH/$Na_4P_2O_7$ 法及超临界流体萃取法和有机溶剂萃取法等[16, 17]，但由于操作的困难性及提取方法的不统一性，使得各种 HS 的结构特性具有明显差异。然而，鉴于 HS 本身的复杂性，目前各国研究者普遍采用国际腐殖酸协会（International Humic Substances Society，IHSS）提供的方法，简称"IHSS 法"，主要用于 HA、FA 的定性研究。IHSS 法提取获得的 HS 具有黏粒去除效果好、灰分含量低（一般控制在 0.5% 以下）等优点。然而，在实际实验中，研究者们并没有完全按照 IHSS 推荐的方法，而是在 IHSS 法的基础上作出了一定的修改。

3. 土壤腐殖质表征分析技术

HS 作为陆生生态系统中重要的天然配位体和吸附载体，在一定程度上对有机污染物、重金属的环境转化及归趋的控制性影响，已经得到了普遍性认识，对其组分、官能团、结构、性质、成熟度等进行区分具有一定的科学意义[18, 19]。异质性指标，在

---

① 1cmol/kg = 0.01 mol/kg

一定程度上指示了 HS 的特性。例如，IIS 中的 HA/FA 值常用来反映其腐殖化程度和分子复杂程度[14]，C/H 值可指示 HS 的不饱和度和芳香度，(N + O)/C 值则表明其极性大小[20]，$SUVA_{254}$、$SUVA_{280}$、E_{250}/E_{365} 和 HIX 体现了 HS 的分子量、芳香性及腐殖化程度[21]。

元素分析、UV-vis（紫外-可见光谱）、3D-EEM（三维荧光光谱）、FT-IR（红外光谱仪）、^{13}C-NMR（核磁共振波谱）、GC-MS/MS（气相色谱-谱/质谱）、Py-GC/MS 和TMAH-Py-GC/MS（热裂解-气相色谱/质谱）等技术的联合应用，使得掌握 HS 的组分、官能团、结构、性质等信息更加准确，为清晰地理解 HS 的化学特性提供了有力证据。紫外-可见光谱可表达 HS 的芳香性；三维荧光光谱能够实现对 HS 荧光物质（腐殖酸类、类富里酸类）构成的监测；FT-IR 可获得 HS 的官能团信息；NMR 可与 FT-IR 互补判断HS 中脂肪碳、芳香碳、羧基等有机官能团的相对含量。虽然目前应用于 HS 表征分析的手段多样化，但使用最广泛的主要有元素分析、UV-vis、FT-IR、3D-EEM、^{13}C-NMR，通过上述五种技术基本可以初步得到 HS 的化学构成，满足实验研究需求。

2.1.3　研究内容

磺胺嘧啶（sulfadiazine，SDZ），别名 N-2-嘧啶基-4-氨基苯磺酰胺，分子式为$C_{10}H_{10}N_4O_2S$，摩尔质量为 250.28g/mol，密度为 1.496g/cm³，其分子结构式见图 2.1。

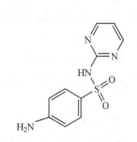

SDZ 是目前我国临床上常用的一种 SAs，广泛应用于治疗全身感染性疾病，也可以添加到动物饲料中帮助动物生长。近年来，各类环境（养殖水体、动物食品、土壤、河流等）中逐渐检测到 SDZ 的存在，对人类健康和生态系统功能构成了潜在危害。光降解作为 SDZ 在环境中消减的主要方式之一，而 HS作为一类广泛存在的活性光敏剂，必定会影响着 SDZ 的光化学降解行为。就目前 SDZ 的污染状况而言，探究 SDZ 的光降解动力学、光降解机制以及明晰 HS 及环境因子对上述过程的影响效应及机制，将具有一定的现实意义。

图 2.1　SDZ 的分子结构式

本书拟以 SDZ 为研究对象，以提取纯化的不同来源土壤（泥炭土、水稻土、凋落物土）HA 与商品 HA 为介导物质，探讨该类 HA 对 SDZ 光化学降解过程的介导作用，揭示其影响 SDZ 光降解的主导机理。具体研究内容如下：

（1）探究 SDZ 在纯水中的光解特性，包括溶液稳定性、光降解动力学及光解机制等；

（2）构建不同来源 HA 的特征信息库，包括元素组成、芳香性、分子量、官能团构成、腐殖化程度等；

（3）揭示 HA 对 SDZ 光降解过程的作用，包括 HA 与 SDZ 的结合机制、HA 的光化学行为、HA 介导下 SDZ 的光降解特性及 HA 的介导机制等；

（4）阐明环境因子对 HA 介导 SDZ 光降解过程的复合影响，包括 HA 浓度、溶液pH、离子强度、光敏离子、金属离子等的影响。

2.2 纯水中磺胺嘧啶的光解行为及其动力学

2.2.1 实验方法

1. SDZ 溶液配制

准确称取 0.005g 固体粉状 SDZ 于 50mL 烧杯中，使其快速溶解于 5mL、0.1mol/L 的 NaOH 溶液中，然后转移至 100mL 容量瓶中用超纯水定容至刻度线并摇匀，配制成浓度为 50mg/L 的 SDZ 母液，于 4℃冰箱避光储存，必要时稀释至实验所需浓度即可。

2. 纯水中 SDZ 的光解特性

使用微量移液器分别移取系列不同体积的 SDZ 母液于 100mL 容量瓶中，用超纯水定容至刻度线后摇匀，配制成浓度分别为 2mg/L、6mg/L、10mg/L 的 SDZ 工作液各两份，并使用 0.1mol/L 的 NaOH 和乙酸分别调节各溶液 pH 至 7.10±0.05，然后在 25℃±0.5℃、160r/min 条件下于恒温振荡箱中避光振荡 60min。分别量取 35mL 上述各溶液于 50mL 石英光解管中后置于 CEL-LAB500 多位光化学反应仪内进行光解实验，并设置暗反应对照组（对其中一份装有浓度为 2mg/L、6mg/L、10mg/L 的 SDZ 工作液的石英光解管，采取锡箔纸包裹措施）。间隔 20min 对各光解液进行依次取样，转移至 1.5mL 棕色色谱小瓶中（剩余气泡大小空白），通过 HPLC 对其中的 SDZ 浓度进行定量分析。

光解实验中使用的多位光化学反应仪以 500W 高压汞灯为灯源，并配备截止可见滤光片，使有效光源为 200～400nm 范围内的紫外光；实验温度为 20℃，冷水机流速为 2L/min。

3. SDZ 光降解影响因素

1）溶液 pH 对纯水中 SDZ 光降解的影响

使用 SDZ 母液配制系列 100mL、6mg/L 的 SDZ 工作液，调节溶液 pH 分别为 4.10±0.05、7.10±0.05、10.00±0.05（0.1mol/L 的 NaOH 和乙酸），在 25℃±0.5℃、160r/min 下恒温振荡 60min，取 35mL 上述各溶液分别于 50mL 石英光解管中进行光解实验，间隔 20min 取样，使用 HPLC 进行 SDZ 定量分析。

2）活性淬灭剂对纯水中 SDZ 光降解的影响

准备 100mL、6mg/L 的 SDZ 纯水溶液共 2 份，向其中一份加入异丙醇（IPA），另一份加入叠氮钠（NaN_3），使溶液中 IPA 与 NaN_3 的浓度均为 100mmol/L。调节两种溶液 pH 分别为 7.10±0.05，并在 25℃±0.5℃、160r/min 下恒温振荡 60min，分别取 35mL 上述两种溶液进行光解实验，间隔 20min 取样于 HPLC 中进行 SDZ 定量分析。

2.2.2　分析方法

1. SDZ 紫外-可见吸收光谱特性分析

为获得纯水溶液中 SDZ 的紫外-可见吸收光谱特性，控制 SDZ 溶液浓度为 6mg/L，pH 为 7.10±0.05，于紫外分光光度计内进行测定。相关测试参数如下：扫描波长 200～800nm，扫描间隔 1nm。实验获得 SDZ 的 UV-vis（＞200nm）检测结果见图 2.2。不难发现，纯水中 SDZ 在 220～330nm 紫外波段内具有明显的光吸收，且在 242nm 出现了较强的吸收峰，随后则表现出显著的吸光衰减现象，由此说明 SDZ 在大于 242nm 的波长范围内发生了光降解。综上，获得 SDZ 最大吸收峰波长为 242nm。

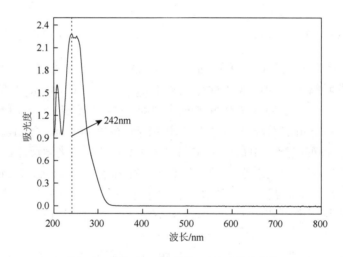

图 2.2　纯水中 SDZ 紫外-可见吸收光特性

2. SDZ 定性定量检测分析

1）SDZ 定性分析

采用高效液相色谱仪（HPLC，Agilent 1260）对 SDZ 进行定性分析。结合 SDZ 的 UV-vis 吸收光谱，确定 HPLC 的测定条件为：C18 反相柱（5μm，4.6mm×150mm），进样量 10μL，流动相为乙腈/超纯水（$V : V = 25 : 75$），流速 1mL/min，柱温 30℃，紫外检测波长 242nm，得到的测定结果如图 2.3 所示。由图 2.3 可知，纯水中 SDZ 的 HPLC 谱图表现为清晰可见的单一峰，无其他明显杂峰，SDZ 保留时间为 2.704min。

2）SDZ 定量分析

使用微量移液器移取系列不同体积的 SDZ 母液分别于 100mL 容量瓶中，用超纯水定容至刻度线后摇匀，配制成浓度分别为 0mg/L、1mg/L、2mg/L、4mg/L、6mg/L、8mg/L、10mg/L、12mg/L 的 SDZ 标准溶液，然后在 25℃±0.5℃、160r/min 条件下于恒温振荡箱中避光振荡 60min。利用 HPLC 检测 SDZ 的出峰面积，以 SDZ 浓度为横坐标，色谱峰面积（Area）为纵坐标绘制 SDZ 的 HPLC 定量标准曲线，如图 2.4 所示。

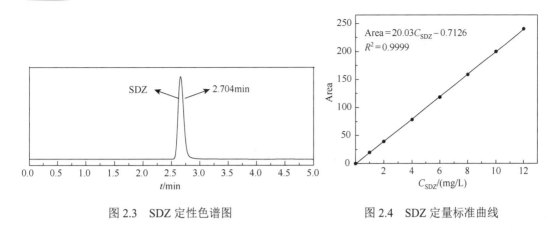

图 2.3　SDZ 定性色谱图　　　　　　图 2.4　SDZ 定量标准曲线

2.2.3　SDZ 在纯水中的暗反应及光解特性

1. SDZ 在纯水中的暗反应特性

为考查 SDZ 在纯水中的暗反应特性，选取初始浓度分别为 2mg/L、6mg/L、10mg/L 的 SDZ 纯水溶液进行实验，结果如图 2.5 所示。可以看出，3 种浓度条件下的 SDZ 纯水溶液，在实验进行 100min 内残留浓度几乎无明显变化，表现出良好的稳定性，Bian 等[22] 也在对 SDZ 紫外光降解性能的研究中报道了相似结论。同时，实验得出反应 100min 后 3 种浓度的 SDZ 残留率分别为 98.4%、99.25%、99.52%（本实验中可忽略水解、吸附及微生物降解等作用对 SDZ 浓度变化的影响）。此外，尽管 3 种条件的 SDZ 浓度变化不大，但根据其回收率仍然可以看出三者稳定性存在较小差异，其稳定性大小具体为：$C_{SDZ(10mg/L)} > C_{SDZ(6mg/L)} > C_{SDZ(2mg/L)}$（其中，$C_{SDZ}$ 代表 SDZ 的浓度）。

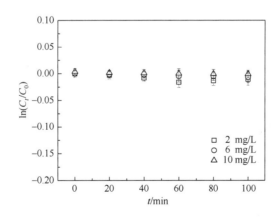

图 2.5　黑暗条件下 SDZ 在纯水中的稳定性

2. SDZ 在纯水中的光解特性

为探讨纯水溶液中 SDZ 在光解过程中的浓度变化以及动力学情况，控制反应体系 SDZ 浓度为 6mg/L，在溶液 pH 为 7.10±0.05 条件下进行光解实验。研究表明，有机污染物光降解的测量数据大多采用一级反应动力学模型来表示，具体见公式（2-1）。

$$\ln\left(\frac{C_t}{C_0}\right) = -kt \tag{2-1}$$

式中，C_t 为 t 时刻光解液中测得的 SDZ 的浓度，mg/L；C_0 为光解开始时溶液中 SDZ 的浓度，mg/L；k 为一级动力学反应速率常数，min^{-1}；t 为实验时间，min。此外，根据速率常数 k 可由式（2-2）计算获得溶液中 SDZ 的半衰期 $t_{1/2}$。

$$t_{1/2} = (\ln2)\,/\,k \tag{2-2}$$

如图 2.6，采用一级反应动力学模型对实验结果进行拟合，发现实验数据与拟合曲线几乎完全重合，相关系数 R^2 为 0.9993。由此得出，SDZ 在纯水溶液中的光降解满足一级反应动力学方程。不难发现，尽管黑暗条件下纯水溶液中的 SDZ 能够表现出良好的稳定性，但在紫外光激发下其仍能发生缓慢降解，表观速率常数 k 为 0.0069min^{-1}，半衰期为 100.43min。有研究指出，有机物在纯水溶液中的光解现象与其自身敏化光解有关[23]。也就是说，即使没有外源光敏活性剂的添加，光照条件下有机物也能在溶液中发生自身光解。相关理论研究认为，有机物的光敏化反应能生成三重态分子、·OH 或 $^1\text{O}_2$ 等活性物种，这些物质的存在引起了有机物的光化学降解[24]。孙兴霞等[25]在对 SAs 光降解效应的研究中就发现 SDZ 的光解过程涉及了自身的敏化光解，主要原因为反应体系中·OH 或 $^1\text{O}_2$ 的生成。

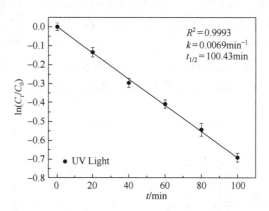

图 2.6　SDZ 在纯水中的光解动力学

2.2.4　SDZ 光降解的影响因素

1. 不同初始浓度 SDZ 对光降解的影响

为考查 SDZ 初始浓度对其在纯水溶液中光降解的影响，控制体系中 SDZ 浓度分别为 2mg/L、6mg/L、10mg/L。在保持其他实验条件不变的情况下，得出三者的光降解动力学如图 2.7 所示。结果表明，不同初始浓度的 SDZ 在纯水中的光降解均符合一级反应动力学。存在差异的是，体系中 SDZ 初始浓度不同，光降解情况也有所不同，整体表现出降解效率随着 SDZ 浓度的增加呈减小的趋势。对不同浓度 SDZ 的光解动力学参数（表 2.3）

进行分析可知，3 种体系的一级动反应力学拟合相关系数 R^2 分布在 0.9922～0.9993 范围内，表现出良好的拟合度。同时，随着 SDZ 浓度的增大，3 种体系发生光降解的表观速率常数 k 分别约为 0.0097min^{-1}、0.0069min^{-1} 及 0.0049min^{-1}，相应地，其半衰期分别为 71.44min、100.46min 及 141.43min，即降解快慢顺序为 $C_{\text{SDZ(2mg/L)}} > C_{\text{SDZ(6mg/L)}} > C_{\text{SDZ(10mg/L)}}$，说明 SDZ 浓度的增加并不利于其光降解。

究其原因，溶液中的 SDZ 在一定程度上对光源电子存在竞争吸收，SDZ 浓度的增大致使其在溶液中的表观分子水平随之增加，同等光能条件下分子间产生的光竞争现象越来越显著，单位反应体系内 SDZ 接收的光电子数量明显减少，从而直接导致了 SDZ 光解效率的降低。此外，有研究人员表明，有机物浓度对光降解的影响也可能与反应过程中有机物的自敏化光解有关，然而进一步的原因还需更深层次的探究和验证[26]。

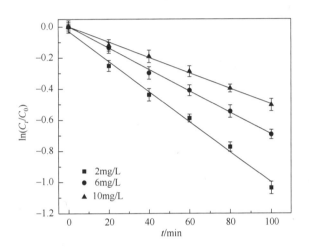

图 2.7　不同浓度 SDZ 的光解动力学

表 2.3　不同浓度条件下 SDZ 光降解动力学参数

溶液	$C_{\text{SDZ}}/(\text{mg/L})$	动力学方程	表观速率常数 k/min^{-1}	相关系数 R^2	半衰期 $t_{1/2}/\text{min}$
	2	$C_t = 2.01\text{e}^{-0.0097}$	0.0097 ± 0.0004	0.9922	71.44
SDZ	6	$C_t = 6.08\text{e}^{-0.0069}$	0.0069 ± 0.0001	0.9993	100.43
	10	$C_t = 10.16\text{e}^{-0.0049}$	0.0049 ± 0.0001	0.9969	141.43

2. 溶液 pH 对纯水中 SDZ 光降解的影响

一般情况下，自然界中的污染物所处的环境 pH 极为不稳定，易受周围存在物质的影响，而环境 pH 的变化将直接影响到含有易电离官能团（—NH₂、—COOR、—COOH 等）的 SAs 的光化学行为。从理论上来讲，pH 能够通过影响 SAs 在环境中的解离形态及其丰度，从而实现对 SAs 光化学行为的改变。李军等[27]在研究中也证实了这一说法，表明反应体系 pH 不同，磺胺类、氟喹诺酮类药物因分子结构中存在部分易解离基团会呈现出不同的解离态，从而致使两种药物的光化学活性发生改变。综上，控制光解体系中 SDZ 的浓度为 6mg/L，改变反应液 pH 分别为 4.1、7.1、10.1，三者的光降解动力学表现出一定的差异性，结果如图 2.8 所示。

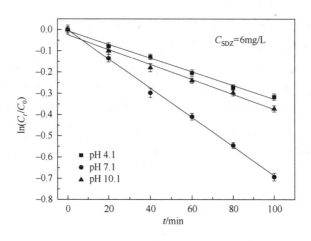

图 2.8　SDZ 在不同 pH 下的光解动力学

由图 2.8 可知，500W 高压汞灯辐照下，反应体系 pH 对 SDZ 光降解效率影响显著。随着 pH 的升高，3 种体系的光解呈现出先加快后减慢的趋势。结合表 2.4 相关参数可以得出，SDZ 在 pH 为 4.1、7.1、10.1 时的表观速率常数分别约为 0.0032min^{-1}、0.0069min^{-1} 和 0.0035min^{-1}，半衰期分别为 216.56min、100.43min、198.00min。显然，当溶液 pH 为 7.1 时 SDZ 发生了最快速的光降解，且其降解速率显著高于 pH 为 4.1 和 10.1 的反应体系。由此说明，SDZ 在纯水中的光降解似乎更加青睐于电中性环境，而酸性及碱性环境对其均表现出抑制作用，这与 Baeza 和 Knappe 所报道的结论一致[28]。根据不同 pH 条件下 SDZ 解离形态分布图（图 2.9）得出，SDZ 结构中主要存在两个解离位点，在不同 pH 溶液中通常可离解为 3 种形态：阳离子态（SDZ$^+$）、阴离子态（SDZ$^-$）、中性态（SDZ^0）。在 pH 较低的酸性溶液中（pH<2.0），SDZ 一般表现为 SDZ$^+$；pH 为 2.0～6.5 的溶液中主要为 SDZ^0，而 pH>6.5 的溶液中则以 SDZ$^-$ 为主导。其他相关研究表明，SAs 不同解离形态所呈现出的光降解速率存在较大差异性，对于 SDZ 而言，阴离子态较其他离解态具有优先发生光降解的能力[27]。本研究中，结合 SDZ 在不同 pH 时的离子态分布表明，pH 为 7.0 左右时的 SDZ$^-$ 降解最快速，而 pH 较高时的 SDZ$^-$ 反而不利于 SDZ 的光解。

表 2.4　SDZ 在不同 pH 下的光降解动力学参数

溶液	pH	动力学方程	表观速率常数 k/min^{-1}	相关系数 R^2	$t_{1/2}$/min
	4.1	$C_t = 6.12\mathrm{e}^{-0.0032}$	0.0032±0.0001	0.9938	216.56
SDZ	7.1	$C_t = 6.08\mathrm{e}^{-0.0069}$	0.0069±0.0001	0.9993	100.43
	10.1	$C_t = 6.04\mathrm{e}^{-0.0035}$	0.0035±0.0001	0.9915	198.00

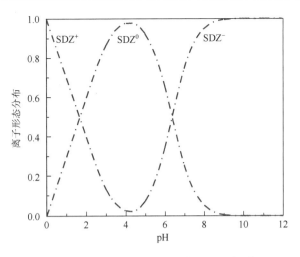

图 2.9　不同 pH 下 SDZ 解离形态分布图

3. 活性淬灭剂对纯水中 SDZ 光降解的影响

孙兴霞等[25]指出，纯水中 SDZ 的光吸收特性与溶液中·OH、$^1O_2$ 等活性物质的存在有关，由此本书假设纯水中 SDZ 的光降解也是由·OH、$^1O_2$ 等引起的。为明确纯水中 SDZ 的光降解机制及·OH、$^1O_2$ 在此过程中的作用，分别向 SDZ 纯水溶液中加入活性淬灭剂 IPA（对·OH 具有淬灭作用）、NaN_3（对·OH 和 $^1O_2$ 均有淬灭作用），两者对 SDZ 在纯水中光降解的影响如图 2.10 所示。

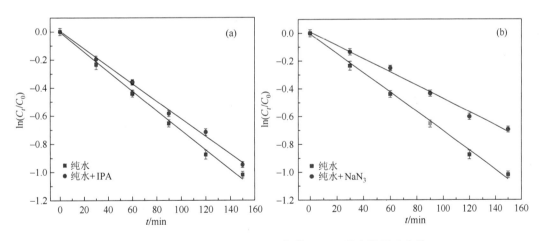

图 2.10　IPA（a）及 NaN_3（b）条件下 SDZ 的光降解动力学

由图 2.10 可知，在含有 SDZ 的纯水溶液中加入 IPA 后，SDZ 的光降解呈现出减缓趋势，证明反应过程中有·OH 产生，且·OH 参与了 SDZ 的光降解。同时，不难发现，NaN_3 的添加也使得 SDZ 在纯水溶液中的光降解速度明显下降，且较 SDZ-IPA 体系而言下降得更快，这表明该光解过程中生成了 $^1O_2$，且 $^1O_2$ 对光解体系降解效果的影响显著强于·OH。由此说明，·OH 与 $^1O_2$ 对 SDZ 在纯水中的光降解起到了积极作用。此外，由添加 IPA 及

NaN$_3$ 后反应体系 SDZ 的光降解动力学参数（见表 2.5）可以看出，光降解进行至 150min 时，在含有 100mmol/L 的 IPA 及 NaN$_3$ 的溶液体系中 SDZ 的光降解表观速率常数分别为 0.0062min^{-1} 和 0.0048min^{-1}，与纯水溶液中 SDZ 的光降解表观速率常数（0.0069min^{-1}）相比存在较明显的差异，分别减少了 10.14% 和 30.43%。同时，根据两种体系的光解速率计算得到溶液中 SDZ 的半衰期分别为 111.77min 与 144.38min，而纯水溶液中的 SDZ 半衰期仅为 100.43min。

综上，SDZ 在纯水溶液中发生了自身光敏化降解，由式（2-3）与式（2-4）可计算得出 ·OH 与 $^1O_2$ 参与 SDZ 的光敏化降解过程的贡献率 $R_{(\cdot OH)}$ 及 $R_{(^1O_2)}$ 分别为 10.14% 和 20.29%。

$$R_{(\cdot OH)} = \frac{k_{\cdot OH}}{k_{纯水}} \times 100\% \approx \frac{k_{纯水} - k_{IPA}}{k_{纯水}} \times 100\% \tag{2-3}$$

$$R_{(^1O_2)} = \frac{k_{^1O_2}}{k_{纯水}} \times 100\% \approx \frac{k_{IPA} - k_{NaN_3}}{k_{纯水}} \times 100\% \tag{2-4}$$

式中，$k_{\cdot OH}$、$k_{^1O_2}$ 分别表示 ·OH 与 $^1O_2$ 参与有机物光敏化降解过程的速率常数，min^{-1}；$k_{纯水}$、k_{IPA}、k_{NaN_3} 分别表示纯水中、添加 IPA 及添加 NaN$_3$ 后有机物的光降解表观速率常数，min^{-1}。

表 2.5　SDZ 在不同条件下的光降解动力学参数

溶液	添加物质	表观速率常数 k/min^{-1}	相关系数 R^2	半衰期 $t_{1/2}$/min	$R_{(\cdot OH)}$/%	$R_{(^1O_2)}$/%
	无	0.0069±0.0001	0.9993	100.43		
SDZ	IPA	0.0062±0.0001	0.9965	111.77	10.14	20.29
	NaN$_3$	0.0048±0.0002	0.9922	144.38		

与本书研究结果相似，Zhang 等[29]也发现，·OH 与 $^1O_2$ 的攻击是光催化反应中 SDZ 降解的主要途径。周菲[30]在研究中更是表明，$^1O_2$ 能够促进 SDZ 的环境光化学转化，使其半衰期由 8.9h 迅速降至 2.4min，促进程度高达 222.5 倍。由此推断出，SDZ 在纯水中的光降解过程可能会涉及如式（2-5）～式（2-11）的反应。

$$SDZ + hv \longrightarrow {}^1SDZ^* \longrightarrow {}^3SDZ^* \tag{2-5}$$

$$^3SDZ^* + O_2 \longrightarrow SDZ^+ \cdot + O_2^- \cdot \tag{2-6}$$

$$^3SDZ^* + O_2 \longrightarrow SDZ + {}^1O_2 \tag{2-7}$$

$$2O_2^- \cdot + 2H^+ \longrightarrow H_2O_2 + O_2 \tag{2-8}$$

$$H_2O_2 + hv \longrightarrow 2 \cdot OH \tag{2-9}$$

$$2O_2^- \cdot + 2H_2O \longrightarrow 2 \cdot OH + 2OH^- + O_2 \tag{2-10}$$

$$SDZ + \cdot OH / {}^1O_2 \longrightarrow 产物 \tag{2-11}$$

2.3　土壤腐殖质的提取、纯化及表征分析

土壤采集：各土壤样品分别采自当地（四川省绵阳市青义镇）泥炭地、水稻田及凋落物土层。样品采集使用蛇形布点法，具体做法为：在区域内以 S 形布设 10 个点，去掉表层土壤（约 5cm）后使用环刀采集样品，采样深度为 0.2m。

土壤预处理：将采集的各类土壤样品分别充分混合均匀并自然风干，使用鄂破机将其碾碎后挑选出石块和植物残体，利用粉碎机再次将土壤样品深度碾碎成细颗粒或粉状，研磨过筛（80 目，孔径 2mm）后避光保存备用，实验过程中尽可能保持土壤颗粒的完整性。

2.3.1　HA 提取、纯化方法

以国际腐殖酸协会推荐的"IHSS 法"为基础，对土壤中的 HA 进行提取。具体方法为：①称取 90g 过筛后的土壤样品置于 1000mL 锥形瓶中，使用 HCl 调节其 pH 为 1.0～2.0（1mol/L），按液土比 10∶1 加入 1mol/L 的 HCl 振荡混合均匀；②静置过夜，20℃、3000r/min 条件下离心 15min，保留沉淀物质；③调节沉淀物质 pH 为 7.0（NaOH，1mol/L），按液土比 10∶1 采用 $Na_4P_2O_7$-NaOH 混合液对其进行处理（V∶V=1∶1，浓度均为 0.1mol/L），充分摇匀于恒温振荡器上隔夜振荡 12h（25℃，160r/min）；④静置离心，所得滤液使用 6mol/L 的 HCl 调节 pH 为 1.0～2.0，静置过夜后再次离心（3000r/min，15min），收集沉淀物，得到 HA 粗品。

HA 的纯化过程主要采用酸洗和透析两种方式处理，具体操作如下：①将 HA 粗品溶于 1000mL、0.1mol/L 的 KOH 溶液中（使用固体 KCl 调节 K^+ 浓度为 0.3mol/L），静置离心后弃去下层沉淀；②调节上层清液 pH 为 1.0～2.0（HCl，6mol/L），离心后保留沉淀物；③采用适量体积比为 1∶1 的 HCl（0.1mol/L）和 HF（0.3mol/L）混合酸液反复振荡洗涤沉淀物（12h）3 次，使其灰分含量小于 1%；④将沉淀物溶于尽量小体积的纯水后置于透析袋中，使用去离子水透析至无 Cl^-（用 $AgNO_3$ 溶液检测）；⑤冷干研磨，得到 HA 成品，并将泥炭地、水稻田、凋落物土提取的 HA 及商品 HA 分别标记为 NTHA、SDHA、LYHA、SPHA，避光干燥保存备用。

2.3.2　HA 表征分析方法

1. TOC 测定

准确称取 NTHA、SDHA、LYHA、SPHA 各 0.05g，使用 0.1mol/L 的 NaOH 溶解，然后转移至 100mL 容量瓶定容并摇匀。将各样品在 160r/min 下振荡混合 60min，经有机系微孔滤膜抽滤（0.45μm）后作为 HA 母液，4℃冷藏保存。对各 HA 母液进行稀释处理，采用总有机碳分析仪对稀释后的 HA 溶液进行 DOC 含量测定，单位为 mgC/L。

2. 元素分析

1）C、H、N 和 S 含量测定

采用元素分析仪测定 NTHA、SDHA、LYHA、SPHA 四种胡敏酸中 C、H、N 和 S 元素含量。称取四种胡敏酸样品各 0.1g，使用专用锡箔纸包好压实。调节仪器所需氦气和氧气压强分别为 0.19MPa 及 0.15MPa，流量分别为 230mL/min 及 11～16mL/min。选用 CHNS 模式，设定氧化炉及还原炉温度分别为 1150℃、850℃，将包好的样品按标记顺序依次放于进样盘中，测定各样品中 C、H、N 和 S 四种元素的含量。

2）O 含量测定

HA 样品 O 含量测定采用灰分差减法获得。分别称取 0.2g 四种 HA（NTHA、SDHA、LYHA、SPHA）样品于陶瓷坩埚（烘干并称重）中，并在 800℃条件下于马弗炉中恒温加热 4h，取出称重，并根据式（2-12）与式（2-13）计算各样品灰分含量及 O 含量。

$$Ash = \frac{m_2 - m_1}{m} \times 100\% \tag{2-12}$$

$$\begin{aligned} O元素含量(\%) = {} & 100\% - C元素含量(\%) - H元素含量(\%) \\ & - N元素含量(\%) - S元素含量(\%) - Ash \end{aligned} \tag{2-13}$$

式中，Ash 表示样品中的灰分含量，%；m 为 HA 初始质量，g；m_1 为空瓷坩埚质量，g；m_2 为瓷坩埚和灰分的总质量，g。

3. 光谱分析

1）紫外-可见光光谱分析

根据总有机碳测定结果，选取 DOC 含量为 30mgC/L 的 NTHA、SDHA、LYHA、SPHA 溶液分别测定其紫外-可见吸收光谱，扫描范围为 200～800nm，扫描步长为 1nm。根据实验得到的吸光度值，计算得出各 HA 的腐殖化参数 $SUVA_{254}$、E_2/E_3、E_2/E_4 及 E_4/E_6，探讨各类 HA 的腐殖化程度及芳香性等。其中，$SUVA_{254}$ 表示单位 DOC 的 HA 在 254nm 处的吸光度值，E_2/E_3 代表 250nm 与 365nm 处吸光度比值，E_2/E_4 代表 240nm 与 420nm 处吸光度比值，E_4/E_6 代表 465nm 与 665nm 处吸光度比值。

2）红外光谱分析

HA 红外光谱的测定采用 KBr 压片法。准确称取 NTHA、SDHA、LYHA、SPHA 固体样品各 2mg，分别按 1∶100 与 KBr 混合均匀后压制成片（KBr 使用前于烘箱内 105℃下烘制 2h），使用傅里叶红外光谱仪在 4000～400cm^{-1} 范围内测定 HA 样品的红外光谱，分辨率为 4cm^{-1}。

3）三维荧光光谱分析

参照样品 DOC 含量，分别用超纯水将 NTHA、SDHA、LYHA、SPHA 溶液稀释为 30mgC/L，采用 PTI 高级荧光瞬态稳态测量系统测定其三维荧光光谱。相关测试参数为：Ex = 200～550nm，Em = 250～550nm，狭缝宽度 5nm，Ex 及 Em 扫描步长 5nm，响应时间为 0.1s。

2.3.3　DOC 含量分布特征

4 种不同来源的 HA 中 DOC 含量分布情况如图 2.11 所示。从图 2.11 可以看出，从泥炭地、水稻田、凋落物土壤中提取得到的 HA 与商品 HA 中 DOC 含量介于 241.85～296.48mgC/L 范围内，且其分布存在较大差异，具体表现为：LYHA＞SDHA＞NTHA＞SPHA。由此说明，相对于泥炭地及水稻田而言，凋落物土壤能够释放出更多的 DOC，对土壤环境碳含量贡献最为显著，较前两者分别提高了 7.85%和 4.45%。究其原因，凋落物在分解过程中可使大量的有机物从其中释放出来，尤其是新鲜凋落物在初始浸出阶段能够表现出明显的可溶性有机物释放现象[31]，间接对土壤 HA 碳含量的提出作出贡献。水稻田作为耕作土，其有机碳含量易受作物根系分泌物、枯枝落叶及化肥施用量影响，较常年覆盖凋落物的土壤而言碳含量来源薄弱且不稳定，而泥炭地则可能由于泥沙入侵致使其有机碳含量相对偏低。

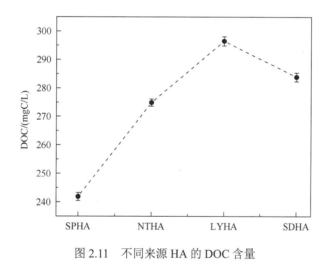

图 2.11　不同来源 HA 的 DOC 含量

2.3.4　元素组成分析

对土壤 HA 的元素组成及原子比值进行分析，可初步得出其化学构成及芳香化程度等基本信息。四种类型 HA（SPHA、NTHA、LYHA、SDHA）中 C、H、O、N、S 元素含量及 C/H 等原子质量比如表 2.6 所示。从表 2.6 所显示的数据可以看出，不同来源的 HA 中各元素含量分布存在异同点。NTHA、LYHA、SDHA 中 C、O 和 S 元素含量范围分别为 30.36%～45.36%、42.78%～61.17%、0.64%～0.82%，与 SPHA 中 C（42.01%）、O（53.38%）和 S（0.60%）元素含量基本一致。然而，对于 H、N 元素而言情况则有所不同，提取的 HA 组分中 H、N 含量分别在 4.16%～6.31%及 3.34%～4.43% 范围内，均高于 SPHA 中 H（2.63%）和 N（1.07%）元素含量，这与 4 种 HA 提取的自然基质（土壤）相同而基质类型不同有着必然联系。总体来说，4 种来源 HA 中均为 C、H、O、N 元素含量高，而 S 含量普遍偏低，说明 HA 主要由 C、H、O、N 四种元素构成。需要指出的是，实验提取的 3 种 HA 中 C 含量的大小与其 DOC 含量大小呈现出了一致性，即 LYHA＞SDHA＞NTHA，而 SPHA 中 C 元素与 DOC 含量关系存在一定的变化，这间接说明 SPHA 中可能包含有更多其他形式的碳。

表 2.6 不同来源 HA 的元素组成及原子质量比

样品	Ash/%	元素含量/%					原子质量比		
		C	H	O	N	S	C/H	O/C	(N + O)/C
SPHA	0.31	42.01	2.63	53.38	1.07	0.60	15.97	1.27	1.30
NTHA	0.15	30.36	4.16	61.17	3.34	0.82	7.30	2.01	2.12
LYHA	0.34	45.36	6.31	42.78	4.43	0.78	7.19	0.94	1.04
SDHA	0.88	37.58	5.40	51.36	4.14	0.64	6.96	1.37	1.48

异质性指标，在一定程度上指示了 HA 的化学特性。例如，C/H 原子质量比值、O/C 原子质量比值分别与 HA 的缩合度、氧化程度呈正相关[32]。本研究中，SPHA、NTHA、LYHA、SDHA 中 C/H 值分别为 15.97、7.30、7.19、6.96，大小关系为 SPHA＞NTHA＞LYHA＞SDHA，由此可得出四者的缩合度大小为 SPHA＞NTHA＞LYHA＞SDHA。同时，根据 SPHA、NTHA、LYHA、SDHA 中的 O/C 原子质量比值大小，可得出四者氧化程度大小为 NTHA＞SDHA＞SPHA＞LYHA。缩合度的大小能够间接指示 HA 的芳香性及疏水性，而氧化程度又与胡敏酸结构中碳水化合物及羧基（—COOH）等含氧官能的数量团相关。由此说明，SPHA 具有最多的芳香结构及更高的疏水性，而 LYHA 具有最多的碳水化合物及含氧官能团。

研究指出，（N + O）/C 原子质量比值与 HA 的极性大小呈正相关[20]。SPHA、NTHA、LYHA、SDHA 中因 N 元素含量相对较低，故其（N + O）/C 原子质量比值与 O/C 原子质量比值的大小规律呈现出一致性，即 NTHA＞SDHA＞SPHA＞LYHA。显然，可以推测出，HA 呈现出的极性大小随 HA 中碳水化合物及含氧官能团数量的增多而增大。据表 2.6 中数据显示，NTHA 中（N + O）/C 原子质量比值明显高于其他三种 HA，故 NTHA 具有最大的极性和最多的碳水化合物、含氧官能团，而 LYHA 则表现出相反趋势。

2.3.5 光谱分析

1. 紫外-可见吸收特性分析

HA 的紫外-可见吸收曲线及特征吸光度值对其宏观结构、分子量大小、芳香性及疏水性等具有良好的指示作用。SPHA、NTHA、LYHA 和 SDHA 的 UV-vis 光谱图如图 2.12 所示。

从图 2.12 可以看出，一方面，SPHA、NTHA、LYHA、SDHA 中的 UV-vis 吸收光谱曲线（200～800nm）具有相似性，总体呈现出下降趋势，即吸光度值均随着辐射波长的增加而减小；另一方面，4 个 HA 样品均在 280nm 附近有强度不等的类肩状吸收峰，可能是 HA 中苯环等共轭体系的体现。不难发现，4 种 HA 均在紫外辐照区表现出了强烈的光吸收现象，证明各 HA 样品中存在大量的芳香族 C=C 结构及苯环、羧基、酰胺等其他生色基团[33]。

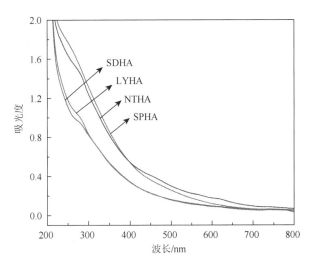

图 2.12　不同来源 HA 的紫外-可见吸收光谱图

表 2.7　不同来源 HA 样品的紫外-可见吸光特征值

样品	$SUVA_{254}$	E_2/E_3	E_2/E_4	E_4/E_6
SPHA	1.75	2.38	4.05	4.21
NTHA	1.61	2.28	3.61	3.26
LYHA	1.15	2.53	4.53	3.25
SDHA	1.07	2.35	4.28	2.86

　　根据 SPHA、NTHA、LYHA、SDHA 在 200～800nm 范围内的吸光度值，计算得出各自的特征值 $SUVA_{254}$ 及 E_2/E_3（E_{250}/E_{365}），结果见表 2.7。有研究认为，$SUVA_{254}$ 可表达 HA 的芳香性，其值越大，HA 的芳香化程度越高，而 E_2/E_3、E_2/E_4、E_4/E_6 值大小又分别与 HA 分子量、缩合度及腐殖化程度呈负相关[21]。由表 2.7 中数据可得，4 种 HA 的 $SUVA_{254}$ 分布在 1.07～1.75 范围内，具体表现为 SPHA＞NTHA＞LYHA＞SDHA，故其芳香性大小为 SPHA＞NTHA＞LYHA＞SDHA，与元素组成分析中 C/H 原子质量比值所反映的芳香度规律一致。对于 E_2/E_3，SPHA、NTHA、LYHA、SDHA 的 E_2/E_3 值分别为 2.38、2.28、2.53、2.35，可得出四者分子量大小为 NTHA＞SDHA＞SPHA＞LYHA，说明 NTHA 的分子量较大，而 LYHA 的分子量较小。需要指出的是，由于 HA 提取过程繁琐复杂且影响因素众多，可能对其结构组成及紫外-可见吸光特性造成影响，致使其得到的芳香程度、腐殖程度、缩合度等情况与元素分析结果不尽一致。本书研究中 E_2/E_4、E_4/E_6 反映出的结果存在矛盾性，说明用 E_2/E_4、E_4/E_6 来表达 HA 的特性也具有一定的局限性，李会杰对 HA 的表征结果也表明了这一观点[34]。

2. 傅里叶红外光谱分析

存在于土壤环境的 HA 化学组成复杂多变，元素分析及紫外-可见吸光特性分析可间接地推测其部分化学特性（芳香性、成熟度、分子含量等），而不能清晰直观地反映其化学构成本质。利用红外光谱对 HA 进行吸收峰分析，将有助于更加明确其所包含的官能团类型及化学键特征。现已有研究人员给出了 HA 的红外吸收峰的化学归属解析[14]，如表 2.8 所示。

表 2.8　HA 红外光谱特征吸收峰的化学归属

吸收带或峰位波数/cm^{-1}	化学归属
3400	O—H、N—H 伸展或氢键缔合
3060~3080	芳香环 C—H 伸展
2920~2930	脂族 CH_2 伸展（—CH_2—，不对称）
2853~2860	脂族 C—H 伸展（—CH_2—，对称；末端甲基）
1710~1722	羧基中的 C=O 伸展
1648~1658	酰胺 C=O 伸展等
1600~1630	芳香 C=C 伸展，羧酸盐（—COO^-，不对称）
1510~1560	芳香 C=C 伸展，酰胺化合物及氨基酸 N—H 面内变形等
1450~1460	脂族 C—H 变形（—CH_3，—CH_2—）
1400~1425	脂族 C—H 变形及芳香环伸展
1220~1240	羧基中的 C—O 伸展和 O—H 变形
1122~1127	醚或酯中的 C—O 伸展
1030~1040	伯醇、芳香醚或芳香脂中的 C—O 伸展
1050	硅酸盐杂质的 Si—O
830~840	对位取代苯环 C—H 伸展或氨基酸中 N—H 伸展

鉴于以上信息，对 SPHA、NTHA、LYHA 和 SDHA 进行红外光谱测定，其结果见图 2.13。从图中可以看出，四者表现出的红外光谱具有相似性，但也存在一定差异。SPHA [图 2.13（a）]的红外光谱吸收峰主要分布在 $3419cm^{-1}$、$2924cm^{-1}$、$1603cm^{-1}$、$1389cm^{-1}$、$1106cm^{-1}$、$1027cm^{-1}$、$907cm^{-1}$、$687cm^{-1}$、$544cm^{-1}$；而对于 NTHA、LYHA、SDHA [图 2.13（b）]则主要分布在 $3409cm^{-1}$、$2930cm^{-1}$、$1639cm^{-1}$、$1423cm^{-1}$、$1246cm^{-1}$、$1046cm^{-1}$、$586cm^{-1}$。总体来说，除 SPHA 表现出细微差异性外，NTHA、LYHA、SDHA 的红外吸收带及峰位波数基本一致，说明 3 种类型土壤释放的 HA 在化学结构上存在相似性。此外，可发现不同来源的 4 种 HA 部分波数处的红外吸收强度具有一定差异性，说明各类 HA 中同种化学结构或官能团的含量有所不同。

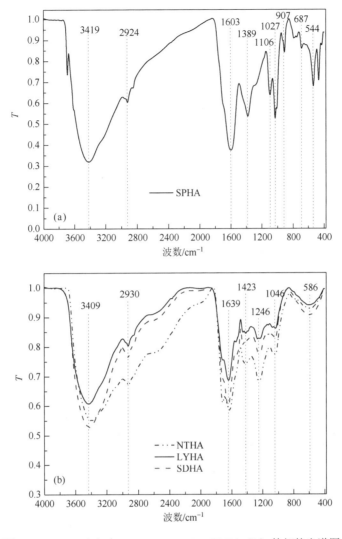

图 2.13 SPHA（a）与 NTHA、LYHA、SDHA（b）的红外光谱图

根据表 2.8 反映出的红外吸收峰的化学归属，推测出 SPHA、NTHA、LYHA、SDHA 的官能团组成如表 2.9 所示。从结构种类上来说，4 种 HA 中均含有—OH、—NH、脂族 CH_2、芳香 C═C、—COO 及脂族—CH 等结构，显示土壤 HA 的主要结构单元为脂类化合物、芳香化合物、氨基酸等含氮化合物以及羧基、羟基等含氧官能团。与 NTHA、LYHA、SDHA 相比，SPHA 中还存在伯醇、酯、芳香醚或芳香脂中的 C—O 结构；而与 SPHA 相比，NTHA、LYHA、SDHA 中还存在—COO、Si—O 结构。就结构含量大小而言，SPHA 在 $3419cm^{-1}$、$1603cm^{-1}$ 及 $1389cm^{-1}$ 处所表现出的—OH、—NH、芳香 C═C、脂族—CH 及—COO 伸缩振动明显强于 NTHA、LYHA、SDHA，说明其含有更多的芳香化合物、脂类化合物及含氧官能团。同时，NTHA、LYHA、SDHA 在 $1639cm^{-1}$ 处表现出的强度差异反映出 NTHA 与 SDHA 含有的芳香 C═C 结构明显多于 LYHA，说明 LYHA 的芳香性低，这与元素组成及紫外-可见吸光特性分析结果表现出一致性。

表 2.9　HA 样品的红外特征吸收峰的化学归属

吸收带或峰位波数/cm^{-1}	强度	HA 样品	化学归属
3419、3409	宽	SPHA、NTHA、LYHA、SDHA	O—H、N—H 伸展或氢键缔合
2930、2924	弱	SPHA、NTHA、LYHA、SDHA	脂族 CH$_2$ 伸展（—CH$_2$—，不对称）
1639、1603	强	SPHA、NTHA、LYHA、SDHA	芳香 C=C 伸展，羧酸盐（—COO$^-$）
1423/1389	弱/中	SPHA、NTHA、LYHA、SDHA	脂族 C—H 变形，邻位取代芳香环伸展
1246	弱	NTHA、LYHA、SDHA	羧基中的 C—O 伸展和 O—H 变形
1106	弱	SPHA	醚或酯中的 C—O 伸展
1027	中	SPHA	伯醇、芳香醚或芳香脂中的 C—O 伸展
1046	弱	NTHA、LYHA、SDHA	硅酸盐杂质的 Si—O

3. 三维荧光光谱分析

三维荧光光谱（3D-EEM）法通过对激发波长和发射波长的同步扫描能够形成激发-发射光谱矩阵，从而反映出 HA 分子中荧光物质的分布特征及其结构的共轭度、复杂度。李会杰[35]根据腐殖酸中荧光物质的荧光响应峰位置将 3D-EEM 划分为六大区域：紫外光区类富里酸（A 峰）、可见光区类富里酸（C 峰）、（长波）类腐殖酸（D 峰）、（短波）类腐殖酸（E 峰）、类酪氨酸（B 峰）及类色氨酸（T 峰），具体见表 2.10。同时，图 2.14 给出了本书研究中 SPHA、NTHA、LYHA、SDHA 的三维荧光响应图。

表 2.10　腐殖酸中主要荧光峰位置及归属解析

峰名	激发波长 Ex/nm	发射波长 Em/nm	归属
A	230～270	370～460	紫外光区类富里酸
C	300～360	370～440	可见光区类富里酸
D	350～440	430～510	（长波）类腐殖酸
E	290～310	400～450	（短波）类腐殖酸
B	225～230	305～310	类蛋白（类酪氨酸）
T	225～230	320～350	类蛋白（类色氨酸）

从图 2.14 可看出，不同来源 HA 的 3D-EEM 对应的荧光响应峰位置基本一致，均主要分布在 Ex = 200～500nm、Em = 350～550nm 范围内，反映出了相似的指纹信息。然而，各 HA 样品荧光响应强度大小有别，体现了各荧光物质相对含量的差异。结合表 2.10 中相关信息，发现 SPHA、NTHA、LYHA、SDHA 的三维荧光吸收峰以（长波）类腐殖酸 D 峰为主，以类富里酸 A、C 峰及（短波）类腐殖酸 E 峰为辅，无类蛋白峰存在。研究指出，A 峰（Ex = 230～270nm、Em = 370～460nm）与 C 峰（Ex = 300～360nm、Em = 370～440nm）分别为紫外光区及可见光区类富里酸的荧光响应峰，其产生主要与 HA 中结构稳定的大分子有机物的存在相关[35]。也有研究表明，HA 中含有的羰基和羧基结

构也能产生可见光区类富里酸荧光峰 C[36]。D 峰（Ex = 350～440nm、Em = 430～510nm）
与 E 峰（Ex = 290～310nm、Em = 400～450nm）为两种不同形式的类腐殖酸响应峰。有
研究发现，D 峰可用来指示 HA 的腐殖化程度，而 E 峰多存在于水体环境，且可由类富
里酸物质在微生物作用下转化形成[35]。

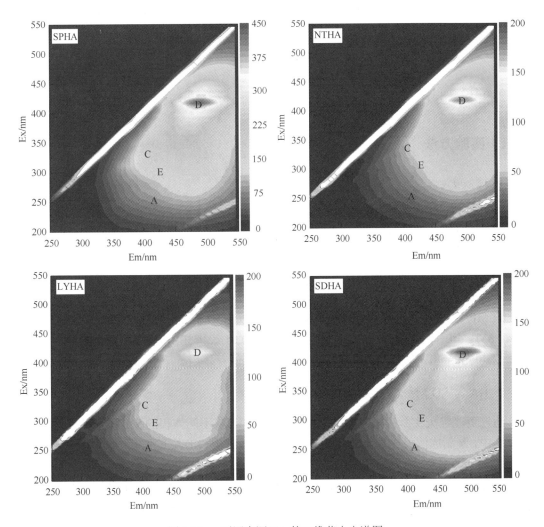

图 2.14　不同来源 HA 的三维荧光光谱图

对比四种来源 HA 中荧光峰 A、C、D 及 E 的强弱，不难发现，SPHA、NTHA、
LYHA、SDHA 中类腐殖酸 D 峰的强度明显高于类富里酸 A、C 峰，说明四种来源 HA
中均含有大量腐殖质类物质，即腐殖化程度高。同时，SPHA 中类腐殖酸 D 峰明显强
于 NTHA、LYHA、SDHA，说明 SPHA 的腐殖化程度高于其他三者。而对于 NTHA、
LYHA、SDHA 三者来说，以 SDHA 中类腐殖酸 D 峰强度最高，NTHA 次之，LYHA
最低，表明 SDHA 的腐殖化程度高，而 LYHA 的腐殖化程度较低。综上，SPHA 组成
最为复杂，而 LYHA 最简单，说明 SPHA 可能含有更多的光活性基团及吸附位点，能

够参与有机物的光解或吸附过程，从而对其环境行为产生影响；而 NTHA、SDHA、LYHA 结构相对简单，更易于被矿化分解，从而增加土壤有机氮的活性。从元素分析结果也可以看出 LYHA 具有最少的碳水化合物及含氧官能，结构较为简单，且 NTHA、LYHA、SDHA 含氮量均高于 SPHA；从紫外-可见吸光特性分析又得出 NTHA 的分子量较大，而 LYHA 的分子量较小；而在红外分析中也指出 SPHA 含有更多的芳香类、脂类化合物及含氧官能团，且 LYHA 的芳香性低，上述结论均证实了荧光分析结果的可靠性。

2.4　土壤腐殖质对磺胺嘧啶光解行为的介导作用及机制

2.4.1　实验方法

1. 溶液配制

DMPO（5,5-二甲基-1-吡咯啉-N-氧化物）母液：使用 0.01mol/L K_2HPO_4 与 0.01mol/L KH_2PO_4 配制浓度为 0.01mol/L 的磷酸盐缓冲溶液（PBS，pH 为 7.2～7.4）。使用微量移液器准确移取 233μL 的 DMPO 溶液（$\rho = 1.015g/mL$，25℃）于 5mL 容量瓶中，加入 0.01mol/L 的 PBS 溶液定容至刻度，配制成浓度为 400mmol/L 的 DMPO 母液，于−20℃ 避光冷冻储存备用。

TEMP（2,2,6,6-四甲基哌啶）母液：使用微量移液器准确移取 338μL 的 TEMP 溶液（$\rho = 0.837g/mL$，25℃）于 5mL 容量瓶中，加入 0.01mol/L PBS 溶液定容至刻度，配制成浓度为 400mmol/L 的 TEMP 母液，于常温下避光储存备用。

2. HA 与 SDZ 结合作用

通过荧光淬灭实验考察 HA 对 SDZ 的结合作用，取不同体积的 SDZ 母液分别于 25mL 容量瓶中，配制成浓度分别为 2mg/L、6mg/L、10mg/L 的 SDZ 工作液，加入 1mL 浓度（以 DOC 含量计）分别为 0mg/L、5mg/L、15mg/L、25mg/L、35mg/L、50mg/L 的不同来源的 HA 工作液，混合摇匀后在 25℃、160r/min 下避光振荡 60min。使用荧光光谱仪对各混合液进行荧光强度测定。实验中设置空白对照组以得到 SDZ 的真实荧光值，具体为以 HA-SDZ 体系的荧光强度值扣除相对应的 HA 的荧光强度。

荧光光谱仪操作条件：激发光源为 75W 氙灯；Ex = 360nm，Em = 380～450nm，狭缝宽度 5nm，扫描步长 1nm，响应时间 1s。

3. HA 介导下 SDZ 的光解实验

SDZ 光解实验在多位光化学反应仪内进行。移取系列不同体积的 SPHA 母液，使用超纯水配制浓度（以 DOC 含量计）为 50mg/L 的 SPHA 工作液，移取 3mL SPHA 工作液于 100mL、6mg/L 的 SDZ 工作液中混合摇匀，调节体系 pH 为 7.10±0.05（0.1mol/L 乙酸、0.1mol/L NaOH）。同时，在相同条件下使用同种方法分别配制 SDHA、NTHA、LYHA

与 SDZ 的混合液。将配制的混合液在 25℃、160r/min 条件下于恒温振荡箱中避光振荡 60min，制得光解液。分别量取 35mL 光解液于系列 50mL 石英光解管中，置于多位光化学反应仪内进行光解实验，间隔 30min 取样至系列 1.5mL 棕色色谱小瓶中（剩余气泡大小空白），使用 HPLC 对光解液中 SDZ 的浓度进行定量分析，实验设置平行对照组及黑暗对照组。

光化学反应仪相关参数设置同 2.2.1 节中第 2 点，HPLC 相关参数设置同 2.2.2 节中第 2 点。

4. 活性氧物种淬灭光解实验

向各类 HA-SDZ（其中，HA 分别为 SPHA、NTHA、SDHA、LYHA）溶液中分别加入 IPA、NaN₃ 作为·OH、¹O₂ 的淬灭剂，体系中 SDZ 浓度为 6mg/L，各 HA 浓度为 50mg/L，IPA 及 NaN₃ 浓度为 100mmol/L。调节溶液 pH 为 7.10±0.05，于 25℃、160r/min 条件下避光振荡 60min，制得光解液。分别量取 35mL 各光解液进行光解实验，光解实验控制性条件及取样分析方法同本节第 2 点。

荧光淬灭实验中，可用斯顿-伏尔莫（Stern-Volmer）公式来反映 HA 与 SDZ 两者的结合作用[37]，具体见式（2-14）。

$$\frac{F_0}{f} = 1 + K_{HA}[HA] \tag{2-14}$$

其中，F_0 为荧光物质的初始荧光强度值；f 为添加淬灭剂 HA 后荧光物质的荧光强度值；K_{HA} 为 HA 与荧光物质的结合系数，L/kg；[HA] 为 HA 的浓度值，此处以 HA 的 DOC 含量计算，mg/L。

5. HA 中光生·OH、¹O₂ 的 EPR 测定

HA 中光生·OH、¹O₂ 的 EPR（electron paramagnetic resonance，电子顺磁共振）测定，以 DMPO 和 TEMP 分别作为·OH 和 ¹O₂ 的捕获剂，以 IPA 作为·OH 的淬灭剂，以 NaN₃ 作为·OH 和 ¹O₂ 的淬灭剂。具体操作为：①准确移取一定体积的 DMPO、TEMP 母液（400mmol/L），使用 0.1mol/L PBS 溶液分别将其稀释至 100mmol/L；②将 DMPO、TEMP 溶液（100mmol/L）分别与各 HA 溶液（50mg/L）按 1∶1 体积比均匀混合，得到系列 DMPO-HA 及 TEMP-HA 体系；③将各混合样分别转移至 EPR 毛细管内并用真空硅脂封闭底端，装入石英样品管置于 EPR 内，在紫外光辐照 5min 后测定加合物 DMPO-OH 及 TEMP-¹O₂ 的 EPR 谱图。

EPR 测定操作条件为：中心磁场 3503G；扫场宽度 100G；扫描时间 57.02s；g 因子 2.0000；调制幅度为 1G；扫描次数 3；微波衰减 9dB；微波功率 25.18mW；微波频率 9.83GHz；扫描点数 1400；时间常数 40.96ms。

2.4.2　HA 与 SDZ 相互作用机理

SDZ 作为一类荧光物质，具有良好的荧光特性。研究发现，在 HA 与有机物的共存

体系中，HA 能够充当荧光淬灭剂，对有机物的荧光特性造成一定影响。一般情况下，HA 的荧光淬灭作用涉及静态淬灭与动态淬灭两种情况，前者通常是指 HA 与有机物间形成化学键致使有机物的荧光特性发生改变，而后者则更多地归因于两者间的分子碰撞[37]。为探讨溶液环境中 HA 与 SDZ 的结合情况，对不同浓度 HA 对 SDZ 的荧光淬灭能力进行了测定，得出荧光强度变化值（F_0/f）与各 HA 浓度（C_{HA}）的关系曲线图，其结果见图 2.15。

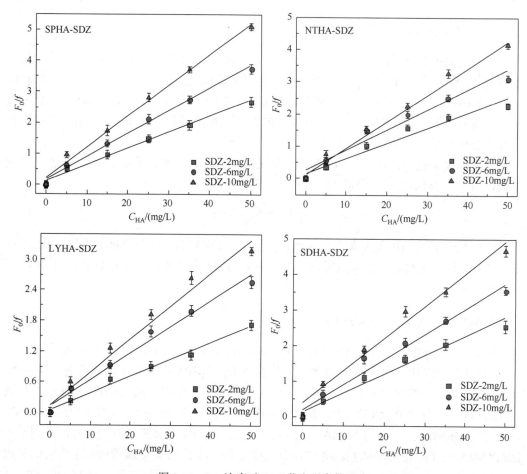

图 2.15　HA 浓度对 SDZ 荧光强度的影响

由图 2.15 可以看出，各 HA 对 SDZ 的荧光强度具有显著淬灭作用，具体表现为 F_0/f 随各 HA 浓度的增大而线性增加，说明各 HA 对 SDZ 的淬灭以单一方式为主（静态淬灭或动态淬灭），不存在复合淬灭方式。此外，可发现改变各 HA-SDZ 体系中 SDZ 的浓度（2~10mg/L）时，各 HA 对 SDZ 的淬灭程度仍然表现出随 HA 浓度线性增加趋势，但淬灭能力大小有别，表明 HA 对 SDZ 的单一淬灭方式不受体系 SDZ 浓度变化的影响。结合实验数据得出 HA 与 SDZ 结合作用相关参数，如表 2.11 所示。可以发现，F_0/f 与 HA 的浓度具有一定的线性相关性（$R^2 \geqslant 0.9546$），四种 HA 与 SDZ 的结

合系数 K_{HA} 在 $3.31 \times 10^4 L/kg \sim 9.98 \times 10^4 L/kg$ 范围内变化，由此得出其 lgK_{HA} 值处于 $4.52 \sim 5.00$ 范围内，远大于双分子动态淬灭常数（$lgK < 2$），故四种 HA 与 SDZ 间的结合方式均为静态淬灭。

研究指出，lgK_{HA} 可反映 HA 与有机物间结合能力的大小[38]，实验中 lgK_{HA} 的差异间接指示了不同来源 HA 与不同浓度 SDZ 间结合程度的差异。一方面，同种 HA 在不同浓度 SDZ 溶液中表现出的结合能力大小为 $C_{SDZ(10mg/L)} > C_{SDZ(6mg/L)} > C_{SDZ(2mg/L)}$，这说明溶液中 SDZ 表观浓度的增加有利于二者间的结合；另一方面，对于同种浓度的 SDZ 溶液，反映出 HA 与 SDZ 间的结合能力大小为 SPHA＞SDHA＞NTHA＞LYHA。相关研究人员发现，HA 与有机物间的结合作用与疏水作用力、氢键作用力相关[39]。结合前文对各类 HA 的紫外及红外光谱表征分析可以看出，SPHA 的疏水性及官能团含量（与氢键形成相关）均为最高，故 SPHA 与 SDZ 的结合作用存在疏水作用力和氢键两种作用力；而 LYHA 含氧官能团含量低，形成氢键可能性小，且其与 SDZ 的结合系数低，则氢键作用力可能是其主要的结合作用力；SDHA、NTHA 与 SDZ 的结合系数，均与其疏水性大小、官能团含量表现出相反趋势，说明氢键和疏水作用力不是其主要的结合作用力，可能还涉及 π-π 作用力等其他结合机制。

表 2.11　HA 与 SDZ 结合作用相关参数

HA 样品	C_{SDZ}（mg/L）	K_{HA}/(10^4L/kg)	lgK_{HA}	R^2	HA 样品	SDZ 浓度/(mg/L)	K_{HA}/(10^4L/kg)	lgK_{HA}	R^2
	2	5.26	4.72	0.9864		2	3.31	4.52	0.9900
SPHA	6	7.33	4.87	0.9929	LYHA	6	5.17	4.71	0.9839
	10	9.98	5.00	0.9918		10	6.48	4.81	0.9760
	2	4.68	4.67	0.9546		2	5.37	4.73	0.9735
NTHA	6	6.27	4.80	0.9564	SDHA	6	7.06	4.85	0.9809
	10	8.26	4.92	0.9905		10	9.09	4.96	0.9776

注：K_{HA} 为 HA 与荧光物质的结合系数。

2.4.3　HA 介导下 SDZ 的光降解动力学

1. HA 与 SDZ 的紫外吸收光特性

为考察实验中 HA 对 SDZ 紫外光降解的影响，对 SDZ（6mg/L）及各 HA（30mg/L）在紫外光波段范围内（200～400nm）的吸光特性进行了测定，其结果见图 2.16。不难看出，SDZ 与各 HA 溶液在 200～400nm 光波内吸光度值处于 0～2.25 范围内，均产生了强烈的紫外光吸收现象。因此，在模拟日光下 SDZ 与 SPHA、NTHA、SDHA、LYHA 均可发生紫外光降解。同时也表明，实验过程中四种 HA 均会对 SDZ 的光降解产生一定干扰或者光屏蔽作用，因此有必要探讨 HA 对 SDZ 光解造成的影响。

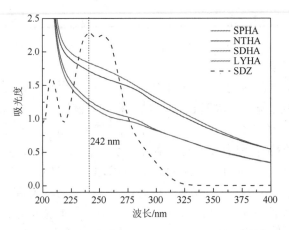

图 2.16　SDZ 与不同来源 HA 的紫外吸收光谱图

2. HA 介导下 SDZ 的光降解过程及其动力学

为探究四种不同来源 HA 对 SDZ 光降解的影响，控制 SDZ 浓度为 6mg/L，各 HA 浓度均为 50mg/L，体系 pH 为 7.10±0.05，其结果如图 2.17 所示，结果表明，不同 HA 与 SDZ 共存时，SDZ 的光降解均符合一级反应动力学（$R^2 \geqslant 0.9899$），且 SDZ 的光降解反应速率均高于纯水中 SDZ 的光解速率（0.0069min^{-1}），表明 HA 在此条件下对于 SDZ 的

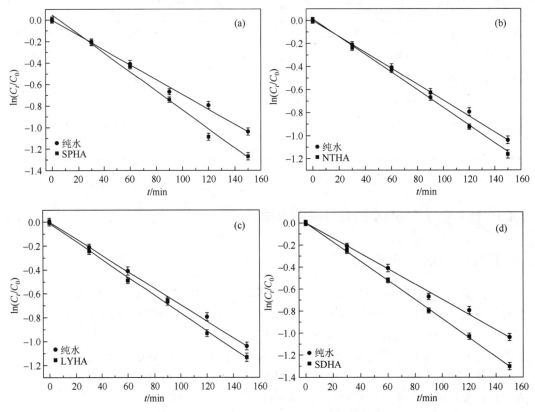

图 2.17　不同来源 HA 对 SDZ 光降解的影响

光降解具有促进作用。由表 2.12 给出的光降解动力学参数可知，不同 HA 对 SDZ 光降解的影响程度不同，主要体现在降解速率的差异上。其中，SPHA 存在下 SDZ 的光降解速率（0.0089min^{-1}）最快，其次是 SDHA（0.0087min^{-1}）＞NTHA（0.0077min^{-1}）＞LYHA（0.0075min^{-1}）。同时还可发现，在添加了 SPHA、NTHA、LYHA、SDHA 的体系中，SDZ 的半衰期较纯水环境（100.43min）依次降低了 22.46%、10.39%、7.99%、20.68%，表明 SPHA 与 SDHA 对 SDZ 的光解具有较显著的促进作用，而 NTHA 与 LYHA 的促进作用相对较弱。

前期研究表明，造成 SDZ 光降解差异的原因可能与 HA 的结构有关。结合三维荧光表征结果，发现四种 HA 的腐殖化程度与其对 SDZ 光降解的快慢呈现出高度一致性，即 SPHA＞SDHA＞NTHA＞LYHA，说明 HA 的腐殖化程度对 SDZ 的光降解具有一定影响。李鸣晓等[40]研究表明，随着 HS 腐殖化程度的增加，其苯环结构上含有的脂肪链将会降解成羧基、羰基等含氧官能团。同时，Maddigapu 等[41]表明在光照下，HA 中的含氧基团可以吸收光能产生·OH 和 $^1O_2$（活性氧物种），而 $^1O_2$ 和·OH 都具有较强的氧化性，能够与有机污染物发生反应从而加快有机污染物的光降解。因此，对 HA 光生 $^1O_2$ 和·OH 在 SDZ 光降解中的贡献进行探讨具有一定理论意义。

表 2.12　SDZ-HA 体系光降解动力学参数

溶液	动力学方程	表观速率常数 k/min^{-1}	相关系数 R^2	半衰期 $t_{1/2}$/min
纯水	$C_t = 6.02\mathrm{e}^{-0.0069}$	0.0069±0.0001	0.9964	100.43
SPHA	$C_t = 6.01\mathrm{e}^{-0.0089}$	0.0089±0.0004	0.9899	77.87
NTHA	$C_t = 6.12\mathrm{e}^{-0.0077}$	0.0077±0.0003	0.9957	90.00
LYHA	$C_t = 6.10\mathrm{e}^{-0.0075}$	0.0075±0.0002	0.9960	92.40
SDHA	$C_t = 6.05\mathrm{e}^{-0.0087}$	0.0087±0.0001	0.9996	79.66

2.4.4　HA 介导下 SDZ 的光降解机制

1. ·OH 及 $^1O_2$ 在 SDZ 光降解中的作用

为探究反应体系中·OH 及 $^1O_2$ 对 SDZ 光降解的贡献情况，控制体系 SDZ 浓度为 6mg/L，各 HA 浓度为 50mg/L，并添加 IPA（100mmol/L）作为·OH 的淬灭剂，添加 NaN$_3$（100mmol/L）作为·OH 及 $^1O_2$ 的共同淬灭剂，实验结果如图 2.18 所示。可以看出，HA 介导作用下加入 IPA 及 NaN$_3$ 后 SDZ 的光降解仍满足一级反应动力学模型，且降解速率均体现出明显的减缓趋势，说明·OH 及 $^1O_2$ 均是促进体系 SDZ 光降解的机制之一。此外，各体系 SDZ 光降解速率的下降幅度均明显高于纯水环境，说明体系中·OH 及 $^1O_2$ 的来源除 SDZ 自身光降解外，还可能来自 HA 样品。显然，添加 IPA[图 2.18（a）～（d）]与 NaN$_3$[图 2.18（e）～（h）]的体系减缓趋势较相似，均为 SPHA 介导下的 SDZ 光解减缓得最明显，LYHA 介导的最弱，而 SDHA 与 NTHA 介导下的减缓趋势相近。不难猜想，各体系体现的降解差异与·OH 及 $^1O_2$ 对 SDZ 光降解的贡献大小有关。

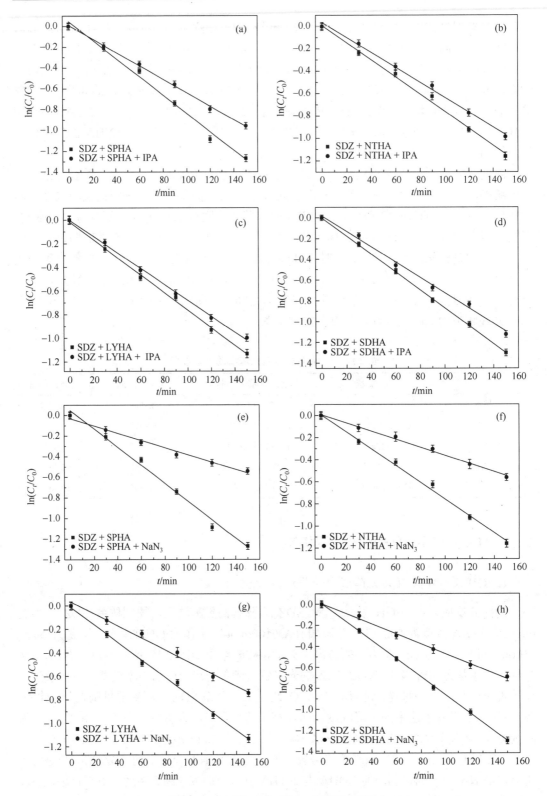

图 2.18 IPA 及 NaN₃ 对 SDZ 光降解的影响

为更加明晰各体系存在的异同，对上述实验结果进行定量化描述，其结果见表 2.13。可以看出，在模拟光照条件下，各 SDZ 光解体系的线性相关系数 R^2 在 $0.9859 \sim 0.9996$ 范围内波动，表现出良好的相关性。从表观速率常数来看，添加 IPA 与 NaN_3 后，SPHA 介导下 SDZ 的光降解速率分别为 $0.0065min^{-1}$、$0.0036min^{-1}$，NTHA 介导下分别为 $0.0067min^{-1}$、$0.0037min^{-1}$；LYHA 介导下分别为 $0.0068min^{-1}$、$0.0051min^{-1}$，而 SDHA 介导下分别为 $0.0075min^{-1}$、$0.0048min^{-1}$，均表现为添加 IPA 的体系降解速率显著高于添加 NaN_3 的体系，说明 NaN_3 对反应体系的影响强于 IPA。

表 2.13　各 HA 介导下 SDZ 的光降解动力学参数

溶液	添加物质	表观速率常数 k/min^{-1}	相关系数 R^2	半衰期 $t_{1/2}/min$
	无	0.0089 ± 0.0004	0.9899	77.87
SDZ + SPHA	IPA	0.0065 ± 0.0001	0.9977	106.62
	NaN_3	0.0036 ± 0.0002	0.9859	192.5
	无	0.0077 ± 0.0003	0.9957	90.00
SDZ + NTHA	IPA	0.0067 ± 0.0002	0.9953	103.43
	NaN_3	0.0037 ± 0.0002	0.9940	187.30
	无	0.0075 ± 0.0002	0.9960	92.40
SDZ + LYHA	IPA	0.0068 ± 0.0002	0.9979	101.91
	NaN_3	0.0051 ± 0.0002	0.9906	135.88
	无	0.0087 ± 0.0001	0.9996	79.66
SDZ + SDHA	IPA	0.0075 ± 0.0003	0.9941	92.40
	NaN_3	0.0048 ± 0.0002	0.9953	144.38

与纯水中 SDZ 的光降解情况类似，各体系·OH 与 $^1O_2$ 参与 SDZ 的光敏化降解过程的贡献率 $R_{(\cdot OH)}$ 及 $R_{(^1O_2)}$ 可根据式（2-15）与式（2-16）进一步计算得出。

$$R_{(\cdot OH)} = \frac{k_{\cdot OH}}{k_1} \times 100\% \approx \frac{k_1 - k_{IPA}}{k_1} \times 100\% \tag{2-15}$$

$$R_{(^1O_2)} = \frac{k_{^1O_2}}{k_1} \times 100\% \approx \frac{k_{IPA} - k_{NaN_3}}{k_1} \times 100\% \tag{2-16}$$

式中，$k_{\cdot OH}$、$k_{^1O_2}$ 分别表示·OH 与 $^1O_2$ 参与有机物光敏化降解过程的速率常数，min^{-1}；k_1、k_{IPA}、k_{NaN_3} 分别表示添加 HA、添加 HA 与 IPA、添加 HA 与 NaN_3 后有机物的表观速率常数，min^{-1}。

根据计算结果，各体系·OH 与 $^1O_2$ 参与光解反应的贡献率如图 2.19 所示。不难发现，各 HA 介导的体系中 $^1O_2$ 对 SDZ 的光降解贡献率均大于·OH，说明 $^1O_2$ 是促进 SDZ 光降解的主导机制。此外，各 HA 介导的体系中·OH 对 SDZ 光降解的贡献率大小关系为 SPHA（26.97%）＞SDHA（13.79%）＞NTHA（12.99%）＞LYHA（9.33%），而 $^1O_2$ 对 SDZ 光降解的贡献情况有所不同，具体大小关系为 NTHA（38.96%）＞SPIIA（32.58%）＞SDHA（31.03%）＞LYHA（22.67%）。根据实验结果猜想，·OH 与 $^1O_2$ 对 SDZ 的光解可能与不同来源 HA 产生的·OH、$^1O_2$ 的产率和稳态浓度有关，而 HA 光生·OH、$^1O_2$ 能力又可能与其本质化学构成相关。结合前期对 HA 的表征分析，发现各 HA 的腐殖化程度与其介导的体系中·OH 的贡献大小具有良好的对应关系，而相关研究表明 HA 腐殖化程度的加大可致使其分解产生更多的含氧官能团，说明 HA 中含氧官能团的量能够对其光生·OH 的能力做出贡献，这与 Maddigapu 等[41]的研究结果相似。此外，元素分析的结果呈现出各体系 $^1O_2$ 的贡献率大小与各 HA 中含氧量大小有着良好的对应关系，说明 HA 的氧含量可能对 HA 光生 $^1O_2$ 的能力做出了贡献。

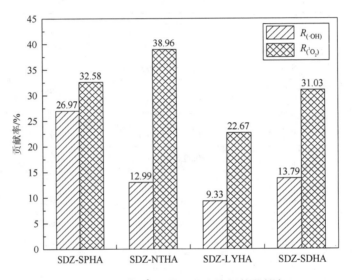

图 2.19　OH 与 $^1O_2$ 对 SDZ 光降解的贡献率

2. HA 光敏产生·OH 及 $^1O_2$ 的能力

为验证 HA 光生·OH 及 $^1O_2$ 的可能性及能力大小，在紫外光照下，对各 HA 溶液（50mg/L）进行了 EPR 测定，其结果见图 2.20。

由图 2.20 可知，不同来源 HA 在光照条件下检测出了明显的 DMPO-OH 加合物的 EPR 特征峰[1∶2∶2∶1 四重峰，图 2.20（a）]与 TEMP-$^1O_2$ 加合物的 EPR 特征峰[1∶1∶1 三重峰，图 2.20（b）]，证实了光激发下各 HA 溶液中能够生成·OH 及 $^1O_2$，但生成能力大小存在一定差异。值得注意的是，这种差异主要体现在两个方面，一是各 HA 表现出的 TEMP-$^1O_2$ 加合物的 EPR 峰信号均强于 DMPO-OH 加合物，说明各 HA 产生 $^1O_2$ 的能力强于·OH；二是各 HA 中 DMPO-OH 及 TEMP-$^1O_2$ 加合物的 EPR 峰信号分别存在强度差异，SPHA 的 DMPO-OH 加合物信号峰明显强于 NTHA、LYHA、SDHA 的，而 NTHA 的 TEMP-$^1O_2$ 加合物信号峰又明显强于 SPHA 及 SDHA、LYHA 的，反映出各 HA 溶液产生·OH 的能力大小具体为 SPHA＞SDHA＞NTHA＞LYHA，产生 $^1O_2$ 的能力大小具体为 NTHA＞SPHA＞SDHA＞LYHA。

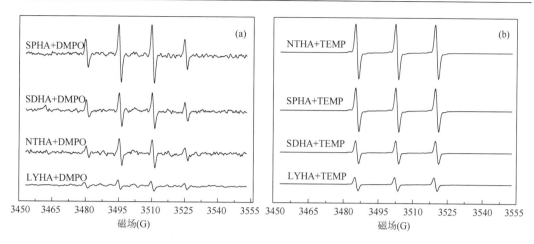

图 2.20　HA 溶液中 DMPO-OH（a）与 TEMP-$^1O_2$（b）的 EPR 谱图

2.5　环境因子对磺胺嘧啶光解行为的影响

2.5.1　实验方法

1. HA 浓度对 SDZ 光解的影响

SDZ 光解实验在多位光化学反应仪内进行。移取系列不同体积的 SPHA 母液，使用超纯水配制浓度（以 DOC 含量计）分别为 0mg/L、15mg/L、25mg/L、50mg/L 的 HA 工作液，后移取 3mL 不同浓度的 HA 于 100mL、6mg/L 的 SDZ 工作液中，混合摇匀。将配制的 SDZ-HA 混合液在 25℃、160r/min 条件下于恒温振荡箱中避光振荡 60min，制得光解液。分别量取 35mL 光解液于系列 50mL 石英光解管中，置于多位光化学反应仪内进行光解实验，间隔 20min 取样至系列 1.5mL 棕色色谱小瓶中（剩余气泡大小空白），使用 HPLC 对光解液中 SDZ 的浓度进行定量分析，实验设置平行对照组及黑暗对照组。光化学反应仪相关参数设置同 2.2.1 节中的第 2 点，HPLC 相关参数设置同 2.2.2 节第 2 点。

2. 溶液 pH 对 SDZ 光解的影响

取 3 份 100mL、6mg/L 的 SDZ 工作液，分别加入 3mL、50mg/L 的 HA（NTHA 和 SDHA）后混合摇匀，调节 3 份溶液 pH（0.1mol/L 乙酸和 0.1mol/L NaOH）分别为 4.10±0.05、7.10±0.05、10.10±0.05。将配制的 SDZ-HA 混合液在 25℃、160r/min 条件下于恒温振荡箱中避光振荡 60min，制得光解液。分别量取 35mL 各光解液进行光解实验，光解实验控制性条件及取样分析方法同于本节中的第 1 点。

3. HA 介导下离子强度对 SDZ 光解的影响

准确移取一定体积 SDZ 母液于系列 100mL 容量瓶中，加入不同量的 NaCl，用超纯水定容至刻度并摇匀，使体系中 SDZ 浓度为 6mg/L，Na^+ 浓度分别为 0mmol/L、50mmol/L、250mmol/L、500mmol/L。然后，加入 3mL、50mg/L 的 HA（NTHA 和 SDHA）溶液，调节混合液 pH 为 7.10±0.05，并将配制好的混合液在 25℃、160r/min 条件下于恒温振荡箱中避光振荡 60min，制得含有 Na^+ 的光解液。分别量取 35mL 各光解液进行光解实验，光解实验控制性条件及取样分析方法同本节中的第 1 点。实验设置纯水对照组，即光解液除不包含 HA 外，其余条件同于含有 Na^+ 的光解液。

4. HA 介导下光敏离子对 SDZ 光解的影响

使用 $NaNO_3$、$Fe_2(SO_4)_3$ 按本节第 3 点中的方法，分别配制含有 NO_3^-、Fe^{3+} 的光解液并进行光解实验，各金属离子控制性条件见表 2.14，光解实验控制性条件及取样分析方法同本节中的第 1 点。实验设置纯水对照组，即光解液除不包含 HA 外，其余条件同于含有 NO_3^-、Fe^{3+} 的光解液。

表 2.14　光解实验中各光敏离子来源及控制性条件

离子类型	离子源	离子浓度/(mmol/L)	体系 pH	体系温度/℃
NO_3^-	$NaNO_3$	1、3、5	7.10±0.05	20.0±0.5
Fe^{3+}	$Fe_2(SO_4)_3$	0.02、0.06、0.10	7.10±0.05	20.0±0.5

5. HA 介导下金属离子对 SDZ 光解的影响

使用 KCl、$CaCl_2$、$MgCl_2$ 按本节中第 3 点的方法，分别配制含有 K^+、Ca^{2+}、Mg^{2+} 的光解液并进行光解实验，各金属离子浓度均为 0.3mmol/L，光解实验控制性条件及取样分析方法同本节中的第 1 点。

2.5.2　SDZ 光解的影响因素

1. HA 浓度对 SDZ 光解的影响

各体系中 SDZ 的光降解实验结果见图 2.21。结果表明，当 NTHA、SDHA 浓度分别由 15mg/L 增至 50mg/L 时，SDZ 的光解速率表现出随其浓度的增大而逐渐降低的趋势。此外，与纯水环境 SDZ 的光解情况相比，低浓度的 HA（＜15mg/L）促进了 SDZ 的光降解，而高浓度的 HA（＞25mg/L）抑制了 SDZ 的光降解，说明 HA 浓度对 SDZ 光解表现出双重性。

根据实验结果得出 SDZ-HA 体系光解动力学相关参数（表 2.15）。一方面可以看出，不同 HA 浓度条件下，各光解体系均符合一级反应动力学模型（$R^2 ≥ 0.9844$），且 SDHA 介导的体系中 SDZ 的光解速率均高于 NTHA 介导的体系，这说明 SDHA 对 SDZ 的光解影响强于 NTHA，与第 4 章中的研究结果一致，此现象主要归因于不同 HA 结构组成的差异（在 2.4.2 节中已讨论）。另一方面，两种 HA 对于 SDZ 的光降解均具有双重作用。当 HA 浓度为 15mg/L 时，NTHA 介导的体系中 SDZ 的光解速率由纯水中的 $0.0069min^{-1}$

增至 0.0082min^{-1}，上升了 18.84%，SDHA 介导的体系增至 0.0083min^{-1}，上升了 20.29%，表现为促进作用；当 NTHA、SDHA 浓度增加至 25mg/L 时，SDZ 的光降解速率出现了减缓趋势，且增加至 50mg/L 时 SDZ 的光降解速率分别迅速下降至 0.0047min^{-1}、0.0054min^{-1}，与纯水环境相比分别下降了 31.88%、21.74%，表现出明显的抑制作用。

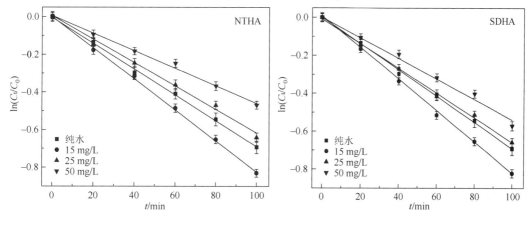

图 2.21　HA 浓度对 SDZ 光降解的影响

上述实验结果表明低浓度 HA 的投加将有利于 SDZ 的光降解，这可能与其光生活性物种的量有关，在 2.2.4 节中证实了 HA 光生·OH 及 $^{1}O_2$ 的可能性；而高浓度 HA 的投加会增大溶液中 HA 的表观浓度，HA 因具有吸光特性能够与 SDZ 产生光竞争，或因有色而起到光过滤作用[42]，导致 SDZ 光解受到抑制。此外，研究表明 HA 还具有淬灭效应，能够通过淬灭体系中的活性物种而致使其稳态浓度下降，从而削弱了 SDZ 的光降解活性[43]。

表 2.15　SDZ-HA 体系光降解动力学参数

样品	C_{HA}/(mg/L)	动力学方程	表观速率常数 k/min^{-1}	相关系数 R^2	半衰期 $t_{1/2}$/min
纯水	0	$C_t = 6.02e^{-0.0069}$	0.0069 ± 0.0001	0.9964	100.43
	15	$C_t = 6.07e^{-0.0082}$	0.0082 ± 0.0001	0.9987	85.51
NTHA	25	$C_t = 5.98e^{-0.0061}$	0.0061 ± 0.0003	0.9920	113.61
	50	$C_t = 6.06e^{-0.0046}$	0.0047 ± 0.0002	0.9929	147.45
	15	$C_t = 6.04e^{-0.0083}$	0.0083 ± 0.0003	0.9944	83.49
SDHA	25	$C_t = 6.02e^{-0.0065}$	0.0065 ± 0.0002	0.9972	106.62
	50	$C_t = 6.13e^{-0.0054}$	0.0054 ± 0.0003	0.9844	128.33

2. pH 对 SDZ 光解的影响

根据 SDZ 在纯水中的光解情况可知，不同 pH 下 SDZ 的存在形式和电离平衡具有差异性，直接影响到其表现出的化学特性及光学行为。研究发现，有机物在与 HA 等光敏剂共存时，pH 能够显著改变其光降解行为[44]。因此，有必要考察 pH 对 HA 介导下的 SDZ 光解情况。基于此，在体系 pH 分别为 4.1、7.1、10.1 的条件下，研究了 NTHA 及 SDHA 对 SDZ 的光降解的影响，实验结果如图 2.22 和表 2.16。

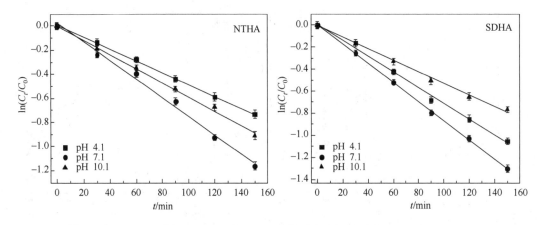

图 2.22 pH 对 SDZ-HA 体系光降解的影响

结果表明，不同 pH 条件下 HA 介导的 SDZ 光降解均满足一级反应动力学模型（$R^2 \geq 0.9910$），但其光解速率呈现出的大小关系存在差异。对于 NTHA 介导的体系表现为 $k_{(pH\,7.1)} > k_{(pH\,10.1)} > k_{(pH\,4.1)}$，而对于 SDHA 介导的体系则表现为 $k_{(pH\,7.1)} > k_{(pH\,4.1)} > k_{(pH\,10.1)}$，且 pH = 7.1 时的光解速率显著高于其余两种 pH 体系，说明碱性（pH > 7.1）和酸性条件（pH < 7.1）不利于 HA 介导体系中 SDZ 的光降解，而中性条件可促进其光降解。究其原因，SDZ 通常具有两种酸碱解离平衡，当 pH 处于中性范围时的解离形态 SDZ⁻ 更容易受光激发而发生光解反应[29]。同时，任东[42]的研究又表明，一定范围内增大体系 pH，HA 会发生解离而具有更强的光吸收能力，从而产生更多的活性物质促进 SDZ 的光解。此外，可发现 pH = 7.1 时，SDHA 介导的体系 SDZ 的光解速率（0.0087min⁻¹）明显强于 NTHA（0.0077min⁻¹），其半衰期相应地减少了 10.34min，这可能与 SDHA 的腐殖化程度更高、活性基团更多相关。

表 2.16 不同 pH 条件下 SDZ-HA 体系光降解动力学参数

样品	pH	动力学方程	表观速率常数 k/min⁻¹	相关系数 R^2	半衰期 $t_{1/2}$/min
纯水	—	$C_t = 6.02e^{-0.0069}$	0.0069±0.0001	0.9980	100.43
NTHA	4.1	$C_t = 6.04e^{-0.0050}$	0.0050±0.0001	0.9993	138.60
	7.1	$C_t = 6.12e^{-0.0077}$	0.0077±0.0003	0.9910	90.00
	10.1	$C_t = 6.06e^{-0.0059}$	0.0059±0.0002	0.9955	117.46
SDHA	4.1	$C_t = 6.07e^{-0.0072}$	0.0072±0.0003	0.9937	96.25
	7.1	$C_t = 6.05e^{-0.0087}$	0.0087±0.0001	0.9996	79.66
	10.1	$C_t = 6.06e^{-0.0052}$	0.0052±0.0002	0.9948	133.27

2.5.3　HA 介导下离子对 SDZ 光解的影响

1. HA 介导下离子强度对 SDZ 光解的影响

溶存状态下的无机离子，对 SAs 的光化学降解具有促进或抑制作用，可能高于或低于纯水环境中的一级光解速率常数[45, 46]。鉴于此，评估了离子强度对 SDZ 光降解的影响，并与纯水环境中的结果进行比较，其结果见图 2.23 与表 2.17。

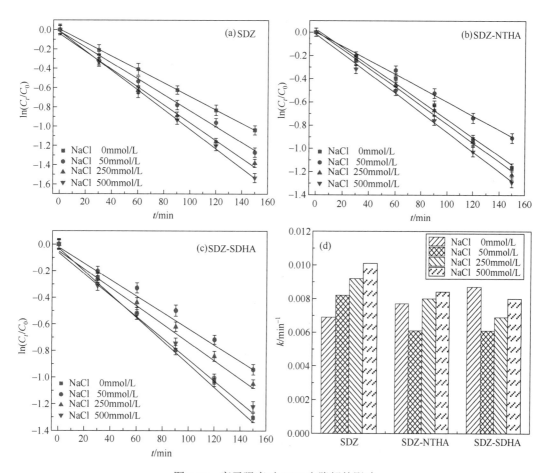

图 2.23　离子强度对 SDZ 光降解的影响

不难发现，在 NaCl 存在下各体系 $\ln(C_t/C_0)$ 与 t 之间存在良好的线性关系，满足一级反应动力学模型，$R^2 \geqslant 0.9910$[图 2.23（a）～（c）]。当 NaCl 投加至 SDZ 体系时，SDZ 的光降解速率随 NaCl 投加浓度的增加而增大[图 2.23（d）]，且当 NaCl 浓度增加至 500mmol/L 时，SDZ 的光降解速率是低浓度（50mmol/L）的 1.22 倍左右，表现为较明显的促进作用。当 NaCl 投加至 SDZ-NTHA 体系时，SDZ 的光降解速率随 NaCl 浓度的增加表现为先减小后增大趋势，说明 SDZ 的光降解青睐于高离子强度环境[图 2.23（d）]。

Grebel 等[47]在研究中指出，卤素离子能够增大 HA 的光漂白速率。同时，有研究认为，Cl^-、Br^- 等离子可以清除·OH，从而减小 HA 的光量子产率[48, 49]。如前文所述，HA 光生的·OH 是导致 SDZ 发生光降解的主要机理之一，而卤素离子对体系中·OH 的淬灭则间接导致了 SDZ 光解速率的降低。然而，随着 NaCl 浓度的不断增加，溶液环境的离子强度不断增大，其积极作用逐渐被呈现出来，从而导致 SDZ 光解速率增加。

由图 2.23（d）还可知，SDZ-SDHA 体系虽与 SDZ-NTHA 体系表现出先减后增的相似趋势，但整体来说，NaCl 的投加抑制了 SDZ 的光解。此外，增加各体系离子强度后，SDZ 体系的光解速率明显高于 SDZ-NTHA 与 SDZ-SDHA 体系。NaCl 对 SDZ 光降解的抑制现象，可能与溶液中 Na^+ 与 HA 的络合稳定相关：①Na^+ 易与 HA 分子上的羧基、酚羟基形成分子键；②Na^+ 可与 π 键相互作用从而增强 HA 分子内部结构的稳定性[50]。HA 结构稳定性的增强，间接削弱了其光化学活性，从而引起 SDZ 光降解速率的降低。

表 2.17 离子强度影响下 SDZ 光降解动力学参数

溶液	NaCl 浓度/(mmol/L)	表观速率常数 k/min^{-1}	相关系数 R^2	半衰期 $t_{1/2}$/min
SDZ	0	0.0069 ± 0.0001	0.9980	100.43
	50	0.0082 ± 0.0003	0.9949	84.51
	250	0.0092 ± 0.0003	0.9956	75.32
	500	0.0101 ± 0.0002	0.9989	69.3
SDZ-NTHA	0	0.0077 ± 0.0003	0.9910	90.00
	50	0.0060 ± 0.0004	0.9961	115.50
	250	0.0080 ± 0.0002	0.9969	86.63
	500	0.0084 ± 0.0002	0.9972	82.50
SDZ-SDHA	0	0.0087 ± 0.0001	0.9996	79.66
	50	0.0061 ± 0.0002	0.9935	113.61
	250	0.0069 ± 0.0001	0.9980	100.43
	500	0.0080 ± 0.0002	0.9966	86.63

2. HA 介导下光敏离子对 SDZ 光解的影响

1）NO_3^- 对 SDZ 光解的影响

环境介质中存在较高浓度的 NO_3^-，其作为一种常见的无机光敏离子，对 SAs 的光降解行为具有一定影响。因此，控制体系 pH 为 7.10 ± 0.05，SDZ 浓度为 6mg/L，HA 浓度为 50mg/L，NO_3^- 浓度分别为 0mmol/L、1mmol/L、3mmol/L、5mmol/L，考察 SDZ 光降解动力学变化情况，其结果如图 2.24 和表 2.18 所示。

由图 2.24 及表 2.18 可知，NO_3^- 作用下，各体系 ln（C_t/C_0）与 t 之间仍然存在良好的线性关系，符合一级反应动力学模型，$R^2 \geqslant 0.9890$[图 2.24（a）～（c）]。当 NO_3^- 投加至 SDZ 体系时，SDZ 的表观速率常数（k 值）在 0.0069～0.0096min^{-1} 范围内变化，且随 NO_3^- 投加浓度的增大呈现出先增后减趋势。当 NO_3^- 浓度由 0mmol/L 增至 3mmol/L 时，其速率

常数 k 值由 0.0069min^{-1} 增至 0.0096min^{-1}，上涨幅度为 39.13%，NO_3^- 显著促进了 SDZ 的光降解，这可能是由于体系中的 NO_3^- 受光照后产生了 $\cdot OH$。研究发现，NO_3^- 浓度的增加能够使反应体系中 $\cdot OH$ 的产量呈现出线性增加趋势[51]，NO_3^- 光生 $\cdot OH$ 涉及的主要反应如式（2-17）～式（2-19）。然而，当 NO_3^- 浓度增至 5mmol/L 时，其对 SDZ 光解的促进作用缓慢减弱，可能是由于 NO_3^- 光生 $\cdot OH$ 的能力受到了阻碍。

$$NO_3^- + hv \longrightarrow NO_3^- \cdot \qquad (2\text{-}17)$$

$$NO_3^- \cdot \longrightarrow NO_2^- + \cdot O^- \qquad (2\text{-}18)$$

$$\cdot O^- + H_2O \longrightarrow \cdot OH + OH^- \qquad (2\text{-}19)$$

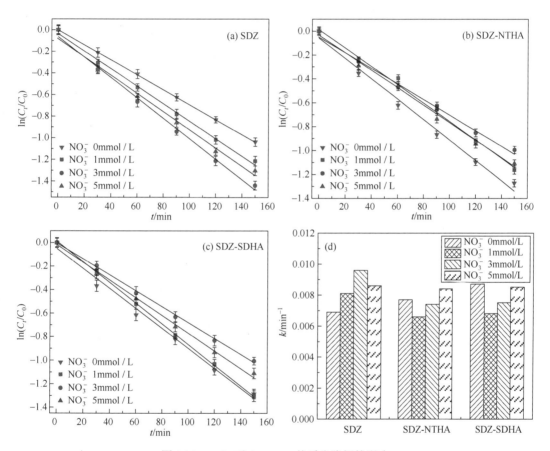

图 2.24　NO_3^- 对 SDZ-HA 体系光降解的影响

表 2.18　NO_3^- 影响下 SDZ 的光降解动力学参数

	NO_3^- 浓度/(mmol/L)	表观速率常数 k/min^{-1}	相关系数 R^2	半衰期 $t_{1/2}$/min
SDZ	0	0.0069 ± 0.0001	0.9980	100.43
	1	0.0081 ± 0.0002	0.9963	85.56
	3	0.0096 ± 0.0004	0.9944	72.19
	5	0.0086 ± 0.0004	0.9899	80.58

续表

	NO_3^- 浓度/(mmol/L)	表观速率常数 k/min^{-1}	相关系数 R^2	半衰期 $t_{1/2}$/min
SDZ-NTHA	0	0.0077 ± 0.0003	0.9910	90.00
	1	0.0066 ± 0.0003	0.9924	105.00
	3	0.0074 ± 0.0003	0.9929	93.65
	5	0.0084 ± 0.0005	0.9890	82.50
SDZ-SDHA	0	0.0087 ± 0.0001	0.9996	79.66
	1	0.0068 ± 0.0001	0.9987	101.91
	3	0.0075 ± 0.0002	0.9972	92.40
	5	0.0085 ± 0.0004	0.9917	81.53

在分别含有 50mg/L 的 NTHA 与 SDHA 体系中[图 2.24（b）和（c）]，NO_3^- 浓度的增大使得 SDZ-SDHA 体系的光解速率与 SDZ 体系呈现出相反趋势，即先减少后增加。当 NO_3^- 浓度由 0mmol/L 增至 1mmol/L 时，SDZ-NTHA 体系的速率常数 k 值由 0.0077min^{-1} 下降至 0.0066min^{-1}，下降幅度为 14.29%，SDZ-SDHA 体系 k 值由 0.0087min^{-1} 下降至 0.0068min^{-1}，下降幅度为 21.84%。以上现象说明 HA 介导下 NO_3^- 对 SDZ 的光解具有抑制效应，可能与其光生·OH 的能力受到限制相关。然而，随着 NO_3^- 浓度的进一步增大（＞1mmol/L），SDZ-NTHA 及 SDZ-SDHA 体系中 SDZ 的降解速率开始逐渐增大，且涨幅基本一致，这可能与 NO_3^- 光生·OH 的积极作用随其浓度的增加而被凸显相关。黄丽萍[52]在研究中也表明了 NO_3^- 对土霉素光解的积极作用。此外，当 NO_3^- 浓度由 1mmol/L 过渡至 3mmol/L 的过程中，同浓度条件下，SDZ-NTHA 及 SDZ-SDHA 体系中 SDZ 的降解速率均低于 SDZ 体系，说明两种 HA 可能通过某种作用抑制了 SDZ 的光解。如前所述，HA 不仅可以充当光过滤剂，还可作为·OH 等活性氧物种的淬灭剂。因此，NTHA 与 SDHA 的存在降低了 SDZ 的光解速率。

2）Fe^{3+} 对 SDZ 光解的影响

研究指出，Fe^{3+} 是环境介质中另一种较为重要的无机光敏化离子，光照条件下它同样可以在复杂体系中生成·OH，从而对有机污染物的光降解过程产生影响[46]。因此，为探讨 Fe^{3+} 对 SDZ 光解的影响，控制体系 pH 为 7.10±0.05，SDZ 浓度为 6mg/L，HA 浓度为 50mg/L，Fe^{3+} 浓度分别为 0mmol/L、0.02mmol/L、0.06mmol/L、0.10mmol/L，光降解实验结果见图 2.25 和表 2.19。

不难看出，Fe^{3+} 作用下，各体系 SDZ 的光降解仍然符合一级反应动力学模型，$R^2\geqslant$ 0.9831[图 2.25（a）～（c）]。当 Fe^{3+} 投加至 SDZ 体系时[图 2.25（a）]，SDZ 的表观速率常数（k 值）在 0.0066～0.0089min^{-1} 范围内变化，且随 Fe^{3+} 投加浓度的增大呈现出先增后减趋势。当 Fe^{3+} 浓度由 0mmol/L 增至 0.02mmol/L 时，其 k 值由 0.0069min^{-1} 增至 0.0089min^{-1}，上涨幅度为 28.99%，Fe^{3+} 显著促进了 SDZ 的光降解，这可能是由于体系中的 Fe^{3+} 受光照后产生了·OH。李华[46]在研究中也证实了 Fe^{3+} 对四环素光解的积极作用，并指出这种积极作用主要源于两方面原因：一是 Fe^{3+} 光敏产生·OH，二是 Fe^{3+}

与四环素的络合作用。任东[42]又指出，Fe^{3+}因具有 d 空轨道易于形成配合物而促进有机物的光解效应。然而，随着 Fe^{3+}浓度的进一步增大（0.02~0.10mmol/L），其对 SDZ 光解的促进作用逐渐减弱，可能是 Fe^{3+}光生·OH 的能力受到了阻碍或体系中的 Fe^{3+}产生了光竞争。

在分别含有 50mg/L 的 NTHA 与 SDHA 体系中[图 2.25（b）和（c）]，情况表现得大不相同，Fe^{3+}浓度的增大使得 SDZ 的光解速率不断下降。当 Fe^{3+}浓度由 0mmol/L 增至 0.02mmol/L 时，SDZ-NTHA 体系的 k 值由 $0.0077min^{-1}$ 下降至 $0.0054min^{-1}$，下降幅度为 29.87%，SDZ-SDHA 体系 k 值由 $0.0087min^{-1}$ 下降至 $0.0064min^{-1}$，下降幅度为 26.44%，均表现为明显的抑制效应。而在 Fe^{3+}浓度由 0.02mmol/L 增至 0.10mmol/L 的过程中，SDZ 光解速率虽然仍在下降，但总体降幅减小。前期研究显示，光照条件下 Fe^{3+} 与 HA 中的羧基结构可发生电子转移而形成配合物，从而产生活性物种促进有机物的光解[42]。另外，体系中的 Fe^{3+}在系列作用后还可形成光芬顿体促进有机物的光解体系[53]。显然，本实验中 Fe^{3+}体现出的效应与上述研究成果均不相符，故在 SDZ-HA-Fe^{3+}的复杂体系中可能还涉及其他反应机制，削弱了 SDZ 的光解，但这一猜想还需更多的相关研究进一步验证。

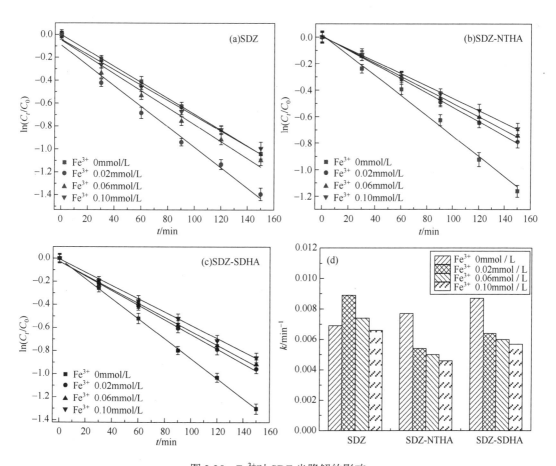

图 2.25　Fe^{3+}对 SDZ 光降解的影响

表 2.19　Fe^{3+} 影响下 SDZ 的光降解动力学参数

溶液	Fe^{3+} 浓度/(mmol/L)	表观速率常数 k/min^{-1}	相关系数 R^2	半衰期 $t_{1/2}$/min
SDZ	0	0.0069 ± 0.0001	0.9980	100.43
	0.02	0.0089 ± 0.0006	0.9831	77.87
	0.06	0.0074 ± 0.0004	0.9837	93.65
	0.10	0.0066 ± 0.0004	0.9909	·105.00
SDZ-NTHA	0	0.0077 ± 0.0003	0.9910	90.00
	0.02	0.0054 ± 0.0001	0.9985	128.33
	0.06	0.0050 ± 0.0001	0.9995	138.60
	0.10	0.0046 ± 0.0001	0.9987	150.65
SDZ-SDHA	0	0.0087 ± 0.0001	0.9996	79.66
	0.02	0.0064 ± 0.0001	0.9985	108.28
	0.06	0.0060 ± 0.0002	0.9970	115.50
	0.10	0.0057 ± 0.0001	0.9985	121.58

3. HA 介导下金属离子对 SDZ 光解的影响

除光敏离子外，环境中还存在大量的其他金属离子，能够与有机物发生络合作用而对有机物的光化学行为造成影响。Martínez 等[54]指出，金属阳离子可能影响有机物的光化学性质。Werner 等[55]又发现四环素的直接光解速率常数受 Ca^{2+} 或 Mg^{2+} 的存在影响较大。因此，为探讨金属离子对 SDZ 光解的影响，控制体系 pH 为 7.10 ± 0.05，SDZ 浓度为 6mg/L，HA 浓度为 50mg/L，K^+、Ca^{2+}、Mg^{2+} 浓度分别为 0.3mmol/L，光降解实验结果如图 2.26 和表 2.20 所示。

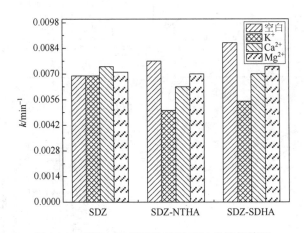

图 2.26　不同金属离子存在下 SDZ 光降解情况

由实验结果可以看出，各金属离子存在下，SDZ 体系中的光解速率几乎相近，说明其对 SDZ 的光降解基本无明显影响。对于 SDZ-NTHA 体系而言，添加 K^+、Ca^{2+}、Mg^{2+}

后，SDZ 光解速率由 0.0077min^{-1} 分别下降至 0.0050min^{-1}、0.0063min^{-1}、0.0070min^{-1}，降幅分别为 35.06%、18.18%、9.09%，表现出不同强度的抑制作用。其中，K$^+$ 的抑制作用最强，Mg^{2+} 的抑制作用最弱。对于 SDZ-SDHA 体系而言，添加 K$^+$、Ca^{2+}、Mg^{2+} 后，SDZ 的降解速率与 SDZ-NTHA 体系呈现出相同的变化趋势，以加入 K$^+$ 的体系降幅最大，加入 Mg^{2+} 的体系降幅最小，三者对 SDZ 光解的抑制作用大小具体表现为 K$^+$>Ca^{2+}>Mg^{2+}。研究指出，HA 结构中含有羧基、羟基等配位体基团，易与金属离子发生络合作用形成络合物，金属 K$^+$ 可通过减弱其与 HA 分子间的静电斥力，而使两者更易结合在一起，从而削弱有机物的光降解能力[56]。此外，不难发现，添加 Ca^{2+} 与 Mg^{2+} 后，SDZ 在 SDZ-NTHA 体系中的降解速率分别为 0.0063min^{-1}、0.0070min^{-1}，在 SDZ-SDHA 体系中分别为 0.0074min^{-1}、0.0057min^{-1}，表现出较小差异。由此得出，单价阳离子对 SDZ 光降解的抑制作用较显著，而二价阳离子则相对较弱。

表 2.20 不同金属离子影响下 SDZ 的光降解动力学参数

溶液	添加离子类型	添加离子浓度/(mmol/L)	表观速率常数 k/min^{-1}	R^2	$t_{1/2}$/min
SDZ	空白	0	0.0068±0.0001	0.9980	101.91
	K$^+$	0.3	0.0069±0.0003	0.9904	100.43
SDZ	Ca^{2+}	0.3	0.0074±0.0001	0.9998	93.65
	Mg^{2+}	0.3	0.0071±0.0002	0.9964	97.61
	空白	0	0.0077±0.0003	0.9910	90.00
SDZ-NTHA	K$^+$	0.3	0.0050±0.0001	0.9983	138.60
	Ca^{2+}	0.3	0.0063±0.0002	0.9944	110.00
	Mg^{2+}	0.3	0.0070±0.0001	0.9992	99.00
	空白	0	0.0087±0.0001	0.9996	79.66
SDZ-SDHA	K$^+$	0.3	0.0055±0.0002	0.9969	126.00
	Ca^{2+}	0.3	0.0074±0.0002	0.9968	93.65
	Mg^{2+}	0.3	0.0057±0.0001	0.9985	121.58

2.6 本 章 小 结

本章通过多元表征手段分析了不同土壤来源（泥炭土、水稻土、凋落物土）HA（NTHA、SDHA、LYHA）及 SPHA 的结构特征，探讨了纯水环境及各 HA 介导下 SDZ 的光解特性，揭示了 HA 影响 SDZ 光降解的主导机理，定量描述了 HA 中各控制性组分的贡献，并考察了多类环境因子对 SDZ 光降解的影响，得出的主要结论如下：

（1）黑暗条件下，SDZ 在纯水中表现出良好的稳定性，而紫外光激发下 SDZ 能够发生缓慢降解，且降解过程满足一级反应动力学方程。同时，纯水环境中 SDZ 的光解受其浓度及溶液 pH 的影响，低浓度及中性 pH 加快了 SDZ 的光解。值得注意的是，SDZ 在纯水溶液中除直接光解外，还存在自身的光敏化降解。其中，·OH 与 $^1O_2$ 是 SDZ 光解过程中的控制性组分，且 $^1O_2$ 参与 SDZ 的光敏化降解过程的贡献大于·OH。

（2）NTHA、SDHA、LYHA 及 SPHA 均主要由 C、H、O、N 四种元素构成。$SUVA_{254}$ 反映出 SPHA 具有最大的芳香性，由 E_2/E_3 值得出 NTHA 的分子量较大。从结构种类上来说，4 种 HA 主要结构单元为脂类、芳香类、氨基酸等含氮化合物以及羧基、羟基等含氧官能团。就结构含量而言，SPHA 含有更多的含氮类、芳香类、脂类化合物及含氧官能团。此外，4 种来源 HA 的三维荧光吸收峰以类腐殖酸（长波）峰 D 为主，以类富里酸荧光峰 A、C 及类腐殖酸（短波）峰 E 为辅，无类蛋白峰存在。总体而言，SPHA 样品腐殖化程度高，结构组成最为复杂，可能含有更多的光活性基团，能够参与有机物的光解过程；而提取的 HA 结构相对简单，更易于被矿化分解。

（3）SDZ 与各 HA 主要以结合形态存在，结合方式均为静态淬灭。SPHA 与 SDZ 的结合以疏水作用力和氢键作用力为主，LYHA 以氢键作用力为主，而 SDHA 和 NTHA 与 SDZ 可能涉及 π-π 作用力等其他结合机制。

（4）各 HA 介导下 SDZ 的光降解均符合一级反应动力学模型（$R^2 \geqslant 0.9899$），HA 在一定浓度范围内对 SDZ 的光降解具有促进作用。其中，SPHA 与 SDHA 对 SDZ 光解的促进作用明显强于其余两者。活性氧物种淬灭实验表明，·OH 及 $^1O_2$ 均是促进各体系 SDZ 光解的机制之一，且 $^1O_2$ 对 SDZ 光降解的贡献率处于 22.67%～38.96% 范围内，显著大于·OH 的贡献率（9.33%～26.97%）。对比于纯水环境·OH、$^1O_2$ 对 SDZ 光解的贡献发现，各体系中·OH 及 $^1O_2$ 的来源除 SDZ 自身光解外，还来自 HA 样品。EPR 验证实验指出，紫外光激发下各 HA 溶液中均能生成·OH 及 $^1O_2$，且 HA 对 SDZ 光解反应的介导作用大小与其光生·OH 及 $^1O_2$ 的能力大小相关。

（5）SDZ 在纯水环境中及各 HA 介导作用下的光降解过程均会受到各种环境因子不同程度的影响。HA 介导下，SDZ 的光解在低浓度（$C_{HA} < 15mg/L$）及中性 pH（pH = 7.1）时进行得最快速。纯水体系中，SDZ 的光解速率与溶液离子强度大小呈正相关，而 HA 介导下，较低离子强度（50mmol/L）对 SDZ 的光解具有削弱作用。NO_3^- 能够光生·OH，但 HA 介导下，因 HA 具有光过滤效应及活性物种淬灭效应，导致 SDZ 的光解速率小于纯水环境的光解速率。尽管 Fe^{3+} 能够光生·OH，但其对纯水环境及 HA 介导下的 SDZ 光降解均表现为抑制效应。此外，K^+、Mg^{2+}、Ca^{2+} 对 SDZ 在纯水中的光降解几乎无明显影响，而对 HA 介导体系表现出抑制作用，且单价阳离子（K^+）的抑制效应较显著，而二价阳离子（Mg^{2+}、Ca^{2+}）相对较弱。

参 考 文 献

[1]　余丽梅，宋超，张聪，等. 养殖水产品中磺胺类药物的检测方法及残留分析研究进展[J]. 江苏农业科学，2018，46（9）：24-30.

[2]　周娇，程景胜，元英进. 混菌生物降解磺胺类药物研究进展[J]. 应用与环境生物学报，2017（1）：171-176.

[3]　卢信，罗佳，高岩，等. 畜禽养殖废水中抗生素和重金属的污染效应及其修复研究进展[J]. 江苏农业学报，2014，30（3）：671-681.

[4]　庄海峰，袁小利，韩洪军. 煤化工废水处理技术研究与进展[J]. 工业水处理，2017，37（1）：1-6.

[5]　Conde-Cid M，Fernández-Calviño D，Nóvoa-Muñoz，J C，et al. Degradation of sulfadiazine, sulfachloropyridazine and sulfamethazine in aqueous media[J]. Journal of Environmental Management，2018，228：239-248.

[6]　Lai L，Yan J，Li J，et al. Co/Al₂O₃-EPM as peroxymonosulfate activator for sulfamethoxazole removal：Performance，biotoxicity，degradation pathways and mechanism[J]. Chemical Engineering Journal，2018，343：676-688.

[7]　Niu J，Zhang L，Li Y，et al. Effects of environmental factors on sulfamethoxazole photodegradation under simulated sunlight irradiation：Kinetics and mechanism[J]. Journal of Environmental Sciences，2013，25（6）：1098-1106.

[8]　欧晓霞，孙红杰，王崇，等. 有机污染物在腐殖酸作用下的光降解研究进展[J]. 河南农业科学，2012，41（2）：18-20，88.

[9]　张晶，郭学涛，葛建华，等. 针铁矿-腐殖酸的复合物对泰乐菌素的吸附[J]. 环境工程学报，2016，10（3）：1145-1151.

[10]　张金平. 话说土壤有机质[J]. 农药市场信息，2016，43（13）：67-68.

[11]　关连珠. 普通土壤学[M]. 北京：中国农业大学出版社，2016.

[12]　阿布杜拉. 腐殖质对水体中抗生素光降解作用的影响[D]. 大连：大连海事大学，2015.

[13]　Schnitzer M. Chapter 1 Humic Substances：Chemistry and Reactions[J]. Developments in Soil Science，1978，8：1-64.

[14]　窦森. 土壤有机质[M]. 北京：科学出版社，2010.

[15]　斯蒂文森. 腐殖质化学[M]. 夏荣基，等译. 北京：北京农业大学出版社，1994.

[16]　Spaccini R，Mbagwu J S C，Conte P，et al. Changes of humic substances characteristics from forested to cultivated soils in Ethiopia[J]. Geoderma，2006，132（1-2）：0-19.

[17]　梁重山，党志. 超临界二氧化碳流体萃取土壤中有机污染物的研究进展[J]. 重庆环境科学，2000，22（1）：48-50.

[18]　吴丰昌. 天然有机质及其与污染物的相互作用[M]. 北京：科学出版社，2010.

[19]　Andriamalala A，Vieuble-Gonod L，Dumeny V，et al. Fate of sulfamethoxazole，its main metabolite N-ac-sulfamethoxazole and ciprofloxacin in agricultural soils amended or not by organic waste products[J]. Chemosphere，2018，191：607-615.

[20]　Pan B，Ghosh S，Xing B. Nonideal binding between dissolved humic acids and polyaromatic hydrocarbons[J]. Environmental Science & Technology，2007，41（18）：6472-6478.

[21]　Qu X，Xie L，Lin Y，et al. Quantitative and qualitative characteristics of dissolved organic matter from eight dominant aquatic macrophytes in Lake Dianchi，China[J]. Environmental Science and Pollution Research International，2013，20（10）：7413-7423.

[22]　Bian X，Zhang J. Photodegradation of sulfadiazine in aqueous solution and the affecting factors[J]. Journal of Chemistry，2014，1-5.

[23]　焦晓微. 水环境中有机污染物降解机制的理论研究[D]. 大连：大连理工大学，2013.

[24]　董倩倩，张蓬，尉小旋，等. 模拟日光照射下土霉素的复合光化学转化动力学及环境归趋[J]. 环境科学学报，2018，38（3）：934-960.

[25]　孙兴霞. 水中可溶性有机物富里酸对磺胺类抗生素光降解的影响[D]. 合肥：中国科学技术大学，2013.

[26]　陈伟，陈晓旸，于海瀛. 磺胺二甲嘧啶在水溶液中的光化学降解[J]. 农业环境科学学报，2016，35（2）：346-352.

[27]　李军，葛林科，张蓬，等. 磺胺类抗生素在水环境中的光化学行为[J]. 环境化学，2016，35（4）：666-679.

[28]　Baeza C，Knappe D R U. Transformation kinetics of biochemically active compounds in low-pressure UV Photolysis and UV/H2O2 advanced oxidation processes[J]. Water Research，2011，45（15）：4531-4543.

[29]　Zhang J，Ma L. Photodegradation mechanism of sulfadiazine catalyzed by Fe（Ⅲ），oxalate and algae under UV irradiation[J]. Environmental Technology，2013，34（12）：1617-1623.

[30]　周菲. 光敏化产生单线态氧转化水中磺胺类抗生素[D]. 大连：大连理工大学，2015.

[31]　Nishimura S，Maie N，Baba M，et al. Changes in the quality of chromophoric dissolved organic matter leached from senescent leaf litter during the farly decomposition[J]. Journal of Environmental Quality，2012，41（3）：823-833.

[32]　王春蕾，刘路，马腾，等. 胡敏酸、富里酸对土壤-地下水系统中 BDE-47 迁移的影响[J]. 生态毒理学报，2016（2）：501-508.

[33]　黄亚君，欧晓霞，胡友彪. 腐殖酸及其与金属络合物的光谱学表征[J]. 绿色科技，2016（4）：53-56.

[34]　李会杰. 腐殖酸和富里酸的提取与表征研究[D]. 武汉：华中科技大学，2012.

[35]　李帅东. 环滇池小流域土壤溶解性有机质的光谱特性及光降解研究[D]. 南京：南京师范大学，2017.

[36]　Cory R M，Mcknight D M. Fluorescence spectroscopy reveals ubiquitous presence of oxidized and reduced quinones in

dissolved organic matter[J]. Environmental Science & Technology，2005，39（21）：8142-8149.

[37]　吴济舟，张稚妍，孙红文. 无机离子对芘与天然溶解性有机质结合系数的影响[J]. 环境化学，2010，29（6）：1004-1009.

[38]　吴济舟. 溶解性有机质分组及各组分对芘的生物有效性及其吸附解吸的影响研究[D]. 天津：南开大学，2012.

[39]　韦梦雪. 还田秸秆 DOM 对川西平原水稻土中丁草胺吸附行为的影响及其机理[D]. 绵阳：西南科技大学，2018.

[40]　李鸣晓，何小松，刘骏，等. 鸡粪堆肥水溶性有机物特征紫外吸收光谱研究[J]. 光谱学与光谱分析，2010，30（11）：3081-3085.

[41]　Maddigapu P R，Minella M，Vione D，et al. Modeling phototransformation reactions in surface water bodies：2，4-dichloro-6-nitrophenol as a case study[J]. Environmental Science Technology，2011，45（1）：209-214.

[42]　任东. 胡敏酸介导水中 17α-乙炔基雌二醇光降解的机制及活性研究[D]. 昆明：昆明理工大学，2017.

[43]　孙昊婉，张立秋，封莉，等. 光诱导腐殖酸产生自由基对天然水中雌二醇光降解效能的影响[J]. 环境工程学报，2017，11（11）：5794-5798.

[44]　Chen Y，Zhang K，Zuo Y. Direct and indirect photodegradation of estriol in the presence of humic acid，nitrate and iron complexes in water solutions[J]. Science of the Total Environment，2013，463-464（5）：802-809.

[45]　Yang C，Huang C，Cheng T，et al. Inhibitory effect of salinity on the photocatalytic degradation of three sulfonamide antibiotics[J]. International Biodeterioration & Biodegradation，2015，102（1）：116-125.

[46]　李华. 水体中四环素类抗生素的光化学行为研究[D]. 武汉：华中科技大学，2011.

[47]　Grebel J E，Pignatello J J，Song W，et al. Impact of halides on the photobleaching of dissolved organic matter[J]. Marine Chemistry，2009，115（1-2）：134-144.

[48]　Chen S，Zhang X，Yang X，et al. The multiple role of bromide ion in PPCPs degradation under UV/chlorine treatment[J]. Environmental Science & Technology，2018，52（4）：1806-1816.

[49]　Glover C M，Rosario-Ortiz F L. Impact of halides on the photoproduction of reactive intamediates from organic matter[J]. Environmental Science & Technology，2013，47（24）：13949-13956.

[50]　Tan L，Yu Z，Tan X，et al. Systematic studies on the binding of metal ions in aggregates of humic acid：aggregation kinetics，spectroscopic analyses and MD[J]. Environmental Pollution，2019，246：999-1007.

[51]　Brezonik P L，Fulkerson-Brekken J. Nitrate-induced photolysis in natural waters：controls on concentrations of hydroxyl radical photo-intermediates by natural scavenging agents[J]. Environmental Science & Technology，1998，32（19）：3004-3010.

[52]　黄丽萍. 水中典型抗生素的光化学降解研究[D]. 上海：东华大学，2011.

[53]　Mostofa K M G，Sakugawa H. Simultaneous photoinduced generation of Fe^{2+} and H_2O_2 in rivers：an indicator for photo-Fenton reaction[J]. Journal of Environmental Sciences，2016，47（9）：34-38.

[54]　Martínez L，Bilski P，Chignell C F. Effect of Magnesium and Calcium Complexation on the Photochemical Properties of Norfloxacin[J]. Photochemistry and Photobiology，1996，64（6）：911-917.

[55]　Werner J J，Arnold W A，Mcneill K. Water hardness as a photochemical parameter：tetracycline photolysis as a function of calcium concentration，magnesium concentration，and pH[J]. Environmental Science & Technology，2006，40（23）：7236-7241.

[56]　Wang S，Wang Z. Elucidating direct photolysis mechanisms of different dissociation species of norfloxacin in water and Mg^{2+} effects by quantum chemical calculations[J]. Molecules，2017，22（11）：1-9.

第3章 川西平原还原秸秆 DOM 对典型农药吸附及迁移行为的影响机制

3.1 绪 论

3.1.1 典型农药的生产与使用

农药是指用于防治、消灭或控制危害农业、林业的病、虫、草和其他有害生物，有目的地调节植物及昆虫生长的化学合成，或者来源于生物、其他天然物的一种化合物质或者几种物质的混合物及其制剂。迄今为止，世界各国所注册的 1500 多种农药中，常用的有 300 多种，按其用途可分为杀虫剂、杀螨剂、杀鼠剂、杀软体动物剂、杀菌剂、杀线虫剂、除草剂、植物生长调节剂等；按农药来源分类，有矿物源农药（无机化合物）、生物源农药（天然有机物、抗生素、微生物）及化学合成农药；按农药化学结构分类，主要有有机磷（膦）、氨基甲酸酯、拟除虫菊酯、有机氯化合物、有机硫化合物、脲类、杂环类、有机金属化合物等。

据美国康奈尔大学介绍，全世界每年使用的 400 余万 t 农药中，实际发挥效能的仅 1%，其余 99% 都散逸于土壤、空气及水体之中[1]。因此长期大量施用农药，对生态系统的结构和功能产生了严重危害，使生物种群退化，多种生物种群濒临灭绝，造成的经济损失也逐年增加。环境中的农药可通过食物链传递并富集，进入人体，造成对人体健康的危害，长期食用农药残留量较高的食品，农药在人体内逐渐蓄积，最终导致机体生理功能发生变化，引起中毒，危害的程度可分为急性毒性、慢性毒性和特殊毒性（致癌、致畸和致突变）。我国是世界上较早使用农药防治农作物有害生物的国家，也是农药生产和使用的大国。农药已然成为我国农业生产中不可缺少的生产资料，在农业生产中发挥着举足轻重的作用。然而农药在我国的广泛使用也给生态环境带来了严重的后果。据统计，我国每年因农药中毒的人数占世界同类事故中毒人数的 50%[2]。

3.1.2 丁草胺的基本特性

丁草胺（butachlor）是由美国孟山都公司于 1969 年首先开发应用的一种具有选择性的内吸传导型高效芽前除草剂，商品名：灭草特，去草胺，马歇特，Macheta，Butanex[3]。丁草胺分子式为 $C_{17}H_{26}ClNO_2$，具有轻微芳香气味，挥发性小，几乎不溶于水，20℃水中溶解度为 20mg/kg，易溶于丙酮、甲醇、乙醇、乙酸乙酯、苯等多种有机溶剂[4]。

丁草胺进入土壤环境后，会发生水解、光解、降解、吸附、迁移、微生物转化分解等一系列环境行为。据研究，丁草胺在自然条件下挥发性小，自然水解和光解作用也极其微弱，在土壤-水环境中的吸附/解吸是影响其归宿、生物活性以及持久性的重要因素之一[5]。对丁草胺在土壤中吸附机理的研究有助于合理施药，在提高其杂草控制效果的同时最大可能地减少它在土壤环境中的残留，降低其环境危害。

土壤有机质含量、正辛醇/水分配系数（K_{OW}）等是影响丁草胺在土壤中吸附的主要因素。此外，土壤理化性质、DOM、无机盐以及表面活性剂的添加等都会影响丁草胺在土壤中的吸附。丁草胺在土壤中的吸附首先发生在土壤表面的高能吸附位置上，疏水键合机理在丁草胺的吸附过程中起着重要的作用[6]。丁草胺的吸附量与土壤中有机质含量及HA上羧基的数目呈正相关，其吸附是丁草胺分子与HA形成氢键所致，主要发生在HA表面的羧基、醇、酚羟基等基团上[7]。

研究丁草胺在土壤中的吸附行为特征及还田秸秆DOM对其影响的意义：土壤是人类赖以生存的最重要的自然资源之一，但随着工业化进程的加速，有毒有害物质的种类和数量剧增，污染程度不断加剧。与重金属污染相比，有机物的污染要广泛得多。我国及全球许多地方的土壤有机污染主要是由农药施用、大气沉降、污水灌溉、固体废弃物填埋渗漏、油田开采等引起的。其中许多有机污染物具有"三致"效应，易在土壤环境中累积，通过地表径流和淋溶进一步造成地下水和地表水的次生污染，或在土壤-作物系统中迁移，影响农产品的安全，危及生态系统和人体健康。防治和修复土壤有机污染、保护土壤环境安全、实现土壤资源的可持续利用是当前全球关注的一个焦点。弄清土壤环境中有机污染物的迁移转化、吸附-解吸和降解等物理化学和生物过程是防治和修复土壤有机污染的前提。农作物秸秆来源的DOM在一定程度上控制了农田土壤中OCs的环境化学行为。近年来，在国家政策引导和扶持下，川西平原经过不断地治理、改造和扩建，成为我国主要的农业生产基地。在保护性耕作基础上，农作物秸秆的处理方式主要是还田，这些还田秸秆参与农田生态系统的生物地球化学循环，不仅能提高土壤基础肥力，还能改良土壤结构，增强土壤生物活性。同时，还田秸秆所产生的DOM对环境污染物的迁移也会产生重要影响。秸秆还田后随着腐解程度的加深，释放的DOM组分的性质也不尽相同，而不同农作物的秸秆释放的DOM也具有一定的差异性。由此，研究丁草胺在土壤中的吸附行为特征及还田秸秆DOM对其的影响，对于川西平原农田生态风险评价和环境修复具有重要的意义。

3.1.3　毒死蜱的基本特性

1. 毒死蜱的生产与应用

毒死蜱（chlorpyrifos，CPF）又名氯吡（蜱）硫磷、乐斯本、白蚁清，化学式$C_9H_{11}Cl_3NO_3PS$。物理性质为白色颗粒状晶体，具有轻微的硫醇臭味，在水中的溶解度极低（1.2mg/L），易溶于大多数有机溶剂。毒死蜱是最先由美国DOW化学公司于1965年研制出来的产品，引进中国登记的商品名为乐斯本。这是一种安全、广谱、高效、低毒性、低残留和低抗药性的含氮杂环类杀虫杀螨剂。它与常规的有机磷农药不同，在一定的浓度范围内不会产生迟发性神经毒性。相对于以往的高毒、高残留农药（如对硫磷、甲胺磷、甲基对硫磷、磷胺和久效磷）来说，由于毒死蜱具有安全、低毒等特性，受到了人们的广泛使用。在防治害虫方面，毒死蜱具有熏蒸、胃毒和触杀的作用，在国内外被广泛运用到小麦、大豆、水稻、棉花、花生、茶树、甘蔗、蔬菜等众多农作物种植上，可防治蚜虫、小麦黏虫、叶蝉、棉铃虫、水稻螟虫、稻纵卷叶螟和红蜘蛛等害虫[8, 9]。

2. 毒死蜱的环境危害与污染来源

农药的使用往往会在环境中富集，给生命体造成危害，部分科学家已经对土壤环境和水环境中的农药危害进行了研究[10, 11]。而毒死蜱由于具有高效、低毒等特性，深受人们的青睐，但低毒并不代表无毒，当毒死蜱在某一环境生态中富集到一定程度时，就会对其中的动植物产生一定的危害。例如，张家禹等通过利用毒死蜱对斑马鱼胚胎氧化应激效应的研究，发现较高浓度的毒死蜱对斑马鱼的胚胎有严重的致畸和致死作用[12]；刘泽君等在研究 5 种杀虫剂对 3 种淡水浮游动物的急性毒性研究中，发现毒死蜱对大型溞、萼花臂尾轮虫、尾草履虫 3 种浮游动物均有很强的毒性[13]。赵华等在研究毒死蜱对环境生物的毒性过程中，发现毒死蜱在对赤眼蜂、家蚕、鸟类、鱼类、蛙类和蜜蜂均有较高毒性，对蚯蚓和土壤微生物的毒性较低[14]。不仅是动植物类，对于人体，毒死蜱也有一定的致害作用。罗鹏飞等在研究毒死蜱的毒性对人体的危害过程中，指出毒死蜱对低龄者和产前群体具有易感性，会抑制青少年、儿童或产前群体的成长发育，对大脑的发育有一定影响[15]。毒死蜱作为有机磷农药，人体一旦接触到一定浓度的毒死蜱后，就会引发人体胆碱酯酶的抑制，当神经系统积累到一定程度后，会导致人体出现恶心、头晕，情况严重者会神志不清甚至死亡[16]。可见毒死蜱的毒性虽小但仍不能忽视。

毒死蜱最主要的污染来源就是农业用药，使用过程中毒死蜱的残留是不可避免的，据有关研究表明，使用毒死蜱杀虫后，毒死蜱会残留在农作物和土壤中，并且毒死蜱在土壤上的半衰期大于农作物的半衰期[17]。由于毒死蜱的广泛使用，农田土壤当中残留量会以不同的形式迁移，如被雨水冲刷后随着地表径流迁移到其他地方，或者渗入地下水污染水体，再或者随环境温度升高挥发进入大气当中。不仅通过自然条件迁移，毒死蜱还可通过动植物的生理过程进行迁移，如携带有毒死蜱残留物的种子传播（类似于蒲公英类的植物），动物、牲畜等食入含有毒死蜱残留物的农作物、果实等，通过粪便迁移。随着农业的发展，毒死蜱的污染来源也日益见长。

3. 研究还田秸秆 DOM 对毒死蜱迁移行为的影响的意义

毒死蜱被国内外广泛运用到农业，作为高毒有机磷农药的替代品，毒死蜱在全球的需求量正在逐渐上升，广泛的使用必然会引起毒死蜱对环境生态以及人体健康的影响。而毒死蜱的使用过程中，必将残留在土壤中，发生一系列的变化，如吸附、降解、转化为毒死蜱的衍生物等等，继续污染土壤环境。这仅仅是毒死蜱污染环境生态的一个开端，后续甚至会因为其迁移行为污染水体、大气。近几年来，人们对类似于毒死蜱的 OCs 的研究取得了一定成果，并且发现 DOM 对土壤中的 OCs 具有一定的控制作用。凌婉婷等在研究 DOM 对 OCs 环境行为的影响时，发现 DOM-OCs 之间的亲和力通常大于土壤-OCs 之间的亲和力。DOM 在具备与 OCs 较强的亲和力的同时，又能十分容易地吸附在土壤上或者溶解在土壤溶液中，即使 OCs 与土壤间的亲和力较差，与 DOM 结合后的 OCs 就能相对容易地吸附在土壤中[18]。可见 OCs 在土壤中的吸附、迁移转化等过程中，DOM 的控制作用是不可忽略的。

因此，研究 DOM 对 CPF 在土壤中迁移行为的影响，对川西平原土壤生态风险评价和环境修复具有重要的意义。

3.1.4　农药残留在土壤中的吸附研究

农药类有机污染物在土壤中的吸附机理是非常复杂的。在吸附的形成过程中，存在离子键、氢键、电荷转移、共价键、范德瓦耳斯力、配体交换、疏水吸附和分配、电荷-偶极和偶极-偶极等作用力[19]。由于有机化合物和土壤的性质不同，其吸附机制差异甚大。在溶液中以阳离子态存在或可接受质子的有机污染物，一般都可以通过离子键作用被土壤所吸附，如带正电荷的联吡啶类除草剂通过阳离子交换机制吸附于土壤表面[20]。在土壤中许多非离子化的极性有机污染物如 DDT 等可以与土壤有机质形成氢键而被吸附。非离子化非极性的有机污染物如多环芳烃、多氯联苯等会在吸附剂的一定部位通过范德瓦耳斯力实现吸附，或通过形成疏水键而被吸附。对于某种特定化合物在土壤上的吸附过程，往往是多种作用力共同作用的结果，但其中某一种作用力可能起着支配地位。

吸附机理与土壤组分密切相关。离子型有机污染物可以通过静电吸持、离子交换反应和表面络合作用与具有低有机碳含量的吸附剂表面位相互作用。土壤无机矿物表面对这类有机污染物的吸附贡献很大。在有机质含量较高的土壤中，由于含有各种官能团的腐殖质具有多孔性和大的比表面，有机污染物的吸附往往受有机碳含量的支配；这种吸附主要是靠非离子型有机化合物与土壤组分之间的分配作用进行的，而此作用过程主要依赖于土壤中的有机碳。

3.1.5　DOM 对土壤中残留农药吸附行为的影响

1. DOM 与农药的结合作用

有机污染物中的非离子型化合物主要通过疏水分配的方式与 DOM 中的疏水性结构结合[19]，而 DOM 与含有极性官能团的有机污染物结合机制则较为复杂，往往是多种机理同时发生。DOM 结构中富含的氧原子和羟基，能与有机污染物的基团形成氢键，而氢键对极性有机污染物的吸附具有重要作用。如敌菌灵既可以通过疏水键与 DOM 的疏水性物质结合，也可通过羟基、醛基与亲水基团形成氢键和共价键结合；在三嗪农药与 DOM 的结合机制中发现除了疏水键结合外，还可通过离子键、共价键的方式结合，这主要取决于腐殖酸的酸性和三嗪农药的解离方式[21-23]。

2. 影响 DOM 与农药结合的因素

由于 DOM 来源与结构复杂，不同的官能团使得 DOM 具有的极性与功能不尽相同。因此,影响 DOM 与污染物结合的因素主要有:①DOM 来源与浓度;②DOM 结构;③环境因素。

DOM 来源不同,它的物化性质也不同。如海洋中 DOM 主要源自浮游植物,芳香化程度较低并呈现出较高的脂肪族特性,碳水化合物和蛋白质的含量较高;而陆源 DOM 则呈现出高芳香性,在对多环芳烃(PAHs)的吸附对比实验中,海洋来源 DOM 与 PAHs 的作用不明显,而陆源 DOM 的吸附作用则较强[24]。DOM 浓度则会影响它与有机污染物的亲和力系数(K_{doc})。在大多数情况下,疏水性有机污染物与 DOM 的亲和力系数和 DOM 浓度成正比,但当浓度达到一定程度后,亲和力系数却开始下降,原因可能是 DOM 浓度增加使得吸附电位增加,但 DOM 增加到一定程度后,DOM 分子间的相互作用增强,从而降低了 DOM 对有机污染物的吸附[25]。

DOM 结构不同,亲和力系数与氧化还原电势也不同。DOM 亲和力的大小与高分子组分含量有关,如疏水性有机污染物与 DOM 的结合方式主要为疏水性分配,DOM 中高分子组分含量越大,内部的疏水区就越多,K_{doc} 就越高。研究表明不同来源 DOM 亲和力大小依次为土壤腐殖质>土壤富里酸>水中腐殖酸[26];Raber 也认为酸性森林土壤 DOM 中疏水性组分高于矿质耕地土壤,而这是造成森林土壤 DOM 对多环芳烃具有较高 K_{doc} 的重要原因[27]。

影响 DOM 对 OCs 吸附的环境因素包括 pH、温度、光照、氧气条件、离子强度等。高 pH 促使腐殖质官能团解离,改变溶解的状态。研究指出在不同 pH、离子强度下,腐殖质与蒽、芘等多环芳烃的 K_{doc} 会随之改变。在离子强度恒定下,pH 与 K_{doc} 呈负相关;当 pH 恒定时,离子强度越大,K_{doc} 越高[28]。同时,pH 是影响重金属形态的主要参数,研究表明不同 pH 条件下,Hg^{2+} 与 DOM 的结合能力不同,其中 pH 在 8.5~9.5 时荧光峰的强度随 pH 增大而增大,当 pH = 8 时结合能力最强,发生了荧光猝灭效应。在酸性条件下,DOM 中的不同组分对 Hg^{2+} 的结合能力又各不相同。而温度会影响电子传递反应速率,较高的温度可以加快反应的发生。Gu 的研究显示,适当地升温可以促进 Cr(Ⅵ)还原反应的发生[29]。在有氧条件下,腐殖质的氧化还原特性将降低,这是由于分子氧的氧化还原电势高于腐殖质,从而成为优先的电子受体[30]。

3. DOM 对土壤中残留农药吸附的影响

DOM 的来源、结构、组成和分子量等都对 OCs 的吸附起着决定性影响作用[31]。研究表明,土壤内源 DOM 会抑制 OCs 在土壤中的吸附[32]。由于 DOM 性质的差异,不同来源的 DOM 对 OCs 吸附的影响作用不同。动植物废弃物中的水溶性有机质对苯并芘吸附的抑制程度大于生活工业垃圾中的水溶性有机质,这主要是动植物废弃物 DOM 中高分子量组分含量较高,对苯并芘的亲和力较大所致。不同极性的 DOM 对 OCs 吸附的影响不同,DOM 的极性可用其中亲水性组分的含量来表示,极性强弱与亲水性组分含量呈正相关[33]。研究表明,DOM 亲水性组分对有机污染物的吸附有抑制作用,亲水性组分含量越高,抑制作用越强。随着加入 DOM 浓度的不同,对 OCs 吸附的影响也可能不同。马爱军等的研究均表明,高 DOM 浓度会增强其对 OCs 的抑制作用[34]。而凌婉婷则发现 DOM 对莠去津的吸附影响作用取决于 DOM 的临界浓度,当 DOM 的浓度小于临界浓度值时，能够促进莠去津的吸附，反之能抑制其吸附[35]。DOM 分子量组成也对 OCs 的吸附有重要的影响，尤其是它们中的大分子组分。陈广等研究发现，分子量不同的 DOM 对扑草净吸附的抑制能力不同，随着 DOM 分子量增大，抑制能力增强[36]。通常情况下，DOM 中的大分子量组分与有机污染物之间的亲和力较大，在增溶作用下，大分子量组分对污染物吸附的抑制作用较强。然而，也有一些相反的结果，张学政研究发现小分子量的 DOM 对金霉素吸附的抑制作用大于大分子组分，这是由于大分子量的 DOM 与金霉素的亲和力更强，由于共吸附作用，对金霉素的吸附影响小，而小分子量的 DOM 与金霉素竞争吸附，进而抑制作用大[37]。

3.1.6　DOM 及土壤对有机污染物的迁移机理研究进展

1. 土壤对有机污染物的迁移机理研究进展

近年来，多环芳烃（PAHs）、多氯联苯（PCBs）和多氯代二噁英（PCDDs/PCDFs）几类有机污染物引起人们的关注，高凡等提出多氯联苯等难降解有机物长期残留在土壤中，积累在动植物组织里，可能会改变或破坏其遗传物质，引发红细胞突变，造成癌变、畸形甚至死亡，对人体可能导致发育不全、子宫内膜异位、尿道下裂等[38]。在土壤当中的 OCs 会发生吸附、水解、光解、微生物降解等一系列过程，而类似于 CPF 的 OCs，自身就是一种抑制微生物活动的物质，这对于土壤中 OCs 的分解有一定的阻碍作用。CPF 不仅难以降解，在土壤的中半衰期也较长。由此可利用土壤对 CPF 的吸附性能，预测 CPF 对土壤环境的影响，为 CPF 的环境风险预测提供有力依据。

目前，土壤对 OCs 的吸附机理的研究主要建立在土壤-溶液两相体系中，通过向溶解有 OCs 的溶液中加入一定量颗粒状土壤，达到吸附平衡浓度后，比较原溶液中 OCs 的浓度，可得出土壤对 OCs 的吸附量。早在 20 世纪 40 年代，研究者们对土壤吸附作用的研究仅仅停留在土壤颗粒表面的性质、颗粒的表面积大小上。随着大量的实验研究进展，人们逐渐开始意识到土壤的结构和化学成分对土壤的吸附作用有一定的影响。50 年代起，研究者们发现土壤有机质对土壤吸附 OCs 有一定的调控作用，土壤有机质的含量对土壤吸附 OCs 的吸附量呈正相关[39]。1979 年，Chiou 等率先提出，土壤有机质的含量大小决定土壤的吸附作用，也就是说，土壤有机质含量越多，土壤的吸附能力越强[40]。近年来，随着人们对 OCs 研究范围的扩大，以及实验设备、技术等的提高，研究者发现，土壤吸附低浓度 OCs 时呈非线性关系，进而提出了更多的概念和模型来解释这一现象。Xing 和 Pignatello 结合理论和实践提出了双模式吸附理论，认为土壤拥有多种吸附区，不同的吸附区对 OCs 的吸附表现不同，例如吸附速率的快慢、吸附量的大小和是否呈线性关系[41]。陈宝梁、Young 和 Weber 进一步研究提出，土壤有机质分为橡胶态（或无定型态）和玻璃态（或凝聚态），橡胶态有机质对 OCs 吸附速率较慢，非竞争吸附，呈线性；玻璃态对 OCs 吸附速率较快，竞争吸附，呈非线性[42, 43]。

由此可见，近年来研究者们普遍认为土壤有机质是土壤发挥吸附作用的主要组分。土壤有机质作为土壤的重要组成部分，也是土壤吸附 OCs 的活性组分之一，其含有大量—OH、

—COOH 等官能团,而这些官能团可能正是土壤有机质调控土壤吸附 OCs 的重要因素,深入研究土壤有机质对 OCs 的吸附影响,有利于我们发现 OCs 在土壤中的迁移行为机制。

2. DOM 对有机污染物迁移行为的影响研究发展

DOM 主要包括溶解性有机碳(DOC)、溶解性有机磷(DOP)、溶解性有机氮(DON)、溶解性有机硫(DOS)。近年来,研究者们在 DOM 对 OCs 环境行为影响方面的研究取得了一些成果,DOM 作为环境中有机物的迁移载体,对土壤吸附 OCs 的作用产生了一定影响。赵晓丽等经研究表明,DOM 与 OCs 之间的结合机理主要有 π—π 键、离子键、共价键、氢键、阴阳离子交换和疏水配合等。在 DOM 与 OCs 的结合过程中,往往伴随着这些机理的发生,并且不是单一的而是多种机理共存,而这些结合机理既不是绝对地促进 DOM 与 OCs 之间的结合,也不是完全地抑制两者,赵晓丽和毕二平就此得出结论:DOM 对 OCs 在土壤上迁移行为的影响,既可以表现出促进作用,也可表现出抑制作用。提及促进作用,DOM 在其中起到了酸碱缓冲作用和络合作用,所谓酸碱缓冲作用,即类似于酸碱缓冲液,为 OCs 与土壤颗粒的结合创造有利的环境。络合作用即 DOM 可与 OCs 之间结合形成络合物,减小了 OCs 与土壤颗粒之间的结合能力。OCs 还会与 DOM 先进行复合,然后以复合物的形式被吸附到土壤中,称之为共吸附。OCs 除形成复合物发生共吸附外,还可以累积吸附的方式吸附土壤上。累积吸附即指 DOM 先被吸附到土壤上,与土壤结合形成新的吸附位点,并且增加了土壤的有机质含量,这使得 OCs 更容易吸附到土壤上。另外,DOM 在土壤吸附 OCs 中也起到了增溶的作用,这使得 OCs 在土壤中的迁移行为变得容易进行[44]。

研究者们关于开展 DOM 对类似于 CPF 的氯代有机污染物在土壤中迁移行为的研究,已经取得了一定的成果。氯代有机物通常指脂肪烃、芳香烃及其衍生物中的一个或者几个氢原子被氯原子所代替后形成的产物,CPF 就是其中之一。付高阳等在归纳 DOM 对土壤中典型有机污染物的迁移影响中,提到了 Maria(玛丽亚)等研究 PCBs 与 DOM 作用后,发现极性较强、芳香化程度较高的 DOM 可以增强与 PCBs 之间的作用力从而促进土壤吸附 PCBs,减小 PCBs 在土壤中的迁移能力,这与共吸附作用不相矛盾。Bouras 等在研究蒙脱石和五氯苯酚(PCP)相互作用机理时,发现加入 DOM 后,DOM 会与 PCP 形成竞争吸附关系,减少了 PCP 在蒙脱石上的吸附位点,从而导致蒙脱石吸附 PCP 的能力变弱,增强了 PCP 的迁移能力。与 CPF 有类似结构的氯代农药敌菌灵,也成为研究者的研究热点。Klaus 等在研究敌菌灵的过程中,发现小分子的 DOM 可利用羟基、醛基和敌菌灵亲水区的极性基团形成氢键,从而增强了其在土壤中的吸附,降低了其在土壤中的迁移能力[45]。由此可见,DOM 对 OCs 在土壤中迁移行为的影响,确实是既有促进作用,也有抑制作用,这也正好佐证了赵晓丽和毕二平的观点。

3.1.7 主要研究内容

1. 还田秸秆 DOM 对川西平原水稻土中丁草胺吸附行为的影响及其机理

该部分以酰胺类除草剂丁草胺为有机污染物的代表物,旨在研究川西平原典型水稻土对该地区主要农作物（油菜、水稻）秸秆 DOM 的吸附作用及其与 DOM 组分性质的关系，以及对丁草胺的吸附作用及其与土壤性质的关系；探讨丁草胺与不同 DOM 组分的结合作用和机理；系统研究 DOM 对丁草胺在土壤中吸附行为的影响规律及机制，为 DOM 调控土壤中有机污染物的吸附-解吸、迁移-转化、降解等物理化学和生物过程，提高土壤有机污染修复的针对性和效率提供理论依据。

2. 川西平原还田秸秆 DOM 对毒死蜱迁移行为的影响

该部分以川西平原还田秸秆（水稻）DOM 为实验代表，探究还田秸秆 DOM 在土壤吸附 CPF 过程中的影响过程，分析还田秸秆 DOM 对 CPF 在土壤中吸附行为的影响机制，对准确评估川西平原农田生态系统的环境风险具有重要意义。该部分旨在研究：

（1）"水稻土-CPF"体系的研究。即研究 CPF 在川西平原水稻土中的吸附动力学、热力学过程，并获得相关参数。

（2）"水稻土-CPF-DOM"体系的研究。即研究川西平原还田秸秆（水稻）DOM 对 CPF 在水稻土上吸附动力学、热力学过程的影响。

（3）结合"土壤-CPF"体系和"土壤-CPF-DOM 体系"结果进行参数分析，研究 DOM 对 CPF 迁移行为的影响。

3.2　秸秆腐解 DOM 的制备与表征

本节采集了该地区主要种植作物油菜、水稻的秸秆样本，利用紫外-可见吸收光谱（UV-vis）、三维荧光光谱（3D-EEM）和傅里叶变换红外光谱（FT-IR）三种光谱学表征手段，阐明秸秆各腐解阶段 DOM 的光谱学特征，对比不同农作物秸秆原始有机质 DOM 与腐解过程（0.5～90d）的光谱学特征差异性，解析其变化机理，为 DOM 对丁草胺在土壤中吸附行为的影响分析提供理论参考。

3.2.1　秸秆腐解 DOM 的制备

1. 土壤菌种获取

试验土壤为四川省成都市崇州市三江镇农田水稻土，采集方法为五点取样法，用环刀分割后，挑出石块、植物根茎等杂物，运抵实验室后过 20 目标准筛后装入聚乙烯塑料专用样品袋保存。秸秆样本由成都市油菜、水稻种植示范区提供，经超细粉碎机粉碎后备用，粒径约为 1mm。

准确称取 14.8g 新鲜土壤（含水率 32%）移入 250mL 锥形瓶中，再加入 100mL 超纯水混匀，在 25℃条件下恒温振荡 2h 后，静置过夜。上清液经 0.45μm 玻璃纤维微孔滤膜过滤后，所得滤液即为菌种液。

2. 秸秆的腐解

分别称取 3g 水稻秸秆粉末和油菜秸秆粉末置于 250mL 锥形瓶，加入 30g 石英砂作为微生物生长的惰性基质，再加入 5mL 接种液与 20mL 超纯水，然后用保鲜膜封住瓶口，顶部用针扎孔，以减小水分挥发、防止灰尘进入。将锥形瓶置于恒温培养箱，在 25℃ 条件下避光培养，并以称重法及时补充超纯水。在第 0.5d、1d、3d、5d、10d、15d、20d、30d、45d、60d 和 90d 分别提取 DOM，并设空白对照组。秸秆样本由成都市油菜、水稻种植示范区提供，经超细粉碎机粉碎后备用，粒径约为 1mm。

3. DOM 的提取

将各腐解阶段样品取出，迅速加入 60mL 超纯水，混匀；用纱布过滤后，再在滤液中加入 0.1%NaN$_3$ 以防止微生物降解。该溶液在 8000r/min 转速下离心 10min，取上清液经 0.45μm 微孔滤膜过滤，所得滤液即为农作物秸秆 DOM。提取的 DOM 一部分用于 UV-vis、3D-EEM 技术表征分析，其他经冷冻干燥后得到 DOM 固体，用于 FT-IR 分析。

4. DOM 的表征

同第 1 章 1.3.1 节中 DOM 的表征方法。

5. 质量控制与质量保证

同第 1 章 1.3.1 节中质量控制与方法。

3.2.2　秸秆 DOM 的表征分析

1. DOM 腐解过程释放强度变化

DOM 的量通常用 DOC 的量来估算，其浓度被认为是 DOC 浓度的 2 倍。如图 3.1 所示，两种农作物秸秆 DOC 释放强度变化均呈现类似字母 "W" 的波浪状规律，直至趋于平衡。油菜秸秆和水稻秸秆在快速淋溶过程释放出的 DOC，达到了整个腐解过程的最高值，分别为 381mg/L 和 436mg/L，说明自溶作用使得细胞的部分水溶性有机质被快速溶解出来。随之 1 天内，DOC 值急剧下降，下降幅度分别为 52% 和 53%，这与快速繁殖的微生物群落通过自养作用大量消耗了释放的 DOC 密切相关[46]。在第 1~15 天，两种农作物秸秆 DOC 浓度持续下降，但其幅度变缓。其中，水稻秸秆和油菜秸秆 DOC 浓度分别在第 3 天和第 20 天略有上升，这是由于快速增长的微生物自身释放了 DOC，并伴随着秸秆部分易分解的组分开始降解，产生了新的 DOC[47]。在第 30~60 天，两种农作物的 DOC 值逐渐增大，这是因为腐解后期（≥20 天）较难分解的纤维素、半纤维素和大分子蛋白质等组分开始降解，补充了一定量的 DOC。腐解 60 天后，秸秆 DOC 浓度达到动态平衡，反应趋于稳定。

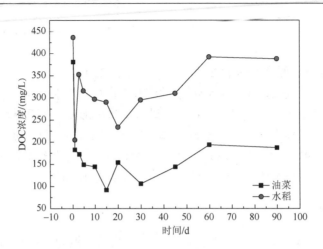

图 3.1　秸秆腐解过程中 DOC 值的动态变化

2. 芳香化程度-紫外-可见光谱特征值分析（UV-vis）

DOM 中含有亲水性有机酸、碳水化合物、氨基酸、富里酸和腐殖酸等，其紫外-可见光吸收光谱会随波长减小而增大，且没有特征峰值[48]。对 DOM 的紫外-可见光谱特征研究常用吸光度来表征。其中，250nm 和 365nm 处的吸光度之比（E_2/E_3）能够表征 DOM 芳香性及其分子量大小，E_2/E_3 值大小与 DOM 的芳香性呈负相关，其值越大，DOM 芳香性及分子量越小[49]。根据 Norman 等[50]研究表明，254nm 处的平均摩尔吸收率 $SUVA_{254nm}$ 能够示踪 DOM 的芳香性。$SUVA_{254nm}$ 值为吸光系数与 DOC 浓度之比，其值越大，芳香化程度越高。

如图 3.2（a）所示，油菜秸秆和水稻秸秆 E_2/E_3 值分别在 2.80～4.72 和 2.86～3.41，均值分别为 3.39 和 2.98。E_2/E_3 值越高，DOM 分子量越小，富里酸所占比例越高。两种农作物秸秆的 E_2/E_3 值在快速淋溶阶段（≤0.5h）达到最大，说明该阶段产生的 DOM 中芳香性物质较少，分子量不高。而在腐解 0～3 天，E_2/E_3 值减小百分比分别为 14% 和 11%，表明随着秸秆腐解过程的进行，DOM 的芳香性逐渐增强、分子量增大。在腐解中后期（>3 天），E_2/E_3 值的变化呈现了波浪形递减趋势，且不同作物秸秆的动态变化规律具有差异性。结果表明，油菜秸秆和水稻秸秆在整个腐解过程中释放出的 DOM 芳香性、分子量的变化特征，并不是简单的线性变化，而是伴随着分子间相互转化、能量消耗、衍生物生成等复杂环境地球化学行为。

如图 3.2（b）所示，两种农作物秸秆 $SUVA_{254}$ 值均呈现先增大后减小再增大的趋势。油菜秸秆和水稻秸秆通过快速淋溶过程（0.5h）产生 DOM 的 $SUVA_{254}$ 值不大，分别为 0.97L/（mg·cm）和 1.98L/（mg·cm），为腐解过程的最低值，说明该过程产生的 DOM 中芳香性物质较少，其芳香性和分子量较小，与范春辉等对玉米秸秆腐解产生 DOM 的 $SUVA_{254}$ 值的研究结果类似[51]。腐解 1 天后，两种农作物秸秆的 $SUVA_{254}$ 值均呈快速上升趋势，且 E_2/E_3 值明显下降，表明在较短时间内秸秆中的易分解物质被快速消耗，使得富含芳香环结构的腐殖质在有机物中的比例升高，DOM 芳香性增强。腐解第 30～60 天，由于秸秆的类蛋白物质开始降解，使得富含芳香性的酚、醇类物质的量减少，该阶段

SUVA$_{254}$值降低。腐解第 60 天后，两种农作物秸秆的 SUVA$_{254}$ 值均逐渐增大，这与该阶段微生物对非腐殖类物质的降解较快，而对腐殖类物质利用较弱，导致芳香性物质比例升高有关。腐解 100 天后，DOM 中腐殖类物质与非腐殖类物质含量之比呈增大趋势[52]。

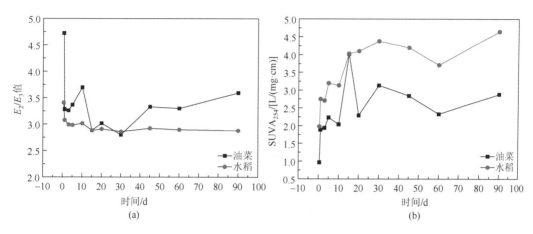

图 3.2　秸秆腐解过程中 E_2/E_3 值的动态变化（a）秸秆腐解过程中 SUVA$_{254}$ 的动态变化（b）

3. 官能团-傅里叶变换红外光谱分析（FT-IR）

如图 3.3 所示，油菜秸秆和水稻秸秆腐解过程释放的 DOM 红外光谱图均有几个共同的吸收谱带，分别位于 3300cm^{-1}、2900cm^{-1}、2100cm^{-1}、1600cm^{-1}、1400cm^{-1} 和 1000cm^{-1}附近。3300cm^{-1} 附近的宽峰是由酰胺、胺以及氨基酸盐中的 N—H 或醇、酚以及羧酸中O—H 伸展或氢键缔结而成[53]。位于 1600cm^{-1} 处的尖峰由 DOM①芳香烃中 C=C 键的振动；②烯烃中 C=C 键、羧酸盐中—COO—以及酰胺中 C=O 官能团的不对称伸缩；③共轭酮、醌、胺以及氨基酸氨基 N—H 的弯曲引发。1400cm^{-1} 附近的弱峰是由酚羟基或脂肪族 C—H 键的对称弯曲振动所致。2900cm^{-1} 附近峰强较弱，这归因于脂肪链中C—H 键的伸缩振动。1000cm^{-1} 附近的尖峰代表醇、多糖中 C—O 键的伸缩，而含磷组分也会在该区域产生肩峰。3300cm^{-1} 附近的 O—H 和 N—H 键的振动、1600cm^{-1} 处的 COO$^-$以及 2900cm^{-1} 和 1400cm^{-1} 处 C—H 键的振动，表明两种农作物秸秆腐解释放的 DOM中存在氨基酸、多肽和蛋白质。1000cm^{-1} 处的 C—O 键以及 1400cm^{-1} 和 2900cm^{-1} 附近C—H 键的振动则反映了多糖的存在。其中，C—O、C—H、O—H 键以及 1000cm^{-1} 附近磷元素信号是核算中多糖-磷酸骨架存在的指示物，N—H、C=C 以及 C=O 键的振动则说明有核酸中碱基嘌呤和嘧啶的存在。当多糖-磷酸骨架与碱基通过氢键结合后，产生了DNA 和 RNA 的双螺旋结构。综上所述，1400cm^{-1} 附近 C—H 键振动和酚羟基的存在、2900cm^{-1} 附近的 C—H 键振动以及 1630～1660cm^{-1} 和 1710～1725cm^{-1} 处 COO—峰的缺失，说明在试验过程中，油菜秸秆和水稻秸秆腐解释放的 DOM 主要由脂肪碳和酚类物质组成，降解生成腐殖类物质过程较缓慢。

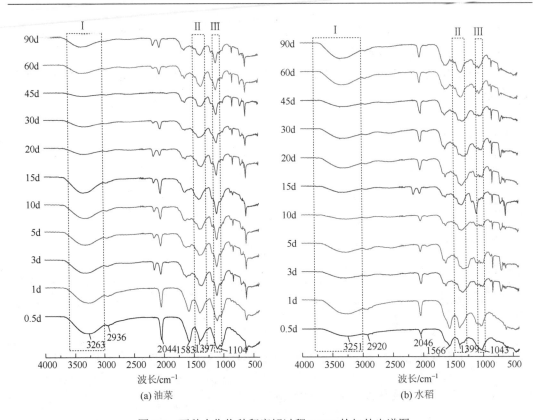

图 3.3　两种农作物秸秆腐解过程 DOM 的红外光谱图

由图 3.3 可知，油菜秸秆和水稻秸秆快速淋溶阶段（0～0.5 天）释放出的 DOM 中有明显的多糖峰（III区，1000cm^{-1}附近）、芳香 C 和酰胺峰（II区，1600cm^{-1}附近）以及 O—H 和 N—H 键振动峰（I区，3300cm^{-1}附近），而腐解 45 天之后，DOM 中多糖峰、芳香 C 和酰胺峰变弱。该现象表明在农作物秸秆腐解 45 天内，微生物生命活动非常活跃，释放的 DOM 中较易降解的糖类、类蛋白物质消耗速度较快。另外，油菜秸秆中 O—H 和 N—H 键振动峰在腐解第 45 天时近乎消失，进一步说明腐解前期释放的酚、醇类物质和简单类蛋白物质较易降解，导致分子键发生断裂，从而引发 DOM 结构发生改变。酚、醇类物质被消耗使得 DOM 芳香性降低，这与 SUVA$_{254}$值表征结论一致。DOM 中的—C=O 和—NH$_2$ 是其参与金属络合和螯合过程最重要的官能团，且—C=O 对金属离子的亲和力远大于—NH$_2$。同时，含氧官能团—C=O 和—OH 能够与土壤中非离子极性 OCs 表面基团形成氢键，对其环境地球化学行为起着重要作用。此外，可离子化官能团—OH 能与部分含极性官能团 OCs 通过共价键发生作用[54]，而—OH 被微生物分解使得 DOM 与土壤体系中 OCs 的相互作用能力降低。

4. 荧光组分-三维荧光光谱（3D-EEM）分析

如图 3.4 所示，两种农作物秸秆三维荧光光谱特征具有较大差异性。在腐解初期（0.5 天），油菜秸秆释放的 DOM 三维荧光光谱出现了类富里酸峰 A 和类蛋白峰 E，而水稻秸秆则为类富里酸峰 A 与类腐殖酸峰 C。其中，类蛋白峰来源于微生物代谢活动产生的芳香性氨基酸，如色氨酸、酪氨酸、苯丙氨酸等，而 DOM 生物可降解性又与类蛋白荧光呈显著正相关（$r = 0.82$，$p < 0.001$）。因此，油菜秸秆在腐解前期，微生物生命活动十分活跃，DOM 表现出较强的生物可降解性。然而，该类蛋白类物质具有较低的分子量和稳定性，随着微生物对 DOM 中蛋白类物质异化作用等的进行，它们被充分分解。因此，类蛋白荧光峰在油菜秸秆腐解中后期（≥10 天）消失。

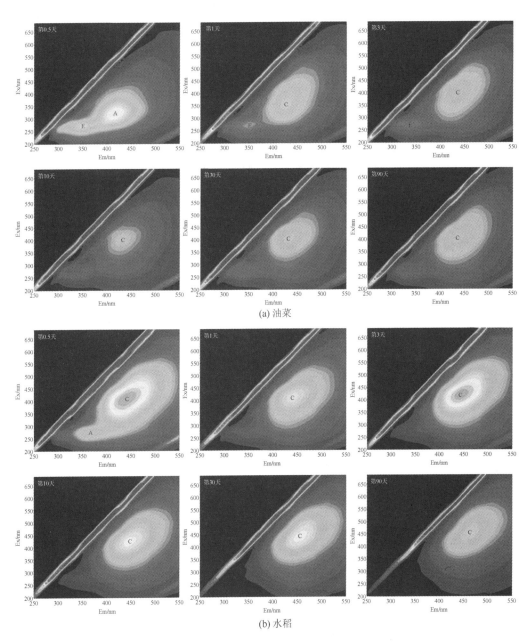

图 3.4　两种农作物秸秆腐解过程 DOM 的三维荧光光谱图

在腐解 0.5 天后，两种农作物秸秆腐解释放的 DOM 在相同阶段中产生的荧光峰变化规律不同。研究表明[55]，类腐殖酸和类富里酸荧光峰的产生是由于 DOM 中的共轭系统或芳香族物质引发，且与羧基、羰基或酚羟基密切相关。然而，腐殖酸的芳香性较富里酸高。腐解第 1 天，油菜秸秆 DOM 中类富里酸荧光峰消失，出现了类腐殖酸荧光峰 C，说明体系中的腐殖质增多，其芳香性增大。在腐解 0.5 天后，油菜秸秆和水稻秸秆腐解释放的 DOM 中类腐殖酸荧光一直持续存在。不同的是，水稻秸秆仅在腐解初期（0.5 天）出现了类富里酸峰 A，且在整个腐解过程未发现类蛋白峰 E，而类腐殖酸峰 C 则始终存在。如表 3.1 所示，水稻秸秆 DOM 的类腐殖酸荧光强度较同时段油菜秸秆高，说明水稻秸秆 DOM 中含有更多的有机物，其腐解过程产生腐殖质的量较油菜秸秆多。该现象与红外光谱分析中水稻秸秆 DOM 较油菜秸秆含有更多的酸、脂、烷基类化合物的分析一致。

表 3.1   DOM 各腐解阶段荧光峰类型及位置

样品	腐解天数/d	位置（Em/Ex）/nm	峰类型	荧光强度
油菜	0.5	360/395（290/300）	A（E）	13770.7（13480.3）
	1	440/430（290/200）	C（E）	14952.6（50785.4）
	3	440/430（290/300）	C（E）	12779.2（14071.2）
	5	440/430（290/305）	C（E）	15303.2（12128.3）
	10	440/430	C	14311.6
	15	440/430	C	17076.5
	20	440/430	C	14982.7
	30	440/430	C	23751.8
	45	440/430	C	20714.2
	60	440/430	C	14281.5
	90	440/430	C	20974.8
水稻	0.5	360/370（440/430）	A（C）	39658.7（50091.5）
	1	440/430	C	16275.0
	3	440/430	C	29559.3
	5	440/430	C	36736.1
	10	440/430	C	22177.8
	15	440/430	C	24413.6
	20	440/430	C	16164.8
	30	440/430	C	17497.3
	45	440/430	C	12558.9
	60	440/430	C	13550.41
	90	440/430	C	12048.2

3.3　还田秸秆 DOM 对川西平原水稻土中丁草胺吸附行为的影响

3.3.1　丁草胺在土壤上的动力学过程及影响因素

农药在土壤-水环境中的吸附是影响其归宿、生物活性以及持久性的重要因素之一。对丁草胺在土壤中吸附机理的研究有助于我们合理施药，在提高其杂草控制效果的同时最大可能地减少它在土壤环境中的残留，降低其环境危害。川西平原是我国主要农作物种植基地，对丁草胺与土壤理化性状间内在关系的探索可为解析丁草胺的土-水界面行为及在一定程度上预测其动力学吸附行为提供基础数据。

1. 材料与方法

1）供试材料

供试土壤：川西平原属亚热带湿润季风气候区，其土地利用率达 60%以上。本小节选取川西平原的黏性和砂质水稻土，分别取 2 个不同种植区：四川省成都市隆兴镇（Longxing，L）和三江镇（Sanjiang，S）的土样各 50kg，采集后去除水稻土中掺杂的碎石、杂草等，然后在无风自然光条件下干燥，剔除土样中的根、茎、叶等可见杂质。

2）药品与试剂

丁草胺由 Sigma-Aldrich 公司提供，色谱纯级。甲醇、乙腈均为色谱纯级试剂，购自德国默克公司，使用前用 0.45μm 有机相滤膜后超声脱气；实验用水为超纯水，利用超纯水机 Milli-Q Integral 5 制备；其他化学试剂均为分析纯级。

3）试验设计

（1）溶液配制。

背景溶液：配置浓度为 0.02mol/L 的 NaCl 和 200mg/L 的 NaN_3 水溶液，分别用于保持溶液离子强度和抑制微生物对丁草胺的降解。

标准储备液：准确称取一定量的丁草胺溶液，用甲醇溶液配制浓度为 100mg/L 的标准储备液。

（2）液相色谱检测的标准化。

色谱条件：高效液相色谱仪型号为 Agilent 1260，色谱柱为 C8 反相柱（5μm，4.6mm×150mm），柱温 25℃；紫外检测波长为 197nm；流动相为甲醇/水（$V:V$，80:20），流速为 1mL/min；进样量为 60μL。

标准曲线的绘制：取不同体积的丁草胺标准储备液溶于 15mL 棕色试剂瓶中，加入背景溶液，分别配置浓度为 0.1mg/L、0.5mg/L、1mg/L、2mg/L、4mg/L、6mg/L、10mg/L、15mg/L 的溶液，再在 25℃，150r/min 条件下振荡 48h。利用 HPLC 检测丁草胺的浓度。以丁草胺浓度为横坐标，色谱峰面积为纵坐标，绘制丁草胺标准曲线。

（3）动力学实验。

称取一定量水稻土于 15mL 棕色瓶中，加入不同的丁草胺吸附液 15mL，恒温 25℃±1℃振荡，振荡频率 150r/min，分别于 3min、8min、15min、0.5h、1h、3h、6h、

12h、18h、24h、48h、72h、96h、120h、144h、168h 取出样品，静置 20min，使水稻土颗粒完全沉淀。取 2mL 上清液于离心管中，3000r/min 离心 10min，将上清液转入色谱进样小瓶中，采用 HPLC 检测丁草胺浓度。每个样品重复 3 次，设置无水稻土空白参照。

其中土壤类型为三江水稻土（S）、隆兴中和水稻土（L），初始丁草胺浓度为 15mg/L、3mg/L，分别标记为 a、b；液土比为 100mg∶15mL、300mg∶15mL，用数字 1、3 标记。样品名分别记为 S1a、S3a、S1b、S3b、L1a、L3a、L1b、L3b。

（4）数据处理。

土壤对丁草胺的吸附量/解吸量依据公式（3-1）进行计算：

$$q_t = (C_0 - C_t)V / M \tag{3-1}$$

式中：q_t 为 t 时刻土壤吸附量/解吸量，μg/g；C_0 为初始浓度，μg/L；C_t 为 t 时刻溶液浓度，μg/L；V 为溶液体积，L；M 为土壤质量，g。

2. 结果与讨论

1）丁草胺的平衡吸附量与吸附平衡时间

丁草胺在两种水稻土上的吸附动力学曲线如图 3.5 所示。

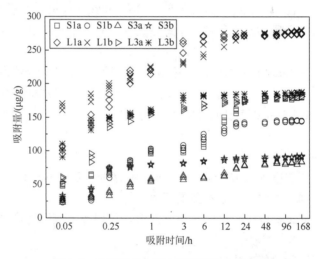

图 3.5　丁草胺在土壤中的吸附动力学曲线

由图 3.5 可以看出，在反应初始阶段，2 种土壤对丁草胺的吸附比较快，随着反应时间延长其吸附作用变缓。丁草胺在土壤上的吸附在 24h 后基本达到吸附平衡。快速吸附 6h 时，S1a、L1a、S3a、L3a、S1b、L1b、S3b、L3b 吸附量分别达总吸附量的 61%，84%，73%，93%，97%，93%，93%，98%。

2）丁草胺的动力学吸附模型

（1）三种吸附动力学模型拟合。

有机物在吸附剂中的吸附动力学通常可用单室模型和双室模型描述。单室模型假定吸附质性质均一，为一个简单整体；而双室模型则假定吸附剂包含快吸附室和慢吸附室两个特性不同的区域，且两个过程同时进行[56]。单室模型常见为准一级动力学模型和准二级动力学模型，双室动力学模型则常见为双室一级动力学模型。各模型计算方式和分析方法同 1.2.2 节的公式（1-2）～公式（1-4）。

r_{adj}^2 可以反映吸附动力学模型或吸附热力学模型对实验结果的拟合程度，当 r_{adj}^2 的值越接近于 1 时，说明该动力学（或热力学）模型的模拟效果较好，所以校正决定系数 r_{adj}^2 对整个模型的拟合具有重要的意义。

不同浓度的丁草胺在 2 种土壤上的准一级动力学、准二级动力学和双室一级动力学拟合曲线见图 3.6。

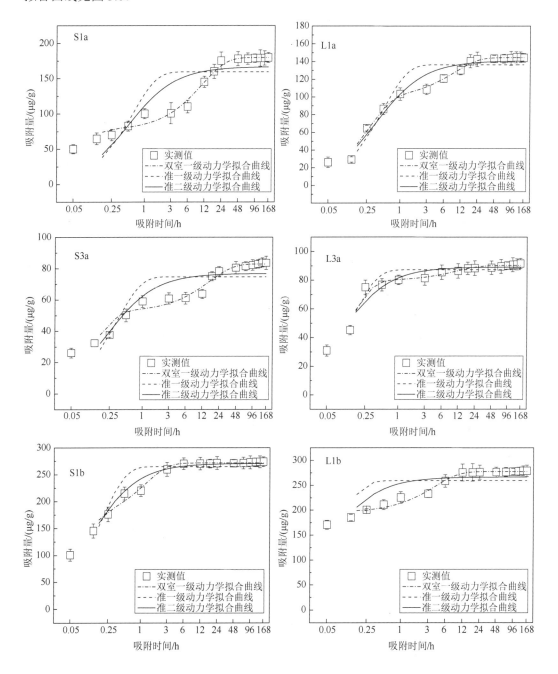

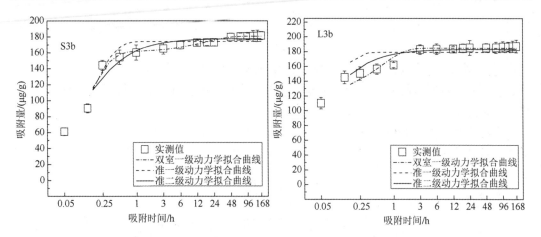

图 3.6 丁草胺在两种水稻土上的吸附动力学拟合曲线图

由图 3.6 的拟合曲线看,双室一级动力学模型对吸附动力学过程的拟合明显优于准一级动力学模型和准二级动力学模型。尤其是对于高浓度且时间长的数据点拟合,前两个模型出现的偏差较大。通过具体的拟合参数比较能更加直观地表明 3 种动力学模型拟合程度的优劣。

准一级动力学、准二级动力学和双室一级动力学模型拟合参数见表 3.2。其中 Reduced Chi-Sqr 为残差平方和,表示拟合结果随机误差的效应,即估计值和实际值的差异程度,数值越小随机误差越小,反之亦然。从表 3.2 可以看出,准一级动力学模型和准二级动力学模型的校正决定系数 r_{adj}^2 都在 0.755~0.989,而双室一级动力学模型的 r_{adj}^2 在 0.972~0.995,并且对于同一土壤样品,后者的 r_{adj}^2 都要高于前两者的对应值。r_{adj}^2 值在 0~1 之间变化,越接近于 1 时,表明拟合效果越好。说明双室一级动力学模型对丁草胺在土壤中的吸附动力学提供了相对精准的描述。Worrall 等[57]通过对吸附动力学研究中常用的 6 种模型的应用进行分析指出,双室一级动力学模型优于其他各种模型。在诸多土壤或沉积物对有机污染物的吸附研究中也得出了相同的结论。因此,土壤对丁草胺的吸附动力学研究中,双室一级动力学模型拟合效果较为理想。

表 3.2 丁草胺在两种水稻土上的吸附动力学拟合参数

样品	准一级动力学		准二级动力学		双室一级动力学	
	Reduced Chi-Sqr	r_{adj}^2	Reduced Chi-Sqr	r_{adj}^2	Reduced Chi-Sqr	r_{adj}^2
S1a	805.213	0.755	499.633	0.848	36.972	0.989
L1a	130.297	0.944	54.126	0.977	17.249	0.993
S3a	92.829	0.847	54.867	0.909	16.759	0.972
L3a	19.721	0.970	13.940	0.979	9.244	0.986
S1b	357.134	0.942	68.882	0.989	31.864	0.995
L1b	815.872	0.837	375.033	0.925	28.299	0.994
S3b	67.027	0.974	41.889	0.984	25.682	0.990
L3b	143.849	0.935	39.678	0.981	44.506	0.980

（2）双室一级动力学模型分析。

根据吸附常数的差别，可以在数值上将吸附分为快室吸附单元和慢室吸附单元。吸附速率常数较大的（k_1）称为快室吸附单元，吸附速率常数较小的（k_2）称为慢室吸附单元。表 3.3 进一步列出了双室一级动力学模型拟合参数。本研究中，k_1 在 3.725h^{-1} 以上，k_2 在 0.856h^{-1} 以下，k_1/k_2 为 18.367～195.622，表现出土壤吸附丁草胺快室和慢室吸附单元间显著不同的吸附特征。

表 3.3　双室一级动力学模型拟合参数

样品	$q_e/(\mu g/g)$	k_1/h^{-1}	k_2/h^{-1}	f_1	f_2	k_1/k_2
L1b	271.693	15.722	0.856	0.401	0.599	18.367
L1a	179.762	17.606	0.09	0.573	0.427	195.622
L3b	180.832	7.615	0.059	0.111	0.889	129.068
L3a	82.93	7.433	0.062	0.367	0.633	119.887
S1b	277.113	39.5	0.258	0.294	0.706	153.101
S1a	144.259	3.725	0.108	0.315	0.685	34.491
S3b	184.714	5.665	0.128	0.649	0.351	44.258
S3a	90.158	8.07	0.09	0.118	0.882	89.667

3. 丁草胺在水稻土中的吸附等温特征

1）丁草胺在水稻土中的吸附等温线

以不同丁草胺平衡浓度为横坐标，吸附量为纵坐标绘制吸附等温线，其结果如图 3.7 所示。

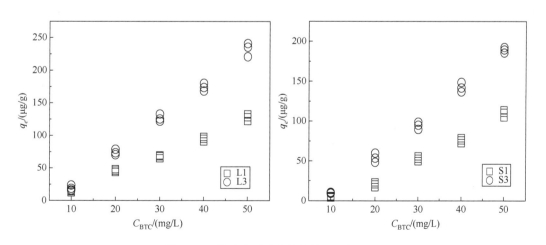

图 3.7　丁草胺在两种土壤上的吸附等温线

从图 3.7 可以看出，丁草胺在两种水稻土上的吸附等温线具有相同的趋势，即二者吸附量均随着丁草胺平衡浓度的升高而升高。溶液中土-水比越大，对丁草胺的吸附作用越强。相同丁草胺初始浓度下，隆兴水稻土对丁草胺的吸附量大于听江水稻土。

2）Langmuir 与 Freundlich 吸附等温模型拟合

Langmuir 吸附等温式和 Freundlich 吸附等温式是在吸附中应用较广的经典拟合方程式[30]。其表达式如式（3-6）和式（3-7）所示。

Langmuir 方程式：

$$q_e = q_{max} \frac{K_L C_e}{1 + K_L C_e} \tag{3-2}$$

Freundlich 方程式：

$$q_e = K_F C_e^{\frac{1}{n}} \tag{3-3}$$

式中，q_{max} 为吸附剂土壤理论饱和吸附量，$\mu g/g$；q_e 为吸附剂在平衡时的吸附量，$\mu g/g$；C_e 表示在吸附平衡时溶液中吸附质的浓度，mg/L；K_L 为 Langmuir 吸附系数，是表征吸附表面强度的常数，其值越大表示吸附剂的吸附能力越强；K_F 和 $1/n$ 为 Freundlich 方程式与温度有关的吸附常数，K_F 代表吸附容量，其值越大表示吸附剂的吸附能力越强，但并不等同于最大吸附量，$1/n$ 反映吸附的非线性程度，其值越远离 1，表示土壤表面吸附的均一性越低，也可表征吸附过程的亲和力强度。当 $n = 1$ 时，Freundlich 方程式为过原点的线性方程，即 Henry 方程，表示吸附表面是均一的，吸附以物理分配作用为主[58]。

吸附等温线的形状能在一定程度上描述 OCs 在土壤中的吸附过程。图 3.8 为丁草胺在两种水稻土上的吸附等温拟合曲线。由于 Henry 方程是 Freundlich 模型的特殊形式，仅采用 Langmuir 和 Freundlich 方程式对吸附结果进一步分析，所得拟合结果见图 3.8，所得数据结果见表 3.4。

由图 3.8 中可以看出，丁草胺在两种土壤中的吸附等温线均能被 Langmuir 及 Freundlich 模型较好拟合。Langmuir 模型拟合的 r_{adj}^2 值为 0.854～0.964，而 Freundlich 模型拟合的 r_{adj}^2 值为 0.989～0.993，说明土壤对丁草胺的吸附等温线以 Freundlich 模型拟合最优，Langmuir 模型拟合相对较差。

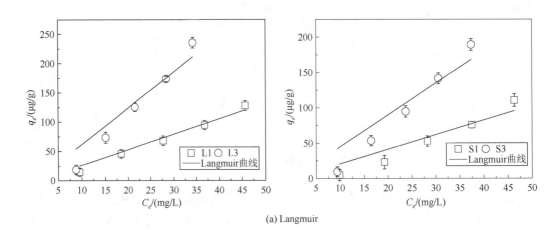

(a) Langmuir

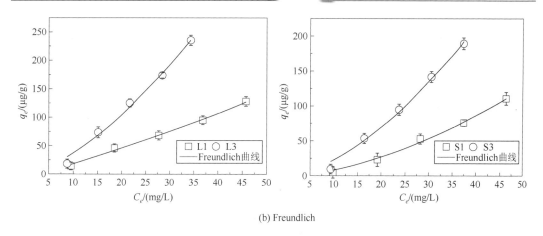

(b) Freundlich

图 3.8　丁草胺在两种水稻土上的吸附等温拟合曲线

表 3.4　土壤吸附丁草胺的吸附等温线模型拟合结果

土壤来源	添加土壤量/g	Langmuir			Freundlich		
		$q_{max}/(\mu g/g)$	$K_L/(L/mg)$	r^2_{adj}	K_F	$1/n$	r^2_{adj}
隆兴水稻土	0.5	237095.769	0.000010	0.964	1.120	1.237	0.993
	1	670522.896	0.000009	0.893	1.177	1.499	0.989
三江水稻土	0.5	410558.896	0.000005	0.854	0.170	1.690	0.992
	1	643558.717	0.000006	0.862	0.550	1.617	0.990

　　由表 3.4 中 Freundlich 方程的拟合结果可知，$1/n$ 的值在 1.237～1.690，表明丁草胺在两种水稻土中均呈现非线性吸附。$1/n$ 的值越远离 1，说明其非线性程度越强。由此可以看出，三江水稻土吸附丁草胺呈现出的非线性程度比隆兴水稻土要强。通过对两种模型拟合结果发现，土壤对丁草胺的吸附过程可能包含土壤有机质的非均一性吸附、土壤表面的化学特异性吸附以及土壤有机质干扰，其吸附非线性由多种机理共同作用导致。

　　4. 不同因素对丁草胺吸附效果的影响

　　1）丁草胺初始浓度对吸附效果的影响

　　由图 3.9 可知，在四个吸附体系里，当加入不同初始浓度丁草胺时，两种水稻土对较高浓度丁草胺的吸附量强于较低浓度丁草胺。

　　2）土水比对吸附效果的影响

　　土水比（即土壤浓度）对土壤吸附丁草胺有着重要的影响。土水比的不同将直接影响土壤对丁草胺的吸附率。由图 3.10 可以看出，当土水比为 100mg∶15mL 时，两种土壤对丁草胺的吸附率强于土水比为 300mg∶15mL 的吸附率。一般来讲，土水比越高，即土壤浓度越高，土壤对丁草胺吸附率也越高，而本研究却产生了与之相反的结论。该现象产生的原因可能是由于当土壤浓度过高，吸附达到饱和时，吸附率不会增加，反而会导致固体浓度效应，即丁草胺在土壤-水之间的分配系数随着土壤浓度的增加而减小的吸附现象，造成单位质量土壤对丁草胺的吸附量降低。

3）土壤类型对吸附效果的影响

对土壤本身而言，土壤中矿物与有机质两部分共同对土壤吸附产生作用，其吸附机理与土壤组分密切相关。由图 3.11 可以看出，当溶液中土壤含量较小时，两种土壤对吸附的影响效果差异不明显。当土水比为 300mg：15mL 时，两种水稻土对吸附的影响发生了一定差异。隆兴土对体系的吸附效果的影响要强于三江土。丁草胺在土壤中的吸附行为主要由其自身特性和土壤特性控制。

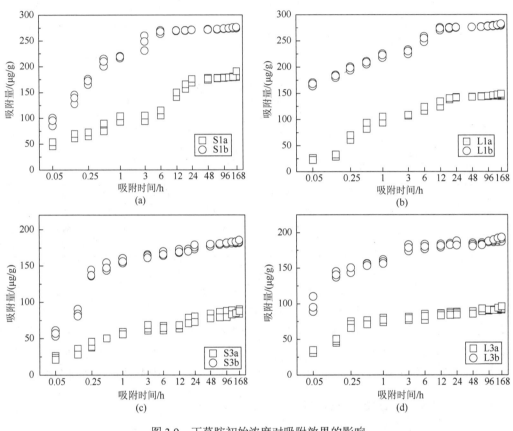

图 3.9　丁草胺初始浓度对吸附效果的影响

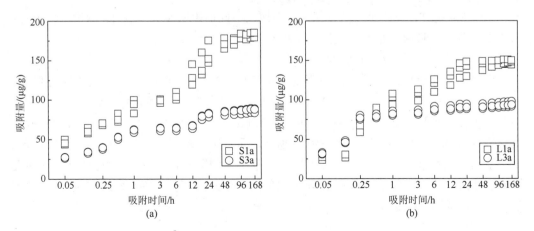

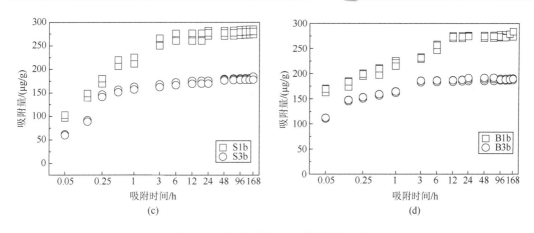

图 3.10 不同土水比对吸附效果的影响

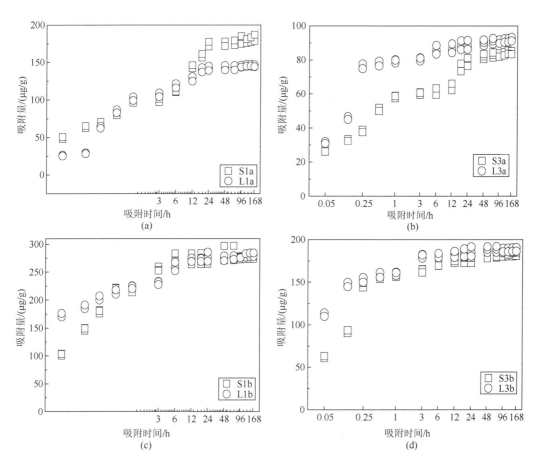

图 3.11 不同土壤类型对吸附效果的影响

（1）土壤 C、H、N、S 和 O 元素对吸附的影响。

水稻土中 O、N 和 S 元素含量的多少可以反映土壤中官能团的含量，而这些官能团与土壤表面的活性极有关系，官能团越多土壤表面的特异性吸附位点就越多，这些位点主要以电荷作用、氢键等化学作用的方式控制着吸附过程，尤其是有机官能团。根据 Senesi 和 Loffredo[59]的土壤非均相理论，土壤无机颗粒与有机质往往是非均一共存，由此反映出土壤对有机污染物的非线性吸附。隆兴水稻土和三江水稻土的元素分析如表 3.5 所示。

表 3.5　水稻土的元素分析

土壤	C/%	H/%	O/%	N/%	S/%	O+N+S/%
隆兴水稻土	2.48	0.91	11.17	0.26	0.19	11.62
三江水稻土	2.69	0.81	10.96	0.23	0.18	10.97

从表 3.5 中可以看出，隆兴水稻土 O+N+S 的含量高于三江水稻土，表明隆兴水稻土中官能团的持有量较三江水稻土高。而 C 的含量一定程度上反映了土壤的有机质含量，通过重铬酸钾法测定出隆兴和三江水稻土有机碳含量分别为 30.7mg/g 和 14.8mg/g。由此可知土壤中的 C 元素以有机物为主，经 Van Bemmelen 因数换算成有机质含量分别为 52.3mg/g 和 25.5mg/g。表明隆兴水稻土与三江水稻土对丁草胺的吸附差异与土壤的有机质含量和官能团含量呈正相关。

（2）土壤粒径分布对吸附的影响。

土壤颗粒的粒径大小直接影响到 OCs 的吸附容量和吸附能力，通常颗粒的粒径越小，其单位质量颗粒的比表面积越大。根据 Langmuir 单分子层吸附理论，即比表面积越大，吸附容量越大。同时土壤颗粒是多种物质的混合，其颗粒大小并不均一，颗粒大小的分布不同也会影响其吸附能力。实际上土壤并不是简单的颗粒堆积体，包含着复杂的团粒结构，通常与腐殖质交联形成不同层级的聚集体，如单粒、微团粒（＜0.25mm）、团粒（0.25～10mm）、土块（＞10mm）等。而国际制土壤质地分类标准将土壤颗粒分为三个粒级，砂粒（2～0.02mm）、粉粒（0.02～0.002mm）和黏粒（＜0.002mm）。水稻土由于在长期的水淹条件下，难以形成较大的团粒，以微团粒为主。2 种水稻土的粒径分布如图 3.12 所示。

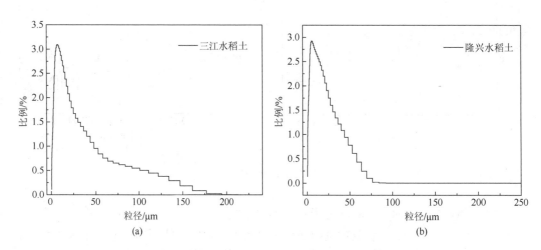

(a)　　　　　　　　　　　　　　(b)

图 3.12　2 种水稻土的粒径分布

从图 3.12 可以看出，三江水稻土相对于隆兴水稻土粒径分布较宽，细颗粒分布较为相近，而大颗粒分布存在显著性差异，尤其在 75μm 以上区域更为明显。另 2 种水稻土的质地均以粉粒和砂粒为主，而黏粒比例较低，通常来讲土壤的黏性一方面受有机质含量的影响，另一方面也受粒径的大小影响。虽然三江水稻土与隆兴水稻土都以粉粒和砂粒为主，但由于三江水稻土砂粒分布明显多于隆兴水稻土，且砂粒的粒径显著大于隆兴水稻土，因此三江水稻土明显呈砂质性，而隆兴水稻土呈黏性。由此可知隆兴水稻土与三江水稻土对丁草胺吸附的差异必然与粒径分布有关，细颗粒越多吸附容量越大。其粒径分布越宽，吸附的均一性越差。

（3）土壤颗粒空隙对吸附的影响。

土壤对 OCs 的吸附除了表面吸附和位点结合外，通常还与微孔填充有关，无论是土壤矿物颗粒表面的微孔还是土壤有机质化学结构形成的微孔，都是吸附 OCs 的关键。测定土壤的微孔使用美国康塔公司生产的 Autosorb-1MP 型比表面及孔径分析仪，以高纯氮为吸附介质，在一定相对气压下测定其吸附和脱附等温线。2 种水稻土的 N_2 吸附-脱附曲线如图 3.13 所示。

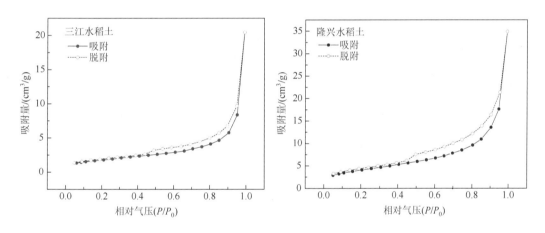

图 3.13　2 种水稻土的 N_2 吸附-脱附曲线

从图 3.13 可以看出，2 种土壤的吸附等温线均属于吸附等温线分类中的 II 型吸附等温线，为非多孔性固体表面发生的多分子层吸附。在低压段（P/P_0：0～0.4）：曲线上升缓慢，为单分子层吸附；在中压段（P/P_0：0.4～0.8）：吸附等温线上升趋势缓慢增大，并出现吸附拐点，拐点表示吸附由单分子层向多分子层过渡，此阶段吸附为多层吸附过程。在高压段（P/P_0：0.8～1.0），等温线急剧上升，且直到最后也未出现饱和点，表明 2 种土壤中均含有一定量的中、大孔隙。在较低压力处（P/P_0：0～0.4），三江水稻土的吸附等温线与脱附等温线重合，而隆兴水稻土的吸附等温线与脱附等温线却并未完全重合，表明前者在较小孔径范围内孔的形状大都是一端封闭的不透气性孔，而后者则存在一些开口较小的孔径内孔。在较高压力处（P/P_0：0.4～0.8），2 种水稻土均出现了明显的吸附滞后圈，说明 2 种水稻土中存在较大孔径的中孔，由于中孔的毛细凝聚现象而使吸附和解吸出现滞后圈，同时隆兴水稻土的滞后圈明显大于三江水稻土，其孔的总容积必然也大于后者。由此，2 种土壤的吸附差异与孔填充过程具有一定关系。

3.3.2 DOM 对丁草胺在土壤中吸附行为的影响

许多学者认为有机污染物在土壤中吸附过程控制和影响着有机污染物在土壤、水体系中的迁移转化和生物可利用性等环境行为。土壤有机质组分是土壤中吸附和固定有机污染物、尤其是一些非离子有机污染物的主要吸附剂。出于农业生产的需要和资源利用的目的，大量农业和工业废弃有机物经过无害处理后被作为有机肥（organic amendments）施用于土壤，这一措施改变了土壤有机质含量，可以进一步影响有机污染物在土壤中的吸附过程。一般而言，不溶的有机添加物（insoluble organic amendments）增加了土壤有机质含量，有研究表明它们因此也促进了有机污染物在土壤中的吸附。但可溶性的有机物质对有机污染物在土壤中吸附的影响却不甚清楚。

从已有资料来看，DOM 对土壤吸附有机污染物的影响规律不尽相同。DOM 对有机污染物有较高的亲和力，可以影响有机污染物在土壤固/液两相的分布。一些研究者认为土壤溶液中 DOM 与有机污染物结合，有利于有机污染物的解吸，因此提高了有机污染物在土壤中的移动性。另一方面，也有研究发现，DOM 能促进土壤中有机污染物的吸附，这可能与 DOM 和有机污染物在土壤表面的共吸附或累积吸附有关。本部分以川西平原油菜秸秆、水稻秸秆中提取的 DOM 为例，研究 DOM 对有机污染物在土壤中吸附作用的影响，探讨其与 DOM 和土壤性质的关系，以揭示土壤固/液体系中，DOM 对有机污染物界面行为的影响规律和机制。

1. 材料与方法

1）供试材料

供试土壤：同 3.3.1 节。

供试 DOM：取油菜秸秆、水稻秸秆未腐解 DOM 若干。

2）药品与试剂

同 3.3.1 节。

3）试验设计

（1）溶液配制。

同 3.3.1 节。

（2）吸附动力学试验。

称取一定量水稻土于 15mL 棕色瓶中，加入含丁草胺 15mg/L 和 DOM 150mg/L 的混合吸附液 15mL，恒温 25℃±1℃振荡，振荡频率 150r/min，分别于 3min、8min、15min、0.5h、1h、3h、6h、12h、18h、24h、48h、72h、96h、120h、144h、168h 取出样品，静置 20min，使水稻土颗粒完全沉淀。取 2mL 上清液于离心管中，3000r/min 离心 10min，将上清液转入色谱进样小瓶中，采用 HPLC 检测丁草胺浓度。每个样品重复 3 次，设置无水稻土空白参照。

（3）吸附等温线试验。

分别称取 0.5g、1g 水稻土于 15mL 棕色瓶中，加入浓度分别为 15mg/L 的丁草胺溶液和浓度分别为 0mg/L、50mg/L、100mg/L、150mg/L、200mg/L、300mg/L 的 DOM 混合吸附液 15mL，将装有吸附液和吸附剂的反应器放入 25℃的环境中进行振荡，振荡频率 150r/min。达到平衡时间（以动力学实验确定平衡时间）后取出样品进行测量。

4）数据处理

2. 结果与讨论

1）DOM 存在下土壤吸附丁草胺的动力学试验

油菜秸秆、水稻秸秆 DOM 存在下，两种水稻土对丁草胺的吸附动力学结果如图 3.14。

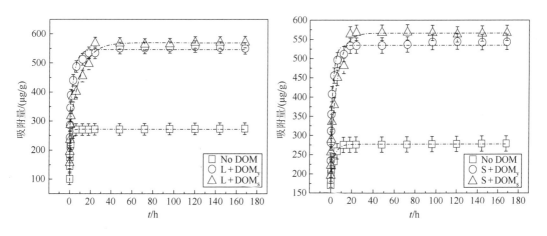

图 3.14　秸秆 DOM 对土壤吸附丁草胺的动力学拟合曲线

从图 3.14 中可以看出，加入 DOM 后，土壤对丁草胺的吸附现象与未加 DOM 时相似，均包括初始快速吸附单元及慢速吸附单元，而吸附平衡时间则明显延后，由之前的 6h 延长至 24h。加入两种秸秆 DOM 后，土壤对丁草胺的平衡吸附量明显增加。这是由于加入的 DOM 吸附在土壤中，土壤中有机质含量增加，增强了土壤对丁草胺的吸附。当添加 DOM 浓度相同时，在吸附平衡前，油菜秸秆 DOM 对土壤的吸附量增量要大于水稻秸秆 DOM，然而到吸附达到平衡时，二者之间的差异逐渐减小。从前面的研究可以看出，土壤对油菜秸秆 DOM 的吸附强于对水稻秸秆 DOM 的吸附，所以油菜秸秆 DOM 对土壤吸附丁草胺的能力在一开始的快速吸附单元就要强于水稻秸秆 DOM，而当土壤对 DOM 的吸附达到饱和时，土壤对两种 DOM 的吸附差异逐渐减小，因此，在吸附后期，两种 DOM 促进丁草胺吸附的能力差异逐渐减弱。通过双室一级动力学方程可对 DOM 存在下土壤吸附丁草胺的动力学数据进行较好的拟合，其拟合结果见表 3.6。

表 3.6　双室一级动力学拟合结果

土壤类型	DOM 来源	$q_e/(\mu g/g)$	k_1	k_2	f_1	f_2	k_1/k_2	r_{adj}^2
隆兴水稻土	DOM$_y$	545.702	13.96	0.258	0.437	0.563	54.11	0.979
	DOM$_s$	569.133	10.72	0.095	0.488	0.512	112.9	0.978
三江水稻土	DOM$_y$	534.811	27.39	0.406	0.44	0.56	67.47	0.979
	DOM$_s$	566.548	23.73	0.155	0.458	0.542	153.1	0.982

从表 3.6 中可以看出，双室一级动力学拟合的校正决定系数 r_{adj}^2 均大于 0.97。表明加入两种秸秆 DOM 后，土壤对丁草胺的吸附动力学仍然较符合双室一级动力学。而双室一级动力学模型所描述的吸附行为过程，主要将土壤的吸附区域分为快速吸附区和慢速吸附区，未对溶液中的其他理化过程进行描述。本实验中，所配制的初始溶液为 DOM 与丁草胺的混合溶液，结合前面的研究可知，DOM 与丁草胺有一定的结合作用，这种结合将在一定程度上对土壤吸附 DOM 产生竞争。而在对吸附结果的双室一级动力学拟合结果中，两种 DOM 在隆兴、三江水稻土中的校正决定系数 r_{adj}^2 均大于 0.97，这说明相对于土壤对丁草胺的吸附，DOM 与丁草胺的结合作用是较微弱的，因此，DOM 虽然对土壤吸附丁草胺有竞争吸附作用，但丁草胺更多的是通过共吸附或累积吸附的方式进入土壤中。吸附初始阶段，土壤对丁草胺吸附速率的快速上升，则是由于共吸附的作用。一方面，实验所配制吸附液的方式为共吸附优先形成 DOM-丁草胺复合体提供了可能，另一方面，土壤对 DOM 的吸附能力也增加了土壤吸附丁草胺的能力。而吸附平衡时间的延后，则可能是秸秆 DOM 优先吸附到土壤表面，占据了大量的土壤吸附位点，使得丁草胺较难被土壤固相吸附，外源 DOM 被土壤所吸附后，增大土壤总的有机质含量或吸附位点，对丁草胺产生累积吸附现象。而平衡吸附总量的上升，则与外源 DOM 为土壤固相提供总有机质含量和吸附位点的增加相关。

2）DOM 对丁草胺等温吸附特征的影响

从图 3.15 中看出，在两种 DOM 作用下，土壤对丁草胺的吸附量随着丁草胺初始浓度的增加而增加。通过 Langmuir 和 Freundlich 方程式对吸附结果进行拟合，所得拟合结果见图 3.16、表 3.7。

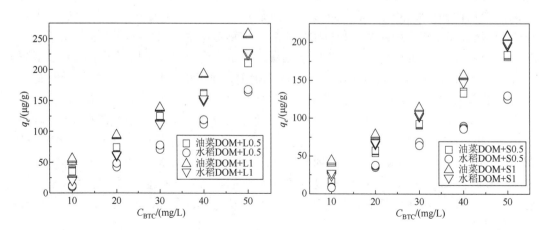

图 3.15　DOM 作用下土壤吸附丁草胺的吸附等温线

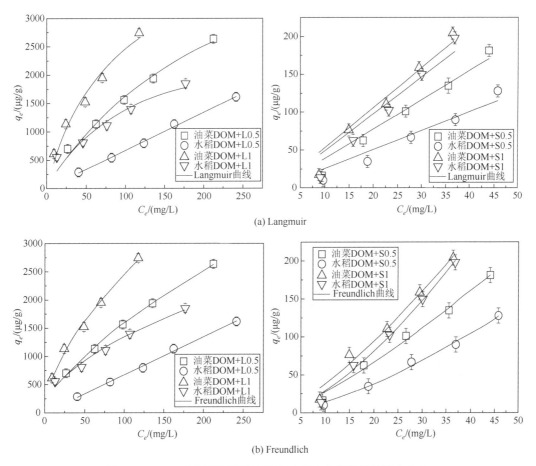

图 3.16 DOM 作用下丁草胺在两种土壤上的等温吸附拟合曲线

表 3.7 DOM 作用下土壤吸附丁草胺的吸附等温线模型拟合结果

土壤类型	添加土壤量/g	DOM 类型	Langmuir			Freundlich		
			q_{max}/(μg/g)	K_L/(L/mg)	r_{adj}^2	K_F	$1/n$	r_{adj}^2
隆兴水稻土	0.5	油菜	298724.886	0.000016	0.977	2.549	1.904	0.995
		水稻	491970.326	0.000006	0.896	0.453	1.549	0.996
	1	油菜	646087.656	0.000011	0.918	212.982	1.369	0.980
		水稻	676230.518	0.000009	0.881	0.931	1.546	0.987
三江水稻土	0.5	油菜	328356.090	0.000011	0.951	1.479	1.271	0.988
		水稻	345700.397	0.000007	0.913	0.495	1.451	0.992
	1	油菜	456629.051	0.000011	0.930	1.893	1.306	0.976
		水稻	563958.774	0.000008	0.896	0.945	1.485	0.989

从表 3.7 可以看出，Langmuir 模型拟合饱和吸附量 q_{max} 与实际吸附数据相去甚远，说明 Langmuir 模型已不再适合解释 DOM 作用下土壤吸附丁草胺的等温吸附过程。这是由于 Langmuir 模型所描述的过程是吸附剂将吸附质以单分子层的形式吸附到固相表面，而 DOM 对土壤吸附丁草胺的机理分析表明，DOM 对吸附的影响以累积吸附和共吸附为

主，这两种吸附作用都会较人地十扰土壤原有界面作用。而 Freundlich 方程式作为经验模型，其拟合校正决定系数 r_{adj}^2 的值为 0.976～0.996，表现出良好的相关性。

3）不同分子量 DOM 对丁草胺吸附的影响

DOM 是多种有机分子的混合物，官能团种类多，性质结构十分复杂，尤其是其疏水组分的结构，对丁草胺在土壤中的环境行为产生了极其重要的作用。因此，研究 DOM 不同组分对丁草胺吸附的影响非常有必要。

DOM 不同分子量组分存在下，丁草胺的吸附等温线如图 3.17 所示。由吸附等温线可以得知，添加两种秸秆来源 DOM 的不同分子量组分都能增强丁草胺在水稻土上的吸附。同一种 DOM 不同分子量组分中，高分子量 DOM 组分对丁草胺在土壤中吸附的增强作用最强，低分子量 DOM 组分的影响最弱。这是因为 DOM 是由一系列分子量大小不同的有机物组成的，而分子量较大的 DOM 包括了分子量大的多糖、多肽、富里酸和腐殖酸等[60]。分子量大小是影响 DOM 性质的重要因素，不同分子量的 DOM 组分的化学性质也是不同的。郭平等研究发现，DOM 对芘的亲和力大小很大程度上取决于 DOM 的大分子量组分，即疏水组分[61]。由于大分子量 DOM 极性比小分子量 DOM 更小，芳香性更强，与丁草胺有更强的作用力。因此，大分子量 DOM 处理后，丁草胺在土壤中吸附的增强作用更强，这是由于"相似相溶"原理，大分子量 DOM 的疏水组分显著促进了丁草胺的溶解的结果。而小分子量组分的结构较简单，多为醛糖、简单的脂肪酸、多元酚、氨基糖和大多数氨基酸类物质，这些小分子量 DOM 在环境中不稳定，很容易降解，存在时间相对较短，因此其环境效应的持续时间也较短。此外，本研究中 DOM 来源于农作物秸秆，其非极性组分比一般土壤中的 DOM 要大，故其结合疏水性有机污染物 DOM 的能力更强。

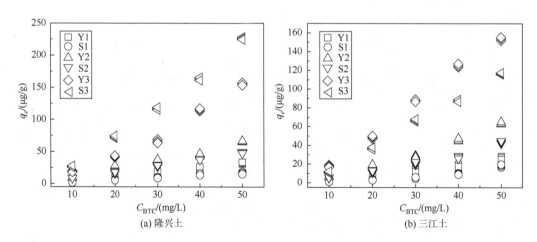

图 3.17　不同分子量 DOM 作用下土壤吸附丁草胺的吸附等温线

从图 3.18 和表 3.8 中可以得出，不同分子量 DOM 作用下土壤吸附丁草胺的吸附等温线模型拟合结果。由两种模型的校正决定系数可以看出，Freundlich 方程式拟合 r_{adj}^2 的值在 0.956 以上，仍表现出了比 Langmuir 模型更好的拟合结果。拟合特征常数 $1/n$ 的值为 0.671～1.734，与未分组 DOM 和无 DOM 作用下的范围均相近，表明吸附过程的非线性程度依然不大，吸附作用仍以分配为主。

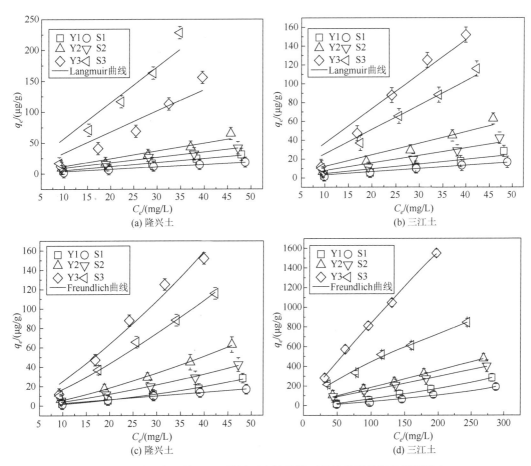

图 3.18　不同分子量 DOM 作用下土壤吸附丁草胺吸附等温线模型拟合

表 3.8　不同分子量 DOM 作用下土壤吸附丁草胺吸附等温线模型拟合结果

土壤类型	DOM 来源	分子量	Langmuir			Freundlich		
			$q_{max}/(\mu g/g)$	$K_L/(L/mg)$	r^2_{adj}	K_F	n	r^2_{adj}
隆兴水稻土	Y	<1000	1604420.000	0.000001	0.878	0.072	1.541	0.992
	S		1464860.000	0.000001	0.809	0.013	1.764	0.986
	Y	1000~10000	4490.315	0.001030	0.983	7.065	0.885	0.978
	S		1393.075	0.002430	0.997	9.001	0.738	0.995
	Y	>10000	3680.895	0.004310	0.940	49.531	0.671	0.978
	S		4165.182	0.002320	0.930	25.890	0.741	0.956
三江水稻土	Y	<1000	932969.758	0.000001	0.914	0.099	1.413	0.993
	S		814605.437	0.000001	0.863	0.024	1.588	0.990
	Y	1000~10000	5233.510	0.000372	0.990	2.703	0.924	0.992
	S		2388.799	0.000731	0.988	2.959	0.873	0.993
	Y	>10000	9876.623	0.000939	0.997	13.572	0.896	0.998
	S		2175.167	0.002570	0.984	14.828	0.736	0.989

3.4　DOM 与丁草胺和土壤的相互作用及机理探讨

DOM 以溶解态分子多聚体或交替的形式存在于溶液中。许多研究者认为，有机物在环境中的平衡分配过程必须考虑 DOM 对有机污染物的吸附，并定义了有机污染物与 DOM 的结合系数（K_{doc}）。K_{doc} 的大小不仅反映了有机污染在 DOM/水溶液间迁移过程的方向和最终平衡状态，又与这种迁移的推动力强度有关，是影响有机污染物在环境中归趋的重要数据。对丁草胺与秸秆 DOM 不同组分之间相互作用的研究，可为深入分析 DOM 对丁草胺在土壤中吸附行为的影响提供理论基础。

DOM 等天然有机质是许多有机/无机污染物的重要吸附剂（载体），在土壤饱和流条件下，DOM 极易在土壤中迁移，并被认为促进了污染物在土壤中的运移。但一些研究也表明，即便是在土壤高饱和流条件下，DOM 在土壤中的吸附仍然不可避免，并可能由此增加了污染物在土壤中的固定和积累。DOM 在土壤中吸附作用的研究，不仅是土壤有机质研究的重要内容，而且还具有重要的环境意义。本章节以油菜、水稻提取的 DOM 为对象，研究 DOM 与丁草胺之间的相互作用，以及在不同类型的表层土壤上的吸附特征，同时探讨 DOM 吸附与土壤性质、DOM 组成和性质的关系。

供试 DOM 取油菜秸秆、水稻秸秆未腐解 DOM 若干。供试土壤和供试药品同 3.3.1 节。

3.4.1　不同分子量 DOM 分组试验

超滤膜由上海摩速公司提供。超滤膜使用前分别用浓度为 0.01mol/L 的 NaOH 和 HCl 交替搅拌清洗超滤膜 3 次，再用超纯水淋洗膜表面以去除其保护液，并反复冲洗除去其中有机组分。每步超滤的浓缩因子为 6：1（初始水样与膜上剩余液的体积比）。将 DOM 溶液用截留分子量为 1000、10000 的超滤膜分离，将 DOM 溶液分为分子量≤1000，1000～10000，≥10000 的三个组分。将油菜、水稻秸秆三个分子量组分 DOM 分别标记为 Y1、Y2、Y3 和 S1、S2、S3，DOM 原液标记为 Y4、S4。MSC300 超滤搅拌器（上海摩速公司提供）采用纯氮气作为驱动力，压力为 0.1MPa。超滤膜可重复使用 5 次，使用后需浸泡在 0.5%的甲醛溶液中保存。

3.4.2　荧光猝灭试验

1. 荧光猝灭机理

具荧光性的有机污染物受特定波长光激发时可发出荧光，但当其与 DOM 结合时，荧光性质会受抑制而导致不发光，根据荧光物种浓度高低与所发出荧光之强弱间有线性关系的原理，可由荧光衰减程度的大小间接求得其与 DOM 的结合量及自由态浓度，进而求得结合系数 K_{DOM}。

引起荧光猝灭的原因有动态猝灭和静态猝灭之分。对于静态猝灭强度和猝灭剂的关系可由荧光体-猝灭剂分子间的结合常数表达式导出公式（3-4）和公式（3-5）。设生物大分子含有 n 个相同且独立的键合位置，则有

$$B + nQ \Longleftrightarrow Q_nB \tag{3-4}$$

式中，B 为荧光生物大分子；Q 为猝灭剂除草剂分子；Q_nB 为所生成的复合物。其生成常数 K 为

$$K = \frac{[Q_nB]}{[Q]^n[B]} \tag{3-5}$$

若荧光体总浓度为 B_0，且 $[B_0] = (Q_nB) + (B)$，$[B]$ 为荧光体游离浓度。而在静态猝灭中，荧光体的荧光强度与其游离浓度成正比，则有

$$\lg\frac{(F_0 - F)}{F} = \lg K + n\lg[Q] \tag{3-6}$$

以 $\lg[(F_0-F)/F]$ 对 $\lg[Q]$ 作线性拟合，即可通过斜率求出除草剂分子与酶分子的结合常数 K。

2. 校正公式

当溶液中有其他非荧光物质或荧光物质本身浓度太高时，荧光子受激发而产生的放射光可能会被部分吸收，使测量到的荧光强度减弱，此并非真正的猝灭结果，这将会造成 K_{DOM} 值高估，此效应称为内吸收效应（inner-filter effect）。本研究中样品含有 DOM，故不论是激发光或放射光均无法避免地会有被其部分吸收的情况发生，因此所得之荧光强度需用校正方程式加以校正，此校正方程式采用高蒂尔（Gauthier）所提出的公式：

$$\frac{F_{corr}}{F_{obs}} = \frac{2.3dA_{ex}}{1 - 10^{-dA_{ex}}}10^{gA_{ex}}\frac{2.3sA_{em}}{1 - 10^{-sA_{em}}} \tag{3-7}$$

式中，F_{corr} 为校正后荧光强度；F_{obs} 为未校正荧光强度；A_{ex} 为激发光波长吸光值；A_{em} 为发射光波长吸光值；d 为石英管内径宽；g 为石英管内壁与激发光束距离；s 为激发光束宽。

3. 试验设计

取 2mL 浓度分别为 5mg/L、10mg/L、15mg/L 的不同分子量的 DOM 溶液于 50mL 容量瓶里，加入不同体积的丁草胺溶液于容量瓶中，使定容后的混合溶液浓度分别为 0mg/L、0.1mg/L、0.5mg/L、1mg/L、3mg/L、5mg/L、10mg/L、15mg/L、20mg/L。将混合液在 25℃，120r/min 条件下振荡 8h。取出后采用荧光光谱仪测定荧光强度。在整个过程中，除了测值的瞬间让样品受固定波长的激发光照射外，其余时间均关上闸门让样品处于黑暗中以避免光解的情形发生，DOM 与丁草胺共存下的荧光强度值均扣除相对应的 DOM 荧光强度以得到真正自由态丁草胺的发光值。荧光光谱仪测试条件为：狭缝宽度为 5nm；扫描速度为 60nm/min；激发波长为 450nm；扫描范围为 250～500nm；测定温度为 25℃。

4. 数据处理

K_{DOM} 可用 Stern-Volmer 等式求得，其表达式为

$$\frac{F_0}{f}=1+K_{DOM}\left[DOM\right] \qquad (3-8)$$

式中：F_0 为荧光物质的初始荧光强度；f 为荧光物质被猝灭剂的荧光强度；[DOM]为 DOM 的浓度，kg/L；K_{DOM} 为 DOM 结合 OCs 的分配系数，L/kg。

3.4.3 DOM 在水稻土中的吸附实验

分别称取三江（砂质）、隆兴中和水稻土（黏性）0.5g、1g 于 15mL 棕色试剂瓶中，分别加入 15mL 含 DOM 为 0mg/L、50mg/L、100mg/L、150mg/L、200mg/L、300mg/L 的溶液。将土壤和 DOM 系列溶液在 25℃、200r/min 振荡 20h。取出后于 3500r/min 条件下离心 10min，上清液过 0.45μm 微孔滤膜，测定 TOC。每个样品重复 3 次，设置无水稻土空白参照。

3.4.4 两种秸秆 DOM 分子量特性

本研究中，我们用截留分子量为 1000 和 10000 的超滤膜将 DOM 划分成≤1000，1000～10000，≥10000 的三种组分，从图 3.19 可见，油菜秸秆、水稻秸秆 DOM 中小分子量的组分占比最高，大分子量的其次，分子量为 1000～10000 的最少。而分子量较小的 DOM 主要由脂肪酸、芳香酸、氨基酸、单糖、低聚糖和低分子的富里酸等组成，分子量较大的 DOM 由高分子量的富里酸和胡敏酸等组成，说明油菜秸秆、水稻秸秆 DOM 中小分子量物质较多。该结果与 Burdige 等[①]针对海洋沉积物间隙水 DOM 分子量组分研究所做结果相似，均是小分子量较多，然而有研究者对某河口沉积物、滇池沉积物 DOM 分组时发现大分子量 DOM 占主导。进一步说明 DOM 具有多样性，来源不同的 DOM 其组成存在巨大差异。

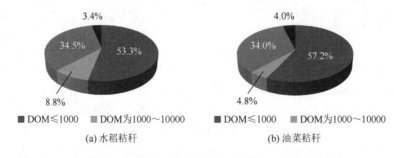

图 3.19 DOM 不同分子量组分所占百分比图

① Burdige D J，Christensen J P. Iron biogeochemistry in sediments on the western continental shelf of the Antarctic Peninsula [J]. Geochimica et Cosmochimica Acta，2022，326：288-312.

3.4.5　溶液中 DOM 与丁草胺的结合作用

1. 丁草胺-DOM 体系荧光强度变化

荧光猝灭是指具有荧光特性的物质与其他物质结合后，荧光相应逐渐消失的过程。其中，引起荧光物质分子荧光降低的物质，称为荧光猝灭剂。在丁草胺与 DOM 的反应体系中，丁草胺是荧光物质，而 DOM 是猝灭剂。从图 3.20 中不同浓度 DOM 对丁草胺荧光光谱的影响变化可以看出，丁草胺的荧光强度随 DOM 浓度的增大而逐渐下降，图形形状不变，表明丁草胺与 DOM 之间发生了相互作用。

荧光物质与猝灭剂间的猝灭作用分为静态猝灭与动态猝灭。静态猝灭是指荧光物质与猝灭剂通过形成化学键，导致荧光物质发光强度的降低；动态猝灭是指荧光物质与猝灭剂分子通过碰撞，导致荧光强度衰减。以 F_0/F 对丁草胺浓度作图，若 F_0/F 与丁草胺呈线性相关，则表明丁草胺-DOM 体系以单一猝灭为主；如果 F_0/F 偏向 Y 轴，则表明体系动态猝灭与静态猝灭同时存在。由图 3.21 可见，F_0/F 和 C_{BTC} 具有极显著线性相关关系（$R^2 \geq 0.9648$，$P < 0.01$），因此，此研究中丁草胺和 DOM 的结合方式以单一完全猝灭为主。

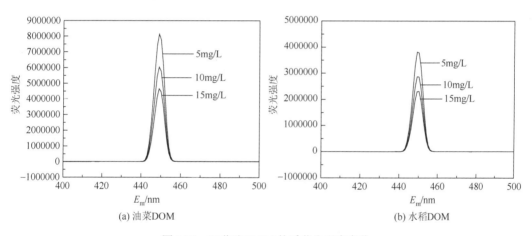

(a) 油菜DOM　　　　　(b) 水稻DOM

图 3.20　丁草胺-DOM 体系荧光强度变化

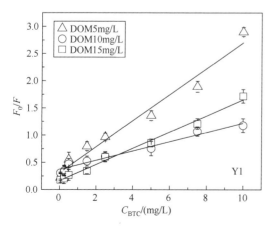

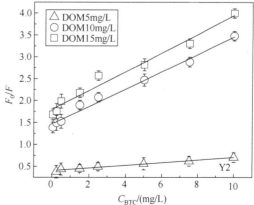

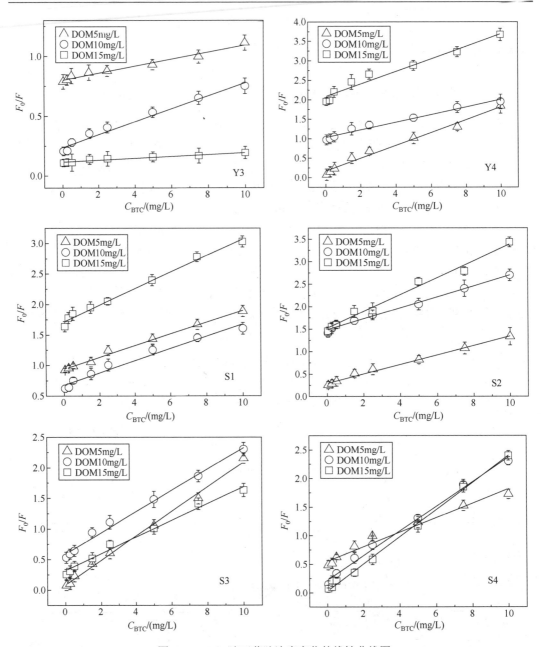

图 3.21　F_0/F 随丁草胺浓度变化的线性曲线图

表 3.9　不同分子量 DOM 与丁草胺结合 K_{doc} 值

样品名称	DOM 浓度 /(mg/L)	K_{doc}	$\lg K$	R^2	样品名称	DOM 浓度 /(mg/L)	K_{doc}	$\lg K$	R^2
	5	2.39×10^3	3.379	0.9735		5	2.00×10^3	3.3	0.9954
Y1	10	1.99×10^3	3.3	0.9879	S1	10	1.74×10^3	3.24	0.9914
	15	2.15×10^3	3.33	0.9768		15	1.88×10^3	3.28	0.9858

续表

样品名称	DOM 浓度 /(mg/L)	K_{doc}	$\lg K$	R^2	样品名称	DOM 浓度 /(mg/L)	K_{doc}	$\lg K$	R^2
Y2	5	0.30×10^3	2.48	0.9767	S2	5	1.05×10^3	3.02	0.9907
	10	0.86×10^3	2.93	0.9743		10	1.22×10^3	3.08	0.9915
	15	1.49×10^3	3.17	0.9911		15	1.39×10^3	3.14	0.9889
Y3	5	0.29×10^3	2.46	0.9732	S3	5	0.97×10^3	2.99	0.9937
	10	0.54×10^3	2.73	0.9766		10	0.99×10^3	2.99	0.9728
	15	0.08×10^3	2.5	0.9423		15	1.34×10^3	3.13	0.9905
Y4	5	0.99×10^3	2.99	0.9741	S4	5	1.24×10^3	3.09	0.9736
	10	1.60×10^3	3.2	0.9648		10	2.16×10^3	3.33	0.9934
	15	1.66×10^3	3.22	0.9841		15	2.42×10^3	3.38	0.9979

　　根据丁草胺在 DOM 中线性吸附曲线的数据，计算出丁草胺与油菜和水稻秸秆 DOM 的结合系数在 2.48～3.38，不同来源、不同分子量 DOM 对丁草胺的亲和力大小有一定差异性，这种差异的产生由 DOM 的结构组成和性质特性决定。在 DOM-丁草胺反应体系中，影响二者结合能力强弱的可能因素有两个：一是 DOM 与丁草胺形成化学键，导致荧光强度变化，即静态猝灭；二是 DOM 和丁草胺之间的碰撞猝灭，即动态猝灭。由表 3.9 可见，DOM-丁草胺反应体系的 $\lg K$ 远大于双分子动态猝灭常数（$\lg K < 2$），表明丁草胺和 DOM 中羧基和羰基等官能团发生了静态猝灭作用。即 DOM 与丁草胺的结合是由于二者发生了某些化学反应。

3.4.6　不同 DOM 性质对结合作用强度的影响

　　由图 3.22 可知，随着 DOM 浓度增加，$\lg K$ 的值增加。说明在高 DOM 浓度下，二者结合强度更大，即 DOM 浓度的升高，促进了二者的相互作用。水稻秸秆 DOM 对丁草胺的结合强度强于油菜秸秆。文献表明，DOM 与丁草胺的作用力主要包括疏水作用力和氢键作用。结合之前做过的紫外表征，水稻秸秆 DOM 的 $SUVA_{254}$ 值大于油菜秸秆，表明其芳香性更强，疏水性更强，二者互相印证说明疏水作用是 DOM 与丁草胺间的主要作用力之一。

　　其次，通过红外表征发现油菜秸秆较水稻秸秆 DOM 有更多含氧官能团，形成氢键的可能性大，但丁草胺与油菜秸秆 DOM 的结合常数低，说明氢键作用不是二者结合的主要作用力。腐解 DOM 对丁草胺的结合强度强于未腐解 DOM。首先通过紫外表征发现腐解 DOM 较未腐解 DOM 芳香性强，其疏水作用力更大；通过红外表征发现，腐解 DOM 羟基被分解，氢键作用减弱，但结合强度增大，再一次说明氢键作用力在其结合力中占比较小。

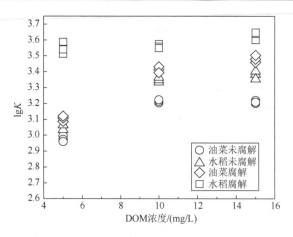

图 3.22   不同 DOM 性质对结合作用强度的影响

由图 3.23 可知，丁草胺与 DOM 大分子量组分结合强度最大，与小分子量组分结合强度最小。DOM 大分子量组分主要包括结构尚未明确的复杂有机物，如高分子量的富啡酸和胡敏酸等；丁草胺与 DOM 大分子组分的结合类似于它们在高分子有机化合物疏水区的分配吸附，DOM 中高分子组分含量越高，其内部疏水区也越多，对疏水有机污染物的亲和力也越大。

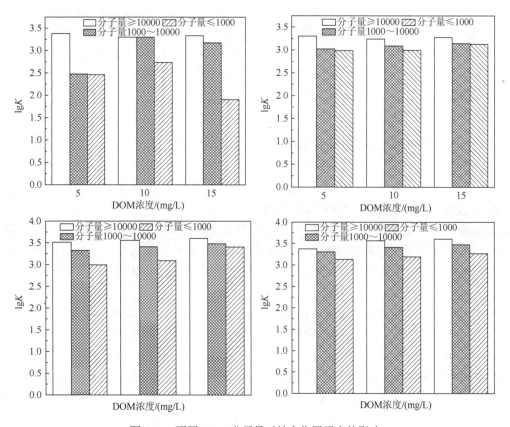

图 3.23   不同 DOM 分子量对结合作用强度的影响

3.4.7　秸秆 DOM 在水稻土上的吸附

两种土壤中加入不同浓度的油菜秸秆、水稻秸秆 DOM，振荡平衡后，溶液中 DOM 的浓度值减小，说明 DOM 在土壤中发生了吸附。通过土壤吸附 DOM 前后二者浓度差值变化，绘制吸附量变化曲线，如图 3.24 所示。

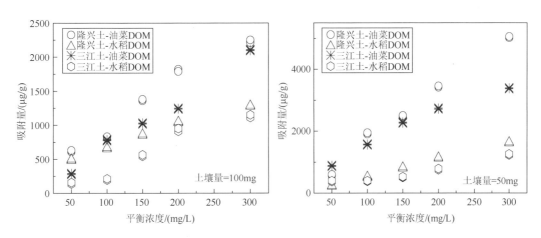

图 3.24　DOM 在两种土壤上的吸附

由图 3.24 可见，土壤对溶液中 DOM 的吸附量随着 DOM 浓度的增加而增加。在不同液土比条件下，油菜秸秆 DOM 在水稻土中的吸附量大于水稻秸秆，同时，隆兴水稻土对 DOM 的吸附量较三江土大。有研究认为土壤对外源 DOM 的吸附与黏土矿物含量、有机质含量以及土壤表面电荷有关[62]。黏土矿物和有机质的含量均与土壤对 DOM 的吸附能力呈正相关[63]。而土壤粒径、比表面积和表面微孔也具有重要作用，粒径越小、比表面积越大、微孔越多，其暴露的吸附点位越多，这可能是导致土壤对 DOM 吸附差异的原因。2 种农作物秸秆 DOM 在土壤上的吸附差异，则取决于 DOM 本身的理化性质，通过油菜秸秆、水稻秸秆 DOM 的红外基团分析表明，油菜秸秆 DOM 较水稻秸秆 DOM 具有更多的含氧官能团，如—COOH、—OH 和酰胺类的—NH 等，可能是其相对较强的亲水性使得油菜秸秆 DOM 在土壤中的吸附较强。此外，凌婉婷[35]发现在一定的浓度范围内，农作物秸秆、西湖水和京杭运河水 DOM 在土壤中的吸附量与浓度呈正相关，当达到较高浓度时会出现负吸附现象，这是由于高浓度 DOM 会与土壤固态有机质发生结合，导致土壤 DOM 的释放。因此我们可以得出，一定浓度的秸秆 DOM 对丁草胺在土壤中的吸附有促进作用，并且该作用与 DOM 在土壤中的吸附能力有关。一方面，土壤会通过对 DOM 的吸附，增加土壤颗粒中总有机质的含量，从而加强对 OCs 的分配作用。另一方面，DOM 与丁草胺会通过一定的结合作用，以累积吸附或者共吸附的方式促进吸附。而在高于临界浓度时，DOM 在土壤中与 OCs 的吸附抑制作用，可能是其自身在高浓度时的负吸附现象所致，从而与土壤吸附 OCs 产生竞争。

3.4.8 DOM 在土壤中的等温吸附特征

采用 Langmuir 和 Freundlich 方程式对土壤吸附 DOM 结果进行进一步分析,所得图形拟合结果见图 3.25,拟合数据结果见表 3.10。

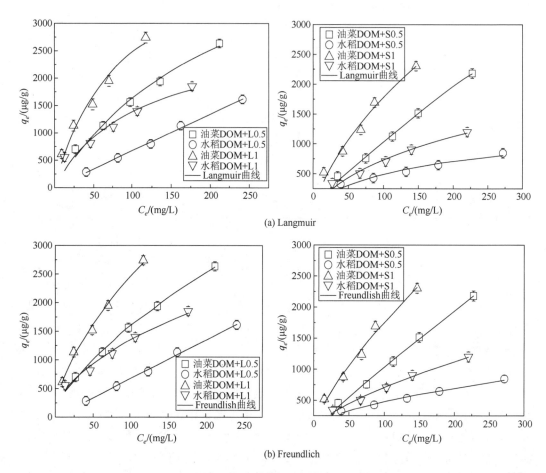

图 3.25 DOM 在两种水稻土上的等温吸附拟合曲线

表 3.10 土壤吸附 DOM 的吸附等温线模型拟合结果

土壤	添加土壤量/g	DOM 类型	Langmuir			Freundlich		
			$q_{max}/(\mu g/g)$	$K_L/(L/mg)$	r_{adj}^2	K_F	$1/n$	r_{adj}^2
隆兴水稻土	0.5	油菜	5411.143	0.004	0.982	74.689	0.664	0.998
		水稻	296908.389	0.000	0.996	6.763	0.999	0.996
	1	油菜	4541.926	0.012	0.958	159.557	0.594	0.992
		水稻	2874.662	0.009	0.903	114.325	0.535	0.974

土壤	添加土壤量/g	DOM 类型	Langmuir			Freundlich		
			$q_{max}/(\mu g/g)$	$K_L/(L/mg)$	r_{adj}^2	K_F	$1/n$	r_{adj}^2
三江水稻土	0.5	油菜	16645.784	0.001	0.994	15.938	0.907	0.995
		水稻	1298.440	0.006	0.913	39.806	0.541	0.976
	1	油菜	5925.812	0.004	0.972	61.992	0.726	0.982
		水稻	2505.557	0.004	0.967	33.691	0.662	0.988

从图 3.25 中可以看出，Langmuir 和 Freundlich 吸附等温模型曲线均能较好地拟合两种水稻土对 DOM 的吸附试验数据，拟合曲线几乎穿过试验所得所有数据点。从表 3.10 可以看出，两种土壤对 DOM 吸附的 Langmuir 模型的 r_{adj}^2 在 0.90 以上，而 Freundlich 模型的 r_{adj}^2 值在 0.97 以上，说明土壤对 DOM 的吸附等温线以 Freundlich 模型最优，而 Langmuir 模型拟合相对较差。

表 3.10 中，$1/n$ 值的范围在 0.535～0.999，说明 DOM 在两种水稻土中的吸附为非线性吸附。K_F 值代表土壤的吸附容量，隆兴水稻土对 DOM 吸附的 K_F 值最大可达到 159.557，约为三江水稻土最大 K_F 值的 2 倍，说明隆兴水稻土对 DOM 的吸附能力强于三江水稻土。

3.5　川西平原还田秸秆 DOM 对毒死蜱迁移行为的影响

3.5.1　毒死蜱在水稻土中的吸附行为特征

1. 农田土壤表征分析

土壤的物理性质对其吸附 CPF 存在着一定的影响，选择三江水稻土和隆兴水稻土两种土壤进行物性分析，采用激光粒度分析仪（美国贝克曼库尔特，LS13320 型）测定各水稻土的粒径，并用比表面和孔隙度分析仪（美国康塔公司，Autosorb-1MP）测定各水稻土的比表面积。采用元素分析仪（MicroCube，德国 Elementar）测定各水稻土的 C、H、N、S、O 元素含量。

表 3.11　农田土壤物性分析

采集地点	筛网	$d_{50}/\mu m$	$(d_{90}-d_{10})/d_{50}/\mu m$	SA/(m²/g)	H/C*	O＋N＋S（%）	（N＋O）/C*	质地
隆兴	20	6.84	4.37	14.6	4.39	11.62	3.46	黏性
三江	20	16.14	4.33	3.8	3.01	11.36	3.13	砂质

由表 3.11 可知，此次共试的隆兴、三江土壤中，d_{50} 分别为 6.84μm、16.14μm，粒径范围宽度分别为 4.37μm、4.33μm，最大土壤比表面积（SA）分别为 14.6m²/g、3.8m²/g。隆兴水稻土质地为黏性，细腻，土壤颗粒较小。三江水稻土质地为砂质，土壤颗粒较大。

农田土壤中氧（O）、氮（N）和硫（S）元素含量的百分比之和$(O+N+S)\%$可以间接反映土壤中各种有机官能团的含量以及农田土壤中吸附位点的多少[64]。H/C*表示 H 原子与 O 原子个数比，可反映芳香性大小。(N+O)/C*表示（N+O）与 C*的原子数比，其值越大，表示羟基、羧基等官能团越多，极性越强。综上，比较隆兴水稻土和三江水稻土的各项数据，可以得出：黏性的隆兴水稻土的比表面积、官能团数量比三江水稻土多。因此可以预测在后期的实验结果中，隆兴水稻土对 CPF 的吸附量可能会大于三江水稻土。

2. 材料和方法

1）试剂材料

（1）试剂。

毒死蜱（99%分析纯，购自 Aladdin-阿拉丁公司）、甲醇（色谱纯）、超纯水、乙腈（色谱纯）。

（2）土壤。

研究所用的土壤取自中国西南地区最大的川西平原。本研究选取四川省成都市崇州市隆兴镇（Longxing，L）中和水稻土和三江镇（Sanjiang，S）三江水稻土，前者为黏性土壤，后者为砂质土壤，取土时期为水稻种植区灌溉前。采集新鲜土壤后，去除其中混合的残枝落叶等残渣，经过无风、阳光的照射，脱去水分。再利用机械研磨，过 20 目的筛网备用。

2）试验方法

（1）毒死蜱溶液的配制。

CPF 在水中的溶解度极低，且几乎不溶于含有 NaCl（0.02mg/L）和 NaN_3（200mg/L）的混合溶液中，但 CPF 可溶于甲醇等有机溶剂中，且 CPF 在甲醇中的溶解度为 45g/L。经反复的预试验，最终确认配制甲醇：超纯水（体积比）= 2∶3 的比例混合的甲醇溶液，即 40%的甲醇溶液作为背景溶液，准确称取 0.04g 的 CPF 药品（纯度 99%），配制浓度为 80mg/L 的 CPF 溶液作为标准储备液，常温下保存。再利用 40%的甲醇溶液稀释 40mg/L。

（2）毒死蜱分析方法、高效液相色谱仪色谱条件的确认。

取一定量 80mg/L 毒死蜱标准溶液于比色皿中，利用型号为 UV-1600 的紫外分光光度计[如图 3.26（a）所示]寻找毒死蜱的最适检测波长，以超纯水置零，发现当波长在 202～297nm 时，值稳定在最高值 3000，最终确认色谱条件为：①液相色谱柱 C18 反相柱（5μm，4.6mm×150mm），柱温 25℃；②流动相为乙腈：超纯水 = 90∶10（体积比），流速 1mL/min，停留时间设置为 5min（3.5s 开始出峰）；③紫外检测器的检测波长为 240nm，进样量为 20μL。

（3）线性方程、相关系数及标准曲线的绘制。

取 0.625mL、1.25mL、2.5mL、3.75mL、5mL、6.25mL、7.5mL、8.75mL、10mL 的 CPF 储备液（80mg/L）于 10mL 小瓶中[无 10mL 小瓶可用 15mL 棕色试剂瓶代替，如图 3.26（c）所示]，分别加入 9.375mL、8.75mL、7.5mL、6.25mL、5mL、3.75mL、2.5mL、1.25mL 和 0mL 的背景溶液，配制成浓度为 5mg/L、10mg/L、20mg/L、30mg/L、40mg/L、

50mg/L、60mg/L、70mg/L、80mg/L 的 CPF 溶液，平行 3 组，放入摇床中 150r/min、25℃ 的条件下振荡 12h。振荡平衡后，放入高效液相色谱仪[如图 3.26（b）]进样盘，设置好色谱条件，检测样品。结果以横坐标 CPF 浓度（mg/L），纵坐标为峰面积大小，绘制 CPF 标准曲线。

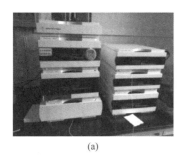
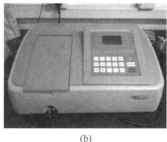

(a)　　　　　　　　(b)　　　　　　　　(c)

图 3.26　UV-1600 紫外分光光度计（a）Agilent 1260 高效液相色谱仪（b）棕色试剂瓶 15mL（c）

（4）不同时间下两种土壤对毒死蜱的批量吸附试验（动力学）。

CPF 的考察浓度为 40mg/L。分别准确称取隆兴水稻土和三江水稻土各 1g 于 15mL 棕色试剂瓶中，每种土平行 3 组。然后向每个瓶中加入预先配制好的 CPF 溶液（40mg/L）15mL，放入恒温振荡箱中，25℃、150r/min 的条件下振荡。分别在 0.5h、1h、3h、6h、12h、24h、48h、72h、96h、120h 后取样。取样后将样品放入离心机中以 25℃、3000r/min 的条件下离心 15min，用移液枪取上层清液 1.5mL 于 2mL 液相小瓶中，放入高效液相进样盘中待测。所得数据可根据标准曲线推算出土壤对 CPF 的吸附量，在将这 10 个点用动力学模型拟合后，可得到 CPF 在土壤溶液当中随时间变化的模拟曲线。

（5）不同浓度、温度下两种土壤对毒死蜱的批量吸附试验（热力学）。

CPF 的考察浓度分别为 10mg/L、20mg/L、30mg/L、40mg/L、50mg/L。分别准确称取隆兴水稻土和三江水稻土各 1g 于 15mL 棕色试剂瓶中，每组土平行三组。然后向各个瓶中分别加入 10mg/L、20mg/L、30mg/L、40mg/L、50mg/L 的 CPF 溶液，放入温度分别为 15℃、25℃、35℃的恒温振荡箱中（保证每个温度下都有 10mg/L、20mg/L、30mg/L、40mg/L、50mg/L 浓度的 CPF），振荡速度为 150r/min。于 120h 后取出，离心，测样。所得数据可根据标准曲线推算出土壤对 CPF 的吸附量，后根据等温吸附模拟方程进行拟合。

3. 数据处理与计算

1）数据处理方法

本研究数据采用 Origin 8.0、Excel 等软件拟合，通过该软件拟合出土壤对 CPF 的吸附随时间变化的曲线。由此模拟曲线可大致归纳总结出 CPF 在土壤中的迁移行为机制。

2）数据计算

土壤吸附量的计算：

$$q_t = \frac{(C_0 - C_t)1000V_t}{W}; \quad C_0 - C_t = \frac{M_0 - M_t}{K} \tag{3-9}$$

式中，q_t 为 t 时刻土壤对 CPF 的吸附量，μg/g；M_0 为 CPF 初始浓度（空白）的峰面积大小；M_t 为 t 时刻土壤吸附峰面积的大小；C_0 为初始浓度，mg/L；C_t 为 t 时刻溶液的浓度，mg/L；K 为标准曲线斜率大小，值为 20.074；V_t 为溶液体积，mL；W 为土壤质量，g。

4. 结果与讨论

1）毒死蜱在水稻土中的吸附动力学特征分析

（1）三种吸附动力学模型拟合。

利用动力学模型来研究有机物在土壤中的迁移行为，已成为研究者们常用的分析方法[65]。为更好地分析 CPF 在川西平原土壤上的动力学过程，本研究采用准一级动力学、准二级动力学和双室一级动力学模型，来对 CPF 进行拟合。准一级动力学模型表现出，吸附速率是关于固液两相浓度差的一级函数关系；准二级动力学模型表现出的则是两者之间浓度差的二级函数关系。而双室一级动力学模型较前两者有所不同，由于其分为快室吸附和慢室吸附两个单元，使得其更能突显动力学的特点。各模型如式（1-2）～式（1-4）所示。本实验分别采用上述三种公式对吸附动力学过程进行拟合，不同的数学模型，由于其参数不同，拟合结果需要用校正决定系数（r_{adj}^2）进行比较评价。计算式如式（1-5）所示。

（2）动力学结果分析。

通过公式（3-13），得出两种土壤在每个时间段对 CPF 的吸附量，再分别将准一级动力学模型、准二级动力学模型、双室一级动力学模型公式导入 Origin 软件中，利用 Origin 软件对土壤吸附 CPF 的过程进行拟合。发现两种水稻土对 CPF 的吸附动力学过程与上述三种动力学模型曲线都有较好的相关性。且仅从三个模拟曲线的趋势来看，拟合效果：双室一级动力学模型＞准二级动力学模型＞准一级动力学模型。CPF 在两种土壤上的吸附动力学曲线和准一级、准二级、双室一级吸附动力学拟合曲线，如图 3.27 所示。

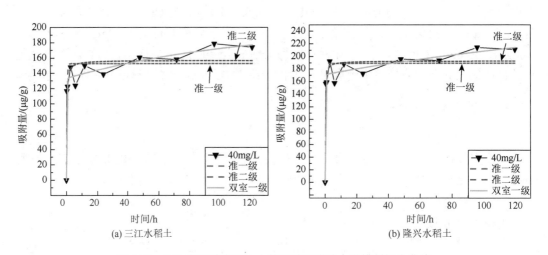

(a) 三江水稻土　　　　　　　　　　(b) 隆兴水稻土

图 3.27　CPF 在两种水稻土上的三种吸附动力学模型拟合曲线

由图 3.27 吸附动力学曲线可以看出，两种水稻土对 CPF 的吸附曲线图十分类似，说明两种土壤的吸附动力学过程有着共同之处，这似乎与土壤对 CPF 的吸附机理有关。但在相同 CPF 浓度，同样的温度、振荡转速条件下，每个时间点下隆兴水稻土对 CPF 的吸附量都要大于三江水稻土。且从三种吸附动力学模型的拟合图形上来看，两种水稻土都表现出：双室一级动力学模型＞准二级动力学模型＞准一级动力学模型的趋势，这说明川西平原水稻土对 CPF 的吸附动力学过程是一种最接近于双室一级动力学模型的过程。利用具体的拟合参数能更加直观地表现出准一级动力学模型、准二级动力学模型、双室一级动力学模型拟合程度的优劣。准一级动力学、准二级动力学、双室一级动力学模型的拟合参数，见表 3.12、表 3.13。

表 3.12　CPF 在两种水稻土上的吸附动力学模拟参数

土壤来源	浓度/(mg/L)	准一级动力学模型			准二级动力学模型		
		q_e/(μg/g)	k_{1a}/h^{-1}	r_{adj}^2	q_e/(μg/g)	k_{1a}/h^{-1}	r_{adj}^2
三江水稻土	40	153.010	2.389	0.876	157.146	4.420	0.908
隆兴水稻土	40	189.018	3.028	0.906	192.830	6.714	0.926

注：q_e 为平衡吸附量；k_{1a} 为速率常数；r_{adj}^2 为校正决定系数。

表 3.13　双室一级动力学模型拟合结果

土壤	浓度/(mg/L)	r_{adj}^2	q_e/(μg/g)	k_1/h^{-1}	k_2/h^{-1}	f_1	f_2	k_2/k_1
三江水稻土	40	0.958	201.008	0.009	3.898	0.339	0.661	449.045
隆兴水稻土	40	0.955	271.099	0.005	4.638	0.369	0.631	997.443

注：k_1、k_2 为慢、快吸附速率常数；f_1、f_2 为慢、快吸附所占总吸附的比例。

表 3.12 中，q_e、k_{1a}、r_{adj}^2 三个参数综合表现出了样本与模型之间的联系，其中校正决定系数 r_{adj}^2 可用于调整各参数带来的相关性误差。当 r_{adj}^2 的值接近于 1 时，说明样本与模型之间的拟合程度较好；反之，则说明样本与模型之间的拟合程度较差。而当 r_{adj}^2 的值为负数或者不存在时，则表明拟合失败。根据不同模型拟合结果的 r_{adj}^2 值，可表现出一定的相关性。由表 3.12 可得出，两种水稻土在准一级动力学模型拟合结果中的 r_{adj}^2 分别为 0.876 和 0.906；在使用准二级动力学模型拟合结果中的 r_{adj}^2 分别为 0.908 和 0.926。显然，两种土壤的准二级动力学模型的拟合效果都要优于准一级动力学模型，且在同一种动力学模型中，隆兴水稻土的动力学拟合效果都要比三江水稻土的拟合效果好。

从表 3.13 中可以得出，通过双室一级吸附动力学模型对两种水稻土与 CPF 吸附过程的拟合，校正决定系数 r_{adj}^2 分别为 0.958、0.955，大于准一级、准二级动力学模型拟合中的 r_{adj}^2 值，说明双室一级吸附动力学模型更符合 CPF 吸附动力学的研究，这和上述过程中的结论一样。而快、慢吸附速率 k_2、k_1，三江水稻土的大小分别为 3.898、0.009，相差 433.11 倍；隆兴水稻土的大小分别为 4.638、0.005，相差 927.600 倍。在快慢吸附所占比例 f_2/f_1 中，三江水稻土为 0.661/0.339，隆兴水稻土为 0.631/0.369。由此可见，两种水稻土在对 CPF 的吸附过程中，整个吸附过程的贡献量是以快吸附为主，且快慢速率之间的差距较大。

结合表 3.12 和表 3.13，发现在三种动力学模型中，相同浓度下，隆兴水稻土对 CPF 的吸附能力要大于三江水稻土，产生这一规律的原因可能是三江水稻土和隆兴水稻土中的颗粒结构与官能团种类不同。

2）毒死蜱在水稻土中的吸附热力学特征分析

（1）两种等温吸附模型拟合。

关于土壤溶液吸附的测量数据，通常采用 Langmuir 模型与 Freundlich 模型加以分析。两种模型如式（3-6）和式（3-7）所示。

（2）热力学结果分析。

吸附热力学实验中，考察的 CPF 浓度分别为 10mg/L、20mg/L、30mg/L、40mg/L、50mg/L，分别设置在 15℃、25℃、35℃的条件下按动力学的平衡时间来振荡。将高效液相色谱仪所测得数据，导入 Origin 中，分别利用 Langmuir 方程式、Freundlich 方程式进行模拟，如图 3.28 所示。

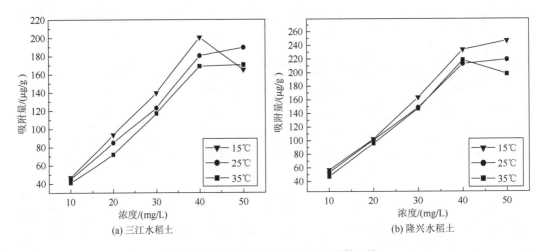

(a) 三江水稻土　　　　　　　　　(b) 隆兴水稻土

图 3.28　CPF 在两种土壤上的吸附等温线

由图 3.28 所示，CPF 在两种水稻土上的吸附等温线趋势，在 CPF 浓度为 40mg/L 以前，都十分相似，随浓度的增加，两种水稻土对 CPF 的吸附量都在升高，且相同浓度下隆兴水稻土对 CPF 的吸附量都大于三江水稻土，这和动力学结果中，黏性隆兴水稻土的吸附能力大于砂质三江水稻土的结论不相矛盾。且三江水稻土的吸附等温线表现出随温度的升高，其对 CPF 的吸附量降低的趋势，而隆兴水稻土的趋势尚不明显。

如图 3.29 所示，在 CPF 浓度为 40mg/L 以前，Langmuir 吸附等温模型曲线对两种土壤吸附 CPF 的拟合效果较好，并且三条等温吸附模拟曲线都表现出与原曲线相似的性质。当 CPF 浓度介于 40～50mg/L 时，呈现吸附速率降低、甚至出现解吸的趋势，这似乎与土壤及 CPF 本身的性质有所关联。结合 Freundlich 等温吸附拟合曲线进行参数分析，可深度探究产生这一现象的原因。

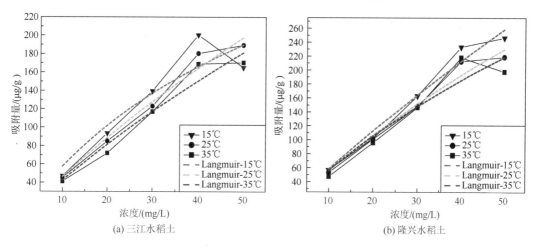

图 3.29　CPF 在两种水稻土上 Langmuir 等温吸附拟合曲线

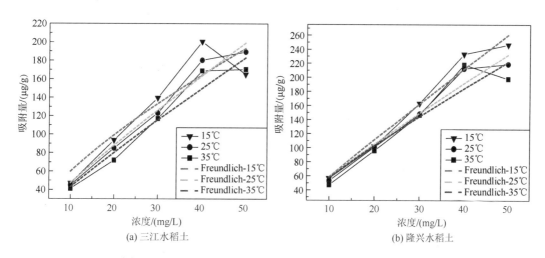

图 3.30　CPF 在两种水稻土上 Freundlich 等温吸附拟合曲线

如图 3.30 所示，Freundlich 吸附等温模型曲线对两种土壤吸附 CPF 的拟合效果，仅从图形的差异性来看，同 Langmuir 等温吸附拟合曲线区别不大。

表 3.14　土壤吸附 CPF 的吸附等温线模型拟合结果

土壤	温度/℃	Langmuir			Freundlich		
		$q_{max}/(\mu g/g)$	$K_L/(L/mg)$	r^2_{adj}	K_F	$1/n$	r^2_{adj}
三江 水稻土	15	443.767	0.015	0.817	11.252	0.727	0.785
	25	1075.770	0.005	0.967	6.069	0.893	0.964
	35	992.405	0.004	0.945	5.400	0.901	0.940
隆兴 水稻土	15	1856.915	0.003	0.966	6.924	0.927	0.963
	25	1017.945	0.006	0.963	7.832	0.867	0.957
	35	774.940	0.008	0.888	8.285	0.840	0.873

由表 3.14 所示，Langmuir 等温吸附曲线模型对两种土壤吸附 CPF 的拟合校正决定系数在 0.817～0.967，Freundlich 等温吸附曲线模型在 0.785～0.964，可见两种模拟曲线的拟合度较好。通过 Langmuir 等温吸附曲线模型拟合，可以看出在 15℃、25℃、35℃时三江水稻土对 CPF 的饱和吸附量分别为 443.767μg/g、1075.770μg/g、992.405μg/g；隆兴水稻土对 CPF 的饱和吸附量在三个温度下分别为 1856.915μg/g、1017.945μg/g、774.940μg/g。三江水稻土中，在 15℃、25℃、35℃下，K_L 值分别为 0.015、0.005、0.004，随温度的增加而减小，说明三江水稻土的吸附能力随温度的增加而减弱；隆兴水稻土中，K_L 值分别为 0.003、0.006、0.008，随温度的增加而增加，说明隆兴水稻土的吸附能力随温度的增加而增加，可以看出隆兴水稻土对 CPF 的吸附过程有可能是一个吸热过程。从 Freundlich 等温吸附曲线模型的拟合参数可以得出，$1/n$ 在 0.727～0.927，说明 CPF 在两种水稻土中都为非线性吸附，但非线性较弱。对比两种土壤，发现三江水稻土的 $1/n$ 值随温度的增加而增加，说明三江水稻土的非线性随温度的增加而减弱。相反，隆兴水稻土的 $1/n$ 值则是随温度的增加而减小，说明隆兴水稻土的非线性随温度的增加而增强。影响这一变化的因素，初步判断为温度影响了 CPF 在甲醇溶液中的溶解度或者影响了土壤的活性吸附位点。Freundlich 等温吸附曲线模型中，K_F 的大小表示吸附容量，其值越大吸附能力越强。三江水稻土的吸附容量在 5.400～11.252，而隆兴水稻土的吸附容量在 6.924～8.285。当温度升高时，三江水稻土对 CPF 的吸附能力减弱，但隆兴水稻土对 CPF 的吸附能力则随温度升高而增强。

通过 Langmuir 等温吸附曲线模型和 Freundlich 等温吸附曲线模型的拟合结果，发现两种水稻土对 CPF 的吸附过程均呈非线性吸附，可能还包括土壤表面化学特异性吸附，这样的吸附过程可能是由土壤中含有 DOM 的干扰等多种因素共同导致的。

（3）熵变、焓变、Gibbs 自由能变分析。

针对本研究中吸附热力学的吸、放热过程和自发、非自发性，可以通过熵、焓变和 Gibbs 自由能变公式进行计算判断。与公式（1-8）～公式（1-11）及分析方法相同。

综合上述公式，以 $\lg K_F$ 为 Y 轴，$1/T$ 为 X 轴，代入表 3.13 中数据，做出一次函数图形，函数斜率 $k = -\Delta H^\theta/R$，函数截距 $b = \Delta S^\theta/R$，即可求出 ΔH^θ、ΔS^θ、ΔG^θ。三江水稻土和隆兴水稻土的热力学分析参数见表 3.15。

表 3.15　土壤中吸附 CPF 的热力学状态参数

土壤	温度/K	$\lg K_F$	ΔH^θ/(kJ/mol)	ΔS^θ[J/(K·mol)]	ΔG^θ/(kJ/mol)
	288	2.421			−5.612
听江水稻土	298	1.803	−27.267	−75.191	−4.861
	308	1.686			−4.109
	288	1.935			−4.657
隆兴水稻土	298	2.058	6.642	39.232	−5.049
	308	2.114			−5.441

通过表 3.15 我们可以得出，三江水稻土对 CPF 的吸附焓变 $\Delta H^{\theta} < 0$，说明这个吸附过程是放热过程，温度升高会抑制三江水稻土吸附 CPF。而隆兴水稻土对 CPF 的吸附焓变 $\Delta H^{\theta} > 0$，说明其吸附过程是一个吸热过程，温度升高会促进隆兴水稻土对 CPF 的吸附作用。在 Gibbs 自由能变 ΔG^{θ} 中，两种水稻土的 ΔG^{θ} 都小于 0，说明在三种温度下，两种水稻土对 CPF 的吸附过程都是自发反应过程，且随温度的增加，三江水稻土 ΔG^{θ} 的绝对值在减小，说明三江水稻土对于 CPF 的吸附能力在此温度范围内随温度的增加而减小。相反，隆兴水稻土 ΔG^{θ} 的绝对值随温度的增加而增大，说明隆兴水稻土对 CPF 的吸附能力在此温度范围内随温度的增加而增大。对于熵变 ΔS^{θ} 来说，三江水稻土的 $\Delta S^{\theta} < 0$，表明三江水稻土对 CPF 的吸附过程是一个熵减的过程，即一个由无序变化为有序的过程；而隆兴水稻土的 $\Delta S^{\theta} > 0$，表示隆兴水稻土对 CPF 的吸附过程是一个熵增的过程，即一个由有序发展为无序的过程。

3.5.2　水稻秸秆 DOM 对毒死蜱迁移行为的影响

在本书绪论中，提到了溶解性有机质（DOM）对有机污染物（OCs）在土壤中的迁移行为有一定的控制作用，此作用既有促进作用，又有抑制作用。有研究表明，DOM 与 OCs 之间的结合机理主要有 π—π 键、离子键、共价键、氢键、阴阳离子交换和疏水配合等；也可以通过分配作用干扰原有固-液分配平衡；还可以与 OCs 之间结合形成复合物，OCs 会以复合物的形式被吸附到土壤中，称之为共吸附。OCs 除形成复合物发生共吸附外，还可以累积吸附的方式吸附到土壤上。累积吸附即指 DOM 先被吸附到土壤上，与土壤结合形成新的吸附位点，并且会增加土壤的有机质含量，这使得 OCs 更容易吸附到土壤上。第 2 章中的动力学、热力学模型，都表现出了非线性的吸附特征，这可能是土壤中的内源土壤有机质对 CPF 的迁移行为产生了影响。

1. DOM 的制备与总有机碳的测定

1）DOM 的提取

本研究使用的 DOM 取自水稻秸秆，将采集来的水稻秸秆经过干燥脱水、粉碎过筛等一系列前处理后，得到水稻秸秆粉末，接着按如下步骤操作：

（1）准确称取 6g 水稻秸秆粉末置于 500mL 锥形瓶中，加入 30g 石英砂作为微生物生长惰性基质，再加入 40mL 超纯水，然后用保鲜膜封住瓶口，减少水分挥发，防止灰尘进入。将锥形瓶放置于恒温振荡箱中，25℃、150r/min 的转速下振荡 2h，见图 3.31（a）。

（2）将振荡好的锥形瓶取出，迅速加入 120mL 超纯水，混匀。用纱布过滤后，将滤液放入离心管中，8000r/min 转速下离心 10min，取上层清液，然后利用抽滤机抽滤，通过 0.45μm 微孔滤膜过滤。

（3）向通过滤膜的滤液中加入 0.1% 的叠氮化钠，用于防止微生物降解，振荡摇匀后，即为水稻秸秆 DOM，然后密封瓶口[图 3.31（b）]，放入冰箱冷藏室，备用。

（a）　　　　　　　　　　　（b）

图 3.31　提取 DOM 前（a）提取 DOM 后（b）

2）DOM 的 TOC 测定

对通过上述方法提取的水稻秸秆 DOM 进行 TOC 测定，测得水稻秸秆 DOM 的 TOC 值为 367.6938mg/L。配比方法如表 3.16。

表 3.16　不同浓度的 DOM 配比方法

浓度/(mg/L)	0	50	100	150	200	300
DOM 溶液体积/mL	100	100	100	100	100	100
原溶液量/mL	0	13.6	27.2	40.8	54.4	81.6

2. 材料和方法

1）试剂材料

（1）试剂。

毒死蜱（分析纯，购自 Aladdin-阿拉丁公司），叠氮化钠（化学纯），甲醇（色谱纯），超纯水，乙腈（色谱纯），DOM 提取原液。

（2）土壤。

土壤取自中国西南地区最大的川西平原，此平原常年处于亚热带季风气候，具有一定的特性。选取的川西平原三江镇三江水稻土，为砂质土壤，取土时期为水稻种植区灌溉前。采集新鲜土壤后，去除其中混合的残枝落叶等残渣，经过无风、阳光的照射，脱去水分。再利用机械研磨，过 20 目的筛网备用。

2）试验方法

（1）CPF 溶液的配制。

配制甲醇：超纯水（体积比）＝2：3 的比例混合的甲醇溶液，其中水中一定体积由 DOM 原液代替（例如配制含有浓度为 50mg/L DOM 的 CPF 溶液 100mL，就要分别加入 0.04g CPF、13.6mL DOM 原液、46.4mL 超纯水和 40mL 甲醇），即 40%的甲醇溶液作为背景溶液中含有 50mg/L 的 DOM，配制浓度为 80mg/L 的 CPF 溶液作为标准储备液，常温下保存。再利用 40%的甲醇溶液稀释至 40mg/L。

（2）不同时间下 DOM 对 CPF 在土壤上迁移行为的影响（吸附动力学）。

CPF 的考察浓度为 40mg/L，与 3.5.1 节中不同的是 40mg/L 的 CPF 溶液中含有 50mg/L

的 DOM。分别准确称取三江水稻土 1g 于 15mL 棕色试剂瓶中，平行 3 组。然后向每个瓶中加入预先配制好的 CPF 溶液（40mg/L）15mL，放入恒温振荡箱中，25℃、150r/min 的条件下振荡。分别在 0.5h、1h、3h、6h、12h、24h、48h、72h、96h、120h 后取样。取样后将样品放入离心机中以 25℃、3000r/min 的条件离心 15min，用移液枪取上层清液 1.5mL 于 2mL 液相小瓶中，放入高效液相进样盘中待测。所得数据可根据标准曲线推算出土壤对 CPF 的吸附量，在将这 10 个点用动力学模型拟合后，可得到 CPF 在土壤溶液当中随时间变化的模拟曲线。

（3）不同浓度、温度下 DOM 对 CPF 在土壤上迁移行为的影响（吸附热力学）。

CPF 的考察浓度分别为 10mg/L、20mg/L、30mg/L、40mg/L、50mg/L，与 3.5.1 中不同的是每种浓度中都含有 50mg/L 的 DOM。分别准确称取听江水稻土 1g 于 15mL 棕色试剂瓶中，平行 3 组。然后向各个瓶中分别加入 10mg/L、20mg/L、30mg/L、40mg/L、50mg/L 的 CPF 溶液，放入温度分别为 15℃、25℃、35℃的恒温振荡箱中（保证每个温度下都有 10mg/L、20mg/L、30mg/L、40mg/L、50mg/L 浓度的 CPF），振荡速度为 150r/min。于 120h 后取出，离心，测样。所得数据可根据标准曲线推算出土壤对 CPF 的吸附量，后根据等温吸附模拟方程进行拟合。

3）高效液相色谱仪检测方法

色谱条件为：①液相色谱柱 C18 反相柱（5μm，4.6mm×150mm），柱温 25℃；②流动相为乙腈∶超纯水（体积比）＝90∶10，流速 1mL/min，停留时间设置为 5min（3.5s 开始出峰）；③紫外检测器的检测波长为 240nm，进样量为 20μL。

3. 数据处理与计算

土壤吸附量的计算如 3.5.1 节中的数据计算式（3-13）所示。

4. 结果与讨论

1）DOM 对毒死蜱在水稻土中的吸附动力学影响特征分析

（1）三种吸附动力学模型拟合。

内容与 3.5.1 第 4 点相同。

（2）动力学结果分析。

同 3.5.1 第 4 点一样，将所测数据导入 Origin 软件中进行模拟，得到 DOM 对水稻土吸附 CPF 的影响变化曲线和对应的准一级、准二级、双室一级动力学模型拟合曲线，结合图形的趋势和拟合参数的比较，能够更加明显地发现其中的差异性。如图 3.32 所示。

与图 3.27 对比，在向溶液中加入 DOM 前后，曲线整体的变化趋势变化不大，但加入 DOM 后，水稻土对 CPF 的整体吸附量下降了，说明 DOM 对土壤吸附 CPF 的过程有抑制作用，使得 CPF 在土壤中的迁移能力变大。且对比图 3.32 和图 3.27 发现，未加 DOM 的曲线，约在 48h 后逐渐吸附稳定，而加入 DOM 后，稳定时间提前至约 12h。这似乎说明加入 DOM 后，虽然土壤对 CPF 的吸附量减少了，但是吸附过程中的反应时间变短了。从图 3.32 中可以得知，准一级、准二级、双室一级动力学模型都对"DOM-土壤-CPF"体系的吸附曲线模拟效果较好，且从图中可以看出，就拟合度而言，双室一级动力学模型＞准二级动力学模型＞准一级动力学模型，仍然是这个规律。通过三条模拟曲线，可以很好地预测"DOM-土壤-CPF"体系吸附过程的趋势。通过两条模拟曲线的参数分析，我们能更加深入地了解影响这些变化的因素，准一级、准二级、双室一级动力学模型拟合参数，见表 3.17 和表 3.18。

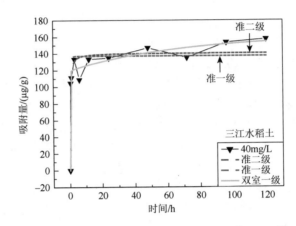

图 3.32 DOM 对 CPF 在水稻土上的吸附动力学影响拟合曲线

表 3.17 CPF、DOM 在水稻土上的吸附动力学模拟参数

土壤来源	浓度/(mg/L)	准一级动力学模型			准二级动力学模型		
		q_e/(μg/g)	k_{1a}/h^{-1}	r_{adj}^2	q_e/(μg/g)	k_{1a}/h^{-1}	r_{adj}^2
三江水稻土	40	137.024	2.437	0.889	140.626	4.579	0.919

表 3.18 双室一级动力学模型拟合结果

土壤	浓度/(mg/L)	r_{adj}^2	q_e/(μg/g)	k_1/h^{-1}	k_2/h^{-1}	f_1	f_2	k_2/k_1
三江水稻土	40	0.951	161.948	0.015	3.865	0.260	0.740	266.029

由表 3.17 吸附动力学模拟参数结合表 3.12 中的模拟参数，可以发现，在加入 DOM 后，CPF 在三江水稻土上的吸附动力学过程发生了一定的变化。未加入 DOM 时准一级、准二级动力学的 r_{adj}^2 值分别为 0.867 和 0.908，加入 DOM 后，r_{adj}^2 值分别为 0.889 和 0.919，说明加入 DOM 后的吸附过程更符合准一级、准二级动力学拟合曲线，准二级动力学模型的拟合度要比准一级动力学模型高。且在三江水稻土中，加入 DOM 后，平衡吸附量 q_e 减小，说明加入 DOM 后，三江水稻土对 CPF 的平衡吸附量减少了，这也可说明 DOM 对三江水稻土吸附 CPF 的过程有抑制作用，使得 CPF 在土壤当中的迁移能力变大。

通过表 3.13 和表 3.18 的对比我们还可以看出，加入 DOM 前后，在双室一级吸附动力学中，r_{adj}^2 值分别为 0.958 和 0.951，差别不大，说明加入 DOM 后，三江水稻土对 CPF

的吸附作用仍符合双室一级动力学；三江水稻土的平衡吸附量 q_e 分别为 201.008μg/g 和 161.948μg/g，这同样说明 DOM 对三江水稻土吸附 CPF 的过程有抑制作用，使得 CPF 在土壤当中的迁移能力变大。与未加入 DOM 一样，在 DOM 的作用下，水稻土对 CPF 的吸附过程仍然可分为快吸附区和慢吸附区，快、慢吸附速率大小变化不大，但快吸附作用时间增长。

2）DOM 对毒死蜱在水稻土中的吸附热力学影响特征分析

（1）两种等温吸附模型拟合。

内容与 3.5.1 节第 4 点相同。

（2）热力学结果分析。

与 3.5.1 节第 4 点不同的是，所考察的 10mg/L、20mg/L、30mg/L、40mg/L、50mg/L 五种浓度中，分别含有 50mg/L 的 DOM。同样设置在 15℃、25℃、35℃下按平衡时间来振荡，利用高效液相色谱仪测得数据，再导入 Origin 中，分别用 Langmuir 方程式和 Freundlich 方程式进行模拟。三个温度下的等温吸附曲线，如图 3.33 所示。

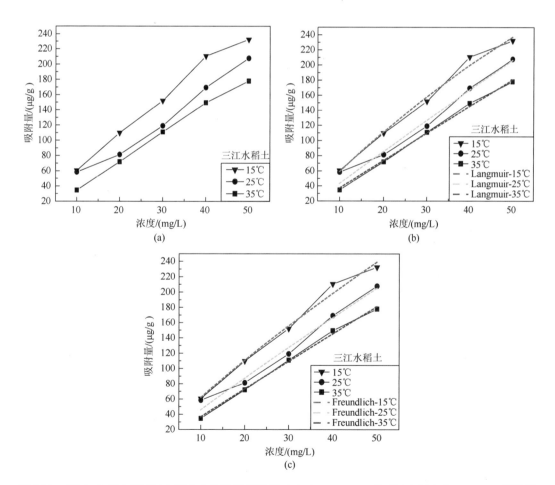

图 3.33 CPF、DOM 在三江水稻土上的吸附等温线（a）CPF、DOM 在三江水稻土上 Langmuir 等温吸附拟合曲线模拟（b）CPF、DOM 在三江水稻土上 Freundlich 等温吸附拟合曲线模拟（c）

由图 3.33（a）所示，在 DOM 的作用下，CPF 在三江水稻土中的吸附等温线线性较好，随浓度的增加，三江水稻土对 CPF 的吸附量都在升高，且相同浓度下，三江水稻土对 CPF 的吸附量随温度的增加而减小，与图 3.28 相比，等温线的走势更具有均一性，且 40mg/L 以后没有像图 3.28 那样的走势出现。如图 3.33（b）所示，Langmuir 吸附等温模拟曲线与原吸附曲线的拟合程度高度统一，且三条 Langmuir 吸附等温曲线都与原曲线表现出了相同的性质，即在 DOM 的作用下，温度越高，三江水稻土对 CPF 的吸附量越低。如图 3.33（c）所示，Freundlich 等温吸附模拟曲线与 Langmuir 等温吸附模拟曲线对三江水稻土吸附 CPF 的拟合效果，从图形、曲线走势上看来，两者拥有同样的性质，差别不大，欲寻找其中的差异性，应在模拟参数基础上加以分析，拟合结果见表 3.19。

表 3.19　土壤吸附 CPF 的吸附等温线模型拟合结果

土壤	温度/℃	Langmuir			Freundlich		
		$q_{max}/(\mu g/g)$	$K_L/(L/mg)$	r_{adj}^2	K_F	$1/n$	r_{adj}^2
三江水稻土	15	958.709	0.0066	0.988	8.960	0.840	0.986
	25	3429.917	0.0013	0.973	5.379	0.931	0.975
	35	4942.935	0.0007	0.997	3.788	0.989	0.996

由表 3.19 所示，Langmuir 等温吸附曲线模型对三江水稻土吸附 CPF 的拟合校正决定系数 r_{adj}^2 在 0.973～0.997，Freundlich 等温吸附曲线模型的 r_{adj}^2 在 0.975～0.996，说明了在 DOM 的作用下，两种等温吸附曲线对土壤吸附 CPF 的模拟度十分高。在 Langmuir 等温吸附曲线中，可以看出在 15℃、25℃、35℃时三江水稻土对 CPF 的吸附系数 K_L 分别为 0.0066L/mg、0.0013L/mg、0.0007L/mg，随温度的增加而降低，说明水稻土的吸附能力随温度的增加而减弱。饱和吸附量 q_{max} 分别为 958.709μg/g、3429.917μg/g、4942.935μg/g，表示 q_{max} 的值随温度的增加而增加，这与原曲线中的变化趋势相矛盾，说明 Langmuir 模型不再适合解释 DOM 对 CPF 在三江水稻土中的吸附热力学过程，原因可能是由于 Langmuir 模型是描述土壤颗粒将被吸附的物质以单分子层的形式吸附到颗粒表面，而 DOM 对土壤吸附 CPF 的影响机理主要为共吸附和累积吸附作用，干扰了土壤颗粒原有的界面作用。从 Freundlich 等温吸附曲线模型的拟合参数中可以得出，发现与表 3.14 中的趋势相同，三个温度下，$1/n$ 值分别为 0.840、0.931、0.989，随温度的增加而增加，说明温度越高，其非线性随温度的增加而减弱，说明吸附作用以分配为主。再通过 K_F 值的变化加以分析，在三种温度下，K_F 的值分别为 8.960、5.379、3.788，随温度的增加而减小，这与原曲线的变化趋势相同，说明在 DOM 的作用下，三江水稻土对 CPF 的吸附能力，随温度的增加而减小。

（3）熵变、焓变、Gibbs 自由能变分析。

与公式（1-8）～公式（1-11）及分析方法相同，将表 3.19 中相关数据导入公式中，即可得出 ΔH^θ、ΔS^θ、ΔG^θ 的值，见表 3.20。

表 3.20　土壤中吸附 CPF 的热力学状态参数

土壤	温度/K	lgK_F	ΔH^θ/(kJ/mol)	ΔS^θ/(J/(K·mol))	ΔG^θ/(kJ/mol)
	288	2.193			−5.200
三江水稻土	298	1.683	−31.800	−92.360	−4.277
	308	1.332			−3.353

由表 3.20 可以得出，加入 DOM 后，各项数据与未加 DOM 之前相比差别不太大，三江水稻土对 CPF 的吸附过程 $\Delta H^\theta<0$，说明此过程放热，温度升高会抑制三江水稻土对 CPF 的吸附作用；过程中 $\Delta G^\theta<0$，说明该过程能够自发进行，且随温度的增高，ΔG^θ 的绝对值大小降低，说明在此温度范围内，随温度的升高三江水稻土对 CPF 的吸附能力降低；且 $\Delta S^\theta<0$，说明三江水稻土对 CPF 的吸附过程是熵减的过程，即由无序发展为有序的过程。

3.6　本 章 小 结

1. 还田秸秆 DOM 对川西平原水稻土中丁草胺吸附行为的影响研究

本章阐明了丁草胺在川西平原水稻土中吸附动力学和吸附等温线特征，并分析了还田油菜秸秆和水稻秸秆在腐解过程中释放 DOM 的动态光谱特征，揭示了还田秸秆释放 DOM 对丁草胺在水稻土中吸附行为的影响机制。主要结论如下：

（1）丁草胺在川西平原水稻土中的吸附动力学特征符合双室一级动力学模型，而等温吸附过程既符合 Langmuir 模型也符合 Freundlich 模型。吸附过程表现出一定的非线性程度，但仍以分配作用为主。隆兴水稻土有机质和官能团含量较三江水稻土高，其粒径分布更窄、表面具有更多的微型和中型孔隙，表现为拥有更强的吸附能力和更大的吸附容量。

（2）两种农作物秸秆腐解过程中 DOM 的光谱学特性差异性明显，均伴随着分子间相互转化、能量消耗、衍生物生成等复杂环境地球化学行为。快速淋溶阶段 DOM 浓度达到了整个腐解过程的最高值，但其芳香性物质较少、分子量不高；DOM 芳香性组分的溶出主要集中在腐解前期，腐解后期较难分解的纤维素、半纤维素、大分子蛋白质等组分开始降解。DOM 红外光谱吸收谱带主要由 N—H、O—H、C＝O、C＝C、C—O、C—H 和—COO—官能团的振动、伸缩、弯曲或氢键缔结引发。DOM 中存在氨基酸、多肽、蛋白质、多糖、磷酸骨架、碱基嘌呤、嘧啶等组分。腐解前期和中期，微生物生命活动非常活跃，DOM 中较易降解的糖类、类蛋白物质消耗速度较快。油菜秸秆在腐解前期释放的 DOM 中类蛋白类物质具有较低的分子量和稳定性，表现出较强的生物可降解性。水稻秸秆 DOM 较油菜秸秆含有更多的有机物，其腐解过程产生腐殖质的量较多。

（3）油菜、水稻 DOM 中分子量≤1000 的组分占比最高，≥10000 的其次，1000～10000 的最少。丁草胺和 DOM 的结合方式以单一完全静态猝灭为主。疏水作用是 DOM 与丁草胺间的主要作用力之一。在一定范围内，高的 DOM 浓度会促进其与丁草胺的结合。

丁草胺与 DOM 高分子组分的结合类似于它们在高分子有机化合物疏水区的分配吸附，DOM 中高分子组分含量越高，其内部疏水区也越多，对疏水有机污染物的亲和力也越大。

（4）土壤对溶液中 DOM 的吸附量随着 DOM 浓度的增加而增加。土壤粒径、比表面积和表面微孔是导致土壤对 DOM 吸附差异的原因。亲水性较强的油菜秸秆 DOM 在土壤中的吸附能力更强。土壤对 DOM 吸附的吸附等温线以 Freundlich 模型最优，而 Langmuir 模型拟合相对较差。DOM 在两种水稻土中的吸附为非线性吸附。

（5）秸秆 DOM 在一定浓度范围内促进了土壤对丁草胺的吸附，其浓度与促进程度呈正相关。这与 DOM 在土壤中的吸附能力有关，可能是增加了土壤有机质的量，从而增强了分配作用，或者是累积吸附和共吸附的效应。加入 DOM 后，吸附平衡时间则明显延后，平衡吸附量明显增加。吸附平衡前，油菜秸秆 DOM 对土壤的吸附量增量要大于水稻秸秆 DOM，然而吸附达到平衡时，二者之间的差异逐渐减小。

（6）添加 DOM 后，土壤对丁草胺的吸附动力学仍然较符合双室一级动力学。DOM 与丁草胺有一定的结合作用，这种结合在一定程度上对土壤吸附 DOM 产生竞争。而相对于土壤对丁草胺的吸附，DOM 与丁草胺的结合作用是较微弱的，因此，DOM 虽然对土壤吸附丁草胺有竞争吸附作用，但丁草胺更多的是通过共吸附或累积吸附的方式进入土壤中。添加 DOM 后，Langmuir 模型已不再适合解释 DOM 作用下土壤吸附丁草胺的等温吸附过程。而 Freundlich 方程式作为经验模型，表现出良好的相关性。同一种 DOM 不同分子量组分中，高分子量 DOM 组分对丁草胺在土壤中吸附的增强作用最强，低分子量 DOM 组分的影响最弱。

2. 还田秸秆 DOM 对川西平原水稻土中毒死蜱迁移行为的影响研究

本章研究了毒死蜱（CPF）在川西平原水稻土中的吸附动力学和吸附热力学行为，并在此基础上，加入还田水稻秸秆 DOM，探究了 DOM 对 CPF 在土壤上的吸附过程的影响，揭示了川西平原还田秸秆 DOM 对毒死蜱迁移行为的影响机制，得到了一定的结论，主要的结论有：

（1）在吸附动力学过程中，两种水稻土对 CPF 的整个吸附过程都符合准一级、准二级、双室一级动力学模型，且拟合程度双室一级动力学模型＞准二级动力学模型＞准一级动力学模型。在水稻秸秆 DOM 作用前后，三江水稻土对 CPF 的吸附过程都出现了快吸附过程和慢吸附过程，3h 前为快吸附过程，3h 后为慢吸附过程，这符合双室一级动力学模型中快、慢吸附区的特征。在整个吸附过程中，在时间上慢吸附占主导地位，在吸附量贡献上快吸附占主导地位。DOM 作用以前，在同一种动力学模型中，隆兴水稻土的动力学拟合效果都要优于三江水稻土，且隆兴水稻土的平衡吸附量 q_e 都要大于三江水稻土，说明隆兴水稻土对 CPF 的吸附能力要强于三江水稻土，这与两种土壤的性质有关，前者为黏性土壤，后者是砂质土壤，这很有可能是由于两种土壤当中的颗粒结构、有机质含量、官能团种类的不同，导致了两者对 CPF 吸附量的差异。而加入 50mg/L 的水稻秸秆 DOM 后，就三江水稻土而言，其对 CPF 的吸附作用减弱了，说明水稻秸秆 DOM 对 CPF 在三江水稻土上的吸附有一定的抑制作用，即水稻秸秆 DOM 促进了 CPF 在土壤上的迁移能力。DOM 在其中，可能与 CPF 形成了一种竞争吸附的关系，占据了土壤颗粒上一部分的吸附位点，从而导致 CPF 在三江水稻土上的吸附量降低。

（2）在吸附热力学过程中，未加入 DOM 前，三江水稻土的吸附等温线表现出随温度的升高，土壤对 CPF 的吸附量减小的趋势，而隆兴水稻土的趋势则相反。加入 DOM 后，就三江水稻土而言，也表现出了相同的趋势，这表明三江水稻土对 CPF 的吸附过程很有可能是一个放热过程，而隆兴水稻土则可能是一个吸热过程。从模拟参数的角度分析，就三江水稻土而言，无论是加入 DOM 前后，两个吸附热力学模型过程中的两个模拟参数吸附系数 K_L、吸附容量 K_F 值都随温度的升高而降低，这正好与原等温线的变化趋势相同。与未加入 DOM 相比，加入 DOM 后，Langmuir 模型中的 K_L 值整体减小；Freundlich 模型中的 K_F 值也整体减小。这两个参数说明，DOM 的作用下，水稻土对 CPF 的吸附作用减弱，这与动力学的研究有着相同的结论：水稻秸秆 DOM 对 CPF 在三江水稻土上的吸附有一定的抑制作用，即水稻秸秆 DOM 促进了 CPF 在土壤上的迁移能力。通过对热力学熵变、焓变、Gibbs 自由能变的结果分析，发现隆兴水稻土在 DOM 作用前对 CPF 的吸附过程是一个 $\Delta G^\theta < 0$、$\Delta S^\theta > 0$、$\Delta H^\theta > 0$ 的过程，即自发、熵增、放热的过程。在 DOM 作用前后，三江水稻土对 CPF 的吸附过程中，都有 $\Delta H^\theta < 0$、$\Delta G^\theta < 0$、$\Delta S^\theta < 0$，说明三江水稻土对 CPF 的吸附过程是由无序性发展为有序性的一个自发的放热过程，三江水稻土对 CPF 的吸附能力随温度的增高而减弱。

参 考 文 献

[1] 刘增新. 农药对人体及其它生物的危害[J]. 生物学教学，1998（4）：36-38.

[2] 陈帅. 农药污染与环境保护的探究[J]. 建筑工程技术与设计，2014（30）：862.

[3] 叶常明，雷志芳，王杏君. 丁草胺在土壤中的吸附及环境物质的影响[J]. 腐植酸，2008，1（3）：14-18.

[4] 李进，李钧. 丁草胺除草剂的应用[J]. 新农业，1984（18）：22.

[5] 黄玉芬，刘忠珍，魏岚，等. 土壤不同粒径有机无机复合体对丁草胺的吸附特性[J]. 土壤学报，2017，54（2）：400-409.

[6] 冯雪春，邓新平，付艳艳，等. 表面活性剂对苄嘧磺隆和丁草胺在土壤中吸附的影响[J]. 现代农药，2013（1）：44-47.

[7] Xu Q，Qin C，Wu J，et al. Automatic recording and controlling instrument based on hall element for the length of cloth[J]. Process Automation Instrumentation，2005（4）：22-24.

[8] 刘占山，黄安辉，肖明山. 毒死蜱的研究应用现状及产业发展前景[J]. 世界农药，2009，31（a01）：59-61.

[9] 李亚楠，刘晶晶，陈少华，等. 毒死蜱的应用现状及降解研究进展[J]. 广东农业科学，2011，38（6）：92-96.

[10] Li Z，Pan B，Lin Y，et al. Acute toxicity of three kinds of pesticide adjuvants to earthworms（Eisenia foetida）[J]. Journal of Ecology and Rural Environment，2013，29（4）：519-523.

[11] Ying L，Yan H，Lei J，et al. The toxicity effects of six pesticide surfactants on embryo development of zebrafish[J]. Asian Journal of Ecotoxicology，2014（6）：1091-1096.

[12] 张家禹，刘丽丽，李国超，等. 毒死蜱对斑马鱼胚胎氧化应激效应研究[J]. 中国环境科学，2016，36（3）：927-934.

[13] 刘泽君，唐雅丽. 5 种杀虫剂对 3 种淡水浮游动物的急性毒性[J]. 安全与环境学报，2017，（2）：793-799.

[14] 赵华，李康，吴声敢，等. 毒死蜱对环境生物的毒性与安全性评价[J]. 浙江农业学报，2004，16（5）：292-298.

[15] 罗鹏飞，张永青，苏健，等. 毒死蜱的毒性及其对人类的危害[J]. 江苏预防医学，2013，24（4）：36-38.

[16] 秦钰慧，王以燕. 美国关于毒死蜱的最新决定[J]. 广西植保，2000，39（4）：54-54.

[17] 吴华，李冰清，林琼芳，等. 毒死蜱在豆角、辣椒和土壤中的残留动态[J]. 农药，2007，46（11）：767-769.

[18] 凌婉婷，徐建民，高彦征，等. 溶解性有机质对土壤中有机污染物环境行为的影响[J]. 应用生态学报，2004，15（2）：326-330.

[19] Li J，Chen Y，He L，et al. Sorption of sulfamethoxazole on biochars of varying mineral content[J]. Environmental Science:

Processes & Impacts，2020，22（5）：1287-1294.

[20] Violante A，Pigna M，Gaudio S D，et al. Adsorption/desorption processes of arsenate in soil environments[J]. Plant Science An International Journal of Experimental Plant Biology，214（1）：29-37.

[21] Klaus U，Oesterreich T，Volk M et al. Interaction of aquatic dissolved organic matter（DOM）with amitrole：The nature of the bound residues[J]. CLEAN-Soil，Air，Water，2010，26：311-317.

[22] Lee D Y，Farmer W J. Dissolved organic matter interaction with napropamide and four other nonionic pesticides[R]. American Society of Agronomy，Crop Science Society of America，and Soil Science Society of America，1989.

[23] Senesi N，Sposito G，Martin JP. Copper（Ⅱ）and iron（Ⅲ）complexation by humic acid-like polymers（melanins）from soil fungi[J]. Science of the Total Environment，1987，62：241-252.

[24] 陈玉敏. 多环芳烃在长江沉积物上的吸附-解吸特征[D]. 北京：北京师范大学，2006.

[25] Lee C L，Kuo L J. Quantification of the dissolved organic matter effect on the sorption of hydrophobic organic pollutant：application of an overall mechanistic sorption model[J]. Chemosphere，1999，38（4）：807-821.

[26] Chiou C T，Malcolm R L，Brinton T I，et al. Water solubility enhancement of some organic pollutants and pesticides by dissolved humic and fulvic acids[J]. Environmental Science & Technology，1986，20（5）：502-508.

[27] Raber B，Kögel-Knabner I，Stein C，et al. Partitioning of polycyclic aromatic hydrocarbons to dissolved organic matter from different soils[J]. Chemosphere，1998，36：79-97.

[28] Schlautman M A，Morgan J J. Binding of a fluorescent hydrophobic organic probe by dissolved humic substances and organically-coated aluminum oxide surfaces[J]. Environmental Science & Technology，1993，27（12）：2523-2532.

[29] Gu B，Chen J. Enhanced microbial reduction of Cr（VI）and U（VI）by different natural organic matter fractions[J]. Geochimica et Cosmochimica Acta，2003，67（19）：3575-3582.

[30] Lin X，Pan B，Liu W，et al. Distribution behaviors of phenanthrene to humic fractions in natural soil[J]. Huanjing Kexue，2006，27（4）：748-753.

[31] Wang B，Li M，Zhang H，et al. Effect of straw-derived dissolved organic matter on the adsorption of sulfamethoxazole to purple paddy soils[J]. Ecotoxicology and Environmental Safety，2020，203：110990.

[32] 郭平，陈薇薇，辛星，等. 土壤及其主要化学组分对五氯酚吸附特征研究[J]. 环境污染与防治，2009，31：65-68.

[33] 占新华，周立祥，卢燕宇. 农业常用有机物料中水溶性有机物的理化性质特征[J]. 中国环境科学，2010，30：619-624.

[34] 马爱军，何任红，周立祥. 除草剂草萘胺在土壤-水环境中的吸附行为及其机理[J]. 环境科学学报，2006，26：1159-1163.

[35] 凌婉婷. 溶解性有机质对莠去津在土壤/矿物-水界面行为的影响及其机理研究[D]. 杭州：浙江大学，2005.

[36] 陈广. 不同极性和不同分子量溶解性有机质对土壤中除草剂扑草净迁移行为的影响[D]. 南京：南京农业大学，2009.

[37] 张学政. 畜粪及其堆肥中水溶性有机物对金霉素在土壤中吸附的影响[D]. 咸阳：西北农林科技大学，2009.

[38] 高凡，贾建业，杨木壮. 难降解有机污染物在土壤中的迁移转化[J]. 热带地理，2004，24（4）：337-340.

[39] Chiou C T. Partition and adsorption of organic contaminants in environmental systems[M]. Wiley-Interscience，2002.

[40] Chiou C T，Peters L J，Freed V H. A physical concept of soil-water equilibria for nonionic organic compounds[J]. Science，1979，206（4420）：831-832.

[41] Xing B，Pignatello J J. Time-dependent isotherm shape of organic compounds in soil organic matter：Implications for sorption mechanism[J]. Environmental Toxicology & Chemistry，2010，15（15）：1282-1288.

[42] 陈宝梁. 表面活性剂在土壤有机污染修复中的作用及机理[D]. 杭州：浙江大学，2004.

[43] Young T M，Weber W J J. A distributed reactivity model for sorption by soils and sediments. 3. Effects of diagenetic processes on sorption energetics[J]. Environmental Science & Technology，1995，29（1）：92-97.

[44] 赵晓丽，毕二平. 水溶性有机质对土壤吸附有机污染物的影响[J]. 环境化学，2014，33（2）：256-261.

[45] 付高阳，谯华，彭伟，等. 溶解性有机质对土壤中典型有机污染物迁移转化的影响[J]. 化学与生物工程，2016（7）：61-63.

[46] 谢理，杨浩，渠晓霞，等. 滇池优势挺水植物茭草和芦苇降解过程中 DOM 释放特征研究[J]. 环境科学，2013，34（9）：3458-3466.

[47] 代静玉，秦淑平，周江敏. 土壤中溶解性有机质分组组分的结构特征研究[J]. 土壤学报，2004，41（5）：721-727.

[48] Wei M，Wang B，Chen S，et al. Study on spectral characteristics of dissolved organic matter collected from the decomposing process of crop straw in West Sichuan plain[J]. Spectroscopy and Spectral Analysis，2017，37（9）：2861.

[49] 崔东宇，何小松，席北斗，等. 牛粪堆肥过程中水溶性有机物演化的光谱学研究[J]. 中国环境科学，2014，34（11）：2897-2904.

[50] Norman L，Thomas D N，Stedmon C A，et al. The characteristics of dissolved organic matter（DOM）and chromophoric dissolved organic matter（CDOM）in Antarctic sea ice[J]. Deep Sea Research Part II：Topical Studies in Oceanography，2011，58（9-10）：1075-1091.

[51] 范春辉，张颖超，王家宏，等. 黄土区秸秆腐殖化溶解性有机质对土壤铅赋存形态的影响机制[J]. 光谱学与光谱分析，2015，35（11）：3146-3150.

[52] Cleveland C C，Neff J C，Townsend A R，et al. Composition，dynamics，and fate of leached dissolved organic matter in terrestrial ecosystems：results from a decomposition experiment[J]. Ecosystems，2004，7（3）：175-285.

[53] He Z，Ohno T，Wu F，et al. Capillary Electrophoresis and Fluorescence Excitation-Emission Matrix Spectroscopy for Characterization of Humic Substances[J]. Soil Science Society of America Journal，2008，72（5）：1248-1255.

[54] Mott H V，Green Z A. OnDanckwerts' boundary conditions for the plug-flow with dispersion/reaction model[J]. Chemical Engineering Communications，2015，202（6）：739-745.

[55] 房吉敦，吴丰昌，熊永强，等. 滇池湖泊沉积物中游离类脂物的有机地球化学特征[J]. 地球化学，2009，38（1）：96-104.

[56] 姜鲁，王继华，李建忠，等. 炔雌醇和壬基酚在土壤中的吸附-解吸特征[J]. 环境科学，2012，33（11）：3885-3892

[57] Worrall F，Parker A，Rae J E，et al. A study of the adsorption kinetics of isoproturon on soil and subsoil[J]. Chemosphere，1997，34（1）：71-86.

[58] Zhang X，Pan B，Liu W，et al. Desorption behavior characteristics of phenanthrene in natural soils[J]. Huanjing Kexue，2007，28（2）：272-277.

[59] Senesi N，Loffredo E. The fate of anthropogenic organic pollutants in soil：adsorption/desorption of pesticides possessing endocrine disruptor activity by natural organic matter（humic substances）[J]. Revista de la ciencia del suelo y nutrición vegetal，2008，8（ESPECIAL）：92-94.

[60] Tan K H，Clark F E. Polysaccharide constituents in fulvic and humic acids extracted from soil[J]. Geoderma，1969，2（3）：245-255.

[61] 郭平，陈薇薇，辛星，等. 土壤及其主要化学组分对五氯酚吸附特征研究[J]. 环境污染与防治，2009，31（1）：65-68.

[62] 张甲珅，陶澍，曹军. 中国东部土壤水溶性有机物含量与地域分异[J]. 土壤学报，2001，38（3）：308-314.

[63] 周璟. 外源水溶性有机物在土壤中的动态及其对重金属环境行为的影响[D]. 扬州：扬州大学，2012.

[64] Ortiz R，Vega S，Gutiérrez R，et al. Presence of polycyclic aromatic hydrocarbons（PAHs）in top soils from rural terrains in Mexico City[J]. Bulletin of Environmental Contamination and Toxicology，2012，88（3）：428-432.

[65] 姜鲁，王继华，李建忠，等. 炔雌醇和壬基酚在土壤中的吸附-解吸特征[J]. 环境科学，2012，33（11）：3885-3892.

第二部分　若尔盖牧区

第4章 川西高原土壤有机质更替研究——基于典型分子标记物

4.1 绪　论

4.1.1 研究背景和意义

土壤碳库作为陆地生态系统最大的碳库,其碳汇/碳源功能在很大程度上影响着生态系统的碳循环过程。有研究指出,土壤有机碳(soil organic carbon,SOC)占陆地碳总量的75%左右,对大气中CO_2的增加具有长期缓冲作用[1]。近年来,随着"温室效应"的持续加剧以及气候条件的改变,严重影响了土壤碳储存功能,由此引发了许多专家学者对于土壤有机质(soil organic matter,SOM)在土壤中储存与降解机制的关注[2]。

SOM 是土壤中各类有机物质相互混合而形成,其组成中有 60%~80%的腐殖质(humic substance),以及不超过20%的木质素、脂类、糖类、氨基酸等[3,4]。研究表明,木质素结构复杂,含有大量的芳香环结构,这直接导致了其难以生物降解的特性。木质素在土壤的迁移和降解过程中,较为完整地记录了母源有机物的分子结构信息[5],能够有效地指征过往土壤植被覆盖类型,被称为植物界的"分子化石"[6]。木质素常被作为一类典型的分子标记物,用来指示土壤碳库的稳定性和 SOM 的储量。同时,木质素在土壤中的含量和降解状态被广泛应用于解析剖面土壤中 SOM 的来源和稳定机制。因而,探究木质素在土壤中的分布特征及降解状况,有助于明晰 SOM 的更替机制[1]。

木质素在土壤中的分布受到环境因素、土壤利用方式、气候变化以及植被类型等因素的影响,譬如温度、含水率、pH、土壤粒径、容重等。这些土壤环境因子在不同的环境背景下,所起到的贡献也有差异,导致木质素在不同土壤之中的分布特征及储存机制也不尽相同。现有研究多集中于讨论农用地土壤木质素的周转及含量变化,以此判断SOM 的更替速率及土壤肥力。也有研究对森林土壤生态系统木质素周转进行评价,探究木质素的来源及植被类型对更替过程的影响[1,7]。川西北高寒草原作为我国最大的高原型陆地碳汇地,其对大气中日益增长的 CO_2 含量具有一定的缓冲作用。因而,明晰高寒草原土壤中木质素的分布特征对阐释高寒草原土壤碳汇/碳源机制有重要的意义。

有研究者对不同植被类型覆盖下土壤中木质素含量及分布特征进行分析后发现,不同植被类型木质素含量具有较大差异,且在土壤中的周转过程也不尽相同[8,9]。因而,笼统地分析土壤木质素的周转特征并不能很好地阐释区域大环境中 SOM 的周转过程。相对于森林生态系统,草原生态系统草本植被类型的差异不是太大,对于准确评估大环境中木质素的含量及分布更有实际意义。

据统计，现有研究多为探究 SOM 在不同类型土壤表层的含量及分布特征[10, 11]，而忽略了 SOM 在深层土壤的积累。川西北高原地势高，气候寒，有利于 SOM 的掩埋和贮存。所以说，探究深层土壤中木质素的分布特征对了解 SOM 整体在土壤中的储存有相当重要的作用。近年来，由于气候变化以及人类活动的影响，川西北高寒草原出现了不同程度的退化，导致土壤固碳能力下降。其退变趋势为"沼泽—沼泽化草甸—草甸—沙化草甸"[12]。因而，探究不同退化程度 SOM 的更替特征有助于加深对于草原土壤碳循环过程的认识。

木质素在土壤中的分布特征受到土壤性质的影响。然而，这些性质对木质素含量及降解状态产生了什么影响，在不同土壤中影响是否相同还有待研究者的探索。因此，对于土壤因子与典型分子标记物相关性的探究，有助于更精准地评估 SOM 的积累量以及预测其在环境中的更替过程。

4.1.2   土壤中典型分子标记物的特性

1. 分子标记物木质素的来源与组成

植物是 SOM 最重要的来源，分析 SOM 在分子层面上的更替转化，首先要了解土壤所覆盖的植被类型及其分子结构组成。植物主要是由起支撑和保护作用的木质素、纤维素、半纤维素组成，这些物质的含量占 60%～80%，脂类、角质、栓质、氨基酸等约占 20%[13]。基于不同分子的物化性质及微生物的利用情况不同，其在土壤中的分解速率也不尽相同。纤维素与半纤维素属于糖类，含有较高的能量，在土壤中容易被降解。而脂类属于非极性分子，极难与水相溶，于存于表皮的木质素而言，其结构相对稳定，能够较完整地保留其基本结构[14]。研究者常用其跟踪土壤中有机质的分解情况，并预测土壤碳循环的时间。

表层土壤木质素来源于地上植物枯落物及地下根系的输入[1]，更深层的木质素可能主要来源于木质素的纵向迁移。木质素是一类存在于维管植物及部分藻类细胞结构中，分子结构复杂并具有三维网状无定型结构的有机聚合物，含量占生物体的 15%～30%[9]。木质素的合成主要是苯丙烷在多种酶的作用下经过一系列的脱氢聚合，再经过脱氨基、甲基化、羟基活化等生化过程[15]，生成木质素前体[主要为对香豆醇（p-coumaryl alcohol）、松柏醇（coniferyl alcohol）和芥子醇（sinapyl alcohol）]，而后再经过酶的作用发生聚合反应合成的。

植被类型的差异会导致木质素含量存在较大差异。据研究者对大量植物中木质素单体含量分析，裸子植物中愈创木基类木质素单体含量要显著高于紫丁香基类木质素单体含量，而草本植被组织含有丰富的对羟基苯基类木质素单体含量。研究者通常通过土壤中这几类木质素的单体含量比值推断 SOM 的植被来源。也有研究者表明，这种方式具有一定局限性。由于环境条件具有较大的差异，土壤中各类单体的降解率存在一定差别，可能会导致推断与实际出现较大差异。

2. 分子标记物木质素的参数及指示意义

依据木质素基本单元结构组成与官能团数量的差异，木质素被研究者划分为以下三类：

（1）对羟基苯基木质素（para-hydroxy-phenyl lignin）：这一类主要存在于草本植物及落叶当中[16]，在草原土壤中含量相对较为丰富。目前，对土壤中木质素定性定量测定最广泛使用的方法为碱性氧化铜水解法[17]，对羟基苯木质素水解后产物为 C 类单体，主要包含对香豆酸（P-hydroxycinnamic acid）和阿魏酸（ferulic acid）。

（2）紫丁香基木质素（syringyl lignin）：该类木质素广泛存在于被子植物木质组织中，裸子植物中不含紫丁香基木质素，研究者常用其水解单体含量区分有机质的植物来源。紫丁香基木质素水解产物为 S 类单体，主要包含丁香酸（syringic acid）、丁香醛（syringaldehyde）以及乙酰丁香酮（syringylethanone）。

（3）愈创木基木质素：愈创木基木质素存在于所有植被细胞壁中，是木质素的重要组成结构。其氧化水解单体为 V 类单体，主要包含香草酸（vanillic acid）、香草醛（vanillin）和香草酮（acetovanillone）。

近年来，国际上通常采用碱性氧化铜水解木质素释放的单体含量（S + C + V）表征土壤中的木质素水平。Hedges 和 Mann 对多种植物氧化水解后，根据其单体含量比值 S/V 和 C/V 可确定木质素的植物来源与组成情况[16]。然而，近年来，许多研究者认为该值具有一定的限制性。根据研究，S/V 值（即紫丁香基类单体与愈创木基类单体比值）大于 0.6 时，可判断土壤中木质素来源于裸子植物（～0）或是被子植物（0.6～4）[18]。C/V 值大于 0.2 时，说明土壤中的木质素可能来源于草本等非木质组织[19]。

木质素的降解程度可用 V 类和 S 类单体的酸醛比（Ad/Al）指示[8]。木质素在土壤中的降解方式主要有两种：①侧链氧化；②去甲基/甲氧基作用。这两种方式都可在一定程度上反映木质素的降解。由于微生物群落在降解物质时具有选择性，发生侧链氧化时，醛类会被氧化成酸类物质，因而随着木质素降解程度加深，S 类和 V 类酸醛比会有所增加[18, 20]。而去甲基/甲氧基过程为木腐菌的选择性降解作用，使木质素降解产生对羟基苯酮（PON）、对羟基甲酸、对羟基甲醛，采用 P/（S + V）可在一定程度上指示土壤中木质素去甲基/甲氧基的程度[21]。其具体指示意义见表 4.1。

表 4.1　木质素单体参数及其指示意义[9]

参数	定义	指示意义
C/V	C 类单体与 V 类单体的比值	区分木质素来源于植物的木质部分或非木质部分
S/V	S 类单体与 V 类单体的比值	区分木质素来源于被子植物或裸子植物
（Ad/Al）V	V 类单体酸醛比	表征木质素酚的侧链氧化降解程度
（Ad/Al）S	S 类单体酸醛比	表征木质素酚的侧链氧化降解程度
P/PON	P 类单体与 PON 的比值	判断 P 系列单体是否主要来源于木质素
P/（S + V）	P 类单体与 S 和 V 类单体加和的比值	表征木质素酚的降解程度（去甲基/甲氧基作用）

4.1.3　典型分子标记物在土壤中的分布及降解

1. 分子标记物木质素在土壤中的分布

典型分子标记物在土壤中的分布特征反映了 SOM 在土壤中的储存量及降解程度。研究者通常通过木质素在土壤中的绝对含量探究木质素在剖面上的来源与迁移，并结合其他参数阐释 SOM 根系输入和淋溶作用对下层土壤 SOM 的贡献[1]。由于典型分子标记物的含量受到 SOM 的影响，研究者常通过其相对土壤有机质的含量阐释木质素的降解情况。土壤中木质素的含量取决于输入量及降解量动态平衡的结果，而土壤理化性质的改变可能会打破这种平衡，影响其在土壤中的分布及降解。

王兴刚等对森林土壤不同植被类型下木质素的分布特征进行了探讨，表明植被类型对于木质素及 SOM 整体周转存在较大影响[11]。土地利用方式等也会造成 SOM 周转过程出现差异。据报道，农业土壤由于长期经受施肥、翻耕等人为活动的影响，对土壤中 SOM 的含量造成改变，同时也会对土壤中典型分子标记物含量造成影响。典型分子标记物在青藏高原表层草甸土上的含量为 10.51～56.85mg/g SOC，亚热带八大公山森林土壤中含量为 12.52～22.37mg/g SOC，而农耕地普遍高于草原土壤中木质素含量[1]。Thevenot 等通过对木质素在土壤中分布的相关文献总结，土壤中总氮（total nitrogen，TN）含量与 SOC 以及木质素的分布有关[14]。这可能是可利用氮含量高，微生物活性较强的原因。

研究表明，典型分子标记物在土壤剖面上的分布特征呈现下降趋势，这是由木质素在迁移过程中不断被降解以及受到土壤颗粒的吸附阻截所致[22]。大量的观点认为，土壤机械组成对于有机质的分布具有重要作用。黏粒中储存的木质素降解程度较低，而砂粒中储存的木质素相对 SOM 的含量更高[14]。对于此种现象，有学者提出可能是黏粒中的一些物质与木质素结合，形成了一种稳定的物质。也有人认为，木质素储存于砂粒中的含量更高，可能是由于木质素在粉粒中与其他有机质形成了更为稳定的 SOM[23]。

2. 分子标记物木质素在土壤中的降解

典型分子标记物属于难降解的一类有机物。自然界中，其生物降解过程通常需要依靠微生物对于其他碳源的协同利用实现木质素结构的转化。即通过共代谢的作用，将木质素转化为更为稳定的 SOM。而这一类微生物通常为真菌类微生物，如白腐菌、棕腐菌及褐腐菌等[6, 24, 25]。而部分细菌对于木质素也有降解作用。由于这一类菌群量少，导致木质素类有机质在多种酶、矿物等作用下自身结构转化为其他更难以降解的有机质[26]。

有研究者认为木质素的分布特征不完全代表土壤中 SOM 的周转状况，因为环境不同，导致木质素的降解速率与 SOM 整体之间的关系有较大差异[1]。一般认为，木质素作为难降解的有机质，其更替周期大于 SOM 整体周转时间。而有人对农田土壤木质素的损失速率调查后发现，其与 SOM 整体循环时间相近[15, 27]。而利用同位素标记木质素示踪其降解状况，发现其降解速率大于 SOM 整体。然而，需要注意的是，木质素降解后产物仍是土壤稳定性 SOM 的重要来源[28]。

土壤中氮的有效性对于典型分子标记物的层间分布及降解状态有重要意义[8, 29]。对于如何探究土壤中氮的有效性及饱和状态，许多研究者认为，自然丰度植物-土壤稳定同位素氮分布可以较好地反映土壤中氮的状态[30]。而利用自然丰度稳定同位素碳与 SOC 含量可以反映 SOM 及典型分子标记物的降解速率，以此判断木质素在不同环境中的更替状况，推测 SOM 在不同环境中的储存机制。并且可以追溯较长时间内 SOM 的植物来源[31]。下文将详细阐述稳定同位素自然丰度与典型分子标记物、SOM 整体之间的关系，并在研究中结合木质素酚单体含量探究木质素的分解状况。

1）稳定同位素氮的来源及周转

自然条件下，氮存在两种同位素：^{14}N（约占整体的 99.636%）和作为示踪剂使用的稳定性同位素 ^{15}N。而在自然界中，氮大部分以氮气的形式存在。生物不能直接利用大气中的氮气，通常利用方式有以下两种：通过微生物固氮作用吸收氮元素；植物吸收利用自然环境中存在的铵根离子、硝酸根离子等[23]。研究表明，根瘤菌固氮过程中同位素分馏作用不明显，不同植物中 ^{15}N 差异主要是植物吸收氮素种类、来源、含量及有效性造成的[32]。通常，研究者用 δ 值表示 ^{15}N 值含量。

$$\delta^{15}N = \frac{\left(^{15}N / {}^{14}N\right)_{样品}}{\left(^{15}N / {}^{14}N\right)_{Air}} \times 1000‰ \tag{4-1}$$

式中，通常采用标准大气中 N_2 的 ^{15}N 比值作为标准分析植物中 $\delta^{15}N$ 值。

土壤中氮同位素的分馏发生在氮素迁移、转化、矿化以及硝化和反硝化过程中[33]。植物叶片凋落后，在微生物的作用下分解，而土壤中氮素多数以有机氮的形式存在，进入土壤中会被进一步反应。

（1）硝化、反硝化：土壤中的有机氮在分解过程中，经由硝化菌和亚硝化菌将土壤中的铵根转化为 NO_2^-、NO_3^-，反硝化菌将 NO_3^- 转化成含氮氧化物以及 N_2。氮在不同形态下，植物对 ^{15}N 的吸收强度有差异。微生物硝化作用导致硝酸根离子增多，而过量的 NO_3^- 会导致植物不能完全利用，并随淋溶作用向土壤深处迁移，使 ^{15}N 在深处发生积累。反硝化作用也能使 ^{15}N 发生积累，在该作用过程中，氮素以氮氧化物和 N_2 的形式排放，排放的气体中 ^{15}N 贫化。

（2）植物吸收、同化：部分植物可利用固氮菌直接利用空气中的氮气，而不能直接固氮的植物利用硝酸根、铵根等离子提供营养。当土壤中的 ^{15}N 富集后，植物吸收利用后比之前丰度更高[34]。

（3）矿化：SOM 在矿化过程中，含氮物质进一步以盐的形式释放。研究者通过对草地的分析，草地中的 $\delta^{15}N$ 值与土壤净矿化和硝化速率正相关[33]。即在矿化过程中，轻质氮（^{14}N）损失较多。

2）稳定同位素碳的来源及周转

SOM 作为土壤中肥力保持者和结构改善者，对土壤微环境生态系统及碳循环过程有至关重要的作用。自然环境中，碳有两种稳定存在的同位素，即 ^{13}C 和 ^{12}C，^{12}C 是含量最为丰富的，约占总体的 98.89%[35]。由于同位素分馏作用，不同物质间的同位素组成也有一定差异。不同植物体碳稳定同位素组成也有一定差异，C3 和 C4 植物由于光合作用的途径差异，在固定 CO_2 的过程中同位素分馏效应，造成植物体内 ^{13}C 含量不同[36]。因而可通过土壤中 ^{13}C 的含量组成，反演曾经的植被覆盖情况[33]。为统一标准，采用下式计算物质中 ^{13}C 值的相对含量。

$$\delta^{13}C = \frac{(^{13}C/^{12}C)_{样品}}{(^{13}C/^{12}C)_{STD}} \times 1000‰ \qquad (4-2)$$

式中，STD 表示国际标准物质，即美国南卡罗来纳州白垩系皮狄组地层中的美洲拟箭石（pee dee belemnite，PDB）。

高寒草原 SOM 主要来源于植物贡献，其特殊地理条件及气候对植物类型的影响很大，研究土壤及植被碳同位素的组成对研究 SOM 的更替过程有一定意义。^{13}C 在碳循环各个过程中均发生不同程度的分馏作用。在地上生态过程中，由植物通过光合作用分馏，在此过程中使得植物体内 ^{13}C 含量远低于大气中 CO_2 的 ^{13}C 丰度。在地下生态过程中，植物根系组织也会产生代谢分馏，不同组织部分 $\delta^{13}C$ 不同[37]。在生化作用下，植物残体分解后，轻质碳（^{12}C）被优先利用，导致土壤中 ^{13}C 富集[38]。有机质分解过程中，重质碳有机质分子与轻质碳有机质分子之间物理化学性质有一定差异，重质碳分子向土壤下层迁移，而轻质碳被利用。国内外就此开展了大量研究，大部分都是农业土壤有机质周转过程中的动态变化，以期揭示 SOC 的循环过程。

4.1.4　环境因子与 SOM 的关系

SOM 在剖面及不同土壤中的储存机制很大程度受到环境因子的影响[39]。尤其是高寒草原地区，微小的环境因素改变，都可能会影响土壤碳循环的整个过程。如植被类型、有机质含量、总氮含量、机械组成、土壤酸碱度、含水率、土壤容重以及微生物群落及结构[40]，这些环境因子通常相互影响，并共同影响着木质素在土壤中的储存及降解。

1. SOC、TN 对 SOM 的影响

土壤生态系统中氮素（N）是生物量生产力的主要限制因子[41]，而有机碳主要来源于植物的分解。在一定程度上，N 制约着土壤中 SOM 的积累量，而 SOM 也是土壤中 N 的主要来源。在李铭等[8]的研究中，土壤中 99% 的氮以有机氮的形式存在，大多植物只能吸收硝态氮和铵态氮等形式的无机氮补充生长所需。有机氮的硝化及矿化速率决定输出无机氮的量，研究表明，土壤理化性质在很大程度上影响有机氮的转化[8,41-43]。比如，土壤含水率及温度与氮素的矿化和硝化作用呈正相关[8,44]，也有研究者表明在较低环境温度下（5～15℃），温度与其相关性不高[42,45]。对土壤垂向深度与氮的转化速率做了调查，发现随深度增加其矿化率逐层降低[42]。

微生物氮矿化和硝化速率的提升体现在微生物生长及大量死亡两个阶段。微生物在生长时期活性较高，数量多，使氮的矿化量提升；而在高原上，冬季微生物死亡量大，细胞质流出，使硝态氮、铵态氮含量增加，剩余微生物活性被激发，提高了土壤氮矿化速率[46]。胡仲达等通过对天然次生林碳氮含量的分析，认为土壤 N 含量的变化可能会影响土壤碳的水解酶活性[38]。因而，研究 SOM 的更替，应当综合考虑土壤 N 的含量变化。

2. 土壤颗粒机械组成对 SOM 的影响

研究表明，土壤颗粒中黏粒含量有利于 SOM 的保存，由于其提供了大量的比表面积以及结合位点，为 SOM 在土壤中的络合起到了极大的作用[26, 27]。但也有人认为，砂粒有利于木质素的积累，木质素相对 SOM 的含量更高。因而，黏粉砂粒含量可能不是决定木质素储存量及分解程度的唯一因素，诸如降水量、植物量等都可能会导致典型分子标记物以及 SOM 整体更替机制的差异。

3. 土壤 pH、含水率、容重对 SOM 的影响

土壤 pH 对于 SOM 的影响在于两点：一是通过对微生物群落结构的"优化选择"影响微生物群落对于 SOM 的降解，二是 SOM 组分在不同 pH 下降解率不同。因而，土壤 pH 与典型分子标记物及 SOM 整体的降解有线性关系，有研究表明，土壤 pH 在 5 左右时，SOM 降解速率最快，因为此时最适宜真菌生长，有利于典型分子标记物的降解[25, 47, 48]。而土壤含水率对于 SOM 的淋溶及储存也有直接关联。土壤含水率高，有利于有机质向下层土壤的迁移，从而有利于 SOM 的封存[12]。含水率过高，一定程度上也会导致 SOM 的快速腐败分解。而由于高原地区气候寒冷，含水率较高的土壤往往有利于 SOM 的迁移和储存[49]。调查显示，土壤容重与微生物群落之间有一定相关性。且容重越小，表明土壤中 SOM 含量越高。除了上述土壤理化性质之外，土壤微生物群落构成对 SOM 的影响也至关重要。

4. 微生物群落结构对于 SOM 的影响

分子标记物组成以及土壤中 C、N 值的变化均与微生物群落结构及功能息息相关。微生物既是土壤生态系统中有机质的分解者，其死亡残体也是 SOM 的贡献者。其组成、数量直接影响土壤中木质素和 SOM 的周转速率[40]。近年来，研究者对于微生物在土壤环境中的生态功能给予了极大的关注。随着土壤环境的改变，微生物群落组成也会发生相应的变化。有研究者对草原土壤退化过程中微生物群落结构进行了相关研究，发现土壤退化程度越高，微生物活性越低，而随着植被多样性增加，SOC 含量增高，微生物种类越多[47]。也有研究表明，植物根系分泌物会对微生物群落结构造成影响[50]，一些植物在生长过程中，根际会分泌酸性物质，导致部分不耐酸微生物死亡，一些能快速分解 SOM 的耐酸微生物丰度高，使 SOM 降解速率加快。土壤中营养物质的含量也会限制微生物的生长，表现为土壤 C/N 与 P 含量会影响微生物生物量（C、N 和 P），研究指出，微生物生物量 C/P 和 N/P 低时，会加速矿化 SOC 以及 N。土壤微生物生存周期短，能迅速对环境变化做出反应[51]，因而研究者常通过微生物群落结构反映当前土壤环境的质量。通过大量的文献调研，表明大多数类型土壤中细菌种类多于真菌种类，细菌中以变形菌门、酸杆菌门、绿弯菌门及放线菌门丰度较高，真核群落组成中以担子菌门、子囊菌门、不明真核生物等最多[52, 53]。在不同退化程度的土壤中，优势微生物群落有较大差异，变形菌门丰度高时说明土壤有机碳源丰富，而酸杆菌门丰度高则表明土壤养分贫乏[54]。剖面土壤中 SOM 主要来源于枯落物及植物根系输入。然而，深层土壤中 SOM 的积累不能仅

仅归结于表层 SOM 的迁移作用。土壤 SOM 的输入量是决定 SOM 封存量大小的主要因素，但土壤中 SOM 的损失及储存作用与土壤环境因子密切相关。研究发现，土壤环境因子间也存在相互影响。因而，探究环境因子对于 SOM 及典型分子标记物的作用，有助于我们阐释土壤 SOM 的更替行为过程。

4.1.5　研究内容

本章以阿坝州红原县阿木乡和瓦切镇不同类型高寒草原土壤为研究对象，探究典型分子标记物与 SOM 整体在不同土壤中的分布特征，更好地理解木质素在亚高山草甸土及沼泽土上的更替机制。并探究不同土壤中，土壤环境因子对 SOM 的影响。

（1）利用现代表征测试分析技术，了解土壤基本理化性质以及 SOM 的结构组成；

（2）利用稳定同位素分析测试技术，对土壤 TN 和 OC 中的 $\delta^{13}C$ 及 $\delta^{15}N$ 含量进行分析，探究典型分子标记物与 SOM 的周转速率；

（3）利用 GC-MS 对分子标记物含量及组成进行分析，探究 SOM 的降解程度及植被来源，对不同土壤类型及深度 SOM 的更替情况做出分析；

（4）利用表征技术及高通量分子测序技术，探讨土壤环境因子与 SOM 及典型分子标记物的相关性，阐释 SOM 的复杂环境行为。

4.2　区域概况及分析方法

4.2.1　研究地概况

1. 地理位置

若尔盖大草原地处北纬 32°56′～34°19′，东经 102°08′～103°39′，是我国川西北高原地区典型的高寒湿地草原，位于阿坝藏族羌族自治州。其行政区域包括四川的若尔盖、红原等 4 县以及甘肃的玛曲、碌曲，青海的久治等县，其气候寒湿，长冬无夏，年均气温 1.1℃，境内分布有大量的湿地，是黄河、长江的主要水源潜育地。该地区地貌结构特殊，包含丘状高原、山地、中山区域以及河谷。区域内生物多样性高，植被丰茂，对维持湿地生态系统的平衡至关重要。由于若尔盖大草原跨度较大，不同地区地形地貌呈现出较大的差别，总体而言，按区域可将其分为处于西南和东南区的河谷温和地带、中部及南部水热适中地带以及北部湿冷地带。按土壤质地类型，分布最广的为亚高山草甸土（AMX）和沼泽土（WQZ）。

本次采样点位于阿坝藏族羌族自治州红原县境内的阿木乡及瓦切镇，位于北纬 31°51′～33°33′，东经 101°51′～103°22′，平均海拔在 3500～4000m。其环境具有地势高、气候寒、光照强的特征。该地区为大陆性高原寒温带季风气候，气候偏冷，境内沼泽面积 240 万亩（1 亩≈666.7m²），天然草场面积达 1158 万亩。牧草及牛羊粪便丰富，土壤含有丰富的有机质。故研究其基本理化性质对于研究土壤有机质的更替及对药物的吸附有重要作用。采样区红原县地处青藏高原东部，位于四川省西北部、阿坝藏族羌族自治州中部。地理坐标在北纬 31°51′至 33°33′，东经 101°51′至 103°22′之间。县城位于北纬 32°48′，东经 102°33′。县境南北长 154km，东西宽 55km，总面积为 8400km²。

2. 植被类型

红原县作为若尔盖大草原的一部分，草地多以高寒草甸、沼泽化草甸和沼泽为主。高寒草甸草地分布较广，植被类型以多年生中生草本植物为主[55]。根据调查发现，其植被多为高山嵩草（*Kobresia pygmaea*）、老芒麦（*Elymus sibiricus*）、紫羊茅（*Festuca rubra*）、垂穗披碱草（*Elymus nutans*）等多年生莎草科、丛生禾本科植物，局部地区分布有中国沙棘（*Hippophae rhamnoides*）、柠条（*Caragana korshinskii*）、高山绣线菊（*Spiraea alpina*）、金露梅（*Potentilla fruticosa*）及锦鸡儿（*Caragana tibetica*）等灌木。沼泽区域是由于土壤受高原寒温带特殊性气候的影响，季节性蓄水并长期处于低温环境下，导致土壤内部透气性闭塞，长此以往形成有机质异常丰富的沼泽土。其主要优势植物为华扁穗草（*Blysmus sinocompressus*）、木里薹草（*Carex muliensis*）等。

3. 样品采集

本次取样以五点取样法在红原县阿木乡（东经 102.600716°，北纬 32.870027°，海拔 3452m）采集深度为 0～0.8m 的土壤样品，在瓦切镇（东经 102.648491°，北纬 33.099223°，海拔 3475m）采集深度为 0～0.5m 的沼泽地土壤样品，土壤每 0.1m 作为一个分层，并记录土壤含水率及湿重。样品带回后将鲜活植物清除并自然风干，混合均匀后再用鄂破机将土样碾碎，挑出石块和植物残体后再将土壤碾碎成细颗粒或粉状，尽可能保持土壤颗粒的完整性。对粉碎后的土壤样品进行过筛分处理（40 目，孔径 0.425mm），避光保存备用。图 4.1 为采样区图。

阿木乡亚高山草甸土　　　　　　　　　　瓦切镇沼泽土

图 4.1　采样区

4.2.2 土壤物理化学特性分析

对采集的阿木乡（AMX）和瓦切镇（WQZ）样品进行特性分析。土壤 pH 在现场测定，含水率及土壤容重参照《土壤分析技术规范（第二版）》测定。

1. 粒径分析

称取 AMX 和 WQZ 样品 0.5g 放入烧杯中，加入 10mL 浓度为 10%的 H_2O_2（可少量多次），放在电热板上加热，至其不再冒泡，目的是去除样品当中的有机质；再加入浓度为 10%的盐酸溶液 10mL 加热至其不再冒泡，碳酸类无机碳以产生的 CO_2 形式排出。加入去离子水，放置在稳定无震动的环境中，过夜抽取上层清液，重复此操作 3～5 次，以去除杂质。最后加入 10mL 0.5mol/L 的六偏磷酸钠溶液，振荡混合均匀后，使用 LS13320 激光粒度分析仪进行测定。

2. 元素组成分析

取 2.0g 土壤样品于离心管中并做好标记，加入过量 1mol/L HCl，于 25℃下恒温振荡 24h，以去除碳酸盐组分。用蒸馏水反复洗涤至中性，离心，冷干后研磨。

采用大进样量元素分析仪（vario MACRO cube，德国 Elementar）对土壤样品中 C、N 含量进行分析。测定前需将土壤样品磨细过 100 目筛，植物过 80 目筛，称取 100mg 左右的土壤样品及 30mg 左右的植物样品于锡舟中，压实成型。使氢气和氧气压强分别达到 0.16MPa 及 0.20MPa，流量分别为 500mL/min 和 25～30mL/min。选择 CHNS 模式，并设定燃烧管温度为 1150℃，还原管温度为 850℃，将样品按顺序放入进样盘，开始元素测定。

3. 有机质含量分析

实验选择水合热重铬酸钾氧化-比色法测定土壤中的有机质含量。

（1）标准曲线绘制：配制 5g/L 有机碳（葡萄糖）标准溶液，分别吸取 0mL、0.5mL、1.0mL、1.5mL、2.0mL、2.5mL、3.0mL 放入烧杯中，加水至 3.0mL，再加 10mL 重铬酸钾溶液[$c(K_2Cr_2O_7) = 0.8mol/L$]，以及浓硫酸 10mL，摇均匀后放置 20min，最后加水 10mL，摇匀，过夜。取 15.0mL 上层清液于 50mL 容量瓶中，用水定容并摇匀。用空白液调零点，在 559nm 波长处用 1cm 比色皿测定吸收值。

（2）待测液制备：称取过 100 目筛的 AMX 土壤 1.0000g 及 WQZ 土壤 0.3000g，分别放入 50mL 烧杯中，加水 3mL 使土壤分散，其余操作同（1），同时做空白试验。

（3）测定：用 1cm 比色皿在 559nm 波长处用空白试验调零点，测定待测液的吸收值，由标准曲线或回归方程求得待测液的含碳量。

（4）结果计算（g/kg）：

$$有机质含量 = \frac{m_1 \times 1.724 \times 1.32}{m \times 1000} \times 1000 \tag{4-3}$$

式中：m_1 为待测液含碳量，mg；1.32 为氧化校正系数；1.724 为由有机碳换算成有机质的系数；m 为烘干土壤的质量，g。

4. 傅里叶红外光谱（FTIR）分析

吸附剂的官能团性质是研究有机污染物吸附行为的重要参数。本研究采用 FTIR 分析仪（Varian 640-IR）表征土壤样品的官能团性质。主要采用溴化钾（KBr）压片法。KBr 压片法需要保证测定在干燥环境中进行，因此测定前，土壤样品和光谱纯级别的 KBr 放于烘箱中 110℃烘烤 12h。烘干完后立马取出放于镁光灯下，并在用酒精擦拭干净的玛瑙研钵中研磨至质地光滑的粉末。通过预备试验确定样品和 KBr 的混合比例为 1∶100，并在研钵中再次充分磨细混合均匀。然后用压片机进行压片，取出放入仪器的测定窗口中，设置扫描波长范围 4000~400cm^{-1}，以 8cm^{-1} 精度扫描 20 次。

4.2.3　稳定同位素丰度分析

取 AMX 和 WQZ 土壤，每 0.1m 作为一个分层。将表层枯落植物及每层土壤中的植物根系等挑选出来，并在 60℃下烘干。使用粉碎机将 4.2.1 节第 3 点中处理好的土壤磨碎，过 100 目筛，并将枯落植物及根系粉碎，过 80 目筛。置于避光干燥处保存备用。

取 2.0g 土壤样品于离心管中并做好标记，加入过量 1mol/L HCl，于 25℃下恒温振荡 24h，以去除碳酸盐组分。用蒸馏水反复洗涤至中性，离心，冷干后研磨。

采用元素分析-同位素比质谱仪（vario MACRO cube，德国 Elementar）对土壤样品中 ^{13}C、^{15}N 含量进行分析。称取 3mg 左右的参比样品 B2215，5mg 左右的植物样品以及 15mg 左右的土壤样品于锡舟中，压实成型。使氦气和氧气压强分别达到 0.16MPa 及 0.20MPa，流量分别为 230mL/min 和 25~30mL/min。选择 CN 模式，并设定燃烧管温度为 950℃，还原管温度为 600℃，达到设定条件后，开始做空白测定，直至 C、N 面积小于 200。连接同位素比质谱仪与元素分析仪，调谐后，将样品按顺序放入进样盘，开始同位素比值测定。^{13}C/^{12}C 和 ^{15}N/^{14}N 分别对应于国际标准（Vienna-Pee Dee Belemnite，V-PDB）与 ARI（American Air-Conditioning and Refrigeration Institute，美国空调与制冷协会）标准中的氮标准，并使用参比样品 B2155 进行校正。

4.2.4　典型分子标记物的测定

1. 氧化铜氧化-乙醚萃取法提木质素

萃取后的土壤样品放置于阴凉处风干后，称取 2.0000g 放置于聚四氟乙烯反应釜中，加入 1.0g CuO 粉末（预先使用二氯甲烷萃取并风干）、0.10g 六水合硫酸亚铁铵和 15mL 摩尔浓度为 2mol/L 的 NaOH 溶液混匀。通入氮气排出反应釜中的空气，盖好盖子后放置于烘箱中 170℃反应 5.0h。自然冷却后，将上层液体转移至离心管，并用 10mL 去离子水清洗剩余固体（加入搅拌子磁力搅拌），重复 1~2 次，收集所有液体，以 3000r/min 离心

30min。取离心后上层离心液，弃去下层沉淀，调节 pH 为 1，静置于黑暗处 1h（防止肉桂基反应）。再以 3000r/min 离心 20min，并将上清液移至 100mL 分液漏斗中，加入乙醚，多次振荡混匀（注意排气），并加入无水硫酸钠去除乙醚萃取液中的残留水分。旋蒸至 10mL 左右，转移至已知质量的 15mL 洁净棕色小瓶中，氮吹至恒重，记录。样品于–20℃ 下保存。

2. 木质素酚的衍生化

将萃取所得样品溶于色谱纯级的有机溶剂（二氯甲烷：甲醇 = 1∶1，体积比）中，密封好瓶盖，于水浴超声机中超声 20min，保证样品全部溶解，无絮状物或沉淀，呈透明色。取溶液 100μL 于气相小瓶中，氮吹干，加入 90μL 双（三甲基硅烷基）三氟乙酰胺（BSTFA）、10μL 吡啶，放置于 70℃ 烘箱中反应 3h，其目的是保护不稳定基团，增加化合物的稳定性，有助于混合物的分离，增大化合物在仪器上的响应度。样品在室温下冷却后，加入 2.9mL 正己烷稀释并混匀。

3. GC-MS 定性及定量分析

本实验采用气相色谱-质谱联用仪（GC-MS）分析，型号为 Agilent 7890B 系列 G3440B。配置的毛细管色谱柱为 HP-5MS（30m×0.250mm，0.25μm）。将氢气及氮气气压设定为 0.3MPa 及 0.5MPa，打开计算机、色谱及质谱电源，稳定后点击进入软件界面。设定离子源及四级杆温度分别为 230℃ 及 150℃，抽真空。待仪器真空抽好后，进行仪器自动调谐。无误后建立测定方法。设定其进样方式为自动进样，进样量设置为 5μL，分流比为 2∶1，进针前后洗针次数为 3 次，清洗剂（正己烷）进样量为最大。其升温程序设置为：初始温度 65℃，保留时间为 2min；6℃/min 上升至 300℃，保留时间为 20min。进样口温度为 290℃，传输线温度为 280℃，质谱电离源为 EI 源，工作电压为 70eV，溶剂延迟时间为 8min，质量扫描范围为 50~650Da。本实验测定以香草酸作为木质素酚类的标准样品。

4.2.5　微生物群落结构分析

在两个采样点采集 AMX 柱状样品 8 个（每层取一个样品，下同），WQZ 样品 5 个。每个样品质量为 10g 左右，做好标记后，采用干冰保存，使其温度在–20℃ 下，并立即送往测定机构测定。

相较于传统方法对真菌进行分类鉴定，采用 18S rDNA 及 16S rDNA 技术对土壤中的真菌及原核生物进行分析更加便捷、可靠。样品测定过程首先要经过样本检测，确保样品合格，再经过聚合酶链式反应（polymerase chain reaction，PCR）放大扩增，再纯化样品，最后建库以及上机测序。测定真菌组成常用 ITS 作为分类研究，（internal transcribed spacer，即内转录间隔区序列），ITS 是真核生物核糖体 RNA（rRNA）基因非转录区的一部分，常用于真菌类群的物种鉴定和群落组成分析。用于真菌物种鉴定的 ITS 包括 ITS1 和 ITS2 两个区域。测定原核生物则通常选择几个变异区域，利用保守区设计通用引物进行 PCR 扩增，然后对高变区进行测序分析和菌种鉴定。根据所扩增区域的特点，基于 IonS5™XL 测序平台，利用单端测序（Single-End）的方法，构建小片段文库进行单端测序。通过对 Reads（读长）剪切过滤，OTUs（operational taxonomic units，操作分类单元）聚类，并进行真菌及原核生物物种注释及丰度分析，揭示样品微生物物种构成。

4.2.6　实验材料

1. 实验试剂

实验中所用试剂如表 4.2 所示。

表 4.2　实验试剂

药品名称	规格/纯度	公司
盐酸	AR	
过氧化氢	AR	
六偏磷酸钠	AR	
硫酸	AR	
无水乙醇	纯度≥99.8%	
葡萄糖	GR	
氢氧化钠	AR	成都市科隆化学品有限公司
二氯甲烷	HPLC	
甲醇	HPLC	
CuO	GR	
六水合硫酸铵亚铁	GR	
NaOH	GR	
乙醚	GR	
超纯水	18MΩ·cm	美国 Millipore 纯水机制备
重铬酸钾	GR	国药试剂公司

2. 实验仪器

实验中所用仪器如表 4.3 所示。

表 4.3　实验仪器

仪器名称	型号	公司
紫外分光光度计	Evolution300	美国 Thermo Fisher
大进样量元素分析仪	vario MACRO cube	德国 Elementar
傅里叶红外光谱仪	Tensor II	德国 Bruker

续表

仪器名称	型号	公司
电子天平	AL104	上海 Mettlertoledo
超纯水机	Millipore-Integral5	美国 Millipore
激光粒度分析仪	LS13320	美国贝克曼库尔特
元素分析-同位素比质谱仪	vario MACRO cube	德国 Elementar
恒温振荡箱	TSQ-280	上海精宏实验设备有限公司
电热恒温鼓风干燥箱	DHG-9243A	上海精其仪器
粉碎机	XA-1	江苏新航仪器
高速离心机	Centrifuge5804R	德国 Eppendorf
水浴超声机	KH5200B	昆山禾创超声仪器有限公司
旋转蒸发仪	RE-52A	上海亚荣
氮吹仪	DHG-9243A	上海精其仪器
GC-MS	G3440B	Agilent
电热恒温鼓风干燥箱	DHG-9243A	上海精其仪器

4.3　稳定同位素示踪 SOM 来源及降解

C、N 元素作为土壤有机物的重要组成部分，其在土壤中的生物地球化学循环过程备受生态学领域关注。^{13}C、^{15}N 作为自然界存在的稳定性同位素，其在不同物质间的自然丰度存在差异，可用于间接反映土壤生态系统碳-氮循环过程，揭示生态系统功能变化特征。^{13}C 自然丰度变化可指示 SOM 及其组分的分解速率[56]。而植被的变化会导致土壤 ^{13}C 分布特征的改变[30]，在一定时间内，可以反映土壤植被覆盖类型。土壤稳定氮同位素比率（$\delta^{15}N$）可用于指示土壤中的氮饱和状态，也可用于表征其有效性[57, 58]，氮饱和状态及有效性与典型分子标记物的降解有很大关系，因而探究土壤及植物中碳氮同位素含量可以推测 SOM 的来源，以及 SOM 与典型分子标记物降解的差异。

本章选取的土壤样品为若尔盖大草原的沼泽土和亚高山草甸土。自 20 世纪 50 年代以来，由于人类活动和气候改变等原因，导致草原呈现"沼泽—沼泽化草甸—草甸—沙化草甸"的趋势退化[12]。通过测定不同退化阶段草原土壤以及植物叶片、根系以及典型分子标记物同位素碳、氮含量，比较其在不同演替水平及垂直水平上的变化特征，探讨高寒草原土壤同位素碳氮间的变化关系，阐明水平及剖面土壤上 SOM 的更替演变情况，并为研究有机质在纵向迁移过程中的利用情况提供参考，为生态系统碳循环过程机理的研究提供支持。

本章采用的分析方法是利用 SPSS 22.0 统计软件对不同地区、不同土壤同位素 C、N 含量进行单因素方差（One-way ANOVA）和多重比较[采用最小显著性差异分析法（least significant difference，LSD）]分析，采用皮尔逊（Pearson）相关方法分别检验土壤有机碳、氮与其对应的稳定碳、氮同位素的相关关系。用 Origin 2019b 软件绘图。

4.3.1　植物叶片及根系同位素丰度

根据图 4.2 可知，AMX 和 WQZ 植物根系中 $\delta^{15}N$ 值分别在 –1.84‰～2.47‰和 –0.76‰～1.77‰范围内，$\delta^{13}C$ 值在 –28.55‰～–27.71‰和 –27.97‰～–26.12‰范围内。由于不同植物光合作用途径有所区别，其本身积累的 $\delta^{13}C$ 值也有较大差异。C3 型植物 $\delta^{13}C$ 值变化范围为 –34‰～–23‰，平均值为 –27‰，C4 植物 $\delta^{13}C$ 值变化范围为 –19‰～–9‰，平均值为 –13‰[59]。可知，实验样品植物为 C3 植物。而植物样品与土壤样品 $\delta^{13}C$ 值相差不大，分析可知，AMX 和 WQZ 主要植被类型为 C3 植物。

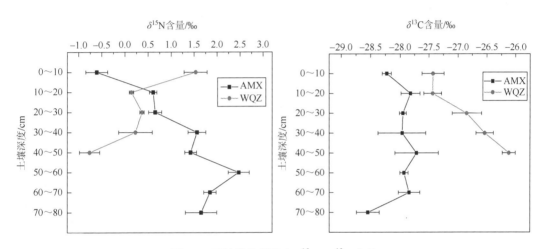

图 4.2　两地植物根系中 $\delta^{15}N$、$\delta^{13}C$ 含量

图 4.2 中，AMX 植物根系 $\delta^{15}N$ 值随土壤层深增加而增加，WQZ 植物根系 $\delta^{15}N$ 值随土壤层深增加而减少，这与土壤中 N 含量变化相反。AMX 土壤中 N 随层深增加而减少，WQZ 呈先增后减趋势，这与 $\delta^{15}N$ 值的总体变化趋势相反。AMX 植物根系中 $\delta^{13}C$ 值随层深增加呈不稳定增加趋势。WQZ 植物根系中 $\delta^{13}C$ 值随深度增加而增加。总体而言，植物根系中随深度增加而呈现富集状态。

4.3.2　土壤及典型分子标记物同位素丰度

根据对 AMX 和 WQZ 土壤表面枯草的分析可知，AMX 表面枯草 $\delta^{13}C$ 值为 –27.83‰（±0.12），$\delta^{15}N$ 值为 –1.54‰（±0.03），WQZ 表面枯草 $\delta^{13}C$ 值为 –27.97‰（±0.30），$\delta^{15}N$ 值为 1.77‰（±0.11）。由图 4.2 及表 4.4 可知，土壤中 $\delta^{13}C$ 及 $\delta^{15}N$ 值均大于枯落植物，说明枯落物转化为表层土壤有机质这一阶段出现了 $\delta^{13}C$ 及 $\delta^{15}N$ 的富集，且程度较高，该结果与大多数研究者结果一致[60, 61]。

表 4.4　土壤样品中 $\delta^{15}N$、$\delta^{13}C$ 含量

土壤层深/cm	AMX		WQZ	
	$\delta^{15}N$/‰	$\delta^{13}C$/‰	$\delta^{15}N$/‰	$\delta^{13}C$/‰
0~10	7.30（0.04）Abc	−25.46（0.29）Ab	2.15（0.10）Ba	−23.14（0.26）Ba
10~20	7.58（0.11）Ab	−25.59（0.41）Ab	2.13（0.11）Ba	−24.95（0.36）Bbc
20~30	8.10（0.10）Aa	−24.86（0.67）Aab	1.64（0.05）Bc	−24.96（0.44）Bbc
30~40	7.28（0.15）Abc	−22.37（0.26）Aa	1.85（0.05）Bb	−24.53（0.59）Bb
40~50	6.68（0.09）Ac	−22.23（0.26）Aa	1.09（0.03）Bd	−25.53（0.24）Bc
50~60	6.77（0.12）Ac	−22.15（0.11）Aa	——	——
60~70	5.02（0.23）Ad	−21.47（0.17）Aa	——	——
70~80	4.63（0.55）Ad	−21.52（0.18）Aa	——	——

注：1）同行同参数不同字母表示不同土壤类型间稳定同位素比值差异显著（$P<0.05$）；
　　2）同列同参数不同字母表示不同层深土壤稳定同位素比值差异显著（$P<0.05$）。

表 4.4 展示了 AMX 和 WQZ 不同深度 SOM 中 $\delta^{13}C$ 及土壤 $\delta^{15}N$ 值的变化趋势。AMX 和 WQZ 土壤 $\delta^{13}C$ 及 $\delta^{15}N$ 值均表现为显著差异。在土壤纵向剖面上，AMX 和 WQZ 土壤 $\delta^{15}N$ 值总体上呈现下降趋势，这与 AMX 土壤剖面 N 含量变化趋势相似，而与 WQZ 的相反。由图 4.3 可知，两地植物中 $\delta^{15}N$ 值差异远小于两地土壤 $\delta^{15}N$ 值差异。AMX 与 WQZ 土壤 $\delta^{15}N$ 值差异大的原因可能是：

（1）两地土壤理化性质差异大。沼泽土更有利于 SOM 保存。由于土壤中 N 大约有 99%储存于有机质中，因而 TN 含量与 SOM 一般呈现为正相关。而随着 SOM 的降解，过多的轻质氮（^{14}N）从有机质中释放出来，造成较大的损失，导致 ^{15}N 丰度的升高。

（2）AMX 放牧强度超过 WQZ 采样点。牲畜对植被的采食提高了氮的利用效率，并促使植物根系吸收利用土壤中的硝态氮及铵态氮向植物再生幼嫩器官输送。另外，牲畜排泄物也同样为植物生长提供了大量的氮源，由于强烈的分馏作用使得轻质氮流失以及被利用，重质氮（^{15}N）积累，可能导致 AMX 土壤中 $\delta^{15}N$ 值远远高于 WQZ 土壤。而 WQZ 土壤氮循环过程相对缓慢，使得氮在相对稳定的环境下发生积累[31]。这解释了为何 WQZ 土壤 N 含量高于 AMX 土壤，而 AMX 土壤 $\delta^{15}N$ 值却远高于 WQZ 土壤。AMX 植物根系中 $\delta^{15}N$ 值随层深增加而增加，可能是由于随土壤深度增加，N 含量降低，易被利用的轻质氮含量也随之减少，即使 $\delta^{15}N$ 值也随层深降低，重质氮的利用率仍在增加。AMX 土壤层间 $\delta^{15}N$ 值层间差异较大，尤其是 0~30cm 与 60~80cm 土层间的差异，最高可达 3.47‰，说明 N 的转换效率在层间也存在很大差异。WQZ 土壤及根系 $\delta^{15}N$ 值均随层深增加而降低，且其层间差异小于 AMX 土壤，这可能与 WQZ 土壤环境有关。

AMX 土壤 $\delta^{13}C$ 值沿垂向方向增加，说明土壤有机质降解程度越高[30]。重质碳（^{13}C）在淋溶过程中进入深层土壤中，轻质碳（^{12}C）被植物和微生物吸收优先利用[62]。因而随层深增加，$\delta^{13}C$ 值越高。WQZ 土壤 $\delta^{13}C$ 值随层深增加而降低，这与 WQZ 土壤 $\delta^{15}N$ 值的变化趋势是一样的。AMX 和 WQZ 土壤 $\delta^{13}C$ 值差异也很显著，而其表面枯草 $\delta^{13}C$ 值差别很小，造成其差异巨大的原因一方面可能是土壤环境、含水率、离子交换量、黏粒含量及微生物活动等因素，另一方面则是 AMX 采样点放牧，因牲畜采食植被叶片及部分

茎干，土壤有机质主要来源于茎干以及牲畜排泄物，因而造成较大差异。然而，WQZ 土壤 $\delta^{13}C$ 及 $\delta^{15}N$ 变化趋势与 AMX 相反，其原因可能是有机质在沼泽土中存在较强的淋溶作用，由于新鲜有机质的快速输入，在下层土壤中得到较好的保护，而上层土壤中 SOM 的分解导致碳同位素含量比下层土壤高。

由表 4.4 可知，土壤 $\delta^{15}N$ 值层间变化较大，而 $\delta^{13}C$ 值纵向剖面变化较为稳定。说明 $\delta^{13}C$ 值能较好地反映 SOC 的含量，预测其周转速率和更替情况。AMX 土壤 $\delta^{13}C$ 值在 0～30cm 处出现了分层，30～80cm 土层 $\delta^{13}C$ 值无显著差异。这与 SOC 含量变化趋势表现一致。20～30cm 与 30～40cm SOC 出现较大跨度，20～30cm 土层有机碳含量为 0.36%，而 30～40cm 土层有机碳含量为 0.2%。WQZ 土壤有机碳含量在 0～10cm 处与 10～50cm 处表现出巨大差异，这与 WQZ 土壤 $\delta^{13}C$ 值的变化趋势也一致。

4.3.3　SOM 同位素与 C、N 含量相关性分析

由图 4.3 及图 4.4 可知，AMX 土壤、木质素 $\delta^{13}C$ 值与 SOC 含量显著负相关（$P<0.01$），与土壤 C/N 值显著负相关（$P<0.01$）；$\delta^{15}N$ 值与土壤 N 含量显著正相关（$P<0.01$），与土壤 C/N 值显著正相关（$P<0.01$）。WQZ 土壤、木质素 $\delta^{13}C$ 值与土壤有机碳含量显著正相关（$P<0.01$），木质素与土壤 C/N 值显著负相关；$\delta^{15}N$ 值与土壤 N 含量及 C/N 值均无显著相关性（$P>0.05$）。

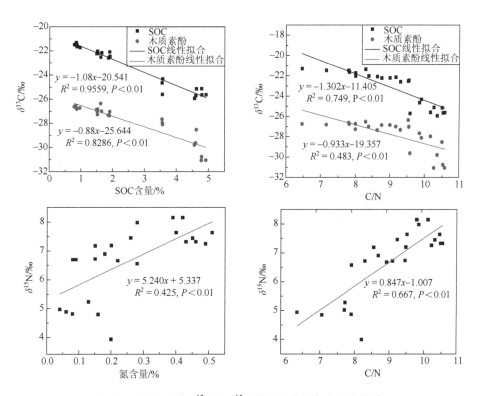

图 4.3　AMX 土壤 $\delta^{13}C$ 及 $\delta^{15}N$ 值与土壤元素含量的关系

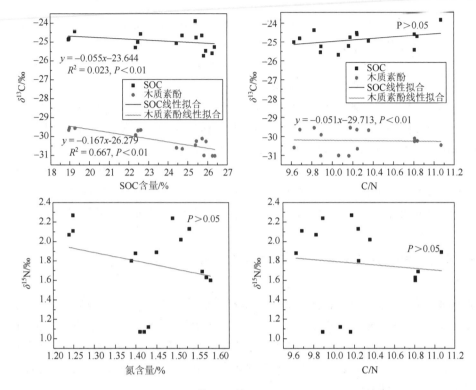

图 4.4　WQZ 土壤 δ^{13}C 及 δ^{15}N 值与土壤元素含量的关系

本书中 δ^{13}C 值均随 SOC 含量增加而减少，这与大多数研究结果吻合[63, 64]。然而，WQZ 土壤有机碳含量随土壤深度增加而增加，δ^{13}C 值随土壤深度增加而减少。这既与其他研究者的结论有区别，也与本研究中 AMX 土壤 δ^{13}C 值变化有很大差异。因此，δ^{13}C 值在土壤剖面上的分布特征不能完全归于同位素动力分馏作用的影响，可能是由多种因素共同作用导致的[39]。WQZ 土壤有机碳同位素随土壤深度增加而降低，其原因有可能是由于处于沼泽地带，土壤淋溶作用较强，贫化碳有机质纵向迁移导致有机碳逐年积累。

对两地土壤 δ^{13}C 值随对应深度 SOC 含量变化做拟合曲线，有研究表明，其斜率（定义为 β）β 值越小，土壤周转率和有机质分解速率越快[56, 65]。由图 4.3 和图 4.4 可知，β 值为 AMX（草甸土）<WQZ（沼泽土），说明 AMX 土壤有机质及木质素分解速率均高于 WQZ 土壤。这表现了木质素的降解与 SOM 含量有很大的相关性，也证实了研究者所说的，木质素降解受到 SOM 整体含量的调控。在 AMX 土壤中，AMX 土壤 δ^{15}N 值随土壤 N 含量增加而增加，表现出显著正相关关系，与赫凤彩等的研究相似，即土壤 N 含量大于 1g/kg 时，δ^{15}N 值与土壤 N 含量呈正相关[29]。而 WQZ 土壤 N 含量大于 10g/kg 时，反而与 δ^{15}N 值无显著相关，本书研究中 WQZ 土壤 TN 同位素特征则验证了这一点。

在 AMX 土壤中，β（木质素）>β（SOC），表明木质素在土壤剖面上的降解速率低于 SOM，即相较于 SOM 整体，土壤有利于木质素的储存。而在 WQZ 土壤中，β（木质素）$< \beta$（SOC），反映了木质素在土壤中的降解速率大于 SOC 整体。这与 AMX 土壤得出的结论正好相反。我们推测，木质素在 AMX 土壤中存在的形式更加稳定，在 WQZ 土壤中可能转化为如腐殖质类更稳定的物质储存。而造成这种现象的原因跟土壤性质有极大的关系，我们会在以下章节中深入分析。

4.4　典型分子标记物在不同类型土壤剖面的分布与降解特征

典型分子标记物能否作为指示土壤碳库大小和 SOM 含量的指标，在学术界仍存在一定的分歧。传统理论研究认为，木质素在土壤中处于相对稳定的状态，其为构成 SOM 的主要组成部分。而在一些学者的研究中，木质素含量水平并不能完全代表 SOM 库大小。在不同环境下，木质素相对 SOM 的降解速率呈现较大差异[1]。然而，当前仍普遍认为木质素在一定程度上代表了 SOM 整体的含量及更替状况。研究利用同位素技术分析 AMX 土壤和 WQZ 土壤中木质素与 SOM 的降解速率，发现同类型土壤中木质素相对 SOM 降解速率有较大差异，这可能导致了木质素在土壤中的更替机制有所区别。

红原县草原土壤含有丰富的有机质，其主要来源于植物根系、凋落物及分解产物。木质素作为土壤有机质的重要组成成分，因其生物化学稳定性在其本身发生降解时，会相对完整地保留母源碳骨架信息，是 SOM 更替状况的有效信息记录者[27]。木质素衍生的酚类常用于区分不同植物类型（裸子植物、被子植物和草本等）对 SOM 增长的贡献，这是由于不同植被类型中三类木质素的结构含量有所差别。

随着人为 CO_2 排放量的剧烈增加，研究者们需对 CO_2 的源和汇有更多的认识。土壤作为陆生植物的营养提供者及残体消化者，对于碳周转过程有着至关重要的作用。植物通过光合作用将大气中的 CO_2 固定到有机质中，再转而进入土壤形成 SOM。木质素记录着 SOM 更替过程中的有效信息，研究其在不同演化程度（沼泽土-草甸土）土壤及土壤剖面上的组成、变化趋势，有助于了解 SOM 在土壤中的分布特征及更替过程，解决气候变暖带来的一系列环境问题。

本章采用 Excel 对研究数据进行处理，采用 SPSS 22.0 软件最小显著性差异法（LSD）进行显著性差异比较，具有显著性（$P < 0.05$），图形用 Origin 2017 进行分析处理。

4.4.1　土壤基本理化特性

对样品进行理化性质分析的结果如表 4.5 所示。AMX 与 WQZ 都是弱酸性土壤，pH 在 5.3～6.2。AMX 土壤 pH 随深度增加而增加，而 WQZ 土壤 pH 相差不大。AMX 土壤含水率随深度加深而下降，WQZ 呈上升趋势。两地土壤中 SOM 含量及分布特征也出现了显著差异。

表 4.5　土壤基本理化性质

地点	土壤层深/cm	含水率/%	pH	SOM 含量/(g/kg)	容重/(g/cm³)	孔隙度/%
AMX	0~10	88.9	5.54	75.36	0.78	0.71
	10~20	86.6	5.57	77.23	0.81	0.69
	20~30	78.3	5.75	69.90	1.09	0.59
	30~40	72.4	5.96	47.74	1.13	0.57
	40~50	66	5.98	31.65	1.22	0.54
	50~60	58.6	6.10	30.29	1.35	0.49
	60~70	46.8	6.06	19.78	1.43	0.46
	70~80	35.5	6.17	19.22	1.51	0.43
WQZ	0~10	244.57	5.42	328.88	0.263	0.900
	10~20	235.25	5.45	387.50	0.266	0.899
	20~30	252.17	5.37	442.90	0.258	0.903
	30~40	227.94	5.40	428.42	0.277	0.895
	40~50	260.38	5.39	450.71	0.270	0.898

　　由表 4.5 可知，阿木乡（AMX）和瓦切镇（WQZ）土壤样品含水率都比较高，WQZ 土壤样品含水率为 AMX 土壤样品的 3 倍以上。AMX 土壤有机质含量随土壤层深增加而减少，WQZ 则相反。WQZ 土壤有机质含量远远高于 AMX，说明季节性积水有利于 SOM 的保存。

　　由图 4.5 可知，AMX 和 WQZ 土壤 SOC 含量随土壤深度增加呈现不同的变化趋势。WQZ 剖面 0~50cm 层深土壤中的有机碳含量随土壤深度增加而增加，含量为 19.08%~26.14%，而 AMX 剖面 SOC 随层深增加而减少，其含量仅为 4.83%~0.86%。AMX 和 WQZ 土壤剖面氮素含量分布特征与其相对应的有机碳含量分布特征相似。AMX 剖面土壤中 N 含量为 0.11%~0.46%，WQZ 土壤中为 1.25%~1.57%。因而 AMX 和 WQZ 的碳氮含量呈现极显著的差异。

　　SOC 含量和氮含量取决于有机物质及氮素的输入和输出量。有机碳的输入量主要来源于植物残体、根系、凋落物以及微生物同化作用等产生的外源碳，而氮素的输入量则主要依赖于植物残体、生物固氮作用以及水流的输入。有机碳和氮的输出量主要包括分解作用和侵蚀损失。AMX 土壤样品采自无积水区，WQZ 土壤采自季节性积水区，这可能是导致两地有机碳和氮含量差异较大的主要原因之一。WQZ 的植物枯落物和死亡根系在长期由于积水产生的缺氧环境下，不利于微生物分解有机质，而有利于有机质的积累。相对而言，AMX 草甸土含水率低于 WQZ 沼泽土，其环境有利于有机质的分解，这与许多湿地土壤的研究结果一致。

　　土壤 C、N 化学计量比对于衡量土壤有机质组成和预测其分解速率有重要作用。根据图 4.5 可知，AMX 土壤 C/N 值随土壤层深增加呈减小趋势，AMX 土壤 C/N 值随层深增加呈现先增后减再增加的趋势，与 AMX 土壤 N 含量变化趋势相同。研究表明，低 C/N 值预示着高分解度及高稳定性[66]。当 C/N 值为 25～30 时，最有利于微生物分解，而当 C/N 值<15 时，不利于微生物分解有机质。本实验表明，AMX 和 WQZ 土壤 C/N 值分别在 7.15～10.46 和 9.9～10.82 区间内，均小于 15，且相较于全国 C/N 值 10.1～12.1 更低，表明两种土壤环境都不利于微生物对有机质的分解。这也从侧面验证了 4.3 节中结论的正确性。即 AMX 沿剖面土壤典型分子标记物及 SOM 整体降解程度越深，越有利于 WQZ 土壤保存 SOM。

至于 AMX 土壤 C/N 值总体上小于 WQZ 土壤，这可能是由于 AMX 草甸土有机质分解程度高于 WQZ 沼泽土，其稳定性也略高。

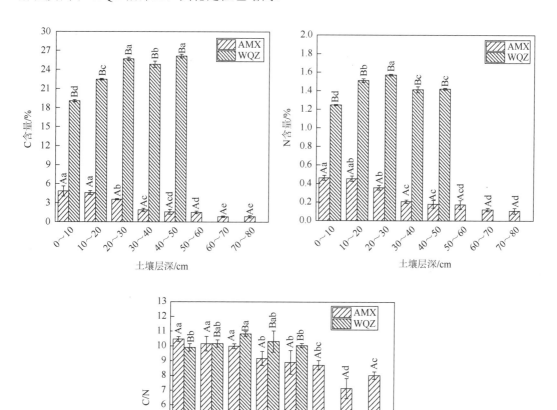

图 4.5　土壤有机碳与氮含量及其比值

注：1）不同大写字母表示不同类型土壤间差异显著（P<0.05）；
　　2）不同小写字母表示同一土壤不同深度间差异显著（P<0.05），下同。

为了解土壤中含有哪一类有机官能团，研究采用傅里叶中端波长红外光谱仪进行分析。根据图 4.6 可知，AMX 土壤红外光谱特征峰主要在 3617.20cm⁻¹、3422.13cm⁻¹、1650.68cm⁻¹、1032.45cm⁻¹、796.84cm⁻¹。WQZ 土壤样品红外光谱特征峰主要在 3411.93cm⁻¹、2920.25cm⁻¹、2851.34cm⁻¹、1629.96cm⁻¹、1384.63cm⁻¹、1032.75cm⁻¹、797.27cm⁻¹。说明两地土壤有机质碳骨架结构大体基本一致。由红外光谱吸收峰归属表（见表 4.6）可知，3650～3300cm⁻¹ 出现的是醇、酚类—OH 及 NH 伸缩振动或氢键结合—COOH 伸缩振动吸收峰，3000～2843cm⁻¹ 出现的是烷烃类 CH 伸缩振动吸收峰，1680～1620cm⁻¹ 出现的是—C=C—伸缩振动吸收峰，1475～1340cm⁻¹ 出现的是饱和碳 C—H 面内弯曲振动吸收峰，1300～1020cm⁻¹ 出现的是多糖类、醇类、醚类、羧酸类及酯类 C—O 的伸缩振动吸收峰，1000～650cm⁻¹ 出现的是苯环 C—H 面外弯曲振动吸收峰。由此推测，AMX 土壤有机质中主要含有醇类、羧酸、苯酚类、胺类、多糖类、脂类等，WQZ 土壤含有丰富的烷酸类物质，AMX 土壤 C—O 数量较多。通过这一类官能团类型并结合木质素的分解程度，推断 SOM 在不同土壤中的更替过程。

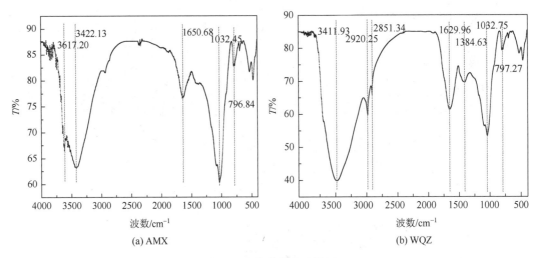

(a) AMX　　　　(b) WQZ

图 4.6　土壤红外光谱特征

表 4.6　红外光谱吸收峰归属表

波数/cm⁻¹	土壤有机质官能团
3650～3300	醇、酚类—OH 及 NH 伸缩振动或氢键结合的—COOH 伸缩振动
3000～2843	烷烃类 CH 伸缩振动
1680～1620	—C=C—伸缩振动
1475～1340	饱和碳 C—H 面内弯曲振动
1300～1020	多糖类、醇类、醚类、羧酸类及酯类 C—O 的伸缩振动
1000～650	苯环 C—H 面外弯曲振动

土壤由多种类型颗粒物质混合而成，其包含复杂的团粒结构，颗粒大小不一，通常会与有机质交融组成单粒、微团粒、团粒和土块等不同层级的聚合团。本实验将土壤颗粒分为如下五个粒级。

表 4.7　粒组划分

地点	土壤层深/cm	机械组成/%					土壤类型
		黏粒/ <0.002mm	粉粒/ 0.002~0.075mm	细砂/ 0.075~0.25mm	中砂/ 0.25~0.5mm	粗砂/ 0.5~2mm	
AMX	0~10	15.90	75.66	8.43	0.01	0	黏壤土
	10~20	12.19	78.09	9.51	0.21	0	黏壤土
	20~30	11.81	80.64	7.45	0.10	0	黏壤土
	30~40	5.19	77.13	17.65	0.03	0	粉质壤土
	40~50	5.94	79.60	14.45	0.14	0	粉质壤土
	50~60	7.98	70.47	21.36	0.19	0	粉质壤土
	60~70	6.05	43.23	37.88	6.61	6.23	砂质壤土
	70~80	3.43	26.72	41.10	18.75	10.00	砂质壤土
WQZ	0~10	15.29	80.78	3.90	0.03	0	黏壤土
	10~20	8.26	87.05	4.69	0	0	黏壤土
	20~30	7.58	89.28	3.13	0.01	0	黏壤土
	30~40	8.06	85.96	5.90	0.08	0	黏壤土
	40~50	7.05	83.38	9.05	0.52	0	黏壤土

根据表 4.7 可知，AMX 和 WQZ 剖面土壤均为壤土，其组成主要以黏粒、粉粒和细砂为主。从 AMX 土壤剖面来看，土样类型均为细粒类土，在 0~30cm 的土样粒径主要分布在 <0.002mm 和 0.002~0.075mm 区间内，粉粒含量较高，且细粒组含量高达 90% 以上，因而将其划分为黏壤土。土壤深度为 30~60cm 的样品仍以粉粒占比为最高，而相较于 0~30cm 的土壤，粉粒和黏粒含量均有所下降，细砂含量增高，且细粒组中粉粒大于50%，故将该部分土壤划分为粉质壤土。在土壤深度为 60~80cm 时，AMX 土壤粉粒含量有明显差别，表现为骤减趋势，且 60~80cm 土壤里中砂、粗砂含量较高，超过 10% 以上，而黏粒和粉粒含量分别为 49.28% 和 30.15%。粉粒含量体积比≤50% 时，可将该部分土壤划分为砂质壤土。而 WQZ 土壤粒径中也以黏粒和粉粒为主，且细粒含量>90%，因而均划分为黏壤土。

4.4.2　分子标记物木质素来源解析

对羟基苯（C 类）、紫丁香基（S 类）与愈创木基（V 类）木质素单体的比值 C/V 和 S/V 常被用于示踪土壤中有机质的具体来源，也可在一定程度上反映木质素降解情况。由图 4.8 可知，0~80cm AMX 和 0~50cm WQZ 土壤有机质都来源于被子草本植被组织，说明很长一段时间内，这里并未发生较大程度的植物类型更替。而 AMX 与 WQZ 差异较大，说明这两地主要植被类型有一定差异。然而，因植被类型、降解以及环境条件等因素，会对 C/V 及 S/V 比值造成一定影响。往往研究者需要通过其他参数结合来判断木质素的降解情况。由图 4.7 可知，两地枯草中三类单体含量 C∶S∶V 约为 1∶1∶1，表明植被类型属于被子草本植被[67]。

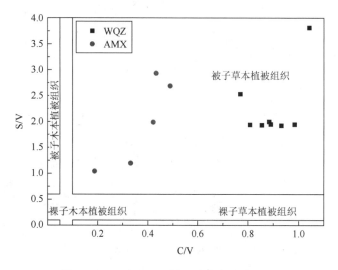

图 4.7　C/V 和 S/V 示踪土壤有机物来源图

表 4.8　植物有机质木质素酚类单体含量　　　　　单位：μg/g plant

样品	C	S	V	C/V	S/V	（Ad/Al）V	（Ad/Al）S
AMX 枯草	16812.10	16476.90	15615.30	1.08	1.06	0.59	0.68
WQZ 枯草	18428.75	18149.15	16481.35	1.12	1.10	0.53	0.61

木质素氧化分解产物还包含对羟基苯甲酸（PAD）、对羟基苯甲醛（PAL）和对羟基苯乙酮（PON）三类对羟基苯酚类（P）单体，其中 PON 仅来源于木质素分解产物，而 PAD 和 PAL 还可能来自氨基酸之类的有机物，因而常用 PON/P 值来判断 P 系列单体是否主要来源于木质素[68]。本书中 AMX 和 WQZ 枯草 PON/P 值分别为 0.27 和 0.19，而 AMX 和 WQZ 土壤 PON/P 值在 0.27～0.34 和 0.09～0.15 区间内（见图 4.10），其差别不大，说明 P 系列单体主要来源于木质素，即有机质主要来源于维管植物。

4.4.3　分子标记物木质素在剖面土壤中的分布

研究常以木质素氧化铜碱式水解后裂解所得的三类主要单体（C、S 和 V）数量之和代表木质素含量。WQZ 与 AMX 植被中木质素含量总体差距不大，为 48.91～53.06mg/g plant。根据图 4.8 可知，C 类单体含量均高于 S 类和 V 类单体含量，这是因为土壤中木质素主要来源于草本植被组织，草本植被中含有大量的 C 类单体，而木本植被组织基本不含有此种单体。一般而言，木质素单体稳定性为 C＜S＜V，C 类单体被微生物优先利用可能是导致 C 类单体土壤层间差异较大的主要原因。

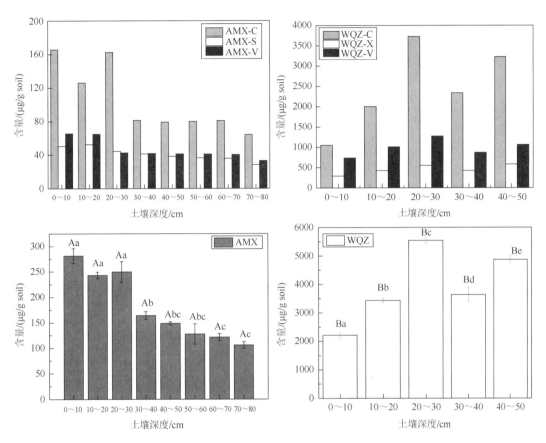

图 4.8　土壤剖面中木质素酚单体含量及显著性分析

根据研究表明，土壤中木质素主要来源于枯落物分解及植物根系输入[1]。本研究中 AMX 土壤剖面木质素含量随土壤深度增加而减少，0～30cm 剖面土壤木质素含量（258.20mg/kg soil）显著大于 30～80cm 土壤（133.67mg/kg soil）。邱甜甜等[61]认为深层土壤中有机质的含量与植物根系量有关。AMX 0～30cm 土壤中植物根系量极大，而 40～80cm 土壤植物根系较少，所以造成 0～30cm 和 30～80cm 层间木质素含量出现较大的差异。也有研究表明，土壤颗粒机械组成及降雨对深层土壤有机质含量有较大的影响，而深层土壤层间差异主要源于迁移过程中的消耗。AMX 剖面土壤 0～30cm 为黏壤土，30～60cm 为粉质壤土，60～80cm 为砂质壤土。由于木质素在中层土壤（30～60cm）中垂向迁移时淋溶作用较强，其损失较小，越深层土壤 SOM 越难以降解，导致层间差异较小。而 60～80cm 土壤砂粒含量很高（＞50%），不利于小分子有机质的积累[38]，而大分子木质素则能较好地保存下来。对此，我们认为表层土壤中木质素来源于枯落物及根系，而深层木质素主要依赖于表层土壤（0～30cm）木质素的垂向迁移。

WQZ 土壤木质素与 AMX 土壤木质素呈相反趋势，其含量随土壤深度增加而积累。并在 20～30cm 含量最高，30～40cm 含量下降，而在 40～50cm 处回升。这与 WQZ 土壤中 SOM 总量分布特征相似。表明 30～40cm 土壤环境可能不利于 SOM 的积累。可能这一层深土壤中异养型微生物丰度较高。综合两类土壤中木质素的分布特征，表明根系量和淋溶作用与 SOM 有极大的关系。在采集的土壤样品中，植物根系量极多，且随着土壤由表及深，根系量依次减少。表明由根系输入的有机质随土壤深度增加而减少。而深层土壤木质素缺乏根系输入，主要来源于淋溶作用，即上层土壤木质素的迁移。根据调研结果，季节性蓄水可能是导致 WQZ 土壤淋溶作用较强的原因。由于冬春季节沼泽地处于半干，夏秋季节再次淹没，地表径流及渗透作用强，有利于有机质向深层迁移积累。根系输入及淋溶作用共同作用导致 WQZ 土壤 0～20cm 处木质素含量低于 20～30cm 处。另一方面，可能是由于突发河流改道等原因，采样点植被处于低温厌氧环境下，有机质发生积累。而 20～30cm 处 C 类单体含量极高，相较于 10～20cm 土壤，说明其环境稳定，有利于木质素的封存。

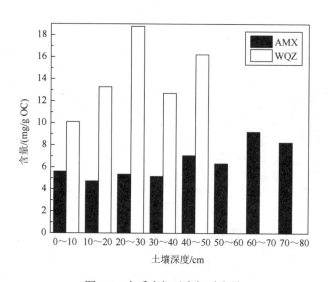

图 4.9　木质素相对有机质含量

通过图 4.9 可知，AMX 土壤中木质素相对有机质含量在 4.7～9.2mg/g OC 范围内，WQZ 土壤在 10.1～18.8mg/g OC 范围内。这两种土壤中木质素总体含量小于森林土壤（含量为 12.52～22.37mg/g OC），而对比青藏高原表层草甸土（含量 10.51～56.85mg/g OC）更低。造成这种现象的原因有可能是土壤性质存在较大的差异。

AMX 土壤中，随土壤深度增加，木质素相对有机质含量总体呈现增加的趋势，其原因可能是木质素在深层土壤中更容易保存。SOM 在淋溶作用下进入土壤深层，导致木质素在深层 SOM 中的相对含量增加，形成深层稳定有机质主要组成部分，延长了 SOM 在土壤中的积累时间。尤其是在土壤层深 60～80cm 处，木质素相对含量显著高于 0～60cm 处。对 AMX 各层土壤 SOM 含量分析后发现，表层土壤（0～30cm）中 SOM 仅占 0～80cm 总 SOM 的 50.87%，60～80cm 占总 SOM 的 14.76%，表明深层土壤的 SOM 积累对于土壤碳库有着极重要的作用。根据上文的分析，AMX 土壤木质素周转速率略低于 SOM 整体的周转速率，则意味着木质素对 AMX 深层土壤 SOM 的稳定有重要的影响[27]。

WQZ 土壤中，随着土壤深度增加，在 0~30cm 范围内，木质素相对含量显著增加。在 30~40cm 显著降低，40~50cm 中木质素相对含量又有所提升。这一结果表明，木质素在表层土壤 SOM 中能够较好地储存。也有可能是由于 WQZ 土壤含水率大，土壤长期处于淹没状态，而有机质的大量输入，导致其在土壤上实现层层积累，微生物对小分子易降解有机质优先利用，使得难降解的木质素经过淋溶或者生物扰动进入下层土壤中，导致木质素相对含量随深度增加而增加。在 30~40cm，木质素相对含量的急剧减少，似乎无法用推测很好地说明这一状况。也有学者认为，这可能是木质素分解的阶段性所致。

4.4.4　分子标记物木质素在剖面土壤中的降解

木质素在土壤中的降解过程主要为侧链氧化、去甲基/去甲氧基作用等。因侧链氧化会导致 V 类和 S 类的醛类单体含量减少，酸类单体增多，所以常用愈创木基类单体（V）和紫丁香基类单体（S）中的酸醛比（Ad/Al）作指示土壤中木质素侧链氧化程度的指标。由于微生物通常优先利用 S 类单体再利用 V 类单体，因此 V 类（Ad/Al）值往往大于 S 类（Ad/Al）值。本研究中，植物叶中（Ad/Al）V 值为 0.59 和 0.53，与其他研究中植物新鲜叶片组织中（Ad/Al）V 值在 0.1~0.5 范围内有所不同[21, 69]，这可能与植被类型以及植物生长情况有一定关系。实验采取的植物样本为枯黄牧草，木质素在这个过程中会被氧化，其中醛类物质会被进一步氧化成酸，因而叶片在枯黄过程中可能会导致（Ad/Al）V 值升高。

图 4.10 中，AMX 及 WQZ 表层及剖面土壤（Ad/Al）V 及（Ad/Al）S 值均大于 0.6，说明木质素侧链氧化降解程度较高。而实现木质素侧链氧化木质素分子在土壤垂向迁移过程中发生了多次周转，研究者认为在这个过程中木质素会秉承其在上层土壤中的结构特征，事实上，我们的研究结果也证明了这一点。

沿土壤剖面方向，AMX 土壤（Ad/Al）V 及（Ad/Al）S 值逐渐增大，表明 AMX 土壤中木质素在垂向运输过程中，其侧链氧化程度进一步加深。漆酶、过氧化物酶、锰过氧化物酶等生物酶对于木质素具有降解作用，其原理是通过攻击木质素侧链，将甲氧基氧化为酸类，从而使木质素分子碳链断裂。白腐菌主要是通过分泌这一类酶实现木质素降解。

在图 4.10 中，我们可以看到，WQZ 土壤 30~50cm 处木质素（Ad/Al）V 及（Ad/Al）S 比值小于 0~30cm 处，我们推测可能是深层沼泽土壤中不利于木质素的侧链氧化，对木质素形成了较好的保护作用。也有可能是木质素分子自身结构转变，形成了比木质素更稳定的腐殖质类有机物。这在一定程度上解释了沼泽土深层 SOM 及腐殖质含量高于表层（未发表数据），木质素含量却低于表层。当然，木质素含量与不同层深植物根系量也有很大关系。0~30cm 根系量远多于下层土壤，由于木质素结构复杂，难以降解，其迁移量小于其余小分子类有机质。

WQZ 0~30cm 土壤（Ad/Al）V 及（Ad/Al）S 均值分别为 3.51 和 1.71，AMX 0~30cm 土壤（Ad/Al）V 及（Ad/Al）S 均值为 2.02 和 1.78，说明在 0~30cm 土壤层深，WQZ

土壤木质素侧链氧化程度高于 AMX 土壤。研究表明，高强度的紫外光照射会导致木质素加速分解[70]，并且木质素含量越高，越容易受其影响。红原县地处高原，紫外光线强烈，地表土壤中有机质会受到紫外线的长期照射，加速有机质及其组分木质素的分解。本研究中，AMX 及 WQZ 植物（Ad/Al）V 及（Ad/Al）S 值大于 0.5，这也可能是导致土壤中 S 类和 V 类酸醛比值大于 0.6 的原因，目前我们分析木质素降解参数的依据来源于 Hedges 和 Mann[16]所做的研究，因各地环境及植被情况有所区别，显然其应用具有一定的局限性。

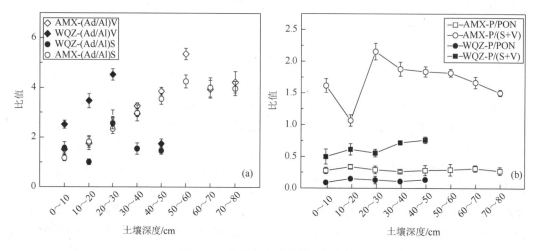

图 4.10　土壤中木质素的降解参数

木质素另一主要降解过程为去甲基/甲氧基作用，S 类单体和 V 类单体中含有大量的甲氧基及甲基，因而发生去甲基/甲氧基降解时，（S+V）单体含量会下降，P/（S+V）的值会随降解程度升高而增加。一般认为，P/（S+V）<0.39 时降解程度低，P/（S+V）>0.63 时降解程度较高[23, 29]。WQZ 土壤 P/（S+V）值在 0.50～0.76 区间内，均值为 0.63，AMX 土壤 P/（S+V）值在 1.07～2.15 区间内，均值为 1.69，可以看出，相较于 WQZ 土壤，AMX 土壤发生了较强烈的去甲基/甲氧基降解。在 WQZ 土壤中，P/（S+V）沿剖面逐渐增大，木质素去甲基/甲氧基作用加深，而棕腐菌和褐腐菌主要通过氧化甲基和甲氧基，即攻击 S 类和 V 类单体降解木质素。因而，结合其他参数来判断木质素降解过程是十分必要的。

综上所述，在 AMX 土壤中，木质素的降解依靠侧链氧化和去甲基/甲氧基作用共同影响，而在 WQZ 土壤中，表层发生了较强烈的侧链氧化，在下层可能依靠各类微生物作用以及木质素本身的结构转化，形成更稳定的 SOM。

4.4.5　分子标记物木质素含量与指示参数的相关性

为了揭示两种土壤中典型分子标记物的分布与降解状况，实验采用相关性分析探讨对分子标记物分布与指示参数之间的关系，以期明晰不同土壤环境中 SOM 的周转机制。

表 4.9　分子标记物与指示参数的相关性

土壤类型		C/V	S/V	（Ad/Al）S	（Ad/Al）V	P/（S + V）	木质素 δ^{13}C
AMX	木质素	0.786*	−0.159	−0.894**	−0.968**	−0.089	−0.974**
	C	0.879**	−0.03	−0.851**	−0.933**	0.047	−0.941**
	S	0.564	−0.242	−0.860**	−0.908**	−0.259	−0.924**
	V	0.301	−0.611	−0.835**	−0.865**	−0.532	−0.858*
WQZ	木质素	0.906*	0.645	0.349	0.613	0.381	−0.811
	C	0.930*	0.679	0.328	0.608	0.381	−0.813
	S	0.930*	0.798	0.115	0.388	0.575	−0.915*
	V	0.580	0.214	0.588	0.693	−0.095	−0.581

注：*在 0.05 级别，相关性显著；**在 0.01 级别，极显著相关。后同。

由表 4.9 可知，AMX 土壤中木质素的含量与 C/V 显著正相关。C 类单体主要来源于草本等非木本或者木本落叶，由于 C 类单体相较于 S 类和 V 类来说，更容易分解，因而植被组织木质素 C 类单体含量及降解情况对木质素在土壤中的稳定过程有重要影响。木质素及 CSV 类单体含量与侧链氧化程度呈显著负相关。而与去甲基/甲氧基氧化无显著相关性，表明木质素在土壤中可能主要发生了侧链氧化降解。而 CSV 与 δ^{13}C 显著负相关，则说明这三类木质素单体均发生了大量的降解。

WQZ 木质素 C 类单体含量同样对木质素在土壤中的稳定有重要作用。C 类、S 类单体与 C/V 值均表现显著正相关，S 类单体含量与木质素 δ^{13}C 显著负相关，表明在 WQZ 土壤中 S 类单体对于调控木质素的降解有一定作用。

根据分析，在两种土壤中，去甲基/甲氧基作用与 S/V 的比值有显著正相关关系，表明 S/V 值越大，对于去甲基/甲氧基作用越有利。这可能是棕腐菌与褐腐菌等对于 S 类与 V 类的利用有协同作用。

4.5　土壤环境因子对典型分子标记物及 SOM 的影响

土壤系统是一个复杂的、多相的生态体系，其基本构成为提供基础养分和承载的土壤和矿物颗粒、有机质、水分、空气以及微生物等。有机质的分解主要依靠微生物的分解作用，而微生物群落构成主要受到土壤性质、温度、降雨以及 SOM 输入量的影响[45]。

SOM 在土壤中的储存量受到诸多环境因子的限制。研究表明，土壤酸碱度对于 SOM 含量具有一定的调控作用。由于微生物对酸碱度的耐受度不同，环境实行了对微生物群落的"选择"，导致 SOM 的更替过程可能会受到影响。当然，酸碱度并不是唯一的决定性因素，过酸或者过碱的土壤，植被群落也会受到影响，从而改变土壤 SOM 的输入量[14]。含水率在一定程度上影响着土壤中的物质交换与循环过程，对于 SOM 及典型分子标记物的分布有一定作用，而土壤容重、孔隙度等对 SOM 的淋溶迁移有着重要的影响。

典型分子标记物在土壤中的更替也会受到土壤粒径、利用方式等影响。其作为土壤中能够长期保持稳定的物质，对于维持 SOM 的稳定，延缓碳循环速率有重要影响。探究土壤环境因子对于典型分子标记物及 SOM 的影响是十分必要的。本章将通过第 2 章中的分析方法对土壤环境因子作出分析，并通过以下几个方面对 SOM 及木质素更替过程中的影响因素进行探讨：①各理化因子对典型分子标记物与 SOM 的影响；②环境因子之间的相互关系。

本章采用 SPSS 22.0 对土壤环境因子与 SOM 等做单因素方差分析（one-way ANOVA）、Pearson 相关性分析，并利用显著性分析（LSD）对土壤中不同环境因子在剖面土壤上的变化特征进行比较。

4.5.1 土壤环境因子与 SOM 及分子标记物木质素的相关性

土壤环境因子的复杂性影响着 SOM 的分布与储存量。探讨不同类型中环境因子对于典型分子标记物与 SOM 作用，有助于阐释土壤碳库的碳汇/碳源机制，对缓解日益增多的 CO_2 等温室气体及带来的环境危害有一定参考作用。

表 4.10 典型分子标记物、SOM 与环境因子的相关性分析

土壤类型		含水率	pH	容重	孔隙度	黏粒含量	粉粒含量	砂粒含量	原核物种数	真核物种数
AMX	SOM	0.937**	−0.959**	−0.948**	0.948**	0.878**	0.693	−0.776*	0.287	0.699
	Σ8	0.913**	−0.971**	−0.931**	0.936**	0.932**	0.648	−0.746**	0.305	0.687
	Λ8	−0.873*	0.710*	0.809*	−0.802*	−0.614	−0.825*	0.842*	−0.018	−0.484
WQZ	SOM	0.304	−0.663	0.245	−0.109	−0.923*	0.591	0.476	−0.601	−0.879*
	Σ8	0.547	−0.74	−0.196	0.33	−0.804	0.659	0.226	−0.202	−0.591
	Λ8	0.577	−0.7	−0.34	0.465	−0.747	0.686	0.114	−0.056	−0.472

注：1）"Σ8"表示土壤中木质素绝对含量。

2）"Λ8"表示木质素相对同层土壤有机质的含量。

3）*表示在 0.05 级别，相关性显著；**表示在 0.01 级别，极显著相关。

根据表 4.10 可知，土壤环境因子与在不同类型土壤中对典型分子标记物、SOM 的影响不同。

在 AMX 土壤中，与 SOM、Σ8 显著正相关的环境因子有含水率、孔隙度、黏粒含量，与之显著负相关的有 pH、容重、砂粒含量。没有显著性关系的是微生物物种数，这可能是所包含的范围太大，其变化太小，导致结果掩盖了微生物群落构成与 SOM 的相关性。而在 WQZ 土壤中，黏粒含量与 SOM 显著负相关，真核生物物种变化与 SOM 的含量也呈现为显著负相关。表明在 WQZ 土壤中，真核生物对 SOM 的影响占很大比重。下面研究将阐述各类土壤中环境因子对 SOM 与分子标记物之间的具体关系。

1. 含水率对 SOM 及典型分子标记物的影响

在本研究中，AMX 土壤含水率与 SOM 显著正相关，WQZ 土壤含水率与 SOM 含量也表现为"正相关"，表明水分增加对于 SOM 的储存是有利的。AMX 含水率随土壤深度增加而减少（见图 4.11）。与大多数研究相同，表层土壤对于水分具有涵养作用，这跟植

物根系具有很大的关系。表层土壤中，植物根系量极大，而随着土壤加深，根系量减少，既减少了 SOM 的来源，也不利于水分的保持。由于 AMX 土壤无河流、沼泽地的水分大量输入，降雨是 AMX 土壤水分主要来源。

WQZ 为沼泽土，土壤含水率与 AMX 呈现巨大的差异，这导致 SOM 在土壤各层中与含水率相关性不明显。由于大量水分的存在，WQZ 土壤 SOM 降解受到很大影响，植物残体以及死亡微生物年复一年的堆积积累，且植被残体输入量的不确定性，在淋溶作用下，导致 SOM 在深层土壤中分布出现较大差异。

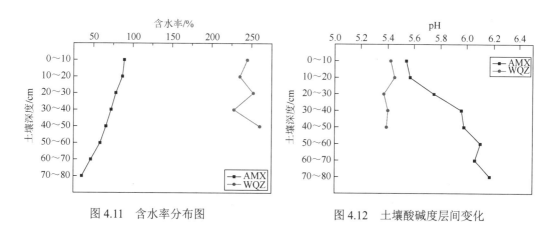

图 4.11　含水率分布图　　　　　　　　图 4.12　土壤酸碱度层间变化

2. 土壤 pH 对 SOM 及典型分子标记物的影响

图 4.12 为 AMX 及 WQZ 土壤 pH 在层间的分布图。pH 对于微生物群落活性有一定的影响。研究表明，真核生物在土壤中适应的最佳 pH 在 5 左右，而随着 pH 的升高或降低，都会降低真核生物的活性，对 SOM 的分解产生影响。在 AMX 土壤中，SOM、$\Sigma 8$ 与 pH 呈现为负相关，表明随 pH 的增大，土壤不利于 SOM 的保存。根据图 4.13，AMX 土壤 pH 随深度增大而趋于中性，更有利于大多数微生物的生存，尤其是部分原核微生物。因而，我们推测对 AMX 土壤 SOM 产生降解作用的主要为原核微生物。$\Lambda 8$ 在一定程度上反映了木质素的降解情况，我们发现，$\Lambda 8$ 与 pH 显著正相关，表明深层土壤 pH 有利于木质素的稳定与保存，延缓 SOM 的循环时间。

在 WQZ 土壤中，pH 与 SOM、$\Sigma 8$、$\Lambda 8$ 的分布不相关。这可能是由于各层土壤 pH 接近，对于微生物活性的影响很小，导致土壤 pH 变化几乎不影响 SOM 与典型分子标记物的更替过程。

3. 容重、孔隙度对 SOM 及典型分子标记物的影响

土壤容重是指单位体积内土壤的质量，孔隙度是指土壤所有孔隙空间体积之和与土壤整体体积的比值。土壤容重在一定程度上反映了土壤中粒径颗粒的变化以及 SOM 的含量。有研究表明，随着容重的增加，土壤中粉粒和粗粒含量增多，有机质减少[22, 71]。这是因为 SOM 在一定程度上改变了土壤成分的构成。而随着粉粒与砂粒含量的增多，孔隙度也会相应减少。

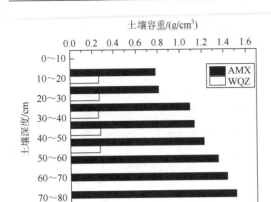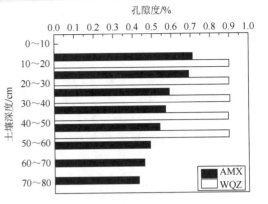

图 4.13　剖面土壤容重及孔隙度与土壤深度变化的关系

根据图 4.13 可知，随土壤深度增加，AMX 土壤容重增大，与之对应的是土壤孔度减小，土壤孔径增大，有利于 SOM 在土壤中的迁移，不利于 SOM 及 $\Sigma 8$ 在土壤中的储存和积累。$\Lambda 8$ 与容重之间显著正相关，表明土壤容重越大，典型分子标记物在 SOM 中占的比重越大。深层土壤有利于 SOM 的稳定，延长了典型分子标记物在土壤中的周转时间。

WQZ 层间土壤容重无显著差异，即土壤容重对于 SOM 及典型分子标记物的影响在层间无显著差异。因而，WQZ 土壤容重的细微改变在相关性分析中不能很好地体现与土壤碳储存的联系。

4. 土壤机械组成对 SOM 及典型分子标记物的影响

根据研究者通常对土壤粒径范围的划分，我们可以将之分为黏粒、粉粒、细砂、中砂、粗砂以及砾石，而根据这几类粒径颗粒大小组成可划分为黏壤土、粉质壤土、砂质壤土。土壤质地不同，对于 SOM 的储存及周转过程所起到的作用也不同。

根据分析可得，粉粒是 AMX 和 WQZ 土壤中含量最丰富的。砂粒含量在土壤中呈上升趋势，黏粒含量沿剖面方向下降。在 AMX 土壤中，SOM、$\Sigma 8$ 与黏粒含量显著正相关，与砂粒含量显著负相关。一方面，这可能是由于黏粒含量高，土壤孔径小，有机质较难通过，从而导致 SOM 及木质素累积；另一方面，黏粒颗粒表面为 SOM 的吸附、络合提供了更多的位点，导致 SOM 的"富集"。砂粒含量高，孔径大，不利于 SOM 及典型分子标记物的储存，可能是由淋溶损失较大导致的。实验表明，土壤越深，越不利于易降解 SOM 的积累，而木质素则更加稳定。$\Lambda 8$ 与粉粒含量显著负相关，即表明粉粒有利于延长木质素的周转时间。而在 SOM 的迁移过程中，微生物优先降解易降解的有机质，对 $\Lambda 8$ 也有一定影响。砂粒含量与 $\Lambda 8$ 显著正相关，表明土壤颗粒粒径越大，对于木质素的保存作用越强。根据第 3 章的分析，木质素的降解远小于 SOM 整体，而底层更低的 C/N 预示着 SOM 更加难以分解，SOM 整体越稳定。如何有效增加木质素在底层中的含量对于调控 SOM 在土壤中的更替周期有很大的意义。

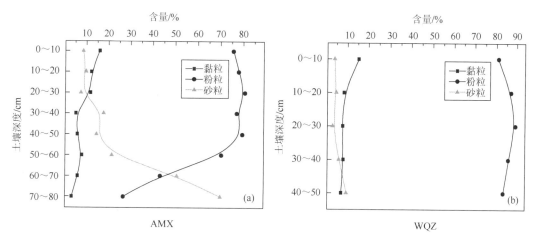

图 4.14　土壤颗粒机械组成

在 WQZ 土壤中，SOM 与黏粒含量表现为显著负相关。这可能是因为砂粒与粉粒含量各自的层间差异不大。而且主要是由黏粒含量变化对 SOM 的作用引起了 SOM 在各层土壤中的差异，这种差异可能跟土壤中的含水率也有一定关系。

4.5.2　土壤微生物群落结构对 SOM 及分子标记物木质素的影响

根据前文分析，仅 WQZ 土壤 SOM 与真核生物的分布呈显著负相关，而我们知道，土壤中 SOM 的更替主要依靠微生物细胞生命活动[51]。土壤环境因子最终是通过影响微生物的作用，改变土壤碳循环过程。我们推测，在两种土壤中，微生物群落构成对 SOM 的积累与降解过程有不一样的影响，且主要参与 SOM 及典型分子标记物的微生物群落也有一定差异。探究微生物群落结构对于土壤稳定有机质的作用，对评估土壤碳循环及碳储量具有重要的潜在价值。

1. 土壤优势微生物群落构成

本研究对 AMX 和 WQZ 两地表层土壤进行微生物高通量测序。每处采集样品个数为 4 个。样品稀释曲线的意义在于通过抽取一定量的数据，统计其代表的物种数，判别测序数据量是否合理。根据图 4.15 可知，随数据量的增大，曲线趋势趋向于平缓，说明测序数据量是合理的，实验数据具有科学性与可靠性。

根据物种注释结果，选取每个样本或分组在门水平（Phylum）上最大丰度排名前 10 的物种，生成物种相对丰度柱形累加图，以便直观查看各样本在不同分类水平上，相对丰度较高的物种及其比例。从图 4.16 可以看出，AMX 和 WQZ 表层土壤中含量最高的真核生物为链型植物（Streptophyta），其次为子囊菌门（Ascomycota）、不明真核生物（unidentified_Eukaryota）和担子菌门（Basidiomycota）。AMX 0~30cm 剖面土壤中含量最高的是担子菌门（Basidiomycota），40~50cm 土壤中担子菌门丰度下降，而在 50~60cm 丰度最高，随后又迅速下降。丰度排名相对次之的为子囊菌门（Ascomycota）、不明真核生物（unidentified_Eukaryota）、链型植物（Streptophyta）和毛霉菌门（Mucoromycota）。WQZ 剖面土壤中丰度最高的真核生物为不明真核生物（unidentified_Eukaryota），其次为子囊菌门（Ascomycota）、链型植物（Streptophyta）以及担子菌门（Basidiomycota）。其中 20～30cm 土壤中不明真核生物（unidentified_Eukaryota）丰度最高，达到 0.65，而担子菌门（Basidiomycota）丰度最低，为 0.02，这与其他土层差距很大，也可能是导致 WQZ 20～30cm 土壤中木质素含量最高的原因，因为主要分解木质素的白腐菌、棕腐菌和软腐菌属于担子菌门，AMX 土壤中担子菌门（Basidiomycota）丰度远高于 WQZ 同层深土壤，这可能是造成 AMX 土壤中木质素含量较低的原因之一。

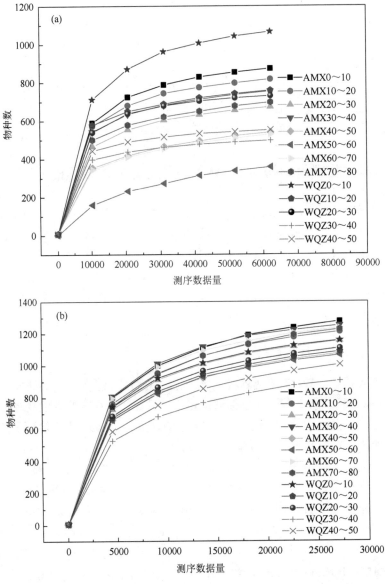

图 4.15　AMX 和 WQZ 真核生物（a）及原核生物（b）稀释曲线图

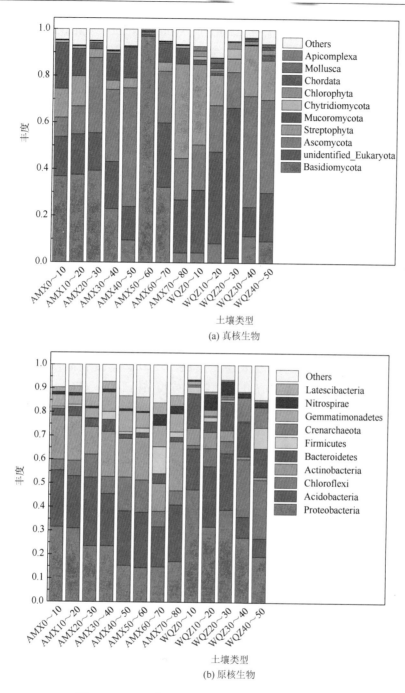

(a) 真核生物

(b) 原核生物

图 4.16 AMX 和 WQZ 土壤在门水平上群落组成

AMX 和 WQZ 土壤中原核生物在门水平也有一定差异，但土壤中排名前 10 的微生物群落结构总体组成基本相似。表层土壤中丰度相对较高的是变形菌门（Proteobacteria），其次为放线菌门（Actinobacteria）、酸杆菌门（Acidobacteria）以及厚壁菌门（Firmicutes）。AMX 0～20cm 剖面土壤丰度较高的是变形菌门（Proteobacteria），而 20～80cm 丰度较高的是酸杆菌门（Acidobacteria），其次为放线菌门（Actinobacteria）、变形菌门（Proteobacteria）和绿弯菌门（Chloroflexi）。每层土壤微生物群落结构会有一定变化。受到土壤深度（环境）影响较大是变形菌门（Proteobacteria），其丰度随深度增加而下降。WQZ 0～30cm 剖面土壤中丰度较高的是变形菌门（Proteobacteria），其次为酸杆菌门（Acidobacteria）、拟杆菌门（Bacteroidetes）（10～20cm 为绿弯菌门），40～50cm 土壤中丰度较高的是绿弯菌门（Chloroflexi），其次是变形菌门（Proteobacteria）和拟杆菌门（Bacteroidetes）。另外，40～50cm 中泉古菌门（Crenarchaeota）丰度较高，10～30cm 中硝化螺旋杆菌门（Nitrospirae）丰度较高。

本章中，优势微生物种群门类与其他草原土壤微生物研究结果基本一致。高雪峰等对短花针茅荒漠草原微生物群落多样性的研究发现，细菌中变形菌门含量最高，高尚坤[25]等对人工林的研究中，相对丰度排名前三的有变形菌门、放线菌门以及酸杆菌门。在我们的研究中，变形菌门随土壤深度的增加出现下降趋势，但总体丰度在 14.5%以上，其次为酸杆菌门以及放线菌门，其相对丰度为 7.7%～25.4%和 1.2%～20.6%。许多研究者认为，真核生物门类少于同样品土壤原核生物门类[54, 73]，这与本实验结果相符。AMX 土壤中担子菌门丰度在 4%～97%，而 WQZ 含量丰度在 2%～11%，而子囊菌门却以 WQZ 丰度相对较高。

在属水平上，AMX 和 WQZ 表层土壤中不明真菌丰度较高，其次为刺子莞属（Rhynchospora）、春蓼属（Persicaria）等植物及黄胶黏柄菇属（Gliophorus）。AMX 剖面土壤中丰度较高的是黄胶黏柄菇属（Gliophorus）、木贼属（Equisetum）、线黑粉酵母属（Filobasidium）、小被孢霉（Mortierella）、单型属古根菌属（Archaeorhizomyces）等。WQZ 30～50cm 土壤中丰度较高的是 Lulwoana、紫螺菌（Neobulgaria）、酵母菌属（Mrakia），而 AMX 土壤中不含紫螺菌（Neobulgaria）。0～20cm 土壤中 Spumella、Boudiera，20～30cm 微生物群落组成中索罗迪夫斯菌属（Sorodiplophrys）、Spumella、刺子莞属（Rhynchospora）、Pedospumella 丰度较高，WQZ 组内差异较大。

表层土壤原核微生物中群落结构组成基本一致。占比最高的为不动杆菌属（Acinetobacter），其次为绿脓杆菌（Pseudomonas）、慢生根瘤菌（Chronic rhizobia）、节杆菌属（Arthrobacter）。AMX 剖面土壤各层分布基本一致，Gaiella（放线菌的一种）、念珠菌属（Candidatus_Udaeobacter）、Candidatus Solibacter（利用碳源的细菌）以及不明酸杆菌属（unidentified_Acidobacteria）丰度相对较高，Candidatus Solibacter 丰度（利用碳源的细菌）与土壤有机质含量成正比，这与杜思瑶等[74]的研究结果一致。WQZ 40～50cm 土壤不明梭菌属（unidentified_Clostridiales）含量较高，0～20cm 中以不明变形菌属（unidentified_Deltaproteobacteria，推测参与碳氮循环）、地杆菌属（Geobacter，属厌氧菌）、Defluviicoccus（变形菌门下一个属）、Candidatus_Solibacter 含量较高，40～50cm 土壤中以不明绿弯菌属（unidentified_Ignavibacteria）、Caldisericum、不明螺旋体属（unidentified_Spirochaetaceae）和不明酸杆菌属（unidentified_Acidobacteria）最多。40～50cm 其他原核生物丰度均小于 0～30cm 土壤。

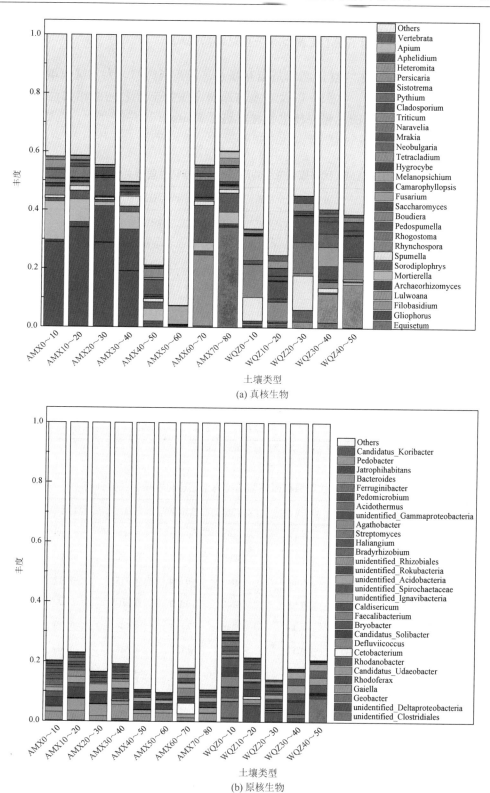

图 4.17　AMX 和 WQZ 剖面土壤在属水平上群落组成

2. 优势微生物群落对 SOM 及典型分子标记物的影响

土壤理化性质与微生物群落之间是相互联系、相互制约的。为了解土壤中黏粒含量、有机碳、总氮、pH、含水率以及容重与原核微生物丰度之间的相关性，研究选择了门水平上排名前 10 的优势原核生物种群进行 Pearson 相关性分析。结果见表 4.11 及表 4.12。

表 4.11 AMX 优势原核微生物门类与土壤理化性质相关性分析

原核生物种类	SOM	木质素	总氮	含水率	pH	黏粒含量	容重
变形菌门	0.929**	0.895**	0.929**	0.832*	-0.925**	0.565	-0.375
酸杆菌门	0.403	0.467	0.393	0.351	-0.287	0.403	-0.31
绿弯菌门	-0.341	-0.327	-0.36	-0.097	0.374	0.275	0.546
放线菌门	0.07	-0.082	0.038	0.002	0.01	-0.111	-0.628
厚壁菌门	-0.543	0.278	-0.517	-0.528	0.433	-0.547	0.425
拟杆菌门	0.227	-0.505	0.252	0.347	-0.316	0.198	0.226
泉古菌门	-0.62	-0.554	-0.603	-0.758*	0.682	-0.685	-0.191
芽单胞菌门	-0.865**	-0.820**	-0.871**	-0.685	0.784*	-0.544	0.282
硝化螺旋菌门	-0.521	-0.507	-0.492	-0.692	0.438	-0.834*	-0.086
拟杆菌门	-0.633	-0.576	-0.629	-0.536	0.666	-0.215	0.458

注：*在 0.05 级别，相关性显著；**在 0.01 级别，极显著相关。下同。

表 4.12 WQZ 优势原核微生物门类与土壤理化性质相关性分析

原核生物种类	SOM	木质素	总氮	含水率	pH	黏粒含量	容重
变形菌门	-0.74	-0.455	-0.303	-0.118	0.143	0.868	-0.673
酸杆菌门	-0.317	0	0.459	-0.087	0.326	0.785	-0.768
绿弯菌门	0.666	0.304	0.04	-0.024	-0.275	-0.842	0.85
放线菌门	-0.802	-0.521	-0.142	-0.127	0.601	0.715	-0.671
厚壁菌门	0.24	-0.063	-0.218	0.739	-0.144	-0.834	0.128
拟杆菌门	-0.004	0.217	-0.554	0.137	-0.618	-0.069	0.169
泉古菌门	0.581	0.215	-0.115	-0.066	-0.362	-0.765	0.861
芽单胞菌门	-0.686	-0.508	-0.006	-0.294	0.845	0.499	-0.404
硝化螺旋菌门	0.303	0.47	0.896*	-0.047	0.133	0.358	-0.422
拟杆菌门	0.509	0.434	0.692	0.034	0.255	-0.381	0.16

根据相关性分析结果可知，AMX 变形菌门（Proteobacteria）与土壤 OC、TN、WC 呈极显著正相关，而与土壤 pH 呈极显著负相关。芽单胞菌门（Gemmatimonadetes）与

OC、TN 极显著负相关，与 pH 显著正相关。而 WQZ 土壤中硝化螺旋菌门（Nitrospirae）与 TN 含量显著正相关。

在 AMX 和 WQZ 土壤中，沿垂向梯度方向上，异养型微生物丰度下降，自养型微生物丰度上升，但土壤中仍以异养型微生物为主。异养型原核微生物丰度下降，一定程度上减少了深层土壤 SOM 的消耗。AMX 土壤中，变形菌门与土壤中 OC、TN 相关系数为 0.929，说明 SOM 的沿剖面土壤的分布特征受到变形菌门很大影响。而 WQZ 土壤 SOM 与变形菌门负相关，表明变形菌更多地受到土壤深度的影响。供试土壤中变形菌丰度较高，平均在 20% 以上。Fierer 认为，土壤环境稳定，营养物质增加，导致富营养化细菌（变形菌门）丰度增加，酸杆菌门和绿弯菌门丰度减少[75]。对比 AMX 和 WQZ 两地细菌丰度可知，我们的结论符合 Fierer 假说[24, 75]。芽单胞菌门与 OC 及 TN 显著负相关，这与韦云东等对木薯根际土壤微生物的研究结果相同[76]。硝化螺旋菌门只在 WQZ 土壤中跟 TN 显著正相关，AMX 土壤 TN 与硝化螺旋菌门负相关。在 AMX 土壤中，木质素含量分布与变形菌门显著正相关，与芽单胞菌门显著负相关。

2. 优势真核生物与土壤理化性质相关性分析

采用上述相同方法对两地剖面土壤真核生物与土壤理化性质相关性进行分析，结果见表 4.13 和表 4.14。

表 4.13 AMX 优势真核生物门类与土壤理化性质相关性分析

真核生物种类	SOM	木质素	总氮	含水率	pH	黏粒含量	容重
担子菌门	0.118	0.062	0.106	0.161	−0.026	0.32	0.472
不明真核生物	−0.119	−0.055	−0.086	−0.233	−0.001	−0.479	−0.271
子囊菌门	−0.258	−0.129	−0.252	−0.03	0.161	0.108	0.218
链型植物	−0.109	−0.184	−0.107	−0.431	0.163	−0.658	−0.933**
毛霉门	0.461	0.452	0.449	0.474	−0.554	0.264	−0.244
壶菌门	0.514	0.481	0.527	0.266	−0.497	−0.09	−0.768*
绿藻门	0.645	0.593	0.629	0.698	−0.682	0.506	−0.344
脊索动物门	−0.512	−0.465	−0.502	−0.397	0.377	−0.371	0.065
软体动物类	−0.482	−0.426	−0.467	−0.612	0.441	−788*	−0.358
顶复亚门	−0.216	−0.254	−0.224	−0.495	0.292	−0.661	−0.871**

表 4.14 WQZ 优势真核生物门类与土壤理化性质相关性分析

真核生物门类	SOM	木质素	总氮	含水率	pH	黏粒含量	容重
担子菌门	0.259	−0.165	−0.121	−0.438	0.293	−0.685	0.958*
不明真核生物	0.128	0.503	0.669	0.311	−0.253	0.633	−0.87
子囊菌门	0.45	0.045	−0.205	−0.21	−0.186	−0.746	0.941*
链型植物	−0.738	−0.854	−0.987**	−0.231	0.341	−0.042	0.277
毛霉门	−0.399	−0.349	−0.608	0.516	0.292	−0.479	−0.057

续表

真核生物门类	SOM	木质素	总氮	含水率	pH	黏粒含量	容重
壶菌门	0.159	0.516	0.455	0.378	−0.58	0.629	−0.814
绿藻门	−0.03	0.324	−0.06	0.754	−0.609	0.256	−0.759
脊索动物门	0.147	−0.076	0.319	−0.397	0.642	−0.356	0.476
软体动物类	0.09	−0.022	0.329	−0.136	0.651	−0.363	0.237
顶复亚门	−0.828	−0.624	−0.739	0.119	0.149	0.431	−0.451

分析可知，AMX 土壤软体动物类与黏粒含量呈显著负相关，链型植物与顶复亚门和土壤容重极显著负相关。WQZ 土壤中担子菌门、壶菌门、子囊菌门与土壤容重显著正相关。链型植物与 TN 极显著负相关。AMX 土壤真核生物与分子标记物含量无显著相关。

通过对微生物优势群落与分子标记物的相关性分析可知，AMX 土壤中木质素与游离脂的分布特征与原核微生物显著相关，WQZ 游离脂分布特征与原核微生物及真核生物均显著相关。

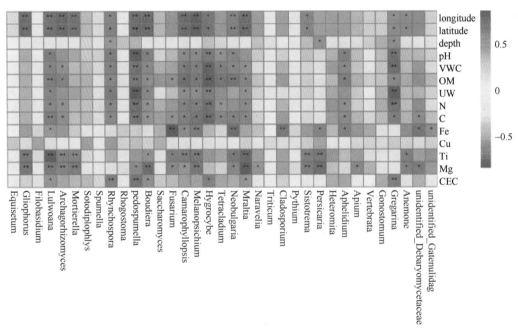

图 4.18　土壤优势真核生物菌属与土壤理化因子相关性热图

本研究采用斯皮尔曼（Spearman）相关系数分析土壤理化性质与真核生物菌属的相关性。由图 4.18 可知，与土壤 SOC 显著相关的菌属有 10 种，极显著相关的为 4 种，与 TN 显著相关的为 9 种，极显著相关的为 3 种。而与 pH 显著相关的有 8 种，极显著相关的有 3 种。

何苑皞等[48]、Frey 等[77]的研究表明子囊菌门与担子菌门对木质素的分解作用很强。而本研究中子囊菌门与担子菌门与 SOC 及 TN 无显著相关性。链型植物包括轮藻门和苔藓维管植物，其与土壤容重 TN 呈极显著负相关关系，有可能其是利用土壤中 TN 的直接消费者，而其生长能改善土壤环境。根据 Spearman 分析，原生动物门簇虫属（*Gregarina*），子囊菌门 Mrakia、Fusarium、Neobulgaria、Boudiera 和 Lulwoana，藻状菌（Aphelidium），链型植物（Rhynchospora）以及 Pedospumella 具有显著正相关性，而与子囊菌门 Tetracladium、Archaeorhizomyces，担子菌门 Camarophyllopsis、Melanopsichium、Hygrocybe 显著负相关。由图 4.19 可知，作用于 TN 的真核生物与 SOC 类似。我们推测，土壤中的 SOC 含量与微生物之间是相互影响的，而由于淋溶作用较强，导致子囊菌门与担子菌门与 SOC 和 TN 不显著相关。

3. 微生物群落与土壤 ^{13}C、^{15}N 自然丰度的关系

本研究对微生物门类与土壤中稳定性同位素之间的相关性做出了分析，结果见表 4.15 和表 4.16。

表 4.15　AMX 土壤微生物与稳定性同位素 δ^{13}C、δ^{15}N 含量的相关性

真核生物门类	δ^{13}C	δ^{15}N	原核生物种类	δ^{13}C	δ^{15}N
担子菌门	−0.123	0.311	变形菌门	−900**	0.63
不明真核生物	0.119	−0.445	酸杆菌门	−0.462	0.556
子囊菌门	0.228	0.063	绿弯菌门	0.306	0.183
链型植物	0.11	−0.552	放线菌门	0.005	−0.091
毛霉门	−0.37	0.13	厚壁菌门	−0.213	0.273
壶菌门	−0.504	0.078	拟杆菌门	0.552	−0.619
绿藻门	−0.572	0.469	泉古菌门	0.539	−0.525
脊索动物门	0.52	−0.482	芽单胞菌	0.904**	−0.666
软体动物类	0.505	−0.718*	硝化螺旋菌门	0.518	−0.847**
顶复亚门	0.228	−0.558	拟杆菌门	0.554	−0.22

表 4.16　WQZ 土壤微生物与稳定性同位素 δ^{13}C、δ^{15}N 含量的相关性

真核生物门类	δ^{13}C	δ^{15}N	原核生物种类	δ^{13}C	δ^{15}N
担子菌门	−0.318	−0.168	变形菌门	0.812	0.701
不明真核生物	−0.175	0.071	酸杆菌门	0.103	0.551
子囊菌门	−0.281	−0.44	绿弯菌门	−0.559	−0.641
链型植物	0.815	0.381	放线菌门	0.562	0.752
毛霉门	0.171	−0.206	厚壁菌门	0.442	−0.207
壶菌门	0.013	−0.033	拟杆菌门	−0.384	−0.746
绿藻门	0.192	−0.277	泉古菌门	−0.372	−0.582
脊索动物门	−0.497	0.072	芽单胞菌	0.309	0.73
软体动物类	−0.527	−0.006	硝化螺旋菌门	−0.536	0.102
顶复亚门	0.891*	0.453	拟杆菌门	−0.843	−0.297

研究表明，门水平上，排名前 10 的真核生物中的大多数与稳定性同位素含量变化无显著相关性，软体动物类与 AMX 土壤稳定性氮同位素显著负相关，顶复亚门与 WQZ 稳定性碳同位素显著正相关。链型植物与 WQZ 稳定性碳同位素正相关，且相关性较高，可能是由于其对重质碳有富集作用。而土壤丰度较高的变形菌与碳的相关性很好，但 AMX 与 WQZ 表现出相反的相关性。这是因为变形菌丰度沿剖面向下而降低，与土壤深度显著负相关（$P = -0.891$），AMX 土壤 $\delta^{13}C$ 值随土壤深度增加而增加，WQZ 土壤 $\delta^{13}C$ 值随土壤深度增加而减少。AMX 芽单胞菌与 OC 的 $\delta^{13}C$ 值显著正相关，而与 OC 显著负相关，WQZ 土壤中芽单胞菌与 OC $\delta^{13}C$ 值正相关，与 OC 负相关，我们推测土壤中 $\delta^{13}C$ 值的变化除重质碳迁移作用外，还有芽单胞菌门等微生物对轻质碳的利用，这也与我们在第 3 章中的推测相符。

4.5.3　土壤环境因子相关性分析

土壤环境因子间也是相互作用，相互影响的。它们共同调控 SOM 在土壤中的储存量。表 4.17 及表 4.18 显示了不同土壤类型环境因子间的相关性。通过这些理化性质的关联，对于如何改善土壤条件，有效提升土壤碳汇能力提供了一些参考。

表 4.17　WQZ 土壤环境因子间的相关性

	含水率	pH	容重	孔隙度	黏粒含量	粉粒含量	砂粒含量	硝化螺旋菌门	担子菌门	子囊菌门	链型植物
含水率	1										
pH	−0.53	1									
容重	−0.479	0.132	1								
孔度	0.537	−0.253	−990**	1							
黏粒含量	−0.105	0.345	−0.272	0.159	1						
粉粒含量	−0.161	−0.256	−0.197	0.278	−0.717	1					
砂粒含量	0.351	−0.132	0.624	−0.578	−0.414	−0.337	1				
硝化螺旋菌门	−0.053	0.134	−0.42	0.451	−0.552	0.848	−0.362	1			
担子菌门	−0.432	0.279	956*	−950*	−0.395	−0.119	0.688	−0.221	1		
子囊菌门	−0.221	−0.174	945*	−900*	−0.349	−0.206	0.74	−0.513	0.865	1	
链型植物	−0.232	0.334	0.286	−0.384	0.831	−897*	0.049	−0.857	0.138	0.222	1

由表 4.17 可知，WQZ 土壤含水率、pH、容重、孔隙度、机械组成之间无显著相关性。孔隙度是与容重相关的参数，因而其具有显著相关性。担子菌门、子囊菌门是与容重显著正相关的真核生物，链型植物与粉粒含量显著负相关。我们推测 WQZ 土壤可能是由于长期处于水淹没环境中，造成了环境因子在层间的差异不大，而由于底层 SOM 长期接收来自表层土壤有机质的输入，久而久之，形成了底层 SOM 含量高于表层。也有可能是 WQZ 土壤正处于转化期，SOM 的分解导致理化性质相对不稳定，因而无显著的相关性。

表 4.18　AMX 土壤环境因子间的相关性

	含水率	pH	容重	孔隙度	黏粒含量	粉粒含量	砂粒含量	变形菌门	芽单胞菌门	硝化螺旋菌门	软体动物类	顶复亚门	链型植物	壶菌门
含水率	1													
pH	-916**	1												
容重	-963**	970**	1											
孔隙度	963**	-972**	-1.000**	1										
黏粒含量	830*	-915**	-857**	866**	1									
粉粒含量	872**	-0.623	-724*	722*	0.571	1								
砂粒含量	-925**	721*	799	-799*	-0.691	-988**	1							
变形菌门	832**	-925**	-928**	926**	785*	0.474	-0.566	1						
芽单胞菌门	-0.682	782*	709*	-710*	-830*	-0.436	0.541	-745*	1					
硝化螺旋菌门	-0.693	0.438	0.562	-0.561	-0.445	-852**	834*	-0.374	0.492	1				
软体动物类	-0.612	0.441	0.493	-0.49	-0.498	-789*	788*	-0.206	0.502	790*	1			
顶复亚门	-0.495	0.292	0.329	-0.322	-0.283	-0.69	0.661	-0.058	0.093	0.302	0.597	1		
链型植物	-0.431	0.163	0.223	-0.221	-0.235	-0.697	0.658	0.062	-0.011	0.369	0.546	944**	1	
壶菌门	0.266	-0.497	-0.446	0.442	0.319	-0.17	0.089	741*	-0.485	0.124	0.388	0.483	0.611	1

在表 4.18 中，我们发现，许多环境因子都存在显著相关性。pH 与含水率、黏粒含量、孔隙度显著负相关。含水率越高，土壤中有机质腐解形成的酸类物质越多，导致土壤酸性增强。也有研究表明，土壤酸性增强与有机质酸并无太多联系。研究中，黏粒含量越高，土壤 pH 越低，这可能是黏粒具有较好的持水性能，保证了土壤中的含水率。而 pH 与砂粒含量显著正相关，根据前面的论述，我们知道，黏粒与 SOM 及 Σ8 显著正相关，即黏粒中富集了更多的 SOM，而砂粒则有利于木质素类所形成的稳定 SOM 的积累。表明土壤 pH 的变化可能是由 SOM 的含量和降解程度引起的。孔度越高，土壤透气性越差，有利于兼性厌氧菌的生存。分析结果表明，pH 与变形菌门显著负相关，与芽单胞菌门显著正相关。即随土壤深度增加，土壤 pH 有利于芽单胞菌门对 SOM 的利用，而不利于变形菌门对 SOM 的分解。

含水率与土壤机械组成、容重等有显著性关系，与容重正相关的则是土壤中砂粒含量。这些土壤理化因子间彼此影响，相互作用，形成了复杂且相对稳定的土壤条件。微生物群落之间也不是独立存在、互不干涉的。通过表 4.18，我们发现芽单胞菌门与变形菌门显著负相关，这既与土壤环境（如 pH、容重等）有关，也可能彼此处于竞争地位，下层土壤中芽单胞菌门群落挤压了变形菌门的生存空间。硝化螺旋菌门与软体动物类与粉粒含量显著负相关，与砂粒含量显著正相关。下层土壤有利于硝化反应的进行，而软体动物的扰动导致 AMX 下层土壤 SOM 差异缩小。壶菌门与变形菌门、链型植物与顶复亚门均为显著正相关，表明其生长习性可能相近，也有可能起到协同降解 SOM 的作用。

综上，我们可以发现，AMX 土壤随深度增加，SOM 及典型分子标记物积累量减少，然而，越深层，SOM 越稳定，典型分子标记物含量越高。AMX 下层土壤 SOM 秉承了上层 SOM 的特征，并在更深层处缓慢降解。WQZ 土壤含水率高，土壤淋溶性较强，SOM 能够相对快速地迁往下层，其密闭环境能够很好地实现 SOM 的封存[78]。

4.6 本 章 小 结

本章以典型高寒草原土壤沼泽土和亚高山草甸土作为研究对象，对不同退化程度土壤及其剖面土壤有机质的更替做出分析。基于典型分子标记物能够很好地反映 SOM 在土壤中的储存量及更替过程，本研究从基础表征技术手段到 SOM 的典型分子标记物组成，从物理迁移过程到微生物群落降解，探讨土壤环境因子对 SOM 更替行为的影响。通过实验，得出以下几个方面的结论：

（1）通过对土壤基础理化性质的测定，AMX 和 WQZ 土壤样品含水率较高，土壤 pH 都为弱酸性，C/N 值分别在 7.15～10.46 和 9.9～10.82 区间内，SOM 相对稳定。AMX 与 WQZ 土壤中土壤有机碳（SOC）与 TN 差异较大，土壤在层间差异较大，表明 SOM 的迁移和积累受到土壤颗粒机械组成的影响。WQZ 和 AMX 土壤剖面 $\delta^{13}C$ 值与土壤有机碳含量变化呈极显著负相关关系，土壤剖面的深度、含水量、土壤性质等共同决定 SOC 对 $\delta^{13}C$ 值的影响。

（2）通过同位素示踪技术分析，AMX 土壤 $\delta^{13}C$ 值在 -25.46‰～-21.47‰，且随土壤深度增加而增加，表明土壤有机质分解更加完全。WQZ 土壤 $\delta^{13}C$ 值在 -25.53‰～-23.14‰，随土壤深度增加而降低，说明其环境可能有利于 SOC 和 TN 的封存。AMX 土壤氮矿化速率及饱和度高于 WQZ。表明 AMX 土壤典型分子标记物可能发生了更深的氧化降解。而随着土壤深度增加，N 的矿化率及有效性降低，在一定程度上延长了木质素在土壤中的储存时间。$\delta^{13}C$ 值在土壤剖面上的变化具有较高的辨识度，AMX 土壤 $\delta^{13}C$ 值随土壤层深增加而增加，表明随着土壤层深增加，典型分子标记物及 SOM 分解程度更高。WQZ 土壤 $\delta^{13}C$ 值随土壤层深增加而降低，说明其环境有利于 SOM 的封存。

（3）SOM 主要来源于 C3 被子植物草本组织。根据分子标记物信息，随土壤深度增加，AMX 土壤木质素（105.76～281.50μg/g soil）含量减少，WQZ（2215.37～4873.80μg/g soil）土壤木质素含量增加。说明 AMX 土壤深层 SOM 降解速率比 WQZ 快，WQZ 土壤新碳输入量比老碳降解量多。表层土壤中木质素来源于枯落物及根系，而深层木质素主要依赖于表层土壤（0～30cm）木质素的垂向迁移。根据木质素单体含量分析，近几十年来，AMX 和 WQZ 土壤 SOM 主要来源于被子草本植物。而 WQZ 土壤环境更有利于 SOM 的保存，延缓了碳循环的速率。

（4）通过对土壤理化因子与典型分子标记物、SOM 的相关性分析，AMX 土壤中，土壤理化因子对 SOM 的更替有显著影响。而 WQZ 土壤中 SOM 的储存更受含水量、S 快速淋溶作用的影响。与大多数研究结果类似，AMX 及 WQZ 土壤中原核微生物门类高于真核生物。原核微生物群落组成中以变形菌门、酸杆菌门、绿弯菌门及放线菌门丰度较高，真核群落组成中以担子菌门、子囊菌门、不明真核生物等最多。AMX 与 WQZ 各自剖面土壤群落结构组成上总体相似，但不同层深土壤优势微生物门类有一定差异。

全面了解 SOM 在土壤中的更替过程及相关理化性质的改变，对探究碳循环过程的机制有重要影响。本章从典型分子标记物的角度，追踪 SOM 来源，探究不同类型及深度土壤中有机质的更替过程，解析 SOM 在土壤中的行为及差异。然而，研究还存在以下方面的不足，需要进一步探究。

（1）研究土壤在退化趋势上稳定同位素的变化，应当采用泥炭土、沼泽土、草甸土以及沙化土壤进行分析，由于实验条件受限，本章仅对两种土壤作出分析，依旧不够全面；

（2）由于土壤的保护作用，木质素不能被完全萃取出来，下一步可采用破坏土壤结构，提高萃取率的方式，更全面地分析分子标记物的结构及组成；

（3）下一步工作中可对土壤环境因子对典型分子标记物、SOM 的具体贡献作出分析。

参 考 文 献

[1]　王兴刚. 八大公山亚热带森林土壤中木质素的分布与降解特征[D]. 合肥：中国科学院大学，2017.

[2]　蔡倩倩. 若尔盖高寒嵩草草甸湿地土壤碳储量研究[D]. 北京：中国林业科学研究院，2012.

[3]　Albers C N，Banta G T，Hansen P E，et al. The influence of organic matter on sorption and fate of glyphosate in soil-Comparing different soils and humic substances[J]. Environmental Pollution，2009，157（10）：2865-2870.

[4]　Marshall M H M，McKelvie J R，Simpson A J，et al. Characterization of natural organic matter in bentonite clays for potential use in deep geological repositories for used nuclear fuel[J]. Applied Geochemistry，2015，54：43-53.

[5]　Simoneit B R. A review of current applications of mass spectrometry for biomarker/molecular tracer elucidations[J]. Mass Spectrometry Reviews，2010，24（5）：719-765.

[6]　冯晓娟，王依云，刘婷，等. 生物标志物及其在生态系统研究中的应用[J]. 植物生态学报，2020，44（4）：384-394.

[7] 胡宗达, 刘世荣, 罗明霞, 等. 川西亚高山不同演替阶段天然次生林土壤碳氮含量及酶活性特征[J]. 植物生态学报, 2020, 44 (9): 973-985.

[8] 李铭, 朱利川, 张全发, 等. 不同土地利用类型对丹江口库区土壤氮矿化的影响[J]. 植物生态学报, 2012, 36 (6): 530-538.

[9] 朱珊珊. 木质素在青藏高原高寒草地土壤中的分布及控制因素[D]. 合肥: 中国科学院大学, 2016.

[10] 曹熙, 刘慧, 赵欢. 微生物降解木质素的研究[J]. 南方农机, 2019, 50 (3): 88-88.

[11] 陈冰玉, 邸明伟. 木质素解聚研究新进展[J]. 高分子材料科学与工程, 2019, 35 (6): 157-164.

[12] Wang Y, Yang J, Pan J, et al. Soil profile characteristics during grassland degeneration and desertification in the northwest of Sichuan Province[J]. Bulletin of Soil and Water Conservation, 2009, 29 (1): 92-95.

[13] 侯广利, 范萍萍, 高杨, 等. 臭氧氧化发光法测定植物和土壤的有机质组成[J]. 山东科学, 2012, 25 (6): 5-9.

[14] Thevenot M, Dignac M F, Rumpel C, et al. Fate of lignins in soils: A review[J]. Soil Biology & Biochemistry, 2010, 42 (8): 1200-1211.

[15] 吴桐, 路强强, 赵叶子, 等. 基于木质素单体含量的园林生物质降解菌评价[J]. 农业环境科学学报, 2021, 40 (7): 1575-1583.

[16] Hedges J I, Mann D C. The characterization of plant tissues by their lignin oxidation products[J]. Geochimica et Cosmochimica Acta, 1979, 43 (11): 1803-1807.

[17] Wang B, Wang J J, Dodla S K, et al. Lignin chemistry of wetland soil profiles in two contrasting basins of the Louisiana Gulf coast[J]. Organic Geochemistry, 2019, 137: 103902.

[18] 杜培瑞. 东海闽浙沿岸泥质区柱样的木质素特征和环境演变意义[D]. 青岛: 中国海洋大学, 2013.

[19] 李芳芳. 基于分子标记物的云南典型土壤有机质更替及吸附特性研究[D]. 昆明: 昆明理工大学, 2018.

[20] Zheng L, Kao S, Ding X, et al. Lacustrine lignin biomarker record reveals a severe drought during the late Younger Dryas in southern Taiwan[J]. Journal of Asian Earth Sciences, 2017, 135: 281-290.

[21] Moingt, Matthieu, Lucotte, et al. Lignin biomarkers signatures of common plants and soils of Eastern Canada[J]. Biogeochemistry, 2016, 129 (1): 133-148.

[22] 王磊, 应蓉蓉, 石佳奇, 等. 土壤矿物对有机质的吸附与固定机制研究进展[J]. 土壤学报, 2017, 54 (4): 805-818.

[23] 权昊, 葛晨东, 高建华, 等. 辽东半岛东岸泥质区有机物分布特征及其环境指示意义[J]. 海洋环境科学, 2019, 38 (5): 674-680.

[24] 邓楚璇, 周英, 李上官, 等. 基于高通量测序的土壤微生物群落结构对土地利用方式的响应[J]. 四川林业科技, 2021, 42 (1): 16-24.

[25] 高尚坤. 马尾松人工林不同营林措施下土壤微生物群落特征及其响应机制研究[D]. 北京: 中国林业科学研究院, 2017.

[26] 莫力佳. 辽东半岛东岸泥质区沉积物中木质素分布及其对陆源有机物的指示意义[D]. 南京: 南京大学, 2020.

[27] 张朋超, 李芳芳, 常兆峰, 等. 利用分子生物标志物法揭示种植芭蕉的农业土壤中有机质的来源与降解[J]. 土壤通报, 2018, 49 (2): 349-354.

[28] 周健民, 沈仁芳. 土壤学大辞典[M]. 北京: 科学出版社, 2013.

[29] 赫凤彩, 张婧斌, 邢鹏飞, 等. 围封对晋北赖草草地土壤碳氮磷生态化学计量特征的影响及其与植被多样性的关系[J]. 草地学报, 2019, 27 (3): 644-650.

[30] 赵云飞, 汪霞, 欧延升, 等. 若尔盖草甸退化对土壤碳、氮和碳稳定同位素的影响[J]. 应用生态学报, 2018, 29 (5): 35-41.

[31] 朱国栋, 郭娜, 吕广一, 等. 围封对内蒙古荒漠草原土壤理化性质及稳定碳氮同位素的影响[J]. 土壤, 2020 (4): 840-845.

[32] Evans R D, Bloom A J, Sukrapanna S S, et al. Nitrogen isotope composition of tomato (Lycopersicon esculentum Mill. cv. T-5) grown under ammonium or nitrate nutrition[J]. Plant Cell & Environment, 2010, 19 (11): 1317-1323.

[33] 单燕. 黄土高原不同植被类型和土壤碳氮同位素组成与影响因素分析[D]. 咸阳: 西北农林科技大学, 2020.

[34] Shearer G B, Kohl D H. N_2-fixation in field settings: estimations based on natural ^{15}N abundance[J]. Functional Plant

Biology，1986，13（6）：699-756.

[35]　张月鲜，孙向阳，张林，等. 我国西北地区不同类型草原土壤有机质的稳定碳同位素特征研究[J]. 土壤通报，2013，44（2）：348-354.

[36]　O'Leary，M.H.，Carbon isotopic fractionation in plants[J]. Phytochemistry，1981，20（4）：553-567.

[37]　Bowling D R，Pataki D E，Randerson J T. Carbon isotopes in terrestrial ecosystem pools and CO_2 fluxes[J]. New Phytologist，2008，178（1）：24-40.

[38]　朱书法. 贵州典型陆地生态系统土壤中有机碳含量及碳同位素组成[D]. 广州：中国科学院研究生院（地球化学研究所），2006.

[39]　高俊琴，欧阳华，白军红. 若尔盖高寒湿地土壤活性有机碳垂直分布特征[J]. 水土保持学报，2006，20（86）：76-79.

[40]　刘瑞龙，杨万勤，吴福忠，等. 川西亚高山/高山森林凋落物分解过程中土壤动物群落结构及其多样性动态[J]. 应用与环境生物学报，2014，20（3）：499-507.

[41]　Binkley D，Hart S C. The components of nitrogen availability assessments in forest soils[J]. Advances in Soil Science，1987，51：57-112.

[42]　左倩倩，王邵军. 生物与非生物因素对森林土壤氮矿化的调控机制[J]. 浙江农林大学学报，2021，38（3）：613-623.

[43]　Knoepp J D，Swank W T. Using soil temperature and moisture to predict forest soil nitrogen mineralization[J]. Biology and Fertility of Soils，2002，36（3）：177-182.

[44]　Cui M，Ma A，Qi H，et al. Warmer temperature accelerates methane emissions from the Zoige wetland on the Tibetan Plateau without changing methanogenic community composition[J]. Scientific Reports，2015，5：11616.

[45]　Lang M，Cai Z，Mary B，et al. Land-use type and temperature affect gross nitrogen transformation rates in Chinese and Canadian soils[J]. Plant and Soil，2010，334（1）：377-389.

[46]　Zhou W，Chen H，Zhou L，et al. Effect of freezing-thawing on nitrogen mineralization in vegetation soils of four landscape zones of Changbai Mountain[J]. Annals of Forest Science，2011，68（5）：943-951.

[47]　江聪，简小枚，杜勇，等. 若尔盖高寒草地微地形的土壤微生物群落多样性特征[J]. 福州大学学报（自然科学版），2018，46（06）：77-84.

[48]　何苑皞，周国英，王圣洁，等. 杉木人工林土壤真菌遗传多样性[J]. 生态学报，2014，34（10）：2725-2736.

[49]　Tian J，Zhu Y，Kang X，et al. Effects of drought on the archaeal community in soil of the Zoige wetlands of the Qinghai-Tibetan plateau[J]. European Journal of Soil Biology，2012：52.

[50]　喻岚晖，王杰，廖李容，等. 青藏高原退化草甸土壤微生物量、酶化学计量学特征及其影响因素[J]. 草地学报，2020，28（6）：1702-1710.

[51]　贺有龙，张骞，张中华，等. 青藏高原高寒草地退化对土壤微生物影响研究进展[J]. 青海畜牧兽医杂志，2020，50（6）：43-51.

[52]　韩晓丽，黄春国，张芸香，等. 关帝山林区不同退化程度草地群落类型土壤细菌群落组成及生物多样性研究[J]. 激光生物学报，2020，29（5）：446-452，460.

[53]　李世雄，王彦龙，王玉琴，等. 土壤细菌群落特征对高寒草甸退化的响应[J]. 生物多样性，2021，29（1）：53-64.

[54]　高雪峰，韩国栋，张国刚. 短花针茅荒漠草原土壤微生物群落组成及结构[J]. 生态学报，2017，37（15）：5129-5136.

[55]　王钦. 川西北高原放牧草地植物群落数量特征及退化分类评价指标体系研究[D]. 成都：四川农业大学，2005.

[56]　Acton P，Fox J，Campbell E，et al. Carbon isotopes for estimating soil decomposition and physical mixing in well-drained forest soils[J]. Journal of Geophysical Research Biogeosciences，2014，118（4）：1532-1545.

[57]　Kahmen A，Buchmann W N. Foliar $\delta^{15}N$ values characterize soil N cycling and reflect nitrate or ammonium preference of plants along a temperate grassland gradient[J]. Oecologia，2008，156（4）：861-870.

[58]　Xu Y，He J，Cheng W，et al. Natural ^{15}N abundance in soils and plants in relation to N cycling in a rangeland in Inner Mongolia[J]. Journal of Plant Ecology，2010，3（3）：201-207.

[59]　沈亚婷，路国慧，胡俊栋，等. 短期乔木林灌木林和草地演替的土壤剖面13C分布特征[J]. 地理科学进展，2012，31（11）：1460-1466.

[60] 朱书法, 刘丛强, 陶发祥, 等. 贵州喀斯特地区棕色石灰土与黄壤有机质剖面分布及稳定碳同位素组成差异[J]. 土壤学报, 2007, 44 (1): 169-173.

[61] 李龙波, 涂成龙, 赵志琦, 等. 黄土高原不同植被覆盖下土壤有机碳的分布特征及其同位素组成研究[J]. 地球与环境, 2011, 39 (4): 441-449.

[62] Farquhar G D, O'Leary M H, Berry J A. On the relationship between carbon isotope discrimination and the intercellular carbon dioxide concentration in leaves[J]. Aust. J. plant Physiol, 1982, 9 (2): 281-292.

[63] Ehleringer J R, Flanagan L B, Buchmann N. Carbon isotope ratios in belowground carbon cycle processes[J]. Ecological Applications, 2000, 10 (2): 412-422.

[64] Liao J, Boutton T W, Jastrow J D, et al. Organic matter turnover in soil physical fractions following woody plant invasion of grassland: Evidence from natural ^{13}C and ^{15}N[J]. Soil Biology & Biochemistry, 2006, 38 (11): 3197-3210.

[65] Garten Jr C T. Relationships among forest soil C isotopic composition, partitioning, and turnover times[J]. Canadian Journal of Forest Research, 2006, 36 (9): 2157-2167.

[66] 赵华晨, 高菲, 李斯雯, 等. 长白山阔叶红松林和杨桦次生林土壤有机碳氮的协同积累特征[J]. 应用生态学报, 2019, 30 (5): 1615-1624.

[67] Pautler B G, Austin J, Otto A, et al. Biomarker assessment of organic matter sources and degradation in Canadian High Arctic littoral sediments[J]. Biogeochemistry, 2010, 100 (1-3): 75-87.

[68] Hedges J I, Prahl F G. Early Diagenesis: Consequences for Applications of Molecular Biomarkers[J]. Organic Geochemistry, 1993 (11): 237-253.

[69] Otto A, Simpson M J. Evaluation of CuO oxidation parameters for determining the source and stage of lignin degradation in soil[J]. Biogeochemistry, 2006, 80 (2): 121-142.

[70] Austin A T, Ballare C L. Dual role of lignin in plant litter decomposition in terrestrial ecosystems[J]. Proceedings of the National Academy of Sciences of the United States of America, 2010, 107 (10): 4618-4622.

[71] 刘丛强, 等. 生物地球化学过程与地表物质循环[M]. 北京: 科学出版社, 2007.

[72] Li J, Wang W, Hu G, et al. Changes in ecosystem service values in Zoige Plateau, China[J]. Agriculture Ecosystems & Environment, 2010, 139 (4): 766-770.

[73] 刘敏, 周秋平, 黄惠琴, 等. 红树林土壤微生物多样性及放线菌的分离与鉴定[A].//海南省微生物学会. 2014 年海南省微生物学会学术年会资料汇编[C]. 海南省微生物学会: 海南省微生物学会, 2014: 2.

[74] 杜思瑶, 于淼, 刘芳华, 等. 设施种植模式对土壤细菌多样性及群落结构的影响[J]. 中国生态农业学报, 2017, 25 (11): 1615-1625.

[75] Fierer N, Bradford M A, Jackson R B. Toward an ecological classification of soil bacteria[J]. Ecology, 2007, 88 (6): 1354-1364.

[76] 韦云东, 罗燕春, 郑华, 等. 根袋法获取木薯根际土壤及其细菌群落特征研究[J]. 热带作物学报, 2020, 41 (9): 212-222.

[77] Frey S D, Knorr M, Parrent J L. Chronic nitrogen enrichment affects the structure and function of the soil microbial community in temperate hardwood and pine forests[J]. Forest Ecology and Management, 2004. 196 (1): 159-171.

[78] Rumpel C, Kögel-Knabner I. Deep soil organic matter—a key but poorly understood component of terrestrial C cycle[J]. Plant and Soil, 2011, 338 (1): 143-158.

第5章 土壤有机质/Cu^{2+}对川西若尔盖土壤吸附典型抗生素的影响研究

5.1 绪 论

5.1.1 研究背景和意义

1. 区域生态环境条件概述

川西北高原地区，位于东经 97°26′～104°27′和北纬 27°57′～34°21′，区域面积为 245900km^2。该地区是长江、黄河和西南的主要水源浸润带[1]。若尔盖大草原位于青藏高原东部边缘的特殊地带，享有"川西北高原绿洲"称号。

若尔盖大草原是我国陆生系统的重要组成部分，具有与其他生态环境系统不同的独特地球化学过程，在维护生态稳定、保护生物多样性等方面发挥着重要作用。若尔盖草地的土壤类型以亚高山草甸土和沼泽土为主。

1）沼泽土的形成过程及特点归类

高原地面上坡谷、洼地、缓坡内不平坦的土壤受高原寒温带特殊性气候的影响，长期处在低温、干湿分明、土壤内部透气性闭塞的生态区域。不同的土壤环境、降雨等情况均会影响沼泽土演化的方向。具体特点和性质见表 5.1。

表 5.1 沼泽土类型及性质

沼泽土类型	主要分布	特点	发生层段
潜育沼泽土	高原平坝闭流、伏流沼泽区	富有岩隙水和河水渗，潜水出现在 30cm 剖面，排水难	A_s-A_1-G-A_p
腐殖质沼泽土	高原裙带丘陵沼泽区，岩隙水丰富的山麓缓坡处	腐殖质厚度>50cm	A_s-A_1-A_p
泥炭沼泽土	高原阶地双侧以斜向谷地脱水沼泽区	泥炭多为粗有机质；泥炭层>1m	A_s-A_p
泥炭腐殖质沼泽土	高原丘陵区的季节性沼泽区内	泥炭呈黑棕色，片状结构；腐殖质呈棕黑色，块状结构	A_s-A_1-A_p 或 A_s-A_p-A_1
草甸沼泽土	高原阶地沼泽和亚高山草甸土交互区	潜育层含有褐色锈斑和铁结核，腐殖质色深，呈团粒和块状结构	A_s-A_1-G

注：A_s 为草层；A_1 为 30～50cm 厚的腐殖质层；G 为 40～50cm 厚的潜育层；A_p 为潜育层下的泥炭层。

2）草甸土壤

草甸土壤多处于低缓区域，是由潜水直接蕴养并存在草甸植物的土壤，为半水成土。草甸土主要分为高山草甸土、亚高山草甸土、草甸土和牛草冲积土。其分布及性质见表 5.2。

表 5.2 草甸土类型及性质

草甸土壤类型	主要分布	母质	特点
高山草甸土	少量分布在海拔 3500m 以上的丘状高原的顶端	残积母质物理风化发育,通过生草和淋溶过程形成	植被为高山草甸植被、稀疏矮化灌丛
亚高山草甸土	丘岗中部、中上部	岩石风化的残积母质、坡积母质、冲积母质	土壤水热条件好,有机质分解程度高,植物生长繁茂
草甸土	河两岸一级阶地和河谷平原	多为湖相成土母质,质地不均匀	无泥炭层,低水位段干旱季节会形成盐渍化草甸土、苏打盐土
生草冲积土	河水泛滥区	砂淹冲积物	植被为小灌木和禾本草群落

近年来,由于自然因素和人为因素等,草地和土壤受到不同程度的破坏,川西北高原成为四川省沙化程度较严重的区域。从 20 世纪开始,抗菌药物的施用在畜禽养殖业较普遍。当牲畜服用兽药后,其中绝大部分药物通过尿液和粪便排出体外,通过沉降、淋溶不断积累在土壤中,对区域生态环境的稳定产生破坏,从而严重威胁该地区经济的可持续发展。同时,随着人类对川西北高原的资源化开发以及含 Cu 杀毒剂的大量使用,使川西北土壤中 Cu 的含量也急剧升高,重金属离子能与大多数抗菌药物发生络合反应,改变抗菌药物在土壤中迁移转化行为。因此,保护该区域亚高山草甸土,对不同地区受复合污染的土壤的治理十分紧迫。

2. 抗菌药物喹诺酮类和四环素类结构及使用情况

抗菌药物是世界上使用最广泛和滥用最严重的药物之一,2000 年全球的抗菌药物使用量为 211 亿剂,而 2015 年就增加至 348 亿剂,增长幅度为 65%[2]。在土壤[3]、沉积物[4]、地表水[5]中经常检测到残留的抗菌药物。因此,抗菌药物的滥用及随处排放对我们赖以生存的环境造成了严重的影响,其含有的抗体基因和产生的耐药菌所造成的生态环境问题是如今研究的焦点之一。

喹诺酮类药物作为最理想的抗菌药物,是以 4-喹诺酮为基础结构的人工合成的萘啶酸衍生物。现已研发出四代喹诺酮类抗菌药物,应用最为广泛的是第三代药物[6]。环丙沙星属于第三代开发的氟喹诺酮类抗生素。环丙沙星结构中含有 3-COOH 和哌嗪取代基 N-4 两个电离基团,其酸碱度容易受溶剂物化性质干扰。

四环素类抗菌药物(tetracyclines,TCs)是由放线菌产生的一类广谱抗菌药物[7],主要包括金霉素、土霉素、四环素等[8]。四环素类抗菌药物的典型代表有土霉素(oxytetracycline,OTC),因为它质优价廉被广泛应用于养殖业,常用于动物疾病的治疗和低于治疗量促进动物生长,是全世界范围内使用最广泛的抗菌药物之一。土霉素结构中含有三碳基酰胺和酚二酮两个呈酸性的电离基团,一个呈碱性的电离基团:氮二甲基,对应 pK_a 值分别为 3.2、7.6 和 9.6,其酸碱度容易受溶剂物化性质干扰。

3. 喹诺酮类和四环素类抗菌药物的来源、残留和危害

1）喹诺酮类抗菌药物的来源、残留和危害

（1）喹诺酮类抗菌药物的来源。

近几十年，喹诺酮类抗菌药物广泛应用于医疗和牲畜禽业的防治，不同含量的喹诺酮类药物在土壤和水中被普遍检测到，对生态环境和人类的健康造成了不同程度的危害。研究调查发现，该类药物可经过多种方式进入土壤和水环境中，主要来源为医用药物的使用、兽用药物的使用和工业废水排放。

（2）喹诺酮类抗菌药物的使用和残留情况。

据相关研究，美国每年使用的抗生素约 16000t[9]，我国环丙沙星的产量最大。2002 年，我国生产环丙沙星 1800t，诺氟沙星 3600t，我国成为生产和供应抗菌药物主体国家之一。如今，已在畜禽粪便、水环境和土壤环境等检测出喹诺酮类药物，有机污染物排放到环境中对整个生态环境造成了严重的危害。因此，抗生素在环境中的残留情况应更加引起重视。表 5.3 为喹诺酮类药物在不同动物组织器官的最高残留量（maximum residue limit，MRL）。国内外研究员对水体、土壤环境、动物粪便以及畜禽类等来源中的喹诺酮类药物进行了检测，残留量见表 5.4。由表 5.4 看出，在自然界多种介质中都检测到了喹诺酮类药物的存在。

表 5.3　喹诺酮类药物在不同动物组织器官的最高残留量

动物组织	氧氟沙星/(μg/kg)	环丙沙星/(μg/kg)	恩诺沙星/(μg/kg)
猪肉	100	100	100
猪肾	300	300	300
猪肝	200	200	200
牛肉	100	100	100
牛肝	300	300	300
牛肾	200	200	200
羊肉	100	100	100
羊肝	300	300	300
羊肾	200	200	200
鸡肉	100	100	100
鸡肝	200	200	200

表 5.4　不同来源的喹诺酮类药物残留量

残留类型	药物	研究地点	样品来源	残留含量	研究者
牲畜粪便	环丙沙星	广州	猪、牛	152.0μg/kg、88.6μg/kg	邰义萍[10]
畜禽粪便	诺氟沙星	江苏	集约化养殖场	397mg/kg	张劲强[11]
动物粪便	环丙沙星	8 个畜禽饲养场	猪 牛 鸡	33.98mg/kg 29.59mg/kg 45.59mg/kg	Zhao[12]

续表

残留类型	药物	研究地点	样品来源	残留含量	研究者
底泥和土壤	诺氟沙星	瑞士	底泥 土壤	1.79~2.49mg/kg 0.27~0.32mg/kg	Xiao[13]
生活污水	环丙沙星	美国	污水厂	311mg/L	Lingberg[14]
河流、底泥	22 种 FQs （氟喹诺酮类）	河北白洋淀	流域底泥	65.5~1166μg/kg	Li[15]

（3）喹诺酮类抗菌药物的危害。

喹诺酮类抗菌药物进入水体和土壤环境并富集在人类赖以生存的生态环境中，对动植物、微生物造成危害，通过食物链间接危害人体健康。①对动植物的危害。喹诺酮类抗菌药物可以阻碍细菌中 DNA 的正常复制而达到灭菌效果，对动植物的生长表现为快慢渗透影响。刘开永等[16]研究发现环丙沙星可以抑制老鼠免疫系统以及导致老鼠体内肌肉品质降低。研究者通过对黄瓜、萝卜和莴苣等植物经水培实验结果得到在恩诺沙星不同剂量影响下，低浓度（50~100μg/L）的恩诺沙星被植物吸收后促进了植物的生长，500μg/L剂量的药物对植物表现致毒性，对不同植物组织的抑制作用由小到大为：叶＞茎＞根，而且恩诺沙星在植物体内转化为环丙沙星存在，每种植物的耐药性不一。②对微生物的影响。喹诺酮类药物作为抗菌药物，抑制土壤中微生物的生长繁殖，抗菌药物长期污染或浓度较高会导致耐药菌数量增加，使敏感菌数量下降，不同药物添加剂量会使微生物群落结构发生不同程度的改变，群落结构的破坏会影响微生物对有机质和粪便的腐解和分解能力，导致土壤肥力下降。Yolanda 和 Andreu[17]对耐药菌研究发现，耐药菌中耐药基因会辐射到相同和不同菌种上，若致病菌中含有多种类型的耐药基因，则会大大增加人体健康风险。③对人体健康的影响。目前的技术与工艺手段还不能够将抗生素从土壤和水环境中完全去除，残留的抗菌药物会富集在水体、土壤或植物中，并通过食物链间接对人类健康有不同程度的影响。若喹诺酮类抗菌药物长时间储存在人体内，会对人体的消化系统、神经系统、心血管、泌尿系统和骨骼系统造成不良反应，药物含量较高更会导致人体过敏性休克。吴光亮[18]对 440 例呼吸系统感染者观察研究发现，环丙沙星、莫西沙星主要引起呕吐、恶心和上腹部隐痛而发生腹泻反应，原因是剂量较大的抗菌药物会刺激胃蛋白酶的分泌，也会扰乱肠道系统菌群的平衡。

2）四环素类抗菌药物的来源、残留和危害

（1）四环素类抗菌药物的来源。

随着各个领域对四环素类抗菌药物的使用，不同含量的四环素类抗菌药物在土壤和水中被普遍检测到，对生态环境和人类的健康造成了不同程度的危害。研究调查发现，该类药物可经过多种方式进入地球环境中，主要来源为医用四环素类抗菌药物、养殖及农业用四环素类抗菌药物和工业废水排放四环素类抗菌药物。

（2）四环素类抗菌药物的残留情况。

由于四环素类抗菌药物的稳定性，其释放到环境中会残留在不同介质中，危害人体和环境安全，已成为土壤中主要的污染物。中国某农业种植基地检测出了多种抗菌药物，其中四环素类（82.75μg/kg）＞喹诺酮类（12.78μg/kg）＞大环内酯类（12.24μg/kg）＞磺胺类（2.61μg/kg），可以看出四环素类抗菌药物的含量远远大于其他类抗菌药物[19]。地表水与沉积物中也检测到四环素类抗菌药物的存在，Zhao 等[20]检测发现四环素和土霉素在黄河三角洲的浓度分别是 3.65～64.89ng/L 和 4.60～83.54ng/L，在沉积物中分别是 3.22～26.78ng/L 和 1.18～11.49ng/L。同时，研究者们认为季节变化会影响河流抗菌药物浓度[21]。如今，四环素类抗菌药物已在畜禽粪便、水环境和土壤环境中等检测出，有机污染物排放到环境中对整个生态环境造成了严重的危害。因此，四环素类抗菌药物在环境中的残留情况应更加引起重视。

4. 土壤中铜的环境意义

铜是一种过渡金属元素，化学符号 Cu，英文 copper，原子序数 29，相对原子质量为 64，常见的价态是 0 和 +2。铜既是地球生命体生长发育的必需微量元素，也是重金属污染物之一。铜在环境中常以二价形式的铜离子存在，Cu^{2+} 不仅可以和 NH_3、CO_3^{2-}、HCO_3^-、SO_4^{2-} 等无机配位体形成络合物，还可与有机配位体的羧基、羟基以及胺基等发生络合作用[22]，造成环境复合污染。土壤中 Cu 如果过量首先会毒害植物，然后经过食物链的富集作用，严重威胁动物和人类健康。根据全国土壤污染调查的结果，土壤重金属在我国的超标率顺序为镉（Cd）＞汞（Hg）＞砷（As）＞铜（Cu）＞铅（Pb）＞铬（Cr）＞锌（Zn），其中铜的超标率大于 5%，排名第四[23]。土壤环境的污染物大致可分为两大类：无机污染物和有机污染物。土壤环境的污染不可能只存在单一污染物，常常是多种污染物共同存在的复合污染，主要包括有机-无机复合污染、有机-有机复合污染、无机-无机复合污染等。土壤复合污染会对人类赖以生存的环境和人类自身及动物产生毒害作用。因此，探究 Cu^{2+} 存在下，抗菌药物在土壤上的吸附迁移机制对土壤环境的保持具有至关重要的意义。

5.1.2　国内外研究进展

1. 腐殖质对喹诺酮类抗菌药物在土壤上吸附的研究进展

1）土壤有机质与土壤界面的相互作用

土壤有机质含有的羧基或酚羟基等酸性官能团与无机矿物表面发生配位交换作用，结合为配合物，其配位交换过程见图 5.1。

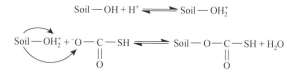

图 5.1　腐殖质在无机矿物上的吸附过程

图 5.1 中 Soil-OH 指矿物颗粒表面羟基，HS—COO⁻指腐殖质中的羧基。第一个反应式表示矿物颗粒表面与溶液中 H⁺结合完成质子化过程，说明矿物表面质子化与溶液酸碱

度以及腐殖质中—COO$^-$有关；第二个反应式反映了此时矿物颗粒表面羟基与羧基结合为外围化合物，OH$_2^+$与 HS—COO$^-$配位交换结合为内围化合物。无机矿物本身对有机污染物的吸附强度较弱，更易与腐殖质结合，一般情况下腐殖质具有负电，能通过库仑力/静电力（正负电荷相互作用）与带正电的矿物有效吸附。

无机矿物与腐殖质相互作用通过改变腐殖质结构和性质，增加了对有机污染物的吸附作用。黄仁龙等[24]研究腐殖酸和高岭土、蒙脱土、针铁矿的复合体对菲的吸附作用。结果得到腐殖酸中某些基团的结构及致密程度发生了改变。蒙脱土-腐殖酸复合体对菲的吸附能力最强，由于蒙脱土含双层结构，与腐殖酸在内部结合后将腐殖酸固定加大了两层间距，针铁矿氢键作用较大，对腐殖酸的控制更强。针铁矿、高岭土-腐殖酸结合主要是表面氢键的作用。郭惠莹等[25]通过探究腐殖质的 4 种模型化合物在高岭土和氧化铁矿物的吸附，研究发现没食子酸和富马酸钠这类小分子模型化合物，在矿物表面吸附过程中，大分子组分（单宁酸和油酸钠）比小分子化合物（没食子酸和富马酸钠）更具吸附亲和力，富马酸钠含有断链脂肪族不能包裹在矿物表层，通过弱范德瓦耳斯力作用在矿物表面。

2）土壤有机质与喹诺酮类药物的相互作用

土壤有机质（SOM）来源于动植物残体的分解，以腐殖质为主体。HS 能与许多污染物相互作用，如农药、抗菌药物、石油衍生物和无机物。按腐殖质的酸碱溶解度分类，FA 可溶于碱性和酸性溶液；HA 可溶于碱性溶液；HM 不溶于酸碱溶液。由于腐殖质的结构复杂，分子中含有芳香 π 键体系和多种官能团，官能团可通过氢键形成网状结构，使腐殖质分子表面具有孔状可吸附位点，较易与极性、非极性有机污染物以及金属发生表面吸附、螯合作用、配位作用、共价吸附、范德瓦耳斯力、氢键、键合、阳离子交换等复杂作用。武庭瑄和陈慧[26]在研究不溶性腐殖酸对环丙沙星吸附过程时，发现腐殖酸结构中酚羟基和羧基是与阳离子化合物相互作用的主要结合位点，腐殖酸分子中羧基和羟基离解后带负电，与环丙沙星结构中的碱性基团通过阳离子交换和键桥作用相互作用。Aristilde 和 Sposito[27]利用分子动力学阐述了溶液中环丙沙星与模型腐殖质相互作用机制。有机污染物结构中含有的羧基和氨基基团，也可以影响腐殖质介导在土壤上的吸附。腐殖质因其疏水和亲水基团的重置以及本身分子内氢键的破坏而发生分子空间构想改变，有利于其与环丙沙星分子间发生氢键作用。Achtnich 等[28]研究表明有机污染物能与腐殖质在酶催化和微生物分解下加成后产生单向反应共价键，从而使有机污染物对环境的危害降低。

腐殖质对有机污染物以及对土壤都具有一定的吸附和结合作用。腐殖质对药物在土壤上的影响机制较为复杂，腐殖质的介入对体系中的吸附作用分为促进和抑制作用。Pan 等[29]通过研究表明可溶性腐殖酸可以增加磺胺甲噁唑在悬浮碳纳米管上的吸附。郭平等[30]进一步报道了腐殖质可以与有机污染物形成络合物，或者通过与土壤颗粒的吸附位点竞争来促进有机污染物在土壤中的迁移。还可以通过共吸附或累积吸附来提高对有机污染物的吸附能力。腐殖质也可以通过阻碍作用、增溶性、竞争吸附等机制抑制对有机污染物的吸附。Li 等[31]研究发现腐殖质大分子可以覆盖在土壤表面阻碍有机污染物的附着，同时还可以有效阻挡污染物进入黏土矿物-蒙脱石层间内。

土壤腐殖质作为大分子物质，其对有机污染物的吸附过程由多个机制共同作用。可见，腐殖质与有机污染物间相互作用对土壤和水体环境中药物污染浓度的降低或去除有至关重要的意义。

2. 重金属对四环类抗菌药物在土壤上吸附的研究进展

土壤中会共存一部分金属离子，包括一价金属离子（如 Na^+ 和 K^+）和多价金属离子（如 Ca^{2+}、Mg^{2+}、Cu^{2+}、Al^{3+} 和 Fe^{3+}）。共存的金属离子极大地影响了土壤或矿物成分对四环素类抗菌药物的吸附，这主要是因为共存金属离子不仅会与四环素类抗菌药物形成络合物，还会因桥接作用使抗菌药物通过—OH 和—CONH 等官能团吸附到土壤及沉积物负电吸附点位。因此，自然环境中的共存金属离子会影响四环素类抗菌药物的迁移和去向。一价金属离子对四环素类抗菌药物在土壤上的吸附不产生络合作用，反而一般可以在阳离子或零价时与抗菌药物竞争吸附位点，这可能会阻止抗菌药物的吸附行为。例如，随着钠离子浓度的增加，土壤对链霉素的吸附量显著降低。

多价金属离子与抗菌药物络合能力较一价金属离子强，Cu^{2+} 和 Fe^{3+} 络合能力为如今研究发现最强的，这可能是由于它们之间电负性不同造成的。汪晨等[32]发现，当吸附反应中加入 Cu^{2+}、Pb^{2+} 和 Cd^{2+} 金属离子时，它们之间的络合物稳定常数顺序为：Cu^{2+}>Pb^{2+}>Cd^{2+}。近年来，中国农业土壤中 Cu^{2+} 浓度的升高是由于含有高浓度 Cu^{2+} 的动物粪便进入农田、废水灌溉以及工业污染物的沉积。已知 Cu^{2+} 与四环素类抗菌药物按 1:1 的比例进行螯合，螯合物稳定常数为 1012.4，明显高于常见的 Ca^{2+} 和 Mg^{2+} 与四环素类抗菌药物（分别为 106.4 和 105.8）的螯合物稳定常数。Zhang 等[33]研究发现低 pH（pH<5）时，Cu^{2+} 的存在促进了四环素在土壤和沉积物中的吸附，可能是由于金属络合作用和 Cu^{2+} 在土壤和沉积物上的表面桥接机制。通过对不同 pH 下不同四环素种类的量子化学计算，进一步证实了土壤和沉积物对四环素吸附机理的阳离子交换作用、金属络合作用和库仑作用。Cd^{2+} 的络合物稳定常数次于 Cu^{2+}，但对土壤及沉积物吸附四环素类抗菌药物同样有促进作用。

在不同 pH 的溶液中，抗菌药物与土壤及沉积物中共存金属离子的络合反应会产生不同的络合产物。在土壤 pH 较低的情况下，当存在一些多价金属离子时，可以观察到类似的抑制抗菌药物吸附作用。Aristilde 等[34]报道，在 Ca^{2+}、Mg^{2+} 存在的情况下，pH<7.0 时，土壤对四环素的吸附较弱。Liu 等[35]报道了 Cu^{2+} 通过竞争疏水吸附区抑制磺胺甲噁唑在土壤中的吸附。

5.1.3　研究内容

（1）探究两种不同类型土壤（亚高山草甸土、沼泽土）对不同浓度环丙沙星（ciprofloxacin，CIP）的吸附动力学、吸附等温线、吸附热力学以及吸附行为特征的差异，并探究 pH 对吸附过程的影响。

（2）探究亚高山草甸土壤纵剖面对不同浓度 CIP 吸附行为特征及差异，并探究土壤理化性质和机械组成对吸附过程的影响。

（3）利用表征分析测试技术，认识并构建不同来源的 SOM 不同组分（HA、FA 和 HM）的差异和特征信息库，更准确认识 SOM 中 HA、FA、HM 对 CIP 迁移的调控机制。

（4）亚高山草甸土和沼泽土两种 SOM 不同组分（HA、FA 和 HM）对 CIP 在土壤中的吸附过程的影响，构建有机-无机复合体的吸附动力学、吸附等温和吸附热力学模型，并分析不同来源的腐殖质对土壤中 CIP 吸附影响的差异。

（5）探究吸附反应系统中 Cu^{2+} 存在时，亚高山草甸土对不同浓度 OTC 的吸附动力学、吸附等温线、吸附热力学以及吸附行为特征的差异，并探究溶液初始 pH、Cu^{2+} 浓度和温度对吸附过程的影响。

（6）探究 Cu^{2+} 存在下，亚高山草甸土两种组分（胡敏素组分、去铁锰氧化物组分）对 OTC 的吸附动力学、吸附等温和吸附热力学模型及不同影响因素对吸附机理的影响，并分析不同性质组分对 OTC 吸附强度的差异。

（7）利用表征分析测试技术及吸附模型的建立，分析吸附实验数据以及比较吸附前后亚高山草甸土的特征变化，初步探索 OTC 在亚高山草甸土及其组分上吸附的机理。

5.2　环丙沙星在亚高山草甸土和沼泽土吸附行为

环丙沙星（ciprofloxacin，CIP）属于典型的氟喹诺酮类抗生素，可通过牲畜粪便施肥和水体沉降等方式进入土壤，给土壤环境和人类健康带来巨大危害。因此探究 CIP 在土壤上的吸附机制对土壤环境的保持具有至关重要的意义。川西北高原作为四川省最大的牧业基地，其土壤在独特的地理环境影响下形成了具有地域特点的亚高山草甸土和沼泽土，亚高山草甸土和沼泽土有明显的腐殖质积聚，是抗菌药物的储蓄舱和再转化源。本节采用批量摇瓶实验探究土壤对 CIP 的吸附行为，并提供牧区土壤污染防治过程中的理论基础。本节选取若尔盖草地中红原县的亚高山草甸土、沼泽土和亚高山草甸土（AMX）剖面土壤作为供试土壤，用来研究对 CIP 的吸附行为特征及规律，并分析不同土壤类型对 CIP 吸附的差异性，为更好地评估 CIP 的环境风险提供科学基础。

5.2.1　环丙沙星在亚高山草甸土和沼泽土的吸附行为

1. 材料与方法

1）供试土壤

具有"四川寒极"之称的川西北高原，以牧区为主，该地区年平均温度为 0.9℃，平均海拔为 3600m 以上，年平均降水量为 749.1mm。本研究选取若尔盖草地亚高山草甸土和沼泽土，采样地点位于四川省阿坝州红原县阿木乡（AMX）和瓦切镇（WQZ）。两个采样点按照中心五点法，在每个位置布设 5 个取样点，带回实验室均匀混合。两种土壤取地表向下 20cm 的土样，并去除表层 5cm 杂草。采样后手动去除杂草、石子等杂物，避光自然风干后，过 100 目筛后避光储存备用。

采集土壤经过预处理后，按参照《土壤分析技术规范（第二版）》[36]测试手段得到土壤的理化性质及机械组成见表 5.5。

表 5.5　土壤理化性质及机械组成

土壤样品名称	pH	容重/(g/cm³)	含水率/%	有机质/(g/kg)	阳离子交换量 CEC/(cmol/kg)
WQZ	5.55	0.261	247.66	308.71	40.86
AMX	5.25	0.79	88.4	99.28	18.69

土壤样品	机械组成/%					土壤类型
	黏粒 <0.002mm	粉粒 0.002~0.075mm	细砂 0.075~0.25mm	中砂 0.25~0.5mm	粗砂 0.5~2mm	
WQZ	10.69	89.31	0	0	0	黏土
AMX	11.61	85.26	3.13	0	0	黏土

2）仪器与试剂

（1）吸附质。

本实验使用的环丙沙星（CIP）购自 Sigma-Aldrich 公司，色谱纯，其分子结构及性质见表 5.6。

表 5.6　环丙沙星的分子结构及性质

化学名	简写	分子量/(g/mol)	溶解性/(mg/L)	化学式	化学结构
Ciprofloxacin	CIP	331.34	86	$C_{17}H_{18}FN_3O_3$	

（2）仪器。

本章使用的仪器见表 5.7。

表 5.7　实验仪器

仪器名称	型号	生产公司
高效液相色谱	Agilent1260	美国安捷伦科技公司
紫外分光光度计	Evolution300	美国 Thermo Fisher
恒温振荡箱	TSQ-280	上海精宏实验设备有限公司
pH 计	SevenMulti	上海梅特勒-托利多
超声波清洗器	KH5200B	昆山禾创超声仪器有限公司
电子天平	AL104	上海梅特勒-托利多
超纯水系统	Milli-Q Integral 5	美国默克密理博公司

（3）试剂。

实验过程中使用的试剂如表 5.8。

表 5.8　实验试剂

试剂名称	纯度	生产公司
环丙沙星	≥99%，GR	西格玛奥德里奇贸易有限公司
氯化钠	≥98%，GR	国药试剂公司
叠氮化钠	≥99.9%，AR	成都市科隆化学品有限公司
乙腈	≥99.9%，色谱纯	德国默克医药公司
三乙胺	色谱纯	西格玛奥德里奇贸易有限公司
浓盐酸	≥98%，GR	成都市科隆化学品有限公司
超纯水	TOC≤0.2mg/L，18MΩ·cm	

3）实验方法

（1）CIP 溶液配制。

准确称取 100mg CIP 于 50mL 烧杯中，加入 10mL 0.05mol/L 的 HCl 溶液，搅拌溶解后，转移至 500mL 容量瓶中，用 0.02mol/L 的 NaCl 溶液和 200mg/L 的 NaN_3 溶液作为背景溶液，分别控制吸附过程中溶液中的离子强度和抑制实验过程中微生物的影响，用背景溶液定容后摇匀。CIP 储备液浓度为 200mg/L。

（2）吸附动力学实验。

实验参照 OECD guideline106[37]批量平衡方法进行。将 WQZ 和 AMX 分别称取（0.02±0.0005）g、（0.15±0.0005）g 于 15mL 棕色小瓶中，分别加入 60mg/L、80mg/L、100mg/L 的 CIP 背景溶液，在 25℃下，以 150r/min 的频率，在振荡箱中恒温避光振荡，分别在 1min、5min、10min、15min、30min、1h、2h、4h、6h、12h、18h、24h、48h、72h 和 96h 时间点取样，取样后静置 20min，取上清液，过 0.45μm 滤膜后，置于液相小瓶中，利用高效液相色谱仪（HPLC）来检测 CIP 的出峰面积，用吸附前后溶液中抗生素浓度之差计算得到土壤对抗生素的吸附量。每个样品做 3 个平行样，并无土作空白对照。将计算得到的不同时间抗生素在土壤上的吸附量，用 3 种常见动力学方程[叶洛维奇（Elovich）方程、双常数方程、准二级动力学方程]进行拟合，并通过拟合相关系数 R^2 值比较模型拟合度的优劣。

（3）等温吸附实验。

按照吸附动力学实验称取 WQZ 和 AMX 一定量的土样，分别加入 15mL 含有背景溶液的 60mg/L、80mg/L、100mg/L、120mg/L、140mg/L 的 CIP 溶液，在 25℃条件下以 150r/min 的频率，振荡 48h 吸附平衡后，取样后同吸附动力学实验方法操作。

（4）吸附热力学实验。

按照等温吸附实验的批量平衡方法进行实验，并按照吸附动力学实验称取 WQZ 和 AMX 一定量的土样，分别加入 15mL 含有背景溶液的 60mg/L、80mg/L、100mg/L 和

120mg/L 的 CIP 溶液，在振荡箱温度为 15℃、25℃和 35℃条件下分别振荡 48h 吸附平衡后，取样后静置 20min，取上清液，过 0.45μm 滤膜后，置于液相小瓶中，利用 HPLC 检测 CIP 的浓度，每个样品做 3 个平行样，并无土作空白对照，分别用 Freundlich、Langmuir 等温吸附方程对获得数据进行拟合，获取其土壤吸附特征常数。

（5）不同 pH 对吸附行为的影响。

初始浓度为 60mg/L、80mg/L、100mg/L 和 120mg/L 的 CIP 溶液作为实验工作液，用少量的 0.1mol/L NaOH 和 0.1mol/L HCl 调节溶液 pH，使溶液 pH 分别为 3.0±0.05、5±0.05、6±0.05、7±0.05 和 9±0.05，在 25℃下，按照吸附动力学实验方法测定 CIP 浓度。

（6）数据分析方法及色谱条件。

吸附量用式（5-1）计算：

$$q_t = \frac{(C_0 - C_t) \times V}{M} \tag{5-1}$$

式中：q_t 为 t 时刻土壤吸附量，μg/g；C_0 为溶液中初始浓度，μg/L；C_t 为 t 时刻溶液中 CIP 浓度，μg/L；V 为溶液体积，L；M 为称取土样质量，g。

CIP 定性定量分析：

定量分析：高效液相色谱柱 C18 反相柱（4.6mm×150mm，5μm）；流动相为乙腈和三乙胺（$V : V = 15 : 85$）；柱温为 30℃；紫外检测波长为 273nm；流速为 1.0mL/min；进样量为 50μL；停留时间 2.905min，每组 3 个平行样。测定结果见图 5.2，在 CIP 的色谱图中可见到在 2.905min 时出现清晰的峰。

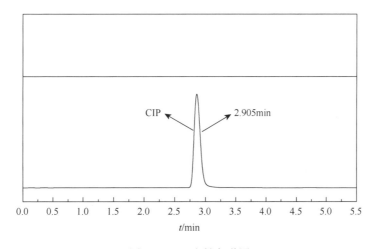

图 5.2　CIP 定性色谱图

定性分析：从 200mg/L 的 CIP 母液中吸取不同体积的溶液加入容量瓶中，并用背景溶液定容后摇匀，配制浓度分别为 10mg/L、20mg/L、40mg/L、60mg/L、80mg/L、100mg/L、120mg/L 和 140mg/L 的 CIP 标液，充分摇匀后，用 HPLC 检测 CIP 的出峰面积（Area），CIP 定量标准曲线见图 5.3。

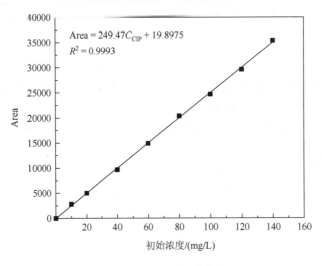

图 5.3　CIP 定量标准曲线

2. 结果与讨论

1）CIP 在两种土壤上的吸附动力学行为特征

采用 3 种动力学模型（准二级动力学方程、Elovich 和双常数方程）来研究 CIP 在亚高山草甸土和沼泽土的吸附过程，这三种模型常用于描述有机污染物在土壤上的吸附线性方程如式（5-2）～式（5-4）所示：

（1）准二级动力学方程：

$$\frac{q_t}{q_e} = \frac{tkq_e}{1+tkq_e} \tag{5-2}$$

式中：q_t 为 t 时刻土壤对 CIP 的吸附量，μg/g；q_e 为吸附平衡时的吸附量，μg/g；k 为二级反应吸附速率常数，g/（μg·h）。

（2）Elovich 方程：

$$q_t = a + b\ln t \tag{5-3}$$

式中：a、b 为模型参数，表示速率常数。

（3）双常数方程：

$$\ln q_t = a + b\ln t \tag{5-4}$$

式中：a 为吸附常数；b 为与吸附能力有关的常数。

不同数学模型，其参数不同，拟合结果需要用校正决定系数（r_{adj}^2）进行比较评价，才具有可比性。其计算形式如式（5-5）所示。

$$r_{\text{adj}}^2 = 1 - \frac{(1-r^2)(N-1)}{N-m-1} \tag{5-5}$$

式中：N 为用于拟合数据的个数；m 为拟合方程中的参数个数；r^2 为相关系数。

为了确定 CIP 在 AMX 和 WQZ 上的吸附平衡时间和吸附动力学过程，以吸附量（μg/g）和吸附时间（h）绘制出图 5.4 的动力学曲线。

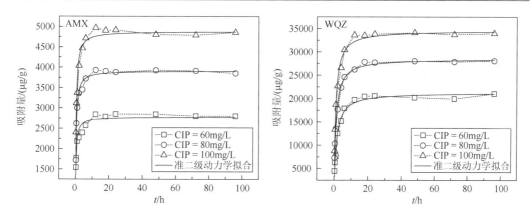

图 5.4　CIP 在 AMX 和 WQZ 上的吸附动力学曲线

由图 5.4 可以直观地看出,两种土壤对 CIP 的吸附过程分为快速吸附和慢吸附两个过程。土壤颗粒表面具非均质性,其表面吸附位点结合能也不一,不同初始浓度的 CIP 会影响土壤对 CIP 的吸附量。由图 5.4 看出,初始浓度不断增加,CIP 在土壤上的吸附量也增加,原因可能有两种:一是溶液中 CIP 分子比例逐渐增加,推动了吸附反应的进行,降低了液-固两相间的冲击阻力;二是 CIP 分子增多,加大了 CIP 与颗粒表面吸附位点结合的机会。

控制污染物吸附过程基本包括化学反应、质量转移、微粒扩散等。对 CIP 在两种土壤中的吸附动力学用以下三种方程进行拟合。从表 5.9 可以看出,通过准二级动力学方程的拟合效果最好。说明用准二级动力学方程可以很好地阐述 CIP 在 AMX 和 WQZ 上的动力学吸附行为。准二级动力学方程包含了表面吸附、外部液膜扩散和粒子内扩散等吸附动力学过程机制,但不能明确表述 CIP 在颗粒内扩散过程。Elovich 方程可表述扩散机制。由表 5.9 可以看出随着初始浓度的增加,吸附速率常数 b 也逐渐增加,$R^2 < 1$,表明吸附过程非线性,是由多个限速机制控制的,说明除了颗粒内扩散阶段外还有其他因素同时影响 CIP 在土样颗粒上的吸附。CIP 在 AMX 和 WQZ 中的吸附过程中颗粒内扩散不是仅有的可以控制速率的因素。崔皓和王淑平[38]研究 CIP 在潮土中的吸附行为,发现其吸附动力学过程符合准二级动力学方程,并猜想化学键的形成是吸附作用的主要影响因子,而且是以化学吸附为主的吸附过程。

表 5.9　CIP 在 AMX 和 WQZ 上的吸附动力学方程拟合结果

样品	初始浓度	准二级动力学方程			Elovich 方程			双常数方程		
		q_e/(μg/g)	k/[g/(μg·h)]	R^2	a	b	R^2	a	b	R^2
AMX	60	2780.77	1.4×10^{-3}	0.9202	2060.42	215.04	0.863	7.64	0.084	0.8118
	80	3912.95	8×10^{-4}	0.9809	2844.83	310.04	0.766	7.97	0.085	0.7009
	100	4883.92	6×10^{-4}	0.9592	3524.56	392.87	0.788	8.18	0.087	0.7229
WQZ	60	21307.48	3.51×10^{-5}	0.9831	9754.95	2994.46	0.8861	9.26	0.19	0.7800
	80	28519.54	3.48×10^{-5}	0.9886	14685.85	3700.89	0.8966	9.65	0.16	0.7998
	100	34585.02	3.32×10^{-5}	0.9879	18626.49	4327.69	0.8773	9.88	0.15	0.7791

2）CIP 在两种土壤上的等温吸附特性

利用 Freundlich 方程[式（5-6）]和 Langmuir 方程[式（5-7）]（描述吸附剂表面吸附量和吸附质平衡浓度关系）拟合 CIP 在 AMX 和 WQZ 上的吸附等温实验，其吸附量和平衡浓度关系的等温吸附曲线见图 5.5。

Langmuir 方程：

$$q_e = q_{\max} \frac{K_L C_e}{1 + K_L C_e} \tag{5-6}$$

Freundlich 方程：

$$q_e = K_F C_e^{\frac{1}{n}} \tag{5-7}$$

式中，q_e 和 $q_{\max}$ 分别表示吸附剂在平衡时以及土壤理论饱和的吸附量，μg/g；Langmuir 方程中的系数 K_L，为吸附表面强度常数，与吸附键能有关，其大小与吸附剂的吸附能力强度成正比；C_e 为平衡时溶液中 CIP 的浓度，mg/L；Freundlich 方程中与温度相关的吸附常数 K_F 和 $1/n$，K_F 代表吸附容量，其值越大代表土壤吸附 CIP 容量越大，不能说明最大吸附量；$1/n$ 说明吸附机制的差异和非线性程度，$n \neq 1$ 时吸附量与吸附质浓度有关。

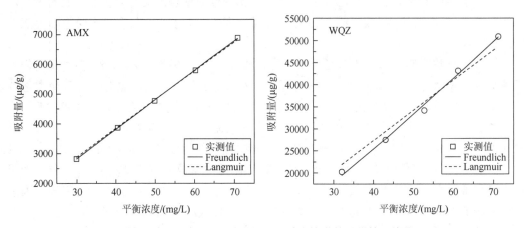

图 5.5　CIP 在 AMX 和 WQZ 两种土壤上的吸附等温线

由图 5.5 可以看出，在 CIP 的初始浓度增加时，平衡吸附量也随之增加，平衡浓度也增大，AMX 和 WQZ 最大吸附量分别为 6774.31μg/g 和 50857.79μg/g。

表 5.10　CIP 在 AMX 和 WQZ 两种土壤上吸附等温线的拟合参数

土壤名称	温度/℃	Freundlich			Langmuir		
		$\lg K_F$	$1/n$	R^2	K_L/(L/mg)	$q_{\max}$/(μg/g)	R^2
AMX	25	4.440	1.03	0.9999	9.21×10^{-10}	1.04×10^{11}	0.9989
WQZ	25	5.708	1.20	0.9933	6.13×10^{-11}	1.11×10^{13}	0.9622

由上表 5.10 看出，Freundlich 和 Langmuir 方程均能很好地拟合 AMX 和 WQZ 对 CIP 的吸附实验数据。Freundlich 方程相比来看，其 R^2 分别为 0.9999 和 0.9933，拟合效果较

好。说明 CIP 在 AMX 和 WQZ 上的吸附属于非均匀多分子层吸附，吸附过程受吸附剂表面能和 CIP 异质性较大，主导机制为表面吸附和分配作用。$\lg K_F$ 分别为 4.440 和 5.708，说明 WQZ 比 AMX 对 CIP 吸附容量大。$1/n$ 可说明等温线的非线性程度可知，$1/n$ 越趋近于 1，说明吸附线性程度越强。$1/n$ 值与吸附等温线的形状有关，本研究吸附等温线属于"S 型"，得到该线型的原因可能是：溶液中 CIP 与其他分子间具有较强的相互作用力，使 CIP 与土壤颗粒表面结合相对较弱；有机质等溶质与 CIP 分子络合作用和 CIP 表面质子化反应。王富民[39]探究的 CIP 在湖库底泥和土壤中等温吸附曲线同为"S 型"，他认为溶液中 CIP 分子少时，水分子与 CIP 分子竞争吸附位点。两种土壤的吸附能力大小与阳离子交换量和有机质含量呈正相关，见表 5.5。这与宋君[40]研究 OFL 在海洋沉积物上等温吸附行为中得到的结果类似。

AMX 和 WQZ 对 CIP 吸附结果的差异较明显，阳离子交换量（CEC）、SOM 和机械组成等因素会共同作用影响吸附。有机质含量较高的 WQZ 可直接影响对 CIP 的吸附，刘玉芳[41]研究发现腐殖质结构中含有丰富的含氧官能团，—OH 和—COOH 可与 CIP 分子中—C＝O 形成氢键，腐殖酸中负电荷与 CIP 中—COOH 和—NH₃通过阳离子桥键和交换作用结合。Wang 等[42]研究 CIP 在伊利石上的吸附机制，发现吸附过程中 CIP 结构的—COOH 可与吸附剂上 O 形成氢键。

3. CIP 在两种土壤上的热力学特征

在 15℃、25℃和 35℃下 CIP 在两种土壤上的平衡吸附量和初始浓度的关系见图 5.6。

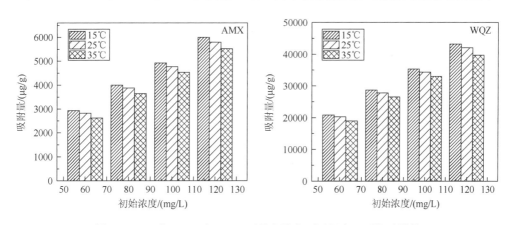

图 5.6　CIP 在 AMX 和 WQZ 两种土壤上不同温度下平衡吸附量

由吸附量和初始浓度关系柱状图可看出，两种土壤对 CIP 的平衡吸附量均随温度的上升而下降，说明温度升高不利于 CIP 在两种土壤上的吸附。随着初始浓度的增加其不同温度之间的吸附量差值也逐渐变大。

不同温度条件，CIP 在两种土壤上的吸附等温线用 Freundlich 和 Langmuir 方程拟合，热力学方程采用 Gibbs 自由能变公式计算热力学参数，见式（5-8）～式（5-10）。

Gibbs 自由能变与标准压力平衡常数公式：

$$\Delta G^{\theta} = \Delta H^{\theta} - T\Delta S^{\theta} \tag{5-8}$$

适用液-固界面吸附过程的 Gibbs 自由能变公式：

$$\Delta G^{\theta} = -RT \times \lg K_{F} \tag{5-9}$$

$$\ln K = \frac{\Delta S^{\theta}}{R} + \frac{\Delta H^{\theta}}{RT} \tag{5-10}$$

式中：ΔG^{θ} 为标准吸附自由能变，kJ/mol；ΔH^{θ} 为标准吸附焓变，kJ/mol；ΔS^{θ} 为标准吸附熵变，J/（K·mol）；R 为摩尔气体常数，8.314J/（K·mol）；T 为热力学温度；K_{F} 为吸附系数。

表 5.11　吸附热力学方程拟合参数和热力学参数

土壤	温度	Freundlich			Langmuir			ΔG^{θ} kJ/mol	ΔH^{θ} kJ/mol	ΔS^{θ} /[J/(K·mol)]
		$\lg K_{F}$	$1/n$	R^2	$K_{L}/$(L/mg)	$q_{max}/$(μg/g)	R^2			
AMX	15	4.58	1.01	0.9992	1.22×10^{-5}	8.37×10^{6}	0.9990	−10.97		
	25	4.47	1.02	0.9999	5.83×10^{-6}	1.64×10^{7}	0.9992	−10.48	−0.24	0.108
	35	4.00	1.12	0.9929	3.28×10^{-8}	2.65×10^{9}	0.9848	−10.27		
WQZ	15	6.45	1.03	0.9999	3.17×10^{-11}	2.25×10^{13}	0.9988	−15.44		
	25	6.20	1.07	0.9986	3.04×10^{-11}	2.19×10^{13}	0.9933	−15.36	−0.13	0.090
	35	6.14	1.07	0.9976	2.93×10^{-11}	2.12×10^{13}	0.9915	−15.22		

由表 5.11 看出，实验数据利用 Freundlich 方程拟合效果较好，R^2 在 0.9848～0.9992，且对 Freundlich 方程 R^2 进行相关性检验，均达到差异极显著水平。K_{F} 和 K_{L} 分别表示吸附过程的吸附容量和吸附表面强度，K_{F} 和 K_{L} 值越大说明土壤吸附 CIP 容量和吸附强度越大，但当温度逐渐升高时，K_{F} 和 K_{L} 值逐渐下降。拟合结果也可以看出温度的升高对 CIP 在 AMX 和 WQZ 上的吸附产生负影响，AMX 和 WQZ 土壤上 $\lg K_{F}$ 值随温度升高下降了 0.58 和 0.31。Wang 等[43]认为 CIP 受温度的影响其本身溶解度变大，导致在土壤上的吸附能力下降；Tao 和 Tang[44]等研究出土壤受温度升高的影响其有机质极性官能团释放到水中，影响 CIP 在吸附剂上的吸附。ΔG^{θ} 的值小于 0，说明反应是自发进行的，且 ΔG^{θ} 值在−20～0kJ/mol 范围内时定为物理吸附，其吸附机理可能包括偶极矩力、范德瓦耳斯力和氢键。ΔH^{θ} 值小于 0，说明吸附过程反应是放热的，ΔS^{θ} 值趋近于 0，说明在吸附过程中反应是有序状态。本实验吸附热力学结果与 Vasudevan 等[45]研究成果类似。

4）不同初始 pH 对吸附的影响

在不同初始 pH 条件下，CIP 在两种土样上的平衡吸附量受 pH 的影响会发生改变。从图 5.7 可以看出，AMX 和 WQZ 两种土壤的趋势相类似，均随着背景溶液 pH 的升高，土壤对 CIP 的吸附量呈现先增加后减小的趋势。

在用 Freundlich 和 Langmuir 方程拟合对比后，Freundlich 方程拟合 R^2 在 0.9902～0.9999，Freundlich 模型适合拟合在不同 pH 条件下样品对 CIP 的吸附行为，见表 5.12 所示。由 AMX 和 WQZ 在不同初始 pH 下 CIP 的吸附常数 $\lg K_{F}$ 可知强酸性和碱性条件下均不利于样品对 CIP 的吸附，这是由于背景溶液在 pH 较低时，较多 H^{+} 与溶液中的阳离子形成竞争而阻碍了 CIP 的吸附；当 pH 过高时，溶液中 OH^{-} 降低土壤对 CIP 的吸附效果，CIP 在两种土壤上的吸附机制主要包括阳离子吸附。从两种土壤对比看，$\lg K_{F}$（AMX）$<\lg K_{F}$（WQZ），说明 WQZ 土样吸附容量较大。其原因可能与土壤内源腐殖质含量有关。

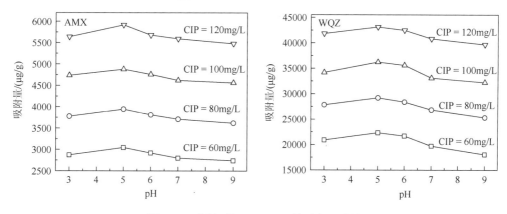

图 5.7　不同初始 pH 下 CIP 的平衡吸附量

表 5.12　不同初始 pH 下 CIP 的等温吸附拟合参数

土壤	背景溶液 pH	Freundlich 方程		
		$\lg K_F$	$1/n$	R^2
	3	4.542	0.986	0.9990
	5	4.728	0.962	0.9975
AMX	6	4.690	0.953	0.9990
	7	4.248	1.046	0.9976
	9	4.230	1.040	0.9994
	3	6.317	1.038	0.9980
	5	6.754	0.948	0.9999
WQZ	6	6.588	0.984	0.9996
	7	5.879	1.124	0.9968
	9	5.235	1.263	0.9902

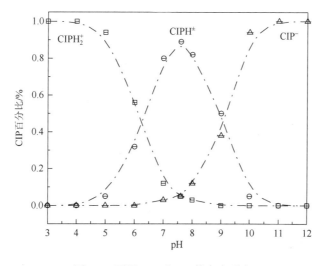

图 5.8　不同 pH 下 CIP 的存在形态

由于土壤的吸附作用与其表面电荷有关，由图 5.8 可知 CIP 在土壤中能以阳离子态、阴离子态和兼性离子形态存在，CIP 分子结构中有羧基和氨基能结合土壤溶液中的 H^+ 和 OH^-。在溶液 pH<6 的酸性条件下，土样表面存在大量负电荷，$-NH_3$ 与 H^+ 结合后溶液中 CIP 以 $CIPH_2^+$ 的阳离子态存在，$CIPH_2^+$ 形态容易通过阳离子交换作用、静电引力、阳离子桥、表面络合、π—π 键等作用吸附在土壤上。在 pH 在 6.0～8.0 时，CIP 以 $CIPH^±$ 的兼性离子态存在，其中的 $CIPH_2^+$ 虽可与其土样表面负电荷相结合，但吸附效果差于弱酸性环境条件；当 pH>8.0 时，CIP 中羧基与 OH^- 结合以 CIP^- 的阴离子态为主，减弱了土样对 CIP 的吸附行为。由此说明土样对 CIP 的吸附作用以阳离子交换吸附为主。

5.2.2　环丙沙星在亚高山草甸土剖面土壤上的吸附行为

1. 材料与方法

1）供试土壤

选择取样点为四川省阿坝州红原县阿木乡（AMX），挖取 85cm 自然土壤剖面作为纵向土壤样品，去除表层 5cm 杂草后，每层剖面高度按 20cm 来划分，共 4 层。采回后样品在实验室中平铺并避光自然风干，手动摘除碎石、根、茎等杂质。过 100 目筛，供吸附实验使用。

采集土壤经过预处理后，参照《土壤分析技术规范（第二版）》[36]测试手段得到土壤样品的理化性质，见表 5.13。

表 5.13　供试土样理化性质

AMX 分层样品	pH	容重/(g/cm³)	含水率/%	有机质含量/(g/kg)	阳离子交换量 CEC/(cmol/kg)
0～20cm	5.25	0.79	88.4	99.28	18.69
20～40cm	5.75	1.09	78.3	67.96	11.26
40～60cm	5.98	1.22	66	43.43	8.56
60～80cm	6.06	1.43	46.8	15.70	5.80

2）实验方法

（1）CIP 溶液配制。

同 5.2.1 节操作。

（2）吸附动力学实验。

实验参照 OECD guideline106[36]批量平衡方法进行。分别称取 0.15（±0.0005）g、0.15（±0.0005）g、0.15（±0.0005）g 和 0.2（±0.0005）g 0～20cm、20～40cm、40～60cm 和 60～80cm AMX，于 15mL 棕色小瓶中，分别加入 60mg/L、80mg/L 和 100mg/L 的 CIP 背景溶液。在 25℃下，以 150r/min 的频率，在振荡箱中恒温避光振荡，分别在 1min、5min、10min、15min、30min、1h、2h、4h、6h、12h、18h、24h、48h、72h 和 96h 时间点取样，同 5.2.1 节方法操作，测定 CIP 出峰面积。

（3）吸附热力学实验。

按照 5.2.1 节的批量平衡方法进行实验，同时按照 5.2.1 节称取 AMX 不同土层（0～

20cm、20～40cm、40～60cm、60～80cm）一定量的土样，分别加入 15mL 含有背景溶液的 60mg/L、80mg/L 和 100mg/L 的 CIP 溶液，在振荡箱温度为 15℃、25℃和 35℃条件下分别振荡 48h 吸附平衡后，取样，利用 HPLC 来检测 CIP 的出峰面积，同 5.2.1 节方法操作。

4）不同 pH 对吸附行为的影响。

使用浓度为 60mg/L、80mg/L、100mg/L 和 120mg/L 的 CIP 溶液，用少量的 0.1mol/L NaOH 和 0.1mol/L HCl 调节溶液 pH 分别为 3.0±0.05、5±0.05、6±0.05、7±0.05 和 9±0.05，在 25℃下，按照 5.2.1 节方法操作，测定 CIP 并计算浓度。

（5）数据分析方法及色谱条件。

同 5.2.1 节分析方法。

2. 结果与讨论

1）CIP 在 AMX 土壤剖面上的吸附动力学

在吸附动力学实验中，选取 CIP 初始浓度分别为 60mg/L、80mg/L 和 100mg/L，三种不同初始浓度的 CIP 在 0～20cm、20～40cm、40～60cm 和 60～80cm 深度的 AMX 土壤的吸附动力学见图 5.9。

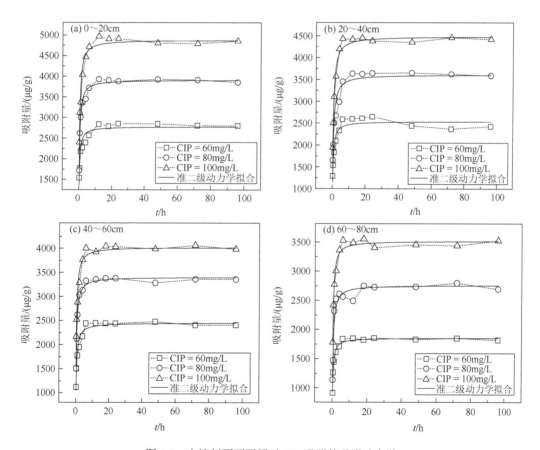

图 5.9　土壤剖面不同层对 CIP 吸附的吸附动力学

由图 5.9 可以看出，CIP 在 AMX 土壤剖面中的吸附过程分为两个阶段：快吸附和慢吸附过程。不同初始浓度在 CIP 浓度增加时，CIP 在土壤上的吸附量也增加；在 CIP 浓度 = 100mg/L 时，0~20cm 比 60~80cm 层的吸附量高 1351.64μg/g，随着土壤剖面层数的加深，对 CIP 的吸附量也逐渐降低。王畅[46]研究表示紫色土含有丰富的细粒可以增强对喹诺酮类抗菌药物的吸附能力。不同层土壤的机械组成及理化性质的不同，导致土壤对 CIP 吸附的差异。

如表 5.14 所示，相比于另两种模型，准二级动力学方程的拟合效果最好，对三组模型进行差异显著性检验均为差异极显著水平，准二级动力学模型拟合的相关性系数 R^2 在 0.9156~0.9918，表观速率常数 k 为 0.0006~0.0021/[g/(μg·h)]，R^2 值越大方程拟合效果越好，说明 CIP 在土样上的吸附过程符合准二级动力学反应方程拟合。高俊红等[47]研究 CIP 在黄河沉积物中的吸附动力学时，表明吸附分为快慢两个阶段，快速阶段为表面吸附，慢阶段是 CIP 向吸附质的迁移扩散，所需活化能大于快速阶段；通过 5 种动力学模型拟合后，准二级动力学方程拟合效果最好，内和外扩散阶段影响吸附速率的主要因素。

Elovich 方程的拟合过程可阐述 CIP 分子在土壤中的扩散机制，常数 a 和 b 的值可以反映出吸附速率常数，从表 5.14 能看出常数 a 增加，b 也会增加；并且常数 a 和 b 的值随 CIP 的浓度增加而增大，而随着土壤深度的增加而逐渐降低。双常数方程适用于非均相的扩散过程，Elovich 方程和双常数方程的相关性系数 R^2 在 0.6411~0.8630（$R^2 < 1$），说明吸附时间内吸附为非线性过程，其过程涵盖了多个限速阶段。李梦耀[48]在研究中发现用 Elovich 方程拟合在快吸附阶段呈线性但不过原点，说明颗粒内扩散虽为限速步骤但并非唯一，也证明了该吸附过程的复杂性，可能包含扩散、吸附、溶解反应等过程。

表 5.14 土壤吸附 CIP 的动力学方程拟合

样品	初始浓度	准二级动力学方程			Elovich 方程			双常数方程		
		q_e(μg/g)	k/[g/(μg·h)]	R^2	a	b	R^2	a	b	R^2
0~20cm	60	2780.77	0.0014	0.9202	2060.42	215.04	0.8630	7.64	0.084	0.8118
	80	3912.95	0.0008	0.9809	2844.83	310.04	0.7660	7.97	0.085	0.7009
	100	4883.92	0.0006	0.9592	3524.56	392.87	0.7880	8.18	0.087	0.7229
20~40cm	60	2537.48	0.0013	0.9156	1864.17	190.27	0.6595	7.55	0.079	0.5920
	80	3609.39	0.0007	0.9369	2433.75	338.63	0.8566	7.82	0.104	0.7897
	100	4486.92	0.0006	0.9788	3088.94	396.39	0.7686	8.06	0.096	0.6939
40~60cm	60	2449.73	0.0012	0.9678	1734.22	205.93	0.7871	7.48	0.091	0.7181
	80	3403.51	0.0010	0.9918	2480.41	263.53	0.7089	7.83	0.082	0.6411
	100	4025.09	0.0009	0.9461	2957.29	311.24	0.8045	8.00	0.083	0.7448
60~80cm	60	1851.64	0.0021	0.9887	1394.50	132.28	0.7323	7.25	0.076	0.6712
	80	2759.71	0.0011	0.9389	1964.71	226.56	0.6651	7.60	0.088	0.5988
	100	3519.28	0.0012	0.9778	2675.35	243.82	0.7103	7.90	0.073	0.6513

2）CIP 在 AMX 土壤剖面上的吸附热力学

等温吸附模型数据通常采用 Langmuir 和 Freundlich 方程拟合，热力学分析用 Gibbs
自由能分析。

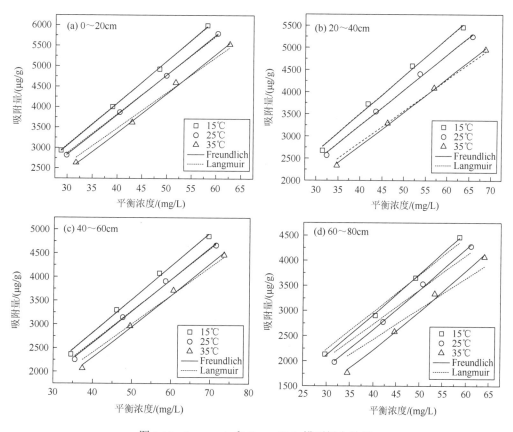

图 5.10　Langmuir 和 Freundlich 模型拟合结果

本研究利用以上两种模型来定量描述土壤对 CIP 的吸附情况，图 5.10 分别表示
CIP 在土壤剖面不同层的等温线及 Langmuir、Freundlich 模型的拟合结果（表 5.15）。从
图 5.10 可见随温度的升高，每层土壤对 CIP 的吸附量逐渐下降，在 CIP 初始浓度为
100mg/L 时，0～20cm 层的土壤在 15℃时吸附量比 25℃时多 159.33μg/g，25℃比 35℃吸
附量多 170.85μg/g，60～80cm 层的土壤 15℃与 25℃吸附量差 119.65μg/g，25℃与 35℃吸
附量差 196.14μg/g，均随温度的升高吸附量降低，说明温度升高不利于土壤吸附 CIP。

拟合的相关数据见表 5.15，由 4 个纵剖面的土层拟合后的吸附常数及相关性系数得
出，四层土的等温吸附过程 Freundlich 模型拟合的结果好于 Langmuir 模型，R^2 在 0.9916～
0.9999，拟合均达到了极显著相关。K_F 和 1/n 分别代表吸附容量和强度，随着土壤深度的
加大吸附容量不断降低，但 CIP 在 60～80cm 土层的吸附强度相比最大，这些可以说明
CIP 在土壤中吸附程度较强烈。ΔH^θ 为负值，说明本研究吸附为放热反应；ΔS^θ 的值较小，
说明体系处于有序的状态；ΔG^θ 均为负值，说明土壤对 CIP 的吸附作用反应是自发的，综

合可得吸附过程为物理吸附，机理可能包括偶极矩力、范德瓦耳斯力和氢键。陈淼等[49]研究发现 CIP 在热带土上的吸附热力学过程也是物理吸附，而且发现吸附作用是以上三种机制单独或共同作用的结果。

表 5.15　吸附热力学方程拟合参数和热力学参数

土壤	温度/℃	Freundlich			Langmuir			$\Delta G^{\theta}/$ (kJ/mol)	$\Delta H^{\theta}/$ (kJ/mol)	$\Delta S^{\theta}/$ [J/(K·mol)]
		$\lg K_F$	$1/n$	R^2	$K_L/(L/mg)$	$q_{max}/(\mu g/g)$	R^2			
0~20cm	15	4.58	1.01	0.9992	1.22×10^{-5}	8.37×10^{6}	0.9990	−10.97		
	25	4.47	1.02	0.9999	5.83×10^{-6}	1.64×10^{7}	0.9992	−11.08	−0.24	0.108
	35	4.00	1.12	0.9929	3.28×10^{-8}	2.65×10^{9}	0.9848	−10.27		
20~40cm	15	4.53	0.98	0.9927	5.03×10^{-4}	1.78×10^{5}	0.9931	−10.85		
	25	4.42	0.99	0.9954	2.72×10^{-4}	3.01×10^{5}	0.9956	−10.95	−0.25	0.109
	35	3.94	1.08	0.9979	5.37×10^{-9}	1.33×10^{9}	0.9904	−10.08		
40~60cm	15	4.25	1.00	0.9942	1.16×10^{-4}	6.15×10^{5}	0.9942	−10.18		
	25	4.09	1.02	0.9953	1.16×10^{-8}	5.67×10^{9}	0.9947	−10.15	−0.25	0.107
	35	3.65	1.11	0.9930	6.31×10^{-9}	9.54×10^{9}	0.9802	−9.34		
60~80cm	15	3.89	1.11	0.9981	1.36×10^{-8}	5.49×10^{9}	0.9857	−9.30		
	25	3.52	1.18	0.9970	9.46×10^{-9}	7.23×10^{9}	0.9667	−8.73	−0.44	0.160
	35	2.83	1.32	0.9916	6.90×10^{-9}	8.81×10^{9}	0.9123	−7.25		

从 Freundlich 模型对 4 个土层吸附 CIP 行为的拟合结果得知，$1/n$ 结果均趋近于 1，代表 CIP 在土壤中的吸附是非线性的，由于土壤非均质使吸附位点具有不均匀性，也可能是吸附质和吸附剂之间的配位作用或静电斥力相互作用的结果。$1/n$ 值与吸附等温线的形状有关，通过查阅资料，得知本研究吸附等温线也属于"S 型"。王富民[39]研究表明土壤对 CIP 吸附等温线也是呈"S"型，当溶液中 CIP 分子较少时，水分子竞争土壤表面吸附位点，从而抑制吸附过程，但随浓度增加，吸附比例也上升。郭丽等[50]研究得出两层潮土对 CIP 吸附等温线也符合"S 型"，"S"型等温线形成的原因主要有：溶液中的溶质分子之间存在引力同时也会存在竞争，可以起到协同吸附作用也会阻碍溶质对土壤的吸附作用。可说明当溶液中 CIP 分子较少时，水分子可能会与 CIP 竞争颗粒表面吸附位点，从而阻碍吸附作用；CIP 分子数量逐渐增多后，吸附比例也增加[38]。由表 5.15 中的数据可知，CIP 在剖面土壤（0~20cm、20~40cm、40~60cm 和 60~80cm）中的吸附系数 K_F 受土壤深度的影响而改变，在 15℃条件下，$\lg K_F$ 值分别为 4.58、4.53、4.25 和 3.89，四个土层对 CIP 吸附的差异可能是剖面 pH、CEC、有机质含量等不同土壤理化性质共同作用的结果。

3）不同 pH 对 CIP 吸附特性的影响

在溶液初始 pH 为 3、5、6、7、9 的条件下，剖面土壤对 CIP 的情况如图 5.11 所示。

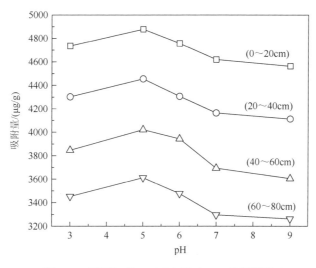

图 5.11　不同初始 pH 下土壤对 CIP 的吸附量

从图 5.11 可以看出，在初始 pH 不同的条件下，AMX 剖面土壤对 CIP 的吸附量随之改变，每层土壤的趋势类似，随着背景溶液 pH 的升高，土壤对 CIP 的吸附量呈现先增加后减小的趋势，且在 pH = 5 时达到了最大的吸附量。由表 5.16 可知，Freundlich 方程拟合效果较好，R^2 在 0.9283～0.9994，Freundlich 模型适合拟合在不同 pH 条件下样品对 CIP 的吸附行为。$\lg K_F$ 随着 pH 的升高也呈先升高后降低的趋势，在 pH = 5 时值最大。说明强酸性和碱性条件下均不利于样品对 CIP 的吸附，这是由于背景溶液在 pH 较低时，较多的 H^+ 与溶液中的阳离子形成竞争而阻碍了 CIP 的吸附；当 pH 过高时，溶液中 OH^- 降低了土壤对 CIP 的吸附能力，从而推断样品对 CIP 的吸附机制中主要包括阳离子吸附。吸附容量是随着土样深度的增加，$\lg K_F$ 逐渐降低，而 $1/n$ 却呈现微弱的上升趋势，说明深度大的土样吸附容量较差，强度较高。崔皓和王淑平[38]研究得到—NH_3 和—COOH 的 pK_a 分别为 6.18 和 8.76，当溶液 pH 小于 pK_{a1} 值时，CIP 中—NH_3 与 H^+ 形成 $CIPH_2^+$，容易与颗粒负电荷结合；pH 大于 pK_{a2} 值时，CIP 以兼性离子进而阴离子态存在，使吸附量减少。在 pH = 5 时溶液中 CIP 主要以 $CIPH_2^+$ 的阳离子态存在，由此说明 CIP 在土样中的吸附作用主要为阳离子交换吸附。

表 5.16　不同初始 pH 下 CIP 的等温吸附拟合参数

土壤	背景溶液 pH	Freundlich 方程		
		$\lg K_F$	$1/n$	R^2
0～20cm	3	4.542	0.986	0.9990
	5	4.728	0.962	0.9975
	6	4.690	0.953	0.9990
	7	4.248	1.046	0.9976
	9	4.230	1.040	0.9994
20～40cm	3	4.045	1.069	0.9984
	5	4.530	0.972	0.9897

续表

土壤	背景溶液 pH	Freundlich 方程		
		lgK_F	1/n	R^2
20～40cm	6	4.052	1.067	0.9923
	7	3.690	1.139	0.9956
	9	3.674	1.137	0.9982
40～60cm	3	3.789	1.079	0.9872
	5	3.846	1.087	0.9891
	6	3.686	1.113	0.9929
	7	3.446	1.146	0.9751
	9	3.442	1.145	0.9878
60～80cm	3	2.629	1.361	0.9283
	5	3.044	1.290	0.9479
	6	3.013	1.279	0.9821
	7	2.695	1.330	0.9763
	9	1.746	1.548	0.9803

2. 土壤理化性质和机械组成对剖面土壤吸附 CIP 的影响

1）土壤理化性质对剖面土壤吸附 CIP 的影响

土壤 pH、含水率、CEC、有机质含量等理化性质对 CIP 在土壤上的吸附有重要的影响。由表 5.17 可知，有机质含量、CEC 和含水率与土壤吸附 CIP 的吸附量呈正相关，表明土壤中有机质含量、CEC 的升高会促进土壤对 CIP 的吸附。土壤 pH 与土壤吸附 CIP 的吸附量呈负相关。Alawi[51]研究表明土壤 pH 会影响有机质结构而影响对农药和药物的吸附，影响吸附过程。阳离子交换量是影响土壤吸附氟喹诺酮类抗菌药物的重要因素，由于 CIP 结构与土壤通过阳离子交换和桥键作用结合。

表 5.17　土壤理化性质的 Pearson 相关性分析

理化性质	相关性	P
土壤 pH	−0.9345	0.066
含水率	0.9863	0.0138
有机质含量	0.9946	0.0054
CEC	0.9527	0.0473

土壤有机质会影响吸附容量及吸附非线性程度，土壤有机质含量较高的土壤对抗菌药物的吸附是通过分配作用吸附到有机质中的，同时有机质还会改变土壤的结构性质，是影响土壤吸附 CIP 的主导因素之一。腐殖酸分子中含有酚羟基、羰基、羧基和甲氧基等较多含氧官能团，这些含氧官能团可反映出腐殖质的氧化还原性、离子交换性等。根据表 5.17 知，土壤有机质含量随剖面深度增加而降低，0～20cm 土壤的有机质含量高于

另外 3 层土壤的，土壤对 CIP 的吸附差异是通过一种或多种因素共同体现的。武庭瑄和陈慧[26]研究表明不同类型土壤对 CIP 的吸附过程用 Freundlich 模型拟合效果最好，有机质含量对 CIP 吸附有一定的影响，同时阳离子交换量也影响吸附作用，说明吸附结果是多种因素的综合体现。

2）机械组成对剖面土壤吸附 CIP 的影响

土壤粒度越小其比表面积越大，会直接影响土样对 CIP 的吸附能力和程度。土壤由多种类型颗粒物质混合而成包含复杂的团粒结构，使颗粒大小不一，通常会与有机质交融组成单粒、微团粒、团粒和土块等不同层级的聚合团。本实验土样按照《土的工程分类标准》（GB/T 50145—2007）进行粒度分析，将土壤颗粒分为黏粒（<0.005mm）、粉粒（0.005～0.075mm）、细砂（0.075～0.25mm）、中砂（0.25～0.5mm）和粗砂（0.5～2mm）五个粒级。

表 5.18　粒组划分

土壤样品	机械组成/%					土壤类型
	黏粒 <0.002mm	粉粒 0.002～0.075mm	细砂 0.075～0.25mm	中砂 0.25～0.5mm	粗砂 0.5～2mm	
0～20cm	10.96	80.25	8.13	0.65	0	黏壤土
20～40cm	9.19	78.98	11.61	0.21	0	粉质壤土
40～60cm	10.63	75.98	12.63	0.76	0	粉质壤土
60～80cm	2.15	23.46	19.69	23.28	31.42	砂质壤土

采样点区域土壤颗粒粒组划分情况见表 5.18。据表显示，四层剖面土壤质地均为壤土，土样颗粒粒径组成划分范围在 0.002～2mm，土样粒径组成以黏土和粉土为主。从 AMX 纵向剖面来看，土样类型均为细粒类土，在 0～20cm 的土样粒径主要分布在<0.002mm 和 0.002～0.075mm 区间内，且粉粒含量较高，二者分别占 10.96%和 80.25%，细粒组含量高达 90%以上，故将该层土样划分为黏壤土。20～60cm 深度的土样粒径分布范围在<0.002mm 和 0.002～0.5mm 区间内，粉粒占比仍最高，由于相比于表层土壤，细砂含量随深度增加而增加，且细粒组中粉粒大于 50%，总体规律具有相似性，故将该部分土壤划分为粉质壤土。但在土壤深度为 60～80cm 时，与上层土壤粉粒含量有明显差别，粉粒含量减少为上层土壤的 1/2，并且深度为 60～80cm 土壤中粗粒组体积比是细粒组占比的 1.5 倍以上。根据国标可知，粉粒含量体积比≤50%时，将土壤划分为黏土质砂；由于 60～80cm 的黏粒组和粉粒组分别为 2.15%和 23.46%，因此将该部分土壤划分为砂质壤土。

土壤粒径组成中细粒组随土壤深度的增加而减少，砂质组随深度增加而增加，粒径组成会影响土壤颗粒的比表面积。由于 0～20cm 深度的土样黏粒和粉粒较多，粉粒占比较高，土壤黏性含量与有机质含量和粒径组成相关，通过对比明显看出 0～20cm 深度土壤黏粒和粉粒含量最高，显著高于另外三层土壤，由于粒径组成与颗粒表面比表面积成正比，对 CIP 分子的吸附位点就越多，吸附 CIP 分子的能力就越强；在深度为 60～80cm 的土壤中虽含有细粒和砂粒，但砂粒含量明显高于细粒含量，颗粒表面可吸附位点最少，且土壤粒径的差异对 CIP 的吸附较不均匀，因此吸附量低于黏壤土和粉质壤土。

5.3 若尔盖草地 SOM 异质性及对环丙沙星吸附的影响

SOM 是环境中活跃的重要组分，SOM 中的官能团结构，可通过表面吸附、静电引力和范德瓦耳斯力等机制与有机污染物相互作用，使有机污染物改变结构、组成及形态，SOM 是影响有机污染物环境行为的重要化学组分。SOM 组分包括生物高聚物、油母质岩、腐殖质（胡敏酸 HA、富里酸 FA 和胡敏素 HM）和炭黑。腐殖质作为土壤有机质，其中胡敏酸的含量高达总量的 70%以上。由于腐殖质对有机污染物的吸附与其腐殖质的结构有重要关系，不同来源的腐殖质其结构特征也不尽相同。本节选取两种不同类型的土壤（取自阿木乡和瓦切镇），分别提取土壤中的 HA、FA 和 HM，并对其结构进行元素分析和红外光谱（FT-IR）分析。同时通过批量摇瓶平衡实验，分析 HA/FA/HM（"IHSS 法"提取）施入对 CIP 在去除有机质的土壤体系的吸附动力学、等温吸附和吸附热力学过程的影响及作用机制。通过多元表征技术分析不同来源的腐殖质的结构，为探究腐殖质对环丙沙星在土壤上吸附的影响机理提供理论依据。

5.3.1 SOM 的提取、纯化和表征分析

1. 材料与方法

1）实验材料

（1）供试土壤。

选取若尔盖草地红原县的 AMX 和 WQZ，按照 5.2.1 节的方法准备土壤样品。

（2）仪器与试剂。

本章使用的仪器见表 5.19。

表 5.19　实验仪器介绍

仪器名称	型号	生产公司
元素分析仪	varioMACRO	德国 Elementar
紫外分光光度计	Evolution300	美国 Thermo Fisher
傅里叶红外光谱仪	Tensor II	德国 Bruker
恒温磁力搅拌器	85-2	上海思乐
真空冷冻干燥机	Free Zone 6 Liter	美国 Labconco
马弗炉	SXW-1200℃	上海实研
超纯水系统	Milli-Q Integral 5	美国默克密理博公司

（3）试剂与耗材

实验过程使用试剂列表如表 5.20。

表 5.20　实验试剂介绍

试剂名称	纯度	生产公司
磷酸二氢钾	≥99%，AR	阿拉丁试剂有限公司
磷酸氢二钾	≥99%，AR	
氯化钾	≥99%，GR	
氢氧化钠	≥98%，GR	成都市科隆化学品有限公司
硝酸银	≥99.8%，AR	
浓盐酸	≥98%，GR	

2）腐殖质的提取

腐殖质主要由 HA、FA、HM 组成，实验采用国际腐殖酸协会推荐的"IHSS 法"提取两种土壤中的腐殖质。

（1）HA、FA 和 HM 提取。

①称取约 90g 的两种土壤样品置于 1000mL 磨口锥形瓶中，加入浓度为 1mol/L 的 HCl 使溶液 pH 达到 1.0～2.0 后，加入 10 倍土壤的 HCl 溶液充分振荡混合后静置，离心 15min（25℃，3000r/min），上清液为 FA（a）保存备用。②将①沉淀的样品用 1mol/L NaOH 调节 pH 至 7 左右，加入 10 倍土壤的混合液（体积比 1∶1 的 0.1mol/L $Na_4P_2O_7$ + 0.1mol/L NaOH）充分振荡 12h 后，离心 15min，将上清液（HA + FA 混合液）保存待用（上两步重复进行直到上清液为浅黄色），残渣即为 HM。③将混合液过 0.45μm 的滤膜，并调节滤液 pH = 1.0～2.0，70℃水浴 1h，静置过夜，离心 15min，得到上层清液 FA（b）溶液和沉淀 HA 粗品。

（2）HA、FA 和 HM 纯化。

HA 的纯化：用少量 0.1mol/L KOH 溶液溶解 HA 粗品，并加入固体 KCl 使整体 C_{K+} = 0.3mol/L，静置离心弃沉淀，上清液再次调 pH 为 1.0～2.0，70℃水浴 1h 离心，弃上层清液。得到的沉淀置于渗析袋中，在纯水中渗析至检测不到 Cl^-，冷冻干燥研细，得 HA 成品。

FA 的纯化：将提取的 FA（a）溶液以 1mL/min 的速度通过 XAD-8 型树脂，并用少量的蒸馏水冲洗 XAD-8 柱子，吸附在树脂上的 FA 颗粒用一柱体积 0.1mol/L NaOH 反洗脱，所得溶液调 pH 为 1。加入 HF 使其溶液中 HF 浓度为 0.3mol/L。FA（b）的纯化重复此操作。将得到的 FA（a）和 FA（b）混合液过 XAD-8 柱子后并用 NaOH 反洗脱，再将洗脱液通过 H^+阳离子交换树脂，冷冻干燥研细，得 FA 成品。

HM 纯化：采用 HCl-HF 法进行处理，将 HM 粗品反复经过 10% HF-HCl 混合液处理后，用纯水冲洗直至检测不到 Cl^-。冷冻干燥研细，得 HM 成品。

3）腐殖质表征分析

（1）元素分析。

C、H、S、N 的测定：称取 AMX-HA、AMX-FA、AMX-HM、WQZ-HA、WQZ-FA 和 WQZ-HM 样品各 100mg，按照规定用锡箔纸将样品包裹完整并压实。氢气和氧气压强分别达到 0.19MPa 及 0.15MPa，流量分别为 230mL/min 和 11~16mL/min。点击 CHSN 模式，设定还原和氧化炉温分别为 850℃和 1150℃，把包样按顺序放入进样盘，得到元素测定结果。

O 的测定：6 个样品的 O 含量用灰分差减法计算。具体做法是称取 0.15~0.2g 的样品，加入预先恒重的坩埚中称重，一并放入 800℃马弗炉持续加热 4h，取出降至室温后称重，见式（5-10）和式（5-12）。

$$灰分含量 = \frac{灼烧后总体质量 - 瓷坩埚质量}{样品初始质量} \times 100\% \tag{5-11}$$

$$\begin{aligned} O元素含量(\%) = {}&100元素含量(\%) - N元素含量(\%) - C元素含量(\%) \\ &- H元素含量(\%) - S元素含量(\%) - 灰分元素含量(\%) \end{aligned} \tag{5-12}$$

（2）傅里叶红外光谱分析。

称取 2.000mg 的 AMX-HA、AMX-FA、AMX-HM、WQZ-HA、WQZ-FA 和 WQZ-HM 样品，将烘干后的 KBr 固体按照 100∶1 与样品混合，研细后制成压片，放入傅里叶红外光谱中，扫描距离和间隔分别为 400~4000cm^{-1} 和 4cm^{-1}。

2. 结果与讨论

1）元素分析

对从若尔盖草地中亚高山草甸土（AMX）和沼泽土（WQZ）提取的腐殖质（HA、FA 和 HM）进行元素分析，见表 5.21。对 AMX-HA（A-HA）、AMX-FA（A-FA）、AMX-HM（A-HM）、WQZ-HA（W-HA）、WQZ-FA（W-FA）、WQZ-HM（W-HM）的 6 种样品进行元素 C、H、O、N 和 S 分析，对有机质元素的分析，可以通过原子质量比鉴别有机质可能的结构性质。

表 5.21　腐殖质的元素表征

有机质类型	元素含量/%					原子质量比			
	C	O	N	H	S	H/C	O/C	C/N	(N+O)/C
AMX-HA	47.38	43.88	3.77	4.26	0.66	0.090	0.93	12.57	1.01
WQZ-HA	51.55	40.57	3.08	4.28	0.50	0.083	0.79	16.74	0.85
AMX-FA	35.49	59.06	0.95	3.85	0.39	0.108	1.66	37.36	1.69
WQZ-FA	35.42	59.30	0.91	3.76	0.36	0.106	1.67	38.92	1.70
AMX-HM	39.52	53.10	1.97	4.34	0.31	0.110	1.34	20.06	1.39
WQZ-HM	42.71	49.39	2.44	4.89	0.35	0.114	1.16	17.50	1.21

从表 5.21 看到，不同来源的腐殖质的元素含量（质量分数）也有一定的差异，这与土壤样品的土壤性质和成土过程有关。可以看到腐殖质 C 元素占比范围为 35.42%~51.55%，三种腐殖质的大小为：HA＞FA＞HM，WQZ 土壤中 HA 的 C 含量最高（51.55%），其次是 AMX 的 HA 占比（47.38%）；O 元素占比范围在 40.57%~59.30%，腐殖质大小为：FA＞HM＞HA；N 元素占比范围在 0.91%~3.77%，腐殖质含量大小与 C 含量趋势

一致，说明 HA 结构相对不稳定，而 FA 和 HM 的稳定性较强，FA 的缩合程度最低，与李爱民[52]在水稻土提取腐殖质的研究中得到类似的结果；H 元素占比范围在 3.76%～4.89%，腐殖质大小为：HM>HA>FA；S 元素的含量均较低，腐殖质间差别较小。三种腐殖质对比来看，HA 中 C 含量较高，FA 和 HM 中 O 含量占比较高。

腐殖质的异质化指数通常用来分析腐殖质的性质和结构。从 H/C 值来看，其反映有机分子的脂肪族和芳香族含量，AMX 和 WQZ 来源的 HA、FA、HM 中 H/C 值大小为：HM>FA>HA。H/C 值越大说明 HM 分子中含有较多的脂肪族化合物，反之 HA 分子中含有较多的芳香族化合物。对比不同来源的腐殖质，AMX-HA/FA>WQZ-HA/FA，而 AMX-HM<WQZ-HM，说明 WQZ 中 HA 和 FA 芳香基团比 AMX 丰富，WQZ-HM 含有更多的脂肪链；O/C 值与氧化度（含氧官能团数量）有关，可以看出两种不同来源的腐殖质分子中，FA 两种样品中烷氧基、羧基和碳水化合物官能团数量较高。C/N 值表示腐殖化程度，Pan 等[53]认为比值越大，腐殖化程度越高，高腐殖化程度说明整体结构较稳定，大小顺序为：FA>HM>HA。

2）傅里叶红外光谱分析。

红外光谱是研究腐殖质官能团类型和化学键结构的重要手段。红外光谱对有机无机物每一功能基具有特征光谱，根据化合物光谱吸收带的数目、强度和频率等分析出化合物的特征化学键和官能团。本书利用红外光谱对阿木乡和瓦切镇土壤中分别提取的 HA、FA 和 HM 进行功能基分析。根据研究者们对腐殖质谱形的分析和总结，具体的峰位波数与对应的化学归属见表 5.22。

表 5.22 红外光谱特征峰位波数化学归属

峰位波数/cm⁻¹	化学归属
3500～3300	羧基、酚、醇中的—OH 及 N—H 伸展或氢键缔合
3080～3060	C—H 伸缩振动
3000～2800	脂肪族中—CH₃、—CH₂ 的—C—H 的伸展
1722～1710	分子间内形成的氢键的—C＝O 的伸展
1650～1600	醛、酮、酰胺—C＝O 伸展，芳香 C＝C 伸展
1560～1510	氨基酸—N—H 的振动，芳香 C＝C 伸展
1450～1400	脂肪族（—CH₂—，—CH₃）的 C—H 振动以及芳香环伸缩振动
1240～1200	—COO 中 C＝O 伸缩振动，C—OH 变性振动
1127～1122	脂肪族 C—O、C—OH 伸缩
1080～1020	酚或醇上的 C—O 不对称伸展
1050	硅酸盐杂质 Si—O
840～830	对位取代苯环 C—H 或 N—H 伸缩振动

两种不同来源的 HA 和 FA 的红外光谱图谱见图 5.12。

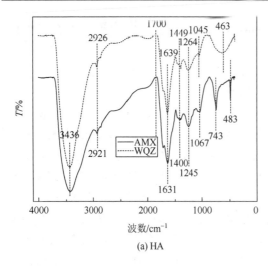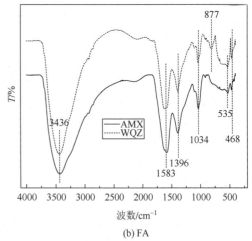

(a) HA　　　　　　　　　　　　　(b) FA

图 5.12　AMX 和 WQZ 的 HA、FA 红外光谱图

从红外光谱图 5.12（a）看到 AMX-HA 主要吸收峰为：3436cm^{-1} 出现宽峰为醇的 —OH 及 N—H 伸缩振动或氢键缔合；2921cm^{-1} 表示脂肪族中—CH$_3$、—CH$_2$ 的—C—H 的伸缩振动峰；1700cm^{-1} 为—C=O 伸缩振动；1631cm^{-1} 为芳香 C=C 伸缩振动；1400cm^{-1} 为脂肪族化合物中—CH$_2$—和—CH$_3$ 的 C—H 以及—COO 的变形振动；1245cm^{-1} 为—COO 中 C—O 伸缩振动及 C—OH 变性振动；1067cm^{-1} 为多糖结构酚、芳香醚及醇上 C—O 不对称收缩振动峰，以及 743cm^{-1} 和 483cm^{-1} 表示硅酸盐杂质 Si—O 振动峰。两种不同来源的 HA 谱图具有一致性。总之，两种不同来源的 HA 结构中均含有芳香类化合物、脂类化合物、含氮化合物及羧基、羟基等含氧官能团。

从图 5.12（b）可以看出，FA 与 HA 具有类似的谱图趋势，说明两者结构相类似。在 3436cm^{-1}、1583cm^{-1}、1396cm^{-1}、1034cm^{-1}、877cm^{-1}、535cm^{-1} 和 468cm^{-1} 出现吸收峰，说明 FA 结构中均具有—COOH、—CH$_3$、—OH、—NH、芳香 C=C、C—O。WQZ-FA 在 3436cm^{-1} 吸收带强度高于 AMX-FA，说明 WQZ-FA 的 O—H 及 N—H 伸展或氢键缔合较强。

对比 HA 和 FA 看出，在 2921cm^{-1}、1631cm^{-1} 和 1264cm^{-1} 处 HA 的吸收峰高于 FA 的吸收峰，说明 HA 结构中脂类化合物、芳香族化合物和羧基、羟基等含氧官能团多于 FA 结构。而在 1449cm^{-1} 和 1067cm^{-1} 处 FA 高于 HA 的吸收峰，说明 FA 结构中多糖类 C—O 多于 HA 结构。

两种不同来源的 HM 的红外光谱图见图 5.13。

按照腐殖质特征吸收峰的化学归属表对应来看，明显的吸收峰出现在 3436cm^{-1}，为—OH 及 N—H 伸缩振动或氢键缔合；2920cm^{-1} 为脂肪族—CH$_3$、—CH$_2$ 伸缩振动；2851cm^{-1} 为脂肪族末端甲基 C—H 伸缩振动；1632cm^{-1} 为芳香族 C=C 及酰胺 C=O 伸缩振动；1036cm^{-1} 为芳香醇或芳香脂中 C—O 伸展；779cm^{-1}、694cm^{-1} 和 460cm^{-1} 表示硅酸盐杂质 Si—O。HM 结构中含有—OH、N—H、脂肪 C—H、芳香族 C=C、酰胺 C=O 和芳香醇或芳香脂中 C—O。不同来源的 HM 对比来看，WQZ 的 HM 在 2920cm^{-1}、2815cm^{-1}、

1638cm⁻¹ 和 1456cm⁻¹ 处的吸收峰比 AMX-HM 强，说明 WQZ-HM 脂肪族—CH₂、芳香族 C≡C 和脂肪族 C—H 数量较多。AMX-HM 结构中芳香醇或芳香脂中 C—O 数量较多。

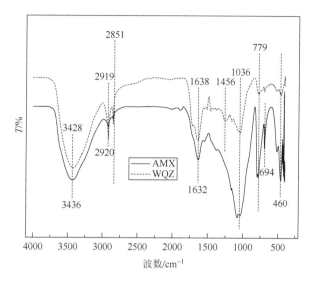

图 5.13　AMX 和 WQZ 的 HM 红外光谱图

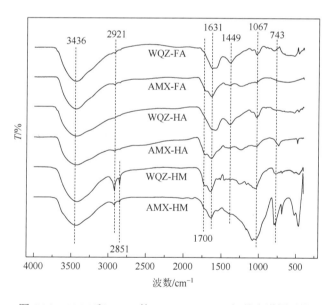

图 5.14　AMX 和 WQZ 的 HA、FA、HM 红外光谱图对比

表 5.23　腐殖质样品红外吸收带与化学归属对比

峰位波数/cm⁻¹	样品强度	峰强	化学归属
3436	FA>HA>HM	强	醇的—OH 及 N—H 伸缩振动或氢键缔合
2950~2921	HM>HA>FA	弱	脂肪族中—CH₃、—CH₂ 的—C—H 的伸缩振动
1700	HA>HM>FA	弱	—C=O 伸缩振动

续表

峰位波数/cm⁻¹	样品强度	峰强	化学归属
1631	HA>FA>HM	强	芳香 C＝C 伸缩振动
1449~1396	FA>HA>HM	中	脂肪族化合物中—CH₂—和—CH₃的 C—H 以及—COO⁻的变形振动
1067~1034	HM>FA>HA	中	多糖结构酚、芳香醚及醇上 C—O 不对称收缩振动

由图 5.14 和表 5.23 看出，不同来源的腐殖质中 HA、FA 和 HM 的红外光谱图有相似性的变化。在 $3436cm^{-1}$ 处，吸收峰强度大小为 FA>HA>HM，说明 FA 结构中—OH、N—H 键数量较多；在 $2921cm^{-1}$ 处 HM 的吸收峰高于 HA 和 FA，说明 HM 结构中脂肪族化合物较丰富；在 $1700cm^{-1}$ 处 HA 中羧基—C＝O 数量最丰富；在 $1631cm^{-1}$ 处 HA 吸收峰最强，说明 HA 中芳香族化合物丰富。在 $1067cm^{-1}$ 处 AMX-HM 吸收峰最强，说明芳香醇或芳香脂中 C—O 数量丰富。

5.3.2　SOM 对 CIP 在亚高山草甸土和沼泽土上吸附行为的影响

1. 材料与方法

1）实验材料

（1）供试材料。

材料选自若尔盖草地红原县阿木乡（AMX）和瓦切镇（WQZ），按照 5.2.1 节的方法准备土壤样品。腐殖质为从 AMX 和 WQZ 土壤中提取的 AMX-HA、AMX-FA、AMX-HM、WQZ-HA、WQZ-FA 和 WQZ-HM，其沼泽土和亚高山草甸土的腐殖质含量见表 5.24。

表 5.24　两种土壤中腐殖质含量

土壤名称	土壤类型	含量/(g/kg)				含量比
		有机质	HA	FA	HM	FA/HA
WQZ	沼泽土	308.71	50.83	16.94	111.30	0.33
AMX	亚高山草甸土	99.28	19.37	16.58	21.64	0.86

（2）仪器与试剂。

仪器与试剂：同 5.2.1 节。

CIP 母液：同 5.2.1 节。

2）实验方法

（1）吸附动力学实验方法。

实验参照 OECD guideline106[36]批量平衡方法进行。准确称取 0.1500g AMX 土样和 0.0200g WQZ 土样，加入 15mL 浓度为 100mg/L 的 CIP 溶液和 6mg 的 HA、FA、HM 颗粒。将样品于 25℃的振荡箱中，以 150r/min 的频率，恒温避光振荡，分别在 1min、5min、10min、15min、30min、1h、2h、4h、6h、12h、18h、24h、48h、72h 和 96h 时间点取样，

取样后静置 20min，取上清液，过 0.45μm 滤膜后，置于液相小瓶中，利用 HPLC 来检测 CIP 的出峰面积，每个样品做 3 个平行样，并无土作空白对照。

（2）等温吸附实验方法。

准确称取 0.1500g AMX 土样和 0.0200g WQZ 土样，加入 15mL 浓度为 60mg/L、80mg/L、100mg/L、120mg/L 的 CIP 溶液和 6mg 的 HA、FA、HM 颗粒。达到吸附平衡取样，并同吸附动力学实验操作。

（3）吸附热力学实验方法。

准确称取 0.1500g AMX 土样和 0.0200g WQZ 土样，加入 15mL 浓度为 60mg/L、80mg/L、100mg/L、120mg/L 的 CIP 溶液和 6mg 的 HA、FA 和 HM 颗粒。分别在 15℃、25℃和 35℃温度下，达到吸附平衡取样，同吸附动力学实验操作。

（4）不同 pH 对吸附过程的影响。

准确称取 0.1500g AMX 土样和 0.0200g WQZ 土样，加入 15mL 浓度为 100mg/L 的 CIP 溶液和 6mg 的 HA、FA、HM 颗粒。分别在溶液初始 pH 为 3.0、5.0、6.0、7.0 和 9.0 条件下，达到吸附平衡取样，同吸附动力学实验操作。

（5）分析方法。

同上一节。

2. 结果与讨论

1）腐殖质对 CIP 在土壤上的吸附动力学

实验数据结果采用 3 个常用的分析固相对有机污染物的模型（准二级动力学方程、Elovich 方程和双常数方程），来拟合 CIP 在 AMX 和 WQZ 土样上的吸附动力学过程。为确定在不同腐殖质的影响下 AMX 和 WQZ 对 CIP 吸附过程的吸附平衡时间，并绘制时间与吸附量的动力学曲线，如图 5.15 所示。

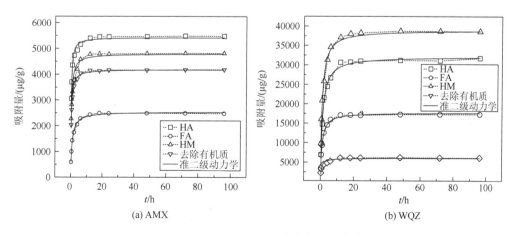

图 5.15　HA、FA、HM 对 CIP 在土壤上的吸附动力学特征

图 5.15 是在去除有机质的土样 AMX 和 WQZ 中分别加入 0.006g HA、FA 和 HM 后的 CIP 吸附动力学结果。可以看出不同腐殖质对 CIP 在土样 AMX 和 WQZ 上的吸附动力

学仍分为两个阶段：第一阶段是 0～6h 的快吸附阶段，第二阶段是 6～48h 的慢吸附过程，48h 反应趋于稳定。本实验结果与许多研究对 CIP 吸附动力学的结论一致。吸附过程中，由于混合吸附剂颗粒表面在初始吸附阶段被 CIP 分子大量占据，使得土壤表面吸附位点大幅减少，CIP 分子可能是通过颗粒内部扩散作用缓慢进入吸附剂内部经化学键作用来吸附，CIP 分子在向微孔扩散过程中受阻力较大，使吸附速率变慢，耗较长时间才达吸附平衡，为慢吸附过程。

从图 5.15（a）中可以得知，HA 和 HM 的加入，使去除有机质的 AMX 土样对 CIP 的吸附量有不同程度的增长，其平衡浓度相对于去除有机质的样品分别增长了 31.29% 和 15.49%，在快速吸附过程 HA 对体系的吸附强度也最大。而 FA 的加入降低了对 CIP 的吸附作用，相较于土样降低了 40.14%。可以看出 HA 的加入，土样 AMX 吸附 CIP 的吸附量最大，其次是 HM。这是由于 HA 具有较大的分子量，且其含有较多芳香族、脂肪族化合物和—COOH、—OH 等与 CIP 发生相互作用的含氧官能团，HA 中—COOH 和 C—OH 解离后产生负电荷与 CIP 酸性基团结合；再加上 HA 分子弱极性，在体系中能与 CIP 产生较强的吸附作用。李学垣[54]认为 FA 的加入较大程度影响了吸附过程，由于 FA 作为酸碱可溶性有机质，其极性在 3 种腐殖质中最强，极性基团可以改变 CIP 在土壤中的分配，易将疏水性有机污染物转化为水溶性化合物残留于溶液中。

从图 5.15（b）中可以得知，HA、FA 和 HM 的加入，使去除有机质的 WQZ 土样吸附量有较大程度的增长，去除有机质的土壤对 CIP 吸附能力降低，其原因可能是去除有机质后，WQZ 土壤上吸附位点减小，对 CIP 的结合能力大大降低，而 HA、FA 和 HM 的加入使平衡吸附量是去除有机质的 5.03 倍、2.79 倍和 6.25 倍，这是由于腐殖质中带负电的功能团与 CIP 分子中酸性碱性基团通过阳离子交换、桥键作用、氢键作用和偶矩力作用加大了 CIP 在土壤上的吸附。腐殖质的作用强度由大到小排列为：HM＞HA＞FA。胡敏素的主要成分为炭黑，炭黑作为高表面积碳质材料，使得 HM 有更多的表面可吸附位点，因此 HM 较大程度固定了土壤中的有机污染物。White 等[55]认为 HM 分子对有机污染物有很强的亲和力，吸附的溶质对解吸有很强的抵抗力。

由不同腐殖质条件下 CIP 在土壤上的动力学拟合参数（表 5.25）可知，Elovich 方程拟合 R^2 在 0.8014～0.8929，双常数方程拟合 R^2 在 0.7271～0.8212，准二级动力学方程拟合 R^2 在 0.9244～0.9951。通过相关性系数可以看出，不同腐殖质条件下，AMX 和 WQZ 对 CIP 的吸附过程适合于准二级动力学方程拟合。因此，可以用准二级动力学更好地描述三种腐殖质添加下土壤（AMX 和 WQZ）对 CIP 的吸附过程。说明 HA、FA 和 HM 的添加对 CIP 在土壤上的吸附影响因素不仅为颗粒内扩散，而是由多个控速因素（膜扩散和表面吸附）共同作用导致。轩盼盼等[56]研究生物炭对三种喹诺酮类抗菌药物在紫色土中的吸附动力学行为影响，认为在添加了不同比例生物炭的体系中，对抗菌药物的吸附伴随复杂过程，并证实了颗粒扩散、液膜扩散和孔道扩散均可影响吸附行为。在用 Elovich 方程和双常数方程拟合曲线时非线性较好，是由于腐殖质表面具有丰富且能量不同的吸附位点，其不均一性较强。

表 5.25　不同腐殖质条件下 CIP 在土壤上的动力学拟合参数

样品	类型	准二级动力学方程			Elovich 方程			双常数方程		
		q_e/(μg/g)	k/[g/(μg·h)]	R^2	a	b	R^2	a	b	R^2
AMX	HA	5428.83	8.3×10^{-5}	0.9770	4167.93	375.02	0.8310	8.34	0.074	0.7794
	FA	2543.96	2.5×10^{-5}	0.9951	1395.36	313.13	0.8526	7.29	0.144	0.7497
	HM	4795.68	6.3×10^{-5}	0.9623	3331.45	424.21	0.8547	8.13	0.097	0.7893
	去除有机质	4185.45	4.2×10^{-5}	0.9901	3039.30	332.49	0.8014	8.03	0.086	0.7372
WQZ	HA	32167.15	2.83×10^{-5}	0.9939	15856.82	4342.56	0.8831	9.74	0.165	0.7761
	FA	17755.18	6.56×10^{-5}	0.9947	9487.22	2245.83	0.8367	9.22	0.148	0.7271
	HM	38979.15	2.91×10^{-5}	0.9741	21281.33	4873.05	0.8836	10.01	0.147	0.7868
	去除有机质	6041.32	3.14×10^{-4}	0.9244	3813.68	646.35	0.8929	8.27	0.122	0.8212

2）腐殖质对 CIP 在土壤上等温吸附过程的影响

图 5.16 是 HA、FA 和 HM 对 CIP 在 AMX 和 WQZ 上的等温吸附曲线。由图可知，CIP 在复杂体系上的吸附过程，其吸附量随 CIP 溶液浓度增加而增加。实验表明，CIP 浓度越高，腐殖质组分对 CIP 在土壤上吸附量越大。腐殖质的加入使体系对 CIP 的吸附量明显高于去除有机质的体系。可能的原因：①腐殖质与土壤组成复合体，在 WQZ 土样颗粒表面附着腐殖质分子，增加了土样颗粒表面有机质含量，腐殖质结构中含有丰富的（—COOH、—OH）官能团，可与 CIP 发生氢键、范德瓦耳斯力、表面络合和离子交换等作用增强土样对 CIP 的吸附。张晶等[57]研究发现针铁矿-腐殖酸形成的有机-无机复合物，可以提高对泰乐菌素的吸附。②Henry[58]报道腐殖质通过静电力和配位作用与 CIP 形成络合物或微聚体，通过竞争土壤颗粒吸附位点来促进 CIP 在土壤中的迁移。然而，在 AMX 体系中，FA 的加入降低了 CIP 在 AMX 土壤上的吸附，原因可能是：①FA 分子与 CIP 分子竞争土壤表面吸附位点，土壤颗粒对 CIP 的吸附量减少，被 FA 分子占据位点；②FA 极性最强，FA 极性基团将疏水性的 CIP 分子转化为偏极性化合物（可溶性增加）而滞留在溶液中；③FA 分子在水-固相平衡过程会阻碍 CIP 在 AMX 上的吸附，导致 FA

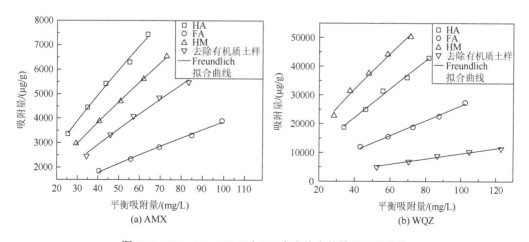

图 5.16　HA、FA、HM 对 CIP 在土壤上的等温吸附曲线

的施入降低 AMX 对 CIP 的吸附。吴蒨蒨等[59]研究表明可溶性的有机质在黏土矿物表面和层间均可以阻碍 CIP 的扩散。为更进一步探究不同腐殖质组分对 CIP 在土样上的吸附特性，本实验采用 Freundlich 方程和 Langmuir 方程进行拟合，拟合参数见表 5.26。

Freundlich 方程（$R^2>0.97$）相比于 Langmuir 方程更适合拟合 HA、FA 和 HM 对 CIP 在土样 AMX 和 WQZ 上的吸附实验结果，可以更好地描述吸附过程。由表 5.26 可知，土样 AMX 中 HA、FA、HM 和去除有机质土样对 CIP 吸附影响 Freundlich 方程拟合后非线性常数 $1/n$ 参数分别为 0.833、0.844、0.875 和 0.879，WQZ 中 $1/n$ 分别为 0.925、0.987、0.807 和 0.939。$1/n<1$ 说明等温吸附曲线为 "L 型"，表明 CIP 在浓度较低时与 SOM-土壤亲和力较强，随 CIP 浓度的增加其亲和力降低，说明 SOM 的加入会改变土壤对 CIP 的吸附等温线类型。同时也可看到 $1/n$ 均接近 1，说明 HA、FA 和 HM 对 CIP 在土壤上的等温吸附曲线是非线性的，证明了腐殖质不仅可以为 CIP 提供分配相，还可以供给非线性的表面吸附相。$1/n$ 通常用于描述吸附过程中的吸附位点差异，也与 CIP 性质有关，$1/n$ 值越小其有机碳化程度就越小，吸附位点差异性越大，说明 AMX-HA 和 WQZ-HM 的吸附位点异质性强。Pignatello 和 Xing[60]对非线性吸附进行深入研究，得到 SOM 含 "软碳" 和 "硬碳" 两种吸附物质，并提出双模型吸附理论模型，其中 HA 和 FA 属于 "软碳"，有机污染物分子在其上吸附速率较快，主要受分配作用并呈线性吸附；HM 则属于 "硬碳"，受分配作用和表面吸附影响呈非线性。本实验得到拟合结果表示吸附过程均非线性，可能的原因有：一是与腐殖质分子结构中的脂肪族化合物和芳香族化合物含量有关，根据前面对腐殖质结构的分析，不同来源的 HA 芳香族相对较多和 HM 中脂肪族化合物较多；二是不同腐殖质对有机污染物在土壤上的吸附过程包括孔隙填充和溶解分配作用，引起非线性的原因可能是孔隙填充；三是腐殖质的非均质性；四是 CIP 分子中双 π 键对含腐殖质作用下的吸附过程造成影响。

由表 5.26 看出，WQZ-HM 的 $1/n$ 值最小，说明吸附能的分布比其他体系更广，WQZ-HM 对 CIP 表现的非线性程度强于 AMX-HM，WQZ-HM 含有更多的脂肪族化合物以及芳香醇或芳香脂中 C—O 官能团，可能与 CIP 发生缓慢且不可逆的吸附过程。通过 Malekani 等[61]的报道得知，HM 具有更高的比表面积、更小的平均孔径、晶体和非晶体间可形成大团聚体以及含有丰富的亚纳米级孔隙等特殊的物理性质，这增加了对 CIP 的吸附容量。在 AMX 土壤中添加 SOM 各组分后 Freundlich 方程拟合参数中 $1/n$ 均小于去除有机质的土样，说明 SOM 的添加使 CIP 在 AMX 土壤上的吸附等温曲线非线性增强；在 WQZ 土壤中 HA 和 HM 的加入使等温线非线性增强，FA 的加入使非线性减弱。对比不同来源的 SOM，AMX-SOM 非线性程度较强，这可能与其腐殖质孔隙填充作用以及腐殖质非均质性有关。

假设在添加腐殖质后的两种土壤中，两种吸附剂（腐殖质和土壤）对 CIP 的吸附量无相互作用关系，控制腐殖质添加量为 6mg，CIP 浓度为 100mg/L 时，以有机-无机体系对 CIP 的吸附量与无机体系对 CIP 的吸附量差值作为腐殖质对 CIP 的吸附量，再将其与有机-无机体系对 CIP 的吸附量的比值作为贡献率。可以得到 HA、FA 和 HM 对 AMX 土壤吸附 CIP 的贡献率分别为 24.72%、-44.38% 和 13.15%；HA 对 AMX 土壤吸附 CIP 贡献最大。HA、FA 和 HM 对 WQZ 土壤吸附 CIP 的贡献率分别为 71.90%、53.03% 和 76.49%。说明腐殖质的添加对 CIP 在 WQZ 土壤上吸附影响最大，其腐殖质控制性组分主要是 HM。

表 5.26　HA、FA、HM 对 CIP 在土壤上等温吸附曲线拟合参数

土壤名称	类型	Freundlich 方程			Langmuir 方程		
		$\lg K_F$	$1/n$	R^2	K_L/(L/mg)	q_{max}/(μg/g)	R^2
AMX	HA	5.433	0.833	0.9926	1.09×10^{-9}	1.09×10^{-11}	0.9475
	FA	4.371	0.844	0.9945	6.33×10^{-9}	6.32×10^{-10}	0.9774
	HM	5.023	0.875	0.9989	9.91×10^{-10}	9.23×10^{-10}	0.9771
	去除有机质	4.735	0.879	0.9910	8.11×10^{-10}	8.47×10^{-10}	0.9699
WQZ	HA	6.597	0.925	0.9903	7.67×10^{-10}	6.99×10^{-11}	0.9830
	FA	5.635	0.987	0.9922	2.46×10^{-9}	1.07×10^{-11}	0.9920
	HM	7.400	0.807	0.9859	2.83×10^{-9}	2.67×10^{-11}	0.9226
	去除有机质	4.846	0.939	0.9774	9.86×10^{-10}	9.78×10^{-10}	0.9729

3）腐殖质对 CIP 在土壤上热力学吸附过程的影响

（1）不同温度下 HA、FA 和 HM 对 CIP 在 AMX 上吸附热力学特征。

不同温度下，当 CIP 浓度为 100mg/L 时，腐殖质的不同组分对吸附的影响柱状图如图 5.17 所示。可以看出，HA/HM-AMX（去除有机质）-CIP 体系中，随温度的升高，对 CIP 的吸附量也随之升高。Ma 等[62]研究表明，温度的升高会使腐殖质分子空穴变大，内表面微孔隙数目略微扩大，影响了周围孔隙形态，分子表面粗糙疏松，这些孔隙为 CIP 提供较多的吸附位点。也可能是随温度升高分子热运动也加快，CIP 分子与 HA、HM 大分子相互接触较为频繁，因此高温下吸附剂对 CIP 的吸附作用增强。而有 FA 加入的体系中随温度升高对 CIP 的吸附量却降低。

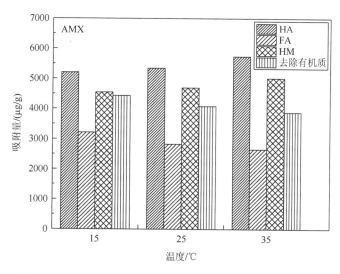

图 5.17　HA、FA、HM 对 CIP 在 AMX 上的吸附热力学特征

为深入了解腐殖质不同组分在吸附过程中的吸附热力学特性，本实验采用 Freundlich 方程来拟合实验结果，拟合参数见表 5.27 所示。可以看出，用 Freundlich 方程拟合后相关性系数（$R^2 > 0.993$）。说明腐殖质各组分在 AMX 复杂体系中的吸附过程为非均匀表面

且多分子层吸附。不同温度的 ΔG^{θ} 均为负且绝对值<41.84kJ/mol，说明吸附反应是自发进行的物理吸附；在 HA 和 HM 组分存在下，ΔH^{θ} 为正值，说明反应是吸热过程，随温度升高吸附量增加；ΔS^{θ} 为负值，说明与许多疏水性化合物不同，此吸附过程是熵减少的过程，根据马明海等[63]对热力学的研究结果得知，HA 组分对吸附过程的主要机理是氢键力和偶极间力。在 FA 的复合体系下，ΔH^{θ} 为负值，说明反应是放热过程，随温度升高吸附量降低；ΔS^{θ} 为正值，说明此吸附过程是熵增加的过程，水分子脱附引起的熵增大于 CIP 分子吸附引起的熵减。

表 5.27   不同温度的 Freundlich 方程参数和热力学参数

| 土壤 | 添加有机质组分 | 温度/℃ | Freundlich 方程 | | | ΔG^{θ}/ (kJ/mol) | ΔH^{θ}/ (kJ/mol) | ΔS^{θ}/ [J/(K·mol)] |
			$\lg K_F$	$1/n$	R^2			
AMX	HA	15	5.147	0.89	0.9931	−12.32		
		25	5.396	0.84	0.9934	−13.37	0.335	−0.054
		35	5.954	0.73	0.9957	−15.25		
	FA	15	5.166	0.70	0.9918	−12.37		
		25	4.371	0.84	0.9945	−10.83	−0.511	0.190
		35	3.936	0.93	0.9981	−10.08		
	HM	15	4.680	0.95	0.9995	−11.21		
		25	5.023	0.88	0.9989	−12.44	0.355	−0.063
		35	5.533	0.78	0.9984	−14.17		
	无 OM	15	5.050	0.84	0.9956	−12.09		
		25	4.304	0.99	0.9976	−10.66	−0.427	0.164
		35	4.024	1.04	0.9988	−10.30		

（2）不同温度下 HA、FA、HM 对 CIP 在 WQZ 上吸附热力学特征。

当 CIP 浓度为 100mg/L 时，不同温度下，腐殖质的不同组分对吸附 CIP 的影响柱状图如图 5.18 所示。

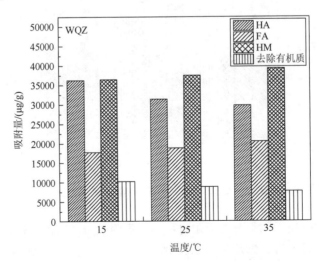

图 5.18   HA、FA 和 HM 对 CIP 在 WQZ 上的吸附热力学特征

由图 5.18 看出，HA-WQZ（去除有机质）-CIP 和 WQZ（去除有机质）-CIP 体系中，随温度的升高，对 CIP 的吸附量却降低，此过程吸附是放热反应，说明温度的升高削弱了 CIP 与 HA 之间的相互作用力；而 FA、HM-AMX（去除有机质）-CIP 随温度升高对 CIP 的吸附作用增强，表现为吸热反应，温度升高，分子热运动加快了与吸附剂的接触，使得吸附增强。

表 5.28　不同温度的 Freundlich 方程参数和热力学参数

土壤	添加有机质组分	温度/℃	Freundlich 方程			ΔG^{θ}/(kJ/mol)	ΔH^{θ}/(kJ/mol)	ΔS^{θ}/[J/(K·mol)]
			$\lg K_F$	$1/n$	R^2			
WQZ	HA	15	7.440	0.78	0.9937	−17.81		
		25	6.535	0.94	0.9875	−16.19	−0.625	0.241
		35	5.936	1.07	0.9856	−15.20		
	FA	15	5.180	1.07	0.9944	−12.40		
		25	5.635	0.99	0.9922	−13.96	0.413	−0.075
		35	6.173	0.89	0.9891	−15.81		
	HM	15	7.092	0.87	0.9790	−16.98		
		25	7.400	0.81	0.9859	−18.33	0.291	−0.025
		35	7.792	0.73	0.9895	−19.95		
	无 OM	15	5.799	0.77	0.9871	−13.88		
		25	4.846	0.94	0.9774	−12.01	−0.759	0.267
		35	3.972	1.10	0.9734	−10.17		

本实验采用 Freundlich 方程来拟合腐殖质不同组分对 CIP 在 WQZ 上的吸附等温实验的结果，拟合参数见表 5.28 所示。Freundlich 方程拟合后，相关性系数 R^2 在 0.9734～0.9944，说明吸附过程适合于用 Freundlich 方程拟合，说明与 AMX 吸附过程类似，均为非均匀表面且多分子层吸附。不同温度的 ΔG^{θ} 均为负，根据前文分析结果得知此吸附反应也是自发进行的物理吸附，相较于 AMX 的自由能值，WQZ 绝对值大于 AMX 中腐殖质作用结果，说明来源于 WQZ 的腐殖质在吸附过程中吸附作用更强；在 FA 和 HM 组分存在下，ΔH^{θ} 为正值，说明反应是吸热过程，随温度升高吸附量增加；在 HA 和只有去除有机质土样体系下，ΔH^{θ} 为负值，说明反应是放热过程，随温度升高吸附量降低；ΔS^{θ} 值均较小，说明体系中吸附过程有序。

Xing 和 Pignatello[64]提出利用组合吸附理论可以较为合理地解释体系的非线性吸附。研究者认为腐殖质结构中分为"玻璃态"和"橡胶态"，其中玻璃态结构紧密且吸附能力强，吸附过程主要是通过扩散和孔隙通道吸附有机污染物，吸附机制主要为分配和表面吸附作用，随温度的升高，玻璃态向橡胶态转变；橡胶态不稳定，会随因素影响变化结构和迁移，对有机污染物的吸附主要是分配作用。HM 作为"玻璃态"随温度的增加其孔隙和比表面积增大，供 CIP 分子吸附的位点增加，对 CIP 的分配作用和表面吸附作用增强。

4）不同 pH 对 HA/FA/HM-CIP-AMX/WQZ 吸附过程的影响

在 25℃和 pH 分别为 3.0、5.0、6.0、7.0 和 9.0 的条件下，保持 CIP 浓度为 100mg/L，HA、HF、HM 添加量为 6mg，考察腐殖质不同组分对 CIP 在两种土样上吸附过程的影响，$\lg K_d$-pH 的关系如图 5.19。

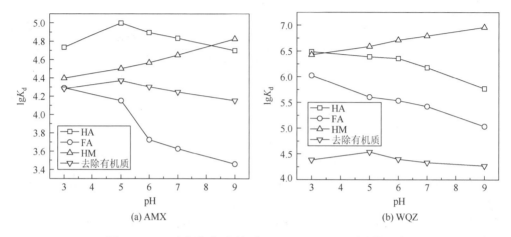

图 5.19　pH 对腐殖质不同组分-CIP-AMX/WQZ 吸附的影响

由图 5.19（a）可以看出，不同 pH 对腐殖质-CIP-AMX 的影响均为非线性变化。HA 和去除有机质的土样均随 pH 的升高吸附系数表现为先升高后递减的趋势，在 pH＝5 时，吸附系数最大，此环境下吸附容量最大，吸附量分别为 5697.05μg/g 和 4222.38μg/g；在 FA-CIP-AMX 体系中，随 pH 的升高，吸附系数随之减小，最大吸附量为 4038.20μg/g；但在 HM-CIP-AMX 体系中，吸附系数随 pH 升高而增加，最大吸附量为 5298.10μg/g。

从图 5.19（b）可知，HA-CIP-WQZ 和 FA-CIP-WQZ 体系，吸附系数均随 pH 的升高而递减，最大吸附量出现在 pH＝3 时，分别为 33558.75μg/g 和 25471.44μg/g；去除有机质的 WQZ 土样在不同 pH 影响下与去除有机质的 AMX 土样趋势类似，在 pH＝5 时达到最大吸附量，为 8003.29μg/g；HM-CIP-WQZ 体系中，吸附系数也随 pH 升高而增加，最大吸附量为 41873.66μg/g。

不同 pH 条件下，HA/FA-AMX 和 HA/FA-WQZ 体系中对 CIP 吸附结果可能的原因是：①CIP 溶液存在形态变化。为 CIP 分子结构中含 1 个羧基基团和 1 个亚氨基团，由前面章节可知在不同 pH 时 CIP 以三种形态存在，分别为阳离子态 $CIPH_2^+$（pH＜6）、阴离子态 CIP^-（6＜pH＜9）和兼性离子 $CIPH^{\pm}$（pH＞9），吸附剂可通过静电吸附结合 CIP 离子。随着 pH 的升高，溶液中 CIP 形态也随之变化，在 pH＝3～9 范围内，溶液中 CIP 形态从阳离子态转变至阴离子态，在 CIP^- 占主导时，HA、FA 和去除有机质的土样等吸附剂对 CIP 的结合能力逐渐变弱，说明 CIP 在其吸附剂上吸附作用主要为阳离子交换吸附。②腐殖质结构改变。pH 较高时，HA 和 FA 结构呈纤维状形态，随 pH 的降低，HA 和 FA 通过聚缩作用，使结构呈网状结构使其表面吸附位点增多，增强 CIP 与腐殖质 HA 和 FA 的"空穴"吸附作用。③腐殖质与 CIP 吸附作用的改变。可能由于 HA 和

FA 受 pH 的影响其结构也发生改变，从而影响吸附剂对 CIP 的吸附量。Wu 等[65]研究发现，HA 和 FA 中的羧基（—COOH）、酚羟基（—ArOH）等以分子形态存在，低 pH 时能与 CIP 中—COOH 和—NH₃基团形成氢键，加强对 CIP 的吸附量；在强酸性和碱性溶液中，发生去质子化作用，使腐殖质以负离子态为主，溶液中 OH⁻浓度增加，使吸附剂表面以负电荷为主，使 CIP 阴离子在吸附剂表面受到排斥，减弱了 HA 和 FA 与 CIP 之间的氢键作用，静电力减弱，导致吸附作用降低。这与武庭瑄和陈慧[26]在研究 pH 对 CIP 在不溶性腐殖酸吸附影响时得到的结论类似。然而 HM 在两种土样体系中表现为与 HA 和 FA 相反的效果，这与其他研究者的结论相异，由于目前对 HM-无机复合体对有机污染物吸附的影响研究较少，其机理有待进一步探讨。

5.4　Cu²⁺对川西北高原亚高山草甸土中土霉素吸附行为的影响

　　土霉素属于典型的四环类抗菌药物，被大量用于畜禽养殖业中，通过牲畜粪便施肥和水体沉降等方式进入土壤环境，给土壤及地下水环境和人类健康带来潜在危害。同时，随着人类对川西北高原的资源化开发以及含 Cu 杀毒剂的大量使用，使川西北土壤中 Cu 含量也急剧升高。多价金属离子能与大多数抗菌药物络合，所以金属离子的存在对抗菌药物在土壤及其组分上的吸附行为产生影响，这说明共存金属离子对抗菌药物在土壤中的迁移转化环境行为产生了影响。但是由于土壤组分复杂多变，吸附影响因素较多，只研究在土壤层面的吸附难以清晰地阐述土壤的吸附机理。有机组分胡敏素和无机组分铁锰氧化物作为土壤的主要组分，其对污染物的吸附作用在很大程度上影响着污染物在土壤中的吸附迁移能力，尤其是胡敏素。胡敏素能与土壤环境中的有机物污染物及金属离子发生物理化学反应，形成不同生化性质及溶解性的络合物，对土壤的吸附迁移能力起着很大作用。铁锰氧化物是一种金属水合氧化物，电荷分布在其表面，元素含有多种价态，它对土壤中有机、无机污染物的去除有一定作用。因为土壤铁锰氧化物的复杂性，提取较困难，所以本研究用试剂去除其在土壤中的含量间接来说明其作用。因此，本研究根据亚高山草甸土组分的酸碱溶解性及性质的不同，分离制备了有机组分胡敏素和去铁锰氧化物组分，并利用多元分析手段对其性质组成进行表征分析。然后选择 OTC 作为目标污染物，川西北高原亚高山草甸土作为吸附剂，系统研究 Cu²⁺共存时，土霉素在土壤上的吸附特性。

5.4.1　亚高山草甸土组分的提取及表征分析

　　1. 材料与方法

　　1）实验材料

　　（1）供试材料。

　　土壤采集：本研究选取若尔盖草地典型土壤亚高山草甸土为实验对象，采样地点位于四川省阿坝州红原县阿木乡，采样方法为中心五点法。土壤样品取地表向下 20cm 的土样，并去除表层 5cm 携带杂草的土壤。

土壤预处理：将采集回来的土壤样品去除杂草、石子等，在黑暗条件下自然风干后，利用粉碎机将其碾碎至粉末状，过孔径 2mm（80 目）筛后避光储存备用，标记为 SH。采集土壤经过预处理后，按参照《土壤分析技术规范（第二版）》[60]测试手段得到土壤的理化性质见表 5.29。

表 5.29　土壤理化性质

土壤种类	pH	含水率/%	有机质含量/(g/kg)	阳离子交换量 CEC/(cmol/kg)
亚高山草甸土	5.25	88.4	79.28	17.69

（2）实验试剂及耗材。

本研究实验过程中使用的试剂如表 5.30。

表 5.30　实验试剂介绍

试剂名称	纯度	生产公司
氢氧化钠	优级纯	国药集团化学试剂有限公司
盐酸	分析纯	成都市科隆化学品有限公司
草酸	分析纯	成都市科隆化学品有限公司
氢氟酸	分析纯	成都市科隆化学品有限公司
草酸钠	分析纯	成都市科隆化学品有限公司
焦磷酸钠	分析纯	成都市科隆化学品有限公司
溴化钾	色谱纯	阿拉丁试剂有限公司

实验过程使用耗材：44mm，3500Da 透析袋购于源叶生物公司。

（3）实验仪器。

表 5.31　实验仪器

仪器名称	型号	公司
大进样量元素分析仪	vario MACRO cube	德国 Elementar
傅里叶红外光谱仪	Tensor II	德国 Bruker
X 射线衍射分析仪	D/MAX-IIIB	日本 Rigaku
SEM/EDS 电子显微镜分析系统	Ultra55	德国 Carl Zeiss
紫外分光光度计	Evolution300	美国 Thermo Fisher
恒温振荡器	TSQ-280	上海精宏
真空冷冻干燥机	FreeZone 6 Liter	美国 Labconco
马弗炉	SXW-1200℃	上海实研
高速离心机	Centrifuge 5804R	德国 Eppendorf
恒温磁力搅拌器	85-2	上海思乐

2）土壤的组成分离

胡敏素的提取与纯化：实验采用国际腐殖酸协会推荐的"IHSS 法"提取亚高山草甸土中的胡敏素（HM）[66]。将土壤样品称取约 90g 于 1 L 磨口锥形瓶中，加入浓度为 1mol/L 的 HCl 溶液使 pH 达到 1～2 后，加入 900mL HCl 溶液充分振荡混合后静置，离心 15min（25℃，3000r/min），弃去上清液，下层沉淀的样品用 1mol/L NaOH 调节 pH 至 7 左右，加入 900mL 的混合液（体积比为 1∶1 的 0.1mol/L $Na_4P_2O_7$ + 0.1mol/L NaOH）充分振荡 12h 后，离心 15min，（上两步重复进行直到上清液为浅黄色），残渣即为 HM。HM 的纯化采用 HCl-HF 法，具体做法为将 HM 粗品反复经过 10% HF-HCl 混合液处理后，用超纯水冲洗直至检测不到 Cl^-。冷冻干燥，得 HM 成品，标记为 SM，将其研磨至粉末状，过孔径 2mm（80 目）筛备用。

铁锰氧化物的分离[67]：将土壤样品称取约 10g 于 100mL 的锥形瓶中，加入 250mL 浓度为 0.3mol/L 的 $(NH_4)_2C_2O_4$ 溶液，再加入 1mol/L $H_2C_2O_4$ 溶液，直至溶液 pH 为 3.0，避光充分振荡萃取 4h，静置，离心 15min（25℃，3000r/min），弃去上清液，沉淀的样品即为去除铁锰氧化物后的土壤，冷冻干燥，标记为 SQ，将其研磨至粉末状，过孔径 2mm（80 目）筛备用。

3）亚高山草甸土及其组分表征分析

（1）元素分析。

采用大进样量元素分析仪对土壤样品中 C、H、N 和 S 含量进行分析。测定前需将土壤样品磨细过 80 目筛，称取 100mg 左右的待测试样品于锡舟中，压实成型。使氦气和氧气压强分别达到 0.16MPa 及 0.20MPa，流量分别为 500mL/min 和 25～30mL/min。选择 CHNS 模式，并设定燃烧管温度为 1150℃，还原管温度为 850℃，将样品按顺序放入进样盘。

亚高山草甸土及其组分中氧元素测定通过灰分差减法得到。称取 SH、SM 和 SQ 样品各 0.2g 于恒重（105℃烘至恒重并称重）的陶瓷坩埚中，将其放在马弗炉中 800℃恒温烧 4h，取出坩埚于干燥器中冷却，称重，通过式（5-13）和式（5-14）计算样品的 O 含量。

$$Ash = (m_2 - m_1)/m \tag{5-13}$$

$$\text{O元素含量}(\%) = 100\% - \text{C元素含量}(\%) - \text{H元素含量}(\%) - \text{N元素含量}(\%) \atop - \text{S元素含量}(\%) - \text{Ash元素含量}(\%) \tag{5-14}$$

式中：Ash 代表样品中的灰分，%；m 代表样品的原始质量，g；m_1 代表空坩埚的恒重，g；m_2 代表坩埚和灰分的质量，g。

（2）X 射线衍射分析（XRD）。

本试验中亚高山草甸土及其组分的晶体结构采用 X 射线衍射仪测试，测试条件：Cu 靶，扫描电压 40kV，扫描电流 30mA，扫描步长为 0.02°，扫描时间 10min，角度扫描范围 10°～80°。

（3）红外光谱分析（FTIR）。

亚高山草甸土及其组分的红外光谱的测定采用 KBr 压片法，在 400～4000cm^{-1} 进行红外光谱测试，扫描次数为 32。

（4）扫描电镜分析（SEM）。

扫描电镜可观察待测样品表面的形貌。待测样品在观察前需用离子溅射仪进行喷金处理，在高真空条件下，加速电压为 5kV，然后分别再放大 2000 倍、2500 倍和 25000 倍的情况下观察形貌结构。

2. 结果与讨论

1）元素分析

亚高山草甸土及其组分（SH、SM 和 SQ）中的 C、H、O、N 和 S 元素含量及原子比值如表 5.32 所示，对组分和原子比值进行分析可初步得出样品的化学构成及芳香化程度等信息。从表 5.32 中可以看出，SH、SQ 和 SM 元素含量存在一定的异同点。SH、SQ 和 SM 样品中 C、H、O 和 N 元素含量高，而 S 元素含量普遍偏低，这说明三者主要由 C、H、O、N 四种元素构成。三种样品 C 元素含量最高，占比范围为 4.98%～13.16%，三种样品的大小为：SM＞SQ＞SH，SM 的 C 含量最高（13.16%），其次是 SQ（5.18%）。其次为 O 元素含量最高，范围在 3.50%～7.18%，SH 与 SQ 中的 O 元素相近，SM 最高（7.18%）。SH 与 SQ 的 C、H 和 O 元素含量基本一致，而 N、S 元素含量则为 SH 高于 SQ。SM 的 C、H、O 和 N 元素则均高于 SQ 和 SH，含量是后面两种的 2 倍。

表 5.32　土壤及其组分的元素组成及原子质量比

样品	元素含量/%					原子质量比		
	C	H	O	N	S	C/H	O/C	(O＋N)/C
SH	4.98	1.05	3.50	0.47	0.04	0.40	0.53	0.61
SM	13.16	2.39	7.18	1.10	0.30	0.46	0.41	0.48
SQ	5.18	0.86	3.56	0.54	0.44	0.45	0.52	0.61

研究表明，C/H 的原子比代表样品脂肪族和芳香族含量，C/H 的原子质量比越大，碳饱和比就越低，芳香性越高；C/H 的原子比越小，碳饱和比就越高，芳香性越低。O/C 的原子比用来衡量样品的氧化程度，O/C 的比值越大，样品的氧化程度越高；O/C 的原子比越小，样品的氧化程度越低。本研究中，SH、SM 和 SQ 的 C/H 与 O/C 原子质量比分别为 0.40、0.46、0.45 和 0.53、0.41、0.52，大小关系分别为：SM＞SQ＞SH，SH＞SQ＞SM，由此得出三者的芳香性和氧化程度大小为 SM＞SQ＞SH，SH＞SQ＞SM。氧化程度与样品结构中碳水化合物以及含氧官能团（—COOH、RO—）的数量相关，所以 SM 具有最强的芳香性，SH 中含氧官能团最多。（O＋N）/C 比值表示极性指数，（O＋N）/C 的比值越大，样品的极性越大，水溶性也越大，（O＋N）/C 的比值越小，样品的极性越小，水溶性越弱。可以看出三种样品中的 SQ 及 SH 水溶性较强，分子极性最强。通过元素原子比之间对比来看，三种样品的 O/C 和（O＋N）/C 值的增减趋势相同，样品中 N 元素含量较低，使得两值出现类似的结果，说明极性指数与氧化程度有关，样品的极性和水溶性随样品中的碳水化合物及含氧官能团数量的增多而增大。

2）扫描电镜结果与分析

为了解亚高山草甸土及其组分的外貌及形态结构，在 2μm 和 200nm 下对三种样品的外观形态进行了电镜扫描，结果如图 5.20 中所示。比较三种样品在同一放大倍数下的结果可看出，SM 表面呈凸出细小颗粒状且表面孔隙较多，有利于增大有机物、金属离子等污染物与其的接触面积，提供大量的吸附位点，有利于污染物在其上的吸附。SH 与 SQ 微观形态较类似，表面不光滑，较为粗糙，大量的片状结构排列紧密，微孔结构更大，具有多孔性，这种结构有利于吸附时官能团的暴露，有利于对各种有机物、金属离子等污染物的吸附。结果表明，不同组分对 OTC 的吸附容量与样品的粗糙表面和微孔结构有关。

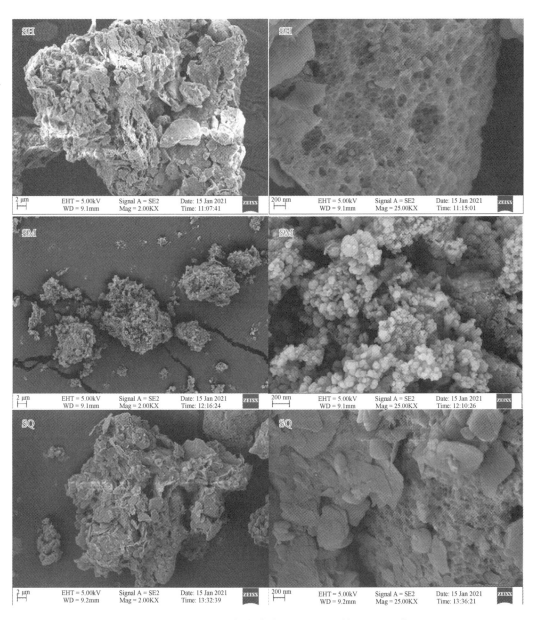

图 5.20　土壤及组分扫描电镜结果图（2000 倍和 25000 倍）

3）X 射线衍射谱图测定结果与分析

图 5.21 为本实验所采用的亚高山草甸土及其组分的 XRD 图。由图 5.21 可知，SQ、SM 和 SH 同样在 $10^{\circ} \sim 30^{\circ}$ 低角度出现了一个最强的衍射峰，随着角度的增加，峰强度减弱。同时，XRD 图谱中衍射峰数目较多，且峰型窄而尖，样品结晶度越高，而当结晶度下降，部分衍射峰合并，峰型变为宽而平的丘状峰，本研究中，SQ、SM 和 SH 均具有较多窄而尖的衍射峰，这说明样品颗粒具有孔隙较多、结构稳定的特点。SQ 与 SH 的 XRD 图谱形状整体较为相似，但 SH 峰型总体较 SQ 更为窄而尖，表明 SH 样品晶体粒度较大，扫描电镜结果与之对应。SQ 和 SH 峰比 SM 的峰更多且高，主要是由于不同处理方式后样品的物质组成、结构发生变化。用 Jade 6.5 软件对图谱进行分析后，发现 SH、SM 和 SQ 中的主要无机成分是以二氧化硅为主的石英，同时，金属离子 Na、Ca、Al 和 Cu 含量较多，这与赵桂丹[68]测量的川西北高原土壤中金属含量结果较一致。

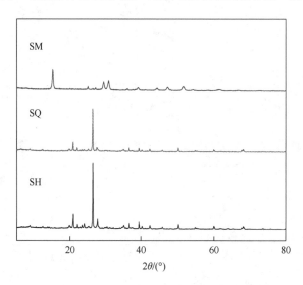

图 5.21　亚高山草甸土及组分 XRD 图谱

4）傅里叶红外光谱分析

红外光谱是研究样品官能团类型和化学键结构的重要手段。红外光谱对有机无机物每一功能基具有特征光谱，根据化合物光谱吸收带的数目、强度和频率等分析出化合物的特征化学键和官能团。本书利用红外光谱对土壤及组分进行功能基分析，了解它们本身官能团之间的差异，可为后面吸附情况的差异提供分析依据。根据研究者们对土壤谱形的分析和总结，具体的峰位波数与对应的化学归属见表 5.33。

表 5.33　红外光谱特征峰位波数化学归属

峰位波数/cm^{-1}	化学归属
3500～3300	羧基、酚、醇中的—OH 及 N—H 伸展或氢键缔合
3080～3060	芳香环 C—H 伸展
3000～2800	脂肪族中—CH$_3$、—CH$_2$ 的—C—H 的伸展

续表

峰位波数/cm⁻¹	化学归属
1722～1710	分子间内形成的氢键的—C≡O 的伸展
1650～1600	醛、酮、酰胺—C≡O 伸展，芳香 C≡C 伸展
1560～1510	氨基酸—N—H 的振动，芳香 C≡C 伸展
1450～1400	脂肪族（—CH₂—，—CH₃）的 C—H 振动以及芳香环伸缩振动
1240～1200	—COO 中 C≡O 伸缩振动，C—OH 变性振动
1127～1122	脂肪族 C—O、C—OH 伸缩
1080～1000	酚或醇上的 C—O 不对称伸展
1000～400	硅酸盐杂质 Si—O 或 C—O、C—N、C—P 等伸缩振动或 C—H、O—H 等含氢基团弯曲振动

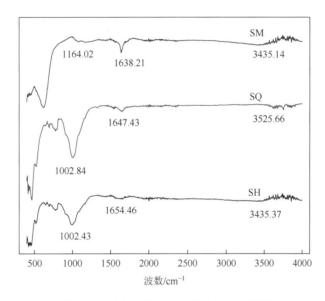

图 5.22　亚高山草甸土及组分红外光谱图

对 SH、SM 和 SQ 进行红外光谱测定，结果如图 5.22 所示。从图中可以看出，亚高山草甸土及其组分表现出的红外光谱图曲线总体上形状相似，但也存在一定差异。三者在 3400～3500cm⁻¹、1635～1660cm⁻¹ 和 1000～1200cm⁻¹ 范围内均有明显的吸收峰，说明 SH、SM 和 SQ 在化学结构上存在一定的相似性。而 SH 与 SQ 在 1000～400cm⁻¹ 还存在四个相似吸收峰，SQ 只在 619.22cm⁻¹ 存在一个峰，表明三者官能团略有差别。此外，可发现 SH、SM 和 SQ 部分波数处的红外吸收强度具有一定差异性，说明三者中同种化学结构或官能团的含量有所不同。根据红外光谱吸收峰归属表可知，3400～3500cm⁻¹ 处为醇、酚类—OH 及 N—H 伸缩振动或氢键结合的—COOH 伸缩振动；1635～1660cm⁻¹ 吸收峰因为酰胺—C≡O 伸展及芳香 C≡C 伸展造成；1000～1200cm⁻¹ 为 C—O 伸缩振动吸收峰（表 5.34）。以上的伸缩振动表明 SH、SM、SQ 内均含有—OH、—NH、脂肪族—CH₂、芳香 C≡C、醛、酮、酰胺中—C≡O 及—COOH 等结构，所以 SH、SM、SQ 中含有芳香类化合物、脂类化合物、含氮化合物以及羧基、羟基等含氧官能团。在 $1000\sim400cm^{-1}$ 范围内吸收谱带，主要是由硅酸盐杂质 Si—O 或一些单键 C—O，C—N，C—P，C—F 等伸缩振动或 C—H，O—H 等含氢基团弯曲振动造成的。

表 5.34　红外光谱吸收峰归属表

波数/cm^{-1}	土壤及组分官能团
3500～3400	醇、酚类—OH 及 N—H 伸缩振动或氢键结合的—COOH 伸缩振动
1680～1620	醛、酮、酰胺—C=O 伸展，芳香 C=C 伸展
1300～1020	醇类、醚类、羧酸类及酯类 C—O 的伸缩振动
1000～400	C—O，C—N，C—P，C—F 等伸缩振动或 C—H，O—H 等含氢基团弯曲振动或硅酸盐杂质 Si—O

5.4.2　Cu^{2+}存在时亚高山草甸土对 OTC 吸附的影响

1. 材料与方法

1）实验材料

（1）吸附质。

本实验使用的土霉素（OTC）购买自 Sigma-Aldrich 公司，色谱纯，其分子结构及性质见表 5.35。

表 5.35　土霉素的分子结构及性质

化学名	简写	摩尔质量/(g/mol)	溶解性/(mg/L)	化学式	化学结构
oxytetracycline	OTC	460.434	200	C$_{22}$H$_{24}$N$_2$O$_9$	

（2）实验试剂及耗材。

实验过程使用的试剂如表 5.36。

表 5.36　实验试剂

试剂名称	纯度	生产公司
土霉素	≥99%，GR	西格玛奥德里奇贸易有限公司
氯化钙，二水	≥98%，GR	国药试剂公司
氯化铜，二水	≥99.9%，AR	成都市科隆化学品有限公司
乙腈	≥99.9%，色谱纯	德国默克医药公司
草酸	色谱纯	西格玛奥德里奇贸易有限公司
盐酸	≥98%，GR	成都市科隆化学品有限公司
超纯水	TOC≤0.2mg/L	

实验过程使用耗材：0.45μm 有机系微孔滤膜，购买自天津市津腾设备公司。

3）实验仪器。

本章使用的仪器见表5.37。

表 5.37　实验仪器

仪器名称	型号	生产公司
高效液相色谱	Agilent1260	美国安捷伦科技公司
恒温振荡箱	TSQ-280	上海精宏实验设备有限公司
pH 计	SevenMulti	上海梅特勒-托利多
超声波清洗器	KH5200B	昆山禾创超声仪器有限公司
分析天平	AL104	上海梅特勒-托利多
超纯水系统	Milli-Q Integral 5	美国默克密理博公司

2）实验方法

（1）溶液配制。

OTC 溶液：将 OTC 称取 0.1111g 于 100mL 烧杯中，加入 10mL 0.01mol/L 的 HCl 溶液，搅拌溶解后，转移至 500mL 棕色容量瓶中，用 0.01mol/L 的 $CaCl_2$ 溶液定容，$CaCl_2$ 的作用为控制吸附过程中溶液中的离子强度，摇匀，于 4℃冰箱避光储存，储存时间为 7d。OTC 储备液浓度为 200mg/L，必要时稀释至实验所需浓度即可。

$CuCl_2$ 母液：准确称取 0.2535g 的 $CuCl_2 \cdot 2H_2O$ 于 100mL 烧杯中，用 0.01mol/L 的 $CaCl_2$ 溶液作为背景溶液，搅拌溶解后，转移至 1000mL 棕色容量瓶中，用背景溶液定容后摇匀，于 4℃冰箱储存。$CuCl_2$ 储备液浓度为 200mg/L，必要时稀释至实验所需浓度即可。

（2）吸附动力学实验。

在进行实验前将亚高山草甸土在 120℃下高温灭菌 30min 以抑制微生物生长，余同。本动力学实验参照 OECD guideline106[37]批平衡方法进行。称取亚高山草甸土壤 0.15g（±0.0005）g 于 50mL 棕色小瓶中，以土壤：水为 1∶200，第一组移取 30mL 初始浓度分别为 30mg/L、40mg/L、50mg/L 的 OTC 溶液至棕色小瓶中，另一组移取 30mL 混合溶液，溶液中 OTC 的浓度为 40mg/L，$CuCl_2$ 的浓度为 10mg/L。在 25℃下，以 200r/min 的频率，在恒温振荡箱中避光振荡，分别在 10min、30min、1h、2h、4h、6h、12h、19h、24h、48h 和 72h 时间点取样，取样后静置 10min，用 10mL 针筒吸取上清液，过 0.45μm 滤膜后，置于棕色液相小瓶中，利用高效液相色谱仪（HPLC）检测 OTC 的浓度。每组 3 个平行样，并无土作空白对照。

（3）吸附热力学实验。

按照吸附动力学实验中称取一定量的土样，以土水比为 1∶200，第一组分别在 50mL 棕色容量瓶中加入 30mL 初始浓度分别为 10mg/L、15mg/L、20mg/L、25mg/L、30mg/L、35mg/L、40mg/L、45mg/L 和 50mg/L 含有背景溶液的 OTC 溶液，另一组中移取 30mL 混合溶液，溶液中 OTC 的浓度同第一组，$CuCl_2$ 的浓度为 10mg/L。以上样品均设 3 个平行样。在 15℃、25℃和 35℃，转速 200r/min 的条件下充分混合 36h，其余操作过程同吸附动力学实验。

（4）不同 pH 对吸附行为的影响。

第一组以初始浓度为 30mg/L、40mg/L、50mg/L 的 OTC 溶液作为实验溶液，另一组中实验溶液 OTC 的浓度同第一组，CuCl₂ 的浓度为 10mg/L，用少量的 0.01mol/L NaOH 和 HCl 调节反应溶液的 pH，分别为 3.0±0.05、5±0.05、6±0.05、7±0.05、9±0.05 和 11±0.05。在 25℃，转速 200r/min 的条件下充分混合 36h，其余操作过程同吸附动力学实验。

（5）Cu²⁺浓度对吸附行为的影响实验。

配制 OTC 浓度分别为 10mg/L、15mg/L、20mg/L、25mg/L、30mg/L、35mg/L、40mg/L、45mg/L、50mg/L 和 CuCl₂ 浓度分别为 0mg/L、5mg/L、10mg/L 和 20mg/L 的混合溶液为实验溶液，移取 30mL 于称有土样的棕色小瓶，在 25℃，转速 200r/min 的条件下充分混合 36h，其余操作过程同吸附动力学实验。

3）分析方法

（1）吸附量用式（5-15）计算：

$$Q_t = (C_0 - C_t) \times V / M \qquad (5\text{-}15)$$

式中：Q_t 为 t 时刻土壤吸附量，μg/g；C_0 为溶液中初始浓度，μg/L；C_t 为 t 时刻溶液中的 OTC 浓度，μg/L；V 为溶液体积，L；M 为称取土样质量，g。吸附量测试误差在 5%之内，数据取平均值。

（2）OTC 定性定量分析：

定量分析：高效液相色谱柱 C18 反相柱（4.6mm×250mm，5μm）；流动相为乙腈/0.01mol/L 草酸（体积比为 25∶75）；柱温为 30℃；紫外检测波长为 356nm；流速为 1.0mL/min；进样量为 50μL；停留时间 3.071min，测定结果见图 5.23。

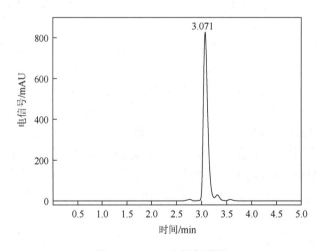

图 5.23　OTC 定性色谱图

定性分析：从 200mg/L 的 OTC 母液中移取不同体积的溶液加入 10mL 棕色容量瓶中，并用背景溶液定容后摇匀，配制浓度分别为 5mg/L、10mg/L、15mg/L、20mg/L、25mg/L、30mg/L、35mg/L、40mg/L、45mg/L、50mg/L、55mg/L 和 60mg/L 的 OTC 标准溶液，充分摇匀后，用 HPLC 检测浓度，OTC 定量标准曲线见图 5.24。

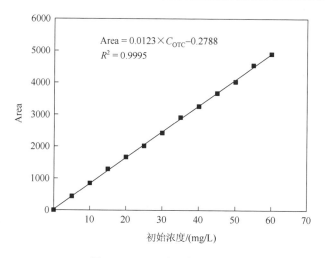

图 5.24　OTC 定量标准曲线

（3）吸附动力学拟合。

本实验数据采用准一级动力学模型、准二级动力学模型、颗粒内扩散模型、双室一级动力学模型拟合，这四种模型如式（5-16）～式（5-19）所示。

准一级动力学模型：

$$\ln(q_e - q_t) = \ln q_e - k_1 t \tag{5-16}$$

准二级动力学模型：

$$\frac{t}{q_t} = \frac{t}{k_2 q_e^2} + \frac{1}{q_e} t \tag{5-17}$$

颗粒内扩散模型：

$$q_t = k_p t^{1/2} + M \tag{5-18}$$

双室一级动力学模型：

$$\frac{q_t}{q_e} = f_1(1 - e^{-t k_a}) + f_2(1 - e^{-t k_b}) \tag{5-19}$$

式中：q_t 为 t 时刻土壤颗粒对 OTC 的吸附量，μg/g；q_e 为吸附平衡时的吸附量，μg/g；k_1 与 k_2 分别为准一级、准二级反应吸附速率常数，g/（μg·h）；k_p 为颗粒内扩散速率常数，μg/（g·min$^{1/2}$），k_a 和 k_b 分别为快室和慢室吸附速率常数，h^{-1}；f_1 和 f_2 分别为快、慢室所占总吸附的比率，$f_1 + f_2 = 1$。

为描述亚高山草甸土中 OTC 的吸附热力学特征，采用 Langmuir、Freundlich 等温吸附模型对试验数据进行拟合，如式（5-20）～式（5-21）所示。

Freundlich 等温吸附模型：

$$q_e = K_F C_e^{1/n} \tag{5-20}$$

Langmuir 等温吸附模型：

$$q_e = q_{max} K_L C_e / (1 + K_L C_e) \tag{5-21}$$

式中：q_e、q_{max} 表示吸附剂在平衡时以及土壤理论饱和的吸附量，μg/g；K_L 为吸附表面强度常数；C_e 为平衡时溶液中 OTC 的浓度，mg/L；K_F 为吸附容量；$1/n$ 表示吸附机制的差异和非线性程度。

不同温度条件下 OTC 在两种土壤中的吸附等温线用 Freundlich 和 Langmuir 等温吸附模型进行拟合，具体计算方式见公式（1-8）～公式（1-11）。

2. 结果与讨论

1）Cu^{2+} 存在时 OTC 在亚高山草甸土上的吸附动力学行为特征

图 5.25（a）为 OTC 初始浓度分别为 30mg/L、40mg/L 和 50mg/L 在 SH 上的吸附动力学曲线图。结果表明，OTC 在 SH 中的吸附过程分为快速吸附阶段（0～6h）和慢速吸附阶段（6～36h），吸附 36h 后反应逐渐趋于平衡。在快反应阶段时，OTC 的吸附量随着时间的延长迅速增加，在这个阶段 70% 的 OTC 在短时间被迅速吸附到 SH 颗粒表面上。这主要是因为开始吸附时有大面积可供吸附的位点存在于土壤颗粒表面，土壤颗粒表面阻力较小，OTC 分子可以短时间内被吸附到土壤颗粒表面，吸附作用主要包括膜扩散、颗粒内扩散和溶质表面吸附等。在慢吸附阶段时，随时间变化其吸附量缓慢增加，逐渐趋于平衡，吸附速度逐步减小。在慢吸附阶段，SH 的外表面吸附饱和，OTC 分子进入孔内并在颗粒的内表面吸附，这种现象需要较长的时间。在 36h 左右吸附质占据全部土壤颗粒可供吸附的位点，吸附量此时达到平衡，确定为吸附平衡时间。

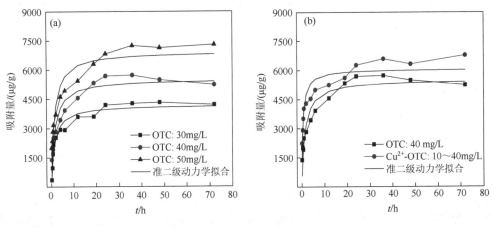

图 5.25　OTC 在 SH 上的吸附动力学曲线

由图 5.25（a）可以明显地看出随着 OTC 初始浓度从 30mg/L 增加至 50mg/L 时，OTC 在 SH 上的吸附量从 4777.02μg/g 增加至 7095.61μg/g，原因可能有两种：一是由随着 OTC 浓度梯度的增加，克服 OTC 离子在水相和固相之间的传质阻力而产生的驱动力增加所致；二是 OTC 分子增多，OTC 分子与土壤颗粒产生更多的有效碰撞，加大了 OTC 与颗粒表面吸附位点结合的机会。相反地，OTC 在 SH 上的吸附量占初始浓度的比例随着 OTC 初始浓度的增加而降低，分别为 79.6%、71.6%、71.0%，表明土壤颗粒表面的吸附位点个数是有限的或吸附过程中出现了竞争吸附。

由图 5.25（b）可知，不管溶液中是否添加 Cu^{2+}，OTC 在 SH 上的吸附平衡时间都为

36h，且与 OTC 单独吸附相比，当反应溶液中 Cu²⁺的浓度在 10mg/L 时，经过 36h 的吸附，OTC 在 SH 上的平衡吸附量达到 6592.07μg/g，明显高于无 Cu²⁺存在时 OTC 在 SH 上的吸附量（5731.798μg/g），表明 Cu²⁺的添加促进了 OTC 在 SH 上的吸附。陈薇薇等[69]研究了共存 Cu²⁺也能够促进黑土对 OTC 的吸附，且促进作用随着 Cu²⁺浓度的增加而增大。这是因为 Cu²⁺存在下，Cu²⁺易与 OTC 发生络合反应形成络合物，且该络合物较 OTC 本身具有更多的正电荷，从而有利于 OTC 吸附到带负电荷的 SH 上。此外，Cu²⁺吸附到土壤上通过桥接作用，进一步增强了 OTC 在土壤上的吸附。

根据 OTC 在 SH 上的吸附量随时间的变化过程，对 OTC 在土壤中的吸附动力学采用准一级、准二级吸附动力学模型及颗粒内扩散模型进行拟合，其相关特征参数如表 5.38 和表 5.39 所示。从表 5.38 和表 5.39 可以看出，准一级吸附动力学模型的 R^2 值在 0.8470～0.9040，颗粒内扩散模型的 R^2 值在 0.7614～0.8831，而准二级动力学模型的 R^2 值在 0.9231～0.9606。准二级动力学模型的 R^2 大于其余两种模型的 R^2，表明通过准二级动力学模型拟合 SH 对 OTC 的吸附动力学效果更好，可以很好地阐述 OTC 在 SH 上的动力学吸附行为。Yousef 和 Malika[70]研究了琥珀石 IR 120 树脂对水中土霉素的吸附，用准一级、准二级和颗粒内扩散动力学模型对吸附动力学实验结果进行了分析，同样吸附过程符合准二级动力学模型，并得到了相应的速率常数。

表 5.38 OTC 在 SH 上的吸附动力学方程拟合结果

样品	初始浓度/(mg/L)	准一级动力学模型			准二级动力学模型			颗粒内扩散模型		
		k_1/[g/(μg·h)]	q_e/(μg/g)	R^2	k_2/[g/(μg·h)]	q_e/(μg/g)	R^2	M	k_p/[μg/(g·min^{1/2})]	R^2
SH	30	0.6	3865.48	0.9040	1.7×10^{-4}	4196.40	0.9606	1466.79	434.77	0.7614
	40	0.5	5156.59	0.8847	1.3×10^{-4}	5518.28	0.9321	2072.10	538.67	0.7961
	50	0.5	6422.43	0.8470	1.1×10^{-4}	6933.89	0.9231	2609.38	697.42	0.8831

表 5.39 Cu²⁺存在下 OTC 在 SH 上的吸附动力学方程拟合结果

样品	初始浓度/(mg/L)	准一级动力学模型			准二级动力学模型			颗粒内扩散模型		
		k_1/[g/(μg·h)]	q_e/(μg/g)	R^2	k_2/[g/(μg·h)]	q_e/(μg/g)	R^2	M	k_p/[μg/(g·min^{1/2})]	R^2
SH	40	0.5	5156.59	0.8847	1.3×10^{-3}	5518.28	0.9321	2072.10	538.67	0.7961
	40→10	1.3	5717.61	0.7541	3.0×10^{-3}	6069.26	0.8732	3204.54	505.61	0.8522

在准二级动力学模型中，k_2 表示吸附剂对吸附质的吸附速率，其值越大，反应速率也越快。从表 5.38 可以看出，OTC 初始浓度从 30mg/L 增加到 50mg/L，反应速率常数从 1.7×10^{-4} 降至 1.1×10^{-4}，表明随着 OTC 初始浓度的增加，吸附速率反而降低。这主要由于反应系统中 OTC 浓度升高可能会导致分子碰撞概率增加，从而延长了 OTC 与土壤颗粒活性点位结合的时间。表 5.39 反映出 Cu²⁺存在时，准二级动力学模型值拟合后的 k_2 明显高于无 Cu²⁺时的 k_2 值，说明 Cu²⁺加快了 OTC 在 SH 上的吸附。

准二级动力学模型、颗粒内扩散模型对吸附反应的理化过程进行了全面描述，但是对快速吸附区和慢速吸附区的描述不够完整。因此本研究再采用双室一级动力学模型对

SH 吸附 OTC 的动力学吸附过程进行描述，其主要将吸附区域分为快速吸附区（k_1）和慢速吸附区（k_2）。由表 5.40 可知，随着 OTC 初始浓度的不断增大，吸附反应的 k_1/k_2 值也随之增长。这表明 OTC 初始浓度越大，双室吸附现象越明显。f_1 表示快室所占总吸附的比率，f_2 表示慢室所占总吸附的比率。OTC 初始浓度小于等于 40mg/L 时，$f_1 > f_2$，表明快吸附所占比率要大，其吸附过程以快吸附为主。而当 OTC 初始浓度等于 50mg/L 时，$f_1 < f_2$，表明慢吸附所占比率大，其吸附过程以慢吸附为主。当 Cu^{2+} 存在时，k_1/k_2 值为 57.179，$f_1 < f_2$（表 5.41），表明双室吸附现象明显，吸附过程以慢吸附为主。

表 5.40　双室一级动力学模型拟合结果

样品	初始浓度/(mg/L)	q_e/(μg/g)	k_1/[g/(μg·h)]	k_2/[g/(μg·h)]	f_1	f_2	k_1/k_2	R^2
	30	4344.90	1.291	0.069	0.57	0.43	18.710	0.9846
SH	40	5573.14	5.122	0.121	0.61	0.39	42.331	0.9860
	50	7215.62	6.119	0.099	0.38	0.62	61.808	0.9830

表 5.41　Cu^{2+}存在下双室一级动力学模型拟合结果

样品	初始浓度/(mg/L)	q_e/(μg/g)	k_1/[g/(μg·h)]	k_2/[g/(μg·h)]	f_1	f_2	k_1/k_2	R^2
SH	40	5573.14	5.122	0.121	0.61	0.39	42.331	0.9860
	40→10	6684.82	3.831	0.067	0.43	0.57	57.179	0.9731

2）Cu^{2+}存在时 OTC 在亚高山草甸土上的吸附等温特性

在 25℃下，SH 对 OTC 的吸附等温曲线采用 Langmuir 模型、Freundlich 模型进行拟合，拟合参数列于表 5.42，拟合曲线如图 5.26 所示。由表 5.42 可以看出，Langmuir 模型、Freundlich 模型均能较好地拟合吸附实验数据。当反应系统 Cu^{2+}不存在时，Langmuir 模型和 Freundlich 模型拟合下的吸附拟合参数 R^2 值分别为 0.9755 和 0.9720。当 Cu^{2+}存在时，Langmuir 模型和 Freundlich 模型拟合下的 OTC 在 SH 上的吸附拟合参数 R^2 值分别为 0.9754 和 0.9776。

Freundlich 方程拟合效果较好地说明了 OTC 在 SH 上的吸附属于非均匀多分子层吸附且吸附表面不均匀，吸附过程受吸附剂表面能和 OTC 异质性较大，表面吸附和分配作用是主要吸附机制。$1/n$ 代表等温线的非线性程度及吸附难度[8]，非线性程度和吸附难度均与 $1/n$ 值呈负相关，$1/n < 0.5$，表示吸附易于进行；$1/n > 2$ 时，表示吸附不易进行；$1/n = 1$，表示吸附是不可逆的过程，解吸困难。本实验中，OTC 单独吸附时，$1/n = 0.82$；当 Cu^{2+}存在时，$1/n = 0.85$，均大于 0.5 小于 1，说明 OTC 在 SH 上的吸附较易进行。吸附等温线一般分为四大类：L 型、S 型、H 型和 C 型[58]，根据 $1/n$ 值得出该研究中吸附等温线属于 L 型。该线型产生的主要原因可能是：当 OTC 在低浓度时与土壤分子间作用力较强，而当浓度增加时，溶液中其他分子与 OTC 分子间作用力占主导地位，土壤产生的吸附减弱。这与 OTC 在 SH 上的准二级吸附动力学模型拟合结果一致，即随着 OTC 初始浓度的不断增加，k_2 逐渐减小。

表 5.42 OTC 在 SH 上的吸附热力学方程拟合参数和热力学参数

样品	温度 /℃	Freundlich 模型			Langmuir 模型			ΔG^θ/ (kJ/mol)	ΔH^θ/ (kJ/mol)	ΔS^θ/ [J/(K·mol)]
		$\lg K_F$	$1/n$	R^2	k_L/(L/mg)	q_{max}/(μg/g)	R^2			
OTC	15	6.78	0.70	0.9940	0.040	16013.3	0.9869	−16.16	−30.98	−52.21
	25	6.34	0.82	0.9755	0.017	25753.36	0.9720	−15.71		
	35	5.93	0.99	0.9595	−0.001	−301302	0.9602	−15.21		
OTC-Cu²⁺	15	7.16	0.63	0.9892	0.069	13855.15	0.9845	−17.14	−43.32	−91.52
	25	6.30	0.85	0.9754	0.016	27805.73	0.9776	−15.68		
	35	5.99	0.96	0.9896	0.004	96643.8	0.9897	−15.34		

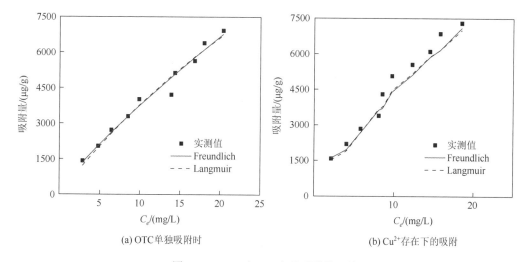

图 5.26 OTC 在 SH 上的吸附等温线

　　$\lg K_F$ 能反映 SH 对 OTC 的吸附能力,一般情况下,$\lg K_F$ 越大,吸附能力越强。当 Cu²⁺ 存在时 OTC 在 SH 上拟合的 $\lg K_F$ 大于 Cu²⁺ 不存在时吸附拟合的 $\lg K_F$,说明 Cu²⁺ 的存在增大了 SH 对 OTC 的吸附能力。此外,Langmuir 模型拟合下,吸附量大小为 OTC>OTC-Cu²⁺,可能是因为 Cu²⁺ 存在下,其与 OTC 络合形成络合物,且该络合物比没有络合的 OTC 带有更多的正电荷,从而有利于 OTC 吸附到带负电荷的 SH 上,从而使得 OTC 在 SH 上拟合的最大吸附量大大增加。

　　3)Cu²⁺存在时 OTC 在亚高山草甸土上的吸附热力学特征

　　由表 5.42 看出,在不同温度下的吸附数据利用 Freundlich 方程拟合效果较好,R^2 在 0.9595~0.9940。$\ln K_F$ 表示吸附过程的吸附容量,当温度逐渐升高时,$\lg K_F$ 值逐渐下降,表明 SH 对 OTC 的吸附在 15~35℃ 范围内与温度呈负相关。当 Cu²⁺ 存在时,$\lg K_F$ 值随温度升高下降了 1.17,OTC 单独吸附时下降了 0.85,温度的变化对 Cu²⁺ 存在下的吸附影响更大。ΔG^θ 是吸附驱动力的体现,其值小于 0,说明反应是自发进行的。ΔG^θ 的绝对值随着温度升高而减小,则表明升高温度不利于 SH 对 OTC 的吸附。ΔG^θ 在 −40~0kJ/mol 范围内定为物理吸附,其吸附机理可能包括偶极矩力、范德瓦耳斯力和氢键,而 ΔG^θ 在 −800~40kJ/mol 范围内定为化学吸附,吸附机理为络合作用或离子交换等化学反应[8],

本实验的 ΔG^0 在 $-15.21 \sim 17.14\text{kJ/mol}$ 范围，表明此吸附是以物理吸附为主。焓变 ΔH^0 值小于 0，说明放热反应，ΔS^0 值小于 0，说明在吸附过程中反应的混乱度逐渐减小，逐渐趋于稳定。本实验吸附热力学结果与 Vasudevan 等[71]的研究成果类似。

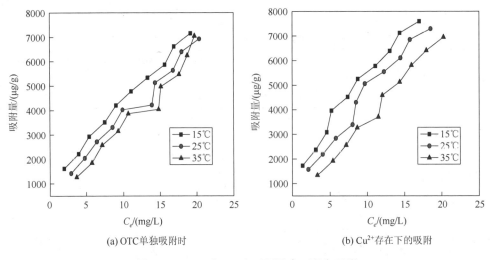

(a) OTC单独吸附时　　　　　　　　　　(b) Cu²⁺存在下的吸附

图 5.27　OTC 在 SH 上不同温度下平衡吸附

4）Cu²⁺存在时 pH 对 OTC 在亚高山草甸土上吸附的影响

溶液初始 pH 对 OTC 单独在 SH 上吸附的影响趋势如图 5.28（a）所示，吸附量随着 pH 的升高呈先减少再上升最后急剧降低的趋势，在 pH 为 7 时，OTC 的吸附量达到最大。SH 的吸附作用与其表面电荷有关，OTC 含有三个电离常数（pK_a 值为 3.2，7.6 和 9.6），OTC 在土壤中能以阳离子态（pH<3.2）、阴离子态（pH>9.6）和兼性离子形态（pH = 3.2～7.6）存在，OTC 分子结构中有三碳基酰胺、酚二酮和氮二甲基[72]能结合土壤溶液中的 H⁺ 和 OH⁻，影响 OTC 在 SH 上的离子交换作用。溶液 pH 是影响 OTC 在土壤上吸附的非常敏感的因素。当 pH = 3.0 时，SH 颗粒表面带有大量负电荷，阳离子形态的 OTC 通过静电作用快速吸附至土壤表面，且在吸附体系酸化过程中，SH 孔隙中的一些盐类被溶解，暴露了更多的吸附位点。当平衡溶液的 pH 低于 7.0 时，OTC 以阳离子态和兼性离子态存在，随着溶液 pH 的升高，增加了土壤颗粒表面的负电荷密度，这样将会增强 OTC 与带负电荷的土壤颗粒表面之间的静电吸引力，从而进一步增加 OTC 在 SH 上的吸附。当平衡溶液 pH 为 7.0～11.0 时，OTC 的阴离子形式占据主要地位，且此时的土壤带负电，静电排斥作用大于静电吸附作用，OTC 在 SH 上的吸附量逐渐减少。

如图 5.28（b）所示，当 Cu²⁺存在时，pH<5.0 和 pH>9.0 时，OTC 在 SH 上的吸附量较 OTC 单独的吸附量减少，在 pH 为 5.0～9.0 时，吸附量增加且达到最大值。在 pH<5.0 时，Cu²⁺会与 OTC 竞争土壤颗粒上的吸附位点，而降低 OTC 在土壤中的吸附量。当溶液 pH 较高时，OTC 会与 Cu²⁺发生络合形成带正电荷的络合物，该络合形式比 OTC 带有更多正电荷，更有利于被带负电荷的土壤吸附，吸附量增大。pH>9.0 时，OTC 主要以阴离子形态存在，阴离子形态的 OTC 分子受到负电性的土壤表面的静电排斥，吸附量明显降低。结果表明，在不同 pH 条件下，应考虑 Cu²⁺和 OTC 的相互作用，以了解

OTC 抗菌药物在环境中的迁移和转化。Cu²⁺在弱酸及碱性环境下会增大 OTC 在 SH 中的迁移量。在自然环境条件下（pH = 6.8），Cu²⁺的存在会增大土壤对 OTC 的吸附量，减少 OTC 在土壤环境的迁移。

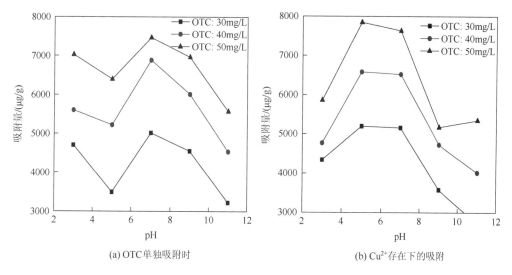

(a) OTC单独吸附时　　　　　　　　　　(b) Cu²⁺存在下的吸附

图 5.28　不同初始 pH 下 OTC 的平衡吸附量

5）Cu²⁺浓度对 OTC 在亚高山草甸土上吸附的影响

从图 5.29 可以看出，与 OTC 单独吸附相比，当 Cu²⁺的浓度分别为 5mg/L、10mg/L 和 20mg/L 时，SH 对 OTC 的吸附量增加了 2.7%～13.0%，7.0%～23.7%，30.7%～46.1%，表明 Cu²⁺存在时，促进了 OTC 的吸附，且促进作用随着 Cu²⁺浓度的增加而增大。当 Cu²⁺浓度小于等于 10mg/L，OTC 浓度为 5～30mg/L 时，不管 Cu²⁺存在与否，SH 对其的吸附量均相近；而在 OTC 浓度为 35～55mg/L 时，吸附量差距逐渐拉大，且随 Cu²⁺浓度的增

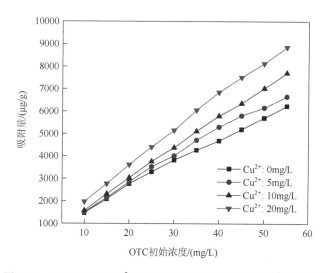

图 5.29　不同浓度的 Cu²⁺存在时 OTC 在亚高山草甸土上的吸附

加，吸附量的增加幅度更大，效果更为显著。当 Cu^{2+} 浓度为 20mg/L 时，OTC 浓度的变化对其促进作用影响不明显，吸附量均远远超过单独吸附时的吸附量。这是因为 Cu^{2+} 存在下，Cu^{2+} 易与 OTC 产生共吸附，发生络合反应形成络合物，且该络合物较未络合的 OTC 携带更多的正电荷，从而有利于 OTC 吸附到带负电荷的 SH 上。此外，Cu^{2+} 吸附到土壤吸附点位上，通过桥接作用，形成"土壤-Cu^{2+}-OTC"三重络合物，促进了 OTC 在土壤上的吸附。

5.4.3 Cu^{2+}存在时亚高山草甸土不同组分对 OTC 吸附的影响

1. 材料与方法

1）实验材料

（1）实验试剂及耗材。

实验过程使用试剂如表 5.43。

表 5.43 实验试剂

试剂名称	纯度	生产公司
土霉素	≥99%，GR	西格玛奥德里奇贸易有限公司
氯化钙，二水	≥98%，GR	国药试剂公司
氯化铜，二水	≥99.9%，AR	成都市科隆化学品有限公司
乙腈	≥99.9%，色谱纯	德国默克医药公司
草酸	色谱纯	西格玛奥德里奇贸易有限公司
盐酸	≥98%，GR	成都市科隆化学品有限公司
超纯水	TOC≤0.2mg/L	

实验过程使用耗材：0.45μm 有机系微孔滤膜，购买于天津市津腾设备公司。

（2）实验仪器。

本节使用的仪器见表 5.44。

表 5.44 实验仪器

仪器名称	型号	生产公司
高效液相色谱	Agilent1260	美国安捷伦科技公司
恒温振荡箱	TSQ-280	上海精宏实验设备有限公司
pH 计	SevenMulti	上海梅特勒-托利多
超声波清洗器	KH5200B	昆山禾创超声仪器有限公司
分析天平	AL104	上海梅特勒-托利多
超纯水系统	Milli-Q Integral 5	美国默克密理博公司

2）实验方法

（1）吸附动力学实验。

在进行实验前将样品在 120℃下高温灭菌 30min 以抑制微生物生长，余同。本动力学实验参照 OECD guideline106[20]批平衡方法进行。称取 SM（SQ）各 0.15（±0.0005）g 于 50mL 棕色小瓶中，样品：水为 1∶200，第一组移取 30mL 初始浓度为 30mg/L、40mg/L 和 50mg/L 的 OTC 溶液至棕色小瓶中，另一组中移取 30mL 混合溶液，溶液中 OTC 的浓度为 40mg/L，$CuCl_2$ 的浓度为 10mg/L。在 25℃下，以 200r/min 的频率，在恒温振荡箱中避光振荡，分别在 10min、30min、1h、2h、4h、6h、12h、19h、24h、48h 和 72h 时间点取样，取样后静置 10min，取上清液，过 0.45μm 滤膜后，置于棕色液相小瓶中，利用高效液相色谱仪（HPLC）来检测 OTC 的浓度。每组设 3 个平行样，并无土作空白对照。

（2）吸附热力学实验。

称取 0.15（±0.0005）g 的 SM（SQ）于 50mL 棕色小瓶中，以土水比为 1∶200，第一组分别在 50mL 棕色容量瓶中加入 30mL 初始浓度为 10mg/L、15mg/L、20mg/L、25mg/L、30mg/L、35mg/L、40mg/L、45mg/L 和 50mg/L 含有背景溶液的 OTC 溶液，另一组中移取 30mL 混合溶液，溶液中 OTC 的浓度同第一组，$CuCl_2$ 的浓度为 10mg/L。每组设 3 个平行样。在 15℃、25℃ 和 35℃ 下，转速 200r/min 的条件下充分混合 36h，其余操作过程同本节（1）。

（3）不同 pH 对吸附行为的影响。

第一组以初始浓度为 30mg/L、40mg/L 和 50mg/L 的 OTC 溶液作为实验溶液，另一组中实验溶液 OTC 的浓度同第一组，$CuCl_2$ 的浓度为 10mg/L，用少量的 0.01mol/L NaOH 和 HCl 调节溶液 pH，使溶液初始 pH 分别为 3.0±0.05、5±0.05、6±0.05、7±0.05、9±0.05 和 11±0.05。在 25℃，转速 200r/min 的条件下充分混合 36h，其余操作过程同本节（1）。

（4）Cu^{2+}浓度对吸附行为的影响实验。

配制 OTC 浓度分别为 10mg/L、15mg/L、20mg/L、25mg/L、30mg/L、35mg/L、40mg/L、45mg/L、50mg/L 和 $CuCl_2$ 的浓度为 10mg/L 的混合溶液为实验溶液，移取 30mL 于盛有土样的棕色小瓶，在 25℃，转速 200r/min 的条件下充分混合 36h，其余操作过程同本节（1）。

3）分析方法

本节分析方法与上一节分析方法相同。

2. 结果与讨论

1）Cu^{2+}存在时 OTC 在胡敏素组分上的吸附动力学

初始浓度为 30mg/L、40mg/L 和 50mg/L 的 OTC 溶液在 SM 上的吸附动力学曲线如图 5.30（a）所示。不同浓度的溶液在初始阶段（0～6h）吸附速率快，随着吸附过程的进行逐渐减慢，直到达到平衡，三种浓度下吸附达到平衡的时间均是 36h。同时，反应不断进行，OTC 的吸附量也不断增加。这主要是因为 OTC 分子在初始阶段占据了 SM 表面易吸附的疏水位点，吸附容量迅速增加。后期，当大部分疏水位点被 OTC 占据时，吸附主要发生在 SM 的孔隙结构中，导致吸附速率和吸附容量下降。由图 5.30（a）还可以看出，SM 对 OTC 的吸附量随 OTC 初始浓度的增加而增大。

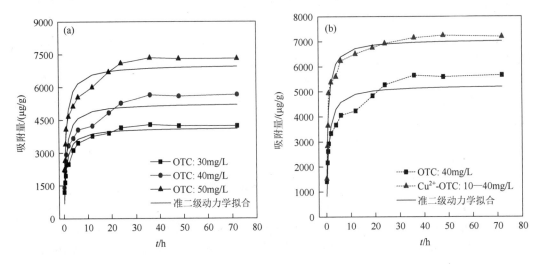

图 5.30　OTC 在 SM 上的吸附动力学曲线

该吸附过程的机理和速率常数可利用动力学吸附数据进行评价。本实验采用准一级动力学模型、准二级动力学模型和颗粒内扩散模型拟合了 SM 对 OTC 的吸附动力学数据。表 5.45 给出了这三种模型的计算常数和线性回归相关系数 R^2。由表 5.45 可以看出，各线性回归相关系数 R^2 的变化趋势如下：准二级动力学模型＞准一级动力学模型＞颗粒内扩散模型，因此，以 SM 为吸附剂的 OTC 吸附动力学可以用准二级动力学模型更好地解释，该模型基于限制速率步骤可能是化学吸附的假设，通过颗粒内扩散模型对亚高山草甸土的 OTC 吸附过程进行拟合，发现曲线不过原点，因此吸附过程中吸附速率的控制因素不仅只有颗粒内扩散，可能还包括液膜扩散、表面点位吸附、表面扩散等机制。当初始 OTC 浓度从 50mg/L 降至 30mg/L 时，反应速率常数 k_2 从 1.7×10^{-4}μg/(g·min) 增加到 2.8×10^{-4}μg/(g·min)，反应速率降低。

由表 5.46 和图 5.30（b）可以看出，Cu^{2+} 存在对 OTC 在 SM 上的吸附影响与其对亚高山草甸土的吸附类似，吸附量与吸附速率较 OTC 单独吸附均有提高，但对吸附平衡时间并无影响。准二级动力学模型拟合下，单独吸附的拟合 q_e 值为 5257.16μg/g，Cu^{2+} 存在时，OTC 吸附的 q_e 拟合值为 7086.57μg/g，反应平衡时间都是 36h。从反应速率常数 k_2 来看，Cu^{2+} 存在时 k_2 值明显高于无 Cu^{2+} 时的 k_2 值，说明 Cu^{2+} 存在能提高 OTC 在 SM 的吸附速率。这主要是因为实验时，先添加 Cu^{2+} 于反应体系中，Cu^{2+} 通过物理吸附（键桥、络合）吸附在 SM 上，添加 OTC 后，游离的 OTC 再与 "Cu^{2+}-胡敏素" 二元组体系中的 Cu^{2+} 络合形成三元络合而被吸附在 SM 上，络合物所带正电荷较单独的 OTC 分子多，吸附速度很快，所以提高了反应体系的 k_1 值。

表 5.45　OTC 在 SM 上的吸附动力学方程拟合结果

样品	初始浓度/ (mg/L)	准一级动力学模型			准二级动力学模型			颗粒内扩散模型		
		k_1/[g/(μg·min)]	q_e/(μg/g)	R^2	k_2/[g/(μg·min)]	q_e/(μg/g)	R^2	M	k_p	R^2
SM	30	0.8	3896.50	0.8777	$2.8×10^{-4}$	4150.11	0.9534	1947.46	362.14	0.7750
	40	0.9	4882.91	0.8016	$2.1×10^{-4}$	5257.16	0.9074	2309.85	498.22	0.8603
	50	0.9	6565.57	0.8444	$1.7×10^{-4}$	7024.52	0.9336	3272.16	625.76	0.8145

表 5.46　Cu²⁺存在下 OTC 在 SM 上的吸附动力学方程拟合结果

样品	初始浓度/ (mg/L)	准一级动力学模型			准二级动力学模型			颗粒内扩散模型		
		k_1/[g/(μg·min)]	q_e/(μg/g)	R^2	k_2/[g/(μg·min)]	q_e/(μg/g)	R^2	M	k_p	R^2
SM	40	0.9	4882.91	0.8016	$2.1×10^{-4}$	5257.16	0.9074	2309.85	498.22	0.8603
	40→10	1.1	6689.44	0.9332	$2.2×10^{-3}$	7086.57	0.9762	3669.77	563.63	0.6558

采用双室一级动力学模型描述 SM 吸附 OTC 的动力学吸附过程，其主要将吸附区域分为快速吸附区（k_1）和慢速吸附区（k_2），拟合参数 $R^2>0.970$，拟合效果较好。f_1 表示快室所占总吸附的比率，f_2 表示慢室所占总吸附的比率。由表 5.47 和表 5.48 可知，本研究中，k_1 大于或等于 1.671，k_2 小于或等于 0.174，k_1/k_2 值大于 20，表明 SM 吸附 OTC 存在快和慢吸附两个单元，单元间吸附特征显著不同。不同 OTC 初始浓度时，f_1 与 f_2 相近，表明吸附过程快慢吸附所占的比重相近。当 Cu²⁺存在时，OTC 的初始浓度由 40mg/L 降至 10mg/L 过程中，k_1/k_2 值为 21.423，f_1 远远大于 f_2，表明双室吸附现象明显，吸附过程是快吸附占主导。

表 5.47　双室一级动力学模型拟合结果

样品	初始浓度/(mg/L)	q_e/(μg/g)	k_1/[g/(μg·min)]	k_2/[g/(μg·min)]	f_1	f_2	k_1/k_2	R^2
SM	30	4181.83	4.443	0.174	0.55	0.45	25.534	0.9828
	40	5754.66	2.775	0.065	0.48	0.52	42.692	0.9890
	50	7358.81	2.734	0.093	0.54	0.46	29.398	0.9781

表 5.48　Cu²⁺存在下双室一级动力学模型拟合结果

样品	初始浓度/(mg/L)	q_e/(μg/g)	k_1/[g/(μg·min)]	k_2/[g/(μg·min)]	f_1	f_2	k_1/k_2	R^2
SM	40	5754.66	2.775	0.065	0.48	0.52	42.692	0.9890
	40→10	7237.65	1.671	0.078	0.74	0.26	21.423	0.9877

2）Cu²⁺存在时 OTC 在去除铁锰氧化物组分上的吸附动力学

OTC 在 SQ 上的吸附动力学如图 5.31（a）所示，吸附一般分为两个阶段：第一阶段为快速吸附（0～6h），第二阶段为缓慢吸附（6～36h），36h 后吸附达到平衡。为了评价吸附动力学机理，对准一级、准二级和颗粒内扩散模型进行了测试，回归系数（R^2）见

表 5.49，其中准二级动力学表达式为实验数据提供了最佳的拟合动力学模型。OTC 在 SQ 上的吸附动力学符合准二级动力学模型，表明化学吸附可能是限制吸附速率的步骤。颗粒内扩散模型拟合曲线不过原点，说明吸附过程中有多个限速步骤。通过拟合计算出准二级速率常数 k_2，OTC 初始浓度浓度从低到高的常数 k_2 分别为 $3.70 \times 10^{-4} \mu g/(g \cdot min)$、$2.70 \times 10^{-4} \mu g/(g \cdot min)$ 和 $2.60 \times 10^{-4} \mu g/(g \cdot min)$，说明低浓度的吸附速度更快。

由图 5.31（b）可知，不管溶液中是否添加 Cu^{2+}，OTC 在 SQ 上的吸附平衡时间都为 36h，且与 OTC 单独吸附相比，当反应溶液中 Cu^{2+} 的浓度在 10mg/L 时，经过 36h 的吸附，OTC 在 SQ 上的吸附量达到 $6105.723 \mu g/g$，明显高于无 Cu^{2+} 存在时 OTC 在 SQ 上的吸附量。由表 5.50 可知，Cu^{2+} 存在时 k_2 值明显高于无 Cu^{2+} 时的 k_2 值，表明共存 Cu^{2+} 有利于 OTC 在 SQ 上的吸附。

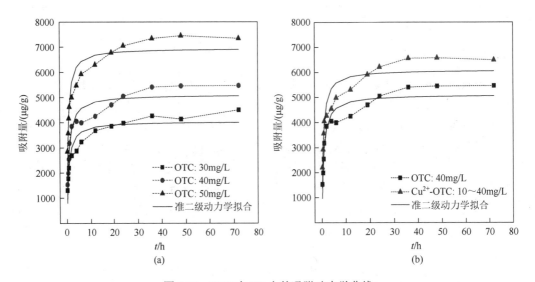

图 5.31　OTC 在 SQ 上的吸附动力学曲线

表 5.49　OTC 在 SQ 上的吸附动力学方程拟合结果

样品	初始浓度/(mg/L)	准一级动力学模型			准二级动力学模型			颗粒内扩散模型		
		$k_1/[g(\mu g \cdot h)]$	$q_e/(\mu g/g)$	R^2	$k_2/[g(\mu g \cdot h)]$	$q_e/(\mu g/g)$	R^2	M	$k_p/[\mu g/(g \cdot min^{1/2})]$	R^2
SQ	30	1.1	3784.01	0.7899	3.70×10^{-4}	4040.66	0.9035	1998.7	352.03	0.8404
	40	1.0	4795.23	0.8497	2.70×10^{-4}	5111.08	0.9074	2486.40	446.09	0.7953
	50	1.24	6624.81	0.7947	2.60×10^{-4}	6988.35	0.9046	3844.77	544.27	0.8140

表 5.50　Cu^{2+} 存在下 OTC 在 SQ 上的吸附动力学方程拟合结果

样品	初始浓度/(mg/L)	准一级动力学模型			准二级动力学模型			颗粒内扩散模型		
		$k_1/[g(\mu g \cdot h)]$	$q_e/(\mu g/g)$	R^2	$k_2/[g(\mu g \cdot h)]$	$q_e/(\mu g/g)$	R^2	M	$k_p/[\mu g/(g \cdot min^{1/2})]$	R^2
SQ	40	1.0	4795.23	0.8497	2.7×10^{-4}	5111.08	0.9074	2486.40	446.09	0.7
	40~10	1.3	5748.99	0.7682	2.9×10^{-4}	6105.72	0.8884	3236.35	501.82	0.8303

采用双室一级动力学模型对 SQ 吸附 OTC 的动力学吸附过程进行描述，其主要将吸附区域分为快速吸附区（k_1）和慢速吸附区（k_2）。由表 5.51 可知，随着 OTC 初始浓度的不断增大，吸附反应的 k_1/k_2 值也随之增长，分别为 41.136、45.276 和 49.339。这表明 OTC 初始浓度越大，双室吸附现象越明显。f_1 表示快室所占总吸附的比率，f_2 表示慢室所占总吸附的比率。不同 OTC 初始浓度时，f_1 与 f_2 相近，表明吸附过程快慢吸附所占的比重相近。当 Cu²⁺存在时，OTC 初始浓度由 40mg/L 降至 10mg/L 的过程中，k_1/k_2 值为 49.778，f_1 与 f_2 相近，表明双室吸附现象明显，吸附过程中快吸附与慢吸附贡献相近（表 5.52）。

表 5.51　双室一级动力学模型拟合结果

样品	初始浓度/(mg/L)	q_e/(μg/g)	k_1/[g(μg·h)]	k_2/[g(μg·h)]	f_1	f_2	k_1/k_2	R^2
	30	4337.22	3.332	0.081	0.55	0.45	41.136	0.9802
SQ	40	5612.77	2.626	0.058	0.46	0.54	45.276	0.9706
	50	7304.136	5.970	0.121	0.56	0.44	49.339	0.9795

表 5.52　Cu²⁺存在下双室一级动力学模型拟合结果

样品	初始浓度/(mg/L)	q_e/(μg/g)	k_1/[g(μg·h)]	k_2/[g(μg·h)]	f_1	f_2	k_1/k_2	R^2
SQ	40	5612.77	2.626	0.058	0.46	0.54	45.276	0.9706
	40→10	6596.71	4.032	0.081	0.56	0.44	49.778	0.9829

3）Cu²⁺存在时 OTC 在 SM 组分上的吸附等温特性

无论 Cu²⁺是否存在，SM 对 OTC 的吸附量均随 OTC 平衡浓度的增加而增加（图 5.32）。OTC 的吸附等温实验常用 Freundlich 模型和 Langmuir 模型来拟合吸附等温曲线。用 Langmuir 和 Freundlich 方程拟合了 OTC 在 SM 中的吸附等温线。表 5.53 显示，Langmuir

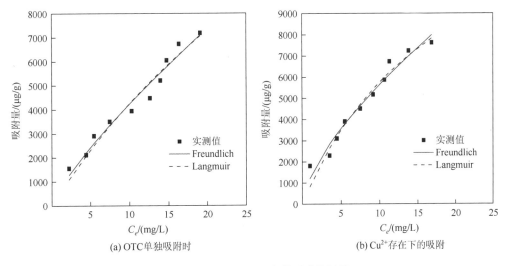

图 5.32　OTC 在 SM 上的吸附等温线

表 5.53　OTC 在 SM 上的吸附热力学方程拟合参数和热力学参数

| 温度/℃ | Freundlich 模型 | | | Langmuir 模型 | | | ΔG^{θ}/(kJ/mol) | ΔH^{θ}/(kJ/mol) | ΔS^{θ}/[J/(k·mol)] |
	lg K_F	1/n	R^2	K_L/(L/mg)	q_{max}/(μg/g)	R^2			
OTC 15	7.43	0.51	0.9804	0.129	10071.12	0.9663	−17.79	−49.24	−109.86
25	6.50	0.80	0.9662	0.019	226157.49	0.9610	−16.10		
35	6.10	0.91	0.9599	0.005	71055.10	0.9588	−15.62		
OTC-Cu^{2+} 15	7.63	0.49	0.9836	0.170	10507.68	0.9634	−18.23	−47.81	−102.17
25	7.11	0.66	0.9653	0.050	16373.34	0.9637	−17.62		
35	6.33	0.91	0.9701	0.008	62248.40	0.9698	−16.21		

方程和 Freundlich 方程均可拟合 OTC 在 SM 上的吸附等温线，但 Freundlich 方程优于 Langmuir 方程。因此，我们采用 Freundlich 方程来拟合 OTC 在 SM 中的吸附等温线。根据表 5.53 和 Freundlich 方程，SM 在 25℃下对 OTC 的 lg K_F 表现为：OTC-Cu^{2+}>OTC，Cu^{2+} 的添加增加了 OTC 在 SM 上的吸附。Freundlich 方程的常数（1/n＜1）表明 OTC 在 SM 中的吸附较容易发生，属于 L 型等温线，表明在吸附初始阶段，OTC 分子迅速占据 SM 吸附剂表面的吸附位点，吸附过程包括物理吸附和化学吸附。

4）Cu^{2+} 存在时 OTC 在去除铁锰氧化物组分上的吸附等温特性

在 25℃，有无 Cu^{2+} 存在条件下，SQ 上对 OTC 的吸附等温曲线均采用 Langmuir 模型、Freundlich 模型进行拟合，拟合参数见表 5.54，拟合曲线如图 5.33 所示。由表 5.54 可以看出，Langmuir 模型、Freundlich 模型均能较好地拟合吸附实验数据，但是 Freundlich 方程拟合略优于 Langmuir 方程。因此，我们采用 Freundlich 方程来拟合 OTC 在 SQ 中的吸附。本实验中，OTC 单独吸附时，1/n = 0.77；当 Cu^{2+} 存在时，1/n = 0.63，均大于 0.5 小于 1，说明 OTC 在 SQ 上的吸附较易进行。同时根据 1/n 与等温吸附线的形状关系得出，该研究中吸附等温线属于 L 型。该线型产生的主要原因可能是：当 OTC 浓度较低

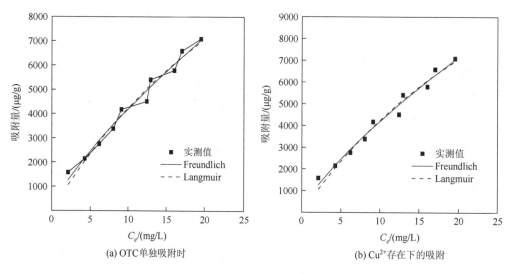

(a) OTC单独吸附时　　　　　　　　　(b) Cu^{2+}存在下的吸附

图 5.33　OTC 在 SQ 上的吸附等温线

表 5.54　OTC 在 SQ 上的吸附热力学方程拟合参数和热力学参数

	温度/℃	Freundlich 模型			Langmuir 模型			$\Delta G^{\theta}/$ (kJ/mol)	$\Delta H^{\theta}/$ (kJ/mol)	$\Delta S^{\theta}/$ [J/(k·mol)]
		$\lg K_F$	$1/n$	R^2	$K_L/$(L/mg)	$q_{max}/$(μg/g)	R^2			
OTC	15	7.02	0.64	0.9845	0.057	13703.3	0.9663	−16.81	−20.48	−13.16
	25	6.57	0.77	0.9756	0.026	21001.6	0.9758	−16.28		
	35	6.47	0.78	0.9623	0.026	19202.06	0.9612	−16.57		
OTC-Cu²⁺	15	7.20	0.62	0.9802	0.069	13913.62	0.9724	−17.24	−20.73	−11.73
	25	7.03	0.63	0.9566	0.061	13092.53	0.9437	−17.42		
	35	6.64	0.73	0.9647	0.033	16832.30	0.9600	−16.99		

时，OTC 分子快速占据吸附剂表面的吸附位点，而当浓度增至一定程度时，其他分子与 OTC 分子间作用力占主导地位，吸附剂产生的吸附减弱。当 Cu²⁺存在时 OTC 在 SQ 上拟合的 $\ln K_F$ 大于 Cu²⁺不存在时吸附拟合的 $\ln K_F$，说明 Cu²⁺的存在增大了 SQ 对 OTC 的吸附能力。

5）Cu²⁺存在时 OTC 在胡敏素组分上的热力学特征

OTC 在 SM 上的吸附量如图 5.34 所示，吸附热力学拟合数据如表 5.53 所示。从表 5.53 可以看出，Langmuir 模型和 Freundlich 模型均可以对热力学曲线进行拟合，且 Freundlich 模型具有较好的拟合效果。当 Cu²⁺存在时，$\ln K_F$ 值随温度升高（自 15℃升至 35℃）下降了 1.30，OTC 单独吸附时下降了 1.33，温度的变化对 OTC 单独吸附影响更大。

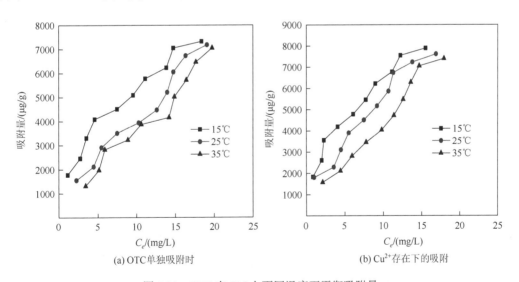

图 5.34　OTC 在 SM 上不同温度下平衡吸附量

OTC 在 SM 上的吸附热力学参数如表 5.53 所示。从表 5.53 吸附热力学参数可以看出，ΔG^{θ} 和 ΔS^{θ} 均小于 0。因此，OTC 在 SM 中的吸附是一个自发的放热反应。吸附过程的自发性证明了 OTC 在进入土壤环境过程中容易被土壤吸收。SM 对 OTC 吸附的放热主要是 OTC 在不同相（水相-固相）转变造成的。此外，随着温度的升高，OTC 的溶解度逐渐增大；溶解度越高，OTC 与水溶液的相互作用越强，越难从水溶液中分离。随着温度的升高，反应向吸热方向移动，吸附能力减弱。进一步证明在 15℃时，OTC 在 SM 表面的吸附更为有利。当温度为 15～35℃时，OTC 单独吸附和 Cu^{2+} 存在下吸附的标准自由能（ΔG^{θ}）分别由 –17.79kJ/mol 增加到 –15.62kJ/mol，–18.23kJ/mol 增加到 –16.21kJ/mol，表明吸附是自发过程。另外，随着温度的升高，吸附量的增加可能表明体系中发生了化学吸附。ΔG^{θ} 是吸附驱动力的体现，其值小于 0，说明反应是自发进行的。ΔG^{θ} 的绝对值随着温度升高而减小，则表明升高温度不利于 SM 对 OTC 的吸附。本实验的 ΔG^{θ} 在 –17.79～–15.62kJ/mol 范围，吸附是以物理吸附为主。ΔS^{θ} 值小于 0，说明在吸附过程中反应的混乱度逐渐减小。

6）Cu^{2+} 存在时 OTC 在去铁锰氧化物组分上的热力学特征

从图 5.35 可以看出，OTC 的吸附量随着 OTC 平衡浓度的增加而增加。当反应系统中加入 10mg/L 的 Cu^{2+} 后，OTC 的吸附量增加了 2.67%～21.62%，表明向反应系统中添加 Cu^{2+} 促进了 OTC 在 SQ 上的吸附。为深入了解吸附过程中的吸附热力学特性，采用 Langmuir 模型和 Freundlich 模型对实验数据进行拟合，从表 5.54 可以看出，Langmuir 模型和 Freundlich 模型的拟合效果均较好。

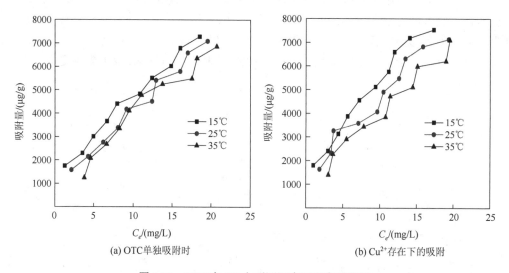

(a) OTC单独吸附时　　　　　　　　　　　(b) Cu^{2+} 存在下的吸附

图 5.35　OTC 在 SQ 上不同温度下平衡吸附量

吸附自由能绝对值以 40kJ/mol 为界，大于此值时吸附以化学吸附为主；小于此值，物理吸附是主要的过程。根据 ΔG^{θ}-T 线性计算得到的热力学吸附参数见表 5.54。无论 Cu^{2+} 是否存在，ΔG^{θ} 值均为负值，且其绝对值随温度的升高而降低，说明温度的升高不利于 OTC 在 SQ 中的化学吸附过程。OTC 在 SQ 中的吸附是一个容易自发的过程，吸附量随温度的升高而降低，这与上述吸附动力学和吸附等温参数所揭示的趋势一致。ΔG^{θ} 的绝对值都不到 40kJ/mol，物理吸附为主要吸附作用。温度的升高不利于 OTC 在 SQ 中的化学吸附过程。由于有机污染物在固液界面上的吸附过程通常是多种吸附力作用的结果，可以通过吸附焓变（ΔH^{θ}）大小来推测 OTC 在 SQ 中的吸附过程存在不同的吸附力，即从吸附焓变化参数推断 OTC 的可能吸附机理。本研究发现，Cu²⁺存在与否影响吸附的焓变。OTC-Cu²⁺和 OTC 的焓变分别为–20.73kJ/mol、–20.48kJ/mol，吸附力主要是氢键和范德瓦耳斯力。

吸附过程中固液界面的无序性和自由度是由熵变（ΔS^0）表现的。在本研究中，未被 SQ 吸附 OTC 的熵变增大小于被 SQ 吸附 OTC 的熵变减小，所以整体熵变均不大于 0。这表明 OTC 在 SQ 中的吸附为放热反应，吸附过程中固液界面无序性逐渐减少。

7）Cu²⁺存在时 pH 对 OTC 在胡敏素组分上吸附的影响

SM 对 OTC 的吸附在 pH 为 3.0～11.0 表现出很强的依赖性，当溶液中以 Cu²⁺为主要阳离子时，实验吸附量随 pH 的变化曲线呈倒"M"形，在 pH 为 7.0 左右时达到最大值，这可能与 OTC 是一种四元弱酸,含有三个电离平衡常数有关（$pK_{a1} = 3.2$, $pK_{a2} = 7.6$, $pK_{a3} = 9.6$）以及 SM 具有一定的 pH 缓冲能力有关（图 5.36）。OTC 的吸附峰在 pH 为 7.0 左右时，两性离子占溶液种类的比例最高，此范围内 pH 依赖的吸附行为与阳离子/两性土霉素在胡敏素中脱质子位点（主要是羧基）的络合一致。随着 pH 的增加，低 K_d 的 OTC⁺和 OTC⁰⁻的比值会增加，从而导致 SM 上吸附 OTC 量的下降。这主要可能是因为当 OTC 部分变为阴离子形态，OTC 分子与 SM 表面静电排斥，降低 OTC 与 SM 之间的吸附作用。另外，随 pH 的升高，SM 表面开始脱质子化，大量吸附基团如—COOH、—NH、—OH 等的氢离子开始解离，产生—COO⁻、—N⁻、—O⁻，使 SM 表面负电荷增加，进一步降低了 OTC 的吸附。

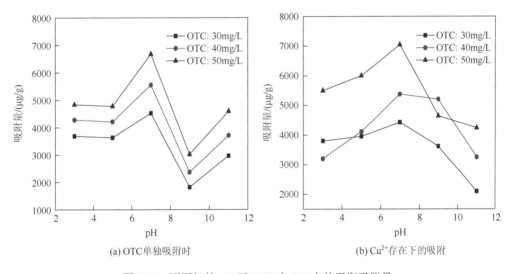

(a) OTC单独吸附时　　　　　(b) Cu²⁺存在下的吸附

图 5.36　不同初始 pH 下 OTC 在 SM 上的平衡吸附量

受 Cu²⁺影响，OTC 在 SM 上的吸附受 pH 的影响如图 5.36（b）所示，Cu²⁺的存在促进了弱酸及中性条件下较高浓度 OTC 在 SM 上的吸附。当溶液 pH 较低时 OTC 主要以阳离子态、兼性离子态及带正电的络合物存在，离子交换是 OTC 在 SM 中的主要吸附机制，Cu²⁺会与 OTC 竞争吸附剂上的吸附位点，而降低了 SM 对 OTC 的吸附量，同时，OTC 在 SM 上单独吸附时无须与 Cu²⁺竞争，吸附位点较 Cu²⁺存在时多，单独 OTC 在 SM 上的吸附量大于 Cu²⁺存在时的吸附量。当溶液 pH 接近中性时，OTC 会与 Cu²⁺发生络合形成带正电的络合物，该络合形式比 OTC 带有更多正电荷更有利于被带负电荷的 SM 吸附，吸附量增大。另一方面，在高 pH 条件下，Cu^{2+} 的存在对 OTC 的吸附影响较小，主要是形成了 $CuOH^+$ 和 $Cu(OH)_2$[230]。

8）Cu^{2+} 存在时 pH 对 OTC 在去铁锰氧化物组分上吸附的影响

pH 对 SQ 吸附 OTC 的影响如图 5.37 所示。可见，溶液的 pH 是 OTC 吸附过程中一个重要的控制参数。在 pH 为 3～11 范围内，通过加入 NaOH 或 HCl 考察了 pH 的影响。结果表明：OCT 单独吸附情况下，在 pH<7 时，OTC 的吸附量随 pH 的增加而增加；在 pH 为 7 时，吸附量达到最大值；然后随 pH 从 7 增加到 11，初始浓度为 30mg/L、40mg/L 和 50mg/L 的 OTC 的吸附量急剧下降，分别从 4707.434μg/g、5677.924μg/g 和 6807.822μg/g 下降到 3969.926μg/g、3604.636μg/g 和 5661.954μg/g。在 pH 较低时，OTC^{+00}、$OTC^{\pm0}$ 形态占主导地位，但浓度较高的 H^+ 的移动性不利于 OTC 离子的吸附[80]。吸附剂的表面被水合氢离子包围，从而防止 OTC 离子接近吸附剂的结合位点。而随着 pH 的增加，兼性离子（$OTC^{\pm}$）为主要形态，H^+ 的浓度和迁移率降低，OTC 吸附量增大。观测到的吸附量在 pH 为 11 时较小，可能是由于 SQ 表面的零电荷，也可能是 OTC 部分变为阴离子形态，带负电荷的 OTC 分子会与负电性的 SQ 表面产生静电排斥作用，OTC 与 SQ 之间的吸附减弱。以上的实验结果表明土壤环境的典型 pH（弱酸性）有利于 OTC 的吸附。

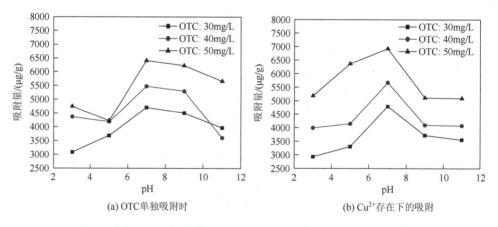

图 5.37　不同初始 pH 下 OTC 在 SQ 上的平衡吸附量

当 Cu^{2+} 存在时，pH 对吸附 OTC 的影响趋势在 SQ 和 SM 上几乎是类似的[图 5.37（b）]。当溶液 pH 较低时，此时铜主要以离子形式存在，OTC 主要以三种形态（阳离子态、兼性离子态及带正电的络合物）存在，未发生作用的 Cu^{2+} 会与 OTC 分子竞争吸附剂上的吸附位点，从而使 OTC 的吸附量减少，同时，单独 OTC 在 SQ 上吸附时无须与 Cu^{2+} 竞争，吸附位点较 Cu^{2+} 存在时多，单独 OTC 在 SQ 上的吸附量大于 Cu^{2+} 存在时的吸附量。当溶液 pH 接近中性时，OTC 会与 Cu^{2+} 发生络合形成带正电的络合物，该络合形式比 OTC 带有更多正电荷更有利于被带负电荷的 SQ 吸附，吸附量增大。

9）Cu^{2+} 浓度对胡敏素组分、去铁锰氧化物组分上吸附的影响

从图 5.38 可以看出，Cu^{2+} 存在时，OTC 在 SM 上的吸附量高于单独 OTC 的吸附量，

随着 Cu²⁺浓度的增加而促进作用也相应增大。当 Cu²⁺浓度小于等于 10mg/L，OTC 浓度为 5～30mg/L 时，不管 Cu²⁺存在与否，SM 对其的吸附量均相近；而在 35～55mg/L 时，吸附量差距逐渐拉大，且随 Cu²⁺浓度的增加，吸附量的增加幅度更大，效果更为显著。当 Cu²⁺浓度为 20mg/L 时，OTC 浓度的变化对其促进作用影响不明显，吸附量均远远超过单独吸附时的吸附量。这是因为 Cu²⁺存在下，Cu²⁺易与 OTC 产生共吸附，发生络合反应形成络合物，且该络合物较 OTC 本身具有更多的正电荷，从而有利于 OTC 吸附到带负电荷的亚高山草甸土上。此外，Cu²⁺吸附到土壤吸附点位上，通过桥接作用，形成"吸附剂-Cu²⁺-OTC"三重络合物，促进了 OTC 在 SQ 中的吸附。

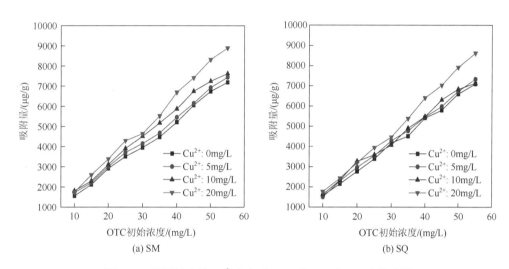

图 5.38　不同浓度的 Cu²⁺存在时 OTC 在 SM 和 SQ 上的吸附

从图 5.38 中可以看到，不同 Cu²⁺与 OTC 比例下，OTC 在 SQ 上的吸附情况，在 Cu²⁺浓度为 5～10mg/L 时，OTC 在 SQ 上的吸附情况与 OTC 在 SH 和 SM 上的吸附情况不同，尽管 Cu²⁺的存在对 OTC 在 SQ 上的吸附仍有促进作用，但是不同的是，吸附量的增加与 Cu²⁺的浓度不成正比；当 Cu²⁺浓度为 20mg/L 时，对吸附的促进作用与在 SH 和 SM 上的吸附情况相似，吸附效果增加明显，且吸附量差距逐渐变大。总体上来讲，Cu²⁺存在下，与在 SM 上的吸附量相比，Cu²⁺浓度较低时，对 OTC 在 SQ 上的吸附量促进作用不明显，可能因为去除铁锰氧化物后，本身存在的一些供 Cu²⁺进行吸附的位点，与 OTC 产生了竞争吸附，所以一定程度上造成了吸附量的增加不明显。

在 pH = 7.0，温度为 25℃时，可以发现对 OTC 的吸附量总体呈现出 SM＞SQ＞SH，其原因可能是不同类型的样品具有不同的官能团。SM 是从亚高山草甸土样品中提取出的胡敏素，从图 5.38 可以看到 Cu²⁺存在时，胡敏素对 OTC 的吸附量远远大于亚高山草甸土及 SQ，因此胡敏素对于 OTC 在亚高山草甸土上的吸附发挥重要作用。SQ 是去除铁锰氧化物后的吸附剂，观察还可以发现，SQ 的吸附量略高于亚高山草甸土样品，但低于SM，这是因为在去除铁锰氧化物时溶液处理后 SQ 的本质是有机质，有机质对抗菌药物的吸附一般高于土壤本身，从侧面说明铁锰氧化物对 OTC 在沉积物上吸附的作用不明显。

5.5 Cu²⁺对川西北高原亚高山草甸土中土霉素迁移吸附机理研究

亚高山草甸土及其组分在吸附土霉素前后性质及结构会发生变化，因此，本研究借助 X 射线衍射（XRD）、扫描电镜（SEM）、傅里叶红外光谱仪（FTIR）等仪器对吸附前后亚高山草甸土及不同组分样品进行表征，比较吸附反应前后样品数据，对图谱进行分析，讨论 OTC 在亚高山草甸土上的吸附机理。本章亚高山草甸土及其组分的吸附条件除络合实验外为 pH = 7.0，温度为 25℃，OTC 浓度均为 40mg/L，Cu²⁺浓度为 20mg/L。

5.5.1 实验仪器

1. 实验试剂及耗材

本研究实验过程使用的试剂如表 5.55。

表 5.55 实验试剂介绍

试剂名称	纯度	生产公司
氢氧化钠	优级纯	国药集团化学试剂有限公司
盐酸	分析纯	成都市科隆化学品有限公司
草酸	分析纯	成都市科隆化学品有限公司
氢氟酸	分析纯	成都市科隆化学品有限公司
草酸钠	分析纯	成都市科隆化学品有限公司
焦磷酸钠	分析纯	成都市科隆化学品有限公司
溴化钾	色谱纯	阿拉丁试剂有限公司

2. 实验仪器

表 5.56 实验仪器

仪器名称	型号	公司
大进样量元素分析仪	vario MACRO cube	德国 Elementar
傅里叶红外光谱仪	Tensor II	德国 Bruker
X 射线衍射分析仪	D/MAX-ⅢB	日本 Rigaku
SEM/EDS 电子显微镜分析系统	Ultra55	德国 Carl Zeiss
紫外分光光度计	Evolution300	美国赛默飞世尔科技公司
恒温振荡器	TSQ-280	上海精宏
真空冷冻干燥机	FreeZone 6 Liter	美国 Labconco
马弗炉	SXW-1200 ℃	上海实研
高速离心机	Centrifuge 5804R	德国 Eppendorf
恒温磁力搅拌器	85-2	上海思乐

5.5.2 扫描电镜结果与分析

为了解土壤及其组分的吸附前后的外貌及形态结构变化，对三种样品吸附的外观形态进行了两种放大倍数的电镜扫描，结果如图 5.39 和图 5.40 中所示。与前一节三种样品的 SEM 结果相比，在同一放大倍数下，SM、SQ 和 SH 吸附 OTC 后，表面粗糙度减小，部分表面孔隙已被覆盖，其中 SM 吸附前后形貌变化最大，孔隙覆盖最多。当 Cu²⁺存在时，三种吸附剂的表面更为光滑且表面孔隙被填充较 OTC 单独吸附更多，表面散落着未吸附及络合的铜离子。以上结果与前文的吸附结果相吻合。

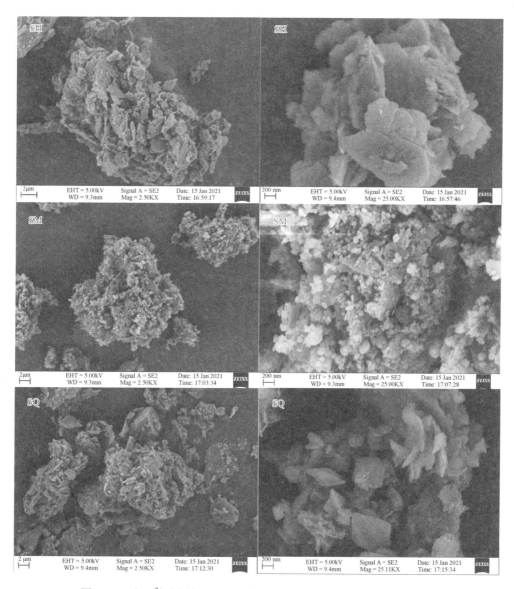

图 5.39 无 Cu²⁺时土壤及组分扫描电镜结果图（2500 倍和 25000 倍）

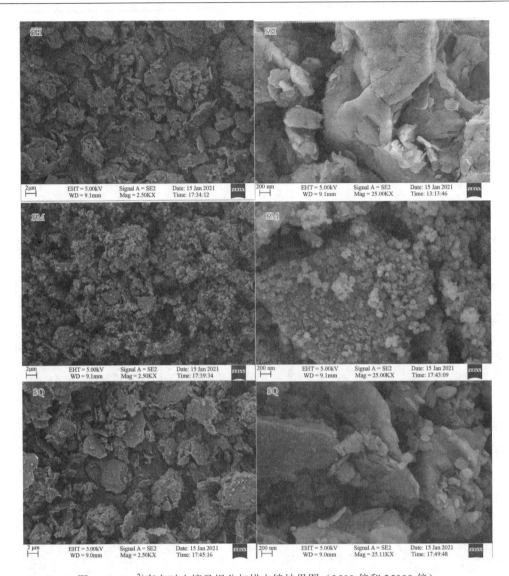

图 5.40　Cu^{2+} 存在时土壤及组分扫描电镜结果图（2500 倍和 25000 倍）

5.5.3　X 射线衍射谱图测定结果与分析

对亚高山草甸土及其组分吸附 OTC 后进行 X 射线衍射分析，得到如图 5.41 所示的图谱。对比图 5.41 与图 5.42 可以发现，无论 Cu^{2+} 是否存在，吸附实验前后亚高山草甸土及其组分的 XRD 图谱中的峰出现的位置基本相同，说明吸附对三者的化学组成影响不大。三幅图主要出峰处的峰高值顺序为：亚高山草甸土及其组分原样＞吸附 OTC 后的样品＞吸附 OTC-Cu^{2+} 后的样品，这主要是因为未被吸附的 OTC 或 Cu^{2+} 经过吸附实验后冷干后附着在样品表面，一定程度增大了图谱中的强度。而吸附 OTC-Cu^{2+} 后样品的峰高强度比吸附 OTC 后样品的更强一些，是因为当 OTC 与 Cu^{2+} 共存时，会存在 Cu^{2+} 和 OTC-Cu^{2+} 等多种物质，从而峰高强度更强。对实验用的 $CuCl_2$ 进行 X 射线衍射后发现其出峰在 20°左右，SM 较 OTC 单独吸附后的 SM 在 20°左右出现了一个新峰，用 Jade 6.5 软件对图谱进行分析，发现为 Cu 的特征峰，但 Cu²⁺存在下吸附实验后除 SM 外的样品 XRD 图谱并发现在此处的峰强，可能是因为 Cu²⁺的含量较少，SQ 与 SH 择优取向的强峰出现掩盖了 Cu²⁺的弱峰。

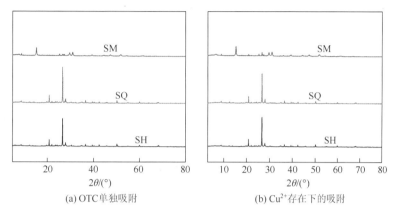

| (a) OTC单独吸附 | (b) Cu²⁺存在下的吸附 |

图 5.41　吸附实验后亚高山草甸土 XRD 图谱

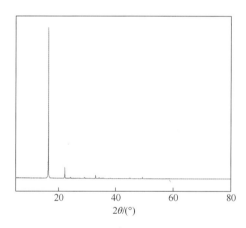

图 5.42　Cu²⁺的 XRD 图谱

5.5.4　傅里叶红外光谱分析

表 5.57　吸附后红外光谱吸收峰归属表

波段/cm⁻¹	土壤及组分官能团
3500～3400	醇、酚类—OH 及 N—H 伸缩振动或氢键结合的—COOH 伸缩振动
3000～2900	脂肪族中—CH₃、—CH₂ 的—C—H 的伸展
1680～1620	醛、酮、酰胺—C=O 伸展，芳香 C=C 伸展
1475～1340	脂肪族（—CH₂—，—CH₃）的 C—H 振动以及芳香环伸缩振动
1300～1020	醇类、醚类、羧酸类及酯类 C—O 的伸缩振动
1000～400	C—O，C—N，C—P，C—F 等伸缩振动或 C—H，O—H 等含氢基团弯曲振动

亚高山草甸土及其组分吸附 OTC 前后的红外光谱变化如图 5.43 所示。根据 1995 年中华人民共和国卫生部药典委员会编制的《药品红外光谱集》可知土霉素分子在 1080cm^{-1}，2920cm^{-1} 处有—CH$_3$、—CH$_2$ 的—C—H 的伸展及 C—O 不对称伸展。与吸附前亚高山草甸土及其组分的红外光谱相比，吸附后无论 Cu^{2+}是否存在，①SM 样品中，619.22cm^{-1} 的 Si—O—Si 伸缩振动峰减小，SH 和 SQ 在 778cm^{-1}、694cm^{-1}、648cm^{-1} 和 520cm^{-1} 附近的 Si—O 弯曲振动峰均有不同程度的位移，表明配位作用或配位作用可能发生或已发生，且三者的交互强度不同。②对于 SQ 及 SH，C—O 伸缩振动吸收峰在 1000cm^{-1} 附近，C═C 伸缩振动峰位于 1647cm^{-1} 及 1654cm^{-1}，吸附后位移和振动强度也有不同程度的变化。而 SM 的 C—O 伸缩振动吸收峰在 1164cm^{-1} 附近，C═C 伸缩振动峰位于 1638cm^{-1}，吸附 OTC 分子后峰型由较尖锐状变平缓。以上结果换句话说，吸附时产生了不同效果的电荷转移、配位或络合作用。③SH 和 SM 在 2990cm^{-1} 附近产生了一个新的吸附峰，此处可能为 OTC 分子的特征峰，这说明 OTC 与亚高山草甸土及其组分之间发生各种作用吸附时土霉素的某些基团进入了其结构中。④由于—OH 与分子之间的缔合，即

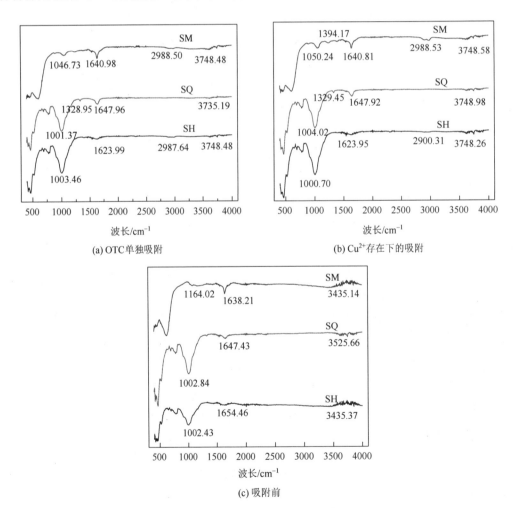

图 5.43　亚高山草甸土及其组分吸附后和吸附前红外图谱

氢键，3500cm⁻¹ 附近的—OH 伸缩振动吸收峰向右移动，峰形发生了不同程度的变化。三个样品的峰形明显变得平缓，可以推测 OTC 在三个样品上的吸附除了其自身的疏水作用以外还可能与样品形成配位共价键或氢键作用的吸附。此外，OTC 在各组分吸附后，400～1600cm⁻¹ 区域的峰值强度也发生了变化，进一步说明 OTC 分子的相互作用发生了变化。

由图 5.43（a）、（b）可见，反应系统中加入 Cu²⁺后，亚高山草甸土及其组分吸附 OTC 后的峰形与 OTC 单独吸附的峰形基本相似，但吸收峰强度有所差异。SH 和 SM 在 1000～1200cm⁻¹ 醇类的伸缩振动峰位置发生移动，可能是因为络合作用发生在了 OTC 与 SH 及 SM 的羧基上，也可能是形成氢键所造成的。不仅如此，由于亚高山草甸土及其组分中 O—H 的作用，还会将 Cu²⁺吸附在其表面。从络合实验的结果可知 OTC 会和 Cu²⁺发生络合作用，因此亚高山草甸土及其组分会将游离的 OTC-Cu²⁺络合物吸附在颗粒表面从而促进样品对 OTC 的吸附。同时，加入 Cu²⁺后，其吸收峰强度明显增强。2990cm⁻¹ 处的 OTC 特征峰在加入 Cu²⁺后发生了位移，这可能是 Cu²⁺会与 OTC 分子相互作用产生络合反应，进一步增强 OTC 在土壤上的吸附。

5.5.5　芳香性、极性和亲水性与吸附

从图 5.44 和表 5.58 可以看出，芳香性、极性和亲水性都对吸附量有影响。当 OTC 单独吸附时，对于 SH、SM 和 SQ，吸附系数 K_d 与样品的芳香性呈良好的正相关，与极性、亲水性呈负相关。SM 因其芳香性最高、亲水性和极性最低而具有最大的吸附容量。SQ 与 SH 均含有影响吸附的腐殖质。因此，虽然与 SM 相比，SQ 和 SH 具有较低的芳香度和较高的极性，但仍表现出良好的吸附能力。通过红外光谱和元素分析，建立了芳香基团、极性基团和亲水基团与 OTC 结合的亲和力示意图（图 5.45）。根据顺序规则，有机物与 OTC 相互作用过程中官能团的顺序为芳香官能团（如 C＝C，酚类和脂肪族）＞极性官能团（如羧基和羰基）＞亲水性官能团（如羟基和氨基）。而当 Cu²⁺存在时，

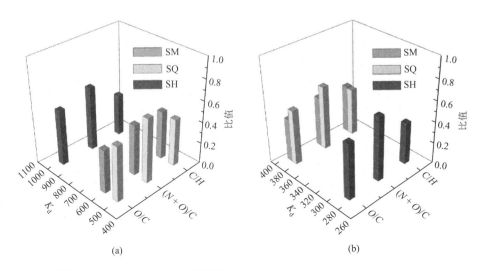

图 5.44　SH、SQ 和 SM 吸附系数 K_d 与 C/H、（N＋O）/C 和 O/C 的关系

表 5.58　土壤及其组分的元素组成及原子质量比

样品	元素含量/%					原子质量比			K_d	
	C	H	O	N	S	C/H	O/C	(N+O)/C	OTC	OTC-Cu^{2+}
SH	4.98	1.05	3.50	0.47	0.04	0.40	0.53	0.61	287.88	989.96
SM	13.16	2.39	7.18	1.10	0.30	0.46	0.41	0.48	395.81	617.66
SQ	5.18	0.86	3.56	0.54	0.44	0.45	0.52	0.61	386.82	515.04

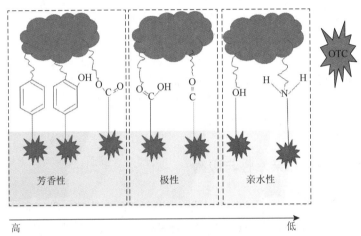

图 5.45　官能团与 OTC 结合的亲和力

对于 SH、SM 和 SQ，吸附系数 K_d 与样品的芳香性、极性和亲水性无相关性。这可能是 Cu^{2+} 存在时，Cu^{2+} 在反应系统中发生了络合反应为吸附提供主要贡献，与样品本身的性质关系不大。

5.5.6　络合实验

分别对 10~55mg/L 的 OTC 溶液及加入不同浓度 Cu^{2+} 的混合液在波长为 200~600nm 下进行紫外全扫，其结果如图 5.46 和图 5.47 所示。络合反应的条件为：pH = 7.0，温度为 25℃。图 5.46 展示了 OTC 有两个特征峰，分别在 $\lambda = 270$nm 和 $\lambda = 372$nm 附近，无论 Cu^{2+} 是否存在，OTC 的吸光度与 OTC 的浓度均成正比。与 OTC 单独吸附相比，当加入 20mg/L Cu^{2+} 时，短波长时，OTC 的吸光度上升，但在长波长时 OTC 的吸光度在低浓度上升，在高浓度下降，OTC 的两个特征吸收峰分别从 270nm 左右增至 285nm 左右，372nm 左右增至 380nm 左右，表明 OTC 与 Cu^{2+} 发生络合反应。10mg/L、20mg/L、30mg/L、35mg/L、40mg/L 和 50mg/L 的 OTC 浓度对应 Cu^{2+} 浓度为 5mg/L、10mg/L 和 20mg/L 的 OTC 紫外光谱图见图 5.47（a）~（f），可以发现在短波长下各个浓度下 OTC 的吸光度在不同的 Cu^{2+} 浓度下随着共存 Cu^{2+} 浓度的增大而增大且吸收峰有明显的偏移，即在 pH 为 7.0 时，OTC 与 Cu^{2+} 发生了强烈络合。这与 Cu^{2+} 浓度的影响吸附实验结果相一致。

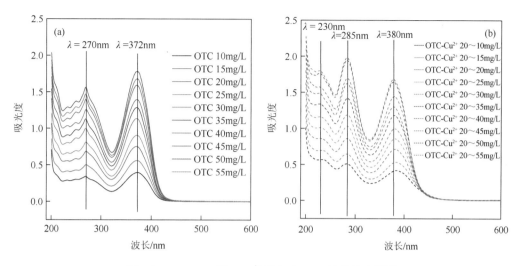

图 5.46　pH = 7.0 时，Cu²⁺存在时 OTC 的紫外光谱图

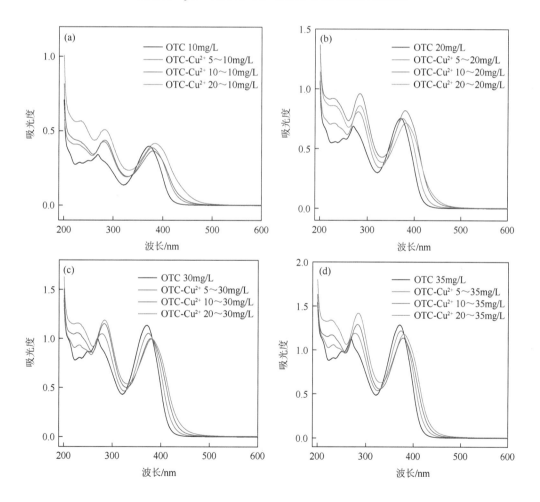

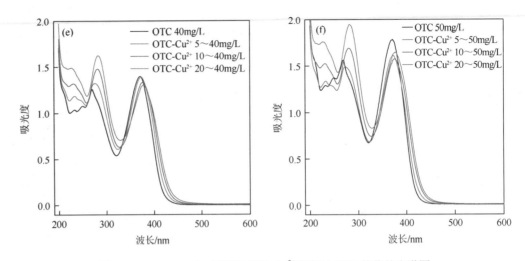

图 5.47 pH = 7.0 时，不同浓度的 Cu²⁺ 存在时 OTC 的紫外光谱图

5.5.7 吸附机理

通过对吸附前后亚高山草甸土及不同组分样品进行表征及批平衡实验可以发现，OTC 在亚高山草甸土及不同组分的单独吸附时存在物理吸附、化学吸附和阳离子交换吸附，作用力以静电引力、氢键和配位键为主，其吸附机理图见图 5.48。当 pH 低于 7.0 时，

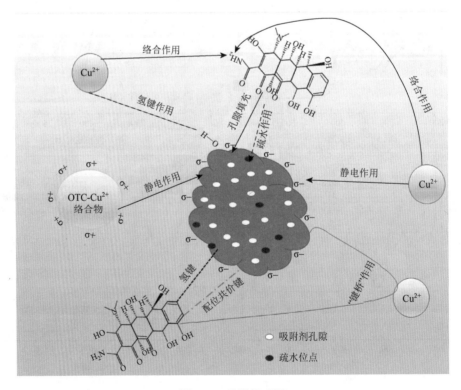

图 5.48 吸附机理图

OTC 以阳离子态和兼性离子态存在，随着溶液 pH 的升高，增加了土壤颗粒表面的负电荷密度，增强 OTC 与带负电荷的土壤颗粒表面之间的静电吸引力，从而进一步增加了 OTC 在土壤上的吸附。当平衡溶液 pH 为 7.0～11.0 时，OTC 的阴离子形式占据主要地位，且此时的土壤带负电，静电排斥作用大于静电吸附作用，OTC 在土壤上的吸附量逐渐减少。

当反应系统中加入 Cu²⁺后，吸附的类型及作用力与 OTC 单独吸附时相似，但是反应还存在一种由 Cu²⁺引起的络合作用，其中络合实验结果证明 Cu²⁺与 OTC 之间存在络合反应产生了带正电的络合物，主要作用基团为 OTC 的羟基、氨基及酰胺基。另外，亚高山草甸土及不同组分中的芳香性化合物、极性化合物和亲水性化合物与 Cu²⁺相互作用形成配合物，从而吸附溶液中的 OTC 或 OTC-Cu²⁺络合物，最终形成一种三元配合物"吸附剂-Cu²⁺-OTC"，Cu²⁺起桥接作用，增强 OTC 在亚高山草甸土及不同组分上的吸附量。

5.5　本 章 小 结

（1）CIP 在两种土壤上的吸附适合用 Freundlich 方程拟合，该吸附等温线属于 S 型。温度对 CIP 在土样上的吸附具有重要影响，在温度为 15℃时，吸附量最大，随温度升高，吸附系数 K_F 呈减少的趋势，ΔG^0 值小于 0，ΔH^0 值小于 0，说明吸附过程是物理吸附，且是自发放热的有序过程。不同初始 pH 对 CIP 在土样中的吸附有重要影响。土样对 CIP 的吸附随 pH 的增加而呈现先增后减的趋势，在 pH = 5 时，CIP 分子大多以 $CIPH_2^+$ 的阳离子态存在，吸附能力最大，WQZ 对 CIP 的吸附受 pH 的影响较大。

（2）HA、FA、HM 元素组成和官能团类型相似，官能团主要由羧基、酚羟基和羰基组成。根据 N 的百分含量得到，FA 和 HM 的稳定性较强。HA 结构中脂类化合物、芳香族化合物、羧基等含氧官能团较丰富；FA 结构中羧基和多糖类 C—O 官能团丰富，含有一定的芳香族化合物；HM 结构中脂肪族化合物和芳香醇或芳香脂中 C—O 官能团含量较丰富，同时含有甲基、醚和酰胺基团。

（3）Freundlich 等温吸附方程能更好地拟合 HA、FA、HM 和去除有机质 AMX 和 WQZ 土样对 CIP 的等温吸附过程，吸附机制主要为分配作用和表面吸附；两种土样在不同腐殖质组分影响下热力学过程均为自发的物理吸附，吸附机制主要是氢键力和偶极间力。pH 的变化对 CIP 在腐殖质-土样复合体系的吸附过程有较明显的影响。HA、FA + AMX/WQZ 复合系统中，在 pH = 3～5 中，吸附量达到最大，并随 pH 的升高逐渐降低，但在 HM + AMX/WQZ 复合体系中，对 CIP 的吸附作用随 pH 升高而增大。

（4）亚高山草甸土及其组分主要由 C、H、O、N 四种元素构成，芳香性和氧化程度大小为 SM>SQ>SH，SH>SQ>SM，SQ 及 SH 水溶性较高，分子极性最强。SM 表面呈现大量凸出的细小颗粒状，SH 与 SQ 微观形态较类似，表面不光滑，较为粗糙，大量的片状结构排列紧密。同时，SH、SM、SQ 中含有芳香类化合物、脂类化合物、羟基等含氧官能团。SH、SM、SQ 中的主要无机成分是以二氧化硅为主的石英。

（5）通过批平衡吸附实验法研究了 OTC 在 SH、SM、SQ 中的吸附过程，结果表明吸附分为快速吸附阶段（0～6h）和慢速吸附阶段（6～36h），吸附 36h 后逐渐趋于平衡，吸附动力学拟合结果都符合准二级动力学及双室一级动力学，其中随着 OTC 初始浓度不断增加，OTC 的吸附量也随之增加，但吸附速率呈降低趋势。在 25℃下，Freundlich 模型能较好地拟合 OTC 在 SH、SM、SQ 上的吸附等温线实验数据，表明吸附主要是多分子层吸附。吸附热力学参数（ΔG^{θ}、ΔH^{θ}、ΔS^{θ}）均小于 0，表明吸附过程是一个自发放热的混乱度逐渐减小的反应，温度的升高不利于 OTC 的吸附。

（6）Cu^{2+} 的存在及吸附剂的性质会影响 OTC 在 SH、SM、SQ 上的吸附，Cu^{2+} 的存在对 SH、SM、SQ 吸附平衡时间没有作用，但极大地促进了 OTC 在 SH、SM、SQ 中的吸附量及速率。除 SQ 外，促进作用随着 Cu^{2+} 浓度的增加而增大。对比 OTC 在 SH、SM、SQ 中的吸附，SM 的吸附量大于 SQ 和 SH，表明胡敏素是亚高山草甸土吸附 OTC 时贡献最大的组分，侧面表明铁锰氧化物发挥的作用较小。

（7）溶液初始 pH 会对 OTC 在亚高山草甸土及其组分上的吸附产生影响。OTC 单独吸附时，亚高山草甸土及其组分对其的吸附量在 pH 为 7 时达到最大。当 Cu^{2+} 存在时，亚高山草甸土及其组分对 OTC 的吸附量在 pH<5 和 pH>9 时较 OTC 单独吸附少，在 pH 为 5～9 时，吸附量增加。在强酸及碱性环境下 Cu^{2+} 的存在会增大 OTC 在亚高山草甸土中的迁移率，在自然环境条件下（pH=6.8），Cu^{2+} 的存在会增大亚高山草甸土对 OTC 的吸附量，减少 OTC 在亚高山草甸土环境的迁移。

（8）亚高山草甸土机器组分吸附 OTC 后，表面粗糙度减少，部分表面孔隙已被覆盖，其中胡敏素组分吸附前后形貌变化最大，孔隙覆盖最多。当 Cu^{2+} 存在时，三种吸附剂的表面更为光滑且表面孔隙被填充较 OTC 单独吸附更多，表面散落着未吸附及络合的铜离子。无论 Cu^{2+} 是否存在，吸附实验前后亚高山草甸土及其组分的 XRD 图谱中峰出现的位置基本相同，吸附对三者的化学组成影响不大。亚高山草甸土及不同组分单独吸附时存在物理吸附、化学吸附、阳离子交换吸附，主要作用力为氢键、络合配位键等。当反应系统中加入 Cu^{2+} 后，吸附的类型及作用力与 OTC 单独吸附时相似，同时反应还存在一种由 Cu^{2+} 引起的络合作用。当 OTC 单独吸附时，亚高山草甸土及其组分的吸附系数 K_d 与样品的芳香性呈良好的正相关，与极性、亲水性呈负相关。而当 Cu^{2+} 存在时，三者的吸附系数 K_d 与样品的芳香性、极性和亲水性无相关性。

参 考 文 献

[1] 杨泽鹏，胡玉福，何剑锋，等. 垦殖对川西北高寒草地土壤理化性质的影响[J]. 水土保持学报，2017，31（2）：227-232.

[2] 陈晓孩，易林高，林洁，等. 喹诺酮类药物的特点及临床应用[J]. 海峡药学，2011，23（11）：110-112.

[3] Kulshrestha P，Giese，R F，Aga D S. Investigating the molecular interactions of oxytetracycline in clay and organic matter: insights on factors affecting its mobility in soil.[J]. Environmental Science & Technology，2004，38（15）：4097-4105.

[4] Xu X，Li X. Sorption and desorption of antibiotic tetracycline on marine sediments[J]. Chemosphere，2010，78（4）：430-436.

[5] Lindsey M E，Meyer M，Thurman E M. Analysis of trace levels of sulfonamide and tetracycline antimicrobials in groundwater and surface water using solid-phase extraction and liquid chromatography/mass spectrometry[J]. Analytical Chemistry，2001，73（19）：4640-4646.

[6] 吴小莲，莫测辉，李彦文，等. 蔬菜中喹诺酮类抗生素污染探查与风险评价：以广州市超市蔬菜为例[J]. 环境科学，2011，32（6）：1703-1709.

[7] Lv G C，Xing X B，Liao L B，et al. Synthesis of birnessite with adjustable electron spin magnetic moments for the degradation of tetracycline under microwave induction[J]. Chemical Engineering Journal，2017，326：329-338.

[8] 刘兰兰. 四环素类兽药抗生素在西北黄土上的吸附特征及淋溶降解行为研究[D]. 兰州：兰州交通大学，2020.

[9] Sassman S A，Lee L S. Sorption of three tetracyclines by several soil：Assessing the role of pH and cation exchange[J]. Environmental Science & Technology，2005，39（19）：7452-7459.

[10] 邰义萍，罗晓栋，莫测辉，等. 广东省畜牧粪便中喹诺酮类和磺胺类抗生素的含量与分布特征研究[J]. 环境科学，2011，32（4）：278-283.

[11] 张劲强. 集约化养殖畜禽粪便中氟喹诺酮类药物残留特征及诺氟沙星土壤吸附行为研究[D]. 南京：中国科学院南京土壤研究所，2007.

[12] Zhao L，Dong Y，Wang H. Residues of veterinary antibiotics in manures from feedlot livestock in eight provinces of China[J]. Science of The Total Environment，2010，408（5）：1069-1075.

[13] Xiao D，Pan B，Wu M，et al. Sorption comparison between phenanthrene and its degradation intermediates，9，10-phenanthrenequinone and 9-phenanthrol in soils/sediments[J]. Chemosphere，2012，86（2）：183-189.

[14] Lindberg R，Jarnheimer P，Olsen B，et al. Determination of antibiotic substances in hospital sewage water using solid phase extraction and liquid chromatography/mass spectrometry and group analogue internal standards[J]. Chemosphere，2004，57（10）：1479-1488.

[15] Li W，Shi Y，Gao L，et al. Occurrence of antibiotics in water，sediments，aquatic plants，and animals from Baiyangdian Lake in North China[J]. Chemosphere，2012，89（11）：1307-1315.

[16] 刘开永，李道敏，李松彪，等. 环丙沙星残留对小鼠免疫器官蓄积毒性和肌肉品质影响[C]. 中国畜牧兽医学会兽医药理毒理学分会第十次研讨会论文摘要集，2009.

[17] Yolanda Picó，Andreu V. Fluoroquinolones in soil-risks and challenges[J]. Analytical and Bioanalytical Chemistry，2007，387（4）：1287-1299.

[18] 吴光亮. 喹诺酮类药物不良反应及其机制研究进展[J]. 中国现代应用药学，2006（S2）：753-756.

[19] Wei R，He T，Zhang S，et al. Occurrence of seventeen veterinary antibiotics and resistant bacterias in manure-fertilized vegetable farm soil in four provinces of China[J]. Chemosphere，2019，215：234-240.

[20] Zhao T，Chen Y，Han W，et al. The contamination characteristics and ecological risk assessment of typical antibiotics in the upper reaches of the dongjiang river[J]. Ecology and Environmental Sciences，2016，25（10）：1707-1713.

[21] Tong L，Huang S，Wang Y，et al. Occurrence of antibiotics in the aquatic environment of Jianghan Plain，central China[J]. Science of the Total Environment，2014，497-498：180-187.

[22] Torbjörn，Karlsson，Per，et al. Complexation of copper（II）in organic soils and in dissolved organic matter-EXAFS evidence for chelate ring structures[J]. Environmental Science & Technology，2006，40（8）：2623-2628.

[23] 陈能场，郑煜基，何晓峰，等. 全国土壤污染状况调查公报[J]. 农业环境科学学报，2014，（5）：1689-1692.

[24] 黄仁龙，陈杰，刘峻光，等. 矿物-腐殖酸复合体对菲的吸附研究[J]. 华南师范大学学报：自然科学版，2017，49（2）：85-93.

[25] 郭惠莹，梁妮，周丹丹，等. 天然有机质模型化合物在无机矿物表面的吸附[J]. 环境化学，2017，36（3）：564-571.

[26] 武庭瑄，陈慧. 不溶性腐殖酸对环丙沙星吸附的研究[J]. 安全与环境学报，2012，（5）：51-54.

[27] Aristilde L，Sposito G. Binding of ciprofloxacin by humic substances：A molecular dynamics study[J]. Environmental Toxicology and Chemistry，2010，29（1）：90-98.

[28] Achtnich C，Fernandes E，Bollag J M，et al. Covalent binding of reduced metabolites of [\r，15\r，N\r，3\r，]TNT to soil organic matter during a bioremediation process analyzed by\r，15\r，N NMR Spectroscopy[J]. Environmental Science and Technology，1999，33（24）：4448-4456.

[29] Pan B，Zhang D，Li H，et al. Increased adsorption of sulfamethoxazole on suspended carbon nanotubes by dissolved humic acid[J]. Environmental Science & Technology，2013，47（14）：7722-7728.

[30] 郭平，陈薇薇，辛星，等. 土壤及其主要化学组分对五氯酚吸附特征研究[J]. 环境污染与防治，2009，31（1）：65-68.

[31] Li F，Pan B，Liang N，et al. Reactive mineral removal relative to soil organic matter heterogeneity and implications for organic contaminant sorption[J]. Environmental Pollution，2017，227：49-56.

[32] 汪晨. 水中典型药物与重金属的络合行为[D]. 南京：东南大学，2016.

[33] Zhang Z，Ke S，Gao B，et al. Adsorption of tetracycline on soil and sediment：Effects of pH and the presence of Cu（II）[J]. Journal of Hazardous Materials，2011，190（1-3）：856-862.

[34] Aristilde L，Lanson B，Miéhé-Brendlé J，et al. Enhanced interlayer trapping of a tetracycline antibiotic within montmorillonite layers in the presence of Ca and Mg[J]. Journal of Colloid & Interface Science，2015，464：153-159.

[35] Liu Z，Han Y，Jing M，et al. Sorption and transport of sulfonamides in soils amended with wheat straw-derived biochar：effects of water pH，coexistence copper ion，and dissolved organic matter[J]. Journal of Soils & Sediments，2017，17（3）：1-9.

[36] 全国农业技术推广服务中心. 土壤分析技术规范（第二版）[M]. 杭州：中国农业出版社，2006.

[37] Oepen B，Kördel W，Klein W. Sorption of nonpolar and polar compounds to soils：processes，measurements and experience with the applicability of the modified OECD-Guideline 106[J]. Chemosphere，1991，20：285-304.

[38] 崔皓，王淑平. 环丙沙星在潮土中的吸附特性[J]. 环境科学，2012（8）：365-370.

[39] 王富民. 环丙沙星和恩诺沙星在湖库底泥和土壤中吸附-解吸特性研究[D]. 吉林：吉林农业大学，2016.

[40] 宋君. 氧氟沙星在海洋沉积物上吸附行为的研究[D]. 青岛：中国海洋大学，2014.

[41] 刘玉芳. 四环素类抗生素在土壤中的迁移转化模拟研究[D]. 广州：暨南大学，2012.

[42] Wang C，Li Z，Jiang W. Adsorption of ciprofloxacin on 2：1dioctahedral clay minerals[J]. Applied Clay Science，2011，53（4）：723-728.

[43] Wang Z，Yu X，Pan B，et al. Norfloxacin sorption and its thermodynamics on surface-modified carbon nanotubes[J]. Environmental Science and Technology，2010，44（3）：978-984.

[44] Tao Q，Tang H. Effect of dye compounds on the adsorption of atrazine by natural sediment[J]. Chemosphere，2004，56（1）：31-38.

[45] Vasudevan D，Bruland G L，Torrance B S，et al. pH-dependentciprofloxacin sorption to soils：Interaction mechanisms and soilfactors influencing sorption[J]. Geoderma，2009，151（3-4）：68-76.

[46] 王畅. 氟喹诺酮类和磺胺类抗生素在紫色土中的吸附-解吸特性研究[D]. 重庆：重庆大学，2018.

[47] 高俊红，谢晓芸，张涵瑜，等. 三种氟喹诺酮类抗生素在黄河沉积物中的吸附行为[J]. 兰州大学学报（自然科学版），2016（5）：27-32.

[48] 李梦耀. 五氯苯酚在黄土性土壤中的迁移转化及其废水治理研究[D]. 西安：长安大学，2008.

[49] 陈淼，俞花美，葛成军，等. 诺氟沙星在热带土壤中的吸附-解吸特征研究[J]. 生态环境学报，2012，21（11）：1891-1896.

[50] 郭丽，王淑平，周志强，等. 环丙沙星在深浅两层潮土层中吸附-解吸特性研究[J]. 农业环境科学学报，2014，33（12）：2359-2367.

[51] Alawi M，Khalili F，Da'as K. Interaction behavior of organochlorine pesticides with dissolved Jordanian humic acid[J]. Archives of Environmental Contamination and Toxicology，1995，28（4）：513-518.

[52] 李爱民. 腐殖酸在高岭石上的吸附及其对 Cu（II）在高岭石上吸附的影响[D]. 南京：南京农业大学，2006.

[53] Pan B，Ghosh S，Xing B. Nonideal binding between dissolved humic acids and polyaromatic hydrocarbons.[J]. Environmental Science and Technology，2007，41（18）：6472-6478.

[54] 李学垣. 土壤化学[M]. 北京：高等教育出版社，2001.

[55] White J C，Hunter M，Nam K P，et al. Correlation between biological and physical availabilities of phenanthrene in soils and soil humin in aging experiments[J]. Environmental Toxicology and Chemistry，1999，18，1720-1727.

[56] 轩盼盼，唐翔宇，鲜青松，等. 生物炭对紫色土中氟喹诺酮吸附-解吸的影响[J]. 中国环境科学，2017，37（6）：2222-2231.

[57] 张晶，郭学涛，葛建华，等. 针铁矿-腐殖酸的复合物对泰乐菌素的吸附[J]. 环境工程学报，2016，10（3）：133-139.

[58] Henry V M. Association of hydrophobic organic contaminants with soluble organicmatter：evaluation of the database of Kdoc

values [J]. Advances in Environmental Research，2002，6（4）：577-593.

[59]　吴蒨蒨. 生物炭增强土壤吸附阿特拉津的作用及机理[D]. 杭州：浙江大学，2016.

[60]　Pignatello J J，Xing B S. Mechanism of slow sorption of origanic chemicals to natural particles[J]. Environmental Science and Technology，1996，30（1）：1-11.

[61]　Malekani K，Rice J A，Lin J S. The effect of sequential removal of organic matter on the surface morphology of humin[J]. Soil Science，1997，162，333-342.

[62]　Ma M，Zhou M，Jiang Y，et al. Study on adsorption of heavy metal ions onto insolublizedhumic acid[J]. Journal of Safety and Environment，2006，6（3）：68-71.

[63]　马明海，彭书传，朱承驻，等. LDO 吸附水中苯甲酸钠的热力学研究[J]. 合肥工业大学，2007，30：1233-1236.

[64]　Xing，B，Pignatello J J. Dual-Mode sorption of low-polarity compounds in glassy poly（Vinyl Chloride）and soil organic matter[J]. Environmental Science and Technology，1996，31（3）：792-799.

[65]　Wu Y，Jiang Y，Ma M，et al.Study on the adsorption behavior of p-nit roaniline fromaqueous solution by insolubilized humic acid[J]. Journal of Northwest Normal University：Natural Science，2006，42（3）：62-65.

[66]　李会杰. 腐殖酸和富里酸的提取与表征研究[D]. 武汉：华中科技大学，2012.

[67]　唐钰. 铜共存时典型 PPCPs 在河流沉积物及其组分中的吸附机理研究[D]. 上海：上海师范大学，2020.

[68]　赵桂丹. 川西北高原路侧土壤和钝苞雪莲重金属分布特征及污染评价研究[D]. 成都：成都理工大学，2017.

[69]　陈薇薇，陈涛，杨平，等. 共存 Cu²⁺影响下土霉素在黑土上的吸附行为[J]. 江苏农业科学，2017（18）.

[70]　Yousef R，Malika C. Sorption behavior and mechanism of oxytetracycline from simulated wastewater by Amberlite IR-120 resin[J]. Water Science & Technology，2020，82（11）：2366-2380.

[71]　Wang H，Yao H，Sun P，et al. Oxidation of tetracycline antibiotics induced by Fe（III）ions without light irradiation[J]. Chemosphere，2015，119：1255-1261.

第6章 若尔盖牧区土壤腐殖质对典型抗生素光解过程的影响研究

6.1 草甸土腐殖质对磺胺甲噁唑的光解影响研究

6.1.1 磺胺甲噁唑简介

磺胺甲噁唑（Sulfamethoxazole，SMX），又可称为新诺明，其化学式可写为 $C_{10}H_{11}N_3O_3S$，其相关的物化性质参数指标等详情见表 6.1。SMX 可被运用到人类医学治疗、牲畜喂养饲料添加辅助剂等行业，由于其自身所具备的耐药性较强且降解速度缓慢，所以极易较长时间地残留在水体流域（如江、海、湖泊、河水）和土壤体系等中，从而影响人体的生命健康安全，破坏自然环境的生态平衡功能，进而造成不可磨灭的副作用。

表 6.1 SMX 的物化性质相关参数值以及分子结构图

英文简称	化学式	密度/(g/cm³)	摩尔质量/(g/mol)	水中溶解度/(mg/L)	分子结构图
SMX	$C_{10}H_{11}N_3O_3S$	1.462	253.28	356	

6.1.2 研究内容

生态环境系统中，使用频率较高的 SMX 去除方法是光降解手段，向其投加光引发剂代表物质 HS 后其光解情况会有所不同，具体详情还需进一步探讨。现如今，SMX 在环境体系中的去除效果及归趋问题仍是研究的热门，因此探讨纯水以及不同源 HS 体系中 SMX 的光解详情具有研究价值和意义。由于不同源 HS 自身的内部构成情况不一，其对 SMX 光解行为特性的影响力度也是略有差别的。

本节主要研究内容见下：

（1）研究纯水反应体系中 SMX 溶液的光解行为特征等；

（2）采用各种实验表征手段来明确和剖析出瓦切镇和阿木乡 HS 中各元素占比、成熟度、芳香化程度、分子量大小以及结构官能团的组成情况等；

（3）探讨在 SMX 溶液体系中添加不同类型 HS 后的光解行为机制以及明确各 HS 在其反应过程中所起的传递介导作用，并深入了解 HS 浓度以及反应体系的 pH 大小对 SMX 的光降解影响机制；用 EPR 仪器测试在外界条件下（光照）各类 HS 中的活性氧（reactive oxygen species，ROS）物质产生情况，从而来确定该物质的真实存在以及对 SMX 光解反应所作出的贡献大小情况等；

（4）用纯物 SiO_2 来模拟土壤环境体系，负载不同比例的过渡金属 Fe，通过表征分析选出最优负载比例，从而制备出 HS 类模型化合物，进而研究其对 SMX 降解的影响作用。

6.2　磺胺甲噁唑在纯水环境体系下的光解特征

6.2.1　实验及分析方法

1. 实验方法

1）实验配制 SMX 溶液的具体操作方法

称取 0.0100g（精确至 0.0001g）SMX 药物，转移至 100mL 的小型玻璃烧杯中，用少量的低浓度 NaOH 溶液进行充分溶解后用超纯水定容至体积为 100mL 的棕色容量瓶中，摇匀配制成浓度为 100mg/L 的 SMX 储备原液，用封口胶将棕色容量瓶的瓶口进行包裹，然后将其放置于冰箱（4℃）中避光保存以备后续实验使用。

2）位于纯水体系下各浓度 SMX 的光降解行为

实验中，用 Thermo Fisher 移液枪从 SMX 储备原液中确切地移取合适体积的母液，将其配备为 5mg/L、10mg/L、15mg/L、20mg/L 的 SMX 实验用液（不同浓度各备两份），并将各 SMX 溶液调至酸性范围（pH = 3.00±0.05）。

在室温条件下，将上述 SMX 溶液放到振荡箱中进行全面的充分混匀（200r/min，60min）。用量筒分别量取不同浓度的 SMX 溶液（40mL）于石英反应试管中，将其放置于光化学反应仪器中进行光化学降解实验，同时实验设置黑暗条件（用锡箔纸进行包裹避光）反应对照组和平行对照组，每间隔 20min 对各 SMX 反应溶液进行取样，随后对其进行浓度测定（使用 HPLC）。

光解反应在高压汞灯（500W）下进行开展，滤光片的卡槽放置 6 片紫外截止滤光片（波长区间控制在 200~400nm），光反应的温度控制为 20℃，冷却循环水机的速率值大小调节为 2L/min。

3）位于不同 pH 环境下 SMX 的光降解行为

移取 SMX 储备母液将其配成 5mg/L 的反应液（4 份，100mL），分别将各体系溶液 pH 调节为 3.00±0.05、5.00±0.05、7.00±0.05、9.00±0.05，室温环境条件下避光充分混匀振荡（200r/min，60min），分别移取不同 pH 的 SMX 溶液（40mL）于石英管中进行光解实验（实验操作条件与本节中第 2）点相同）。实验的操作过程中，每间隔 20min 用移液枪取一次样，将取好的光解液放入棕色液相色谱样品小瓶中，通过 HPLC 仪器测定 SMX 的浓度值。

4）淬火剂参与作用卜 SMX 的光降解行为

配置 5mg/L 的 SMX 溶液（2 份，100mL），分别在 2 份 SMX 溶液中加入异丙醇（IPA）和叠氮化钠（NaN₃），使其各溶液中加入的 IPA 与 NaN₃ 浓度为 100mmol/L。分别调节各溶液 pH 为 3.00±0.05，室温条件下避光充分振荡（200r/min，60min），分别取 SMX 与 IPA、SMX 与 NaN₃ 混合溶液各 40mL，放入多位光化学反应仪器中进行光降解实验（实验操作条件与本节中第 2）点相同）。在光解反应的实验过程中，每隔 20min 取一次光解液，用 HPLC 仪器对 SMX 光解液浓度进行测试分析。

2. 分析方法

1）纯水反应体系中 SMX 溶液的 UV-vis 测试分析

SMX 在纯水中的紫外-可见吸收光谱测试的具体方法如下，取适量 SMX 储备母液将其配制成 100mL、5mg/L 的测试液，将 SMX 测试液的 pH 调节为 3.00±0.05，室温条件下避光充分振荡摇匀（200r/min，60min）。移取适量充分摇匀后的 SMX 溶液多次润洗石英比色皿后，再将 SMX 测试液装入石英比色皿，放入紫外分光光度计仪器进行测试分析。仪器测试的参数设置条件如下：扫描的波长范围为 200～800nm，扫描的间隔宽度为 1nm。紫外分光光度计仪器测试 SMX 的 UV-vis 图如图 6.1 所示。由图 6.1 所知，体系环境中 SMX 测试液在波长为 256nm 处的紫外光吸收作用最为显著，其吸收峰强度最大，而后则呈现出光吸收逐渐减弱的趋势。由上述情况可知，纯水溶液体系中 SMX 发生光解的波长区间在 256～780nm 内。由此可以得出，纯水溶液中 SMX 在 256nm 处的吸收峰强度最大，该结果将作为实验过程中 HPLC 仪器检测 SMX 的理论分析依据之一。

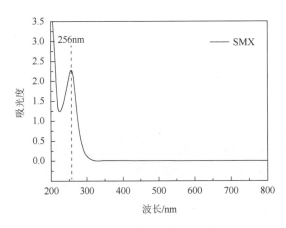

图 6.1　紫外-可见光谱曲线

2）HPLC 中 SMX 测试及分析方法

（1）SMX 溶液测试方法。

实验过程中，SMX 溶液的测试分析使用的是型号为 Agilent 1260 的高效液相色谱仪（high performance liquid chromatograph，HPLC）。HPLC 中 SMX 检测的参数指标及使用详情为：C18 液相色谱柱（型号为 5μm，4.6mm×250mm），流动相选用的是超纯水和乙腈（$V:V=60:40$，超纯水中冰乙酸占比量为 0.1%），$V_{进样量}=20\mu L$，$V_{流速}=1mL/min$，$T_{柱温}=25℃$，$\lambda_{检测波长}=256nm$。

（2）SMX 溶液的标准曲线。

用型号为 Thermo Fisher 的移液枪移取适量的 SMX 储备原液，将其配制为 0mg/L、1mg/L、5mg/L、10mg/L、15mg/L、20mg/L、25mg/L 的 SMX 溶液，然后将各浓度 SMX 溶液进行全面振荡混匀（200r/min；60min）。使用 Agilent 1260 HPLC 来测定 SMX 溶液的出峰面积，将其作为 SMX 标准曲线的纵坐标，而横坐标则是各峰面积所对应的 SMX 溶液浓度值大小，根据以上结果来做出该实验条件下反应体系中 SMX 溶液的标准曲线，如图 6.2。

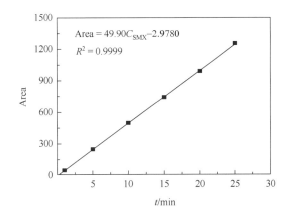

图 6.2　HPLC 仪器中 SMX 的标准曲线

6.2.2　纯水体系中 SMX 溶液的黑暗及光解反应特征

1. 纯水体系中 SMX 溶液在黑暗环境条件下的反应特征

各浓度 SMX 溶液位于黑暗条件下的反应详情可见图 6.3。由图 6.3 可知：处于黑暗条件下，各浓度 SMX 溶液（即 5mg/L、10mg/L、15mg/L、20mg/L）在反应时长内其浓度变化的幅度较小，从而可得出 SMX 能够较为稳定地存在于此环境中，Conde-Cid[1]也曾得出过类似结论。

将暗反应实验数据进行整理、分析可得出，各浓度 SMX 溶液的残留率高达 99% 以上，阐明了 SMX 溶液在此实验条件下，其发生吸附、水解与微生物降解的程度较小，基本可忽略不计，同时并不会对其后续光解结果带来任何的干扰性。SMX 溶液稳定性能的强弱完全取决于其反应前后 OCs 残留率的数值大小，将其数值按照高低进行排序可为：$A_{SMX(20mg/L)}$（99.12%）$<A_{SMX(15mg/L)}$（99.27%）$<A_{SMX(10mg/L)}$（99.43%）$<A_{SMX(5mg/L)}$（99.64%）（用 A_{SMX} 表示 SMX 的残留率），则该物质稳定性的强弱规律与上述情况相互对应。

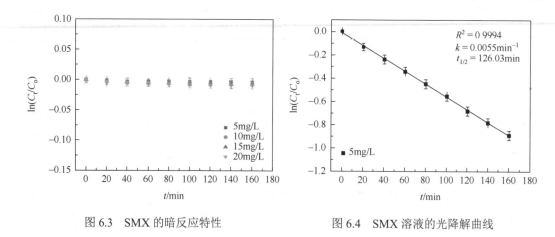

图 6.3　SMX 的暗反应特性　　　　图 6.4　SMX 溶液的光降解曲线

2. 纯水反应环境体系中 SMX 光降解行为特征

本书选用的是浓度为 5mg/L 的 SMX 溶液，在 pH 区间范围为 3.00±0.05 的反应体系中进行光解反应，从而来研究该实验过程中 SMX 浓度值的大小变化情况。通常情况下，SAs 的光解反应实验数据的拟合曲线能与一级反应动力学模型高度吻合[2]，其计算方法如式（6-1）所示。

$$C_{t\text{-SMX}} = C_{0\text{-SMX}} \times e^{-kt} \qquad (6\text{-}1)$$

式中，$C_{t\text{-SMX}}$ 代表 SMX 溶液在光降解反应进行 t 时刻的浓度值（mg/L）；$C_{0\text{-SMX}}$ 为刚开始进行紫外光降解反应时体系中 SMX 的浓度值（mg/L）；k 代表光解反应中 SMX 的速率值，min^{-1}。

在此实验中，纯水环境体系中 SMX 的半衰期 $t_{1/2}$ 的数值大小可由式（6-2）计算得出。

$$t_{1/2} = \ln 2 \cdot k^{-1} \qquad (6\text{-}2)$$

对图 6.4 分析可知，SMX 在纯水中的光降解数据所呈现出的曲线趋势特征与一级反应动力学模型相吻合，其相关系数 R^2 数值大小为 0.9994，k 为 0.0055min^{-1}，计算得出 $t_{1/2}$ 的数值大小为 126.03min。从上述结果可以看出，SMX 在 500 W 紫外光的照射条件下相对于黑暗的实验环境更易发生降解反应[3]，其发生的主要原因是光解反应中的光吸收分子将多余的能量转移到 SMX 物质上，从而导致自身的光敏化降解过程的产生，进而触发了光解反应的发生。Liu 等[4]在研究中指出，污染物在发生光敏化降解反应的实验过程中会产生一些活性氧物质（如·OH、$^1O_2$ 和 e_{aq}^{-1} 等），这些 ROS 物质就是导致其污染物发生光降解的原因所在。

6.2.3　环境影响因素

1. 不同 SMX 浓度对 SMX 光降解的影响特征

该光降解实验中唯一的变量是 SMX 的初始浓度值大小，选取了 4 种浓度（即 5mg/L、10mg/L、15mg/L、20mg/L）来进行光解反应，所得到的结果详情可见图 6.5，其中位于纯水环境体系中各浓度 SMX 的光降解曲线能用一级动力学模型来进行说明，并与其高度贴合。从图 6.5 中可以发现，SMX 浓度值的增加并不能很好地协助其光解的快速进行，且两者呈现出截然不同的相反趋势。从表 6.2 的实验数据可以得出，纯水中各浓度反应条件下，SMX 溶液的降解曲线的线性相关系数 R^2 为 0.9958～0.9994，由此可以看出在此实验反应条件下 SMX 溶液光降解曲线的拟合度较好。初始浓度为 5mg/L、10mg/L、15mg/L、20mg/L 的 SMX 溶液，其速率 k 分别为 0.0055min^{-1}、0.0026min^{-1}、0.0023min^{-1} 及 0.0018min^{-1}，由此计算得出各浓度 SMX 溶液的半衰期 $t_{1/2}$ 的数值分别为 126.03min、266.60min、301.37min 及 385.08min。

由上述情况可推断出：各浓度体系下 SMX 的光降解反应进行的快慢程度可排序为 $C_{SMX(5mg/L)} > C_{SMX(10mg/L)} > C_{SMX(15mg/L)} > C_{SMX(20mg/L)}$，表明纯水体系中 SMX 浓度值越大对其产生的不利影响也就越强。造成 SMX 溶液光降解速率在数值大小上具有差异性的原因可能与以下三个方面有关[5-7]：①随着 SMX 在纯水环境体系中浓度的增加，其降解过程中会有中间体产生，该中间体与 SMX 形成竞争的关系，从而削弱了 SMX 在反应中的主导地位；②SMX 浓度的升高导致溶液中光电子的竞争力度有所加强，从而减少了该物质在纯水反应体系中进行光降解反应过程时与光电子的接触，进而减缓了反应速率；③SMX 的浓度增加可能导致其污染物本身的敏化光降解程度有所不同，进而导致其速率具有一定的差异性。

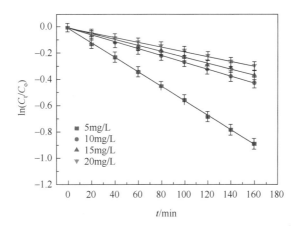

图 6.5　纯水条件下不同浓度 SMX 溶液的光降解曲线

表 6.2　不同浓度反应体系下 SMX 溶液的光降解参数指标

SMX 反应体系	参数方程	相关系数 R^2	速率 k/min^{-1}	半衰期 $t_{1/2}$/min
C_{SMX} = 5mg/L	$C_t = 5.07e^{-0.0055t}$	0.9994	0.0055±0.0001	126.03
C_{SMX} = 10mg/L	$C_t = 10.18e^{-0.0026t}$	0.9987	0.0026±0.0001	266.60
C_{SMX} = 15mg/L	$C_t = 15.09e^{-0.0023t}$	0.9961	0.0023±0.0001	301.37
C_{SMX} = 20mg/L	$C_t = 20.15e^{-0.0018t}$	0.9958	0.0018±0.0001	385.08

2. 不同 pH 对 SMX 光降解的影响特征

反应体系溶液 pH 会对污染物光降解的实验过程以及行为特征产生一定的影响，研究指出[8, 9]，其产生影响的作用力大小主要是与污染物自身的物质结构组成以及理化性质有关。本章的光解实验选用的是环境体系 pH 大小分别为 3.00 ± 0.05、5.00 ± 0.05、7.00 ± 0.05、9.00 ± 0.05 的 SMX 溶液，其浓度均为 5mg/L，来探讨在此环境条件下 SMX 的光降解特征行为。SMX 光降解情况会因反应体系 pH 的变化而对其物质结构中的磺酰胺官能团的光吸收性质产生影响，从而导致其光解速率大小在数值上具有差异性，各 pH 条件下的 SMX 光降解曲线如图 6.6 所示。

从图 6.6 上可以看出，不同 pH 环境条件下 SMX 的光降解速率的差异性较大，说明该实验变量条件会对 SMX 的光降解反应产生显著性的影响。实验中 4 种不同 pH 体系下 SMX 溶液的光降解速率随着反应体系 pH 的增大而逐渐减少。从表 6.3 中 SMX 降解动力学的数据可以得出，在反应体系的 pH 为 3.0、5.0、7.0、9.0 时，SMX 光化学降解速率常数 k 的数值分别为 0.0055min^{-1}、0.0041min^{-1}、0.0031min^{-1} 和 0.0017min^{-1}，计算得出其半衰期的大小分别为 126.03min、169.06min、223.60min、407.73min。

由上述情况可知，SMX 在反应体系 pH 为 3.0 时的降解速率常数与其他不同 pH 环境条件下相比较而言，发现该物质在 pH 为 3.0 时的速率常数值最大，换言之，SMX 在此 pH 环境条件下的光降解最快。综上所述，纯水中的 SMX 溶液在酸性反应体系下的光降解效率明显强于中性和碱性环境。Gao 和 Pedersen[10]以及 Nghiem 等[11]指出，SMX 的酸性解离常数（$pK_{a1} = 1.7$，$pK_{a2} = 5.7$）的数值大小会影响该物质的解离特性。当 SMX 处于不同 pH 环境条件下时该物质的解离形态也有所差异性，其解离形态的分布详情见图 6.7。在图 6.7 中，当溶液体系中的 pH < 1.7 时，SMX 以阳离子形态（SMX^+）存在于体系之中，此时的解离主要与该物质的 pK_{a1} 值有关，SMX 中的—NH_2 官能团会在此 pH 条件下得到 1 个 H^+ 变成带正电的 NH_3^+。当溶液的 pH > 5.7 时，体系中的 SMX 以阴离子形态（SMX^-）存在，此时的解离是与该物质的 pK_{a2} 值紧密相关的，该解离主要与 SMX 药物中—SO_2NH—基团的质子化过程相关联[12]。当环境反应体系的溶液 pH 处于 1.7～5.7 的范围时，SMX 属于中性分子，用 SMX^0 表示。李军[13]等相关的研究结果表明，SAs 抗生素在不同的解离形态下进行光化学降解实验时，其速率大小具有一定的差异性。当溶液体系中的 SMX 以 SMX^- 形态存在时，其光降解的快慢较其他两种不同 pH 环境条件下的解离形态速率具有一定的优越性。

综合上述实验结果可知，当溶液 pH 处于 3.0 左右的范围时，此时体系中的 SMX 的光降解速率最快，随着溶液体系 pH 的升高，其降解速率有所减弱。从此实验结果说明，反应体系 pH 的升高会降低 SMX 的光降解速率大小，从而对其降解反应造成不利的影响。因此，在最适的 pH 反应条件下进行其他因素对 SMX 光降解影响的实验，从而能更好地掌握了解其光降解的详情及机制。

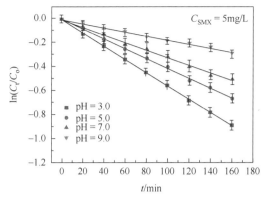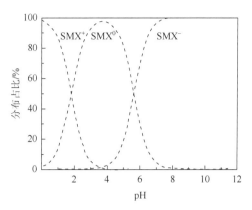

图 6.6　纯水下不同 pH 的 SMX 光降解曲线　　　图 6.7　SMX 在不同 pH 下的形态分布

表 6.3　不同 pH 反应体系下 SMX 溶液的光降解相关参数

SMX 反应体系	参数方程	相关系数 R^2	速率 k/min^{-1}	半衰期 $t_{1/2}/\mathrm{min}$
pH = 3.0	$C_t = 5.07e^{-0.0055t}$	0.9994	0.0055 ± 0.0001	126.03
pH = 5.0	$C_t = 5.12e^{-0.0041t}$	0.9986	0.0041 ± 0.0001	169.06
pH = 7.0	$C_t = 5.05e^{-0.0031t}$	0.9950	0.0031 ± 0.0001	223.60
pH = 9.0	$C_t = 5.08e^{-0.0017t}$	0.9888	0.0017 ± 0.0001	407.73

6.2.4　纯水体系中 SMX 溶液加入淬灭剂的光降解机制

相关性研究结果表明[14, 15]，SAs 在水溶液中的吸收光谱特征主要是与体系中的活性物种（如·OH、$^1O_2$ 和 e_{aq}^{-1} 等）紧密相连的，此类物质的存在将会对 SMX 的光降解特性产生一定的影响力。因此，对于上述研究结果提出一个假设性的猜想：反应体系中的·OH 及 $^1O_2$ 是推动 SMX 溶液发生光化学降解的主力之一。为验证此猜想是否正确，在纯水反应体系中的 SMX 光解实验中分别加入·OH 的淬灭剂 IPA[16] 以及 NaN$_3$（·OH 和 $^1O_2$ 的淬灭剂），来明确这两种 ROS 在此光降解实验中所起的作用大小，进而来了解位于此体系下 SMX 溶液的光解特性，其详情见图 6.8。

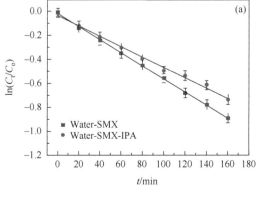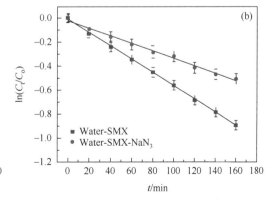

图 6.8　淬灭剂 IPA（a）与 NaN$_3$（b）加入 SMX 溶液的光降解曲线

从图 6.8 中可以发现，将淬灭剂 IPA 与 NaN₃ 加入 SMX 溶液后，其光降解速率明显低于纯水条件下的 SMX 降解速率，表明这两种自由基淬灭剂可以降低 SMX 的光降解反应速率。由此实验结果可以说明，Water-SMX 溶液体系的光降解过程有·OH 和 $^1O_2$ 的产生，且这些活性物种的存在会加快其光解反应的速率从而起到促进的作用。由图 6.8 可知，Water-SMX-IPA 溶液体系下 SMX 的降解曲线的下降趋势明显低于 Water-SMX-NaN₃ 体系，由此可以得出，·OH 对该光降解实验的影响效果没有 $^1O_2$ 显著。由表 6.4 中的数据可知，SMX 溶液中加入 IPA 与 NaN₃ 淬灭剂后其光降解速率大小分别为 0.0044min⁻¹ 和 0.0031min⁻¹，较 SMX 在纯水环境下的速率（0.0055min⁻¹）有所不同。通过理论计算结果可以得出，加入淬灭剂后 SMX 的降解速率较纯水环境体系各自减少了 20% 和 43.64%。由表 6.4 可以看出，在纯水、IPA 和 NaN₃ 的反应体系下 SMX 的 $t_{1/2}$ 数值大小由低到高的顺序依次为 $t_{1/2(\text{Water-SMX})}$（128.36min）< $t_{1/2(\text{Water-SMX-IPA})}$（157.53min）< $t_{1/2(\text{Water-SMX-NaN}_3)}$（223.60min）。由上述的实验结果可知，纯水环境体系下 SMX 的光降解反应伴随着自身的敏化光解过程，该过程会出现·OH 与 $^1O_2$ 物种。Li 等[17]在研究结果中表明，·OH 与 $^1O_2$ 对 SMX 光解反应贡献率的数值大小可由式（6-3）与式（6-4）计算得出，由此可以知道·OH 与 $^1O_2$ 在反应体系中各自的贡献率分别为 20.00%、23.63%。

$$R_{(\cdot OH)} = \left(1 - \frac{K_{\text{Water-SMX-IPA}}}{K_{\text{Water-SMX}}}\right) \times 100\% \tag{6-3}$$

$$R_{(^1O_2)} = \frac{K_{\text{Water-SMX-IPA}} - K_{\text{Water-SMX-NaN}_3}}{K_{\text{Water-SMX}}} \times 100\% \tag{6-4}$$

式中：$k_{\text{IPA-SMX}}$、$k_{\text{NaN}_3\text{-SMX}}$ 和 k_{SMX} 分别代表 SMX 溶液处于自由基淬灭剂 IPA、NaN₃ 以及纯水反应环境体系下的光解反应速率，min⁻¹；$R_{(\cdot OH)}$ 和 $R_{(^1O_2)}$ 分别代表反应体系中·OH 与 $^1O_2$ 各自的贡献率，%。

表 6.4　不同反应体系下 SMX 的光降解相关参数值

反应体系	相关系数 R^2	速率 k/min⁻¹	半衰期 $t_{1/2}$/min
Water-SMX	0.9994	0.0055±0.0001	128.36
Water-SMX-IPA	0.9929	0.0044±0.0001	157.53
Water-SMX-NaN₃	0.9935	0.0031±0.0001	223.60

李聪鹤等[18]在 SMX 的光解研究中提出，其反应过程中产生的中间体（如·OH 和 $^1O_2$ 等）会对其光解过程产生控制性的作用，从而影响反应进行的快慢。通过以上的研究成果可以推断出，纯水环境条件下 SMX 的光化学降解实验可能会涉及以下反应过程的发生：①反应体系中的 SMX 在紫外光照的实验条件下，最终转变为 $^3SMX^*$；②体系中的 $^3SMX^*$ 在 O₂ 的氧化作用下转变成 O_2^- 和 $^1O_2$，其中 O_2^- 结合溶液体系中的 H⁺ 或者直接与水发生作用，从而生成·OH；③SMX 在以上 ROS 的协助下进一步发生光解反应同时伴随着产物的出现。

6.3　草甸土壤腐殖质的提纯制备及测试分析

6.3.1　土壤采集及预处理

土壤样品的采集方法：实验过程中测试所需的土壤样品来源于四川省阿坝州红原县阿木乡（AMX）和瓦切镇（WQZ），全程使用全球定位系统（global positioning system，GPS）进行定位。采样地点隶属于川西北高原牧区，该牧区所处的地势较高。两个站点供试土壤样品的采集选用的是 S 形布点法，该方法的实验操作过程如下：在实验场地中选用蛇形状形式均匀分布 15 个采样点，将每个点的最上层土壤（5cm 左右）去除掉，再使用采样工具（小型环刀）来收集成品，其中土壤采样层深度控制到 20cm 处，并将每个采样地方所选用的 15 个点土壤样品进行混合使其更加均匀化（目的在于取样具有代表性）。采样过程中要求每个采样点的土壤深度、采集样品的数量和质量均要保持一致。

土壤样品的预处理具体方法：将采集好的新鲜土壤样品快速运回实验室中，将其铺展在干净的报纸上（要求铺展的厚度为薄层状）在室温条件下进行自然风干，在风干过程中要经常使用干净的小型铁铲翻动土壤，这样操作有助于土壤的快速风干（风干样品的实验室应该特别注意和防范酸性及碱性气体等污染土壤）。对于大块状土壤样品应使用小铁锹将其小心碾碎后再进行风干操作。将自然风干的土壤样品用鄂破机进行初次的碾碎后挑除掉不相干的杂物（譬如：石子和残枝落叶等），再使用粉碎机将其进行更细致化的碾碎，此时土壤呈现的形态为细小颗粒状或者为细粉末状。用陶瓷研钵再一次研细和磨碎使其能通过型号为 80 目（微孔直径为 2mm）的筛子，将处理好的样品装入自封袋密封保存以供后续实验所用。

6.3.2　土壤中 HA、FA 的提纯及表征方法

1. 提取方法

从川西北高原牧区土壤中提取 HA 和 FA 的方法是在"IHSS 法"为理论研究基础的前提下进一步将腐殖质提取方法进行完善和优化[19–22]。

FA1 提取操作方法如下：①在 2000mL 的玻璃锥形瓶中加入质量为 90g 的土壤供试样品（80 目），向其中加入 HCl 溶液（1mol/L）将反应体系中的悬浮液的 pH 大小调节到 1.0～2.0 的范围（用区间为 0.5～5.0 的精密 pH 试纸进行测试对比），后续实验操作加入 1mol/L 的 HCl 使混合体系中的 $V_{HCl}:V_{Soil} = 10:1$，随后将其放置于振荡箱中摇匀让土壤和溶液接触更为充分，反应更为完全（200r/min，120min）。②在室温环境条件下将混合溶液静置放于实验台面上（15～20h），将静置后的溶液装入 100mL 的塑料离心管进行配平离心操作（3500r/min，12min），将离心过程中产生的上层清亮液体（FA1）倒出放入锥形瓶中低温存放起来，下层固体状沉淀物质为 HA 与 FA2 的混合物。

HA 与 FA2 提取步骤如下：①将上述实验中得到的土壤沉淀物质的 pH 数值大小调到

中性范围（使用 1mol/L NaOH），加入 0.1mol/L 的 $Na_4P_2O_7$-NaOH 混合液使反应体系中的 $V_{soil} : V_{Na_4P_2O_7\text{-NaOH混合液}} = 10 : 1$。②在室温环境体系下将上述混合物放置于振荡箱中充分振荡使其液体和沉淀物质混合得更加均匀（200r/min，12h），振荡完成后将其静置放在实验台上直到混合溶液体系出现较为明显的分层现象时再进行离心操作，将上清液收集保存起来。实验过程中多次重复操作步骤①和②直到反应体系中的混合溶液颜色呈现出浅黄色（除掉固体残渣 HM）即可进行下一步操作。③将浅黄色溶液进行抽滤（0.45μm 有机尼龙微孔抽滤膜）后使用 6mol/L HCl 将 pH 调到酸性范围（pH = 1.0~2.0），放入水浴锅中恒温 1h（$T = 70℃$）。④将上述混合液静置（15~20h）后进行离心、分离操作（3500r/min，12min），在此将会得到上层清亮液体（FA2）和固体状沉淀物（粗品 HA）。

2. 纯化方法

HA 纯化操作如下：①将 HA 粗品进行充分的溶解（少量低浓度的 KOH 溶液）后使体系溶液中的 $C_K^+ = 0.3mol/L$（投加 KCl 固体粉末），静止放置（6h）进行离心操作，并将下层离心固体物进行剔除。②将离心过程中所得到的上层清亮液体 pH 调到酸性范围内（使用 $C_{HCl} = 6mol/L$，pH = 1.0~2.0）。③随后将其放入水浴锅（$T = 70℃$）中保持 1h，冷却后进行离心并将所得的沉淀物质收集保存起来。④在沉淀物中加入适量体积的混合液（$V_{0.1mol/L\ HCl} : V_{0.3mol/L\ HF} = 1 : 1$），均匀振荡（12h）使其与混合液进行无空隙充分接触，此步骤需多次重复，其目的在于使制备出的 HS 中所含的灰分占比量较小，增加实验操作的准确性。④将混合液安全转移到透析袋中后放入装有 5L 超纯水的玻璃烧杯中进行透析（需多次更换超纯水，这样有利于尽快透析掉体系中的 Cl⁻），直到体系水体中加入 0.3mol/L 的 $AgNO_3$ 溶液后无白色沉淀出现即可。⑤将透析液装入塑料离心管中进行冷冻干燥处理后在玛瑙研钵中研磨，得到固体粉末状 HA。将从四川省阿坝州红原县阿木乡（AMX）和红原县瓦切镇（WQZ）土壤中制备得到的 HA 分别记作 AMXHA、WQZHA，将其分装入棕色样品瓶中并在干燥器中进行保存。

FA1 和 FA2 纯化方法：①将实验过程中提取得到的 FA1 和 FA2 腐殖质样品合成一个整体记为 FA，均匀地通过 DXA-8 树脂柱（速率大小控制为 1mL/min），将树脂柱底部流出的液体去除掉。②用适量的超纯水冲洗吸附在 DXA-8 大孔型树脂中的 FA 物质，再用合适体积的低浓度 NaOH 溶液对树脂进行反洗脱的操作，最后再用超纯水对其树脂进行最后的冲洗。冲洗干净的标准为：吸附了 FA 腐殖质的 DXA-8 树脂颜色由深色变为较为显眼的浅色即可。③在上述洗脱过程所得到的液体中加入 6mol/L 的 HCl 溶液，使其 pH 值处于强酸性范围（pH = 1.0），再向混合液体中加入浓度较高的 HF 溶液使其反应体系中的 HF 含量可达到 0.3mol/L，同时也要保证加入 HF 的量可以充分溶解残留在反应体系中的 HA 物质。④将上述液体再次通过 DAX-8 树脂柱，用超纯水进行冲洗后加入低浓度的 NaOH 溶液进行反洗脱的实验操作，最后再一次使用超纯水进行洗涤和冲净。⑤将洗脱得到的反应液通过蠕动泵加入 Amberlite IR 120 H⁺阳离子交换树脂柱中（饱和），将柱底部流出的液体放入冷干机中进行冷冻干燥（48h），用玛瑙研钵磨成细粉状的 FA 样品，在干燥、避光的实验环境条件下保存。将四川省阿坝州红原县阿木乡（AMX）和瓦切镇（WQZ）土壤中提取的 FA 标记为 AMXFA、WQZFA。

3. HS 的表征测试分析方法

1）HS 中的溶解性有机碳（DOC）含量测定

分别称取质量为 1.2500g 的 HS（AMHA、WQHA、AMFA、WQFA）放入 4 个规格为 300mL 的玻璃烧杯中，以上 HS 均用低浓度 NaOH 溶液来进行溶解并定容到 250mL 棕色容量瓶中，摇匀后在瓶塞处贴上封口胶。在室温环境条件下，将 4 种 HS 样品均匀振荡 1h，摇床的速率大小控制为 200r/min。将混合好的 HS 溶液进行抽滤（0.45μm 有机系滤膜），所得的过滤液作为反应所需的储备母液，在低温的实验条件下进行保存（4℃）。将 AMHA、WQHA、AMFA 以及 WQFA 的储备液用 NaOH 溶液（0.1mol/L）稀释成不同浓度的 HS 溶液，测定得出各溶液体系中的 DOC 含量。

2）元素含量及灰分的测试方法

（1）灰分含量的测试方法。

测定 HS 样品灰分含量之前，需要对实验过程中使用的瓷坩埚多次煅烧并恒重，在干燥的环境条件下进行称量记录下初始质量 m_0。将质量均为 0.2000g 的 AMHA、WQHA、AMFA 和 WQFA 样品分别放入 4 个瓷坩埚中，并在马弗炉中连续煅烧 4h（800℃）后，用瓷坩埚钳取出放入干燥器中进行冷却称重，此时瓷坩埚和腐殖质灰分的质量记为 m_1，通过式（6-5）计算得出各 HS 样品中所含有的灰分占比。

$$A = \frac{m_1 - m_0}{0.2000} \times 100\% \tag{6-5}$$

式中，A 为 HS 中的灰分占比，%；m_1 为煅烧后坩埚与 HS 灰分的总共质量，g；m_0 为瓷坩埚在干燥条件下烧至恒重的质量，g。

（2）元素含量的测试方法。

AMHA、WQHA、AMFA 以及 WQFA 样品中所含有的 C、H、N 以及 S 元素的分数占比用型号为 varioMACRO cube 的元素分析仪器进行测试分析操作。用仪器配套使用的锡箔纸分别包装 4 种不同类型的 HS 样品（质量均为 100mg），并用实验室镊子和药品勺将其压实弄成小型的块状待测试样。元素分析仪在实验工作过程中设置的参数条件详情如下：$P_{He(压强)}$= 0.19MPa、$Q_{He(流量)}$= 230mL/min；$P_{O_2(压强)}$= 0.15MPa、$Q_{O_2(流量)}$= 11～16mL/min；T 氧化炉(温度)= 1150℃、T 还原炉(温度)= 850℃。仪器选用 CHNS 模式来测定不同类型 HS 中的元素含量（C、H、N 和 S 元素），而其 O 元素的含量可通过式（6-6）计算得出。

$$
\begin{aligned}
\text{O元素含量(\%)} =& 100\% - \text{C元素含量(\%)} - \text{H元素含量(\%)} \\
& - \text{N元素含量(\%)} - \text{S元素含量(\%)} - \text{Ash(\%)}
\end{aligned}
\tag{6-6}
$$

式中，Ash 表示样品中的灰分含量，%。

3）UV-vis 测试方法

用 Evolution 300 型紫外分光光度计分别测定 AMHA、WQHA、AMFA 以及 WQFA 溶液（DOC_{HS} = 30mg/L）UV-vis 光谱图，由图中的实验数据计算出各 HS 样品中的参数指标（如 $SUVA_{254}$、E_2/E_3、E_2/E_4 和 E_4/E_6 等），从而通过这些参数指标的数值来判断各

HA、FA 样品的分子量大小、芳香化程度和腐殖性强度等。仪器运行过程中测试的范围和步长宽度分别设置为 200～800nm 及 1nm。

4）FT-IR 测试方法

不同源的 HA 以及 FA 样品的测试 FT-IR 图谱选用的是 KBr 压片法（测试前需要将 KBr 置于 105℃的环境条件下烘干 120min）。红外测试的实验操作如下：将质量均为 2mg 的 AMHA、WQHA、AMFA 和 WQFA 样品分别与 KBr 进行混匀放入压片模具中按压成透明状薄片（要求 $m_{腐殖质质量}：m_{KBr质量}＝1：100$），然后测试各腐殖质样品的红外光谱图。Tensor II 红外仪器的扫描范围是 4000～400cm^{-1}，分辨率参数值为 4cm^{-1}。

6.3.3　HS 的 DOC 含量及元素分析

1. HS 的 DOC 含量分析

用 Liqui TOC II 型仪器分别测试 AMXHA、WQZHA、AMXFA 和 WQZFA 溶液中的 DOC 浓度大小，其详细情况见图 6.9。对图 6.9 分析可知，AMXHA、WQZHA、AMXFA 和 WQZFA 的 DOC 浓度区间为 202.66～313.78mg/L，将其从高到低排列为：WQZFA＞WQZHA＞AMXFA＞AMXHA。由此可知，从阿坝州阿木乡土壤制备得到的 HS 中所含有的 DOC 浓度是强于阿坝州瓦切镇的。对图 6.9 的数据进行分析可知，WQZHA 和 WQZFA 的 DOC 浓度分别是 AMXHA、AMXFA 的 1.32 倍、1.23 倍。以上现象的产生可能与下述情况有所关联，在对瓦切镇土壤进行风干后挑选不相干杂物时发现其含有较多的植物根、茎、枯叶等，该物质可能会在腐化降解过程产生更为丰富的有机物质，从而加大了该地 HS 的 DOC 含量。

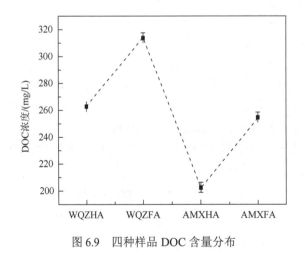

图 6.9　四种样品 DOC 含量分布

2. HS 的元素分析

HS 的元素分析结果可用来反映该物质的构成情况，从而可以间接地反映出该物质所具有的理化性质。AMXHA、WQZHA、AMXFA 和 ZWQFA 的元素测试结果见表 6.5。由

表 6.5 可以清楚地知道，4 种 HS 中均有 C、H、O、N、S 元素的存在，只是各元素的占比略微不同而已。

　　AMXHA、WQZHA、AMXFA 和 WQZFA 的灰分质量分数位于 0.13%～0.68%这个区间，相对于其他参数值来说，各 HS 的灰分占比量还是较少的。在表 6.5 中，C 占比量呈现出这样的规律性：WQZFA＞WQZHA＞AMXFA＞AMXHA，从而可知 WQZFA 的 C 含量较为丰富，具有的成熟度最高，其中 C 元素占比量大小与各 HS 的 DOC 浓度也具有一定的关联性，DOC 浓度的不同对于其 C 元素的贡献也就有所不同。AMXHA、WQZHA、AMXFA、WQZFA 中的 H、O、N、S 元素占比量区间大小分别处于 1.87%～5.27%、49.46%～59.14%、1.23%～4.15%、0.58%～0.80%这 4 个范围。各 HS 所含有的 H、O、N 的占比量呈现出的大小关系在结果上具有一致性，即 WQZFA＞WQZHA＞AMXFA＞AMXHA。由此可得出，AMXHA、WQZHA、AMXFA 和 WQZFA 中含有的 C、O 元素所占百分比均高于 H、N、S 元素，说明各 HS 中 C、O 元素对于其元素组成配比作出了较大的贡献。

　　HS 中各元素所对应的原子比值的数值大小与该物质的理化性质具有深层次的关联关系。样品 AMXHA、WQZHA、AMXFA 和 WQZFA 中 H/C、C/H、O/C、（O＋N）/C 的比值大小分别与以下特性相对应，即 HS 饱和程度、芳香程度、氧化度强弱、极性高低，其异质性指标的数值越大所对应的特性就越强[23, 24]。

表 6.5　AMXHA、WQZHA、AMXFA 和 WQZFA 的元素含量和异质性参数

腐殖质	元素含量/%						原子质量比			
	A	C	H	O	N	S	C/H	H/C	O/C	（O＋N）/C
WQZFA	0.13	46.51	1.87	49.46	1.23	0.80	24.80	0.04	1.06	1.08
WQZHA	0.25	40.38	2.43	53.74	2.45	0.75	16.61	0.06	1.33	1.39
AMXFA	0.58	35.67	4.51	54.92	3.68	0.64	7.91	0.13	1.54	1.64
AMXHA	0.68	30.18	5.27	59.14	4.15	0.58	5.73	0.17	1.96	2.09

　　注：A 是指灰分；ZWQFA、WQZHA 分别指从瓦切镇土壤中提取的腐殖质 FA 和 HA；AMXFA、AMXHA 分别指从阿木乡土壤中提取的腐殖质 FA 和 HA。

　　对表 6.5 的测试数据进行分析可知，4 种 HS 中的 H/C 的数值大小处于 0.04～0.17 的范围，比值的大小顺序为 AMXHA＞AMXFA＞WQZHA＞WQZFA，而 C/H 的高低关系与上述排序具有相反的趋势，即 WQZFA＞WQZHA＞AMXFA＞AMXHA（芳香性规律与此相同），由此可以推出 AMXHA 的饱和程度最大，该物质所具有的脂肪性的含量较为丰富而芳香性化合物的含量相对较少，而 WQZFA 中则具有较多的芳香结构，其体现出的芳香性能最高。AMXHA、WQZHA、AMXFA 和 WQZFA 中 O/C 占比值高低关系为 AMXHA＞AMXFA＞WQZHA＞WQZFA，从而可以知道 AMXHA 中含有较为丰富的羧酸基团、羰基等含氧化性的组成基团，其大小可能与采样点的地理位置以及所处环境具有较大的关联性。由 4 种 HS 样品的(N＋O)/C 数值大小可以得出其极性的强弱关系，具体呈现出的关系如下：AMXHA（2.09）＞AMXFA（1.64）＞WQZHA（1.39）＞

WQZFA（1.08），此结果与上述 O/C 占比值高低关系相同，其主要原因是 HS 中的 N 元素占比量较小。由此可知，AMXHA 的极性最大，其构成中所具有的极性物质、碳水物质以及氧化性物质较为丰富。

6.3.4　光谱测试分析

1. UV-vis 分析

AMXHA、WQZHA、AMXFA 和 WQZFA 的 UV-vis 分布曲线见图 6.10。从图 6.10 可看出，①各 HS 的 UV-vis 分布曲线中其照射的波长越大则所对应的吸光度数值 A 就越小，二者呈现出截然不同的相反趋势；②各 HS 在波长为 260～300nm 的区间内有肩型峰的出现，且其峰强度还有所差异，这可能与 HS 中所具有的芳香化结构中的 $\pi—\pi^*$ 不饱和键上的电子能量在转移过程中发生变化有关[25]；③各 HS 在紫外光区间所反映出的光吸收强度较为明显，从而可说明这 4 种 HS 结构中所具有的生色官能团含量较丰富，其类型较为多样化；④从 WQZFA 的 UV-vis 光谱图中可以发现，该物质在 200～800nm 的波长区间内发生了红移现象，由此可以推断出其可能具有的芳香共轭结构含量较为丰富，从而导致了 WQZFA 的吸光性能变强而发生红移[26]。

由 AMXHA、WQZHA、AMXFA 和 WQZFA 在各波长下所对应的吸光度值来计算各 HS 的 UV-vis 参数值大小（如 $SUVA_{254}$、E_2/E_3、E_2/E_4 等），其详情已展示在表 6.6 中。

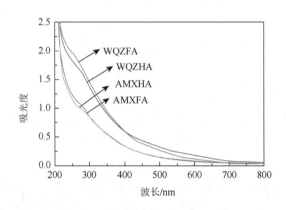

图 6.10　四种样品 UV-vis 分布曲线

表 6.6　AMXHA、WQZHA、AMXFA 和 WQZFA 的 UV-vis 参数值

参数指标	AMXHA	AMXFA	WQZHA	WQZFA
$SUVA_{254}$	1.11	1.19	1.79	1.94
E_2/E_3	2.38	2.57	2.29	2.40
E_2/E_4	4.41	4.68	3.67	4.13

注：$SUVA_{254}$ 指 HS 在波长为 254nm 时的吸光度值；E_2/E_3 指 HS 处于 250nm、365nm 时的吸光度比值；E_2/E_4 指 HS 处于 240nm 与 420nm 时的吸光度比值。

Qu[27-29]等在研究中是这样阐述的，HS 的 UV-vis 光谱中的参数值 SUVA$_{254}$ 可以体现出该物质的芳香性大小，其数值的大小与芳香性的高低关系会呈现出相同的趋势，而计算出的参数值 E_2/E_3、E_2/E_4 反映出的是该物质分子量的特征值以及缩合程度的大小关系，上述参数值分别与其对应的特征程度呈截然不同的相反趋势。从表 6.6 可以知道，AMXHA、WQZHA、AMXFA 和 WQZFA 样品的 SUVA$_{254}$ 数值大小范围在 1.11～1.94 区间内，其 SUVA$_{254}$ 值由高到低的顺序为 WQZFA＞WQZHA＞AMXFA＞AMXHA，由上述结果可以知道这 4 种 HS 样品的芳香性由强到弱的排序为 WQZFA＞WQZHA＞AMXFA＞AMXHA，该结果与 6.3.3 节元素分析中异质性指标 C/H 比值大小关系所得出芳香性的结论具有较高的一致性。

表 6.6 中 WQZFA、WQZHA、AMXFA、AMXHA 所测试得出的 E_2/E_3 数值大小分别为 2.40、2.29、2.57、2.38，从而可以推断出这 4 种 HS 的分子量从大到小的顺序依次为 WQZHA、AMXHA、WQZFA、AMXFA，由此可以看出从同一采样点的土壤中提取得到的 HA 的分子量普遍都高于 FA 的分子量，而从不同采样点的土壤制备出的 HA 和 FA 的分子量数值在大小关系上存在略微的差异性，具体的情况如下所述，瓦切镇土壤中 HA、FA 的分子量数值分别高于阿木乡土壤中 HA 与 FA 的分子量。表 6.6 中 E_2/E_4 的比值范围分布在 3.67～4.68 区间，由该比值的大小可以推断出 4 种 HS 样品的缩合度强弱关系为 WQZHA＞WQZFA＞AMXHA＞AMXFA。

2. FT-IR 分析

从 HS 的 FT-IR 光谱图中可知其官能团类别以及相对应的特征吸收峰在此波数区间的强弱关系，从而来反映出 HS 物质结构中富含的芳香程度、含氧程度以及成熟度等性质。HS 的 FT-IR 光谱图中的吸收峰的化学键归属情况[30, 31]，见表 6.7。

表 6.7　HS 的 FT-IR 吸收峰归属情况

波数/cm^{-1}	归属情况
3100～3600	O—H 振动（羧基型、酚型、多糖型）、N—H 振动、氢键缔合
3050～3090	C—H 振动
2920～2940	脂类—CH$_2$ 振动
2850～2870	脂类—CH、—CH$_3$ 振动
1700～1730	羧酸类、醛类、酮类 C=O 振动
1600～1660	芳香类 C=C，羧酸类—COO—，蛋白类酰胺基 C=O 振动
1510～1590	芳香类 C=C，C=N 振动，酰胺类羧基 NH 变形
1410～1460	脂类—CH$_3$，CH$_2$ 振动
1200～1260	醚类、羧基类、酚类中 C—O，O—H 振动
1020～1050	酯类 C—O—C，醇类、醚类、脂类、多糖类 C—O 振动
910～950	芳香环 C—H，醚类、酚类 C—O 振动
820～850	对位芳香环 C—H，氨基类 N—H 振动
450～460	Si—O—Si 振动

　　采用 Tensor Ⅱ 型红外仪器测试 WQZHA、WQZFA、AMXHA、AMXFA 样品得出的光谱分析图详情见图 6.11。由图 6.11 可知，4 种腐殖质样品的光谱图整体上表现出的趋势大致相同，但在某些特征峰波数处的振动伸展强度具有不同之处。由图 6.11 （a）可知，WQZFA 样品的主要特征吸收峰是在 3404cm^{-1}、2919cm^{-1}、2849cm^{-1}、1644cm^{-1}、1521cm^{-1}、1230cm^{-1}、1030cm^{-1}、525cm^{-1}、466cm^{-1}。从图 6.11 （b）可知，WQZHA、AMXFA 和 AMXHA 这 3 种腐殖质的吸收峰共同所处的波数有 3412cm^{-1}、2913cm^{-1}、1593cm^{-1}、1389cm^{-1}、1030cm^{-1}，由此可以推断出这 3 种样品的物质结构情况以及官能团的组成情况是具有一定相似之处的，而 WQZFA 所呈现出的规律与前面的结果稍微有所不同。综合上述情况可知，从不同采样点提取的同种 HS 以及同源采样点提取的不同类型 HS 在 FT-IR 仪器中所测试得出的光谱图是有所差异性的（体现在结构组成、官能团类别以及丰度等方面），但从整体上来看各物质所呈现出的规律是有相似性和关联性的。

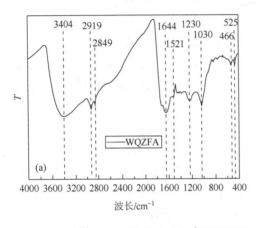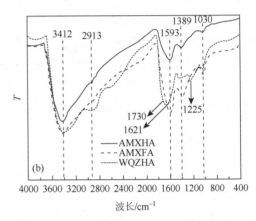

图 6.11　WQZFA （a）与 WQZHA、AMXHA、AMXFA （b）的 FT-IR 图

　　对比表 6.8 中不同吸收峰波数所对应的官能团及化学键信息，可以得出 WQZHA、WQZFA、AMXHA、AMXFA 这 4 种 HS 的结构中含有的化学键有 O—H、N—H、—CH$_2$—、C=O、C=C 以及 C—O 等，从以上化学键的详情可以知道以上 4 种样品主要以脂类、芳香类、芳香醚类和羧酸类的化合物居多。将 WQZFA 与 WQZHA、AMXHA、AMXFA 这 3 种 HS 的 FT-IR 光谱图进行比较可知，WQZFA 样品中还包含有酰胺类、硅氧类以及氨基酸类物质（具有 N—H 化学键）。与 WQZFA、AMXHA、AMXFA 样品进行比较可知，WQZHA 的结构中是有羧基类 C=O 化合物存在的。对 4 种 HS 中不同吸收峰的强度进行探讨可得出，从采样点瓦切镇提取的 FA 在 3404cm^{-1}、2919cm^{-1}、1521cm^{-1}、1230cm^{-1} 和 1030cm^{-1} 波数中所对应的各官能团振动强度高于阿木乡土壤中制备所得到的 HA 和 FA，从上述情况可以判断出 WQZFA 中含有的芳香组成、脂类组成和氧化物组成的含量占比较为丰富。对图 6.11 进行分析可推出，WQZFA、WQZHA、AMXHA、AMXFA 样品在 1521～1621cm^{-1} 区间内所对应的芳香型化合物中的 C=C 化学键的振动强度大小顺序为 WQZFA＞WQZHA＞AMXFA＞AMXHA，该 FT-IR 结论与元素分析、UV-vis 测试分析结果相互呼应且表现出的规律性变化是完全相同的。

表 6.8 不同 HS 的 FT-IR 吸收峰归属情况

波数/cm^{-1}	强度	HS	归属详情
3412、3404	高	WQZFA、AMXHA、WQZHA、AMXFA	O—H 振动（羧基型、酚型、多糖型）、N—H 振动、氢键缔合
2849、1644	高	WQZFA	脂类 C—H、—CH$_3$ 振动, 芳香类 C=C, 羧酸类—COO—, 蛋白类酰胺基 C=O 振动
2919、2913	高/低	WQZFA、WQZHA、AMXFA、AMXHA	脂类—CH$_2$ 振动
1521、1593	低	AMXHA、WQZHA、AMXFA	芳香类 C=C, C=N 振动, 酰胺类羰基 N—H 变形
1389	低	AMXHA、WQZHA、AMXFA	脂类—CH$_3$、—CH$_2$ 振动
1230	高	WQZFA	醚类、羧基类、酚类中 C—O、—OH 振动
1030	低	WQZFA	酯类 C—O—C、醇类、醚类、脂类、多糖类 C—O 振动

6.4 草甸土壤腐殖质及其复合体对磺胺甲噁唑光解的影响

6.4.1 土壤腐殖质对磺胺甲噁唑光解的影响

1. 实验方法

1）不同类型 HS 对 SMX 光降解的影响作用

光降解实验选用 10mg/L 的 WQZHA 溶液，用移液枪从上述溶液中移取体积为 3mL 的 WQZHA 反应液，并将其与 5mg/L 的 SMX 溶液（体积为 45mL）进行均匀混合，将反应体系的 pH 调节到酸性范围（3.10±0.05）。WQZFA-SMX、AMXHA-SMX 和 AMXFA-SMX 这 3 种反应体系的配置方法与上述实验操作方法相同。在室温、避光反应体系下，将上述配置好的 HS-OCs 反应液放置于振荡箱中进行混合摇匀从而得到光降解实验的反应液（200r/min，60min）。将上述反应液倒入光化学反应仪的石英光解管中进行光化学降解反应，每隔 20min 取一次光解液样品，用 Agilent 1260 型 HPLC 仪器测试光化学降解反应中 SMX 溶液的浓度，该光降解实验设置 3 个平行对照组和暗反应环境条件对照组，其目的在于消除无关变量条件对光解实验造成的影响从而保证研究结果的真实性和可靠性。光解仪的参数条件与 6.2.1 节第 1 点相同，Agilent 1260 型 HPLC 仪器的参数设定条件与 6.2.1 节第 2 点相同。

2）HS 体系中添加淬灭剂对 SMX 光降解影响作用

在 WQZHA-SMX、WQZFA-SMX、AMXHA-SMX、AMXFA-SMX 反应体系中分别加入淬灭剂浓度为 100mmol/L 的 IPA、NaN$_3$（其目的在于淬灭反应体系中的·OH 和 ^{1}O$_2$），混合液反应体系中选用的是 5mg/L 的 SMX 溶液，其中 WQZHA、WQZFA、AMXHA 以及 AMXFA 的浓度均为 10mg/L，将反应体系的溶液调节为酸性范围（3.10±0.05），在室温避光的环境体系下均匀混合上述反应溶液，并将其以 200r/min 的转速来进行振荡，时长控制为60min，从而得到光化学降解的反应溶液。将上述实验操作得到的混合液体放入光化学仪中进行光降解实验，其仪器的操作条件和光解样品取样时间以及测试分析手段与6.2.1节第1点相同。

3）HS溶液中光生·OH以及$^1O_2$的EPR测试

实验过程中测定HA、FA中在光照环境条件下的自由基所需的溶液配制方法如下。

磷酸盐缓冲溶液（phosphate buffered saline，PBS）：称取NaCl、KCl、Na_2HPO_4、K_2HPO_4这4种物质，其质量分别为8g、0.2g、1.44g、0.24g，然后将其用800mL的超纯水进行溶解，将混合液体系调节到中性范围（pH=7.4），其浓度含量为0.01mol/L。将配制好的PBS溶液进行蒸汽灭菌，时长为30min，将其保存在低温环境体系下（4℃）备用（配制过程中加入NaCl和KCl的目的在于调节缓冲液体系的渗透压）。

600mmol/L DMPO储备液：在5mL的棕色容量瓶中加入体积为417μL的DMPO原液，用PBS缓冲液（0.01mol/L）进行定容摇匀后贴上封口胶，将DMPO储备液保存在−20℃环境体系中待用。600mmol/L TEMP储备液：将体积为406μL的TEMP原液加入棕色容量瓶中（5mL），再用0.01mol/L的PBS缓冲液进行定容，其液体加至容量瓶的刻度线处，放置于室温环境条件下（容量瓶口处需贴上白色封口胶）。

在紫外光照射的环境条件下，采用EMXmicro-9.5/12型ESR设备测试AMXHA、WQZHA、AMXFA、WQZFA溶液体系中的·OH（用DMPO进行捕捉）和$^1O_2$（用TEMP进行捕捉）。实验过程中的操作步骤如下：①将AMXHA、WQZHA、AMXFA和WQZFA溶液（DOC_{HS}=30mg/L）分别与DMPO、TEMP（浓度均为100mmol/L）溶液进行等体积混合，形成8种不同体系的反应液；②分别移取DMPO-AMXHA、DMPO-WQZHA、DMPO-AMXFA、DMPO-WQZFA、TEMP-AMXHA、TEMP-WQZHA、TEMP-AMXFA和TEMP-WQZFA这8种不同类型体系中的溶液，将其分别装入测试的毛细管中。将底部密封好的毛细管缓慢地放入样品管（材质为石英）后在紫外光的实验条件下测试各反应体系中·OH和$^1O_2$的详细情况。

4）不同浓度HS对SMX光解的影响

不同浓度HS体系下的SMX光降解实验步骤均与本节相同，其中各HS体系的浓度选择的是0mg/L、10mg/L、30mg/L、50mg/L，进而来探讨SMX在不同环境体系下的光降解行为特征。

5）不同pH环境条件下HS对SMX光解的影响

配制不同的HS-SMX溶液各3份（其中C_{HS}=10mg/L、C_{SMX}=5mg/L），同时将各HS-SMX体系的3份混合液分别调节到酸性（pH=3.00±0.05）、中性（pH=7±0.05）以及碱性（pH=3.00±0.05）范围后将其放置于室温、黑暗条件下混合振荡至摇匀（200r/min，60min），将制得的液体放入石英管中进行光化学降解实验，其中光化学仪的参数设置条件、样品取出时间和测试分析步骤与本节相同。

2. 结果与讨论

1）HS与SMX的UV-vis光谱特征

为了探讨在SMX溶液体系中加入HS后的光解情况，本研究选用Evolution 300型紫外分光光度计来测定 SMX（5mg/L）、WQZHA、WQZFA、AMXHA 和 AMXFA（HS 浓度均为 10mg/L）这 5 种物质的 UV-vis 光谱特征图（测试的波长范围为 210～420nm），见图 6.12。从图 6.12 中可知，SMX 与 4 种 HS 溶液在测试紫外波长区间内的光吸收现象很显著，所对应的吸光度区间为 0～2.28，由此可知 SMX、WQZFA、WQZHA、AMXFA 和 AMXHA 在该条件下伴随有光解反应。

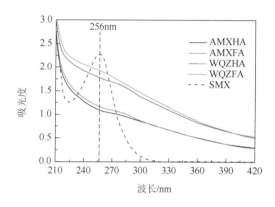

图 6.12 SMX 与不同类型 HS 的 UV-vis 光谱图

2）不同类型 HS 对 SMX 光降解行为的影响作用

WQZFA、WQZHA、AMXFA、AMXHA 这 4 种 HS 样品对 SMX 溶液的光化学降解曲线图详情见图 6.13。图 6.13 中，添加 4 种不同类别 HS 后，混合溶液体系中的 SMX 光化学降解仍然与一级反应动力学模型相互吻合。在各体系中加入适量的 HS 溶液后 SMX 的光解速率明显加快且强于纯水反应环境体系中 SMX 的光化学降解速率值（0.0055min^{-1}），由上述实验结果可以说明这 4 种 HS 的添加更有益于加快反应体系中 SMX 光解反应的进行，且各混合反应环境体系中 SMX 光解曲线 R^2 数值大小范围分布在 0.9905～0.9914 这个区间，从而更深层次地体现出 SMX 光解反应曲线的相关性较好。从表 6.9 中可以得出，在 SMX 溶液中添加不同类型 HS 后各体系的光化学降解快慢在数值大小上是具有细微差异性的，4 种 HS 反应体系中 SMX 溶液光解速率的快慢顺序由低到高依次为 $k_{AMXHA-SMX}$（0.0067min^{-1}）$<k_{AMXFA-SMX}$（0.0080min^{-1}）$<k_{WQZHA-SMX}$（0.0087min^{-1}）$<k_{WQZFA-SMX}$（0.0093min^{-1}），由此可以看出，SMX 溶液体系中添加 WQZFA 后的降解速率值最大，而添加 AMXHA 后的光降解速率值最小，但都强于纯水环境体系这个条件下的 SMX 速率值。由表 6.9 中还可以得出，4 种 HS 体系中 SMX 的半衰期 $t_{1/2}$ 值由大到小的顺序为 $t_{1/2AMXHA-SMX}$（103.45min）$>t_{1/2AMXFA-SMX}$（86.64min）$>t_{1/2WQZHA-SMX}$（79.67min）$>t_{1/2WQZFA-SMX}$（74.53min），纯水环境反应体系中 SMX 的半衰期 $t_{1/2}$ 数值（126.03min）分别是以上 4 种 HS 混合体系的 1.22 倍、1.45 倍、1.58 倍、1.69 倍，由此可以说明在 SMX 溶液体系中添加 WQZFA、WQZHA 比在环境反应体系中添加 AMXHA 和 AMXFA 这两种 HS 样品对其 SAs 药物的光化学降解反应的速率影响更为显著，效果更佳，从而更能深层次地体现出 WQZFA、WQZHA 对其 SMX 光解反应影响的优越性。

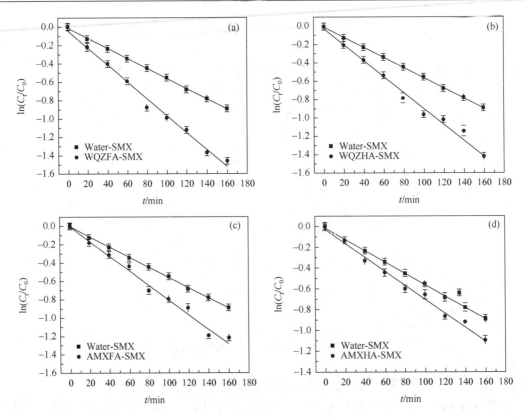

图 6.13 反应体系中添加不同类型 HS 后的 SMX 光降解曲线

在 SMX 溶液环境反应体系中添加 WQZFA、WQZHA、AMXFA、AMXHA 这 4 种 HS 样品后，各体系中的 SMX 药物的光解反应进行的快慢顺序有所不同，该现象发生的原因可能是以下因素造成的：①不同采样点提取和纯化的 HS 样品物质结构特征以及自身所具有的理化性质有所不同。此前，Atkinston 等[34]也在研究中指出不同源的 HS 对污染物的光解作用的影响力是具有差异性的；②HS 样品的腐殖化程度的高低会影响 SMX 光解反应进行的快慢顺序，且样品的腐殖化程度越高其物质结构中含有的脂肪链就更容易发生进一步的降解，从而转变成一些不同类型的含氧化合物[35]。含氧化合物在模拟日光或紫外光照射的环境条件下会积蓄光能从而将其进一步转变成具有较强活性的氧化物种（如·OH、·O$_2^-$和 ^{1}O$_2$ 等），该物质的存在会较大程度上协助污染物的快速降解[36]。

表 6.9 不同类型的 HS-SMX 反应体系的光化学降解相关参数信息

反应体系	参数方程	速率值 k/min^{-1}	半衰期 $t_{1/2}$/min	相关系数 R^2
Water-SMX	$C_t = 5.07e^{-0.0055t}$	0.0055 ± 0.0001	126.03	0.9994
WQZFA-SMX	$C_t = 5.11e^{-0.0093t}$	0.0093 ± 0.0003	74.53	0.9906
WQZHA-SMX	$C_t = 5.03e^{-0.0086t}$	0.0087 ± 0.0003	79.67	0.9914
AMXFA-SMX	$C_t = 5.09e^{-0.0079t}$	0.0080 ± 0.0003	86.64	0.9905
AMXHA-SMX	$C_t = 5.13e^{-0.0067t}$	0.0067 ± 0.0002	103.45	0.9906

3）HS 体系中添加淬灭剂对 SMX 光降解的影响作用

不同 HS-SMX 体系中添加淬灭剂（IPA、NaN₃）对 SMX 光化学降解的影响作用曲线详情如图 6.14 所示。对图 6.14 进行详细的分析可得到，加入淬灭剂后 HS-SMX 体系中的 SMX 光解曲线依旧十分吻合一级反应动力学模型，且污染物的光化学降解反应速率值均小于未添加淬灭剂之前的速率值，显而易见，环境反应体系中产生的·OH、$^1O_2$ 这两种物质有益于 SMX 的光解反应的进行。

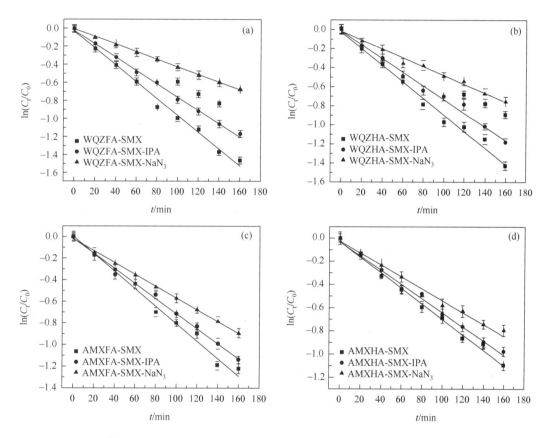

图 6.14　IPA、NaN₃ 对 HS-SMX 体系中 SMX 光解作用的影响曲线

除上述描述的情况外，从图 6.14 中还可以发现，在不同 HS-SMX 体系中添加淬灭剂后的 SMX 光化学降解反应速率值减小的趋势从总体上来看是强于纯水反应体系的，由此可以推测出混合溶液反应体系中产生的·OH、$^1O_2$ 可能有两个来源：①降解底物 SMX 在紫外光照射的环境条件下通过自身敏化而发生光化学降解的过程中会产生上述两种具有氧化性的物质；②不同类型的 HS 溶液中可能会含有·OH、$^1O_2$ 这两种物质。由图 6.14 可以看出，总体而言，同种地方的 HS-SMX 体系中加入淬灭剂 IPA 后 SMX 光解曲线速率值是高于添加 NaN₃ 反应体系的；不同类型的 HS-SMX 体系中添加 IPA、NaN₃ 时，可以发现当 HS 样品为 WQZFA、WQZHA 时混合溶液体系中 SMX 光解速率下降的幅度较大，而 AMXHA、AMXFA 体系呈现出与上述情况截然不同的相反趋势。由上述实验结果可

以推断出，造成上述情况产生的原因可能是跟环境反应体系中·OH 与 $^1O_2$ 各自在 SMX 光解反应过程中的贡献占比值大小相关联的。

HS 体系中添加 IPA、NaN$_3$ 后 SMX 的光降解相关参数的信息展示于表 6.10 中。从表 6.10 中可知，在不同 HS-SMX-IPA、HS-SMX-NaN$_3$ 混合溶液体系中 SMX 光化学降解曲线的相关系数 R^2 的数值大小分布在 0.9893~0.9992 区间，由此可以看出各体系中 SMX 降解曲线的相关性较强。对上述实验数据进行分析可得出，HS-SMX 环境反应体系中加入淬灭剂 IPA 后 SMX 光解速率值减缓幅度的趋势明显要强于加入 NaN$_3$ 后的反应体系，由此可以充分体现出各 HS-SMX 反应体系中加入 NaN$_3$ 的影响作用力是优于 IPA 的。

表 6.10　HS 体系中添加 IPA、NaN$_3$ 后 SMX 的光降解相关参数

反应体系	速率 k/min^{-1}	半衰期 $t_{1/2}$/min	相关系数 R^2
WQZFA-SMX	0.0093±0.0003	74.53	0.9906
WQZFA-SMX-IPA	0.0074±0.0001	93.66	0.9974
WQZFA-SMX-NaN$_3$	0.0042±0.0001	165.04	0.9992
WQZHA-SMX	0.0087±0.0003	79.67	0.9914
WQZHA-SMX-IPA	0.0071±0.0002	97.63	0.9923
WQZHA-SMX-NaN$_3$	0.0046±0.0001	150.68	0.9903
AMXFA-SMX	0.0080±0.0001	86.64	0.9905
AMXFA-SMX-IPA	0.0069±0.0002	100.46	0.9966
AMXFA-SMX-NaN$_3$	0.0054±0.0001	128.36	0.9987
AMXHA-SMX	0.0067±0.0002	103.45	0.9906
AMXHA-SMX-IPA	0.0061±0.0002	113.63	0.9925
AMXHA-SMX-NaN$_3$	0.0051±0.0002	135.91	0.9893

不同 HS-SMX 混合溶液反应体系中·OH、$^1O_2$ 对 SMX 光降解反应做出的贡献率高低可用式（6-7）和式（6-8）的计算结果进行评判。

$$R_{(\cdot OH)} = \left(1 - \frac{k_{\text{HS-SMX-IPA}}}{t_{\text{HS-SMX}}}\right) \times 100\% \tag{6-7}$$

$$R_{\left(^1O_2\right)} = \frac{k_{\text{HS-SMX-IPA}} - k_{\text{HS-SMX-NaN}_3}}{k_{\text{HS-SMX}}} \times 100\% \tag{6-8}$$

式中，$k_{\text{HS-SMX}}$ 代表 HS 体系中 SMX 药物的光解速率值，min^{-1}；$k_{\text{HS-SMX-IPA}}$、$k_{\text{HS-SMX-NaN}_3}$ 分别代表 HS-SMX 体系中加入淬灭剂 IPA、NaN$_3$ 后 SMX 的光解速率值，min^{-1}。

HS-SMX-IPA、HS-SMX-NaN$_3$ 反应条件下各反应体系中·OH、$^1O_2$ 对 SMX 光解反应贡献率值大小情况如图 6.15 所示。从图 6.15 中可以明显看到，4 种反应体系中·OH、$^1O_2$ 的贡献率数值大小关系均表现为 $R_{\left(^1O_2\right)} > R_{(\cdot OH)}$，因此可以得出 $^1O_2$ 在 SMX 光解过程中的影响作用力最强是导致其光解反应加快的原因之一。

从图 6.15 中可发现，·OH 在各反应体系中的贡献率数值由高到低的顺序是 WQZFA-SMX（20.43%）＞WQZHA-SMX（18.39%）＞AMXFA-SMX（13.75%）＞AMXHA-SMX（8.96%），而 $^1O_2$ 在各体系中的贡献率数值由小到大的排序依次为 AMXHA-SMX（14.93%）＜AMXFA-SMX（18.75%）＜WQZHA-SMX（28.74%）＜WQZFA-SMX（34.41%）。综合上述实验结果可以得出，从瓦切镇提取出来的 HS 产生·OH、$^1O_2$ 这两种物种的能力较阿木乡这个不同源地方而言具有一定的优势性。WQZHS 与 AMXHS 样品中的 $R_{(^1O_2)}$、$R_{(·OH)}$ 在 SMX 光解过程中的数值大小有所不同的原因可能与 HS 的来源、类型、自身浓度形成过程以及该样品物质的结构特征和理化性质有所关联，以上这些因素可能会影响 HS 体系吸收外部环境中提供的光能量转变生成·OH、$^1O_2$ 物质的产量高低以及能力大小从而对其 SMX 光解反应产生不同的影响作用力[37]。

回顾之前 HS 的表征测试结果可以得知，从瓦切镇提取出的 HS 具有以下特点：①WQZHS 中的氧化性化合物含量较为丰富，这些氧化性化合物的存在以及丰富程度可能都将会进一步促进反应体系生成·OH，从而对 SMX 光解反应造成不同程度的影响；②WQZHS 样品的分子量较 AMXHS 而言具有较大的优势，猜想分子量大的 HS 样品可能其物质的结构更为复杂、腐殖化的程度更高，而这些因素都将会进一步影响环境反应体系中生成·OH 和 $^1O_2$，从而造成各氧化性物种在 SMX 光解反应中的贡献率在数值大小上具有一定差异性，该猜想与杜超等[38]和 Timko 等[39]研究的成果有一定的相似之处。综上所述，以上这些影响因素可能就是造成 SMX 光解速率不同的原因。

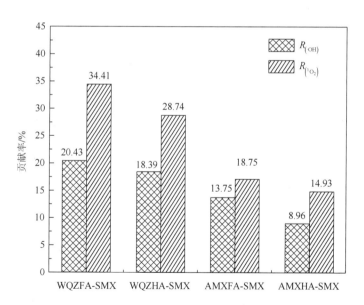

图 6.15　不同 HS-SMX 反应体系中·OH、$^1O_2$ 的贡献率占比

4）HS 在紫外光照射条件下生成·OH 和 $^1O_2$ 的 EPR 测试

在紫外光照射的实验条件下，用 EMXmicro-9.5/12 型 EPR 仪器对 WQZFA、WQZHA、AMXFA 和 AMXHA 样品溶液进行检测，发现这 4 种 HS 溶液中均含有 DMPO-OH 和

TEMP-$^1O_2$ 的信号特征峰，测试结果的详情如图 6.16 所示。从图中可以发现，DMPO-OH 是一个四重信号峰型，且各个峰的强度比值为 $1：2：2：1$，而在图 6.16（b）中可以看到 TEMP-$^1O_2$ 呈现的是一个三重峰，强度比具体为 $1：1：1$。

将图 6.16 中各 HS 体系中的·OH 和 $^1O_2$ 的 EPR 图谱进行比较可知，不同类型和不同源的 HS 在产生 ROS 的能力方面是具有一定差距的。对图 6.16 进行详细的分析可得出以下结论：①对 WQZFA、WQZHA、AMXFA、AMXHA 溶液进行 EPR 测试可得出 TEMP-$^1O_2$ 信号峰强度优于 DMPO-OH，由该情况可以充分地阐明以上 4 种 HS 样品在紫外光照的实验条件下生成 $^1O_2$ 的能力较生成·OH 具有一定的优势性；②WQZFA、WQZHA、AMXFA、AMXHA 体系中 EPR 仪器测试出来的 ROS 信号峰强度是各具有独特性的，表现出差异性的详细情况如下：从瓦切镇提取出来的 HS 样品测试得出的 DMPO-OH 以及 TEMP-$^1O_2$ 峰强度高于从阿木乡土壤中提取得到的 HS 样品，各 HS 溶液体系生成 ROS 的能力在大小规律上表现出高度的一致性，表现为 WQZFA＞WQZHA＞AMXFA＞AMXHA，该实验得出的结论和上节内容中不同 HS 混合溶液体系中·OH 和 $^1O_2$ 在参与 SMX 光化学降解反应过程中所做出的贡献率高低情况是相互呼应且表现出高度的吻合的。

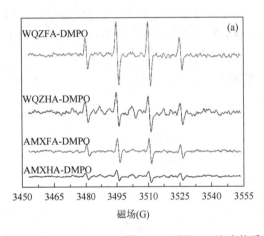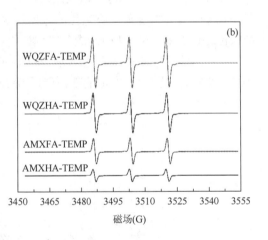

图 6.16　不同 HS 溶液体系中·OH 和 $^1O_2$ 的 EPR 测试图

5）不同浓度 HS 对 SMX 光降解行为的影响特征

为了进一步深入了解不同浓度 HS 环境反应体系下对 SMX 光解反应产生的影响作用力，本书选用的 WQZFA、WQZHA、AMXFA、AMXHA 样品的不同浓度梯度是 0mg/L、10mg/L、30mg/L、50mg/L，降解的目标污染物浓度为 5mg/L 的 SMX 溶液，其光解的详细情况如图 6.17 所示。

从图 6.17 中可以清楚地知道，当反应环境体系中 HS 浓度值处于 10～50mg/L 这个区间时，各体系中的 SMX 光解快慢会和 HS 浓度值大小呈现出截然不同的相反趋势，即若 HS 浓度值增则其 SMX 光降解速率值减，从而可以充分地表明不同浓度 HS 溶液将会对 SMX 光化学降解行为产生不同程度的深层次影响作用力。当反应体系中 HS 样品浓度位于 0～10mg/L 区间时，进一步阐明了低浓度范围的 HS 更有益于 SMX 光降解反应的快速进行，充分体现出了在其实验条件下 HS 强有力的促进作用。当体系 HS 浓度高于 30mg/L，

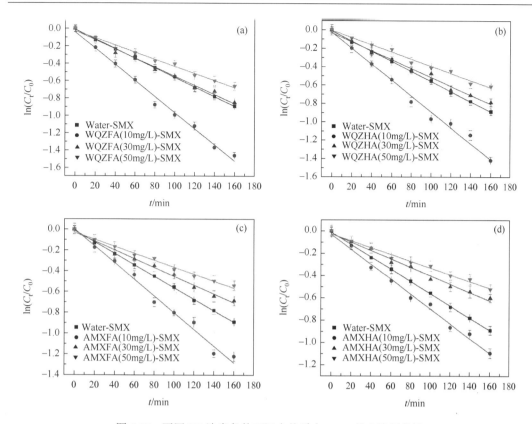

图 6.17　不同 HS 浓度条件下混合体系中 SMX 的光降解曲线

其 SMX 光解速率数值大小是低于纯水体系的，表现出抑制性的作用力。综合以上实验结论总结得出，各体系中的 HS 浓度处于 0～50mg/L 区间时对 SMX 光降解反应既可体现出促进作用也可以体现出抑制作用，从而将这两种作用力统一归结为双重作用力。

　　体系 WQZFA-SMX、WQZHA-SMX、AMXFA-SMX、AMXHA-SMX 中的 SMX 光降解相关参数详情已列于表 6.11 中。从表 6.11 中可发现：①4 种 HS 体系下的 SMX 光降解情况仍然能与一级反应动力学模型相互吻合，且各体系的相关系数处于 0.9876～0.9915 区间表明其相关性良好。②从瓦切镇土中提取出来的 HS 对 SMX 光解反应的影响作用力明显优于阿木乡土壤体系，该结果与 6.4.1 节第 2 点得出的实验结论是相互呼应和高度吻合的，造成差异性存在的原因是 HS 自身具备的理化性质以及物质复杂的组成结构特征不一造成的。③当瓦切镇与阿木乡中的 HS 浓度值介于 0～50mg/L 区间时会对 SMX 的光解反应进行的速率快慢产生双重性作用力（具体指促进和抑制作用）。④对 4 种体系中的 HS-SMX 光解曲线进行分析可知，各体系 $C_{HS}=10$mg/L 时 SMX 光解反应进行得最快（选用为最优浓度），冷条件下 WQZFA-SMX、WQZHA-SMX、AMXFA-SMX、AMXHA-SMX 这 4 种体系的光化学降解速率值是 SMX 在纯水条件下（0.0055min^{-1}）的 1.69 倍、1.58 倍、1.45 倍、1.22 倍，从而体现出了该 HS 浓度条件下 SMX 光解的优越性（促进作用）；而当各混合溶液体系 $C_{HS}>30$mg/L 时 SMX 的光解速率开始变得缓慢，尤其是 $C_{HS}=50$mg/L 时的速率值最小，从而可以深刻地体现出 HS 样品处于较高浓度时不利于 SMX 光解的进行（抑制作用），此时光解实验中 WQZFA、WQZHA、AMXFA、AMXHA 体系中 SMX 速率值大小分别为 0.0041min^{-1}、0.0039min^{-1}、0.0034min^{-1}、0.0031min^{-1}。

综合以上结论可作出猜想，当体系 HS 溶液处于低浓度范围时 SMX 的光解反应进行较快是因为此时的 HS 样品充当的是光敏化剂的角色，在此过程中会产生 ROS 物质（·OH、$^1O_2$ 等）从而加快其降解反应的快速进行。孙兴霞和许毓[41]也曾在研究中提出过类似观点，在对 HS 溶液进行 EPR 测试时也发现了 ROS 的存在，由此可以充分说明该结论是真实可信的。当 HS 溶液体系处于高浓度时的情况与上述现象是截然不同的，此时 HS 可能对该过程产生了淬灭作用或者与 SMX 药物产生了光竞争现象而导致光掩蔽作用的出现，从而体现出强烈的抑制作用，进而降低了光降解速率。这与孙昊婉、Cavani 以及 Wenk 等[42-45]所提出的研究结论是具有较高吻合程度的。

表 6.11　不同 HS-SMX 浓度体系下 SMX 的光降解相关参数

反应体系	$C_{HS}/(\text{mg/L})$	参数方程	速率 k/min^{-1}	半衰期 $t_{1/2}/\text{min}$	相关系数 R^2
Water-SMX	0	$C_t = 5.07e^{-0.0055t}$	0.0055 ± 0.0001	126.03	0.9994
WQZFA-SMX	10	$C_t = 5.11e^{-0.0093t}$	0.0093 ± 0.0003	74.53	0.9906
WQZFA-SMX	30	$C_t = 5.03e^{-0.0052t}$	0.0053 ± 0.0002	130.78	0.9905
	50	$C_t = 5.08e^{-0.0041t}$	0.0041 ± 0.0002	169.06	0.9880
	10	$C_t = 5.03e^{-0.0087t}$	0.0087 ± 0.0003	79.67	0.9914
WQZHA-SMX	30	$C_t = 5.05e^{-0.0049t}$	0.0049 ± 0.0002	141.46	0.9901
	50	$C_t = 5.09e^{-0.0039t}$	0.0039 ± 0.0001	177.73	0.9915
	10	$C_t = 5.09e^{-0.0080t}$	0.0080 ± 0.0003	86.84	0.9905
AMXFA-SMX	30	$C_t = 5.13e^{-0.0042t}$	0.0042 ± 0.0002	165.04	0.9893
	50	$C_t = 5.04e^{-0.0034t}$	0.0034 ± 0.0001	203.87	0.9881
	10	$C_t = 5.13e^{-0.0067t}$	0.0067 ± 0.0002	103.45	0.9906
AMXHA-SMX	30	$C_t = 5.06e^{-0.0038t}$	0.0038 ± 0.0002	182.41	0.9876
	50	$C_t = 5.07e^{-0.0031t}$	0.0031 ± 0.0001	223.60	0.9889

6）pH 环境体系中 HS 对 SMX 光降解行为的影响机制

从黄春年、马艳和陈伟等[46-48]的研究结果可以清楚地知道，SAs 抗生素在酸性、中性以及碱性环境反应体系下其解离存在形态是有所不同的，从而导致了物质的光降解特性具有明显的差异性。Chen 等[49]在研究中指出，pH 大小的差异性对于 HS-SMX 体系中的 SMX 光化学降解反应会带来不同程度的影响作用力。WQZFA、WQZHA、AMXFA、AMXHA 在不同 pH 溶液体系中对 SMX 的光解情况以及动力学相关参数详情可见图 6.18 与表 6.12。

对图 6.18 中各 pH 体系条件下的 SMX 光解曲线进行分析可知，其光解情况是有所不同的，但仍然能很好地贴合一级反应动力学模型。WQZFA-SMX、WQZHA-SMX、AMXFA-SMX、AMXHA-SMX 这 4 种体系均表现出当处于酸性环境中时，SMX 光降解反应进行得最快，其速率值由大到小的顺序可表示为 HS-SMX$_{(pH=3.0)}$ > HS-SMX$_{(pH=7.0)}$ > HS-SMX$_{(pH=9.0)}$，由此可以充分地表明 SMX 在酸性条件降解速率最快。

造成上述实验结果发生的原因是 SMX 中的酸碱解离基团处于酸性环境体系中时是以 SMX^0 形式存在的，在光照的实验条件下 SMX^0 受光激发的强度要优于 SMX^+、SMX^- 这两种解离形态，从而加快了其光解反应进行的速度，其中 HS 在此酸性条件下可能会产生较多的 ROS 物质，从而进一步加强 SMX 光解反应的进行，使其更具有优势性，闻长虹等[50, 51]在研究中也提出过类似观点。从表 6.12 中可以得出，当混合溶液反应体系处于酸性范围（pH = 3.0）时，在其中添加 WQZFA 样品后对 SMX 光解影响效果较为显著，而添加 AMXHA 的影响效果较其他 3 种 HS 样品最低，各体系中的 SMX 光解速率值由大到小的顺序为 WQZFA-SMX（$0.0093\mathrm{min}^{-1}$）＞WQZHA-SMX（$0.0087\mathrm{min}^{-1}$）＞AMXFA-SMX（$0.0080\mathrm{min}^{-1}$）＞AMXHA-SMX（$0.0067\mathrm{min}^{-1}$），造成 SMX 光解情况不一样的原因可能是与 HS 的来源[52]、化学构成、腐殖化的程度[53]、所含 ROS 物质丰度等影响因素相关联，郭旭晶和楼涛等[54, 55]也曾在研究中提出过类似观点。

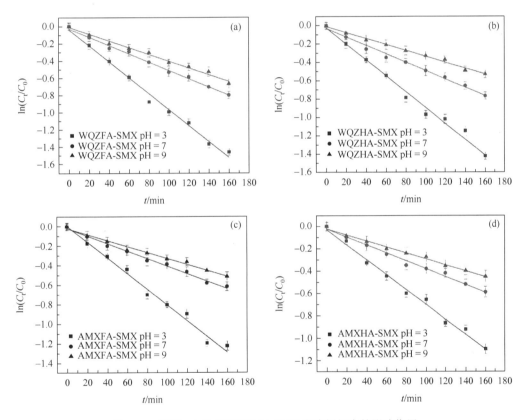

图 6.18　不同 pH 体系下 HS 对 SMX 光降解行为的影响作用

表 6.12　**HS-SMX 体系处于不同 pH 环境中的 SMX 光解相关参数**

反应体系	溶液 pH	参数方程	速率值 k/min^{-1}	半衰期 $t_{1/2}/(\mathrm{min})$	相关系数 R^2
	3.0	$C_t = 5.11\mathrm{e}^{-0.0093t}$	0.0093 ± 0.0003	74.53	0.9906
WQZFA-SMX	7.0	$C_t = 5.08\mathrm{e}^{-0.0048t}$	0.0048 ± 0.0001	144.41	0.9935
	9.0	$C_t = 5.14\mathrm{e}^{-0.0039t}$	0.0039 ± 0.0001	177.73	0.9910

续表

反应体系	溶液 pH	参数方程	速率值 k/min^{-1}	半衰期 $t_{1/2}/(\text{min})$	相关系数 R^2
WQZHA-SMX	3.0	$C_t = 5.03\text{e}^{-0.0087t}$	0.0087 ± 0.0003	79.67	0.9914
	7.0	$C_t = 5.06\text{e}^{-0.0046t}$	0.0046 ± 0.0001	154.03	0.9917
	9.0	$C_t = 5.09\text{e}^{-0.0033t}$	0.0033 ± 0.0001	216.61	0.9921
AMXFA-SMX	3.0	$C_t = 5.09\text{e}^{-0.0080t}$	0.0080 ± 0.0003	86.84	0.9905
	7.0	$C_t = 5.02\text{e}^{-0.0038t}$	0.0038 ± 0.0001	182.41	0.9923
	9.0	$C_t = 5.07\text{e}^{-0.0031t}$	0.0031 ± 0.0001	223.60	0.9893
AMXHA-SMX	3.0	$C_t = 5.13\text{e}^{-0.0067t}$	0.0067 ± 0.0002	103.45	0.9917
	7.0	$C_t = 5.01\text{e}^{-0.0036t}$	0.0036 ± 0.0002	192.54	0.9889
	9.0	$C_t = 5.05\text{e}^{-0.0027t}$	0.0027 ± 0.0001	256.72	0.9925

6.4.2 复合体的表征及其对磺胺甲噁唑光解的影响

1. 实验方法

1）不同比例 Fe_2O_3/SiO_2 制备方法

利用 SiO_2 作为载体来模拟土壤环境体系，首先采用浸渍法制备掺杂比例分别为 1%，3%，5%，10%，15%的 Fe_2O_3/SiO_2 底物（其中比例指的是 Fe_2O_3 与 SiO_2 的质量比）。

将 Fe_2O_3 附着于 SiO_2 基底上的实验操作为：称取质量为 0.59g 的 $Fe(NO_3)_3 \cdot 9H_2O$ 化合物溶于 20mL 的去离子水（deionized water，DI）之中，待溶解完成之后向其加入 10g 硅胶并用玻璃棒进行搅拌，时长为 20min，随后进行超声去氧的步骤。将超声过后的各样品放置于室温环境体系下进行吸附使其达到平衡（24h），随后将不同掺杂比例的 Fe_2O_3/SiO_2 置于 Free Zone 6 Liter 型冷干机中进行干燥，在马弗炉中对其进行煅烧处理，实验过程中使用程序升温的模式来进行煅烧，其操作条件为：从炉体自身温度加热上升到 100℃后保持煅烧时长为 1h 后再将仪器升温至 450℃，在此温度下保持 6h，待炉体温度冷却到室温条件时，用坩埚钳将样品取出倒入玛瑙研钵中进行研磨使其颗粒物分散更为均匀，无小块状物质出现，用棕色样品瓶收集成品放于干燥器中保存备后续实验使用。所有掺杂比例的 Fe_2O_3/SiO_2 均按照此方法进行操作和制备，只是需要根据掺杂比例不同来调整 Fe_2O_3/SiO_2 中的 $Fe(NO_3)_3 \cdot 9H_2O$ 质量大小。

2）复合体的制备方法

选用 DOC 含量为 100mg/L 的 WQZHA、WQZFA 溶液，分别向其中加入负载比例为 5%的 Fe_2O_3/SiO_2，使其固体样品与 HS 液体的占比量值为 1∶100，在室温环境体系下将上述溶液置于 TSQ-280 型振荡箱中进行混合摇匀（200r/min，72h），使固体粉末与腐殖质溶液反应得更加充分，结合得更为牢固。待振荡完成之后将 5% Fe_2O_3/SiO_2-WQZHA 和 5% Fe_2O_3/SiO_2-WQZFA 溶液分别用超纯水进行多次离心、洗涤（6500r/min，12min）后冷冻干燥、研磨得到实验样品，将其收集放置于棕色瓶中并在干燥器中进行存放、备用。SiO_2-WQZFA、SiO_2-WQZFA 样品的制备方法与上述情况一样。

3）不同复合体对 SMX 溶液的光解影响

SiO$_2$-WQZHA、SiO$_2$-WQZFA、5% Fe$_2$O$_3$/SiO$_2$-WQZHA、5% Fe$_2$O$_3$/SiO$_2$-WQZFA 复合体各取 0.3g，分别加入 40mL 的 SMX 溶液（5mg/L）在黑暗条件下达到吸附平衡后，打开 CEL-LAB500 多位光化学反应仪进行光解实验，间隔 20min 取样（使用 0.45μm 的有机滤膜去除掉固体物质）分析，仪器的设置条件以及相关操作与上面 6.2.1 节、6.3.1 节相同。

2. 结果与讨论

1）SEM 表征分析

图 6.19 是不同负载比例的 Fe$_2$O$_3$/SiO$_2$ 的 2μm、10μm 的 SEM 图。从图 6.19（a）和（g）可见，纯的 SiO$_2$ 样品其形貌单一，呈片状结构且上面覆盖有较小的纳米颗粒，没有其他的混杂粒子，该物质的成型度高，自身粒径尺寸偏小，其原因可能是与 SiO$_2$ 这种基底物的介孔性质有关，从而导致其发生团聚造成该颗粒物尺寸的减小，但该性质却为光降解 SMX 提供了较好的催化位点的支撑作用。图 6.19（b）和（h）为 1% 的 Fe$_2$O$_3$/SiO$_2$ 的 10μm、2μm 的 SEM 图，从图中可以发现，当 Fe$_2$O$_3$ 以 1% 的掺杂比例负载在 SiO$_2$ 上面后，其复合体的形貌与纯 SiO$_2$ 本身的形貌相比并没有发生太大的变化，其形貌特征基本保持一致。图 6.19（c）和（i）为 3% 的 Fe$_2$O$_3$/SiO$_2$ 的 10μm、2μm 的 SEM 图，可以发现当负载量为 3% 时，其基底物表面的纳米粒子较之前 1% 的掺杂比例上有所增加，但是该物质形貌还是与纯 SiO$_2$ 本身具有一定的吻合度。

图 6.19（d）和（j）为 5% 的 Fe$_2$O$_3$/SiO$_2$ 的 10μm、2μm 的 SEM 图，当 Fe$_2$O$_3$ 的负载量达到了 5% 的比例时，从图上可以清楚地发现，基底物上所覆盖的 Fe$_2$O$_3$ 粒子的数量得到了进一步的增加，并且在此之中的 SiO$_2$ 基底物也存在小部分细微的变化。从图 6.19（d）和（j）中还可以发现，大块片状的基底物 SiO$_2$ 在其掺杂的过程中有部分破碎成了单块独立的小块状物质，此物质的出现将会为 SMX 光降解提供更多的催化活性位点，并且也使得复合体材料本身的尺寸大小得到了减小，从而进一步提高了 5% Fe$_2$O$_3$/SiO$_2$ 样品的比表面积，此理论结果与纳米催化中的"四大效应"具有相符性。

图 6.19　不同比例的 Fe$_2$O$_3$/SiO$_2$ SEM 图

图 6.19 中（e）和（k）为 10%的 Fe_2O_3/SiO_2 的 10μm、2μm 的 SEM 图，图 6.19 中（f）和（l）为 15%的 Fe_2O_3/SiO_2 的 10μm、2μm 的 SEM 图，从图中可以发现掺杂上去的 Fe_2O_3 颗粒物，这两种掺杂比例的复合体形貌与 1%、3% Fe_2O_3/SiO_2 的情况是具有相似之处的。掺杂比例为 10%、15%的 Fe_2O_3/SiO_2 样品形貌大小均一，未出现较大或特小的颗粒，较 SiO_2 基底物而言，这两种复合体的结构较为分明。

2）XRD 表征分析

根据图 6.20 中不同比例 Fe_2O_3/SiO_2 的 XRD 图，对比 SiO_2 的 PDF 卡片 PDF#27-0605 可以发现，在这之中主要是以 SiO_2 的形式存在的，并且其对于催化降解主要的晶面是（111），并且该晶面的存在会极大限度地提高该物质的催化活性。将图 6.20 中各物质的 XRD 图与 Fe_2O_3 的 PDF#33-0664 卡片[58]进行对比可得，这些物质中是有 Fe_2O_3 存在的，除上述两种物质外未发现有其他晶型存在，在此之中主要有（104）、（110）[59]两个晶面的存在，这两个晶面在光催化性能中起到了重要的作用。

随着 Fe_2O_3 掺杂比例的增加可以发现，SiO_2 的特征峰在逐渐减弱并且峰位伴有少许的偏移，当掺杂量增加到 5%之后此现象更为明显。在图 6.20 中可以清楚地看到在 5% Fe_2O_3/SiO_2 样品中，SiO_2 的特征峰出现了一个细小的尖峰，这与前面掺杂量（1%，3%）的情况是有所不相同的，其原因可能是掺杂比例为 5%时，Fe_2O_3 与 SiO_2 出现了新的结合形式，从而形成了掺杂的一个临界点。对图 6.20 进行分析可知，随着掺杂量的增加，SiO_2 所对应的特征峰（34.5°）在明显增强，掺杂量为 5%是 SiO_2 特征峰的一个较高倍增点，从而说明该比例是 Fe_2O_3 掺杂 SiO_2 临界点，之后的研究重点将以 5%的 Fe_2O_3/SiO_2 进行深入探讨。

3）UV-vis 分析

从图 6.21 中可以看出以下两个方面：①不同掺杂比例的 Fe_2O_3/SiO_2 样品 UV-vis 光谱曲线在 400～700nm 区间范围总体上呈现出的趋势具有相似之处，即吸光度值均随着辐射波长的减小而增加；②5 种不同比例的 Fe_2O_3/SiO_2 样品与纯物 SiO_2 在 545nm 附近处均有强度不等的类肩状吸收峰出现，该峰可能是物质结构中所含有的苯环等共轭体系的体现。不难发现，5 种掺杂了不同比例的 Fe_2O_3 复合体，均在紫外辐照区表现出了强烈的光吸收现象，证明 Fe_2O_3/SiO_2 体系中是存在共轭结构等其他生色基团的。

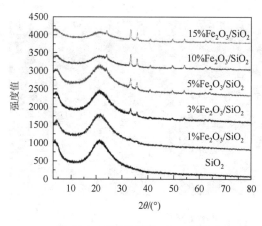

图 6.20　不同比例的 XRD 图谱

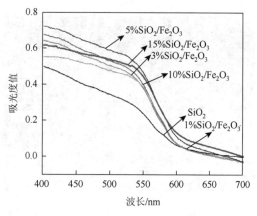

图 6.21　不同比例的 UV-vis 图

在图 6.21 中不同比例 Fe_2O_3/SiO_2 的 UV-vis 图谱较纯 SiO_2 而言，物质的吸光度是有所不同的，具体表现为随着掺杂量的逐渐增加，其对应吸光度数值大小也在明显增加，特别是当掺杂量为 5%时，复合体的吸光度最大。基底 SiO_2 的分裂，Fe_2O_3 纳米粒子的一个分布变得更为均匀以及尺寸变得更小的这两个原因使得负载量超过 5%以后的 Fe_2O_3/SiO_2 吸光度逐渐降低，此结果和当时不同比例 Fe_2O_3/SiO_2 的 XRD 出峰状况以及 SEM 电镜图数据是相互吻合的。

4）BET 表征分析

图 6.22 是不同比例 Fe_2O_3/SiO_2 的比表面积测试图，可以看见此类 BET 的图像是 II 型等温曲线，其特点是非孔性或大孔吸附剂，也是我们实验测试中最为常见的一种，由于吸附质表面存在较强的相互吸附作用，在较低的相对压力下，吸附量迅速上升，曲线上凸，并且此图的等温拐点出现于单层吸附之中；随着相对压力的增加，多层吸附才逐渐出现。上述图中出现了一定的滞后，可能是"墨水瓶"的孔吸附过程中导致了曲率半径的增加，脱附过程中孔口曲率半径小于瓶内，导致内脱附支很陡。在图 6.22 中可以看见，不同掺杂比例条件下 Fe_2O_3/SiO_2 的比表面积都有所不同，其中纯的 SiO_2 样品比表面积为 $104.47m^2/g$，而随着掺杂不同比例的 Fe_2O_3 可以发现模拟土壤的比表面积随着掺杂量在逐渐增加，并且在 5%的掺杂量时出现最大峰值，其 5% Fe_2O_3/SiO_2 的比表面积高达 $249.12m^2/g$。综合上述情况可知道，掺杂量为 5%的时候是最优的实验条件，该结果与之前 XRD、SEM、UV-vis 的测试分析结论是相互吻合的。该现象更进一步佐证了 5% Fe_2O_3/SiO_2 的 SEM 图中基底物 SiO_2 出现破碎成小块状物质而提高其比表面积大小的原因，并且也是基底物外面包覆 Fe_2O_3 纳米粒子使得 XRD 图谱中 SiO_2 的峰值在掺杂量为 5%后出现降低的原因。

5）腐殖质类复合体的 SEM 及 EDS 表征分析

由图 6.23（a）和（c）中 5% Fe_2O_3/SiO_2-WQZHA，（b）和（d）5% Fe_2O_3/SiO_2-WQZFA 复合体的 SEM 图可以得知，5% Fe_2O_3/SiO_2-WQZHA 复合体形貌和之前 5% Fe_2O_3/SiO_2 时有较大的变化，并且呈现出较多的多孔状结构，并且该复合体的形貌也更为立体，在此之中也可以发现其负载的物质更为密集。将图 6.23 的不同复合体进行比较发现 5% Fe_2O_3/SiO_2-WQZFA 样品的形貌与 5% Fe_2O_3/SiO_2-WQZHA 的形貌上具有很大的差别，其中 5% Fe_2O_3/SiO_2-WQZHA 复合体的形貌更为立体，而 5% Fe_2O_3/SiO_2-WQZFA 样品的形貌更偏向平面结构，并且在平面之中可以看见有很多的 Fe_2O_3 纳米粒子负载在基底物上且分布较为密集但未出现团簇现象，所以该复合体的形貌大小均一，没有出现特别大的或特别小的颗粒物。对比之前未用 WQZHA、WQZFA 对 5% Fe_2O_3/SiO_2 样品进行修饰的形貌可以发现，负载 HS 后复合体的形貌有更为立体或者平面的结构，而不同于纯物 SiO_2 的形貌，这样更有利于分辨和识别该物质，也更能很好地筛选出最优条件下复合体的形貌，毕竟在光催化降解反应之中，复合体的形貌特征、晶面、比表面积等都将会对光催化性能产生很大的影响作用。

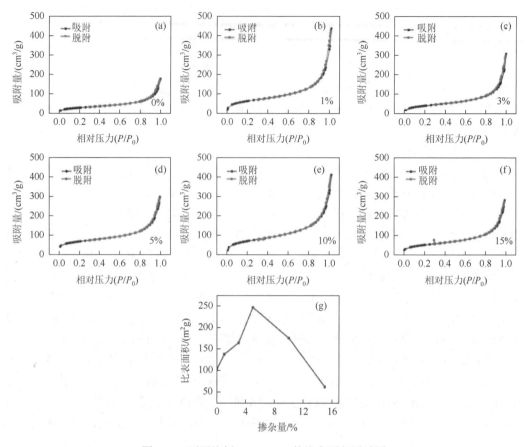

图 6.22　不同比例 Fe_2O_3/SiO_2 的比表面积测试图

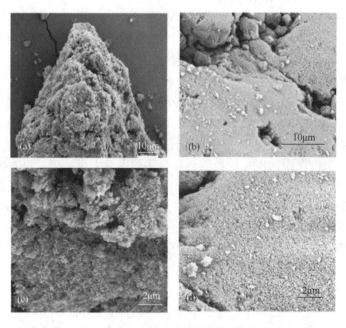

图 6.23　5% Fe_2O_3/SiO_2-WQZHA（a）（c）和 5% Fe_2O_3/SiO_2-WQZFA（b）（d）的 SEM 图

表 6.13 是 5% Fe$_2$O$_3$/SiO$_2$-WQZHA 的 EDS 分析结果，在表中可以看见，Si、O、C、Fe 为主要元素，其中 Fe、Si、O 元素的占比分别为 5.2%、33.5%、54.0%，而 O 元素将分别与 Fe 以及 Si 进行结合生成 Fe$_2$O$_3$、SiO$_2$ 的形式，从而与 XRD 分析中 Fe$_2$O$_3$、SiO$_2$ 特征峰的出现相对应，证明 Fe$_2$O$_3$ 成功地负载在了基底物 SiO$_2$ 的上面。表 6.14 是 5% Fe$_2$O$_3$/SiO$_2$-WQZFA 的 EDS 测试结果，由表中数据可以知道，Si、O、C、Fe 元素为主要的 4 种元素。对比两种复合体的元素占比值，发现铁元素含量 5% Fe$_2$O$_3$/SiO$_2$-WQZFA（5.8%）＞5% Fe$_2$O$_3$/SiO$_2$-WQZHA（5.2%），氧元素含量 5% Fe$_2$O$_3$/SiO$_2$-WQZHA（54.0%）＞5% Fe$_2$O$_3$/SiO$_2$-WQZFA（45.3%），硅元素含量 5% Fe$_2$O$_3$/SiO$_2$-WQZHA（33.5%）＜5% Fe$_2$O$_3$/SiO$_2$-WQZFA（42.5%），由上可知 5% Fe$_2$O$_3$/SiO$_2$ 掺杂 WQZFA 的复合体中的 Fe、Si 元素占比量高于 WQZHA，导致 5% Fe$_2$O$_3$/SiO$_2$-WQZFA 中所含的 Fe$_2$O$_3$ 更为丰富一些，其占比量的细微差异也许会对 OCs 光解性能有一定的影响力度，从而作用于 SMX 在所处体系下的光解机制。

表 6.13　5% Fe$_2$O$_3$/SiO$_2$-WQZHA 复合体的 EDS 分析结果

元素	O	Si	C	Fe	Na	Al	Mg
质量分数/%	54.0	33.5	7.2	5.2	0.1	0.0	0.0

表 6.14　5% Fe$_2$O$_3$/SiO$_2$-WQZFA 复合体的 EDS 分析结果

元素	O	Si	C	Fe	Na	Al	Mg
质量分数/%	45.3	42.5	6.3	5.8	0.1	0.0	0.0

6）不同类别复合体对 SMX 光解的影响作用

不同复合体对 SMX 光解的影响作用曲线以及降解率详情可见图 6.24 和图 6.25。从图 6.24 可以清楚地知道，各复合体的光解曲线是能与一级动力学模型进行完美吻合的，其相关系数 R^2 的数值大小在 0.9827～0.9889 这个区间（表 6.15）。4 种复合体体

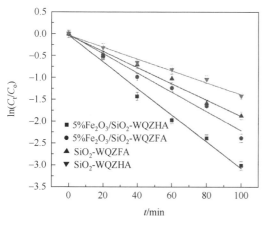

图 6.24　不同复合体对 SMX 的光降解影响

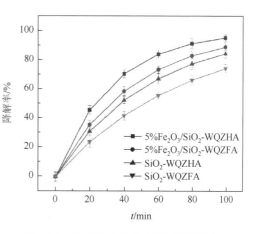

图 6.25　不同复合体对 SMX 的降解率

系中的 SMX 光解快慢程度是略有不同的，其显示出来的速率 k 数值的大小趋势为 5% Fe_2O_3/SiO_2-WQZHA（$0.0304min^{-1}$）>5% Fe_2O_3/SiO_2-WQZFA（$0.0220min^{-1}$）>SiO_2-WQZFA（$0.0185min^{-1}$）>SiO_2-WQZHA（$0.0136min^{-1}$），由此可见在 SMX 溶液中添加 5% Fe_2O_3/SiO_2-WQZHA 时带来的影响力是大于其他 3 种复合体的。

从表 6.15 中所能得到 4 种复合体的半衰期 $t_{1/2}$ 值，对其进行排序可知：5% Fe_2O_3/SiO_2-WQZHA（22.80min）<5% Fe_2O_3/SiO_2-WQZFA（31.5min）<SiO_2-WQZFA（37.47min）<SiO_2-WQZHA（50.97min）。各种复合体对 SMX 的降解率情况可见图 6.25（b），结合表 6.15 对其分析可知，各体系下的 SMX 降解率数值大小为 74.08%～95.22%，图 6.25 中详细情况可描述为：5% Fe_2O_3/SiO_2-WQZHA（95.22%）>5% Fe_2O_3/SiO_2-WQZFA（88.92%）>SiO_2-WQZFA（84.28%）>SiO_2-WQZHA（74.08%）。

5% Fe_2O_3/SiO_2-WQZHA、5% Fe_2O_3/SiO_2-WQZFA、SiO_2-WQZFA 和 SiO_2-WQZHA 复合体在 SMX 溶液中所产生的影响力度、体现的降解快慢以及降解程度大小是存在差别的，这可能与下述情况有关：①对未负载 HS 之前的 5% Fe_2O_3/SiO_2 和纯物 SiO_2 进行表征测试，可知 5% Fe_2O_3/SiO_2 的比表面积较大，可利于提高该物质本身对 OCs 的光降解性能，Zhang 等[58]也曾有类似看法，这就是导致 5% Fe_2O_3/SiO_2-HS 光解能力优于 SiO_2-HS 的关键所在。②从 EDS 的测试结果可知，5% Fe_2O_3/SiO_2-WQZHA 中所具有 Fe 的占比量是略微低于 5% Fe_2O_3/SiO_2-WQZFA 复合体的，在其降解效果上出现了比 5% Fe_2O_3/SiO_2-WQZHA 复合体更优的情况，阐明了复合体中 Fe 的占比量是会对 SMX 的降解产生一定影响力的，李欣玲等[60]也在相关学术研究中发现过类似现象。5% Fe_2O_3/SiO_2-WQZHA 的 SEM 图显示出其物质内部呈介孔状。③进行铁氧化物掺杂过后的复合体较纯物 SiO_2 复合体具有更优的降解性能，其可能与 5% Fe_2O_3/SiO_2-WQZHS 复合体中更优的电子-空穴效率有所关联[61]。

表 6.15　不同复合体下 SMX 溶液光解的相关参数

反应体系	速率 k/min^{-1}	$t_{1/2}$/min	相关系数 R^2	降解率/%
5% Fe_2O_3/SiO_2-WQZHA-SMX	0.0304	22.80	0.9886	95.22
5% Fe_2O_3/SiO_2-WQZFA-SMX	0.0220	31.50	0.9827	88.92
SiO_2-WQZFA-SMX	0.0185	37.47	0.9864	84.28
SiO_2-WQZHA-SMX	0.0136	50.97	0.9889	74.08

6.5　沼泽土腐殖质中自由基的产生及其对环丙沙星光解的影响机制研究

6.5.1　环丙沙星简介

环丙沙星（ciprofloxacin，CIP），中文别名为 1-环丙烷基-6-氟-1，4-二氢-4-氧代-7-（1-哌嗪基）-3-喹啉羧酸，分子式为 $C_{17}H_{18}FN_3O_3$，分子量为 331.34，其密度为 1.461g/cm^3，

极不易溶于水，分子结构式如图 6.26 所示。CIP 作为第三代 QAs 抗菌药物，因具备良好的抗广谱性、高效、低副作用等性能，被广泛用作兽药。在川西北高原地区，畜牧业作为这里的主要产业之一，其生态环境脆弱，而畜牧业的大量发展，则伴随着土壤环境中抗生素的增加，可能会对人体健康和生态环境带来潜在威胁。

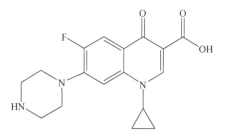

图 6.26　CIP 的分子结构式

6.5.2　研究内容

在自然环境下，CIP 的环境归趋主要是光解的作用，HS 作为土壤中广泛的光敏剂，对 CIP 的光降解有着重要的影响。目前一般把 HS 作为环境因子，探究 CIP 的光降解，且其中的降解机制还不是特别清楚。在 HS 中对 CIP 光解中自由基的作用不可忽视，而对 CIP 在土壤复杂体作用下的光降解的研究更是较少。因此，明确 HS 对 CIP 的光解机制，探究土壤环境中 CIP 的光解特性，对研究 CIP 在环境中的归趋行为具有重要的意义，为在环境中治理 CIP 提供理论支撑。

本书立足于川西北牧区，从中提取 HA 和 FA 作为 HS 的代表物质，以 CIP 为研究对象，探究 HA 和 FA 对 CIP 的光降解过程，明确其降解机制；并且以二氧化硅负载过渡金属为模拟的土壤模型，负载 HA 和 FA，模拟简单的土壤环境，探究其对 CIP 的光解特性，为土壤环境的生态风险评价提供理论依据，给土壤抗生素污染的修复工作提供科学的参考方案。

本书的具体研究内容如下：

（1）研究土壤的 pH、含水率、过渡金属含量以及有机质含量的基本信息，为 SiO_2-过渡金属-HS 复合材料的制备提供理论依据。

（2）探究 CIP 在纯水中的稳定性以及光降解机制。

（3）在 HA 和 FA 介导下，明确 CIP 的光降解过程，包括 CIP 与 HA（或 FA）的结合机制、HA（或 FA）对光降解的机制等。并明确 HA 和 FA 在光照条件下 EPFRs（environmental persistent free radicals，环境持久性自由基）的生成情况。

（4）制备 SiO_2-过渡金属-HS 复合材料模拟简单土壤颗粒，探究光照条件下 EPFRs 的生成情况，揭示其对 CIP 的光降解影响。

6.6　环丙沙星在纯水中的光解

6.6.1　实验及分析方法

1. 实验方法

1）CIP 溶液配置

精准称取 0.05g 粉末状 CIP 于 100mL 的烧杯中，先用 10mL、0.05mol/L 的 HCl 溶解，然后加入少量超纯水于烧杯中搅拌均匀，转移到 500mL 的容量瓶中用超纯水定容，摇匀。

最后用 0.45μm 的有机滤膜过滤，配置完成 100mg/L CIP 的母液。将配置好的母液避光于 4℃冷藏。

2）CIP 在纯水中的光学性

将配置好的母液用微量移液器移取不同体积于 100mL 的容量瓶中，配置成 4mg/L、8mg/L、12mg/L CIP 的工作溶液，每个浓度配置三份。将配置好的工作溶液用 0.1mol/L 的 HCl 和 0.1mol/L 的 NaOH 溶液调节 pH 至 7.00±0.05，然后在常温下避光振荡 60min，使溶液充分混合反应，制得光解液。将制备完成的光解溶液分别取 35mL 于 50mL 石英光解管中，然后放入光解仪中进行实验，同时设置暗反应对照组。实验过程中分别在 0min、10min、20min、30min、40min、60min、90min、120min、150min、180min 取样，然后通过高效液相色谱仪进行 CIP 定量分析。

光解实验中多位光解仪的光源分别是 500W 高压汞灯和 500W 的长弧氙灯。使用高压汞灯时配置截止可见光的滤光片，使实验中的光为 200～400nm 的紫外光。长弧氙灯无须配置滤光片，直接光照实验。在实验过程中，保持实验的其他条件一致。水冷机实验温度 20℃，流速 1.9L/min。

3）pH 对 CIP 光降解的影响

使用配置好的 CIP 母液配置 100mL 8mg/L 的 CIP 工作液五份，使用 0.1mol/L 的 HCl 和 0.1mol/L 的 NaOH 分别调节其 pH 为 3.00±0.05、5.00±0.05、7.00±0.05、9.00±0.05、11.00±0.05，然后在常温下避光振荡 60min，制得光解液。制备完成的光解液分别取 35mL 于 50mL 石英光解管中，然后放入光解仪中进行实验，光解实验和 6.6.1 第 1 点中第 2 点使用长弧氙灯的条件一致，实验过程中分别在 0min、10min、20min、30min、40min、60min、90min、120min、150min、180min 取样，然后通过高效液相色谱仪进行 CIP 定量分析。

4）活性猝灭剂对 CIP 光降解的影响

用 CIP 母液配置两份 100mL 8mg/L 的 CIP 工作液，其中一份加入异丙醇（IPA），使 CIP 溶液中 IPA 的浓度为 200mmol/L；另一份加入叠氮钠（NaN$_3$），使 CIP 溶液中 NaN$_3$ 的浓度为 100mmol/L。然后用 0.1mol/L 的 HCl 和 0.1mol/L 的 NaOH 调节两份溶液的 pH 为 7.00±0.05，然后在常温下避光振荡 60min，制得光解液。制备完成的光解液分别取 35mL 于 50mL 石英光解管中，然后放入光解仪中进行实验，光解实验和 6.6.1 第 1 点中第 2 点使用长弧氙灯的条件一致，实验过程中分别在 0min、10min、20min、30min、40min、60min、90min、120min、150min、180min 取样，然后通过高效液相色谱仪进行 CIP 定量分析。

2. 分析方法

1）CIP 紫外-可见吸收光谱（UV-vis）特性分析

CIP 的 UV-vis 的特性分析对于进行高效液相色谱仪 CIP 定量分析有着重要的作用，并且 CIP 的光解速率受到吸收光谱的影响。因此，用 CIP 母液配置其纯水溶液为 8mg/L，pH = 7.00±0.05，然后进行紫外分光光度计测试。紫外分光光度计的相关测试参数为：扫描波长 200～800nm，扫描间隔 1nm。实验结果如图 6.27，结果表明，CIP 在 270～335nm

都存在较强的吸收峰，在 284nm 处 CIP 的吸收峰达到最高值，后面随着波长的增加而其吸收峰不断减弱，这是明显的光衰减现象。综上，高效液相色谱仪测定 CIP 的波长暂选定为 284nm，同时可以猜测，CIP 在 200～400nm 的紫外光照射下的光解速度比 290～400nm 日光照射快。

2）CIP 定性定量检测分析

高效液相色谱法（HPLC）由于具有分离速度快、分离效率高、检测灵敏度高以及重复性好的特点，从而被广泛地用于 CIP 浓度检测[62]。因此，本实验测采用 Agilent 1260 高效液相色谱仪对 CIP 进行定性与定量分析。

（1）CIP 的定性分析。

对于 CIP 的高效液相色谱分析，目前 CIP 的流动相种类多样，并且流动相的配比也很复杂，因此首先要明确其测试条件。本次实验采用 Agilent 1260 高效液相色谱仪，选用 C18 反相柱（5μm，4.6mm×150mm）。

流动相的确定：根据文献调查发现，测定 CIP 的流动相通常为甲醇/超纯水（含 0.1%甲酸）和乙腈/0.3%三乙胺。因此本实验对这两种流动相进行考察，结果发现乙腈/0.3%三乙胺的出峰时间更为稳定，且峰型更好。因此本实验选用乙腈/0.3%三乙胺为流动相。并比较了不同流动相配比（45/55、55/45、65/35、75/25、85/15）的高效液相仪检测结果，结果表明流动相配比为 85/15 时色谱峰无拖尾现象，并对物质的分离效果最好。

检测波长的确定：由图 6.27 可知，CIP 在 270～335nm 范围内，存在一个吸收峰，且 CIP 都存在较强的吸收。探讨不同波长下色谱峰的峰型以及分离情况，结果表明在检测波长为 273nm 时检测结果最为稳定。因此本实验选择高效色谱仪的检测波长为 273nm。

综上，CIP 采用 Agilent 1260 高效液相色的测定条件为：选用 C18 反相柱[5μm，4.6mm×150mm，进样量 50μL，流速 1mL/min，柱温 30℃，检测波长为 273nm，流动相为乙腈/3%三乙胺（$V:V=15:85$）]。测试结果显示 CIP 的色谱峰对称性很好，峰型较好，没有明显的拖尾现象，且没有其他杂峰的影响，其保留时间为 1.93min。

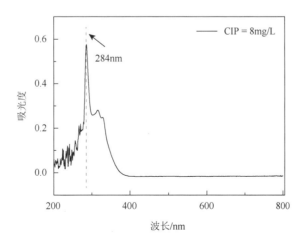

图 6.27　CIP 在纯水中紫外-可见吸收光特性

（2）CIP 的定量分析。

移取不同体积配置好的 CIP 母液分别于 50mL 的容量瓶中，加入超纯水定容摇匀，分别配制成 0mg/L、2mg/L、4mg/L、8mg/L、12mg/L、16mg/L 的 CIP 纯水溶液，在常温下避光振荡 60min。然后将配制好的不同浓度 CIP 溶液用 HPLC 检测其峰面积，最后利用测出的峰面积（A）与 CIP 质量浓度绘制 HPLC 定量标准曲线，结果如图 6.28。由图可知，CIP 的标准曲线为：$A = 255.23C + 5.98$，线性相关系数 $R^2 = 0.9996$，由此得出 CIP 在 0～16mg/L 时，吸光度和 CIP 的质量浓度之间存在良好的线性关系，能够满足 CIP 光解后残留浓度的检测需求。

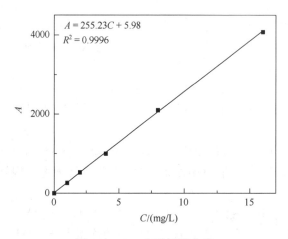

$A = 255.23C + 5.98$
$R^2 = 0.9996$

图 6.28　CIP 定量标准曲线

6.6.2　纯水中 CIP 的暗反应及光解特征

1. 纯水中 CIP 的暗反应特性

探究 CIP 在黑暗条件的稳定性，是探讨 CIP 在光照下的降解的基础。因此，对选取的 4mg/L、8mg/L、12mg/L 的 CIP 纯水溶液进行了暗对照实验，实验结果如图 6.29。在无光照时，三种浓度的 CIP 溶液在 180min 内其浓度没有明显的变化，说明 CIP 有着较强的稳定性。经过实验结果可得出，CIP 的三种浓度的残留率分别为 98.14%、99.27%、99.43%。从而说明三种浓度 CIP 在黑暗条件下，都没有发生水解、吸附和微生物降解。但是随着 CIP 浓度的增加，其稳定性也出现了细微的增强。

2. 纯水中 CIP 的光解特性

为了明确 CIP 在纯水中光降解过程中的浓度变化过程，了解 CIP 在纯水中光降解的动力学情况，实验采取 8mg/L 的 CIP 溶液，在 pH = 7.00±0.05 的条件下采用两种光源进行光解实验。通常情况下，CIP 的测试数据采用一级动力学模型处理，其具体公式如式（6-9）。与此同时，根据速率常数 k 由公式（6-10）可以计算得到溶液中 CIP 光降解的半衰期 $t_{1/2}$。

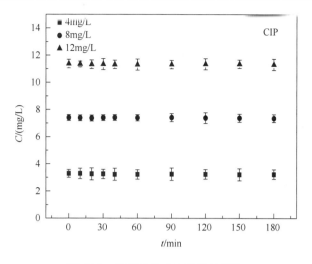

图 6.29　黑暗条件 CIP 浓度的变化

$$\ln\left(\frac{C_t}{C_0}\right) = -kt \qquad (6\text{-}9)$$

$$t_{1/2} = (\ln 2)\,/\,k \qquad (6\text{-}10)$$

式中，C_t 为 t 时刻光解液中测定的 CIP 浓度，mg/L；C_0 为初始时刻光解液中 CIP 浓度，mg/L；k 为一级动力学反应速率常数，$\min^{-1}$；t 即为实验时间，min。

实验结果如图 6.30，结果表明 CIP 的光降解数据通过一级反应动力学模型拟合，其拟合效果很好。在高压汞灯照射下，CIP 的光降解拟合方程为：$\ln(C_t/C_0) = -0.01381t$，方程的相关系数 $R^2 = 0.9753$。在长弧氙灯照射下，CIP 的光降解拟合方程为：$\ln(C_t/C_0) = -0.01025t$，方程的相关系数 $R^2 = 0.9921$。因此说明，在纯水中 CIP 的光降解符合一级动力学模型方程。同时发现，CIP 的纯水溶液虽然在黑暗条件下表现出极强的稳定性，但是通过这两种光源的照射均发生了光降解的现象。研究者发现有机物在光照射下

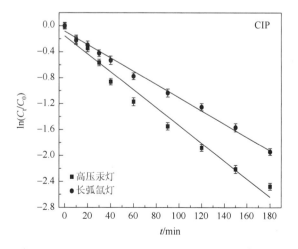

图 6.30　CIP 纯水中的光降解动力学

发生的降解都与其自身的光敏化降解有关[63]。研究发现，在光的激发下氟喹诺酮类抗生素可变成激发三重态，其与在水中的溶解氧发生能量转移，产生 $^1O_2$ 和 O_2^-· 等活性物种，这些物质引起氟喹诺酮类抗生素发生降解[64, 65]。

6.6.3 环境影响因素

1. 光源对 CIP 光降解的影响

表 6.16 为在两种光源照射条件下，CIP 的光降解动力学方程基本参数。由表 6.16 可知，在两种光源的照射下，CIP 的光解均符合一级反应动力学方程，但长弧氙灯拟合方程效果比高压汞灯更好。且高压汞灯与长弧氙灯照射下 CIP 的光降解表观速率常数分别为 0.01381min^{-1} 和 0.01025min^{-1}，半衰期为 50.19min 和 67.62min。显然汞灯照射下 CIP 的光降解速度较快一些，由此说明紫外光更有利于 CIP 的光降解。如图 6.31，在两种光源的照射下，180min 内 CIP 的光降解率都在不同程度地升高，且汞灯的降解率一直比氙灯的降解率高。在 180min 时，汞灯与氙灯的降解率分别达到 91.61% 和 85.70%。说明在这两种光源的照射下 CIP 的降解作用十分明显，且紫外光的降解率更高。Nassar[66]等评价了四种不同抗生素在太阳光和单一波长 UV 光源（254nm）照射下的光解，结果表明紫外光照射对这些药物有较好的降解作用，模拟太阳光照射条件下抗生素吸收太阳光中的紫外光而引起自身的降解。这与本实验结果一致。

表 6.16 CIP 光降解动力学参数

溶液	光源	拟合方程	表观速率常数 k/min^{-1}	相关系数 R^2	半衰期 $t_{1/2}$/min
CIP	高压汞灯	$\ln(C_t/C_0) = -0.01381t$	0.01381 ± 0.00073	0.9753	50.19
	长弧氙灯	$\ln(C_t/C_0) = -0.01025t$	0.01025 ± 0.00031	0.9921	67.62

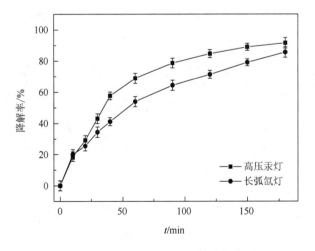

图 6.31 两种光源下 CIP 的光解率

综上，两种光源照射下都对 CIP 有明显的降解作用，且降解速率与降解率的差异性不大。高压汞灯的原理是通过汞发电时生成汞蒸气从而产生可见光的光源，其发射的光主要集中在紫外光范围内，与太阳光的光谱有着明显的差异。而氙灯的光源是通过气态氙放电发光，其辐射光谱能量的分布相近于太阳光，且可见光区的波长是其主要的发射光波长。综上所述，根据本章节的立意模拟自然条件下 CIP 的光降解，因此后面的实验采用长弧氙灯作为模拟太阳光的光源。

2. 不同初始浓度对 CIP 光降解的影响

为了探究不同浓度 CIP 溶液在纯水中的光降解，在模拟太阳光下，考察 CIP 浓度分别为 4mg/L、8mg/L、12mg/L 时的光降解特性。不同浓度的 CIP 在纯水中的光降解均符合一级动力学（图 6.32）。随着 CIP 浓度的升高，其光降解速率也不断降低。结合表 6.17 可以得出，在此三种浓度下的一级动力学拟合相关系数 $R^2 > 0.98$，表现出良好的拟合关系。CIP 浓度分别为 4mg/L、8mg/L、12mg/L 时，其降解速率分别为 0.01470min^{-1}、0.01025min^{-1} 和 0.00858min^{-1}，半衰期分别为 47.15min、67.62min 和 80.79min，显而易见，当 CIP 浓度为 4mg/L 时其降解速度最快。

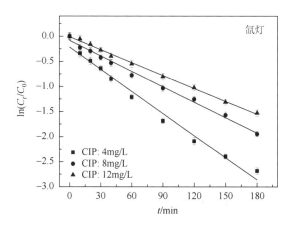

图 6.32　不同浓度 CIP 在纯水中的光解动力学

表 6.17　不同浓度 CIP 的光解参数

溶液	浓度/(mg/L)	拟合方程	表观速率常数 k/min^{-1}	相关系数 R^2	半衰期 $t_{1/2}/\text{min}$
	4	$\ln(C_t/C_0) = -0.01470t$	0.01470 ± 0.00068	0.9808	47.15
CIP	8	$\ln(C_t/C_0) = -0.01025t$	0.01025 ± 0.00031	0.9921	67.62
	12	$\ln(C_t/C_0) = -0.00858t$	0.00858 ± 0.00015	0.9973	80.79

综上，CIP 在纯水中的光降解符合一级动力学，并随着 CIP 浓度的升高降解速率减小。造成这种现象的原因有两点。其一，由于光产生的光子数量基本上是恒定的，而在高浓度 CIP 溶液中光子的竞争就比较激烈，使得单位分子所获得的光子数量反而没有低浓度 CIP 溶液中多，因此高浓度 CIP 溶液的光解速率较慢。其二，在 CIP 光解反应一段

时间后，其产生的光解产物会与 CIP 争夺光子，所以 CIP 的浓度越高，其光解产物越多，竞争作用越大使得 CIP 的光降解速率减小。为了更好地探讨其他因素对 CIP 光解的影响，选择降解速度适中的 8mg/L 的 CIP 溶液，进行下面的讨论。

3. 不同 pH 对 CIP 光降解的影响

在环境中，pH 会直接影响有机物的活性以及存在形态，从而间接影响其光降解行为。因此探究在不同 pH 条件下 CIP 纯水溶液中的光降解至关重要。控制实验中光解液的浓度为 8mg/L，分别改变光解液的 pH 为：3.0、5.0、7.0、9.0、11.0。实验结果如图 6.33 所示，在不同 pH 条件下的 CIP 光降解反应均满足一级动力学模型，但其光解动力学具有明显差异。在模拟太阳光的照射下，CIP 溶液的光降解率随着 pH 的增大而出现先增大后减小的现象，并且其增长的速度很快。pH 为 3.0、5.0、7.0、9.0、11.0 时（表 6.18），CIP 的表观速率常数分别为 0.00075min^{-1}、0.00121min^{-1}、0.01010min^{-1}、0.01357min^{-1} 和 0.00221min^{-1}，其半衰期分别是 924.20min、572.85min、68.63min、51.08min 和 313.64min。显然，当 pH 值从 5.0 升高至 7.0 的过程中，CIP 的半衰期从 924.20min 下降到 68.63min，说明 CIP 的光降解率增高迅速。而当 pH = 9.0 时，CIP 的光降解率最大，但与 pH = 7.0 时 CIP 的光降解率相差不大。当 pH = 11.0 时，CIP 的光降解率急速下降。由此说明 CIP 在纯水中的光降解在中性和偏碱性环境更易发生，过酸或者过碱的环境中都不利于 CIP 的光降解。

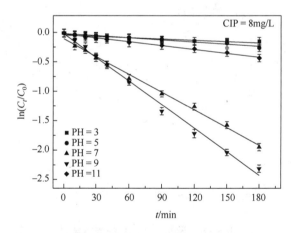

图 6.33　不同 pH 下 CIP 的光解动力学

表 6.18　不同 pH 下 CIP 的光降解动力学相关参数

溶液	pH	拟合方程	表观速率常数 k/min^{-1}	相关系数 R^2	半衰期 $t_{1/2}/\text{min}$
	3.0	$\ln（C_t/C_0）=-0.000275t$	0.00075 ± 0.00012	0.8381	924.20
	5.0	$\ln（C_t/C_0）=-0.00121t$	0.00121 ± 0.00079	0.9627	572.85
CIP	7.0	$\ln（C_t/C_0）=-0.01010t$	0.01010 ± 0.00012	0.9933	68.63
	9.0	$\ln（C_t/C_0）=-0.01357t$	0.01357 ± 0.00012	0.9934	51.08
	11.0	$\ln（C_t/C_0）=-0.00221t$	0.00221 ± 0.00012	0.9930	313.64

段伦超等[67]发现 CIP 的电解常数 $pK_{a_1} = 6.2$，$pK_{a_2} = 8.8$。由公式（6-11）计算得出 CIP 的近似等电点 pH_{iso} 约为 7.5，通常把等电点约等于其光降解率最大的 pH。当 CIP 的 pH 在等电点附近时，CIP 由于是两性物质而以两性离子态存在，其分子的稳定性大大减小，其光降解速率提高。而当在 pH 增大或者减小时，CIP 则主要以单一的酸性或者碱性状态存在，其稳定性好而不易降解。

$$pH_{iso} \approx \left(pK_{a_1} + pK_{a_2} \right) / 2 \tag{6-11}$$

综上，由于采样点的土壤呈现酸性，而在酸性条件下其降解速率太慢，综合选择后续试验的 pH 为 7.0，这不仅仅可以提高试验的速率，对 CIP 光解的规律及机制的影响也比在 pH 为 9.0 的碱性条件下更好。

4. 活性猝灭剂对 CIP 光降解的影响

研究表明，有机物的自敏化光解中起到重要作用的是·OH 和 $^1O_2$ 等活性物质，·OH 和 $^1O_2$ 通过与 CIP 发生羟基化脱氟、氧化脱羧、哌嗪环断裂及芳香环羟基化实现 CIP 的光解[68]。为了明确其中·OH 和 $^1O_2$ 等重要活性物质在 CIP 光降解中作出的具体贡献，对 CIP 光降解进行淬灭实验。Bahnmuller 等[69]发现·OH 通过 IPA 的屏蔽率达到了 98.4%～99.6%。NaN₃ 对·OH 和 $^1O_2$ 都有良好的淬灭作用，因此本实验添加异丙醇和叠氮化钠（IPA 和 NaN₃）作为 CIP 的淬灭剂，探讨·OH 和 $^1O_2$ 对 CIP 光降解的影响。

如图 6.34 所示，不难发现在添加了 IPA 和 NaN₃ 的 CIP 纯水溶液中，CIP 的光降解依然满足一级降解动力学，但其降解速度明显降低，其中加入 NaN₃ 的 CIP 溶液的降解速度下降得更为明显。由此可见，在 CIP 纯水溶液中·OH 和 $^1O_2$ 均参与了 CIP 的光降解，并且对其降解表现为促进作用。结合表 6.19，在加入 IPA 和 NaN₃ 后，CIP 的光降解表观速率常数分别为 $0.00763min^{-1}$ 和 $0.00244min^{-1}$，半衰期分别为 90.84min 和 284.08min。而 CIP 在纯水中的光降解表观速率常数与半衰期分别为$0.01025min^{-1}$和69.04min。显而易见，加入 IPA 和 NaN₃ 后 CIP 的光降解速率与纯水中 CIP 的光降解速率相差很大。

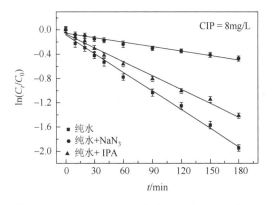

图 6.34　IPA 和 NaN₃ 条件下 CIP 的光解动力学

综上，CIP 发生了自敏化光解，根据公式（6-12）和公式（6-13）计算·OH 和 $^1O_2$ 对 CIP 光降解的贡献率分别为 25.56%和 50.63%。结果表明，·OH 和 $^1O_2$ 对 CIP 光降解均具有较好的促进作用，并且 $^1O_2$ 对 CIP 光降解的促进作用更强。$^1O_2$ 对 CIP 光降解的贡献率约为·OH 的 2 倍。同时可以得出，CIP 的光敏化降解是其主要的光解方式，且在纯水中光降解的主要活性物质是 $^1O_2$。

$$C_1(\%) = \frac{k_1}{k_{纯水}} \approx \frac{k_{纯水} - k_{IPA}}{k_{纯水}} \times 100\% \qquad (6\text{-}12)$$

$$C_2(\%) = \frac{k_2}{k_{纯水}} \approx \frac{k_{IPA} - k_{NaN_3}}{k_{纯水}} \times 100\% \qquad (6\text{-}13)$$

式中：C_1 和 C_2 为·OH 与 $^1O_2$ 对 CIP 的光降解的贡献率；$k_{纯水}$ 为 CIP 在纯水中光降解的一级动力学反应速率常数；k_{IPA} 和 k_{NaN_3} 分别为添加 IPA 和 NaN$_3$ 后 CIP 的光降解的一级动力学反应速率常数；k_1 和 k_2 为·OH 和 $^1O_2$ 参与的自敏化光解速率常数。

表 6.19　CIP 的光降解动力学相关参数

溶液	添加物质	表观速率常数 k/min^{-1}	相关系数 R^2	半衰期 $t_{1/2}$/min	C(·OH)/%	C($^1O_2$)/%
	无	0.01025 ± 0.00029	0.9923	69.04		
CIP	IPA	0.00763 ± 0.00015	0.9665	90.84	25.56	50.63
	NaN$_3$	0.00244 ± 0.00025	0.9905	284.08		

研究发现，CIP 自敏化光解过程为：CIP 通过光照射吸收能量变成激发态分子，处于激发态的 CIP 分子可以将能量传递给 O_2 和 H_2O 等，从而生成·OH 和 $^1O_2$ 活性基团降解 CIP[70]。

6.7　沼泽土壤及腐殖质

6.7.1　土壤样品的测定方法

实验所用土壤来源于阿坝藏族羌族自治州红原县，阿木乡（东经 102.600716°，北纬 32.870027°）和瓦切镇（东经 102.648491°，北纬 33.099223°），这两个采样点的土壤分别为亚高山草甸土、沼泽土。本次采样运用梅花点采样法，采集土壤为表层土（深度 0～20cm），用可密封的聚乙烯袋保存。将采集好的土壤放在通风处风干，挑出较大的石子和植物根茎，研磨均匀后过 80 目的筛子，做好标记避光保存。

1. 土壤的基本特性分析方法

对采集的两个样品土壤（AMX 和 WQZ）进行基本的特性分析。土壤 pH 采用便携式工业分析仪进行现场测试，含水率与孔隙度的测试参照《土壤分析技术规范第二版》。

2. 土壤的过渡金属和二氧化硅的测试

土壤中过渡金属的测试，采用两种消解方式，并根据土壤中金属的含量采用了火焰原子吸收光谱法（flame atomic absorption spectrometry，FAAS）和石墨炉法（graphite atomic absorption spectrometry，GASS），这两种方法对检测的过渡金属的检出限如表 6.20 所示。

表 6.20　各过渡金属的检出限

类别	检测方法						
	FAAS				GAAS		
元素	Fe	Mn	Ca	Mg	Cr	Cu	Ni
检出限	0.03mg/L	0.01mg/L	0.01mg/L	0.01mg/L	1μg/L	1μg/L	1μg/L

1）土壤的三步消解

分别准确称取 0.3000g 经预处理后的土壤试样 AMX 和 WQZ，放进 150mL 聚四氟乙烯坩埚里。用一滴去离子水润湿样品。

第一步消解：加入 3.0mL 浓 HNO_3，3.0mL 30% H_2O_2。盖上盖子，摇动均匀。放进 150～200℃的沙浴里盖好盖子恒温反应 2h。然后揭开盖子，让试剂蒸发至近干。

第二步消解：加入 5.0mL 浓 HNO_3 和 2.0mL 浓 HCl 在 150～200℃下消解 1.5h。揭开盖子，让试剂蒸发至近干。

第三步消解：加入 3.0mL HF，盖好盖子，放入沙浴，在 150～200℃下消解 1.5h。消解结束后，小心揭开盖子，加少量去离子水冲洗盖子和锅壁，让其中的液体慢慢蒸发至近干。加入 1.0mL 浓 HNO_3 和少量去离子水，盖上盖子，让样品在热水里提取 15min。让样品温度下降到室温。

消解液的过滤转移：将完全放冷的消解液使用 0.45μm 的高聚滤膜定量过滤，并重复洗涤坩埚表面至少三次，洗涤加样品的总体积应该在 25mL 左右。并将过滤液体转移至 50mL 容量瓶中，加超纯水定容，充分摇匀后冷藏。

该消解用于测定过渡金属：Fe、Mn、Cr、Cu、Ni，其中 Fe 和 Mn 用 FAAS 测定，其他元素用 GAAS 测定。

2）土壤 KOH 熔融法消解

样品的 KOH 熔融和溶解：分别准确称取经预处理后的土壤试样 AMX 和 WQZ 各 0.5000g，在烘箱中于 105～110℃下烘 6h，冷却至室温后分别置于镍坩埚中，加少量乙醇润湿样品，各加入 4.00g KOH 固体完全覆盖试样。将不盖盖子的坩埚送入马弗炉中，缓慢升温至 400℃。到达温度后，让炉门敞开，输送氧气。重复以上操作一次。关好炉门，让炉温继续上升至 700℃，并在该温度下保持 30 分钟。结束加热后冷却至室温取出熔融样品，稍冷后放入 250mL 烧杯加 15～20mL 热水，盖上表面皿，待反应减弱后（不再沸腾），将坩埚倾斜，用镊子取出坩埚放置在干净的表面皿上，立即向杯中加入 20mL 浓 HCl，再用热 1∶5 HCl 和搅棒洗净坩埚内外，洗液回收入烧杯中。将烧杯置于水浴锅里，在 70～75℃的水浴中蒸发至湿盐状。加 20mL 浓 HCl，放置过夜。

硅和溶液的分离：将上述放置老化的酸性溶液于水浴中加热至 70～75℃。准确加入 10.00mL 动物胶，在 70～75℃温度下不时搅拌并保持 10 分钟。快速将热溶液用定量滤纸过滤，滤液接入 100.00mL 容量瓶中，用热 1∶5 HCl 洗涤整个烧杯若干次，将凝聚物和洗液丝毫无损地收集在滤纸上和容量瓶内，用少量多次的洗涤原理不断用热的去离子水洗涤凝聚物，直到容量瓶接近刻度。等滤液完全冷却后用去离子水定容到刻度。

该消解用于测定过渡金属：Ca 和 Mg，且都用 FAAS 测定。

3）二氧化硅的测定：将收集在滤纸上的凝聚物连同滤纸一起放入已知质量的瓷坩埚中，在高温电炉里低温下烘干、碳化（不关炉门），碳化完毕后（完全看不到黑炭残留），关上炉门继续升温至 920℃，灼烧 1h。取出坩埚，稍冷后放入干燥器中，干燥器留一小隙，待干燥器内温度略高于室温时，将干燥器关严。待样品完全冷却到室温后，可进行称量。待两次称量的质量差为 0.3mg 时，即为衡定质量。用差减法计算 SiO_2 的质量。具体计算公式见式（6-14）。

$$全硅(SiO_2)含量(g/kg) = \frac{m_1 - m_2 - (m_3 - m_4)}{m} \times 1000 \qquad (6-14)$$

式中，m_1 表示试样测定灼烧后凝胶沉淀 + 空坩埚的质量，g；m_2 表示试样测定用空坩埚的质量，g；m_3 表示空白实验灼烧后沉淀和空坩埚的总质量，g；m_4 表示空白实验用空坩埚的质量，g；1000 表示换算成 kg；m 表示烘干试样的质量，g。

3. 土壤有机质含量的测定

称取过风干试样 AMX 0.2500g，称取过风干试样 WQZ 0.1000g，分别放入锥形瓶中，然后准确加入一定量的 0.8mol/L 重铬酸钾和硫酸溶液，摇匀将每个锥形瓶标记好放入已达温度为 170～180℃ 的烘箱中，加热 30min。取出冷却至室温，加入两滴邻菲罗啉指示剂，用 0.2mol/L 的硫酸亚铁铵标准溶液滴定剩余的重铬酸钾，溶液变色过程是橙黄—蓝绿—棕红。同时做两个空白实验，用石英砂代替土样，其他步骤与土样测定相同。硫酸亚铁铵溶液用 0.8mol/L 重铬酸钾标定。计算公式见式（6-15）。

$$有机碳含量(g/kg) = \frac{C \times (V_0 - V) \times 0.003 \times 1.1}{m} \times 1.724 \times 1000 \qquad (6-15)$$

式中，V_0 表示硫酸亚铁标准溶液被空白试验所消耗的体积，mL；V 表示试样测定所消耗的硫酸亚铁标准溶液的体积，mL；C 表示硫酸亚铁标准溶液的浓度，mol/L；m 表示风干样品的质量，g；0.003 表示 1/4 碳原子的毫摩尔质量，g/mmol；1.724 表示有机碳换算成有机质的系数（按有机质平均含碳 58% 计算）；1.1 表示氧化校正系数；1000 表示换算成千克样中的含量。

6.7.2 土壤腐殖质及自由基的测定方法

1. 土壤腐殖质的提取

腐殖质提取以国际腐殖质物质学会（IHSS）提供的标准方法为参照。其具体方法见 6.3。

2. 土壤腐殖质的测定

（1）样品待测样的制备：分别称取风干试样 AMX 和 WQZ 各 10.00g 于 250mL 三角瓶中，加入 100m 氢氧化钠-焦磷酸钠混合提取液（土液比 1∶10），用胶塞塞紧后在振荡箱上振荡 30min，静置片刻之后，微微转动三角瓶用上清液洗下粘在瓶壁上的土粒，静置 13～14h，将溶液充分摇匀进行离心，弃去残渣，滤液于三角瓶中备用。

（2）HA 和 FA 总碳量的测定：吸取上述滤液 5mL 于 250mL 的烧杯中，用 1mol/L 硫酸溶液中和至 pH = 7.0，放入水浴锅中蒸干。同测量有机质的方法相同。

（3）HA 碳量的测定：在 250mL 烧杯中加入 20mL 滤液，加热滤液，然后调节 pH 为 1.0～1.5（1mol/L H_2SO_4），把烧杯置于 80℃恒温水浴锅中加热 30min 后静置过夜，使 HA 和 FA 充分分离。次日离心过滤，用 0.05mol/L 硫酸溶液洗涤沉淀，至洗涤液无色为止，弃去滤液，将沉淀用 0.05mol/L 氢氧化钠溶液少量多次快速洗涤溶解至 100mL 容量瓶中，用 0.05mol/L 氢氧化钠溶液定容，待用，吸取此溶液 20mL 于 250mL 的烧杯中，用 1mol/L 硫酸溶液中和至 pH 为 7.0，在水浴锅中蒸干。同测量有机质的方法相同。

3. 自由基的测定

分别取 AMX、WQZ、HAMX（处理后的 AMX）和 HWQZ（处理后的 WQZ）的固体粉末装入 EPR 毛细管内，样品量约为 2cm，然后用真空硅脂封闭底端，装入石英样品管放入 EPR 内。用配置的汞灯光源分别照射 5min，进行 EPR 测试。EPR 操作条件为：中心磁场 3500G；扫场宽度 100G；扫描时间 57.02s；g 因子 2.0000；调制幅度为 1G；扫描次数 3；微波衰减 15dB；微波功率 25.18mW；微波频率 9.83GHz；扫描点数 1400；时间常数 40.96ms。

6.7.3　土壤基本物化性质

采集的两个点的土壤基本理化性质测试结果如表 6.21 所示。

表 6.21　土壤的基本理化性质

采样点	含水率/%	孔隙度/%	pH	SiO_2 含量/(g/kg)	有机质含量/(g/kg)
AMX	88.40	0.79	5.25	686.05	99.28
WQZ	247.65	0.26	5.54	347.85	308.71

由表 6.21 可得，AMX 和 WQZ 原土壤含水率都比较高，且 WQZ 的含水率接近 AMX 含水量的 3 倍。而 AMX 的孔隙度（0.79%）约为 WQZ（0.26%）孔隙度的 3 倍。这两个点的土壤都呈现酸性，且差别不大。同时，在这两种土壤中的有机质含量比较高，尤其是 WQZ 的土壤有机质含量高达 308.71g/kg。与此相反，WQZ 的 SiO_2 含量远低于 AMX 的 SiO_2 含量。

从图 6.35 可知，在试样土壤 AMX 中 HA 和 FA 的含量分别为 19.37g/kg 和 16.58g/kg；WQZ 的 HA 和 FA 的含量分别为 50.83g/kg 和 16.94g/kg。不难看出，AMX 和 WQZ 中 HA 的含量都比 FA 高，且 WQZ 中 HA 的含量是 AMX 的 2 倍多，而 AMX 和 WQZ 中 FA 的含量基本相同。故 WQZ 中 HA 和 FA 含量的总量更多，这与土壤有机质含量结果一致。

AMX 和 WQZ 的含水率高，这是由于其主要的植被类型为草地，其对土壤中的水分保持有着良好作用，其次是这两个点位于放牧区，草地覆盖率很高，且土壤较为紧实。从孔隙度不难看出沼泽土 WQZ 土壤结构更加紧实。因此 WQZ 的含水率更高。在我国土壤的 pH 分布较广，酸碱度多样化[71]。并根据不同 pH 将土壤分为：pH＜5.0 的强酸性土、

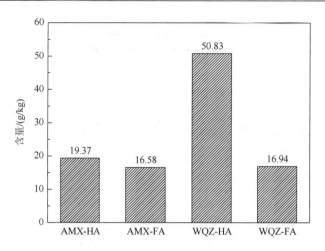

图 6.35　土壤中 HA 和 FA 的含量

pH = 5.0～6.5 的酸性土、pH = 6.5～7.5 的中性土、pH = 7.5～8.5 的碱性土、pH＞8.5 的强碱性土。显然，AMX 和 WQZ 为典型的酸性土壤，而影响土壤酸碱度的因素主要有气候条件、土壤母质、土壤管理和植被等[72]。采样土壤 AMX 和 WQZ 的植被类型为草地，且采取的是表层土壤，而表层土壤中草的根系发达且在生长中产生了有机酸，从而可能导致土壤呈现酸性[73]。AMX 和 WQZ 的有机质含量也远远高于我国的几何平均值（22.9g/kg），同时也高于西南地区有机质的含量（几何平均值 40.4g/kg）[71]。显然，WQZ 中的含水率比 AMX 高，其植被根系更为发达，使得其生物量更大，有机质含量更高。

6.7.4　土壤中过渡金属及 EPFRs 测定分析

1. 土壤中过渡金属分析

采集的两个点的土壤中过渡金属的测试结果如表 6.22 所示。

表 6.22　土壤中过渡金属的含量

采样点	Fe/(mg/g)	Mn/(mg/g)	Ca/(mg/g)	Mg/(μg/g)	Cr/(μg/g)	Cu/(μg/g)	Ni/(μg/g)
AMX	12.01	0.16	0.02	1.85	1.86	1.27	2.33
WQZ	6.53	0.06	0.06	1.04	1.72	1.39	1.63

由表 6.22 分析可知，AMX 和 WQZ 中过渡金属的含量较为丰富，其中 Fe 元素的含量最多。AMX 中过渡金属含量排序为 Fe＞Mn＞Ca＞Ni＞Cr＞Mg＞Cu；WQZ 中过渡金属含量多少排序为 Fe＞Mn = Ca＞Cr＞Ni＞Cu＞Mg。虽然 AMX 和 WQZ 中各种过渡金属的含量各不相同，但其中 Fe、Mn 和 Ca 三种金属的含量都远远高于其他过渡金属，其中 Fe 元素的含量比其他所有金属元素加起来的总量都多，且 AMX 中 Fe 元素的含量约为 WQZ 的 2 倍。研究表明，在土壤中过渡金属可以作为电子介体，对 EPFRs 的产生有利，且 Fe、Cu 等过渡金属含量较多时其产生的 EPFRs 浓度越高[74]。

2. 土壤中 EPFRs 的测定

为了探究土壤和腐殖质中是否有 EPFRs 的产生,对 AMX、WQZ、HAMX 和 HWQZ 的固体进行了 EPR 测试,结果如图 6.36 所示。

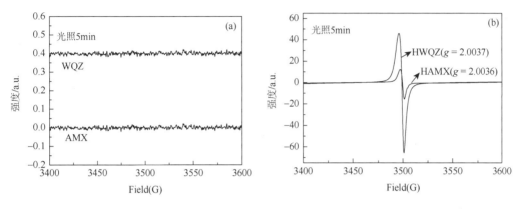

图 6.36　EPR 测试结果

从图 6.36(a)可以看出,在紫外光照射 5min 后,AMX 和 WQZ 预处理的土壤中没有检测出 EPR 信号。而图 6.36(b)显示,HAMX 和 HWQZ 在光照 5min 后测检测出 EPR 的单一信号,且 HWQZ 的信号强度比 HAMX 强很多。在土壤中可能存在较多的物质而没有检测出 EPR 信号,而土壤进行处理后的矿物/黏土/胡敏素组分中检测出较强的 EPR 信号。由此说明,土壤中的 EPFRs 存在于土壤中的矿物/黏土/胡敏素组上。HAMX 和 HWQZ 的 g 值分别为 2.0036 和 2.0037,都是半醌型 EPFRs。研究表明,土壤中 EPFRs 的产生和其总碳含量有着紧密的关系,其碳含量越高,产生的 EPFRs 越多[75]。通常土壤中的腐殖质等有机物经过反应可以变成产生 EPFRs 的前驱体[76, 77]。因此,WQZ 土壤中总碳和腐殖质的含量更高造成了 HWQZ 产生得更多。但是,有很大一部分 EPFRs 不能通过强酸和强碱从土壤中提取出来,表明在土壤中形成了十分稳定和持久的 EPFRs。一方面,这主要是由于 EPFRs 之间的相互结合和协同作用加强了其稳定性,延长了 EPFRs 的存在时间;另一方面,EPFRs 可以附着于颗粒表面增强其稳定性[78]。

6.8　沼泽土腐殖质及其复合体对环丙沙星光解的影响

6.8.1　腐殖质中自由基的产生及其对环丙沙星光解的影响

1. 实验方法

1)HA 和 FA 的提取、纯化技术
具体操作见 6.3.2 节。

　　2）HA 和 FA 的表征

（1）HA 和 FA 母液的配制。

准确称取 HA 和 FA 各 0.05g 于 50mL 烧杯中，分别用 10mL 0.1mol/L 的 NaOH 溶解，然后转移至 100mL 的容量瓶中，用超纯水定容摇匀。然后用 0.45μm 的有机系微孔滤膜抽滤得到 HA 和 FA 的母液，将其于 4℃避光冷藏保存。

（2）紫外-可见吸收光谱分析。

将 HA 和 FA 母液配制成 25mg/L（DOC 计）的测试液进行紫外-可见吸收光谱分析。测试条件为：扫描步长为 1nm，扫描范围为 200～800nm。并根据在 240nm、250nm、365nm、420nm 等处的吸光度值计算 HA 和 FA 的腐殖化程度等相关参数。

（3）元素分析。

运用元素分析仪在 CHNS 的模式下测定 HA 和 FA 中的 C、H、N 和 S 元素含量。CHNS 的模式下元素分析仪的参数为：氦气压强 0.19MPa，氧气压强 0.15MPa，氧化炉温度 1150℃，还原炉温度分别为 850℃。HA 和 FA 中氧元素的测定通过灰分差减法得到。称取 HA 和 FA 各 0.2g 于已烧到恒重的陶瓷坩埚中，将瓷坩埚放在马弗炉中 800℃恒温烧 4h，取出坩埚于干燥器中冷却，称重，通过式（6-16）和式（6-17）计算样品的 O 含量。

$$A = (m_2 - m_1)/m \tag{6-16}$$

$$O\% = 100\% - C\% - H\% - N\% - S\% - A\% \tag{6-17}$$

式中，A 代表样品中的灰分含量；m 代表样品的原始质量，g；m_1 代表空坩埚的恒重，g；m_2 代表坩埚和灰分的质量，g。

　　3）HA 和 FA 体系下 CIP 的光解实验

（1）HA 和 FA 分别与 CIP 结合作用。

分别取不同体积的 CIP 母液于 25mL 的容量瓶中，配置成一系列的 4mg/L、8mg/L、12mg/L 的 CIP 工作液，然后分别单独加入 0mg/L、1mg/L、5mg/L、15mg/L、25mg/L 的 HA 和 FA 溶液，摇匀，制成检测液。用荧光光谱仪测定检测液的荧光强度。测定条件：75W 氙灯的激发光源，激发波长 Ex = 360nm，Em = 380～450nm，狭缝宽度 5nm，扫描步长 2nm，响应时间 1s。

（2）HA 和 FA 介导下 CIP 的光解实验。

取 CIP 母液配制成五份 8mg/L 的工作液，然后分别加入不同体积的 HA 母液使得 CIP 工作液中 HA 的浓度分别为 0mg/L、1mg/L、5mg/L、15mg/L、25mg/L，调节 pH 至 7.00±0.05，然后在常温下避光振荡 60min，使溶液充分混合反应，制得光解液。FA 体系下 CIP 光解液制备与上述步骤相同。将制备完成的光解溶液分别取 35mL 于 50mL 石英光解管中，然后放入光解仪中进行实验，同时设置暗反应对照组。实验过程中分别在 0min、10min、20min、30min、40min、60min、90min、120min、150min、180min 取样，然后通过高效液相色谱仪进行 CIP 定量分析。

（3）活性氧物种淬灭光解实验。

配制 HA-CIP 工作液，体系中 HA 的浓度为 25mg/L，CIP 的浓度为 8mg/L。然后分别加入 200mmol/L 的 IPA 和 100mmol/L 的 NaN$_3$，调节 pH 至 7.00±0.05 常温下避光振荡 60min，使溶液充分混合反应，制得光解液。FA-CIP 光解液的制备与上述步骤相同。光解实验的后续操作与上述（2）相同。

4）电子顺磁共振波谱仪（EPR）的测定方法

（1）储备液的配置。

pH = 7.0 PBS 溶液：分别称取 1.7417g K$_2$HPO$_4$ 和 1.3709g KH$_2$PO$_4$ 固体于两个 50mL 的烧杯中，加入少量超纯水溶解，转移到 100mL 的容量瓶中，用超纯水定容，摇匀。将配置好的 0.1mol/L 的 K$_2$HPO$_4$ 和 KH$_2$PO$_4$ 混合配制成 pH = 7.0 的 PBS 溶液。

DMPO 母液：取 233μL 的 DMPO 溶液于 5mL 容量瓶中，用 0.1mol/L PBS 溶液定容并摇匀，配制成 400mmol/L 的 DMPO 母液，于−20℃避光冷冻储存。

TEMP 母液：取 338μL 的 TEMP 溶液于 5mL 容量瓶中，用 0.1mol/L PBS 溶液定容并摇匀，配制成 400mmol/L 的 TEMP 母液，存放于常温避光处。

（2）环境持久性自由基（EPFRs）的测定

分别取 HA 和 FA 的固体粉末装入 EPR 毛细管内（高约 2cm），然后用真空硅脂封闭底端，装入石英样品管放入 EPR。用配置的汞灯光源分别照射 0min、5min，进行 EPR 测试。并在照射 5min 关闭光源后 10min 进行 EPR 测试。EPR 操作条件为：中心磁场 3505G；扫场宽度 100G；扫描时间 57.02s；g 因子 2.0000；调制幅度为 1G；扫描次数 3；微波衰减 9dB；微波功率 25.18mW；微波频率 9.83GHz；扫描点数 1400；时间常数 40.96ms。

（3）·OH 和 ^{1}O$_2$ 的测定

配制 50mg/L 的 HA 和 FA 溶液，用移液枪分别取 20μL 溶液于 2mL 的棕色液相小瓶中，移取 20μL 的自旋捕获剂，使其均匀反应 1min。将各混合样分别吸取 2cm 于 EPR 毛细管内，并用真空硅脂密封毛细管底端，将其装入石英样品管，并置于 EPR 内，然后用汞灯原位照射 0min 和 5min 进行 EPR 测试。DMPO 和 TEMP 分别作为·OH 和 ^{1}O$_2$ 的自旋捕获剂。

EPR 操作条件为：中心磁场 3505G；扫场宽度 100G；扫描时间 57.02s；g 因子 2.0000；调制幅度为 1G；扫描次数 3；微波衰减 9dB；微波功率 25.18mW；微波频率 9.83GHz；扫描点数 1400；时间常数 40.96ms。

2. 结果与讨论

1）HA 和 FA 的表征

（1）紫外-可见光谱分析

HA 和 FA 都是分子量大且结构复杂的物质，所以为了进一步探讨其化学性质，对 HA 和 FA 进行了 UV-vis 的测定。结果如图 6.37 所示，HA 和 FA 的紫外-可见光谱曲线的走势具有相似性，都出现了随着波长的增长吸光度先增加后减小的趋势。在 290～310nm 内，HA 和 FA 出现明显的吸收峰，研究认为[79]在 200～320nm 的紫外波段下苯环、苯羧酸基及苯羟基等有明显的吸收峰。与此同时，不难发现在紫外吸收波段 HA 和 FA 都有明显的紫外吸收，由此证明样品中都含有丰富的芳香族 C=C 结构及苯环、苯羧酸基、羰基等其他生色基团[80]。

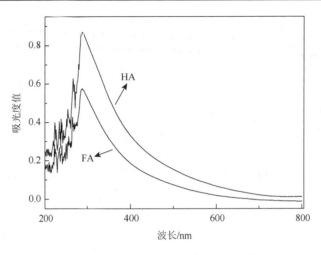

图 6.37 HA 和 FA 的紫外-可见吸收光谱图

（2）元素分析

为了解 HA 和 FA 的组成及其基本性质，对其进行了元素分析，结果如表 6.23 所示。

表 6.23 HA 和 FA 的元素分析

样品	灰分含量 /%	元素含量/%					原子质量比			
		C	H	O	N	S	H/C	C/N	O/C	(N+O)/C
HA	0.60	49.91	3.74	42.30	2.94	0.49	0.08	16.98	0.85	0.91
FA	0.70	34.29	3.30	60.49	0.87	0.35	0.10	39.41	1.76	1.79

实验结果发现，HA 和 FA 的元素含量具有相似性，也有一定的差异性。HA 和 FA 中含量最多的元素为 C 和 O 元素，其次是 H、N 和 S 元素。HA 中的 C 元素占主导地位，占 49.91%。而 FA 中含量最多的是 O 元素，占 60.49%。不难发现 HA 中的 H、N 和 S 占比都比 FA 大。研究者发现，O/C 值和（N+O)/C 值越大，HS 的氧化程度和极性越高；H/C 值越大，HS 的缩合度也就越小；C/N 的比值越高，则 HS 的腐殖化程度越大[81]。结合表 6.23 可知，HA 的缩合度比 FA 小，HA 的腐殖化程度更低，并且 HA 的氧化程度和极性都比 FA 小。通过缩合度大小可以间接得出 HS 的芳香性及疏水性，而 HS 结构中含氧官能团的数量与其氧化程度有着密不可分的关联。因此，FA 具有更高的芳香性及疏水性，并且有更多的含氧官能团。

2）HA、FA 和 CIP 的相互作用机制

通常情况下，CIP 被认为是一种具有良好荧光特性的荧光物质。研究表明，HS 能够对有机污染物产生荧光淬灭作用，通常荧光淬灭分为两种：静态淬灭和动态淬灭。静态淬灭是指 HS 与有机物之间发生反应从而产生新的化学键改变有机物的荧光特性；动态淬灭是指 HS 与有机物之间的分子碰撞，而两者并没有实质的反应[82]。因此，为了探讨 HA 和 FA 对于 CIP 的结合作用，用不同浓度的 HA 和 FA 作为 CIP 的淬灭剂进行了

荧光淬灭实验，实验数据通过斯顿-伏尔臭（Stern-Volmer）公式[83]来处理，具体公式见式（6-18）。

$$F_0 / f = 1 + K_{HS}[HS] \qquad (6\text{-}18)$$

其中，F_0 为不加入 HS 的初始荧光强度值；f 为 CIP 与 HS 结合后的荧光强度值；K_{HS} 为 HS 与 CIP 的结合系数，L/kg；[HS]为 HS 的浓度值，此处以 HS 的 DOC 含量计算，mg/L。

实验结果如图 6.38 所示，HA 和 FA 对不同浓度的 CIP 都有明显的淬灭作用，并且随着 HA 与 FA 浓度的不断升高，F_0/f 的值也相应地增加。结合表 6.24 可以得出，F_0/f 的值与淬灭剂的浓度之间的线性关系系数 $R^2 > 0.93$，说明二者具有明显的线性关系。因此说明 HA 和 FA 对 CIP 的淬灭作用是静态淬灭或动态淬灭的其中一种。在 HA-CIP 和 FA-CIP 体系中，随着 CIP 浓度的升高，其对应的 F_0/f 值出现减小的趋势，但 F_0/f 值与淬灭剂浓度依然呈现出良好的线性。说明淬灭剂 HA 与 FA 对 CIP 的淬灭方式不受其浓度影响，但是淬灭作用的大小和淬灭剂与 CIP 的浓度均有关系。

研究发现，当淬灭常数 $\lg K < 2$ 时淬灭方式为双分子动态淬灭。结合表 6.24 可知，本实验中的结合系数 K_{HS} 在 $0.09 \times 10^6 \sim 2.64 \times 10^6$ 之间，$\lg K_{HS}$ 不小于 4.95，说明 HA 和 FA 对 CIP 的猝灭是静态淬灭。吴济舟研究发现[83]，$\lg K_{HS}$ 是 HS 与有机物结合能力的重要参数。在 HA-CIP 的体系下，随着 CIP 浓度的增加，$\lg K_{HS}$ 值不断增大，即其结合能力的大小为 C_{CIP}（12mg/L）$> C_{CIP}$（8mg/L）$> C_{CIP}$（4mg/L），故 CIP 浓度的增加对与 HA 的结合有利。在 FA-CIP 体系中，随着 CIP 浓度的增加，$\lg K_{HS}$ 值不断减小，即其结合能力的大小为 C_{CIP}（4mg/L）$> C_{CIP}$（8mg/L）$> C_{CIP}$（12mg/L），因此 CIP 浓度的增加不利于与 FA 的结合。与此同时，在相同的 CIP 浓度下，HA 与其的结合作用比 FA 强。研究指出，HS 与有机物的结合能力可能与疏水作用力、氢键作用力有关[84]。但结合 HA 和 FA 的元素表征可知，FA 的疏水性和含氧官能团更高，而其与 CIP 结合作用更弱。由此推测，HA 和 FA 对 CIP 的结合作用中不仅涉及氢键和疏水作用力，还涉及 π-π 作用力等其他作用力。

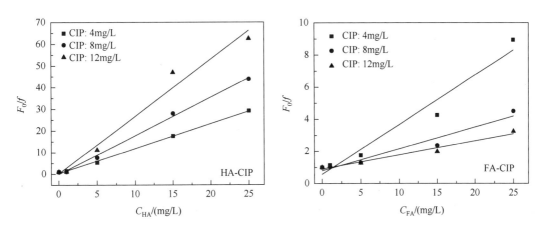

图 6.38　HA 和 FA 对 CIP 荧光强度的影响

表 6.24 HS 与 CIP 结合作用相关参数

淬灭剂	C_{CIP}/(mg/L)	$K_{HS}(\times 10^6)$	$\lg K_{H3}$	R^2
HA	4	1.48	6.17	0.9977
	8	1.78	6.25	0.9952
	12	2.64	6.42	0.9698
FA	4	0.31	5.49	0.9500
	8	0.14	5.15	0.9384
	12	0.09	4.95	0.9626

3）HS 介导下 CIP 的光降解动力学

（1）黑暗对照实验。

根据 6.6 节的暗对照实验可知，CIP 在纯水溶液中表现出良好的稳定性。为了进一步探讨 CIP 与 HS 共存时的稳定性，设置 CIP 在 HA 和 FA 共存时的黑暗对照实验。结果如图 6.39 所示，在 180min 的实验中 CIP 的浓度均无明显减小，说明 CIP 具有良好的稳定性。故在与 HA 和 FA 共存时，CIP 并没有发生明显的吸附、水解以及微生物的降解反应。因此，在模拟日光的照射下 CIP 浓度的减小主要是由光降解反应造成的。

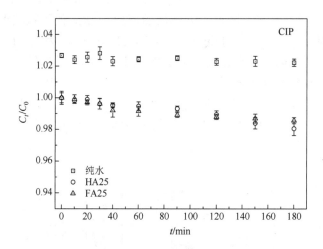

图 6.39 黑暗对照实验中 CIP 浓度随时间的变化

（2）不同浓度的 HA 和 FA 对 CIP 光降解的影响。

由紫外-可见表征可知，CIP、HA 和 FA 在紫外波段都有较强的吸收，说明在模拟日光的照射下 CIP、HA 和 FA 都可以发生光降解。因此，在 HA 和 FA 共存时讨论 CIP 的光降解十分必要。控制 CIP 的浓度为 8mg/L，设置 HA 和 FA 的浓度不同，实验结果如图 6.40。在与不同浓度 HA 或 FA 共存时，CIP 的光降解都符合一级动力学。且随着 HA 或 FA 浓度的升高，CIP 的光解速度减小。在 CIP 与 HA 或 FA 共存时，不同的 HA 或 FA 浓度对 CIP 的降解影响很大。HA 浓度不大于 15mg/L 的范围内，HA 对 CIP 的光降解表现为促进作用；当 HA = 25mg/L 时，抑制了 CIP 的光降解。由表 6.25 得出，HA = 5mg/L 时 CIP 的光降解最快，其表观速率常数为 0.01868min^{-1}，同时其相关系数 R^2 为 0.9848。在 CIP 与 FA 共存，FA 浓度在 1～15mg/L 范围内，促进 CIP 的光降解；FA 浓度为 25mg/L 时，抑制 CIP 光降解。结合表 6.26 可知，FA 浓度为 1mg/L 时 CIP 的光降解最快且表观速率常数为 0.01942min^{-1}，但是其相关系数 R^2 最小，为 0.8554，这可能是由于 CIP 在 120min 时可能已经达到了降解平衡。同时可以看出，HA 和 FA 浓度在 1～15mg/L 范围内，FA 对 CIP 的光降解有着更强的促进作用；HA 和 FA 浓度为 15mg/L 时，HA 对 CIP 的光降解的抑制作用更弱。

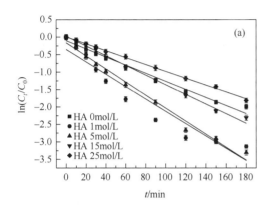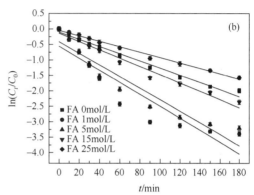

图 6.40　不同浓度的 HA 和 FA 对 CIP 的光降解动力学

表 6.25　CIP 在不同浓度 HA 下的光降解动力学参数

溶液	C_{HA}/(mg/L)	拟合方程	表观速率常数 k/min^{-1}	相关系数 R^2	半衰期 $t_{1/2}$/min
	0	$\ln(C_t/C_0) = -0.01028t$	0.01028 ± 0.00012	0.9845	67.42
	1	$\ln(C_t/C_0) = -0.01769t$	0.01769 ± 0.00079	0.9294	39.18
CIP	5	$\ln(C_t/C_0) = -0.01868t$	0.01868 ± 0.00012	0.9848	37.11
	15	$\ln(C_t/C_0) = -0.01385t$	0.01385 ± 0.00012	0.9935	50.01
	25	$\ln(C_t/C_0) = -0.00985t$	0.00985 ± 0.00012	0.9978	70.37

表 6.26　CIP 在不同浓度 FA 下的光降解动力学参数

溶液	C_{HA}/(mg/L)	拟合方程	表观速率常数 k/min^{-1}	相关系数 R^2	半衰期 $t_{1/2}$/min
	0	$\ln(C_t/C_0) = -0.01028t$	0.01028 ± 0.00012	0.9845	67.42
	1	$\ln(C_t/C_0) = -0.01942t$	0.01942 ± 0.00079	0.8554	35.69
CIP	5	$\ln(C_t/C_0) = -0.01874t$	0.01874 ± 0.00012	0.9047	36.99
	15	$\ln(C_t/C_0) = -0.01340t$	0.01340 ± 0.00012	0.9686	51.73
	25	$\ln(C_t/C_0) = -0.00877t$	0.00877 ± 0.00012	0.9906	79.04

综上，HA 和 FA 在低浓度时对 CIP 的光解表现出促进作用，在高浓度时表现出抑制作用。在光照下 HA 和 FA 能够产生活性氧物种（如·OH 和 $^1O_2$ 等），这些活性氧物种（ROS）与 CIP 发生氧化反应，从而促进其自身的光降解。其次，HA 和 FA 自身具有很强的吸光性，导致光屏蔽作用，抑制了 CIP 的光降解。同时，HA 和 FA 本身也可以捕获或者淬灭活性氧物种，对 CIP 的光降解产生不利的影响。由此推测其原因，在 HA 和 FA 为低浓度时产生的 ROS 大于捕获或者淬灭的，并且自身的光屏蔽效应不明显，所以变为对 CIP 光解的促进作用。当 HA 和 FA 浓度过高时，其自身的光屏蔽作用明显，且其生成的 ROS 基本上被捕获或者淬灭，从而变为对 CIP 光解的抑制作用。何占伟的研究结论与本研究结果一致[85]。相同浓度的 HA 和 FA，FA 对 CIP 光解的影响更大，这是由于 HA 和 FA 本身的腐殖化程度、含氧官能团的数量等性质的不同，在光照下产生 ROS 的能力也就不一样。从元素分析可知，FA 含有更多的含氧官能团，其产生的活性氧物种的能力可能更强，从而导致 FA 对 CIP 光解的影响更大。

（3）HA 和 FA 体系下活性淬灭剂对 CIP 光降解的影响。

HS 主要是通过产生 ROS 对 CIP 光降解产生影响，其中主要是·OH 和 $^1O_2$，可以与有机污染物发生氧化降解。因此，为了研究 HA 和 FA 体系中·OH 和 $^1O_2$ 对 CIP 光解的影响，控制光解反应体系中 CIP 浓度为 8mg/L，HA 或 FA 的浓度为 1mg/L，然后分别添加 IPA（200mmol/L）和 NaN_3（100mmol/L），实验结果如图 6.41 所示。结果表明，在 HA 或 FA 体系下加入 IPA 和 NaN_3 后 CIP 的降解满足一级动力学，但是其降解速率明显减小，说明在 CIP 降解中·OH 和 $^1O_2$ 起着重要的作用。在添加 IPA 和 NaN_3 后，在 HA 和 FA 介导下 CIP 光解都出现了相同的规律，添加 NaN_3 后的 CIP 光解速度下降更为明显，这主要是由于 NaN_3 是·OH 和 $^1O_2$ 两者的淬灭剂。

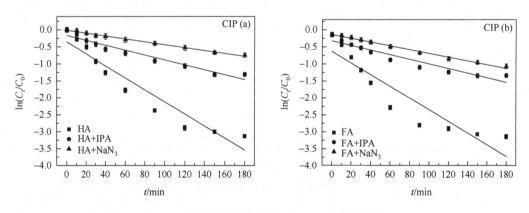

图 6.41　异丙醇和叠氮化钠对 CIP 光降解的影响

结合表 6.27 可以看出，在模拟日光下，在各体系下 CIP 的光降解都表现出了良好的线性关系，相关系数 R^2 在 0.8554～0.9919 范围内。在添加 IPA 和 NaN_3 后，在 HA 体系下 CIP 的光降解速率分别为 $0.00720min^{-1}$、$0.00425min^{-1}$，在 FA 体系下分别为 $0.00765min^{-1}$、$0.00625min^{-1}$。可以明显看出，添加 IPA 和 NaN_3 后，FA 体系下的光解速度下降得更快。因此猜想，HA 和 FA 产生·OH 和 $^1O_2$ 的能力不一样。

表 6.27　CIP 在的光降解动力学参数

溶液	添加物质	表观速率常数 k/min^{-1}	相关系数 R^2	半衰期 $t_{1/2}/\text{min}$
CIP + HA	无	0.01769 ± 0.00173	0.9294	39.18
	IPA	0.00720 ± 0.00059	0.9423	96.27
	NaN$_3$	0.00425 ± 0.00012	0.9919	153.35
CIP + FA	无	0.01942 ± 0.00260	0.8554	35.69
	IPA	0.00765 ± 0.00082	0.9058	90.60
	NaN$_3$	0.00625 ± 0.00021	0.9896	110.90

为了进一步明确·OH 和 $^1O_2$ 在 CIP 光降解中的贡献率，根据式（6-19）和式（6-20）可以算出。

$$C_1(\%) = \frac{k_1}{k_{\text{HS}}} \approx \frac{k_{\text{HS}} - k_{\text{IPA}}}{k_{\text{HS}}} \times 100\% \qquad (6\text{-}19)$$

$$C_2(\%) = \frac{k_2}{k_{\text{HS}}} \approx \frac{k_{\text{IPA}} - k_{\text{NaN}_3}}{k_{\text{HS}}} \times 100\% \qquad (6\text{-}20)$$

式中：C_1 和 C_2 为·OH 与 $^1O_2$ 对 CIP 的光降解贡献率；k_{HS} 为添加 HA 或 FA 后 CIP 的光降解的一级动力学反应速率常数，min^{-1}；k_{IPA} 为添加 IPA 和 HA（或 FA）后的 CIP 的光降解的一级动力学反应速率常数，min^{-1}；k_{NaN_3} 为添加 NaN$_3$ 和 HA（或 FA）后 CIP 的光降解的一级动力学反应速率常数，min^{-1}；k_1 和 k_2 为·OH 和 $^1O_2$ 参与的自敏化光解速率常数，min^{-1}。

根据计算得出，在 HA 体系下产生的·OH 对 CIP 的光降解的贡献率（59.30%）比 FA（60.61%）更小。且不难得出，在 HA 和 FA 体系中产生·OH 对 CIP 光解的贡献率比纯水中大，故说明 HA 和 FA 可以产生·OH。HA 和 FA 产生·OH 的差异性是由于其产生的·OH 产率和稳态浓度的能力有所不同。研究表明，溶解性有机质（DOM）的分子量与·OH 产率呈现出负相关关系[86]。结合元素分析得出，HA 和 FA 的分子量不同，FA 的分子量可能更大。

然而在 HA 体系下产生的 $^1O_2$ 对 CIP 的光降解贡献率（16.67%）比 FA（7.21%）更大，且其贡献率都小于纯水体系。由于 HA 和 FA 的加入使得 CIP 的降解率升高，所以不能单纯得出 $^1O_2$ 是由水溶液产生，而与 HA 和 FA 没有关系，因此猜测 HA 和 FA 产生 $^1O_2$ 的能力不同。研究发现 DOM 的亲水性对产生 $^1O_2$ 有着重要的影响，具有更多亲水性成分（如多肽类和蛋白质等）的 DOM 更容易产生 $^1O_2$[87]。结合元素分析推测，HA 中的亲水性成分更多。

此外，研究表明 $^3HA^*$ 和 $^3FA^*$ 以及其产生的 EPFRs 都是有机物自敏化光解的主要物质，从上面数据分析，HA 和 FA 体系中·OH 和 $^1O_2$ 对 CIP 的光解率并没有占到 100%，由此猜测 $^3HA^*$ 和 $^3FA^*$ 也是参与了 CIP 的光解过程，并且 HA 和 FA 可能产生的 EPFRs 对 CIP 的光解有一定的促进作用。

综上，CIP 分别在 HA 和 FA 体系的光降解主要为自敏化光解，其中起主要作用的活性物种为·OH。HA 和 FA 产生了·OH，可能也产生了 $^1O_2$。并推测 HA 和 FA 分别产生了 $^3HA^*$ 和 $^3FA^*$ 以及都有 EPFRs 的生成，且在 CIP 光解中起到了重要作用。

4）HA 和 FA 体系中自由基的生成

结合上述实验可知，HA 和 FA 体系中 ROS 在 CIP 的光降解中起到了重要的作用。研究者发现，HA 能够形成 EPFRs，然后转化为·OH 降解有机污染物。而在有机污染物的降解过程中也不是 ROS 起着全部的作用，EPFRs 对有机污染物的降解也能起到作用。因此，有必要探究 HA 和 FA 体系中 EPFRs 和 ROS 的生成情况。

（1）HA 和 FA 上 EPFRs 的生成。

为了明确 HA 和 FA 中能否产生 EPFRs 以及其基本性质，采用 EPR 对 HA 和 FA 样品进行了测试，结果如图 6.42 所示。在没有光照时，HA 和 FA 均产生了很强的单一信号，且该信号具有良好的对称性，因此说明 HA 和 FA 上均存在自由基。据文献报道可知，根据 EPR 测试的 g 值可以将自由基分成三类：①g 值小于 2.0030 是以碳原子为中心的自由基；②g 值大于 2.0040 是以氧原子为中心的自由基；③g 值在 2.0030~2.0040 范围内存在以碳原子为中心和氧原子为中心的两种自由基或存在氧官能团的碳中心自由基[88]。HA 的 g 值为 2.0036，与研究者报道的含氧官能团的碳中心自由基的 g 值相似[89]，故 HA 产生的自由基可能是含氧官能团的碳中心自由基。FA 的 g 值为 2.0041，所以其产生的自由基为以氧原子为中心的自由基。研究表明，g 值在 2.0010~2.0051 的范围内，HS 产生的 EPFRs 类型为半醌自由基[90]。故可以得出 HA 和 FA 产生的自由基均为半醌自由基。

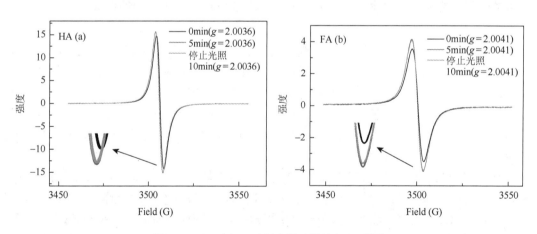

图 6.42　HA 和 FA 不同光照时长的 EPR 谱图

在光照 5min 时，可以明显看出 HA 和 FA 的 EPR 信号都增强了。而当停止光照 10min 时，HA 和 FA 的 EPR 信号有稍微的减弱，但其信号强度仍然比没有光照时强。并且光照前后 HA 和 FA 的 g 值都没有改变。由此可以得出，光照可以促进 HA 和 FA 自由基的生成，但并没有改变自由基的类型，且产生的自由基均能停留较长的时间。说明 HA 和 FA 产生的自由基为具有稳定性和持久性的 EPFRs。在停止光照后 EPFRs 有所降低，其原因可能是 EPFRs 和环境中的氧气等发生反应，从而使得 EPFRs 减少[91]。根据图 6.42 可以得出，FA 的 EPR 信号比 IIA 弱。有研究指出，HS 的分子质量和缩合程度影响着 EPFRs 的产生，HS 的分子质量越大、缩合程度越高，其产生的 EPFRs 越多[92]。根据元素分析得出 HA 比 FA 的缩合程度小。因此推测，HA 比 FA 具有更高的分子质量，且分子质量影响 EPFRs 生产的作用大于缩合程度[78]。

（2）HA 和 FA 上 ROS 的生成。

为了验证 HA 和 FA 在光照后产生了 ROS，分别以 TEMP 和 DMPO 作为 $^1O_2$ 和·OH 的捕获剂，在紫外光照下 0min 和 5min 时，测定的 EPR 谱图如图 6.43 所示。从图 6.43 （a）中可以看出，HA 和 FA 反应液中检测出了 TEMP-$^1O_2$ 的 1∶1∶1 三重峰，说明 HA 和 FA 中产生了 $^1O_2$。不难看出，在没有光照时 HA 和 FA 反应液中也检测出了 1∶1∶1 三重峰型号，但其信号强度弱于光照 5min 后的信号。说明光照促使了 $^1O_2$ 的生成。HA 比 FA 的信号更强，说明 HA 产生 $^1O_2$ 的能力更强，这与 CIP 光解实验中 HA 中 $^1O_2$ 的贡献率大于 FA 的结论一致，且与 HA 和 FA 产生 EPFRs 的含量具有一样的规律。由图 6.43 （b）可得，在无光照和光照 5min 时，在 HA 和 FA 反应液中检测出了属于 DMPO-OH 加合物的 1∶2∶2∶1 的四重峰。光照 5min 时的四重峰信号比无光照时略微增强，由此说明 HA 和 FA 产生了·OH。FA 的四重峰信号比 HA 略强，故 FA 产生·OH 的能力更强，这与 CIP 光解实验的结论一致。研究表明 HA 和 FA 生成·OH 主要有两种可能性：①HA 和 FA 本身接收光能后，变成更易发生反应的三线态，进而和溶解氧发生反应生成·OH；②HA 和 FA 生成 EPFRs，EPFRs 和溶解氧通过系列反应生成·OH。故并不能得到·OH 的产量与 EPFRs 的生成量一致的结论。

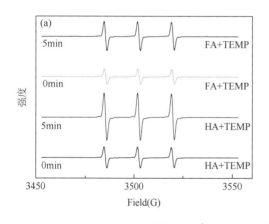 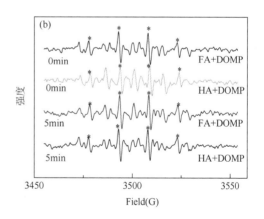

图 6.43　$^1O_2$ 和·OH 不同光照时长的 EPR 谱图

6.8.2　复合材料中自由基的产生及其对环丙沙星光解的影响

1. 实验方法

1）SiO$_2$-Fe-HA（或 FA）颗粒物的制备与表征

称取 0.4718g Fe(NO$_3$)$_3$·9H$_2$O 加入超纯水定容在 100mL 的容量瓶中，配制溶液。称取 10.0g SiO$_2$，后加入配置好的 Fe(NO$_3$)$_3$·9H$_2$O 溶液搅拌均匀，放入振荡箱中 24℃

150r/min 吸附平衡 24h。105℃恒温干燥后，于 450 ℃下热解 240min。制成基体 SF（SiO_2/Fe_2O_3）。与此同时，制备不含 $Fc(NO_3)_3·9H_2O$ 的 SiO_2 颗粒作对照，基于实验的统一性，SiO_2 颗粒的制备过程与 ST 颗粒一致，只是将硝酸铁溶液换成等量的超纯水。

分别称取 120mg 的 HA 和 FA 于烧杯中，用少量 0.1mol/L NaOH 溶解，然后用超纯水定容到 100mL 的容量瓶中。称取 2 份制备好的 SF 与 SiO_2 颗粒各 2g 于 100mL 锥形瓶中，然后分别加入配制好的 HA 和 FA 溶液各 50mL。在常温 24℃的振荡箱中以 150r/min 振荡，待吸附平衡 5 天后，使用低速离心机以 2500r/min 的转速离心 10min 弃去上清液，然后用超纯水清洗 3 次保留复合体固体。复合体固体经冷冻干燥，保存在棕色玻璃瓶中。

将制备好的材料用元素分析仪测定其 C、H、N 和 S 元素含量，通过灰分差减法得到其 O 元素的含量。

2）材料体系下 CIP 的光降解实验

用 CIP 母液配置 8mg/L 的 CIP 溶液，然后调节溶液 pH = 7.0；称取制备好的材料 SiO_2、SiO_2-HA、SiO_2-FA、SF、SF-HA、SF-FA 各 50mg 于光解管中，然后加入 40mL 配置好的 CIP 溶液，在光化学反应仪里暗反应 6h，然后用长弧氙灯开始光照，同时设置暗反应对照组。间隔 20min 取样一次，直到光反应 100min，用高效液相色谱仪进行 CIP 定量分析。

3）EPR 的测定方法

将制备好的材料 SiO_2、SiO_2-HA、SiO_2-FA、SF、SF-HA、SF-FA 固体粉末加入 EPR 毛细管内，样品量约为 2cm，然后用真空硅脂封闭底端，装入石英样品管放入 EPR 仪器内。用汞灯光源分别照射 0min、5min，进行 EPR 测试。

EPR 操作条件为：中心磁场 3503G；扫场宽度 100G；扫描时间 57.02s；g 因子 2.0000；调制幅度为 1G；扫描次数 3；微波衰减 9dB；微波功率 25.18mW；微波频率 9.83GHz；扫描点数 1400；时间常数 40.96ms。

2. 结果与讨论

1）复合材料的元素分析

本书对复合材料进行了元素分析，实验结果如表 6.28 所示。

在 SiO_2 和 SF 没有吸附 HA 和 FA 时，其 C、H 和 O 元素的含量都比吸附后的合成材料低，而 N 和 S 的含量没有明显的变化规律，且 S 的含量都很低。由 SiO_2 的元素测定结果可以看出，SiO_2 中 O 元素的含量最多，其中含有少量的 C、H、N 和 S，可能是受 SiO_2 中含有其他杂质的影响。各材料中 C 含量的大小排序为：SF-FA＞SiO_2-FA＞SF-HA＞SiO_2-HA＞SiO_2＞SF。不难看出，吸附 FA 的材料比吸附 HA 的材料的 C 含量更高，其原因可能是 SiO_2 和 SF 对 FA 的吸附量更高。且 SF 对 HA 和 FA 的吸附能力比 SiO_2 强。

通常情况下，(N + O)/C 可以用来指示物质的极性大小，且(N + O)/C 与物质的极性呈正相关。H/C 可以用来指示物质的芳香性，且 H/C 与物质的芳香性呈负相关。结果发现，当 SiO_2 和 SF 吸附 HA 和 FA 溶液后，其 H/C 值都降低，说明其芳香性增强。故说明 HA 和 FA 中含有芳香性结构，这些结构通过吸附作用与 SiO_2 和 SF 结合。SiO_2-HA 的 H/C 值（3.23）比 SiO_2-FA（2.43）大，这是由于 SiO_2 吸附 HA 或 FA 后，C 含量增加，H 的变化很小，而 SiO_2 对 FA 的吸附量更大。材料 SiO_2-HA 的(N + O)/C 值（41.67）

比 SiO₂-FA（48.21）小，但都大于 SiO₂ 的(N+O)/C 值（35.34）。说明其极性大小为：SiO₂-FA＞SiO₂-HA＞SiO₂。但 SF 的(N+O)/C 值比 SF-HA、SF-FA 都大，其极性大小为：SF＞SF-FA＞SF-HA。不难看出，极性的大小和 HA、FA 的吸附量有关。

表 6.28　复合材料的元素分析

样品	元素含量/%					原子比	
	C	H	O	N	S	H/C	(N+O)/C
SiO₂	0.11	0.37	2.75	0.08	0.02	4.64	35.34
SiO₂-HA	0.13	0.42	6.07	0.20	0.02	3.23	41.67
SiO₂-FA	0.17	0.41	6.92	0.16	0.01	2.43	48.21
SF	0.08	0.34	4.14	0.13	0.02	4.84	60.96
SF-HA	0.16	0.41	6.22	0.19	0.01	2.58	40.09
SF-FA	0.18	0.41	7.26	0.09	0.02	2.31	40.82

2）复合材料对 CIP 光降解的影响

（1）暗对照实验。

为了研究 SiO₂、SF、SiO₂-HA、SiO₂-FA、SF-HA 和 SF-FA 在暗反应 6 小时后是否达到了一个吸附平衡，在 CIP 和各复合材料暗反应 6 小时后，继续暗反应 100min，并且每隔 20min 取一次样进行高效液相色谱测试，实验结果如图 6.44 所示。由图 6.44 可知，在 100min 内 CIP 的浓度基本上没有明显的减小。故各复合材料在暗反应 6 小时后基本上达到了吸附平衡，在后面 100min 内 CIP 保持了良好的稳定性。因此，在模拟日光下，CIP 在后面的 100min 内的降解是由于光解引起的。

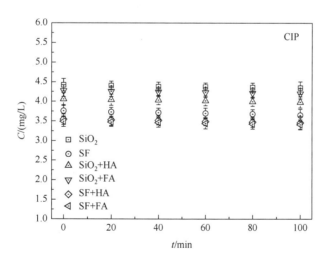

图 6.44　黑暗对照实验中 CIP 浓度随时间的变化

（2）CIP 光降解动力学。

在复合材料与 CIP 的光解反应体系中，控制各复合材料的质量为 50mg，CIP 的初始浓度为 8mg/L，体系中的 pH 为 7.0。在模拟日光下，CIP 的光降解结果如图 6.45 所示。不难看出，在 100min 内，各复合材料对 CIP 的降解率随着时间的增加而增加。在各材料的介导下 CIP 的降解率在 80% 以上，表现出良好的降解性能。其降解率的大小顺序为：SiO_2-HA＞SiO_2＞SiO_2-FA＞SF＞SF-HA＞SF-FA。且在 100min 时，CIP 与 SiO_2-HA 共存时的降解率最高为 96.05%，基本上降解完全。

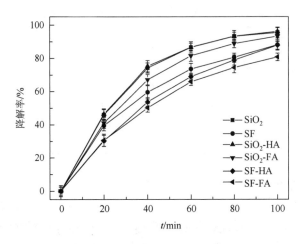

图 6.45　不同材料对 CIP 光降解率

由图 6.46 可知，在各复合材料介导下的 CIP 光降解符合一级动力学，且其光解快慢顺序为：SiO_2-HA＞SiO_2＞SiO_2-FA＞SF＞SF-HA＞SF-FA，其大小规律和 CIP 光降解率相同。结合表 6.29 可知，CIP 的光降解相关系数 R^2 在 0.9922～0.9989 的范围内，且表现出良好的线性关系。在 SF-FA 材料的介导下，CIP 的光解表观速率最慢为 $0.01659min^{-1}$。由 8mg/L CIP 在纯水中的光解实验可知，CIP 的光解速率为 $0.01025min^{-1}$。因此推断出，加入复合材料后促进了 CIP 的光降解。

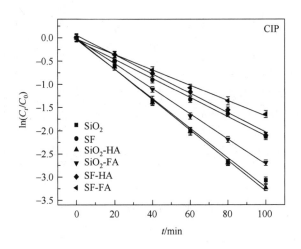

图 6.46　不同材料对 CIP 光降解动力学

表 6.29 CIP 的光降解动力学参数

溶液	添加物	拟合方程	表观速率常数 k/min^{-1}	相关系数 R^2	半衰期 $t_{1/2}/\text{min}$
CIP	SiO_2	$\ln(C_t/C_0) = -0.03189t$	0.03189 ± 0.00126	0.9922	21.74
	SiO_2-HA	$\ln(C_t/C_0) = -0.03281t$	0.03281 ± 0.00075	0.9974	21.13
	SiO_2-FA	$\ln(C_t/C_0) = -0.02710t$	0.02710 ± 0.00040	0.9989	25.58
	SF	$\ln(C_t/C_0) = -0.02061t$	0.02061 ± 0.00067	0.9948	33.63
	SF-HA	$\ln(C_t/C_0) = -0.02086t$	0.02086 ± 0.00071	0.9943	33.23
	SF-FA	$\ln(C_t/C_0) = -0.01659t$	0.01659 ± 0.00043	0.9967	41.78

综上，SiO_2 与 CIP 共存时的降解速率高于 SF 与 CIP 共存时的降解速率；CIP 在 SiO_2-HA 或 SiO_2-FA 介导下的光解速率大于在 SF-HA 或 SF-FA 介导下的光降解速率。有研究发现，Fe（III）在低浓度促进 CIP 的光降解，在高浓度抑制 CIP 的光降解[85]。因此说明实验中铁的浓度较高抑制了 CIP 的光降解。Fang 等[88]通过研究不同金属离子含量制备的生物炭产生 EPFRs 的情况，发现金属离子对于 EPFRs 的产生具双重效应，过少不利于 EPFRs 的生成，过多又会消耗多余的 EPFRs。根据 6.7 节的研究结果表明，FA 和 HA 中在光照下可以产生 EPFRs，因此推断 SiO_2-HA 和 SiO_2-FA 同样可以产生 EPFRs，而 SF-HA 和 SF-FA 由于加入 Fe 过少或者过多，使得产生的 EPFRs 量减少，故对 CIP 的光降解率降低。

3）复合材料体系中 EPFRs 的生成

为了验证复合材料 SiO_2-HA、SiO_2-FA、SF-HA 和 SF-FA 可以产生 EPFRs，并明确其来源，将复合材料光照 5min 后进行 EPR 测定。SiO_2 和 SF 本身不具备产生自由基的条件，因此没有进行 EPR 测试。结果如图 6.47 所示，在 SiO_2-HA、SiO_2-FA、SF-HA 和 SF-FA 这些材料上都检测到明显的单一的 EPR 信号峰，且具有良好的对称性，说明这些材料可以产生 EPFRs。与此同时，SiO_2-HA 和 SF-HA 产生的 EPR 信号峰的 g 值均为 2.0036，且

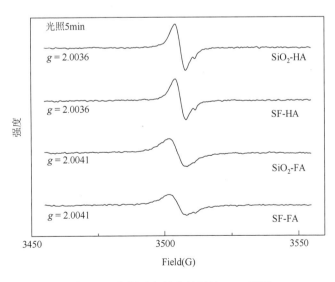

图 6.47 光照后各复合材料的 EPR 谱图

峰型与 HA 产生的相似,由此推测 SiO_2-HA 和 SF-HA 产生的 EPFRs 来源于 HA。同理可知,SiO_2-FA 和 SF-HA 产生的 EPR 信号峰的 g 值均为 2.0041,其峰型与 FA 产生的相似,由此推测 SiO_2-FA 和 SF-HA 产生的 EPFRs 来源于 FA。负载 HA 的材料比负载 FA 的材料产生的 EPR 的信号更强,说明负载 HA 的材料产生的 EPFRs 更多,这与前面 HA 产生 EPFRs 比 FA 多的规律一致。进一步说明了复合材料中 EPFRs 来源于 HA 和 FA。

由图 6.47 不难看出,SF-HA 的 EPR 信号稍弱于 SiO_2-HA,且 SF-FA 产生的 EPR 信号也要比 SiO_2-FA 弱。因此说明,金属铁并不是产生 EPFRs 的必要条件,但其在 EPFRs 产生中起着重要的作用。有研究发现[93],低浓度的 Fe 金属氧化物可以促进 EPFRs 的生成,而高浓度对 EPFRs 的生成起着明显的抑制作用。说明,本实验中 Fe 的负载量过高抑制了 EPFRs 的生成。

6.9　本　章　小　结

1. 草甸土腐殖质对磺胺甲噁唑的降解

本章对 IHSS 方法进行优化改良来从瓦切镇、阿木乡的土壤中制备出 HA 与 FA,并使用多种表征方法对各 HS 样品的理化性质、自身的物质组成以及官能团类型情况进行深入的了解。研究了 SMX 分别处于纯水、不同源 HS 溶液体系中的光降解行为特征以及反应机制,阐明了各 HS 样品对 SMX 光解过程的影响机制,明确了不同类型 HS 光生 ROS 物质对 SMX 光解反应所做的贡献情况。探讨了 SMX 分别位于不同 HS 浓度体系以及不同 pH 反应环境中的光解机制。用纯物 SiO_2 模拟了土壤实体环境并在其颗粒物表面上负载了 Fe_2O_3 物质,通过表征手段挑选出了最优比例的 Fe_2O_3/SiO_2 样品,在此基础之上制备出 HS 类有机无机复合体,从而进一步研究了该物质对 SMX 光降解性能的影响作用,通过上述实验研究得出的结论有:

(1)SMX 位于黑暗环境体系中几乎不发生降解,体现出的稳定性能较好,而在紫外光实验条件下的 SMX 能发生光解反应,其光解曲线能与一级动力学模型完美吻合。紫外纯水体系条件下,低浓度($C_{SMX} = 5mg/L$)和酸性反应范围内($pH = 3.00 \pm 0.05$)的 SMX 光降解反应进行得最为快速。通过实验发现,纯水环境中 SMX 的光解反应包括两个过程,即直接光解和间接光解,在反应体系中的 ·OH 和 $^1O_2$ 物质是引起 SMX 发生间接光降解的关键,其中 $^1O_2$ 在其光解反应中所做出的贡献是高于 ·OH 的。

(2)WQZFA、WQZHA、AMXFA 和 AMXHA 中均包含 C、H、O、N、S 元素,其中 C、O 元素的百分比含量较高。UV-Vis 测试结果显示,从瓦切镇土壤中得到的 HS 中自身所具备的芳香性能以及分子量大小是强于阿木乡土壤 HS 的。FT-IR 结果表明,瓦切镇、阿木乡土壤中制备得到的 4 种 HS 物质结构中都具有脂类、芳香类、羧酸类、羟基类和醇类等化合物。除上述情况,WQZFA 中还单独具有酰胺类、氨基酸类、硅氧盐类官能团结构物质,且该物质中的芳香组成、脂类组成以及氧化物组成含量比其他 3 种 HS 更为丰富。

(3)不同类型 HS 溶液体系中的 SMX 光解情况与一级反应动力学模型的吻合程度较

高，当各 HS 浓度以及环境 pH 分别控制在低于 10mg/L 的区间和酸性范围（pH = 3.0）时体系中的 SMX 光解速率值最大。同时发现，瓦切镇 HS 对 SMX 光解反应所起的影响作用力是显著高于阿木乡 HS 的。通过在不同源 HS 体系中加入淬灭剂后发现，造成 SMX 光解反应加快的原因是体系中存在·OH、$^1O_2$ 物质，其中 $^1O_2$ 在光解反应中所作出的贡献率是明显高于·OH 的。反应体系中·OH、$^1O_2$ 的出处可能源于两个方面：①紫外光体系下 SMX 溶液通过自己本身的光降解过程会产生；②通过 EPR 测试发现 HS 自身是具备光生 ROS 物质的本领，其生成能力的大小状况将会直接影响到 SMX 光解反应进行的快慢程度上。

（4）负载量为 5%时是最优比例，5% Fe_2O_3/SiO_2 的形貌为颗粒状结构，其所对应的吸光度以及比表面积是最大的。负载 WQZHA 后的 5% Fe_2O_3/SiO_2 复合体为多孔状形貌，其能为光解 SMX 提供更多的反应位点，而 5% Fe_2O_3/SiO_2-WQZFA 更偏向于平面状。在 4 类不同的复合体的投加下 SMX 光解进行的快慢程度以及降解效果展现为 5% Fe_2O_3/SiO_2-WQZHA＞5% Fe_2O_3/SiO_2-WQZFA＞SiO_2-WQZFA＞SiO_2-WQZHA。

2. 沼泽土腐殖质对环丙沙星的降解

本研究通过对川西北红原土壤的采集以及基本性质的分析，明确了该地区土壤的基本特征，提取了红原瓦切镇的土壤 FA 和 HA，对 FA 和 HA 进行了表征，以及其产生自由基的情况，并探讨了 CIP 的光降解特性，揭示了 FA 和 HA 在 CIP 光解中的作用以及机制，并得到了自由基在光解中的具体贡献，合成 SiO_2-Fe-HS 复合材料模拟土壤颗粒，考察 SiO_2-Fe-HS 的自由基生成情况以及对 CIP 光解的影响机制，本书得到以下主要结论：

（1）对从红原采集的亚高山草甸土（AMX）以及沼泽土（WQZ）进行了理化性质的表征，发现两个采样点的土壤为酸性土壤，含水率较高，有机质含量丰富，其中 HA 的含量比 FA 多，且土壤中过渡金属 Fe 含量远高于其他金属。通过 EPR 测试表明，初步提取的 HS 中含有 EPFRs。同时沼泽土（WQZ）的含水率、有机质含量、Fe 含量以及 HS 中含有 EPFRs 更多。

（2）CIP 纯水在避光条件下，表现出良好的稳定性。在汞灯与氙灯的照射下，CIP 纯水溶液都发生了光解的现象，光降解的过程都符合一级动力学方程，且汞灯的降解率一直比氙灯的降解率高。在模拟的日光下，CIP 的浓度与 pH 都对 CIP 光解产生了影响，低浓度和偏碱性 pH 促进了 CIP 光解，并且其光解均满足一级动力学方程。通过淬灭实验得到，CIP 纯水溶液光解的主要方式自敏化光解，·OH 和 $^1O_2$ 对 CIP 光降解均具有较好的促进作用，$^1O_2$ 的贡献率（50.63%）比·OH（25.56%）贡献大。

（3）通过紫外-可见光谱分析和元素分析可知，HA 和 FA 都含有丰富的芳香族 C=C 结构及苯环、苯羧酸基、羧基等其他生色基团，FA 具有更高的芳香性及疏水性，并且有更多的含氧官能团。HA、FA 与 CIP 的结合方式为静态淬灭，结合作用力包括氢键、疏水作用力及 π—π 作用力等其他作用力。

（4）在模拟光照下，HA 或 FA 介导下 CIP 发生的光解不仅有直接光解，也有自敏化光解。其中低浓度 HA 和 FA 促进 CIP 光降解，且 FA 促进作用更强。通过淬灭实验得到，·OH 和 $^1O_2$ 都是促进 CIP 光解的 ROS，且 $^1O_2$ 对 CIP 的光降解贡献率小于·OH。由 EPR 测试表明，HA 和 FA 都可以产生 EPFRs 和 ROS（·OH 和 $^1O_2$），且光照可以促进 EPFRs 和 ROS 的生成。

（5）根据元素分析可知，复合材料中 SF 的芳香性最小，SiO_2 的极性最小，其芳香性和极性的大小都与 HA、FA 的吸附量有关。在复合材料介导 CIP 光降实验中，其在 100min 内光解率在 80%～96.05%，具有良好的降解性能且符合一级动力学，SiO_2-HA 对 CIP 的降解速率最高为 $0.03281min^{-1}$。由 EPR 测试表明，光照后 SiO_2-HA、SiO_2-FA、SF-HA 和 SF-FA 可以产生 EPFRs，而过渡金属铁会抑制 EPFRs 的产生。

参 考 文 献

[1] Conde-Cid M, Fernández-Calviño D, Nóvoa-Muñoz J C, et al. Degradation of sulfadiazine, sulfachloropyridazine and sulfamethazine in aqueous media[J]. Journal of Environmental Management，2018，228：239-248.

[2] Poirier-Larabie S, Segura P A, Gagnon C. Degradation of the pharmaceuticals diclofenac and sulfamethoxazole and their transformation products under controlled environmental conditions[J]. Science of the Total Environment，2016，557-558：257-267.

[3] Lai H, Wang T, Chou C. Implication of light sources and microbial activities on degradation of sulfonamides in water and sediment from a marine shrimp pond[J]. Bioresource Technology，2011，102（8）：5017-5023.

[4] Liu G, Wang H, Chen D, et al. Photodegradation performances and transformation mechanism of sulfamethoxazole with CeO_2/CN heterojunction as photocatalyst[J]. Separation and Purification Technology，2020，237：116329.

[5] 黄春年，李学德，花日茂. 磺胺二甲嘧啶在水溶液中的光化学降解[J]. 环境污染与防治，2011，33（12）：59-64.

[6] 马艳，高乃云，郑琪，等. UV-C 辐照降解水中 2，4，6-三氯酚[J]. 华中科技大学学报（自然科学版），2012，40（6）：128-132.

[7] Gao S, Zhao Z, Xu Y, et al. Oxidation of sulfamethoxazole（SMX）by chlorine, ozone and permanganate-A comparative study[J]. Journal of Hazardous Materials，2014，274（JUN.15）：258-269.

[8] Liao Q, Ji F, Li J, et al. Decomposition and mineralization of sulfaquinoxaline sodium during UV/H2O2 oxidation processes[J]. Chemical Engineering Journal，2016，284：494-502.

[9] 李军，葛林科，张蓬，等. 磺胺类抗生素在水环境中的光化学行为[J]. 环境化学，2016，35（4）：666-679.

[10] Gao J, Pedersen J A. Adsorption of Sulfonamide Antimicrobial Agents to Clay Minerals[J]. Environmental Science & Technology，2005，39（24）：9509-9516.

[11] Nghiem L D, Schäfer A I, Elimelech M. Pharmaceutical Retention Mechanisms by Nanofiltration Membranes[J]. Environmental Science & Technology，2005，39（19）：7698-7705

[12] Mouamfon M V N, Li W, Lu S G, et al. Photodegradation of Sulfamethoxazole Applying UV-and VUV-Based Processes[J]. Water Air & Soil Pollution，2011，218（1-4）：265-274.

[13] 李军，葛林科，张蓬，等. 磺胺类抗生素在水环境中的光化学行为[J]. 环境化学，2016，35（4）：666-679.

[14] 孙兴霞. 水中可溶性有机物富里酸对磺胺类抗生素光降解的影响[D]. 合肥：中国科学技术大学，2013.

[15] Li F, Zhao Y, Wang Q, et al. Enhanced visible-light photocatalytic activity of active Al_2O_3/g-C_3N_4 heterojunctions synthesized via surface hydroxyl modification[J]. Journal of Hazardous Materials，2015，283：371-381.

[16] Xie W, Qin Y, Liang D, et al. Degradation of m-xylene solution using ultrasonic irradiation[J]. Ultrasonics Sonochemistry，2011，18（5）：1077-1081.

[17] Li G, Wong K H, Zhang X, et al. Degradation of Acid Orange 7 using magnetic AgBr under visible light：The roles of oxidizing species[J]. Chemosphere，2009，76（9）：1185-1191.

[18] 李聪鹤，车潇炜，白莹，等. 水体中磺胺甲噁唑间接光降解作用[J]. 环境科学，2019，40（1）：273-280.

[19] 张坤. 剪切力场下不同分子量级别腐殖酸铝盐絮凝体形态学研究[D]. 西安：西安建筑科技大学，2012.

[20] Chang R R，Mylotte R，Hayes M H B，et al. A comparison of the compositional differences between humic fractions isolated by the IHSS and exhaustive extraction procedures[J]. Naturwissenschaften，2014，1 01（3）：197-209.

[21] 张彩凤，王慧，刘毓芳，等. 树脂法测定黄腐酸含量的实验探讨[J]. 腐植酸，2019（1）：13-21.

[22] 谯华，李恒，周从直，等. 土壤中胡敏酸提取方法的优化[J]. 环境保护科学，2014，40（6）：83-87.

[23] 周菲. 光敏化产生单线态氧转化水中磺胺类抗生素[D]. 大连：大连理工大学，2015.

[24] Yang K，Zhu L，Xing B. Sorption of phenanthrene by nanosized alumina coated with sequentially extracted humic acids[J]. Environmental Science and Pollution Research，2010，17（2）：410-419.

[25] Podgorski D C，Hamdan R，McKenna A M，et al. Characterization of Pyrogenic Black Carbon by Desorption Atmospheric Pressure Photoionization Fourier Transform Ion Cyclotron Resonance Mass Spectrometry[J]. Analytical Chemistry，2012，84（3）：1281-1287.

[26] 高洁，江韬，李璐璐，等. 三峡库区消落带土壤中溶解性有机质（DOM）吸收及荧光光谱特征[J]. 环境科学，2015（1）：151-162.

[27] Qu X，Xie L，Lin Y，et al. Quantitative and qualitative characteristics of dissolved organic matter from eight dominant aquatic macrophytes in Lake Dianchi，China[J]. Environmental Science and Pollution Research，2013，20（10）：7413-7423.

[28] Baken S，Degryse F，Verheyen L，et al. Metal Complexation Properties of Freshwater Dissolved Organic Matter Are Explained by Its Aromaticity and by Anthropogenic Ligands[J]. Environmental Science & Technology，2011，45（7）：2584-2590.

[29] 赵紫凡，孙欢，苏雅玲. 基于紫外-可见光吸收光谱和三维荧光光谱的腐殖酸光降解组分特征分析[J]. 湖泊科学，2019，31（4）：1088-1098.

[30] 张玉兰，孙彩霞，陈振华，等. 红外光谱法测定肥料施用 26 年土壤的腐殖质组分特征[J]. 光谱学与光谱分析，2010，30（5）：1210-1213.

[31] Droussi Z，D Orazio V，Hafidi M，et al. Elemental and spectroscopic characterization of humic-acid-like compounds during composting of olive mill by-products[J]. Journal of Hazardous Materials，2009，163（2-3）：1289-1297.

[32] 汪祺. 天然水体成分对沙丁胺醇光化学转化的影响[D]. 南京：南京大学，2015.

[33] 季跃飞. 光化学及光催化降解水溶液中药物及个人护理品阿替洛尔和 2-苯基苯并咪唑-5-磺酸[D]. 南京：南京大学，2014.

[34] Atkinson S K，Marlatt V L，Kimpe L E，et al. Environmental Factors Affecting Ultraviolet Photodegradation Rates and Estrogenicity of Estrone and Ethinylestradiol in Natural Waters[J]. Archives of Environmental Contamination and Toxicology，2011，60（1）：1-7.

[35] 李鸣晓，何小松，刘骏，等. 鸡粪堆肥水溶性有机物特征紫外吸收光谱研究[J]. 光谱学与光谱分析，2010，30（11）：3081-3085.

[36] Maddigapu P R，Minella M，Vione D，et al. Modeling Phototransformation Reactions in Surface Water Bodies：2，4-Dichloro-6-Nitrophenol As a Case Study[J]. Environmental Science & Technology，2011，45（1）：209-214.

[37] 邹莎莎. 典型农业湿地腐殖质对两种杀菌农药光降解作用的研究[D]. 南昌：江西农业大学，2016.

[38] 杜超，程德义，代静玉，等. 不同来源溶解性有机质在光辐射下产生活性氧基团能力的差异[J]. 环境科学学报，2019，39（07）：2279-2287.

[39] Timko S A，Romera-Castillo C，Jaffé R，et al. Photo-reactivity of natural dissolved organic matter from fresh to marine waters in the Florida Everglades，USA[J]. Environmental Science-Processes & Impacts，2014，16（4）：866-878.

[40] Cavani L，Halladja S，ter Halle A，et al. Relationship between Photosensitizing and Emission Properties of Peat Humic Acid Fractions Obtained by Tangential Ultrafiltration[J]. Environmental Science & Technology，2009，43（12）：4348-4354.

[41] 孙兴霞，许毓. 水中磺胺类抗生素的光降解及富里酸对其光降解的影响[J]. 中国科学技术大学学报，2013，43（8）：654-660.

[42] 孙昊婉，张立秋，封莉. 光诱导腐殖酸产生自由基对天然水中雌二醇光降解效能的影响[J]. 环境工程学报，2017，11（11）：5794-5798.

[43] Cavani L，Halladja S，Halle A，et al. Relationship between Photosensitizing and Emission Properties of Peat Humic Acid

Fractions Obtained by Tangential Ultrafiltration[J]. Environmental Science & Technology, 2009, 43（12）: 4348-4354.

[44] Wenk J, von Gunten U, Canonica S. Effect of Dissolved Organic Matter on the Transformation of Contaminants Induced by Excited Triplet States and the Hydroxyl Radical[J]. Environmental Science & Technology, 2011, 45（4）: 1334-1340.

[45] Ge L, Chen J, Qiao X, et al. Light-Source-Dependent Effects of Main Water Constituents on Photodegradation of Phenicol Antibiotics: Mechanism and Kinetics[J]. Environmental Science & Technology, 2009, 43（9）: 3101-3107.

[46] 黄春年. 磺胺二甲嘧啶在水溶液中的光化学降解研究[D]. 合肥: 安徽农业大学, 2011.

[47] 马艳, 高乃云, 张东, 等. UV-C 辐照降解水中磺胺类药物[J]. 净水技术, 2014, 33（3）: 75-78.

[48] 陈伟, 陈晓旸, 于海瀛. 磺胺二甲嘧啶在水溶液中的光化学降解[J]. 农业环境科学学报, 2016, 35（2）: 346-352.

[49] Chen Y, Zhang K, Zuo Y. Direct and indirect photodegradation of estriol in the presence of humic acid, nitrate and iron complexes in water solutions[J]. Science of the Total Environment, 2013, 463-464: 802-809.

[50] 闻长虹, 毛顺, 郑丽英, 等. 抗生素磺胺甲噁唑在模拟太阳光下的光解[J]. 湖南文理学院学报（自然科学版）, 2015, 27（2）: 47-50.

[51] 胡敏酸介导水中 17α-乙炔基雌二醇光降解的机制及活性研究[D]. 昆明: 昆明理工大学, 2017.

[52] Abdallah 阿布杜拉 Charikane Absoir. 腐殖酸对水体中抗生素光降解作用的影响[D]. 大连: 大连海事大学, 2015.

[53] 邵娟. 腐殖化过程中典型有机污染物转化机制的研究[D]. 南京: 南京农业大学, 2015.

[54] 郭旭晶, 彭涛, 王月, 等. 湖泊沉积物孔隙水溶解性有机质组成与光谱特性[J]. 环境化学, 2013, 32（1）: 79-84.

[55] 楼涛, 陈国华, 谢会祥, 等. 腐殖质与有机污染物作用研究进展[J]. 海洋环境科学, 2004,（3）: 71-76.

[56] Prabhu Y, Rao K, Sesha V, et al. Surfactant-Assisted Combustion Method for the Synthesis of α-Fe2O3 Nanocrystalline Powders[J]. 2013, 18: 1-11.

[57] Wanaguru P, An J, Zhang Q M. DFT plus U study of ultrathin α-Fe2O3 nanoribbons from（110）and（104）surfaces[J]. Journal of Applied Physics, 2016, 119: 84302.

[58] Zhang G, Wang B, Sun Z, et al. A comparative study of different diatomite-supported TiO₂ composites and their photocatalytic performance for dye degradation[J]. Desalination and Water Treatment, 2016, 57（37）: 17512-17522.

[59] Zhou X, Yang H, Wang C, et al. Visible Light Induced Photocatalytic Degradation of Rhodamine B on One-Dimensional Iron Oxide Particles[J]. The Journal of Physical Chemistry C, 2010, 114（40）: 17051-17061.

[60] 李欣玲, 蓝咏, 何广平, 等. α-Fe2O3 紫外光催化降解苯胺的研究[J]. 华南师范大学学报（自然科学版）, 2009（04）: 69-74.

[61] Niu M, Huang F, Cui L, et al. Hydrothermal Synthesis, Structural Characteristics, and Enhanced Photocatalysis of SnO2/α-Fe2O3 Semiconductor Nanoheterostructures[J]. ACS Nano, 2010, 4（2）: 681-688.

[62] 刘约权. 现代仪器分析[M]. 北京: 高等教育出版社, 2008.

[63] 焦晓微. 水环境中有机污染物降解机制的理论研究[D]. 大连: 大连理工大学, 2013.

[64] Agrawal N, Ray R S, Farooq M, et al. Photosensitizing potential of ciorofloxacin at ambient level of UV radiation[J]. Photochemistry and Photobiology, 2007, 83（5）: 1226-1236.

[65] Lorenzo F, Navaratnam S, Edge R, et al. Primary photophysical properties of moxifloxacin-A Fluoroquinolone antibiotic[J]. Photochemistry and Photobiology, 2008, 84（5）: 1118-1125.

[66] Nassar R, Trivella A, Mokh S, et al. Photodegradation of sulfamethazine, sulfamethoxypiridazine, amitriptyline, and clomipramine drugs in aqueous media[J]. Journal of Photochemistry & Photobiology A Chemistry, 2017, 336: 176-182.

[67] 段伦超, 王风贺, 赵斌, 等. 紫外光照下盐酸环丙沙星的光解性能[J]. 环境科学, 2016, 37（01）: 198-207.

[68] 葛林科. 水中溶解性物质对氯霉素类和氟喹诺酮类抗生素光降解的影响[D]. 大连: 大连理工大学, 2009.

[69] Bahnmuller S, Gunten U V, Canonica S. Sunlight-induced transformation of sulfadiazine and sulfamethoxazole in surface waters and wastewater effluents[J]. Water Research, 2014, 57: 183-192.

[70] Agrawal N, Ray R S, Farooq M, et al. Photosensitizing Potential of Ciprofloxacin at Ambient Level of UV Radiation[J]. Photochemistry and Photobiology, 2007, 83（5）: 1226-1236.

[71] 戴万宏, 黄耀, 武丽, 等. 中国地带性土壤有机质含量与酸碱度的关系[J]. 土壤学报, 2009, 46（5）: 851-860.

[72] 杨红，徐唱唱，赛曼，等.不同土地利用方式对土壤含水量、pH 值及电导率的影响[J]. 浙江农业学报，2016，28（11）：1922-1927.

[73] 刘永红，马舒威，岳霞丽，等. 土壤环境中的小分子有机酸及其环境效应[J]. 华中农业大学学报，2014，33（2）：133-138.

[74] Assaf N W，Altarawneh M，Radny M W，et al. Formation of environmentally-persistent free radicals（EPFR）on a-Al₂O₃ clusters[J]. The Royal Society of Chemistry，2017（7）：52672-52683.

[75] Cruz A L N，Gehling W，Lomnicki S，et al. Detection of Environmentally Persistent Free Radicals at a Superfund Wood Treating Site[J]. Environmental Science & Technology，2011，45（15）：6356-6365.

[76] Fang G，Gao J，Dionysion DD，et al. Activation of persulfate by quinones：free radical eactions and implication for the degradation of PCBs[J]. Environmental Science & Technology，2013，47（9）：4605-4611.

[77] Paul A，Stosser R，Zehl A. Nature and Abundance of Organic Radicals in Natural Organic Matter：Effect of pH and Irradiation[J]. Environmental Science & Technology，2006，40（19）：5897-5903.

[78] Pan B，Li H，Lang D，et al. Environmentally persistent free radicals：Occurrence，formation mechanisms and implications[J]. Environmental Pollution，2019，248：320-331.

[79] 何海军，翟文川，钱君龙，等. 湖泊沉积物中腐殖酸的紫外-可见分光光度法测定[J].分析测试技术与仪器，1996，2（1）：14-18.

[80] 黄亚君，欧晓霞，胡友彪. 腐殖酸及其与金属络合物的光谱学表征[J]. 绿色科技，2016（4）：53-56.

[81] 吴济舟，张稚妍，孙红文. 无机离子对芘与天然溶解性有机质结合系数的影响[J]. 环境化学，2010，29（6）：1004-1009.

[82] 任东，杨晓霞，马晓东，等. DOM 结构特征及其对 17β-雌二醇光降解的影响[J].中国环境科学，2015，35（5）：1375-1383.

[83] 吴济舟. 溶解性有机质分组及各组分对芘的生物有效性及其吸附解吸的影响研究[D]. 天津：南开大学，2012.

[84] 韦梦雪. 还田秸秆 DOM 对川西平原水稻土中丁草胺吸附行为的影响及其机理[D]. 绵阳：西南科技大学，2018.

[85] 何占伟. 环丙沙星在水溶液中的光降解研究[D]. 新乡：河南师范大学，2011.

[86] Dong M M，Rosario-Ortiz F L. Photochemical formation of hydroxyl radical from effluent organic matter[J]. Environmental Science Technology，2012，46（7）：3788-3794.

[87] Zhang D N，Yan S W，Song W H. Photochemically induced formation of reactive oxygen species（ROS）from effluent organic matter[J]. Environmental Science and Technology，2014，48（21）：12645-12653.

[88] Fang G，Liu C，Gao J，et al. Manipulation of Persistent Free Radicals in Biochar To Activate Persulfate for Contaminant Degradation[J]. Environmental Science Technology，2015（49）：5645-5653.

[89] 沈晨. 水体颗粒态 NOM 中环境持久性自由基的光形成[D]. 大连：大连理工大学，2018.

[90] 张若瑄，王朋，张绪超，等. 土壤中环境持久性自由基的形成与稳定及其影响因素[J]. 化工进展，2020，39（4）：1528-1538.

[91] Khachatryan L，Mcferrin C A，Hall R W，et al. Environmentally persistent free radicals（EPFRs）. 3. Free versus bound hydroxyl radicals in EPFR aqueous solutions[J]. Environmental Science & Technology，2014，48（16）：9220-9226.

[92] 吴宏海，郭杏妹，杜娟，等. 土壤和沉积物中 NOM 稳定性矿物学机制研究的理论与方法[J]. 地学前缘，2007，14（5）：254-263.

[93] 郭溪. 环境持久性自由基的模拟制备及其生物毒性研究[D]. 大连：大连理工大学，2018.